二十四节气百科全书

宋英杰 / 著

中信出版集团 | 北京

图书在版编目（CIP）数据

二十四节气百科全书 / 宋英杰著 . -- 北京：中信出版社，2025. 7. -- ISBN 978-7-5217-7355-2

Ⅰ. P462-49

中国国家版本馆 CIP 数据核字第 202400E32N 号

二十四节气百科全书

著者：　　宋英杰

出版发行：中信出版集团股份有限公司

（北京市朝阳区东三环北路 27 号嘉铭中心　邮编　100020）

承印者：　北京尚唐印刷包装有限公司

开本：787mm×1092mm 1/16　　印张：48.5　　字数：452 千字

版次：2025 年 7 月第 1 版　　印次：2025 年 7 月第 1 次印刷

书号：ISBN 978–7–5217–7355–2　　审图号：GS 京（2025）0987 号

定价：198.00 元

桑

莲

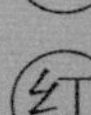

桐

黄

天
青

目录

秋

冬

春

夏

附录

专题拓展

二十四节气，充盈着科学的雨露，洋溢着文化的馨香，

既是我们的居家日常，也是我们的诗和远方。

二十四节气的官方定义：二十四节气，是中国古人通过观察太阳周年运动而形成的时间知识体系及其实践。它是“有关自然界和宇宙的知识与实践”，是蕴含科学的非物质文化遗产，其实也是古代中国生态文化的叙事主线。

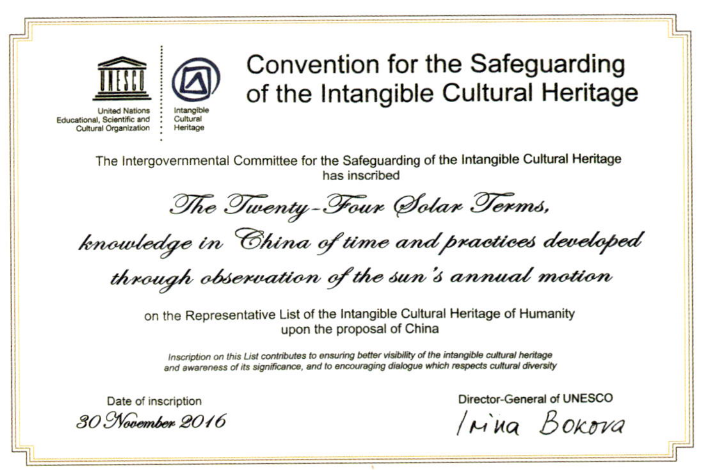

UNESCO
United Nations Educational, Scientific and Cultural Organization
Intangible Cultural Heritage

Convention for the Safeguarding of the Intangible Cultural Heritage

The Intergovernmental Committee for the Safeguarding of the Intangible Cultural Heritage has inscribed

The Twenty-Four Solar Terms, knowledge in China of time and practices developed through observation of the sun's annual motion

on the Representative List of the Intangible Cultural Heritage of Humanity upon the proposal of China

Inscription on this List contributes to ensuring better visibility of the intangible cultural heritage and awareness of its significance, and to encouraging dialogue which respects cultural diversity

Date of inscription
30 November 2016

Director-General of UNESCO
Irina Bokova

联合国教科文组织 2016 年 11 月 30 日颁发的二十四节气人类非物质文化遗产证书

二十四节气的本质是时间，将天文时间转化为气候时间，即把“天上的”时间转化为“地上的”时间，进而折算成物候时间，或曰生态时间，进而奠定了环境友好的生态文化。在人们心目中，自然生态不只是友，而是亦师亦友。

二十四节气，由夜观天象的仰望，变成品味乡土的俯视，进而形成沉浸于乡土之中的沉浸式体验。

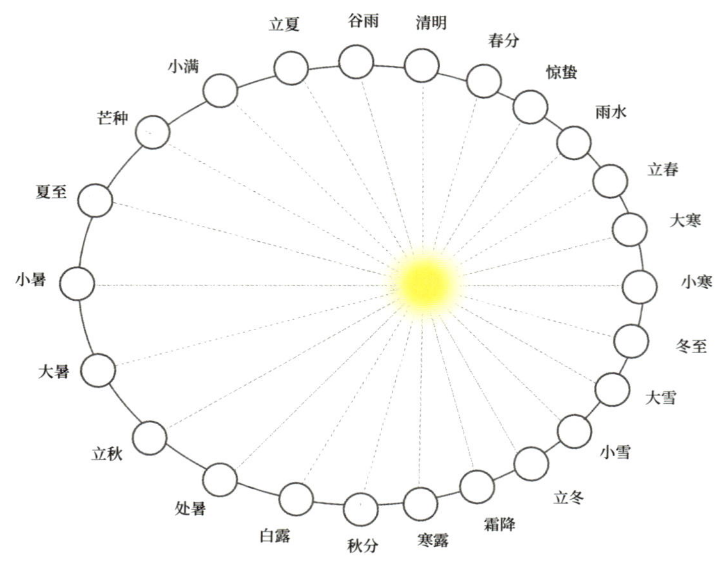

二十四节气的黄道示意图

公元前104年，汉武帝颁发《太初历》，二十四节气正式进入国家历法。最初，人们采用“平气法”，即将一个回归年尺度内每个节气时间等分。1645年，清顺治时期颁发《时宪历》，开始采用“定气法”，即将一个回归年尺度内每个节气黄经等分。也就是说，原来每个节气是完全等长的，现在每个节气是准等长的（夏季节气时段接近16天，冬季节气时段不足15天）。

春雨惊春清谷天，夏满芒夏暑相连。秋处露秋寒霜降，冬雪雪冬小大寒。
一月两节不更变，最多只差一两天。上半年来六廿一，下半年是八廿三。

二十四节气的核心是为了“道法自然”。“顺天应时”，是借由“应时”的方法论以“顺天”。在春生、夏长、秋收、冬藏的自然节律中，作息存养。它是由“天文之学”到“人文之学”。

虽然二十四节气序列（完整的数目、称谓、次序）始于西汉时期的《淮南子·天文训》，但在先秦时期，就有了八个节气：立春、立夏、立秋、立冬，以及春分、秋分、夏至、冬至。

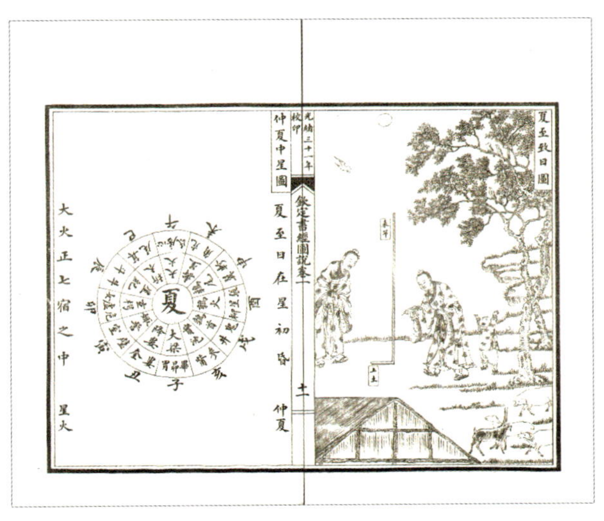

清代《钦定书经图说》之夏至致日图，光绪三十一年（1905年）内府刊本

当然，最早被测定和确立的是夏至、冬至、春分和秋分。这是一个回归年中最重要的四个特征态：白昼最长日、白昼最短日和昼夜均分日。《夏小正》中的“时有养日”和“时有养夜”便是关于夏至、冬至更古老的表达。从昼夜长短的角度，它们被称为“日长至”和“日短至”；从阳光直射点位移的角度，它们被称为“日北至”和“日南至”；从阴气、阳气盛衰的角度，它们又被称为“一阴生”和“一阳生”。

那么现存典籍中，中国古人最早的冬至和夏至日影记录是在什么年代、什么地点观测的呢？

在文献学和考古学证据不够“硬核”的情况下，我们以天文学的算法推算，《易纬通卦验》中冬至晷长一丈三尺（约4.32米）、夏至晷长一尺四寸八分（约0.45米）的记载为最早的冬至和夏至日影观测记录，观测时间为公元前1814年前后（夏代），观测纬度为34.28° N附近。同时，我们可以推算出《淮南子·天文训》中八尺之表在冬至日的日中时日影13尺（约4.29米）、夏至日的日中时日影1.5尺（0.5米）的记录并非西汉时期在淮南

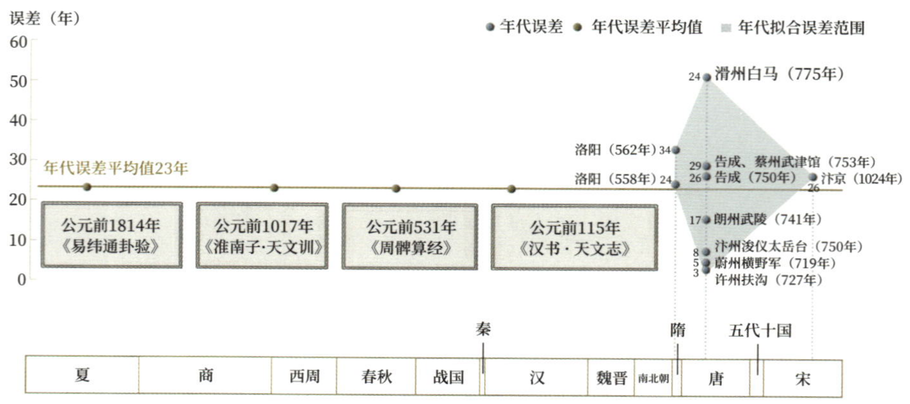

对古代冬至和夏至日影观测记录的年代拟合结果及误差示意

注：隋、唐、宋观测影长数据分别来自《隋书·天文志》《新唐书·历志》《唐会要·卷四十二》《宋史·律历志》。

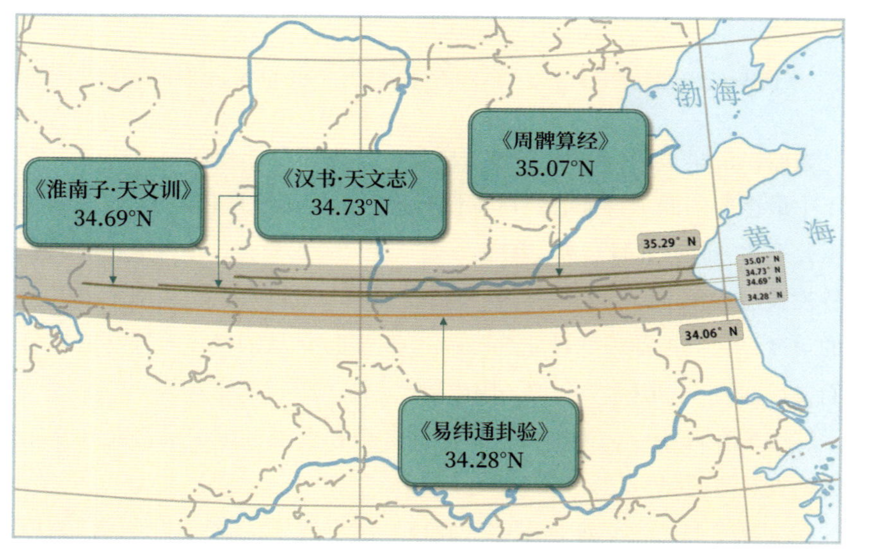

对公元前冬至和夏至日影观测记录的纬度拟合结果示意

注：阴影范围为公元前冬至和夏至日影观测记录的纬度拟合结果的平均误差范围。

国所测，观测时间为公元前 1017 年前后（西周初期），观测纬度为 34.69° N 附近。换句话说，在将近四千年前，中国古人就已经测定了冬至、夏至，并将观测记录存世。

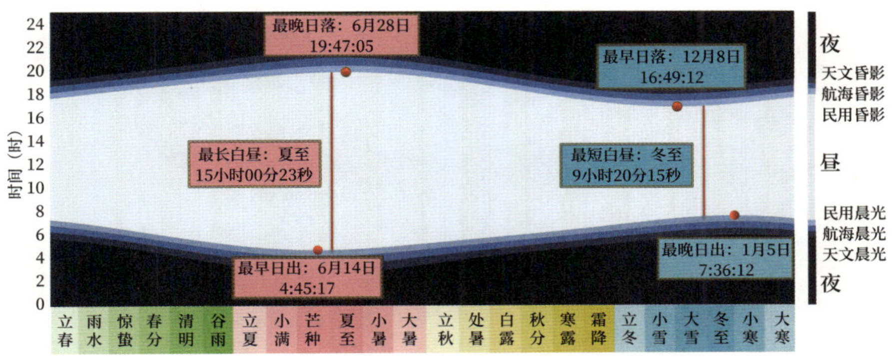

二十四节气视角下北京市太阳视运动特征

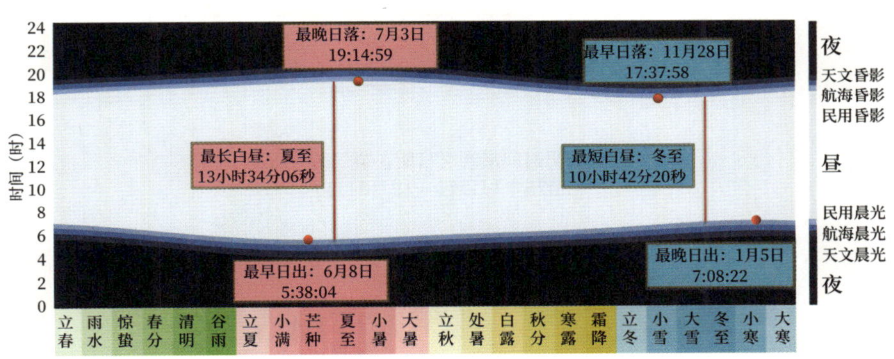

二十四节气视角下广州市太阳视运动特征

以昼夜时长的极值界定日行的特征态，其实是一种非常高级的思维。

夏天时最早的日出、最晚的日落，冬天时最晚的日出、最早的日落，这样的特征虽然很直观，但各地的特征完全不同，不能成为通用特征。

例如在北京，最早的日出是在芒种二候，最晚的日落是在夏至二候；最晚的日出是在小寒节气前后，最早的日落是在大雪节气前后。而在广州，最早的日出是在芒种一候，最晚的日落是在夏至三候；最晚的日出是在小寒三候，最早的日落是在小雪二候。

但各地的白昼最长日和白昼最短日却是一样的。所以，夏至和冬至为人们找到了一年中天文特征态最重要的“共同语言”。

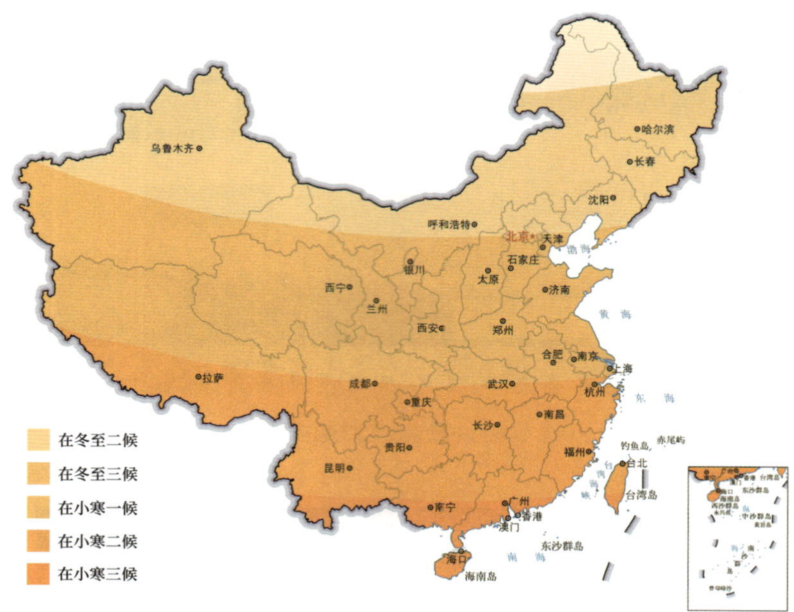

全年日出时间最晚之日所在节气的分布
（2025年1月1日—12月31日）

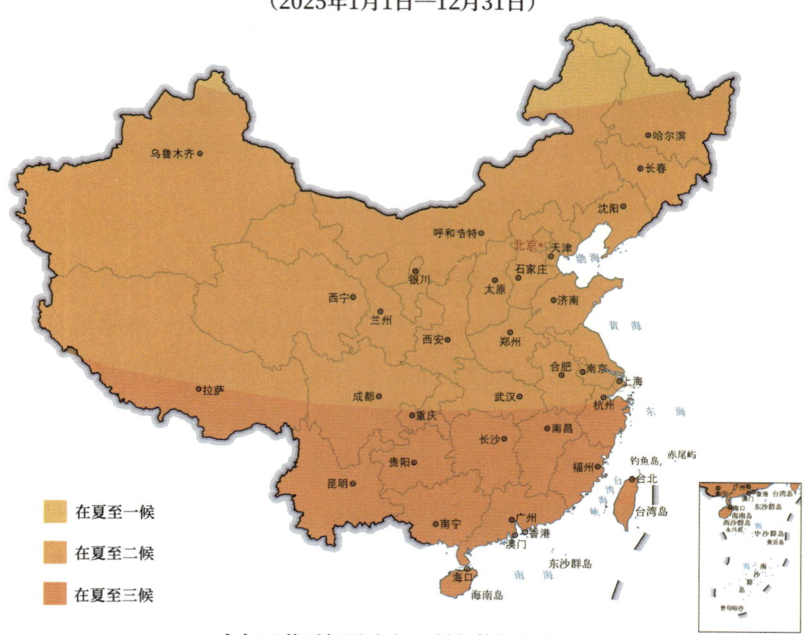

全年日落时间最晚之日所在节气的分布
（2025年1月1日—12月31日）

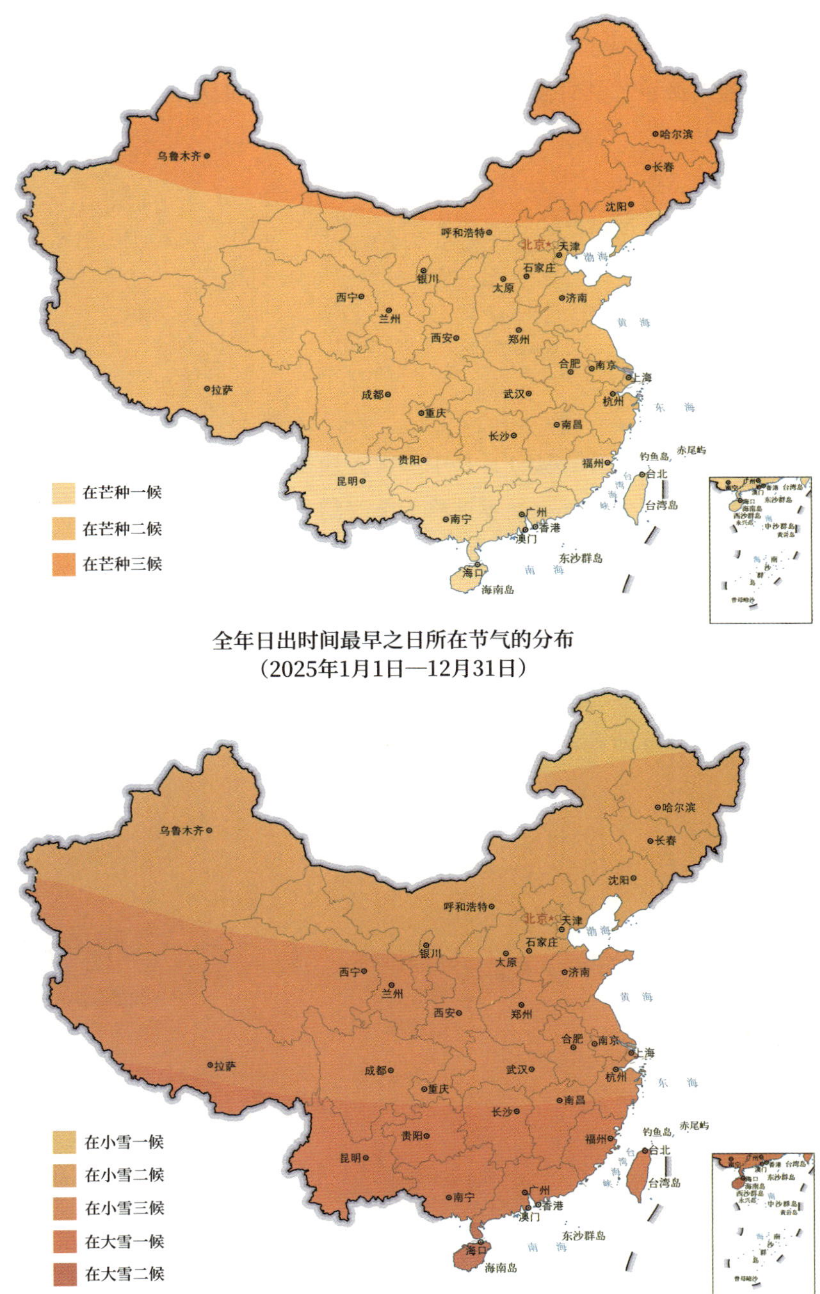

全年日出时间最早之日所在节气的分布

（2025年1月1日—12月31日）

全年日落时间最早之日所在节气的分布

（2025年1月1日—12月31日）

地球一直歪着身子，（以北半球的视角）冬天它仰着头，夏天它俯下身。冬至是它最“傲娇”的时候，夏至是它最“谦恭”的时候。

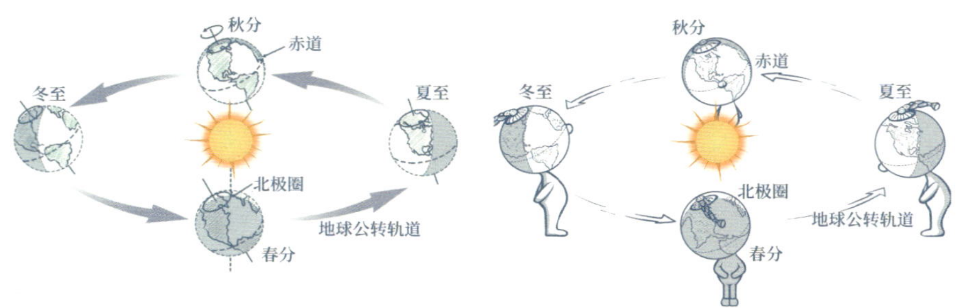

夏至、冬至、春分、秋分，是中国古人最初测定的四个节气，其实也是世界各国共有的四个节气，是不被称为节气的节气。

当然在世界各地，人们所看到的太阳运行轨迹各不相同，北半球语境中的春分（Spring Equinox）、秋分（Autumn Equinox）、夏至（Summer Solstice）、冬至（Winter Solstice），如果置于全球语境，通常被称为三月分（March Equinox）、九月分（September Equinox）、六月至（June Solstice）、十二月至（December Solstice）。

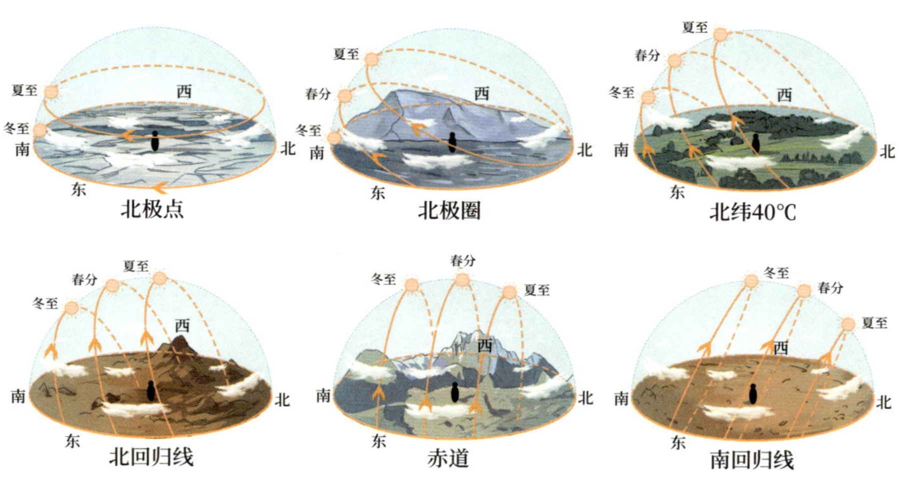

2001 年设立的世界睡眠日是在每年的 3 月 21 日，定在了春分节气区间。天文划分法下的春季起始日，也是回归年的始与终。

为什么要定在春分节气区间呢？因为在各个节气时段，春分、秋分前后的白昼时长变幅是最大的，人们很容易春困秋乏，这是人体对天文变量的滞后响应所致。

中国古代历法是缜密的阴阳合历，有太阳升沉的日，有月亮朔望的月，有朔望月组构的农历年，有十九年七闰所形成的约 6940 天的回归年和朔望月的周期拟合。这些不是都已经蕴含日行和月行节律了吗？为什么还要设立二十四节气呢？

因为二十四节气对表征气候节律有着独特的优越性。

如果我们选取某一年的逐日平均气温，比如北京 2000 年立春至大寒节气序列（2000 年 2 月 4 日—2001 年 2 月 3 日），再选取某一气候期的逐日平均气温均值，比如北京 1981—2010 年。我们可以看到，尽管取的是 30 年的气候平均值，但气温曲线依然可见非趋势性的振荡。如果我们再在节气尺度上进行平均，节气时段的气温均值便呈现出线条优美的气候律动。二十四节气，透过“上蹿下跳”的天气变率，提取悠扬的气候旋律，由“天有不测”洞见“天行有常”，这是对气候密码的中国式破译。

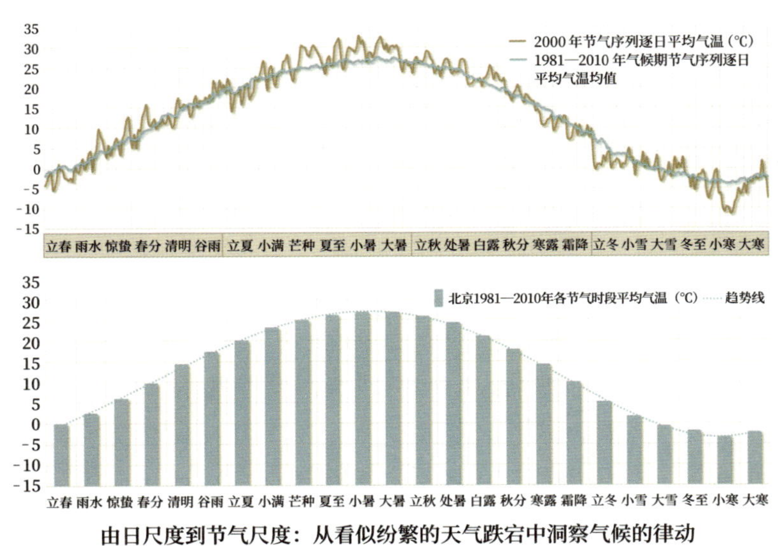

由日尺度到节气尺度：从看似纷繁的天气跌宕中洞察气候的律动

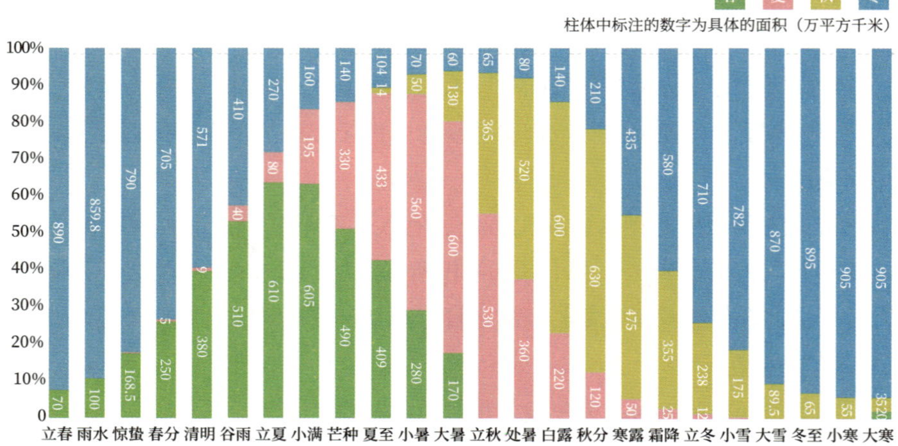

二十四节气日各气候季节在全国陆地面积中的占比

（1991—2020年）

节气序列，体现着太阳的回归周期；节气尺度，体现着月亮的朔望周期，中国古人创制的时间体系中兼顾着日月之行的节律。比如形容天气的“晴朗”一词，英语使用的是表征太阳的“sunny”，而汉语中的“晴”是指阳光灿烂的昼，“朗”是指月色皎洁的夜。

在两千多年的文明历程中，人们依托气候节律，不断充注顺天应时的智慧，以社会适应和文化响应的方式，逐渐使二十四节气成为人类文明史中一个独特的知识体系和文化基因。

清代乾隆帝曾写过一幅匾联，来自杜甫的两首诗，集句而成。这幅匾联，特别能够代表我心目中二十四节气文化的传承与发展——“从来多古意，可以赋新诗”。

元代农学家王祯在其《王祯农书·授时篇》中写道：“奈何幽且远，彼庶难具知。图成仅盈尺，备悉逾浑仪。”这是说时之盈缩、气之盛衰的认知体系还是太玄奥晦涩了，人们平常很难理解和应用。但如果画成图，就有可能优于浑天仪。

这段文字，道出了我们为什么要以图解方式讲述二十四节气。“左图右史”，是中国的文化传统。书，应该是“索象于图，索理于书”的图书。

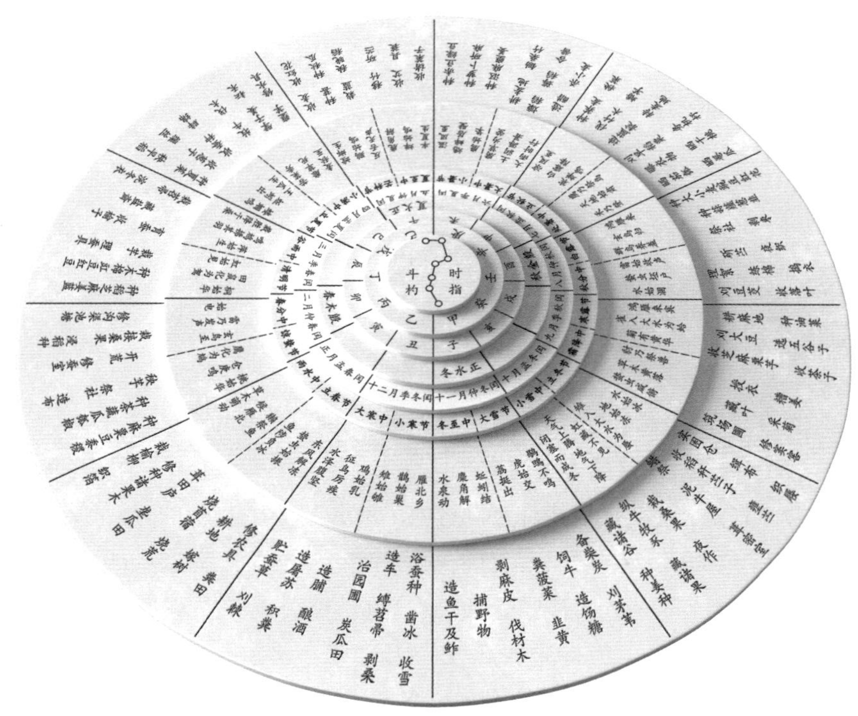

王祯《授时图》

由内而外共有八层。第一层：北斗七星、“斗杓”“时指”。第二层：天干。第三层：地支。第四层：四季。第五层：十二月。第六层：二十四节气。第七层：七十二候。第八层：逐月农事。

二十四节气，既是特别亲民的科学，又是特别家常的文化。它具有严谨的科学逻辑、深邃的文化内涵和悠久的历史积淀，我们对此始终怀有温情与敬意。

为什么是二十四个节气？

先秦时期，我们便已陆续有了“二至二分”和“四时八节”。

“二至二分”，首见于《尚书》。《尚书·尧典》中说：“日中，星鸟，以殷仲春。日永，星火，以正仲夏。宵中，星虚，以殷仲秋。日短，星昴，以正仲冬。”人们以天文视角，由昼夜的均齐长短，测定了最初的四个节气。

“四时八节”，首见于《左传》。《左传·僖公五年》写道：“凡分、至、启、闭，必书云物，为备故也。”分，乃春分、秋分；至，乃夏至、冬至；启，为立春、立夏；闭，为立秋、立冬。人们又以物候视角，测定了四个节气。

自《吕氏春秋》，人们以“八风”对应“八节”，以盛行风向对应分、至、启、闭，体现了中国古人对季风气候的深刻理解。节气，由二到四，测定了天文意义上的极致点和均分点；由四到八，则以气候对天文的响应，确立了季节。人们也逐渐由“天上的时间”之起承转合，走向了“地上的时间”之启闭枯荣。

那么，由二到四，由四到八，进一步的细分不该是扩充为十六个节气吗？怎么会是二十四个节气呢？

第一，我们从历法体系来看。

节气作为补充历法，必然要不“违和”地嵌入人们已基于日晷和月相建立的年和月的天文历法体系之中。《汉书·律历志》写道：“（汉武帝时期）举终以定朔晦分至，躔离弦望。”这是说我们最终要确定月之朔晦，确定春分、秋分、冬至、夏至，确定星际距离和月之弦望。

中国古代的历法体系是阴阳合历，对太阳历的“四时八节”进行时段细化的诉求，必然还要满足太阳与月亮周期拟合（阴阳合律）的诉求。

首先，人们对太阳历的“四时八节”有时段细化的诉求。在二十四节气体系建立之前，人们对日以上尺度的太阳周期，有年、季、节三种尺度，但没有表征太阳周期的时间尺度。这一方面是因为农时节点的变幅一般都在月以下尺度，另一方面则由于主宰气候进而掌控农时的太阳历只精确到准 45 天的“八节”尺度。人们有着在“八节”基础上进一步细化历法的强烈诉求。

其次，人们对太阳与月亮周期有拟合的诉求。阴阳合律中，大的周期是 19 个回归年对应 235 个朔望月，小的周期是准 30 天对应 1 个朔望月。准 45 天的“四时八节”也并未与准 30 天的朔望月形成合律。

那么，在此基础上的尺度细化如何实现阴阳合律呢？

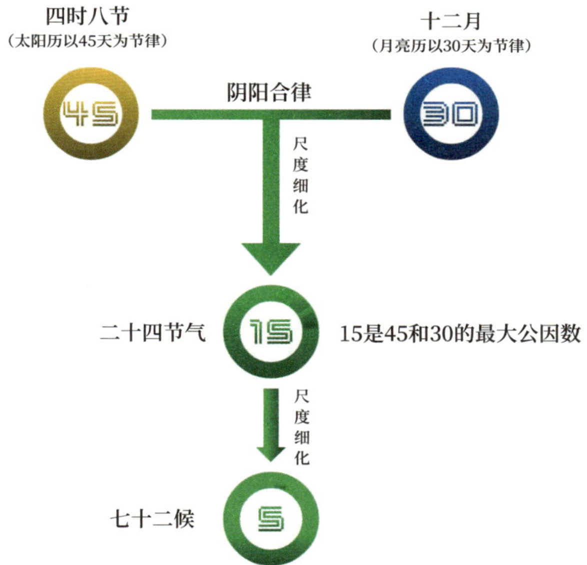

在此基础上降尺度的首选，就是以 15 天作为节气尺度。

我们姑且抛开“四时八节”的条件，在回归年和朔望月的背景下，创立准 15 天的节气尺度在历法逻辑上有没有合理性呢？

《史记·律书》写道：“气始于冬至，周而复生。”

“本一气之周流耳”，是中国古代时间周期的顶层框架。在“一气”的周期内，我们以历法推步的起点冬至为初始点，考虑冬至为望日和朔日这两种极致状态。由于日晷或昼长均具有地域差异，我们以阳光直射点的纬度值表征太阳的变量并对此进行归一化处理。

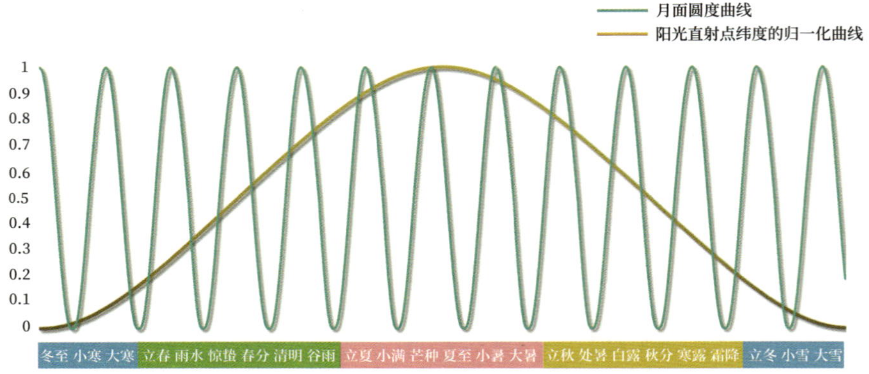

一个回归年尺度内太阳南北至周期与月亮圆缺周期

（冬至为望日，如1980年）

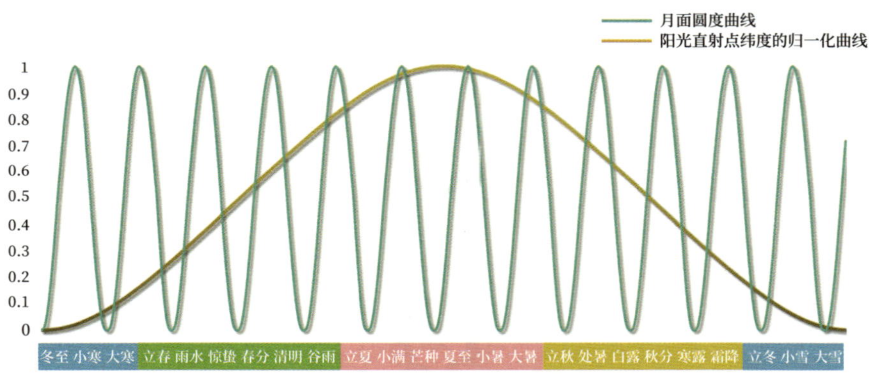

一个回归年尺度内太阳南北至周期与月亮圆缺周期

（冬至为朔日，如1870年）

在一个回归年尺度内，月相，有且只有完整的 12 组朔望。这 12 组朔望中的 24 个极值态，以 15 天左右的周期演绎着盈亏圆缺的循环流转。这是人们最具亲切感、最具视像感且便于植入既有天文历法的时间节律。

竹，外有节，内有气。节可代表刻度，气可代表气候。

二十四节气分为 12 个节气和 12 个中气。月之初为节气，月之中为中气。在月相节律的框架内，尽管从每年实际的历法日期上看，节气日未必能对应朔，中气日未必对应望，但就长序列的常年均值而言，节气日对应朔日区间，中气日对应望日区间。

节气之形意

节之繁体字“節”源自竹节。十二个月如同十二竹节。

因为回归年时长约为 365.2422 天，朔望月约为 29.5306 天，农历以置闰的方式以求实现对回归年的周期拟合，所以农历月时长的数学期望值为 29.5306 天。

由于冬至必须在曾为岁首的农历十一月，冬至日在农历十一月中的数学期望值为 14.7653，对应望日区间。而冬至必须在农历十一月的这种设置上的强制性，也就使间隔 15 天左右的各个节气日、中气日的数学期望值对应朔日、望日区间。

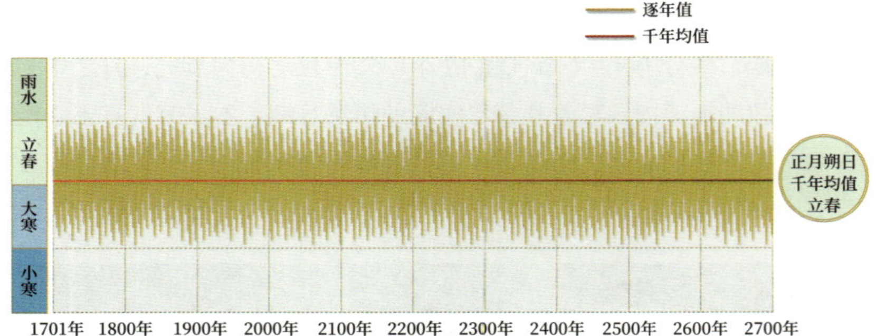

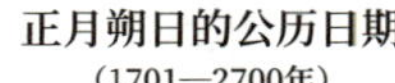

正月朔日的公历日期

（1701—2700年）

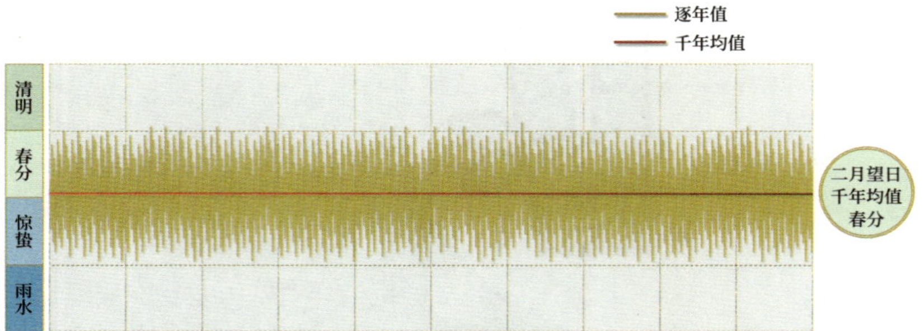

二月望日的公历日期

（1701—2700年）

我们以千年序列（1701—2700 年）为例。譬如，正月朔日的均值是 2 月 5 日（立春，节气），二月望日的均值是 3 月 21 日（春分，中气）。我们也就很容易理解“立春，正月节”“春分，二月中”说法的逻辑所在了。

闽台口语中的“迌迌”这个词极具意涵。我们的行走，是随着日月行走。二十四节气，兼容了日月的节律。以日行节点为节，月相周期为律。

所以从均值的意义上看，节气对应朔日区间，中气对应望日区间，构成了阴阳合律的意象。24 个节气序列是 12 个完整朔望组中 12 个朔日加 12 个望日的合成序列。

屈原《离骚》曰：“日月忽其不淹兮，春与秋其代序。”日与月的节律，造就了春与秋的时序。

在一年8节、12个月的框架内，24既是8和12的最小公倍数，也是12个朔望组中的极致月相数。从这个角度看，节气的时点是由太阳决定的，而节气的数量是由月亮决定的。二十四节气是对日月之行双重节律的兼容。

因此，二十四节气的定义，可以表述为：二十四节气，是中国古人通过观察太阳周年运动并参照月相节律而形成的时间知识体系及其实践。

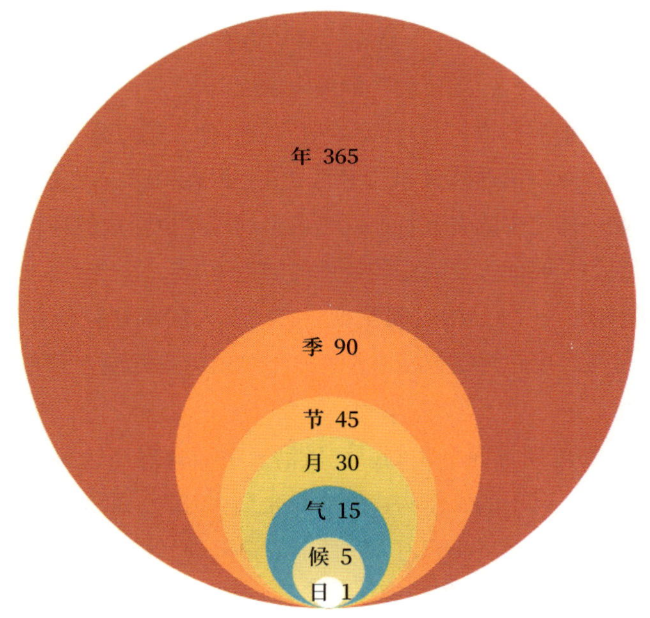

从日到年：不同尺度的时间文化

第二，我们从文化逻辑来看。

首先，人们先前已有季节尺度上的“孟仲季”三分之规，例如夏季划分为孟夏、仲夏、季夏三等分，那么，“八节”尺度依循三分之规，细分为二十四等分，也就顺理成章了。之后，在二十四节气的基础上同以三分之规细分出七十二候，实属一脉相承。

其次，人们在春秋战国时期已有三分损益的理念。

《吕氏春秋·季夏纪》写道：“三分所生，益之一分以上生。三分所生，去其一分以下生。”三分损益，虽是源于衡量音律，但在逻辑上，三分损益也可以成为人们衡量特定时段内某种要素进退、消长、盛衰的范式，这同样是三分之规。

《汉书·天文志》中说：“日，阳也。阳用事则日进而北，昼进而长，阳胜，故为温暑。阴用事则日退而南，昼退而短，阴胜，故为凉寒也。故日进为暑，退为寒。”昼夜的进退、阴阳的消长、寒暑的盛衰，其实也都在以损益可衡量的范畴之内。

最后，在中国古代，“三”意在言多。古有“三生万物”之说，八与三相乘而生二十四契合“三生万物”的理念。

明代《古微书》写道：“昔伏羲始造八卦，作三画以象二十四气。”这虽是后人的附会，冀以贯通八卦和二十四节气。但在中国古代文化的不同区块，以“三”刻画一体之中的多元特征，是虽未约定却也俗成的逻辑。

第三，我们从时间尺度界定物候期的能力上看。

在农耕社会，一种好的时间制度，必定在人们耕耘稼穑方面具有指导性。那么，节气尺度在界定包括农作物在内的植物物候期方面有着怎样的价值呢?

在农作物物候期方面，我们以宛敏渭《中国自然历选编》中的 293 项农作物物候为例。其中的农作物物候涉及北京、河北、黑龙江、江苏、浙江、安徽、河南、广东、四川、云南、陕西、甘肃等地。以节气尺度观测，平均观测年份 7.05 年，平均多年变幅 15.59 天。多年变幅的峰值段为旬尺度外、节气尺度内的 11~15 天区间。

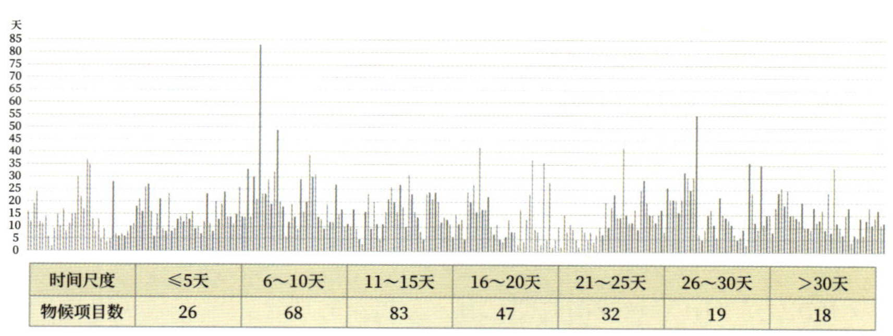

时间尺度	≤5天	6～10天	11～15天	16～20天	21～25天	26～30天	＞30天
物候项目数	26	68	83	47	32	19	18

293项农作物物候的逐项多年变幅

60.4% 的物候现象的多年变幅在 15 天的节气尺度内。15 天的节气尺度对 99.0% 的物候现象达到正态分布的 ±1σ 标准。也就是说，在界定农时方面，在既要时段细，又要信度高的双重诉求下，节气尺度是最优尺度。

这 140 年的北京春季物候期标准差为 5.76 天，12 天（超出候尺度和旬尺度）达到标准正态分布的 1σ 标准。15 天（节气尺度）可以概括 80.7% 年份的物候期。通俗来说：八成是准的。

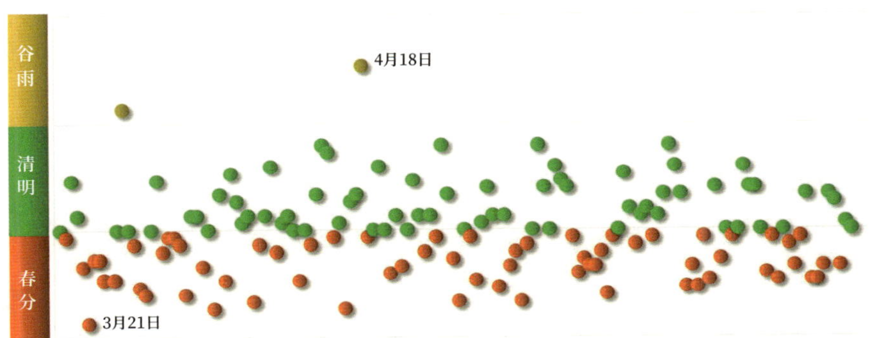

北京春季物候期的逐年变化

（1849—1988年）

数据来源：1849—1949 年序列来自龚高法等《北京地区自然物候期的变迁》（由前人日记梳理出的物候信息）；1950—1973 年序列来自竺可桢先生的观测；1974—1988 年序列来自《中国动植物物候观测年报》；北京春季物候期数值，为冰始融、山桃始花、杏树始花、紫丁香始花、柳始飞絮这五项物候的日期均值。

在千年序列物候期方面，我们以已知的世界上最长的物候观测序列——日本京都樱花满开日期为例。该项观测自 812 年开始，数据截至 2021 年。存在部分年份缺测，实际观测年份数 833 年。

樱花满开日期符合数学上的正态分布。日序均值（μ）为 104.47，标准差（σ）为 6.46 天。[±1σ] 区间为 14 天（节气尺度）。15 天可概括 3/4 年份（75.4%）的物候期。也就是说，即使是存在气候变化的近千年物候序列（多年变幅达到 40 天），节气尺度也恰好可以满足体现概率密度的正态分布的 ±1σ 标准。

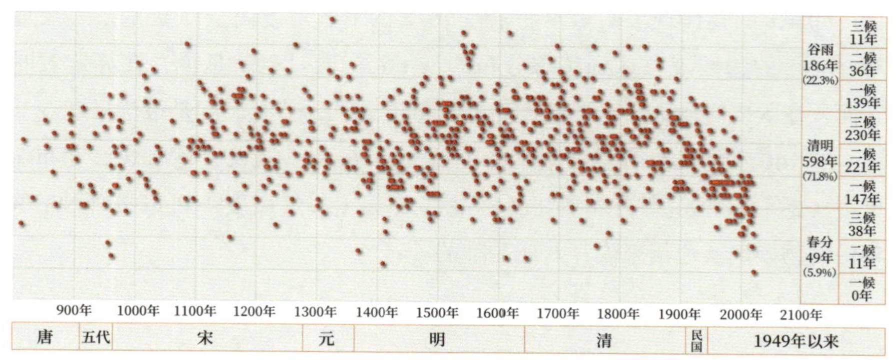

日本京都樱花满开日期的逐年序列

(812—2021年)

樱花满开日期均在春分、清明、谷雨时节，其中清明时节为峰值时段，占 71.8%。812—2021 年的满开日期均值为 4 月 15 日，1991—2020 年均值为 4 月 6 日。2021 年为 3 月 26 日，打破观测史上的最早纪录。

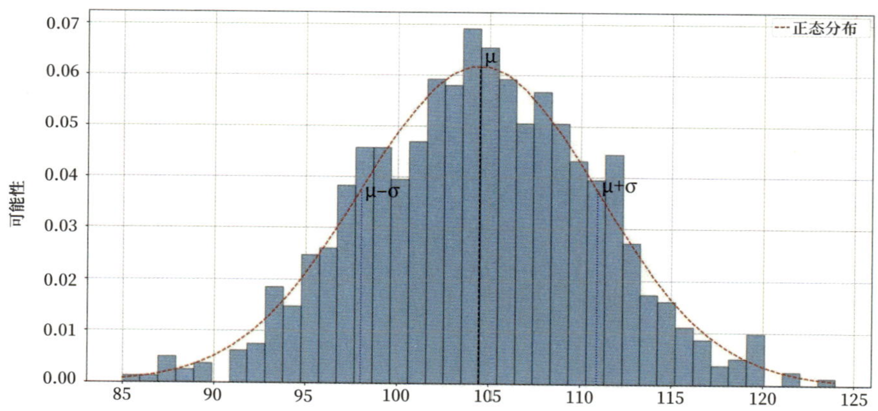

在这个例子中，粗略而言，节气尺度为 ±1σ，月尺度为 ±2σ，“八节”为 ±3σ。这三个时间尺度在刻画特长序列植物物候期方面有一定的数学意义。

第四，我们从时间尺度刻画气候的能力来看。

对水汽状态和降水相态变化，节气尺度有着确切的界定能力。例如，表征冰始融的立春节气，表征水始冰的立冬节气，表征初雨的雨水节气，表征初霜的霜降节气，表征首场降雪的小雪节气，表征首次积雪的大雪节气。

可见，相应节气时段初雨、初霜、首场降雪、首次积雪等气候现象的落区，与节气体系的起源地——黄河中下游地区高度叠合。

对关键物候期，节气尺度有着确切的界定能力。例如，表征物候春始的惊蛰节气，表征物候春盛的清明节气（侧重阳光）和谷雨节气（侧重雨露），表征夏收作物将熟的小满节气，表征秋收作物当播的芒种节气。在靠天吃饭的农耕社会，这些都是指导人们顺天应时的关键性时间节点。

在雨热同季的季风气候背景下，一种时间尺度特别需要具有在雨热（降水和气温）维度界定变化趋势和极值区间的能力。

我们以北京 1981—2010 年的气候期为例。先看节气尺度在界定寒暑极致时段方面的能力。

节气尺度的小寒、大寒，能够较为准确地界定气温的谷值区间，尽管它们与趋势性下降的冬至、趋势性上升的立春，平均气温只有 1~2℃的差异。

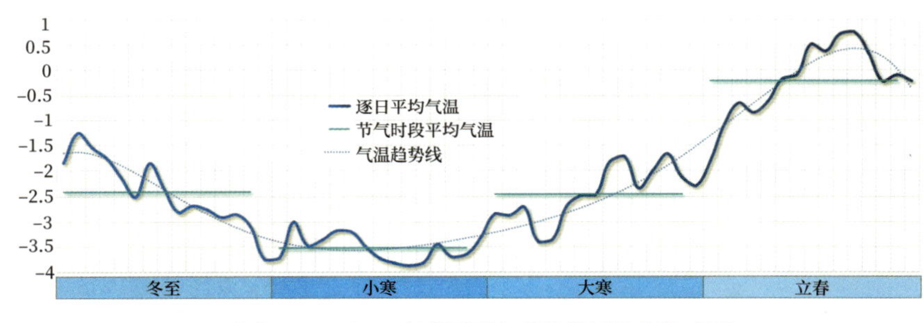

北京1981—2010年冬至到立春时节气温走势（℃）

节气尺度的小暑、大暑，能够非常准确地界定气候的峰值区间，尽管它们与相邻的趋势性上升的夏至、趋势性下降的立秋，平均气温只有 1℃以内的差异。

而 90 天左右的季节尺度、45 天左右的“八节”尺度，均不具备界定寒暑极致时段的能力。

尽管从时间尺度的分辨率而言，节气尺度仿佛“写意画”，候尺度仿佛“工笔画”，但在气温峰值区间（例如夏至三候至立秋一候），候尺度中的扰动显著，并不能较好地表征变化趋势。

节气尺度在表征气候方面的优越性，既在于能够比更细的时间尺度在纷

乌鲁木齐
哈尔滨
长春
沈阳
呼和浩特
北京
天津
渤海
银川
石家庄
太原
西宁
济南
兰州
黄海
西安
郑州
合肥
南京
拉萨
成都
上海
武汉
杭州
重庆
东海
南昌
长沙
钓鱼岛
赤尾屿
贵阳
福州
台北
昆明
台湾岛
南宁
广州
香港
澳门
东沙群岛
海口
海南岛
1981—2010年雨日≥1天年份首次占比2/3以上的区域
资料暂缺

雨水时节始雨水

乌鲁木齐
哈尔滨
长春
沈阳
呼和浩特
北京
天津
渤海
银川
石家庄
太原
西宁
济南
兰州
黄海
西安
郑州
合肥
南京
拉萨
成都
上海
武汉
杭州
重庆
东海
南昌
长沙
钓鱼岛
赤尾屿
贵阳
福州
台北
昆明
台湾岛
南宁
广州
香港
澳门
东沙群岛
海口
海南岛
霜降时节出现初霜的区域
资料暂缺

霜始降

开始降雪的节气

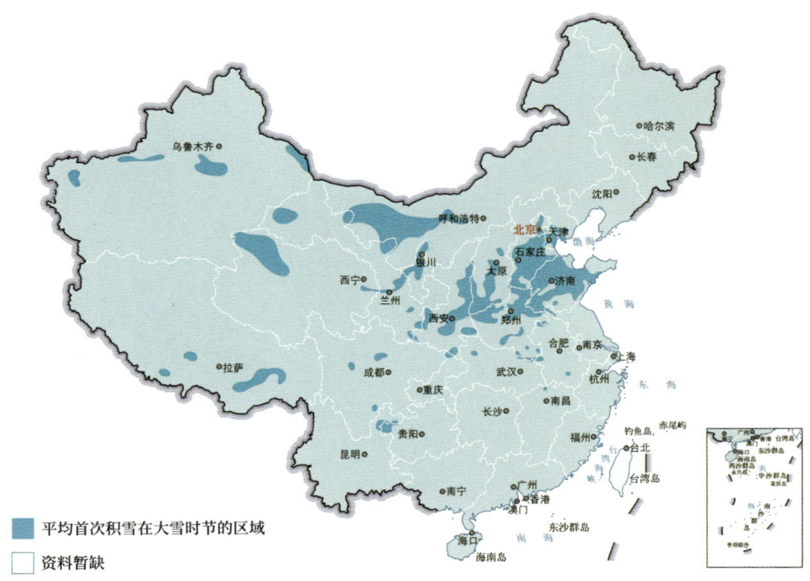

开始积雪的节气

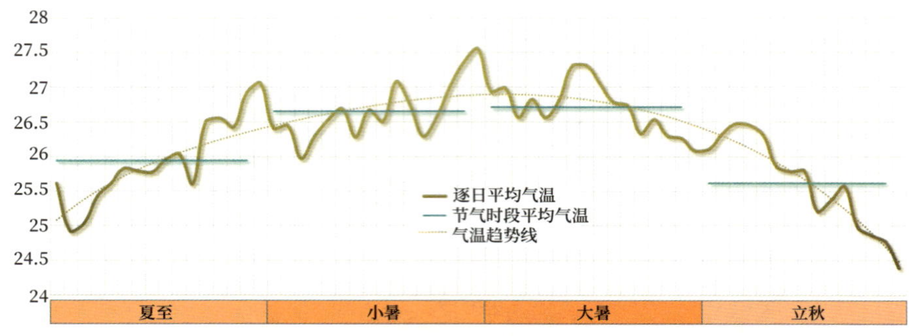

北京1981—2010年夏至到立秋时节气温走势（℃）

繁的变率中更好地刻画出定常的规律，也在于能够比更粗的时间尺度更好地勾勒出气候的轮廓感和特征态。这就如同最好的选手，必定能在难度系数和稳定性之间完美平衡，二十四节气就是这样的选手。

为什么是二十四个节气？节气数目定格为二十四个的缘由可能是契合既有的历法体系和文化逻辑。而 15 天左右的节气尺度在界定物候、刻画气候方面的优越性，可能是节气体系一直被推崇，成为显学，进而“飞入寻常百姓家”的原因。

最终，它拥有了超越国界的节气文化“朋友圈”。

二十四节气只适用于其发源地吗？

我们经常听到这样的说法："二十四节气只适用于（发源地）黄河中下游地区。"

例如岭南的朋友说，什么小雪、大雪节气，他们那儿根本就不下雪。再如黑龙江的朋友说，什么立春节气，立春的时候他们那儿还零下三十多摄氏度呢！或是什么霜降节气，白露的时候他们那儿就开始下霜了。又如高原的朋友说，什么小暑、大暑节气，"暑"跟他们有什么关系？！

这涉及二十四节气的地域适用性问题。二十四节气体系中最初的四个节气（夏至、冬至、春分、秋分）表征白昼最长、最短日，以及昼夜平分日，是全球通用的四个节气，不存在地域限定。在中国文化中，春分、秋分除了表征昼夜平分，还表征寒暑平衡。

其实作为时间规则，二十四节气可以适用于任何地区，只是节气的部分称谓、初始的气候和物候标识源自黄河中下游地区。但在传承过程中，各地也在将节气逐渐本地化。于是，二十四节气才能够成为通用的知识和应用体系。

例如立春，并不是气候意义上的春（日平均气温跨越 10℃的门槛），而是气温的拐点，是气温趋势性地进入上升通道的标志。在这一点上，各地具有共性。

再如雨水，如果以全面消融或降雨天气常态化诠释雨水节气，反倒是秦

雨水时节的全面消融

雨水时节的春雨连绵

平均气温最高在小暑

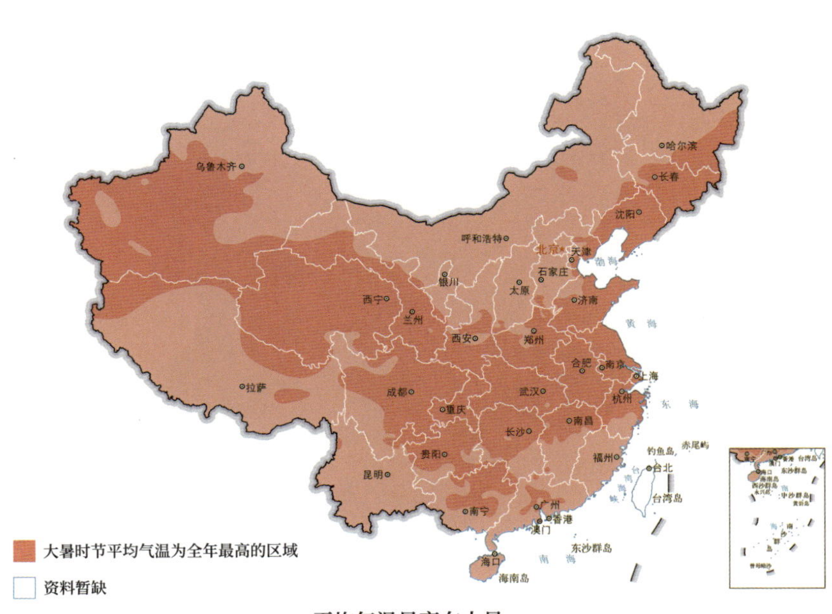

平均气温最高在大暑

平均气温最低在小寒

平均气温最低在大寒

岭—淮河以南地区与之契合。

又如小暑、大暑和小寒、大寒节气，其最深刻的内涵是一年之中气温最高和最低的时段。各地尽管在小暑、大暑和小寒、大寒时节的气温绝对值各不相同，但共性是：它们分别是各地一年之中气温的峰值和谷值时段。

与北方整体相比，长江流域的大暑才更像是大暑，反倒是南方沿海地区的大寒之寒甚于小寒。

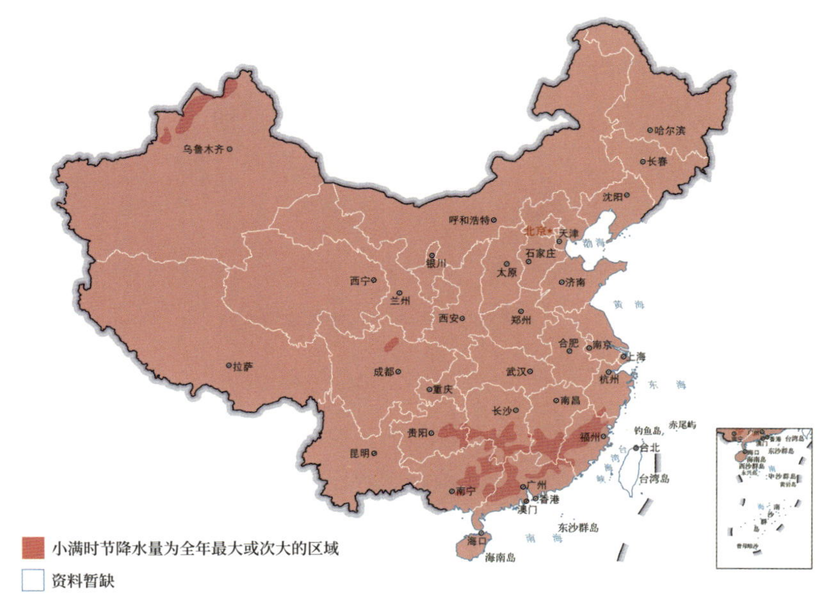

小满江河满

例如小满，原来是小满“小暑至”，天气开始小热。后来改为小满三候“麦秋至”，麦子即将成熟。但在凉州，就变成了“小暑收大麦，大暑收小麦”。而在广东，小满物候则侧重华南前汛期的降水，“小满江河满”。因此小满之“满”，在北方冬麦区可以是籽粒之满，在南岭附近可以是水体之满。

再如立秋和处暑，北方是“立了秋，扇子丢”“处了暑，被子捂”。但在江南，人们将其修订为“立秋处暑正当暑”“立秋处暑，上蒸下煮”。

而且不同年代的气候也存在差异。原来华北播种冬小麦是在秋分，“白露早，寒露迟，秋分种麦正当时”，现在推迟到了寒露，“麦子点在寒露口，

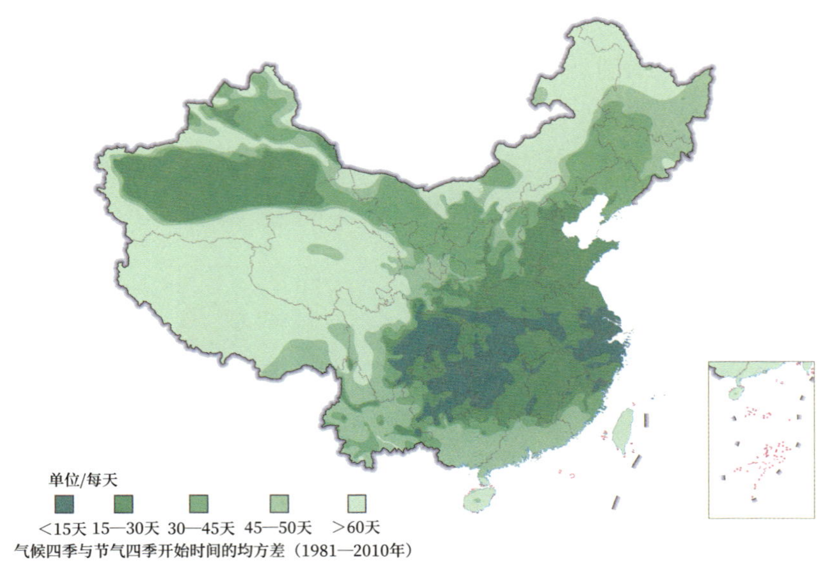

气候四季与节气四季的离散度

点一升，收三斗”。

二十四节气所划定的，是四季准等长的季节体系，每个季节都有六个节气。如果我们以气候意义上的四季对应节气意义上的四季，长江流域地区更契合四季准等长的季节体系。

二十四节气只是基于天文规则的一个个时段，每个时段内的气候和物候，没有放之各地而皆准的标准答案。在两千年的传承过程中，人们一直是依照所在地域、所处年代进行细化和修订，这是知识和应用体系的“众筹”。其适用性，是依托本地化和当代化来动态实现的。

即使在古代，《月令》也是动态的，《礼记·月令》中便有“（季冬之月）天子乃与公卿大夫共饬国典，论时令，以待来岁之宜”的修订环节。汉代《四民月令》中也有视该年具体情况灵活安排农事的“条款”：“九月藏茈姜、蘘荷，作葵菹、干葵。其岁若温，皆待十月。”

节气的平民表达：歌谣与谚语

我最初喜欢节气，是从背诵歌谣谚语，然后渐渐地品味这些歌谣谚语开始的。我小时候朗读节气歌谣时，一下子就对“立夏鹅毛住，小满鸟来全”着迷了，觉得立夏、小满是最好的节气。后来我才知道，节气歌谣谚语包含着更丰富的内容。

人们用歌谣谚语界定气候规律，例如“清明断雪，谷雨断霜”。人们也用歌谣谚语描述百姓的天气心愿，例如“清明宜晴，谷雨宜雨”。甚至有些气候现象就是以节气命名的，例如“小满寒”“寒露风”。人们甚至还可以界定节气时段的相关性，例如“立夏小满田水满，芒种夏至火烧天”（立夏、小满时段降水偏多，芒种、夏至时段就会气温偏高）。

人们用歌谣谚语界定物候规律，例如“棉到白露白如霜，谷到白露满地黄”。人们还用歌谣谚语刻画作息规律，例如“小满赶天，芒种赶刻”。

在北方，是小暑、大暑雨水最多，而“芒种夏至是水节”的江南却是“小暑雨如银，大暑雨如金”。种冬麦的地方，是“小满麦秋至”，种春麦的地方，却是“小暑收大麦，大暑收小麦”。

接下来，我们将以江南版本、东北版本的节气歌谣和华北版本、江南版本的数九歌谣为例，一起品味节气文化中的平民智慧。

江南节气歌谣

立春阳气转，雨水落无断。惊蛰雷打声，春分雨水干。清明麦吐穗，谷雨浸种忙。

立夏鹅毛住，小满打麦子。芒种万物播，夏至做黄梅，小暑耘稻忙，大暑是伏天。

立秋收早秋，处暑雨如金。白露白迷迷，秋分稻秀齐。寒露无青稻，霜降一齐倒。

立冬下麦子，小雪农家闲。大雪罱河泥，冬至河封严。小寒办年货，大寒过新年。

江南节气歌谣

清明节气图描绘了青团，亦称清明团，寒食遗存。“立夏鹅毛住”，是指风小了，鹅毛都可以安静地落在地上而不会被风吹走。“夏至做黄梅”，是指梅子黄时梅雨季进入盛期。

处暑节气图描绘了江南的“处暑十八盆”。此时暑热尚未消退，人们依然需要每天冲凉洗澡。清代顾禄《清嘉录》云：“土俗，以处暑后天气犹暄，约再历十八日而始凉，谚云‘处暑十八盆’，谓沐浴十八日也。”白露、秋分、霜降、小寒节气图中的花，分别为茉莉、桂花、野菊、水仙。“大雪罱河泥”，是指在大雪时节人们对河道进行清淤。

东北节气歌谣

立春阳气转，雨水沿河边。惊蛰乌鸦叫，春分地皮干。清明忙种粟，谷雨种大田。

立夏鹅毛住，小满鸟来全。芒种开了铲，夏至不拿棉。小暑不算热，大暑三伏天。

立秋忙打甸，处暑动刀镰。白露快割地，秋分无生田。寒露不算冷，霜降变了天。

立冬交十月，小雪地封严。大雪河封上，冬至不行船。小寒近腊月，大寒整一年。

东北节气歌谣

“清明忙种粟”，是指种麦。东北冬季过于寒冷，人们种的不是秋种夏收的宿麦（冬小麦），而是春种秋收的春小麦。“夏至不拿棉”，不是不再穿棉衣了，而是晚上不需要盖棉被了。

“立秋忙打甸”，是指开始打牲畜越冬的饲草或人们御寒的柴草。立秋节气图中的蚂蚱，在气候寒凉的东北，才真正是“（立）秋后的蚂蚱，蹦跶不了几天了”。寒露节气图中的果子，叫作菇娘儿、毛酸浆。菇娘儿，是东北秋天里酸酸甜甜的味道。

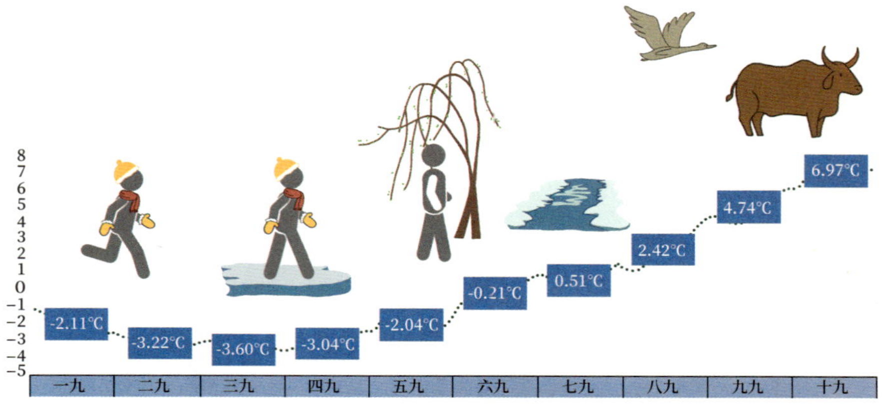

北京1981—2010年冬至到春分各时段平均气温（℃）

华北数九歌谣

一九二九不出手，三九四九冰上走，五九六九沿河看柳。

七九河开，八九雁来，九九加一九，耕牛遍地走。

“八九雁来”经常被误写为“八九燕来”。真实的情况是，小燕比大雁至少晚来一个月的时间。在节气候应中，是雨水二候“候雁北”，春分一候“玄鸟至”。

江南数九歌谣

冬至是头九，两手藏袖口；二九一十八，口中似吃辣；三九二十七，见火亲如蜜。

四九三十六，关住门子把炉守；五九四十五，开门寻暖处；六九五十四，杨柳树上发青丝。

七九六十三，路上行人把衣袒；八九七十二，柳絮飞满地；九九八十一，蓑衣兼斗笠。

谚语有云："百姓不念经，节气记得清。"节气体系的科学与文化，其平民化是通过歌谣与谚语来进行通俗表达和破圈传播的。

我觉得，节气歌谣谚语最伟大之处在于把节气科学与文化变成零门槛，让学问不像是学问。

节气歌谣谚语，使我们"千里不同风，百里不共雷"的气候差异有了细腻的地域界定，使我们面对气候变化，可以各村有各村的高招，各家有各家的秘籍，并且在世代传承的过程中，不断修订，不断"众筹"和共享，使节气体系可以实现本地化和当代化的活态传承。

二十四节气气候时段的伸缩与漂移

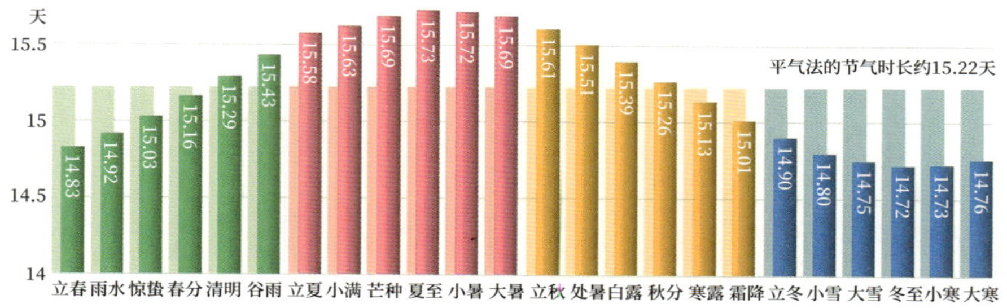

二十四节气天文时长

正色柱体为定气法的节气时长，淡色柱体为平气法的节气时长。

公元前 104 年汉武帝时期颁行《太初历》，施行“平气法”，时间等分，各个节气时长均等。1645 年，清顺治时期颁行《时宪历》，施行“定气法”，黄经等分，各个节气时长不均等。

根据“定气法”，节气视角下的四季等长，严谨而言，是四季准等长。最短的季节冬季约 89 天，最长的季节夏季约 95 天。

节气，涵盖了三个时间概念：①精确到秒的交节时刻；②节气日，即节气时段的始日；③节气始日至终日之间 15 天左右的节气时段，也称“时节”。所以“清明时节雨纷纷”，并非特指清明节气日，而是泛指清明节气时段。所谓节气时段，通常说的是节气相对固定的天文时段。

就公历而言，二十四节气的天文时间是基本固定的，这体现了节气的太阳历属性。

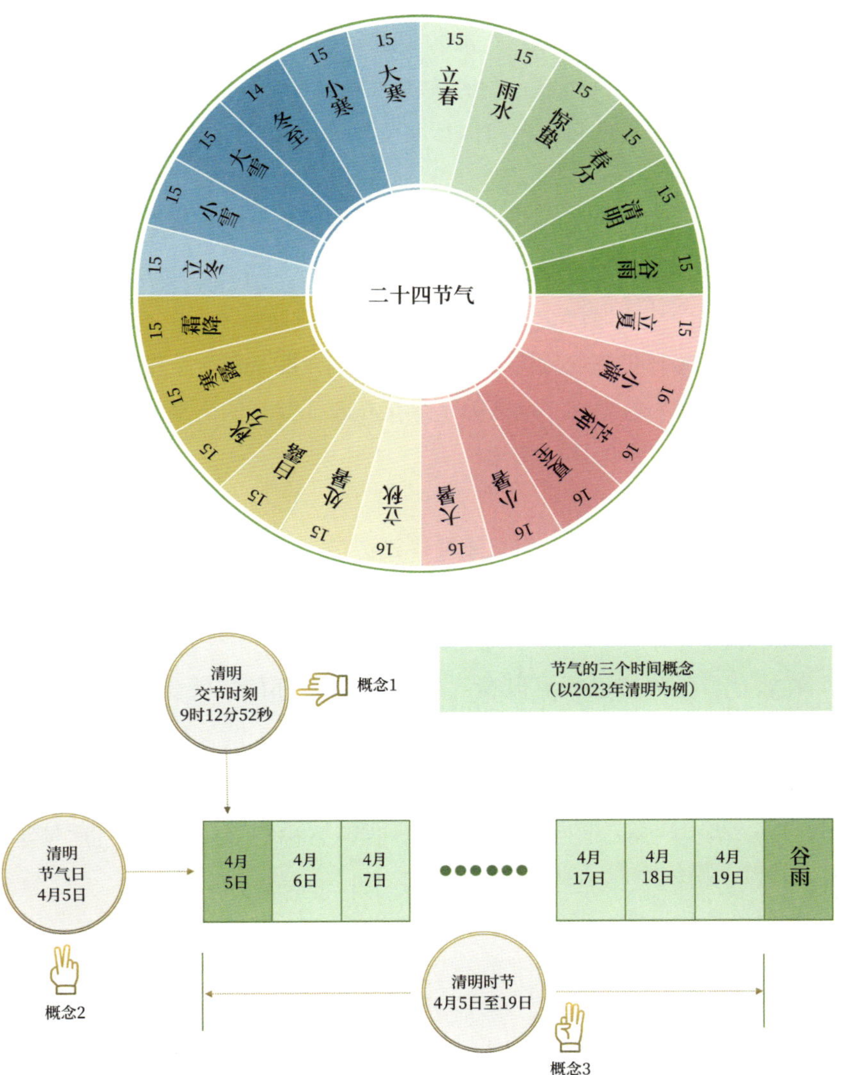

每个节气时段（时节）的起止时间，正如歌谣所云：“一月两节不更变，最多只差一两天。上半年来六廿一，下半年是八廿三。”在从前的“平气法”

规制下，各个节气的时长本是等长的。但在现行的“定气法”规制下，各个节气按照黄经等分。地球绕日的椭圆形轨道（黄道）上，远日点附近（夏至前后）地球运行的角速度较慢，在黄道上运行 15° 的时间较长。相反，近日点附近（冬至前后）地球运行的角速度较快，在黄道上运行 15° 的时间较短。

所以，夏至前后的每个节气时段将近 16 天，冬至前后的每个节气时段不足 15 天。

二十四节气，是中国古人创制的简明气候历。以天文界定时间节点，在此基础上匹配与这个时间节点相应的核心气候要素特征（如季节更迭时段、寒暑极致时段、初霜时段、初雪时段、冰始融时段、水始冰时段）。但随着气候变化，天文时间节点与核心气候要素的契合度必然产生变化。二十四节气气候时段的伸缩与漂移，就是为了量化在表征节气的天文时点不变的情况下，气候时点发生了怎样的变化。

前人有相应的认知吗？

从诗词表达上看，唐玄宗李隆基诗云：“节变云初夏，时移气尚春。”说的便是立夏的天文时间到了，但气候时间还没到。虽说“节”已然入夏，但是“气”依然为春。

在古代，如果节已入夏但春气未消，“有关部门”就要举办仪式，“引导”春气止息、夏气通达。如果是节已入秋但夏气未消，甚至需要天子亲自主持仪式，“引导”夏气止息、秋气通达。正如《吕氏春秋·季春纪》所言：“国人傩，九门磔禳，以毕春气。”类似的记录还有《吕氏春秋·仲秋纪》：“天子乃傩，御佐疾，以通秋气。”

从谚语表达上看，节气谚语有云：“节到气不到，气到节不到。”

在民间，人们通俗地将“节气”一词拆解为“节”和“气”两个概念。“节到”，指节气的天文时间；“气到”，指节气的气候时间。气候变化背景下，春夏节气是典型的“气到节不到”，秋冬节气是典型的“节到气不到”。而“节”与“气”的吻合，才可谓“守正”。这便是二十四节气气候时段伸缩与漂移算法的基本逻辑。

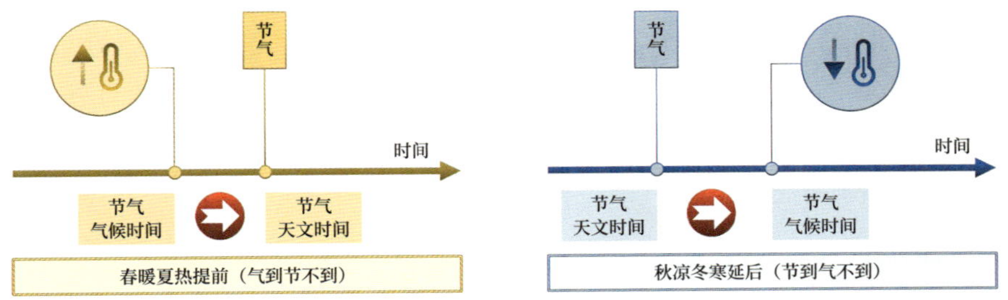

从医典表达上看，关于节（天文时间）与气（气候时间）的关系，古人是用“太过”和“不及”这两个概念来界定的，并将某天文时间呈现的正常气候称为“主气”，本属于其他天文时间但出现在该天文时间的异常气候称为“客气”。

《黄帝内经·素问·六节藏象论》云：“未至而至，此谓太过……至而不至，此谓不及。”如果天文时间还没到，但气候时间提前到了，例如尚在大寒节气，天气就像是立春了，就叫作“太过”。如果天文时间已经到了，但气候时间还没到，例如已经过了立秋，却依然秋老虎盛行，就叫作“不及”。春天回暖太快，“又是一年春来早”，就是气候时间早于天文时间，为“太过”，属于“冬行春令”。秋天转凉太迟，就是气候时间晚于天文时间，为“不及”，属于“秋行夏令”。

在古人眼中，这种“太过”和“不及”会怎样呢？

《吕氏春秋·季冬纪》云：“季冬行春令，则胎夭多伤，国多固疾，命之曰逆。”《吕氏春秋·孟冬纪》云：“孟秋行夏令，则多火灾，寒热不节，民多疟疾。”

人们常说：“良言一句三冬暖，恶语伤人六月寒。”但在古人看来，夏行冬令的“六月寒”不好，冬行春令的“三冬暖”（现在所说的“暖冬”）也不好。这是古已有之的气候价值观。

如果气候失序会有怎样的后果呢？

《黄帝内经·素问·六节藏象论》中说：“失时反候，五治不分，邪僻内生，工不能禁也……气之不袭是谓非常，非常则变矣。”《礼记·乐记》言：“天地之道，寒暑不时则疾，风雨不节则饥。”

如果四时气序不按常理出牌，气候时间与天文时间严重背离，打破了温、热、湿、燥、寒的正常节律，就容易诱发病变，出现医生无法诊疗的病症。所以说“过犹不及”，“太过”和“不及”被视为同等的失序性问题。因此，在气候变化背景下，准确刻画节气气候的异常程度，对指导人们的节气养生有着重要的意义。

《黄帝内经》如何判断节与气的关系？

《黄帝内经·素问·六节藏象论》是这样写的：“所谓求其至者，气至之时也。谨候其时，气可与期。”

判断什么是正常气候，要以天文时间为基准，以此来衡量气候时间的提前或滞后，即气候时间的“太过”与“不及”。这就要精确测算气候时间的偏差，从而推断温、热、湿、燥、寒等气候特征的偏差。

因此，我们所做的二十四节气气候时段伸缩与漂移的算法逻辑，在《黄帝内经》中早有阐释。

其实在古代，人们便有测定某个时点气候状态的方法。古人以律管候气，所谓“葭管飞灰”。《史记·律书》记录了具体的律管长度，《吕氏春秋·季夏纪》记录了律管长度三分损益的算法，《礼记·月令》记录了月份与音律的对应。

“风气正则十二月之气各应其律，不失其序。”但气候变化背景下，表征气候规律的“风气正”，也很难“守正”。在科学时代，我们已不再需要“律管候气”，而可以由各个节气的气候时间的起止来“候气”。

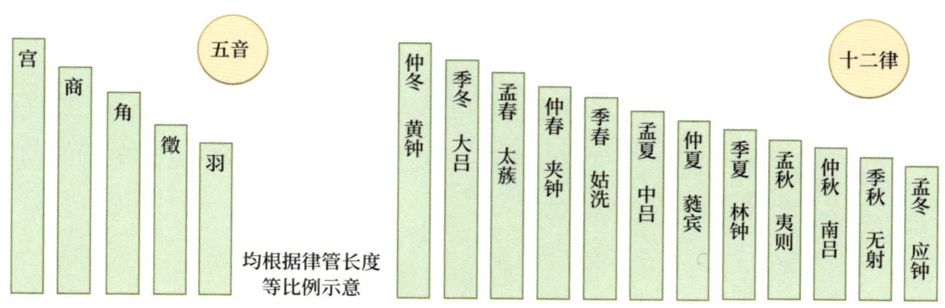

以平均气温的视角，对比两个气候期，全国的气候发生了怎样的变化呢？

对比两个气候期，全国绝大部分地区都出现了增温现象，以北方为主的部分地区增温 1℃以上。

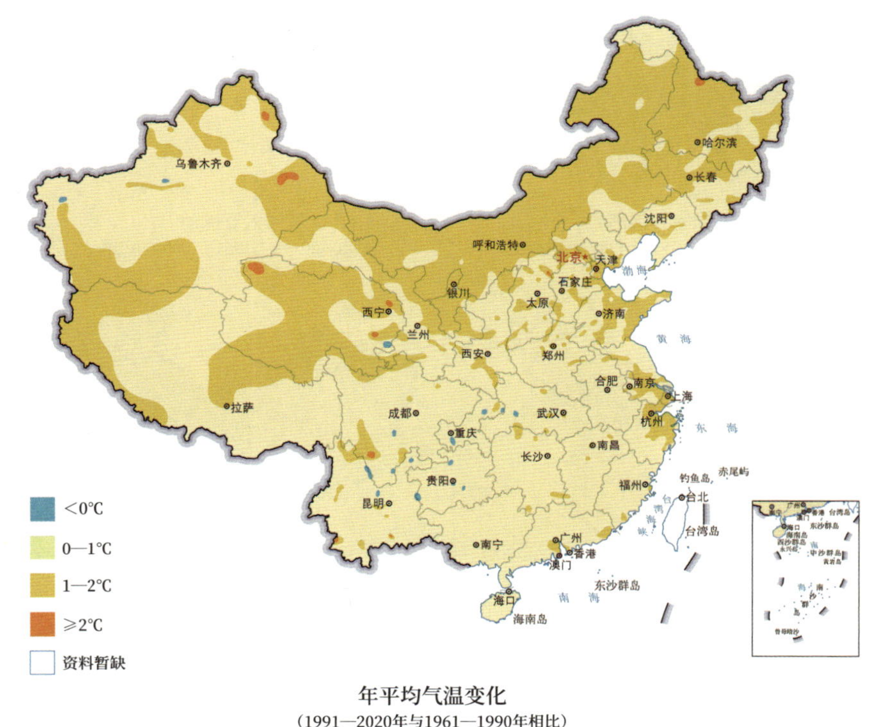

年平均气温变化
（1991—2020年与1961—1990年相比）

以气候季节漂移的视角，两个气候期对比，全国的气候发生了怎样的变化呢？

四个季节，如同班里的四位同学：春天不迟到但早退，夏天不迟到也不早退，秋天迟到但不早退，冬天既迟到又早退。

从 21 世纪第二个十年与 1951—1980 年气候期的对比，我们可以看出季节的漂移是一个比较普遍的现象。其中春季向前漂移的幅度最大（提前 7.09 天），达到半个节气尺度；夏季伸缩幅度最大（增长 12.48 天），接近一个节气尺度。又是一年春来早、又是一年夏日长，已成为新常态。

于是，春天节气的气候时间大大提前，刚刚立春，却暖若仲春；刚刚清

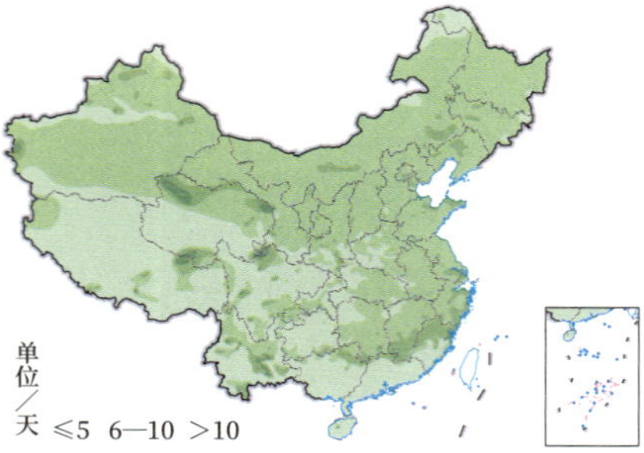

单位/天 ≤5 6—10 >10

气候入春提前
（1981—2010年与1951—1980年相比）

单位/天 ≤5 6—10 >10

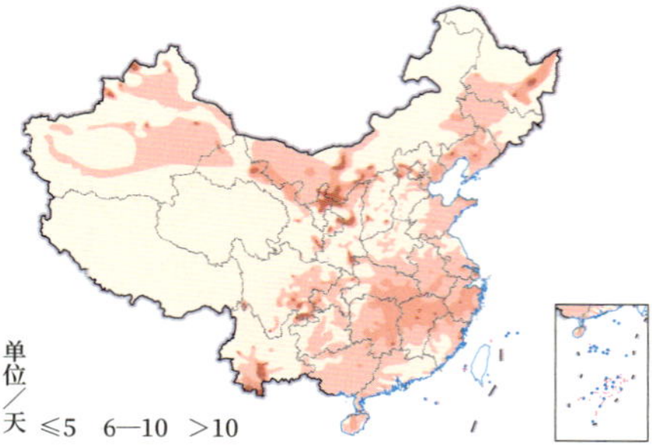

气候入夏提前
（1981—2010年与1951—1980年相比）

单位/天 ≤5 6—10 >10

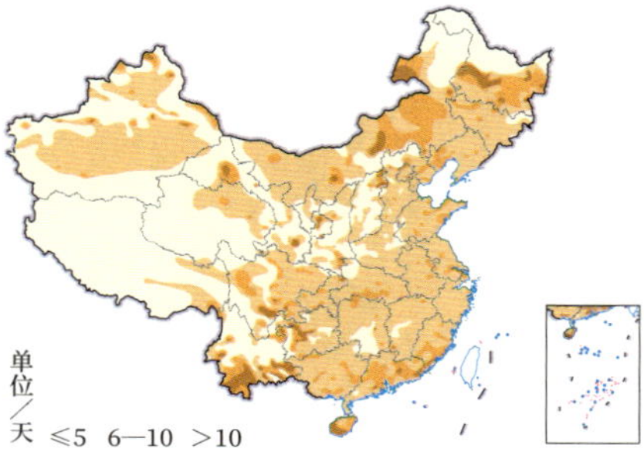

气候入秋延后
（1981—2010年与1951—1980年相比）

单位/天 ≤5 6—10 >10

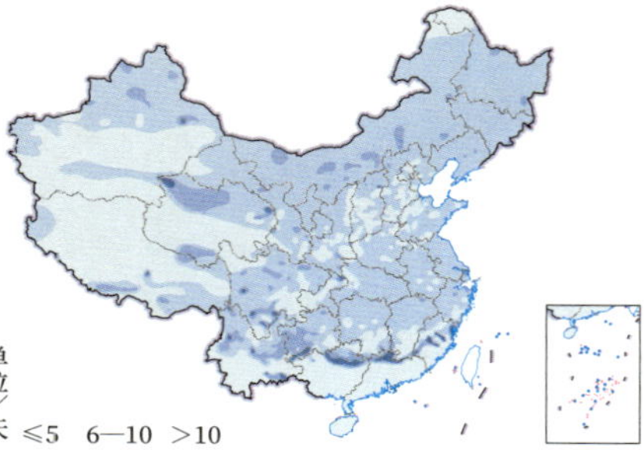

气候入冬延后
（1981—2010年与1951—1980年相比）

注：港澳台地区资料暂缺。

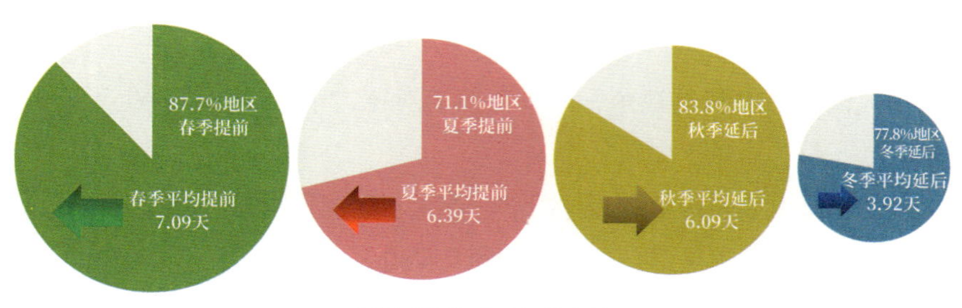

全国平均换季时间的变化
（2011—2020年与1951—1980年相比）

明，却炎如初夏。夏天节气的气候时间大大延长，明明是处暑、白露，却依然是小暑、大暑般的“上蒸下煮”。而冬季节气的气候时间大大萎缩，小寒、大寒般“冻成冰团”的隆冬时常隐身。

几十年的时间中，气候已然产生了显著的变化。那么，在各个节气天文时间不变的前提下，如何量化地界定每个节气的气候时段发生了怎样的伸缩与漂移呢？

我们以 1961—1990 年气候期作为二十四节气的气候基准，通过算法确定各个节气时段的气温阈值，从而计算出每个节气的气候时间。

全国省会级城市盛夏节气气候时间增长率和隆冬节气气候时间缩减率
（1991—2020年与1961—1990年相比）

注：盛夏节气指夏至、小暑、大暑；隆冬节气指冬至、小寒、大寒。

就全国而言，隆冬节气气候时间的缩减率大于盛夏节气气候时间的增长率，只不过人们对炎夏的吐槽更多，对暖冬的抱怨较少而已。以全国平均的视角，1991—2020 年，最热的小暑、大暑节气气候时间增长到 52 天，增长 63%。最冷的小寒、大寒节气气候时间缩减到 10 天，缩减 67%。寒暑极致节气时长发生了六成以上的伸缩。而从气温增幅来看，增幅最大的前三位为

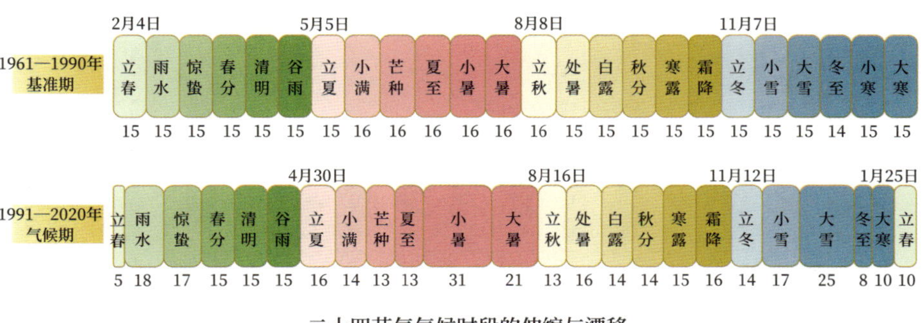

二十四节气气候时段的伸缩与漂移
（全国平均）

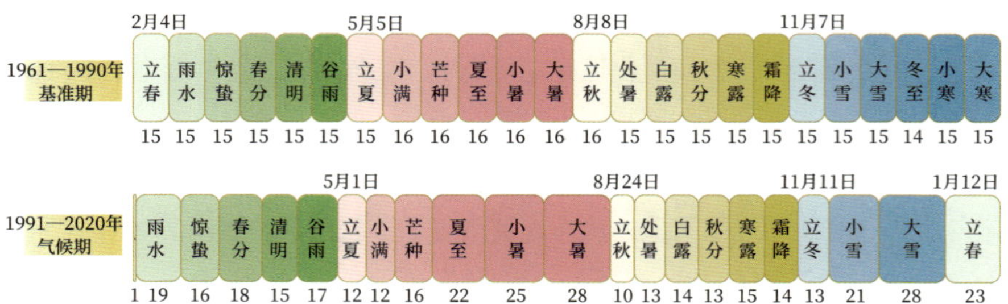

北京二十四节气气候时段的伸缩与漂移

初春的三个节气：立春、雨水、惊蛰。

北京盛夏（夏至、小暑、大暑）的气候时间增长了 56%，相当于 5 个节气的时长。而隆冬（冬至、小寒、大寒）的气候时间已清零，也就是说，从前北京冬至、小寒、大寒般的寒冷天气已难以重现。现在冬天最冷的时候，也就只相当于从前小雪、大雪时节那样的程度了。

立春节气的气候时间，从 1 月 12 日小寒二候就开始了。而立春的天文时间，完全是雨水气候。

上海已不再有从前小寒、大寒般的寒冷天气，名义上的大寒，已被立春气候“侵占”，而原本属于立春的时间，已被雨水和惊蛰合力“侵吞”。上海，20 世纪第二个十年的平均气温是 15.13℃，21 世纪第二个十

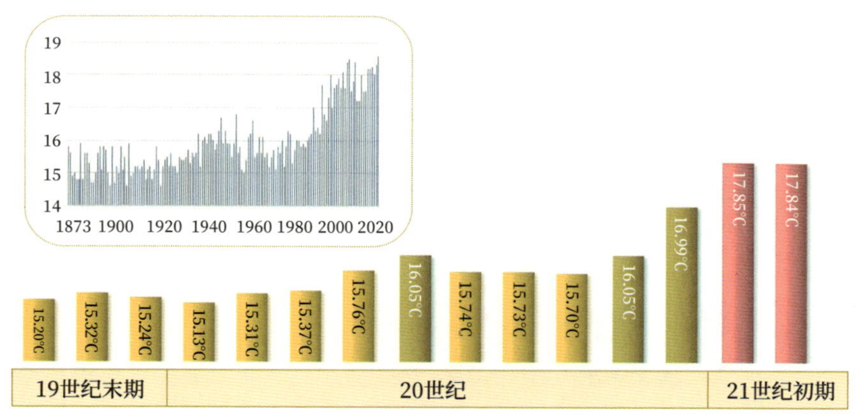

上海150年气候变迁

（上海徐家汇观象台1873—2021年气温观测）

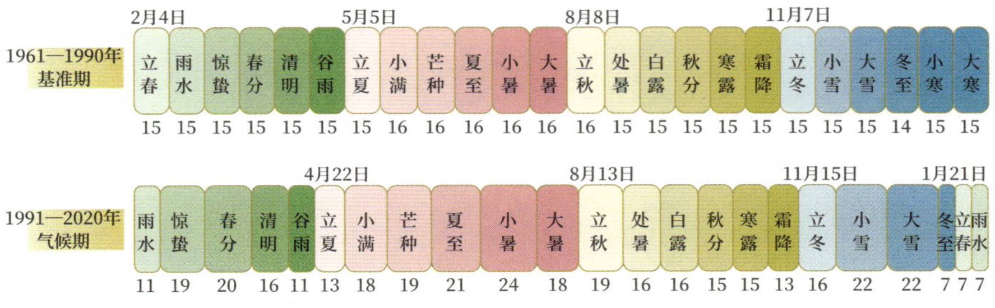

上海二十四节气气候时段的伸缩与漂移

年跃升到了 17.84℃，2021 年更是达到创纪录的 18.60℃！数据下的一个世纪的气候变迁，常常令人有一种恍惚的陌生感。

我们再聚焦粤港澳大湾区的几座城市。相比之下，广州二十四节气气候时段的伸缩与漂移是较为温和的。盛夏的气候时间增长 15%，隆冬的气候时间缩减 46%。节气四季的提前和延后均在 5 天以内。

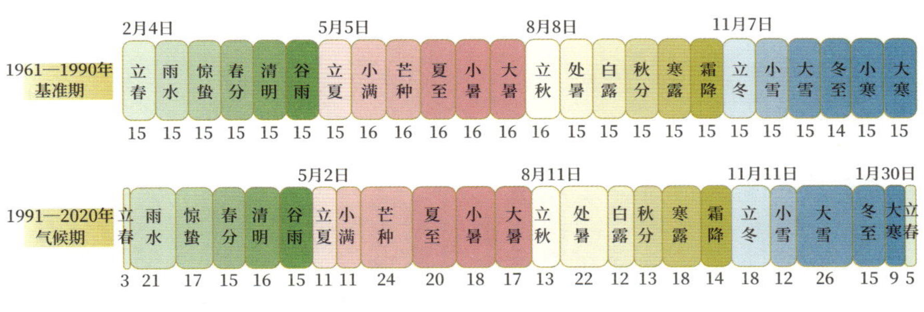

广州二十四节气气候时段的伸缩与漂移

香港二十四节气气候时段的伸缩与漂移幅度略大于广州。以 1961—1990 年为气候基准，香港 1991—2020 年的盛夏（夏至、小暑、大暑）为 61 天，而 1901—1930 年、1931—1960 年分别为 0 天和 3 天；1991—2020 年的隆冬（冬至、小寒、大寒）只有 19 天，而 1901—1930 年和 1931—1960 年分别为 65 天和 57 天。与 1901—1930 年气候期相比，1991—2020 年香港平均气温增幅为 1.238℃。其中春季节气气温增幅最大，为 1.773℃；秋季节气气温增幅最小，为 0.987℃。

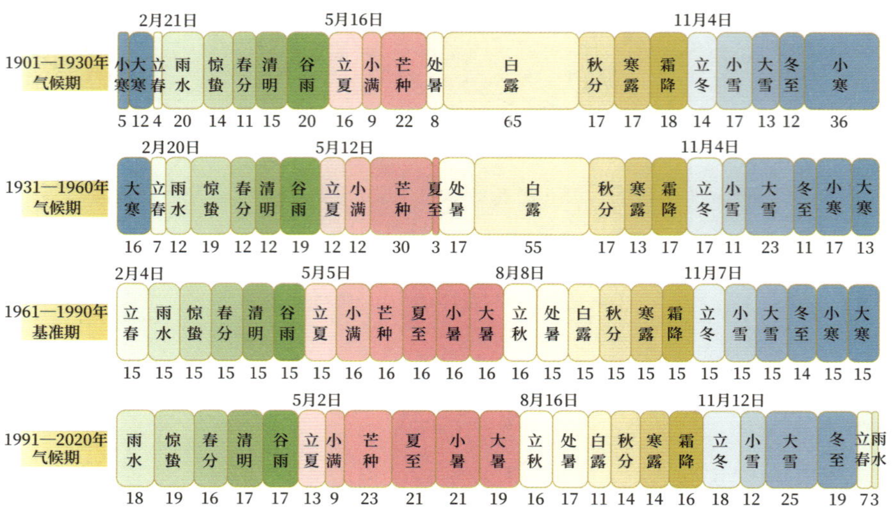

香港二十四节气气候时段的伸缩与漂移

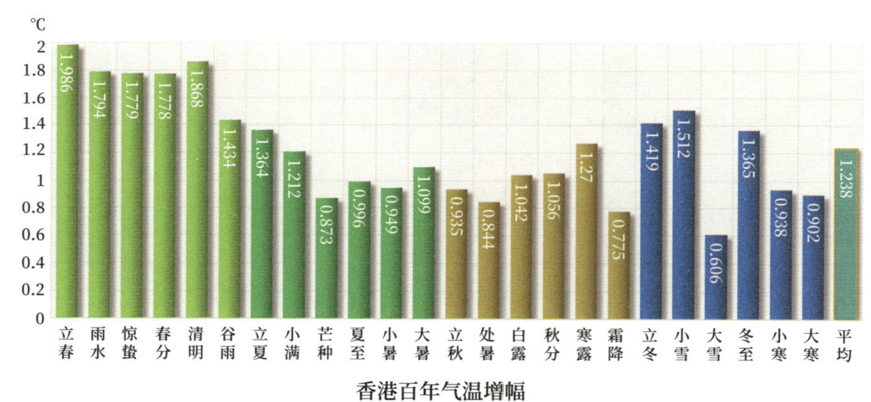

香港百年气温增幅

（1991—2020年与1901—1930年相比）

我们若以1901—1930年气候期为基准，1931—1960年、1961—1990年、1991—2020年对气温增幅的贡献率分别为19.3%、33.4%、47.3%。在百年气候变化中，1991—2020年对气温增幅的贡献率近半，气候变化呈加速趋势。

而与香港毗邻的深圳，其节气气候变化在粤港澳大湾区都市中特别突出。

深圳夏季节气提前6天开始，延后41天结束，夏季节气的气候时间增

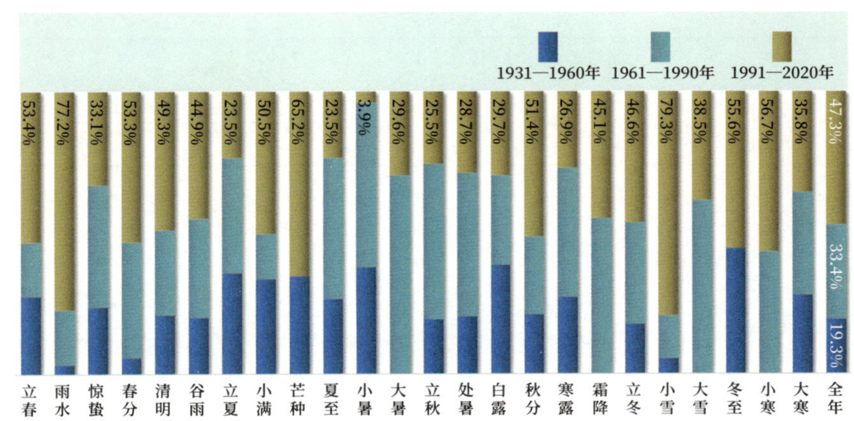

香港各气候期对气温增幅的贡献率
（1901—2020年）

长到 142 天，增长 49%。而冬季节气延后 12 天开始，提前 11 天结束，冬季节气的气候时间缩减到 66 天，缩减 26%。深圳最热的夏至、小暑、大暑的气候时间增长到整整 100 天，增长 108%；而最冷的冬至、小寒、大寒的气候时间缩减到 5 天，缩减 89%。可见，在由小渔村到大都市的进程中，深圳的节气气候变化幅度明显超过香港、澳门和广州。

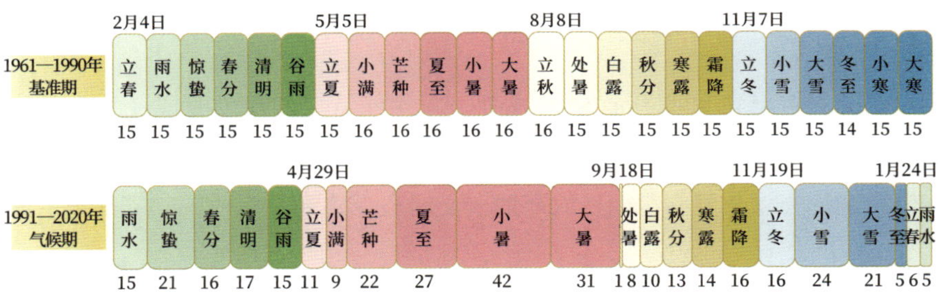

深圳二十四节气气候时段的伸缩与漂移

深圳与香港、澳门、广州节气气候变迁的对比

	盛夏	增长率	夏之始	夏之终	隆冬	缩减率	冬之始	冬之终
香港	61 天	27%	早 3 天	晚 8 天	19 天	57%	晚 5 天	早 10 天
澳门	33 天	-31%	未变	早 11 天	16 天	64%	晚 5 天	早 11 天
广州	55 天	15%	早 3 天	晚 3 天	24 天	46%	晚 4 天	早 5 天

（续表）

深圳与香港、澳门、广州节气气候变迁的对比								
	盛夏	增长率	夏之始	夏之终	隆冬	缩减率	冬之始	冬之终
深圳	100 天	108%	早 6 天	晚 41 天	5 天	89%	晚 12 天	早 11 天

注：盛夏节气指夏至、小暑、大暑；隆冬节气指冬至、小寒、大寒。夏（冬）之始，指立夏（冬）气候时间的开始；夏（冬）之终，指立秋（春）气候时间开始的前一天。

再举两个例子，寒暑极致节气为“大暑-大寒型”的哈尔滨和寒暑极致节气为“夏至-冬至型”的昆明。哈尔滨最热的大暑节气气候时间变为 33 天，增长 106%。最冷的大寒节气气候时间变为 8 天，缩减 47%。最热的节气不止翻倍，最冷的节气不止减半。

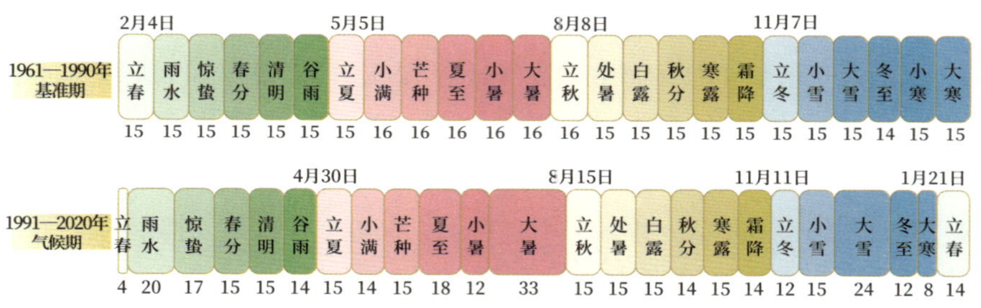

哈尔滨二十四节气气候时段的伸缩与漂移

被誉为春城的昆明在省会级城市中，冬夏节气的气候时段变化位列榜首。最热的夏至节气气候时间变为 38 天，增长 138%，而最冷的冬至节气气候完全消失。冬至、小寒、大寒的天文时段，主要是从前的立春气候。盛

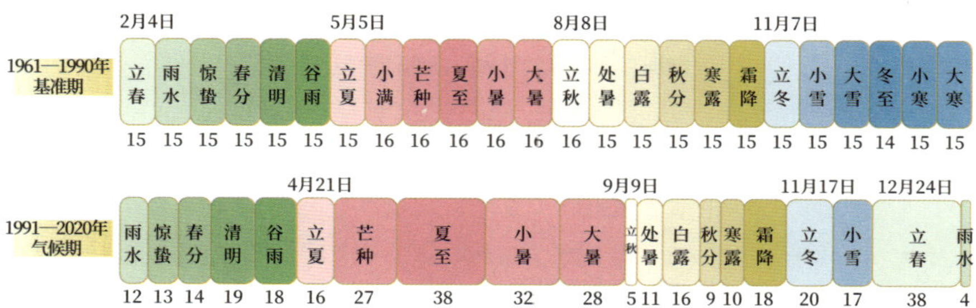

昆明二十四节气气候时段的伸缩与漂移

夏（夏至、小暑、大暑）的气候时段由小满三候的 6 月 3 日，一直延续到 9 月 8 日白露节气，夏热感不期而至。

地处高原的拉萨，在盛夏（夏至、小暑、大暑）节气时段的变化方面也尤为突出，仅次于昆明和海口（见第 43 页上图），盛夏节气的气候时间增长了 63%。在省会城市中，唯一与众不同的是贵阳。在气候变化背景下，贵阳的气温整体上逆势下降。最热的小暑、大暑节气的气候时间由 32 天缩短到 7 天，最冷的冬至、小寒、大寒节气由 44 天增加到 52 天。

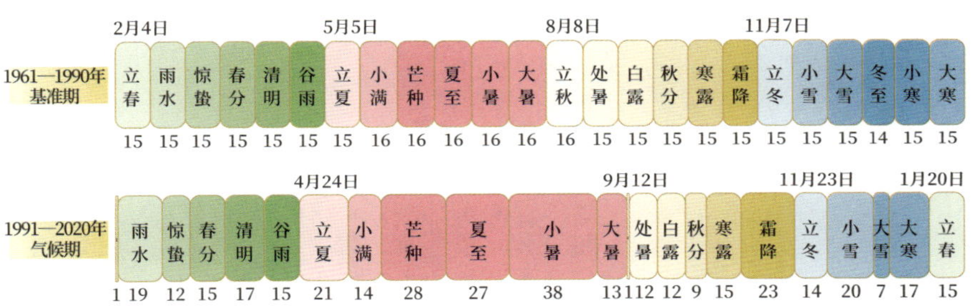

拉萨二十四节气气候时段的伸缩与漂移

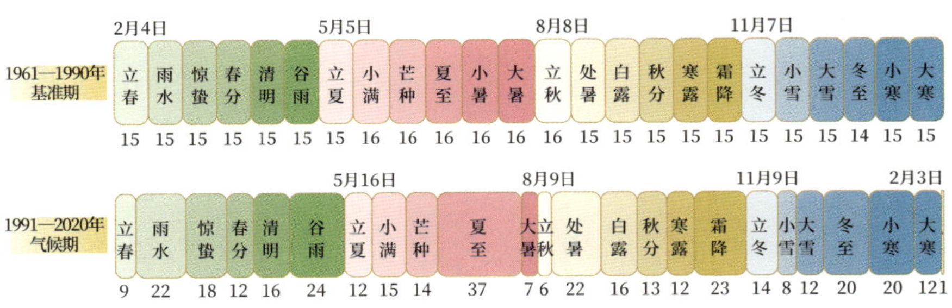

贵阳二十四节气气候时段的伸缩与漂移

二十四节气是人们表征和刻画气候规律的时间体系，很多耕作理念和生养智慧都基于人们对各个节气天文时段内气候态的认知和积淀而成的适用性。而在气候变化的背景下，量化地界定各个节气气候时段的伸缩与漂移，有助于人们与时俱进地进行社会适应和文化响应。

立春・四时之始

雨水・甘雨时降

惊蛰・阳和启蛰

春分・东风试暖

清明・万物齐乎巽

谷雨・雨生百谷

春

立春
雨水
惊蛰
春分
清明
谷雨
立夏
小满
芒种
夏至
小暑
大暑
立秋
处暑
白露
秋分
寒露
霜降
立冬
小雪
大雪
冬至
小寒
大寒

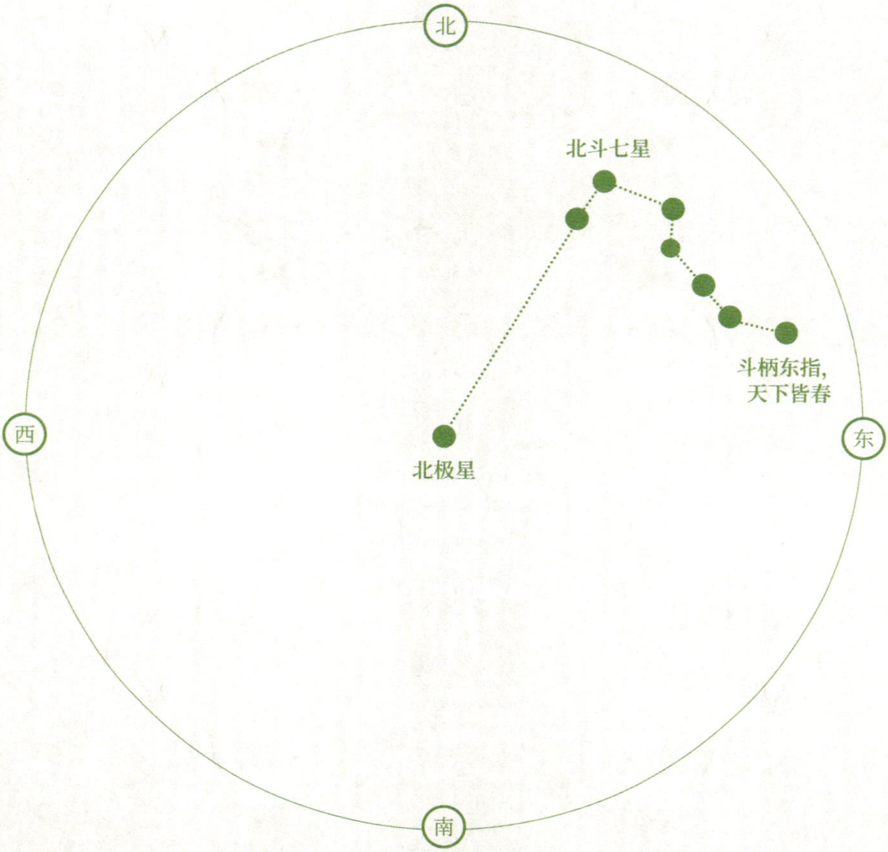

北

西

东

南

北斗七星

斗柄东指，
天下皆春

北极星

隰桑有阿，其叶有沃。既见君子，云何不乐！

——《诗经·隰桑》

书法家初志恒先生手书：『春，春为发生。春之气和则青而温阳。』前半句出自《尔雅》，概括春季气与象的属性；后半句出自《尔雅注疏》，刻画春季气与象的常态。

·春为发生·

现在我们经常说：发生什么事了？但这个“发生”，从前却是专门描述春季的词语。《尔雅》曰：“春为发生，夏为长赢，秋为收成，冬为安宁。”“发生”“长赢”“收成”“安宁”这四个词被古人视为四季的别称。

《管子·形势解》曰：“春者，阳气始上，故万物生。夏者，阳气毕上，故万物长。秋者，阳气始下，故万物收。冬者，阳气毕下，故万物藏。”

《白虎通义》曰：“春天地交通，万物始生，阴阳交接之时也。”

《后汉书》曰：“方春东作，布德之元。阳气开发，养导万物。”

春天，阳气由潜萌到崭露，天气和地气由分到合，风气由寒冽到温润。发生，因春气发而万物生，春阳和春雨若恩德普惠万物。当然，初春时节只是刚刚“发生”，往往还是“草色遥看近却无”。若有若无，或许是诗人心目中的“最是一年春好处”。

立春·四时之始

《春秋繁露》:“春，喜气也，故生。”

宋代词人赵师侠曰：“人随春好，春与人宜。”

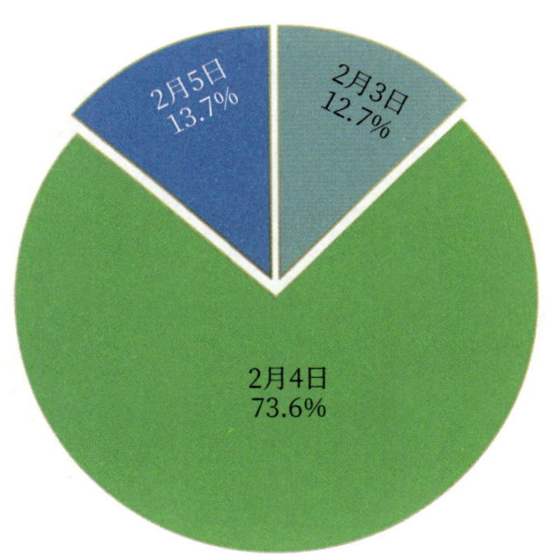

立春节气日在哪一天?

（1701—2700年序列）

立春节气，通常是在 2 月 4 日前后。我们可以从上图看到 1701—2700 年立春节气日的公历日期概率。

立春节气日，春的领地只有约 70 万平方千米（指全国陆地面积，后同），近 93% 的地盘依然被冬牢牢占据。整个立春时节，春天面积的增量只有约 30 万平方千米。自春分时节开始，春天才加速向北推进。

有人问，立春、立夏、立秋、立冬谁最冷？一位北京的朋友答立春最冷。为什么呢？他说这四个节气，只有立春是供暖的。名为春，却冷过立冬。

立春时，气候之春尚在华南，但万物启蛰的物候意义上的春天已经莅临江南。

立春是二十四节气中的第一个节气，节气序列又开启了一个新的轮回。

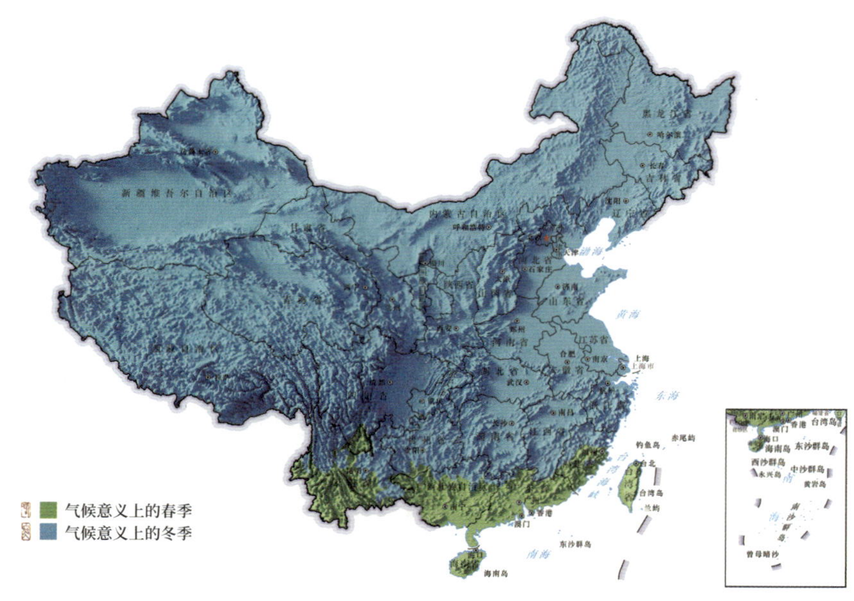

立春节气日季节分布图
（1991—2020年）

立春节气日季节分布及变化　　单位：万平方千米					
春季		秋季		冬季	
面积	变量	面积	变量	面积	变量
约 70	50	约 0	-35	约 890	-15

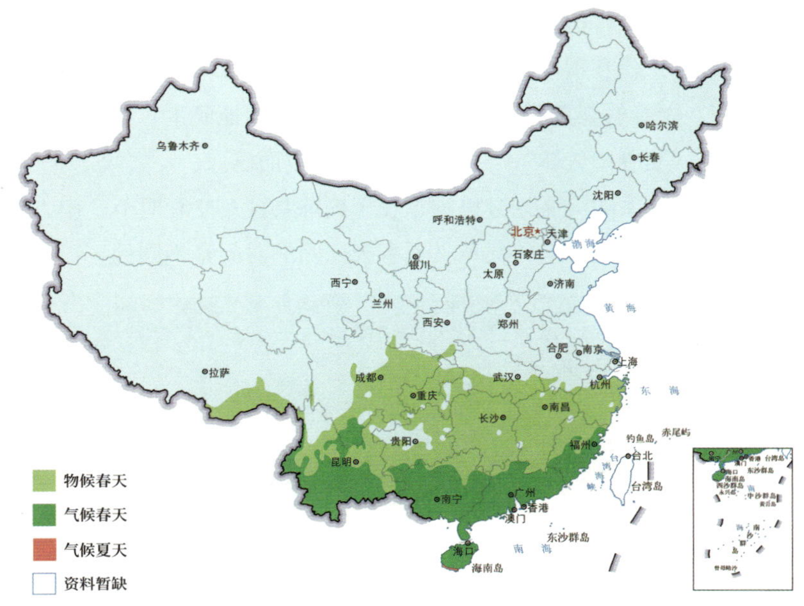

立春节气日——春天在哪里?

立春，也被称为“四时之始”，是天文意义上春天的开始。《淮南子·天文训》中将立春物候定义为“阳气冻解”，立春是封冻期与解冻期的分水岭。

古代农耕社会，立春伊始，人们便格外关注天气气候。因为立春之时，人们已开始了对一年之计的筹划。

人们在每一个辞旧迎新的时间节点，有感慨，有追忆，有前瞻。王安石说：“物以终为始，人从故得新。”人们希望新的节气不是旧的气运的延续，而是承故纳新，新的起始当有“得新”的气象。

唐代诗人卢仝在诗《人日立春》中说：“春度春归无限春，今朝方始觉成人。从今克己应犹及，颜与梅花俱自新。”正如他描述的那样，“颜与梅花俱自新”，人们希望从立春开始，与梅花一样焕然一新。

天文春始，但暖意尚遥，这便是气候对天文变量的滞后性响应。我们常说气象、气象，在古人看来，是先有气，后有象，先有春木之气，后有春生之象。

经常有人抱怨，立春比立冬还冷，立春的春真是徒有虚名。立春之际，常天气返寒，谚语说“反了春，冻断筋”。人们以现代的温度标准定义的春天审视立春，总觉得古代以立春作为春天的开始，真的是匪夷所思。

这体现了古代和现代季节标准体系的差异。就像古人说冬至的阳气萌动是“潜萌”，立春的春意萌动也是“潜萌”，是偷偷地萌生。节气歌谣中说到的立春，是“立春阳气转”，只是刚刚开始回暖而已。

古代季节体系的天文划分思维，在于提炼共性。立春时节，南方和北方的共性都是气温回升，但气候意义上春天回归的时间是不同的。

明代钱贡《太平春色》（局部），台北故宫博物院藏

立春时节人们最大的愉悦，或许不是天气终于暖了，而是细腻地感受着天气一点点地回暖，感触着花含苞的时刻、草萌发的过程。现代意义上的春是春暖花开。而古人所说的春，是“误向花间问春色，不知春在未开时”，是天虽尚寒，心已向暖。人们更乐于在花将开未开之时敏锐地捕捉春意。

《立春偶成》

［宋］张栻

律回岁晚冰霜少，春到人间草木知。

便觉眼前生意满，东风吹水绿参差。

现在我们经常说到一个词：生意。古人描述立春的时候，也常常说“生意”，但古人指的不是做生意的生意，而是催促万物萌生的春意。所以，如果说现代以气温定义的春是写实的话，那么古代的春，更在于写意，表现的是初生的淡淡暖意。

现代意义的春城，是以气温来衡量的，由气候意义上的春秋季长度决定。一年中春秋季时长≥300天的地方，几乎都在云南。

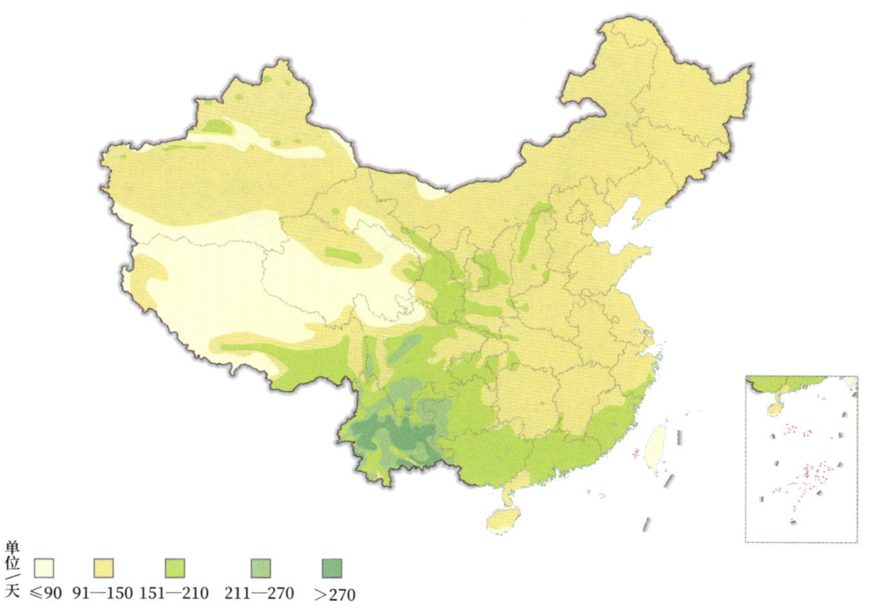

全国各地的春秋长度

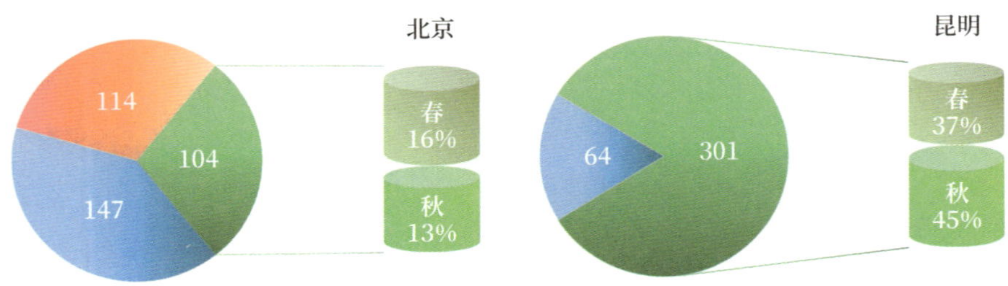

1981—2010 年，北京与昆明春秋季时长的差异

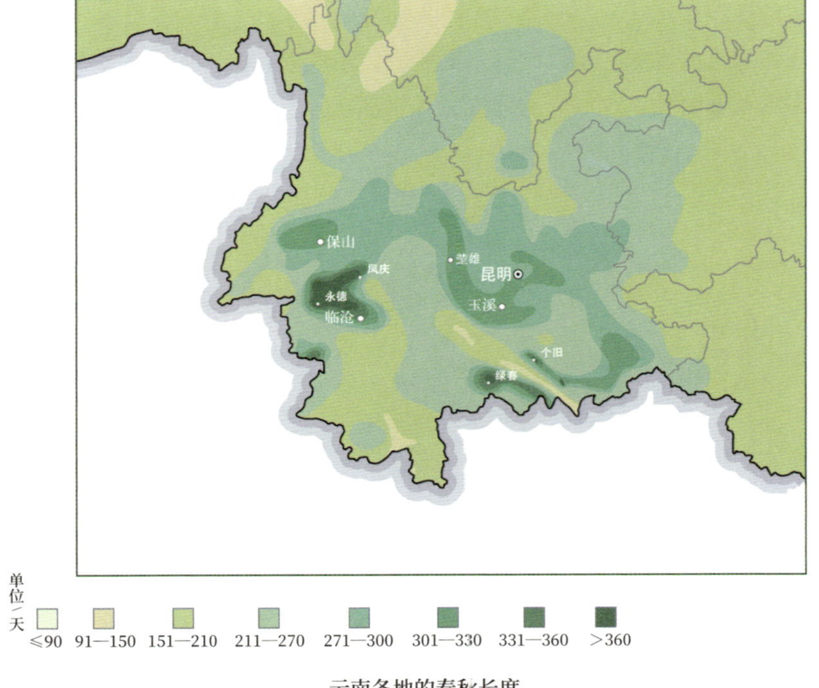

云南各地的春秋长度

“四时之气，常如初春。寒止于凉，暑止于温”的春城，确实是云南的特点。在云南，有很多比昆明更像春城的地方。

古人以立春界定春，是天文视角。今人以气温界定春，是气候视角。这是古人季节体系的本质差异：古代的春，不是暖，只是向暖。这就如同股市，古人在意的是趋势，是拐点，而不是具体的点位。

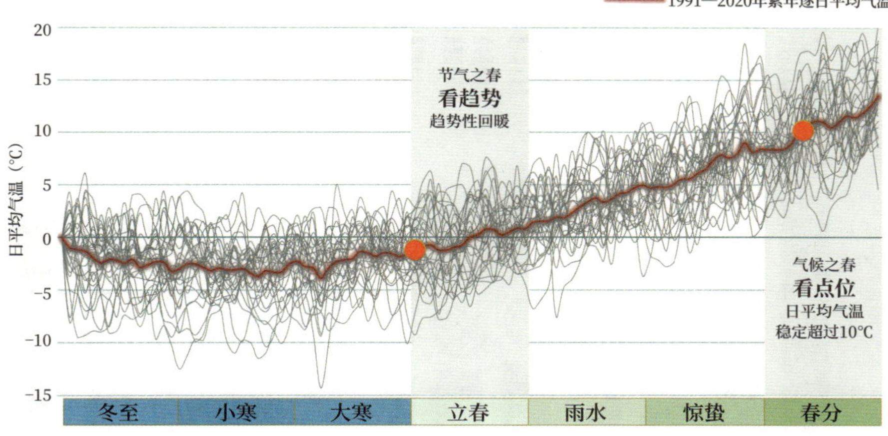

北京冬至时节至春分时节日平均气温
（1991—2020年）

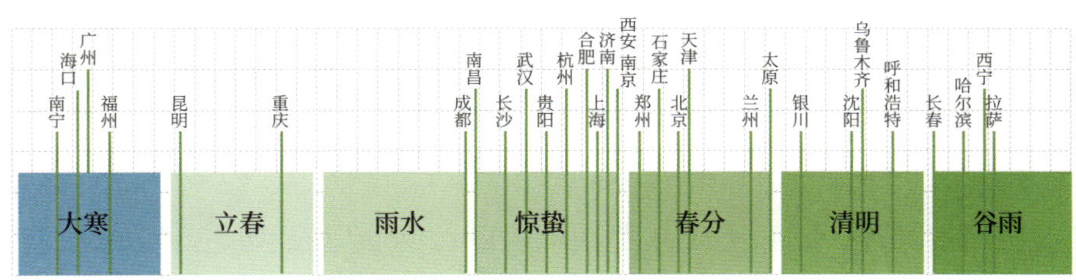

省会级城市入春进程

注：气候无冬城市的入春日期由平均气温的拐点判定。

古人认为，冬月一阳生，腊月二阳生，正月三阳生。正月泰卦，三阳开泰。“三阳开泰”渐渐成为岁首的吉语。而因“祥”字含“羊”，“阳”音同“羊”，于是人们常常将羊作为立春时节阴消阳长的吉祥之象。

什么是三阳开泰？什么是否极泰来？

在易卦体系中，立春雨水所对应的是泰卦，下有三个阳爻，故称“三阳开泰”。泰卦的卦象是乾下坤上，天气下降、地气上腾，二气交合通达。

“否极泰来”中的否卦，对应的是立秋、处暑时段，气温开始进入下降通道，万物逐渐闭藏，气温降至临卦时，处于低谷，达到极致。然后由立春、雨水所处的泰卦开始，气温进入上升通道，万物逐渐萌发。所以否和泰，是

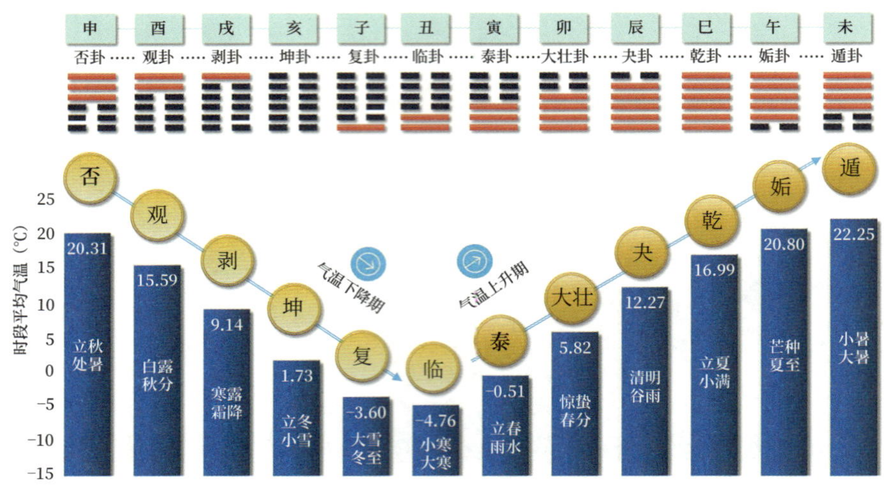

“否极泰来”的气候学意义

注：蓝色柱体为1991—2020年气候期全国面积加权平均气温。

一年中气温的两个拐点。否极泰来，代表的是天气寒极而暖的转折性变化，进而指代由逆境到顺境的转折性变化。气候意义上的“否极泰来”，是从立春雨水所代表的孟春开始的。

立春，是春节的公历日期平均值。立春，也是天气向暖、地气始通的节气。立春的表象是解冻，这是阳气由潜萌到崭露的标识。

“春到人间草木知”，草木是以什么方式进行响应的呢？

宋代赵师侠《少年游》云：“花心柳眼知时节，微露向阳枝。”

宋代李清照《蝶恋花》云：“暖雨晴风处破冻，柳眼梅腮，已觉春心动。”

宋代辛弃疾《汉宫春·立春日》云：“春已归来，看美人头上，袅袅春幡。无端风雨，未肯收尽余寒。年时燕子，料今宵、梦到西园。浑未办、黄柑荐酒，更传青韭堆盘。却笑东风从此，便薰梅染柳，更没些闲。闲时又来镜里，转变朱颜。清愁不断，问何人、会解连环。生怕见、花开花落，朝来塞雁先还。”

初春，梅柳是先行者，所以初春物候是一种“熏染”：熏梅染柳。虽然这时的天气是无端风雨，未肯收尽余寒，但美人头上，已是袅袅春幡。东风开始忙起来了，从此便薰梅染柳，更没些闲。它忙着薰梅染柳，香了梅花，

立春时节开始解冻

立春时节全面消融

绿了柳条，几乎没有闲暇。只要稍微有空，就为女子梳妆美颜。这比任何一种美图软件的功能都更强大。

“云体态，雪精神。”这说的是早春的花，虽然是云的娇媚体态，却有雪的冷傲精神。“四时可爱唯春日，一事能狂便少年。”这是形容人们如少年般，欣欣然迎接春天的来临。

我特别喜欢宋代词人王镃的一首《立春》诗，虽然算不上什么名诗，但他特别简洁地描述了立春节气时的人文风俗和自然物候：“泥牛鞭散六街尘，生菜挑来叶叶春。从此雪消风自软，梅花合让柳条新。”

他写到了鞭春、咬春的风俗，写到了“雪消风软”的气候特点，以及“梅柳合新”，梅花和柳条这两个立春时最经典的物候。南方的立春物候，是“残冬未放春交割，早有黄蜂紫蝶来”。而北方的立春物候是“彩蝶黄莺未歌舞，梅香柳色已矜夸”。

唐代诗人韦庄的《立春》诗写道：“雪圃乍开红菜甲，彩幡新翦绿杨丝。殷勤为作宜春曲，题向花笺帖绣楣。”“雪圃乍开红菜甲”是自然物候，“彩

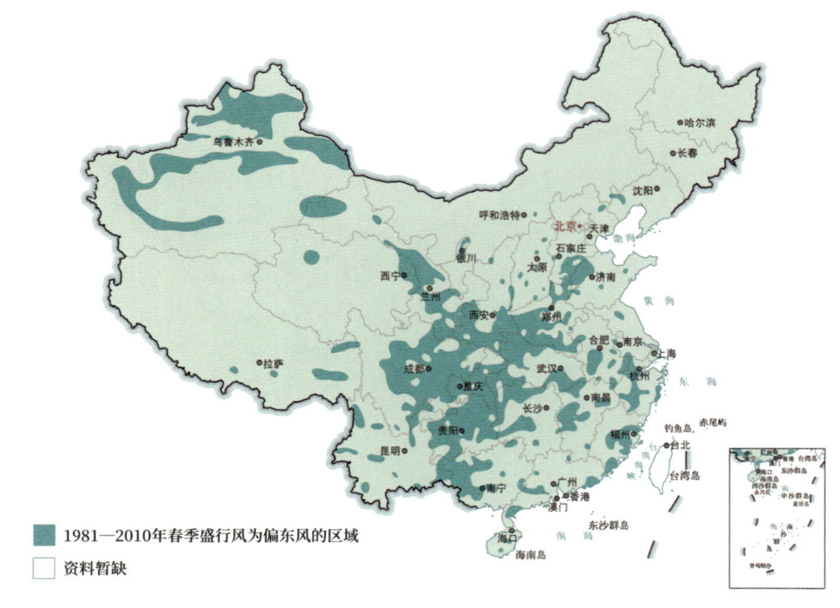

全年偏东风盛行季节——春季

尽管文化意象中东风与春对应，但实际的状况并不尽然。

幡新翦绿杨丝”是人与自然物候的互动。“殷勤为作宜春曲，题向花笺帖绣楣”，是人们迎春之时的雅致风俗。

由立冬的水始冰，到立春的冰始融，古人是以水的相态变化作为冬春的分界线。地软了，河开了，这便是人们心目中第一番感性的春意。

熬冬的时间太久，人们期盼着春天早点来，但又常常担心腊月无雪，正月不寒。不是人们不喜欢温暖，而是以作物的喜好为喜好。比如冬小麦，最怕正月暖、二月寒、三月霜。最好的气候，不是“又是一年春来早”，而是不疾不徐，正常便好。

春天的天气，最是跌宕和突兀，被人们调侃为“春如四季”。即使在广东，也有诗云：“昨宵炎热汗沾巾，今日风寒手欲皴。裘葛四时都在篋，无衣难作岭南人。”

立春和冬至，谁是节气之首？

其实在公共传播与应用范畴，谁是二十四节气之首并不是问题。在地理视域的整个节气文化圈，人们都约定俗成地将立春作为二十四节气序列之首。

但在学界，谁是二十四节气之首，即谁是二十四节气中的第一个节气，却是一桩一直存在争议的公案。一种观点是以立春为首，另一种观点是以冬至为首。这两种观点各有其学术合理性。

从资历、历法推步、阴阳哲学的视角，冬至当为二十四节气之首。

就资历而言，春分、秋分、夏至、冬至是最早被测定和确立的节气。就历法推步而言，人们是将日影最长的冬至作为时间基点，由此而推算和确定其他节气和中气的时间的。就阴阳哲学而言，冬至阴极阳生之时，是阴阳流转的拐点。

阳气虽看似虚拟概念，但以阳光直射点或白昼时长作为变量加以表征，冬至确实是天文视角下的时序基准点。由此，冬至也就成为孕育生机的阳气复活的时点，正如《史记·律书》所云：“气始于冬至，周而复生。”气序的往复，以冬至为始终。

以冬至为二十四节气之首的观点，通常将《淮南子·天文训》作为“硬核”证据。《淮南子·天文训》云：“两维之间，九十一度十六分度之五而升，日行一度，十五日为一节，以生二十四时之变。斗指子则冬至，音比黄钟……”

最早记载二十四节气序列的《淮南子·天文训》以斗柄指向（这是当时人们的认知，现在是以黄经等分的方式），由冬至开始推算其他各个节气的时间。

然而，同样在《淮南子》中，《淮南子·时则训》由孟春之月到季冬之月的叙事脉络却是以立春为始（但将立春与孟春之月对应，不具有历法上的严谨性）。换句话说，《淮南子·天文训》是以历法推步的逻辑，节气序列由冬至始；《淮南子·时则训》是以四时推移的逻辑，节气序列由立春始。从这个意义上说，二十四节气序列在创立之初，或以冬至为首，或以立春为首，各有其缘由，也各有其适用范畴。

《黄帝内经》中，也有以冬至为起点的“天度”和以立春为起点的“气数”两种时间体系。

<table>
<tr><th colspan="2">《黄帝内经》中的两种时间体系</th></tr>
<tr><td colspan="2">《黄帝内经·素问·六节藏象论》云：“天度者，所以制日月之行也；气数者，所以纪化生之用也。”
“天度”是刻画日月运行轨迹的，“气数”是刻画万物消长规律的。可见在中国古代，有着基于天文和基于气候的两种时间体系。</td></tr>
<tr><td>基于天文的时间体系（“天度”）如何界定</td><td>基于气候的时间体系（“气数”）如何界定</td></tr>
<tr><td>《黄帝内经·素问·六节藏象论》云：“立端于始，表正于中，推余于终，而天度毕矣。”
以冬至为“天度”推步的起始，以圭表确定日中，推算太阳回归周期与月亮朔望周期拟合过程中的盈余时间，便建构了基于天文的时间体系。</td><td>《黄帝内经·素问·六节藏象论》云：“五日谓之候，三候谓之气，六气谓之时，四时谓之岁……五运相袭，而皆治之。终期之日，周而复始……求其至也，皆归始春。”
在五天为一候、三候为一气、六气为一季、四季为一年的时间体系中，每个季节各自体现出温、热、湿、燥、寒的气候特征，并循环往复。而气候时间的推算，由立春开始。</td></tr>
</table>

《史记·天官书》中写道：“凡候岁美恶，谨候岁始。岁始或冬至日，产气始萌。腊明日，人众卒岁，一会饮食，发阳气，故曰初岁。正月旦，王者岁首；立春日，四时之始也。四始者，候之日。”

而司马迁提出四个维度的“岁始”的概念，并将这四个维度的“岁始”

之日的风向与云色作为年景占卜的气象初始场。

司马迁在《史记·天官书》中界定的四种“岁始”				
日期	冬至	腊明日	正月旦	立春
属性	“天气”始萌	“地气”始萌	新年伊始	四季伊始

将冬至视为岁始，因为它是阳气初生的时点，以天地人的视角，它是“天气”始萌之时。将腊明日视为岁始，因为它对应着最寒冷的时间，腊明日是气温触底反弹的时点。

将正月旦视为岁始，因为这是官方历法中新年与旧岁的更替之日。将立春视为岁始，因为这是冰雪消融，万物复苏，自然时序中四季轮回的开始。

古人认为“天开于子，地辟于丑，人生于寅”，冬至对应的是天，腊明日对应的是地，立春及建寅历法中的正月旦对应的是万物。

这四个维度的“岁始”，既包括冬至，也包括立春。以司马迁的观点，冬至可作为“岁始”，是因为“产气始萌”。立春可作为“岁始”，是因为“四时之始”，这是司马迁的逻辑自洽。冬至是阳气的“岁始”，立春是季节的“岁始”。

以岁时视角，如果二十四节气由冬至开始，那么岁时的春、夏、秋、冬便成了天文划分法下的冬、春、夏、秋，这显然不是中国文化中的四时之序。

以岁时视角，一年的开端——“正月旦”（现在的春节）是人们最为认同的“岁始”，而立春日作为季节的“岁始”，也是农历“岁始”的公历均值日。因此，立春作为二十四节气序列之首，更能体现阴阳合历中“岁始”的兼容性。古代《月令》中，岁时行事中位列第一的“日程安排”，便是天子率领三公九卿诸侯大夫在立春之日迎气。

立春是季节意义上的“岁始”，对节气起源地区而言，立春也是大地封解意义上的“岁始”。

以西安为例，我们选取气候显著变化前的1951—1980年气候期。立春节气，温度进入上升通道，气温和地温双双高于0℃，开始“转正”，这是大地由封冻期到解冻期的拐点，是古人眼中“地气始通”和“春木之气始至”之时，也是《淮南子·时则训》中“孟春始赢，孟秋始缩”的“赢”之所在，亦为古代易学中的“否极泰来”之时。立春节气的气候意义在于天气向暖、大地初融。

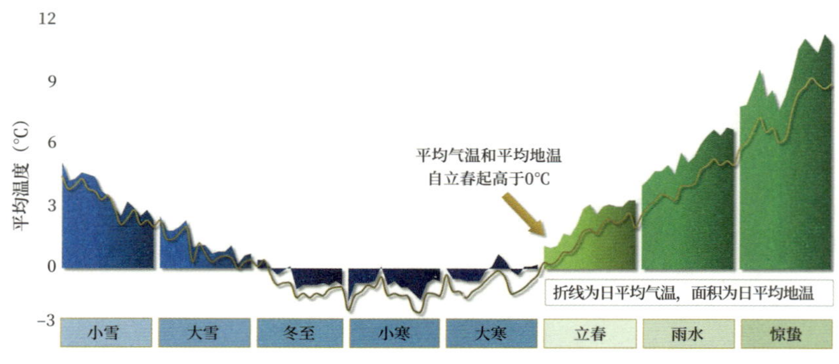

西安的日平均气温和平均地温
（1951—1980年）

我们常用“通融”一词，立春便是由气通而地融的节气，是气候、物候对天文的滞后性响应开始呈现实体性变化的节气。冬至的阳气萌生体现的是天文变量，立春的天气回暖且气温开始高于0℃体现的是气候变量。

“四时八节”中，“二至二分”表征的是天文意义上的特征态（阴极、阳极及阴阳均衡），而“四立”表征的是气候意义上的特征态（寒、热、温、凉的起承转合）。在春、夏、秋、冬的时序体系中，以立春作为时序周期的气候初始点是更为科学的选择。

有人认为，天文上只有满足“日月合朔”的节气才能担当“节气之首”。但实际上，日月合朔，并非决定谁是二十四节气之首的条件。对冬至而言，冬至日的日月合朔概率的期望值只有3.386%（冬至日平均分布于一个朔望月中的任何一天）。

从二十四节气列入国家历法的公元前104年算起，公元前104年—公元3000年间，冬至日的日月合朔年份数为104年，比例为3.351%。

汉武帝曾希望在朔旦冬至时建立新的历元。《史记·太史公自序》云：“五年而当太初元年，十一月甲子朔旦冬至，天历始改建于明堂，诸神受纪。”但按照《汉书·律历志第一上》的记载，“姓等奏不能为算”，最终的结果是冬至未能对应日月合朔，这一轮改历失败了。后来的二次改历才成为《太初历》。因此，首次将二十四节气纳入国家历法的《太初历》并未以冬至的“日月合朔”为基准。

有人认为，历法上有些年份没有立春（俗称“无春年”），有些年份有两个立春（俗称“双春年”），据此认为立春无缘节气之首。这个理由是不能成立的，这是以一个岁始（正月旦，王者岁首）的视角，去否定另一个岁始（立春，四时之始）。

谁是二十四节气之首		
节气	冬至	立春
理由	（天文）阴阳流转的拐点 （历法）历法推步的起算点	（气候）自然时序的四季之始 （历法）春节的公历均值日期

以冬至为节气序列的起点，是着眼于“气”，是天文视角下的“太阳转身”。以立春为节气序列的起点，是着眼于“象”，是气候视角下的“气温转正”。一个是“天上的时间”（天文），一个是“地上的时间”（气候），二者均具有科学意义。

二十四节气的创制和应用的历史主线，没有止于天象和星座，而是将“天上的时间”转化为“地上的时间”，将每个天文刻度转化为二十四节气称谓体系中的春、夏、秋、冬和寒、暑、雨、雪、霜、露，转化为七十二候中的荣枯隐现，转化为节气谚语中的宜忌得失，从而将“天文之学”转化为“人文之学”。

在“二至二分”之后，中国古人创立了基于“四立”划分季节的“中国方案”，从而形成有别于其他文明古国的季节体系。由此，从王政到民生都依循这个四季体系“顺天应时”，这是中国时令文化的底层逻辑。

在四季体系中，从王政到民生的“顺天应时”				
季节	春	夏	秋	冬
自然属性	发生	长赢	收成	安宁
物候特征	发陈	蕃秀	容平	闭藏
王政导向	春庆	夏赏	秋罚	冬刑
养生之道	养生	养长	养收	养藏
农事节律	春种	夏管	秋收	冬藏

作为指导古代农耕社会的二十四节气，界定的是春生、夏长、秋收、冬藏的自然时序。四时节律，无论是以物候的视角分为启闭，还是以气候的视角分为起承转合，立春都是四时的起始点。在以四时为序的岁时文化中，作为“四时之始”的立春，担纲节气之首是理所应当的。

立春三候

古人梳理的立春节气的节气物候是：一候东风解冻，二候蛰虫始振，三候鱼陟负冰。

中国现存最早的物候典籍《夏小正》中，便有正月物候“时有俊风”的记载，即正月里开始吹温润的风了。还有“启蛰”，即蛰伏冬眠的动物陆续苏醒。还有“鱼陟负冰”，即冰开始融化，鱼儿开始游动。可见，初春时节的很多自然物候标识都有悠长的历史，立春节气的三项物候标识在《夏小正》中已有雏形。

在二十四节气体系创立之前，古人通过细致观察，已经梳理出了自然物候的类别和规律。在节气创立之后，它们作为节气物语，成为节气的物候注释。

立春一候·东风解冻

唐代曹松《立春日》诗曰："春饮一杯酒，便吟春日诗。木梢寒未觉，地脉暖先知。""冻结于冬，遇春气而解也"，解冻刚刚开始。冰泮残雪，是立春节气的场景基调。

封冻，冻成坚冰，非一日之寒。解冻，融为春水，也非一日之暖。但如果风足够强劲，可以加速解冻的进程。

很多湖泊，素来便有"文开湖"和"武开湖"之说。文开湖，就是温度慢慢地攀升，冰层渐渐地变薄，悄悄地破碎、融化。无声无息之中，坚冰化为碧波。武开湖，就是温度飙升，狂风大作，在风和巨大温差的双重作用下，冰面如炸裂一般，崩塌、碰撞、融化、涌动，气势恢宏。

"淑气凝和，条风扇瑞。"淑气是指温和之气，这体现着人们的天气价值观。冬春交替之时，人们心目中的理想状态是晴暖。

2022 年北京冬奥会开幕式二十四节气倒计时之春分节气组图，配诗为清代诗人袁枚《春风》中的"春风如贵客，一到便繁华"。

春风如同我们翘首盼望已久的贵客，于是立春解冻，东风试暖，万物复苏。春天里的万物繁盛如同来自"贵人"相助，这"贵人"便是春风。春风，是诗人心目中万物萌生背后的"动力学"。

《淮南子·天文训》云："距日冬至四十五日，条风至。"

《史记·律书》载："条风居东北，主出万物。条之言条治万物而出之，故曰条风。"

季风气候背景下，人们认为时令变化是由风向变化推动的。但所谓"东风解冻"，并非"八风"中的确切风向，而是东北风。隆冬时节，本是北风盛行。现在有了东风，虽非纯正的东风，也算是惊喜了。

对节气起源地区而言，在东北风盛行的时节，东风虽然只是偶尔客串一下，依然属于“非主流”，但人们感恩它的“友情出演”，于是将其视为时令标识。而此时的解冻，只是阳光照耀下的初融。完整消融的过程，通常要历时一个月之久。

我们将西安视为二十四节气体系起源地区的代表。在西安，原本是立春一候时平均气温和平均地温升到 0℃以上。由零下到零上，立春是温度“转正”的节气，古人说立春“东风解冻”确实所言不虚。但随着气候变化，西安解冻的时节已由立春一候渐渐前移至大寒二候。

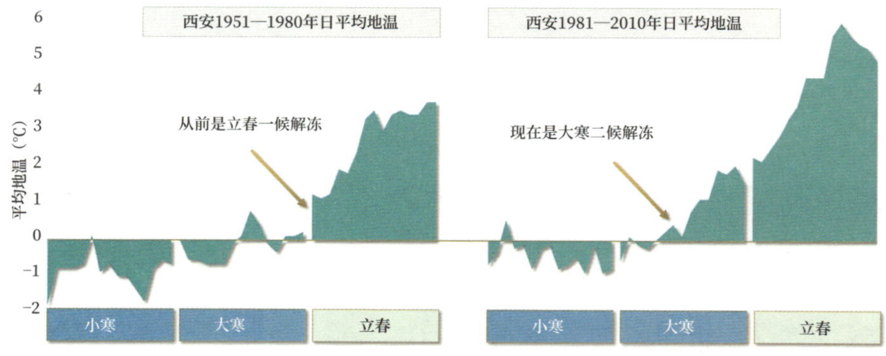

西安立春一候东风解冻的气候变迁

立春二候·蛰虫始振

汉代高诱在对《吕氏春秋》的注释中认为“蛰虫始振”是：“冰泮释地，蛰伏之虫乘阳，始振动苏生也。”那么，孟春的“蛰虫始振”与仲春的“蛰虫启户”的区别在哪里呢？唐代孔颖达在《礼记正义》中认为：“言蛰虫始振者，谓正月中气之时，蛰虫得阳气，初始振动，二月乃大惊而出，对二月故云始振。”

显然，蛰虫始振的主题词是动，蛰虫启户的主题词是出。在古人看来，立春时节冬眠的动物“感三阳之气而动也”，但它们是动而未出。大地回暖了，在地下冬眠的小动物最敏感，“蛰藏之虫因气至而皆苏动之矣”。

它们醒了，或者半梦半醒，可以打个哈欠，伸个懒腰了，但起床还早着呢。唐代诗人王绰《迎春东郊》中的“谁怜在阴者，得与蛰虫伸”，刻画的便是蛰虫的身体舒展——伸懒腰。

蛰虫有的是惊蛰出走，有的是春分启户，有的甚至更晚，立夏二候蚯蚓出，都已经是 5 月中旬了。小虫子们醒得早，起得晚，不是因为懒，而是因为谨慎。如果太匆忙或者太草率，出门赶上倒春寒就惨了。而且，现在气候变化了，冬天来得晚，又经常是暖冬，小动物们往往睡眠不足，所以醒了也想再补个回笼觉。

我们可以将七十二候的 72 个物候标识分为三个层面：天上、人间、地下。天上的，比如清明三候虹始见；人间的，比如雨水三候草木萌动；地下的，比如立春二候蛰虫始振。天上、人间、地下，比例大体上是 2∶3∶1。

人们当然最关注人间的物候，但并没有忽视地下微妙的变化。为什么？因为在古人看来，到了冬天，“阳气下藏地中”，冬春交替之时要通过对地下的观测，感知阳气的“潜萌”，即偷偷地萌发。“地下”是春气萌动的基础环境。

但地下物候的观测难度最大。要得出“蛰虫始振”的结论，一要“掘地三尺”，二要恰好发现蛰虫舒展筋骨的动作，三要采集充足的样本数，才能获得统计学上的可信度。从这个意义上说，“蛰虫始振”未必是基于严谨的观测，很可能是观测性加猜测性的物候标识。这个物候只是想告诉人们，小动物们的冬眠就要结束了。

立春三候·鱼陟负冰

鱼陟负冰，由《夏小正》的正月物候“鱼陟负冰”而来。

清代秦嘉谟《月令粹编》中说：“鱼，冬则气在腴，故降。春则气在背，故升。”陟，意为升。古人认为，冬日阳气沉伏在鱼腹，春日阳气升浮在鱼背，所以鱼就贴近冰面了。

《大戴礼记·夏小正》曰：“鱼陟负冰。陟，升也。负冰云者，言解蛰也。”“负冰云者，言解蛰也”，鱼陟负冰意味着鱼休眠期的结束。以人的视角，鱼陟负冰，是说河冰开始消融，大家可以看到水里的鱼了。沉寂了一冬的鱼儿在水中游动、吸氧、觅食，甚至来个鱼跃。毕竟鱼儿憋了太久，也饿了太久！

立春三候物候标识的另一个说法，是《吕氏春秋》和《礼记·月令》中的“鱼上冰”。唐代学者孔颖达对此注解道：“鱼当盛寒之时，伏于水下逐其温暖，至正月阳气既上，鱼游于水上，近于冰，故云鱼上冰也。”

清代喻端士《时节气候抄》云：“《月令》鱼上冰，上即陟也。水泉动，故渊鱼上升而游水面。春冰薄，若负在鱼之背也。上字意晦，负字极有意义。”

人们认为“鱼上冰”版本更简洁，但“鱼陟负冰”版本更传神。

那么，人们通常看到的负冰之鱼是什么鱼呢？按照汉代高诱的说法：

“鱼，鲤鲋之属也。应阳而动，上负冰。”也就是说，它们大多是鲤鱼和鲫鱼。

鱼陟负冰，可以分为两种递进的情景。一种只是冰层变薄了。隆冬时节，鱼在深水区取暖。立春之后，水温高了，鱼开始贴近冰层游泳，人们可以透过薄冰与鱼对视了。另一种是冰层破碎了，但水面上还有碎冰碴。以人在岸上围观的视角，就感觉鱼是在背着冰块游泳一样。所以鱼陟负冰，既写实又写意，是一则很有情趣的物候标识。

以人的视角，是鱼陟负冰。但以鱼的视角，它们很纳闷，为什么会有那么多人围观。鱼儿可能会说：“你们是没见过冬泳，还是没见过冰水混合物？”于是，就会有这样的情景：有人在冰上凿个洞，鱼儿就会聚过来，透透气儿，甚至跃出水面。

立春时，东风解冻是因；无论蛰虫始振，还是鱼陟负冰，都是果，是天气回暖、冰雪消融的结果。

立春节气神

民间的立春神主要有两个版本。版本一的立春神是牧童，手牵耕牛的句芒神，即古代的春神。版本二的立春神是文官，体现着立春的彬彬文质。

文官扮演立春神，既要把体现天子恩惠的政令落实到“基层”，还要将落实情况及时准确地汇报给天子。手持笏板的形象，体现信息沟通上的上传下达。而和蔼的表情，彰显着立春节气回暖与解冻的气候带给人们的感受。

在这一版本中，人们乐于将立春绘为一位新科状元，所以在人们的想象中，立春便是一位“大魁天下”的状元。

人们希望立春之时天晴地暖，气淑风和，因此人们笔下的立春神，面容清雅，性情温润。但人们在绘制立春神的时候，往往“不甘寂寞”，不全然依循状元服饰的规制。

于是，这位新科及第的状元郎，戴着红帽子，身着红衣裳、圆领衫，腰系玉带，有的版本还饰以流苏。手持笏板，头上插着梅花，人们将状元郎点染得喜气洋洋，洋溢着春令之美。他的衣服仿佛是官服，但又参酌京剧服饰，可以说，是一个杂糅的版本。

而且，有些绘制者笔下的立春神服饰不是“标配”，而是“顶配”，有些绘制者甚至“自由发挥”，在新科状元胸前的补子上绘制了一品文官的仙鹤图案。

雨水·甘雨时降

明代《月令采奇》："雨水，言雪散而为水矣。"
清郑燮曰："春风放胆来梳柳，夜雨瞒人去润花。"

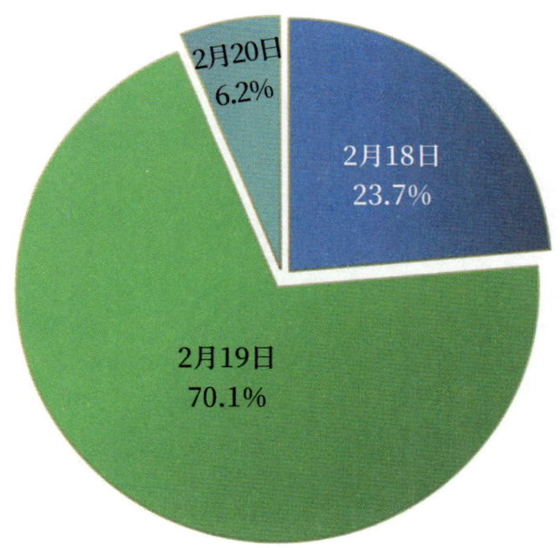

雨水节气日在哪一天?
（1701—2700年序列）

雨水节气，通常是在 2 月 19 日前后。

雨水节气日，春的领地终于达到约 100 万平方千米。冬在疆域面积上依然处于近 90% 的“控股”地位，但夏在海南南部和台湾南部悄然萌发。整个雨水时节，春天面积增加约 68 万平方千米，春天由岭南和云南推进到江南及四川盆地。

对雨水节气，古人是如何解释的呢？古人说：“东风解冻，冰雪皆散而为水，化而为雨，故名雨水。”按照古人的解读，雨水节气的名称，源于冰雪消融。消融之后，一部分变成了地上流淌的水，一部分变成了由天而降的雨。

《尔雅》曰：“天地之交而为泰。”天之气与地之气开始交融，天地和同，

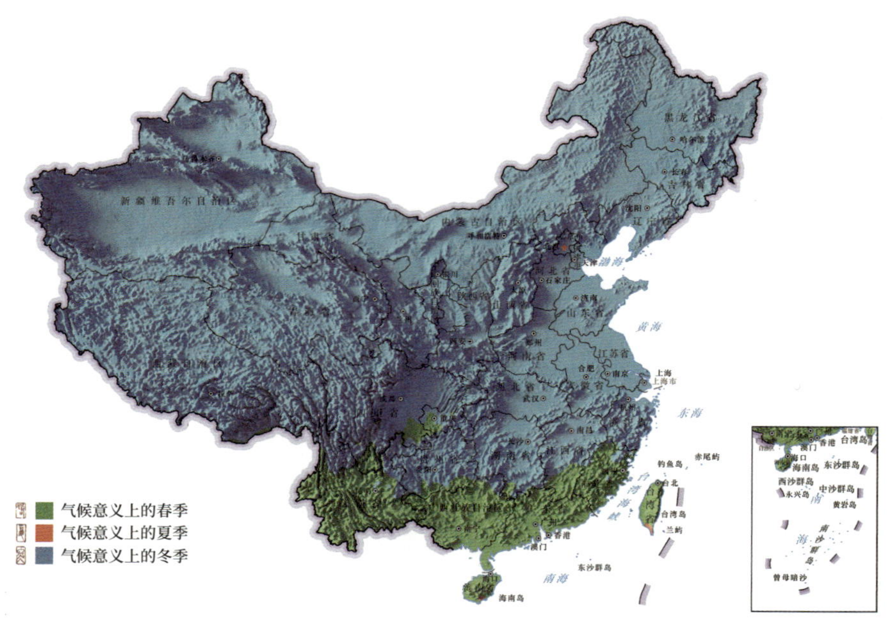

雨水节气日季节分布图

（1991—2020年）

雨水节气日季节分布及变化　　单位：万平方千米					
春季		夏季		冬季	
面积	变量	面积	变量	面积	变量
约 100	30	约 0.2	0.2	约 859.8	-30.2

联手“酿造”雨水，所以春之水为泰。“春”字体现阳光，“泰”字体现雨露，二者皆是万物所需，先馈赠阳光，再奖赏雨露。所谓“春气博施”，就是春天以阳光雨露施与万物。

按照《尔雅》的说法，此时“甘雨时降，万物以嘉”。雨水时节的气候，对万物而言，是一种“普惠制”的馈赠和奖赏。

雨水时节有三大特征：一是全面消融；二是降水量增大；三是降雨成为优势降水相态，即降雨概率开始高于降雪概率。

全面消融

汉代《易纬通卦验》中，立春的物候标识是“冰解”，雨水的物候标识是“冰释”。我们常用“解释”一词，但“解”和“释”又不尽相同。“冰解”表征开始消融，“冰释”表征全面消融。因此，所谓“冰释前嫌”，应当不再有一点“残冰”。

所以雨水节气是立春“东风解冻”的续集，立春是开始解冻，雨水是全面消融。

“水乡清冷落梅风，正月雪消春信通。”雨水之后，鹊报新晴，雁传春信，便是可耕之候。春耕之时，急需雨水。

降水量增大

雨水时节，南方的绵雨开始盛行，北方的降水陡然增多。

降雨成为优势降水相态

雨水，不是开始下雨的节气，也不是不再下雪的节气，而是降雨概率开始高于降雪概率的节气。雨水通常被译为 Rain Water，为了刻意对应雨、水二字，但如果从降水相态微妙变化的视角而言，译为 More Rain than Snow（雨比雪多）更为确切。

雨水时节的全面消融

惊蛰时节不再冰封

雨水和惊蛰时节，冰雪全面消融的区域由淮河流域延展至黄河流域。

春雨连绵的雨水时节

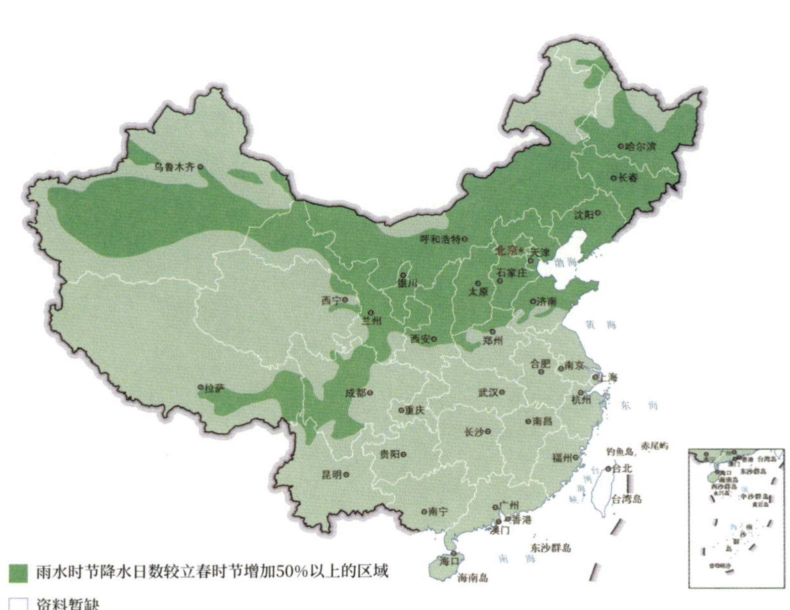

雨雪陡增的雨水时节

立春时节降雨概率开始高于降雪概率

雨水时节降雨概率开始高于降雪概率

惊蛰时节降雨概率开始高于降雪概率

在二十四节气广义的起源地区，雨水时节，降雨概率开始高于降雪概率。我们可以看到降雨日数在所有降水日中的占比：西安、郑州、济南，都由立春时节的不足 50%，到雨水时节的超过 50%。而北京降雨日数的占比，也由立春时节的 9%，提升到雨水时节的 35%。北京是从惊蛰时节开始，降雨概率高于降雪概率，比节气起源地区晚一个节气。

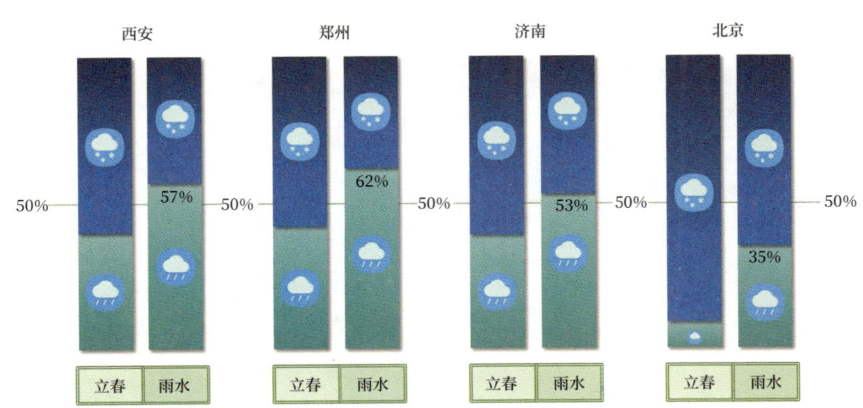

雨水时节，节气起源地区降雨概率开始高于降雪概率

既然雨水节气既不是开始下雨的节气，也不是不再下雪的节气，那么我们如何理解雨水时节的“始雨水”呢？

1951—1980 年气候期雨水时节迎来初雨

1981—2010 年气候期雨水时节迎来初雨

雨水时节“始雨水”

如果以气候平均的首个雨日来界定“始雨水”，那么无论是在气候变化之前，还是在气候变化之后，都不能表征节气起源地区的气候状态。

以特定气候期为背景，2/3 以上的年份雨水时节降雨日数≥ 1.0 天。也就是说，雨水时节的特征是降雨不再偶然或轻微，降雨开始实现常态化。因

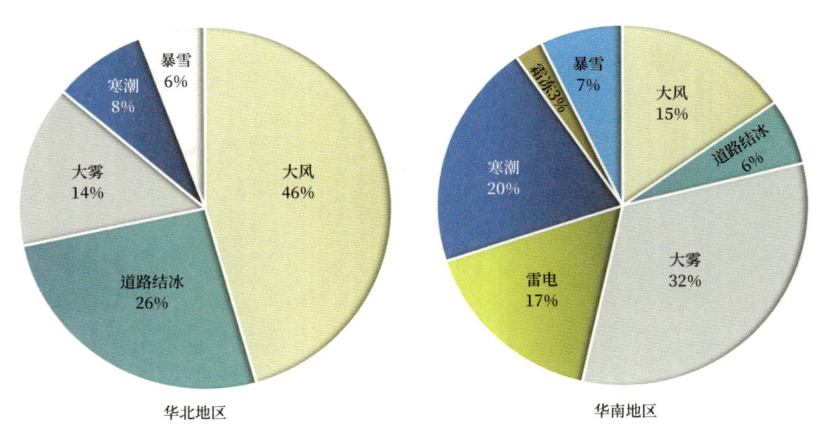

雨水时节的预警类别及占比

此，我们也可以将雨水节气译为 First Rainfall，即降雨开始进入常态化的“初雨”节气。

根据国家预警信息发布中心的数据进行统计，2016—2022 年雨水时节道路结冰预警占到了总预警数的 23%（仅次于大风预警）。对东北地区而言，道路结冰预警占比为 38.2%，为第一大类。可见，在全面消融的雨水时节，结冰依然是人们出行的隐患所在。当然，各地最具影响性的天气有所不同，华北是大风，华南是大雾。

雨水时节，天上的增量水，由雪到雨；地上的存量水，由冻到融。这是一项水的相态变化的宏大系统工程。因此，雨水是冬春更迭过程中最坚韧的“破冰”节气。

人们常说“下雪不冷，化雪冷”，下雪时是潜热释放，化雪时是潜热吸收，这些热量的损耗，本身就部分抵消了雨水时节本该有的气温增幅。而且冰雪消融之后，“云色轻还重，风光淡又浓”，雾气弥漫，阴雨缠绵，又部分消减了雨水时节本该有的日照增幅，所以雨水节气常常回暖乏力。

但在气候变化背景下，随着初雨和始融时段前移，雨水却成为全国平均气温增幅最大的节气。

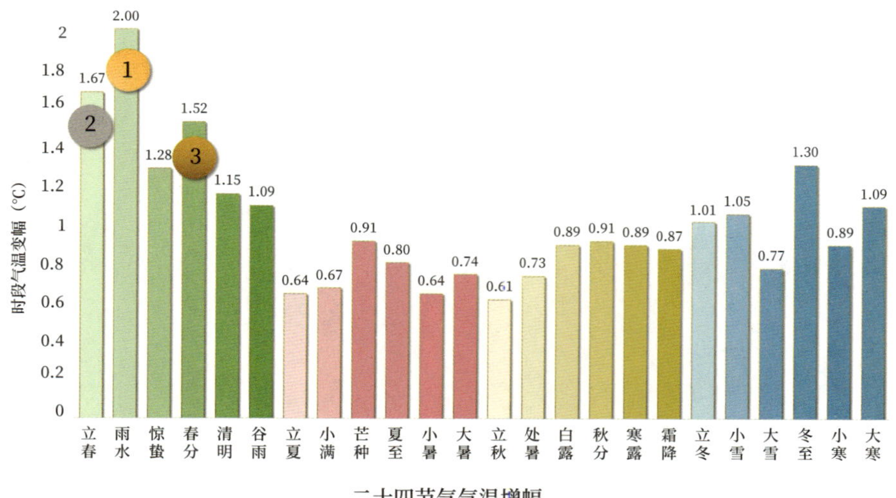

二十四节气气温增幅

（1991—2020年相比1961—1990年，全国平均）

增幅最大的前三位为雨水、立春、春分，增幅最小的前三位为立秋、立夏、小暑。

北京现在的立春时节，完全是从前的雨水气候；现在的雨水时节，多半是从前的惊蛰气候。随着气候变化，雨水节气的气候时间大大前移，进入立春时节。于是，北方的雨雪切换期显著提前，雨水时节的回暖幅度也显著增大。

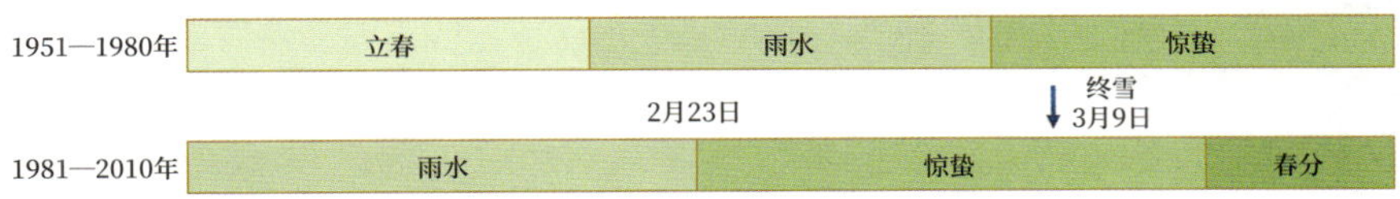

北京雨水节气气候时段的漂移

雨水气候提前17天开始，提前11天结束。

西安雨水节气气候时段的漂移

雨水气候提前10天开始，提前6天结束。

《红楼梦》中，薛宝钗说调制“冷香丸”需要雨水节气的雨、白露节气的露、霜降节气的霜、小雪节气的雪。从前，限制北方地区调制“冷香丸”的唯一门槛，是雨水节气的雨。而随着气候变化，这项门槛被自动“拆除”。相反，南方地区因霜降节气没有霜、小雪节气没有雪而难以调制“冷香丸”。因此，可调制“冷香丸”的气候区大大北移。对辽宁、吉林而言，雨水时下雨也不算“高难度动作”了。

雨水三候

古人梳理的雨水节气的节气物候是：一候獭祭鱼，二候候雁北，三候草木萌动。

雨水一候·獭祭鱼

“岁始而鱼上，獭取以祭。”雨水一候獭祭鱼，是立春三候鱼陟负冰的“续集”。

什么是獭祭鱼？汉代郑玄对《礼记》的注释道：“此时鱼肥美，獭将食之，先以祭也。”

獭怎么祭鱼？汉代高诱对《吕氏春秋》的注释中说：“取鲤鱼置水边，四面陈之，世谓之祭。”唐代颜师古对《汉书》的注释是这么说的：“獭，水居而食鱼，祭者，谓杀之而布列，以祭其先也。”宋代陆佃在《埤雅》中描述得更为详细：“或曰獭一岁二祭，豺祭方、獭祭圆，言豺獭之祭，皆四面陈之，而獭圆布、豺方布。”

这是说雨水一候獭祭鱼与霜降一候豺乃祭兽有着细节上的差异：獭祭鱼时，是把鱼一圈一圈地码放；豺祭兽时，是把兽一排一排地码放。

因此，所谓獭祭鱼，是说冰面消融之后水獭开始捕鱼（都是休养了一冬的肥美的鱼），然后把战利品陈列在岸边，摆成圆形，如同祭祀时整齐摆放的供品。但实际上，水獭就像“熊瞎子掰苞米”一样，一条鱼啃上几口就扔在一边，去吃下一条了。它的习性，是既挑肥拣瘦，又喜新厌旧。因此，獭祭鱼是水獭捕获鱼儿之后感恩和祭拜的说法，只是古人按照自己的心态和行为模式所做的一番猜想而已。

水獭以水为生，对水情的感知尤为敏感，所以水獭的行踪也是气候占卜的一个参照物。《淮南子·缪称训》中就有“鹊巢知风之所起，獭穴知水之高下”的说法。古人经过长期观察发现，雀巢总是安置在背风的树枝上，而水獭多在水淹不到的地方穴居。因此，人们观察雀巢的方位就可预知风向，观察獭穴距离水面的远近就可预测水情。

明代李时珍《本草纲目》曰：“(水獭)能知水信为穴，乡人以占潦旱，如雀巢知风也。”元代娄元礼《田家五行》中说：“獭窟近水主旱，登岸主水，有验。”人们集成动物的本能智慧，这本身就是大智慧。

雨水二候·候雁北

所谓“候雁北”，是说鸿雁向北迁飞，途经此地。汉代高诱对《吕氏春秋》中“候雁北”的解读为：“候时之雁，从彭蠡来，北过至北极之沙漠也。”

元代吴澄《月令七十二候集解》中说：“雁，知时之鸟。热归塞北，寒来江南……孟春阳气既达，候雁自彭蠡而北矣。”在人们眼中，鸿雁乃知时之鸟，其迁飞乃时令的标识。

但这个候应有“候雁北”和“鸿雁来”两个版本。《吕氏春秋·孟春纪》和《淮南子·时则训》为“候雁北”，《礼记·月令》和《逸周书·时训解》为“鸿雁来”。

唐代孔颖达曾解读为什么后来“候雁北”代替了“鸿雁来”，他认为冬天的“雁北乡”是从南方到中原，才应该称为“鸿雁来”。春天，鸿雁由中原向北迁飞，叫作“候雁北”更准确。同时他认为，也可以月令版本的早与晚来划分，以《礼记》为基准，先前的版本都称为“鸿雁”，后续的版本都称为“候雁”。

《诗经》：“雝雝鸣雁，旭日始旦。士如归妻，迨冰未泮。”这是说晨曦时刻，传来如乐歌般的雁声，心上人趁着尚未冰融，来迎娶吧。在人们心中，雁北飞，是冰雪即将消融的物候标识。九九歌谣中“七九河开，八九雁来”的“八九雁来”说的也正是候雁北。

候鸟在春季向北迁飞不仅要瞄准气候，还要算准天气，一旦“巡航”过程中邂逅凶猛的寒潮呼啸南下，就只好无奈“返航”或“备降”。例如，在盐城自然保护区越冬的丹顶鹤一般每年 2 月下旬到 3 月上旬趁着偏南风向北迁飞，但 1994 年、1998 年、2004 年、2006 年都出现了途中遭遇寒潮而被迫折返的情况。①

在二十四节气七十二候的 72 项物候标识中，有 22 项是关于鸟类的，为第一大类，其次才是草木物语、虫类物语。为什么人们格外在意鸟类的行为呢？因为古人认为鸟类“得气之先”，它们的行为更具有精准的天文属性，能够最敏锐、最超前地感知时令变化。

我们常说鸿鹄之志，就在于它们行程高远，它们领时令之先，它们有细腻的时间直觉，都使人心生敬意。所以，每次看到有人在候鸟迁飞的途中设网捕鸟，我都会特别心痛，觉得他们捕杀的不是鸟，而是人类认知时令范畴亦师亦友的生灵。最好是让它们“雁过留声”，而不是我们“雁过拔毛”。善待生灵，也应是中国节气文化的题中之义。

中国现存最早的物候典籍《夏小正》所记录的正月物候，便有“囿有见韭”，即园子里经冬的韭菜又长出新的嫩叶；有“柳稊”，即柳条有了鹅黄的嫩芽；有“梅、杏、杝桃则华”，即梅树、杏树、山桃树陆续开花。

《夏小正》是用列举的方式，汇集了很多初春时节的草木物语。后来，人们在创立二十四节气的过程中，改为总括的方式，将这些物候标识汇成一

① 参见吕士成，陈卫华 . 环境因素对丹顶鹤越冬行为的影响 [J]. 野生动物，2006，27(6):18-20.

雨水三候·草木萌动

句话：草木萌动。

汉代《白虎通义》对“草木萌动”的解读是：“言万物始大，凑地而出也。”冬至开始，是阳气潜萌，是在地下偷偷地萌生。雨水开始，是草木有些在地下萌芽，有些在地上萌发。

按照《吕氏春秋》的说法，孟冬时节是“天气上腾，地气下降，天地不通，闭而成冬”。孟春时节是“天气下降，地气上升，天地和同，草木繁动”。

立冬、小雪所代表的孟冬，上面的天之气向上，下面的地之气向下，它们之间没有了交集，于是天寒地冻。立春、雨水所代表的孟春，上面的天之气向下，下面的地之气向上，它们有了亲密的互动，于是有了“草木繁动”。这就是古人眼中寒来暑往背后的“动力学”。

无论是雨水一候獭祭鱼，还是雨水二候候雁北，都未必能够给人带来持久的触动和欢喜，人们或许只是淡然一瞥，或者莞尔一笑。真正能够使人感受到春意初生的，是草木萌动。

宋代有首《悟道诗》道：“尽日寻春不见春，芒鞋踏遍陇头云。归来笑拈梅花嗅，春在枝头已十分。”踏遍岭头缭绕的云层，似乎也找不到春在何处。待回到自己的园中，拈来梅花闻一闻，发现盈盈春意并不在远处，而是在自家的枝头。这是宋人赏春的悟道之语。

秋的妙处在于眺望远处，而春的妙处却在于端详近处。用摄影语言来表达，就是赏秋时镜头要“拉出来”，近景会看到秋叶的枯黄与残败，远景会看到层林尽染的绚丽。而赏春时恰恰相反，镜头要“推上去”，在细节中品味新绿与初华之美。这似乎也是人们时令审美的一种方法论。

草木萌动之时，人们便开始准备春耕了。《夏小正》所记录的正月农事物候，便是“农及雪泽”，就是农民们从池塘中汲取雪水浇灌田地，这雪水既是水，也是肥。

后来有关天气的谚语说：“立春雪水流一丈，打的麦子没处放。”所谓“瑞雪兆丰年”的意义，到了雨水节气才得到完整体现。

瑞雪具有三重价值，一是作为越冬作物的被褥，二是作为消灭害虫的生态农药，三是作为春天耕作时的肥水。冬天积攒下的瑞雪，如同一笔丰厚的“零存整取”的存款，雨水时节可将之取出来回馈良田。

汉代学者郑玄为“草木萌动”写下了一条注脚：“此阳气蒸达，可耕之候也。”这是说这时阳气结束了潜伏状态，回归地上，草木萌动，是可以春耕的征兆。

《左传·襄公七年》曰：“夫郊祀后稷，以祈农事也。是故启蛰而郊，郊而后耕。”这是说万物复苏之时，无论天子还是诸侯，都要祭祀农耕之神，祈求五谷丰登。之后人们就可以开始春耕了。有时人们甚至还会举行“籍田”仪式，天子与诸侯亲自耕田，以此亲民，也以此示范。

农耕社会，耕最重要。正如《齐民要术》所言，耕田第一，收种第二，种谷第三。

那耕作最重要的原则是什么呢？“凡农之道，候之为宝。”这是说时机很重要，早了不好，晚了也不好。

《吕氏春秋》说：“不知事者，时未至而逆之，时既往而慕之。”也就是说，不通晓农事之理的人，天时没到就鲁莽地耕作，天时到了却愚昧地错失契机。把握天时这件事“不与民谋”，根本就不是大家商量的事，一切必须听任天时，“皆时至而作，竭时而止”。恪守天时乃第一要务，否则，将“营而无获”，光勤劳有什么用呢？勤劳，应当是顺应天时的勤劳。

那具体是什么时候开始耕作呢？《吕氏春秋》说：“冬至后五旬七日，

菖始生。菖者，百草之先生者也，于是始耕。”也就是说，冬至之后57天，那位“百草之先生”菖蒲开始现身了，也就可以春耕了。冬至之后57天，恰是临近雨水之时。这段话后来被浓缩成了一句农耕谚语，叫作“菖始生，于是耕”。当然，农民们也通常参照杏花开放的时间开始春耕，即望杏开田。杏花和菖蒲，成为开始春耕的“发令枪”，于是有了一则成语：望杏瞻蒲。

当然，也有其他的春耕“发令枪”。比如在广东雷州，就是“春初雷始发声，农则举趾而耕”。人们是闻雷而耕，被称为“雷耕”。然后“雨水种瓜，惊蛰种豆”。

雨水时节，南方的雨水多了，而且往往还是阴雨连绵。雨水时节的雨水丰沛，往往被视为整个春夏季节雨水丰沛的预兆。谚语说：“雨水落雨三大碗，大河小河都要满。”

《诗经》有云：“既优既渥，既沾既足，生我百谷。”春耕之时，人们渴望雨水。希望雨水丰沛，天气湿润，不仅可以沾湿地表，而且还能浸润土层，这样种下的庄稼才能苗壮成长。

但对华南而言，天气回暖的雨水时节却是很多人最烦恼的时候。地板打滑，走廊墙壁挂水，这就是传说中的回南天。尤其是当你从一个干得可以烤馍的地方，到一个空气可以拧出水的地方，这种对比和感触便更强烈。

什么是回南天呢？初春时节，北风刚把温度降下来，南风就急不可耐地反攻，天气回暖。谚语说：“北风吹到底，南风来还礼。”但南风温暖湿润，还的这份“礼”水分太足，一遇到还没来得及同步回暖的寒凉物体，空气中的水汽马上凝结成水珠。家里的墙面、柜子、地砖、门窗仿佛都忽然冒出一身冷汗。屋里水淋淋、水汪汪的，外面雾蒙蒙、湿漉漉的。北方的白露时节，露水通常只在户外，且只在清晨出现。而华南初春的回南天的水珠主要出现在室内，而且不分昼夜。直到阳春时节，华南才能完全摆脱回南天的困扰。

明代才子解缙有一首《春雨》诗：“春雨贵如油，下得满街流。滑到解学士，笑坏一群牛。”人们与春天阔别太久，这时有一种重逢旧好的感觉，所以诗句在俏皮中洋溢着欢欣。

冰雪消融的雨水节气，是节气起源地区的“可耕之候”。此时的春雨，既是天气实况，也是人们心中的盼望。

雨水节气神

雨 水

民间的雨水节气神，通常是身着官服、司职行云布雨的龙王。但传统神话中龙王的行云布雨，并非率性而为。

《西游记》第四十一回，孙悟空向东海龙王求雨灭火。龙王却推辞道："大圣差了。若要求取雨水，不该来问我。"

为什么呢？龙王耐心地解释道："我虽司雨，不敢擅专。须得玉帝旨意，吩咐在那地方，要几尺几寸，甚么时辰起住，还要三官举笔，太乙移文，会令了雷公、电母、风伯、云童。俗语云'龙无云而不行'哩。"

可见，龙王掌管雨水，乃受命行事的职务行为。龙王并没有降雨区、降水量的决定权，它不是决策者，而是执行者，而且执行层面还需要其他天气神的通力协作。

同样是《西游记》，在第九回中，泾河龙王为了赢赌，擅自更改玉皇大帝的降雨指令，将降雨的起止时间延后一个时辰，将降水量"三尺三寸零四十八点"克扣了三寸零八点。龙王便因此犯下了违逆天条的死罪。显然，龙王在执行政策的过程中没有任何自主的"弹性空间"，不是谁请托、谁贿赂就可以随意更改天庭既定的降水方案的。

从先秦到两汉，再到唐宋，源于自然崇拜的负责气象的神灵逐步趋于简化。就像政府的便民服务大厅，某类业务在一个窗口就可以得到"一站式服务"。

唐代以后，主管气象的"办事机构"逐步进行了合并。龙王开始进行统一的"归口管理"。龙王既要负责水的存量部分，如江、湖；也要负责水的增量部分，如雨、雪。而且，龙王还要对因水引发的次生问题承担"领导责任"。正如白居易诗云："丰凶水旱与疾疫，乡里皆言龙所为。"

到了明清时期，"体制内"的天气神，主要是负责雨水的龙王和负责雷霆的雷神。

惊蛰·阳和启蛰

《宋史·乐志》:“条风斯应，候历维新。阳和启蛰，品物皆春。”

《诗经》:“春日载阳，有鸣仓庚。”

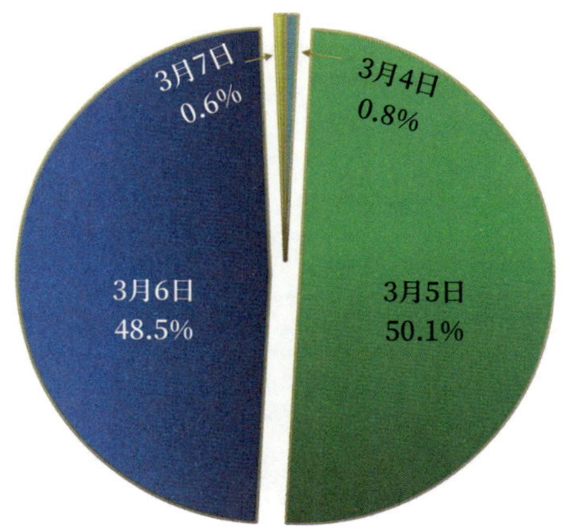

惊蛰节气日在哪一天?

(1701—2700年序列)

惊蛰节气，通常是在3月5日前后。

惊蛰节气日，春的领地达到近 169 万平方千米，夏在海南崭露头角。而且惊蛰时节，夏的地盘由约 1.5 万平方千米扩张到约 5 万平方千米。冬天虽仍是霸主，但疆域面积减少约 85 万平方千米，而春姑娘终于跨过了长江。

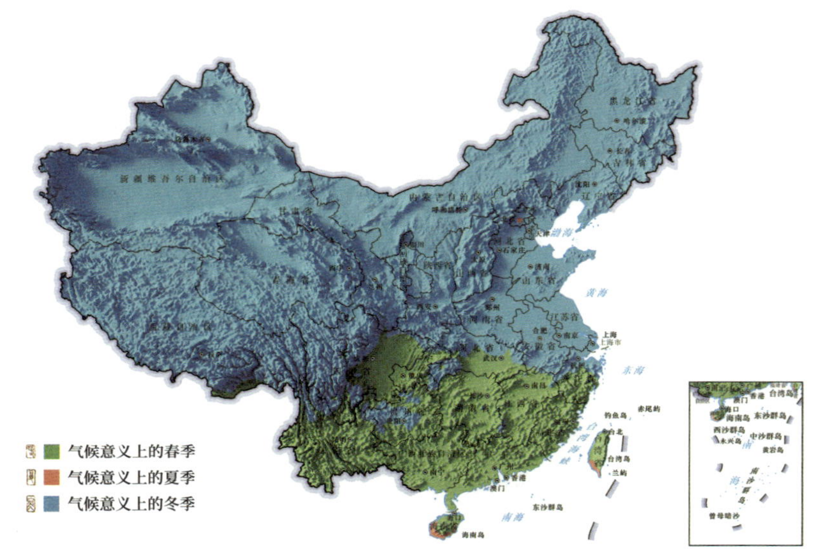

惊蛰节气日季节分布图

（1991—2020年）

惊蛰节气日季节分布及变化　　单位：万平方千米					
春季		夏季		冬季	
面积	变量	面积	变量	面积	变量
约 168.5	68.5	约 1.5	1.3	约 790	-69.8

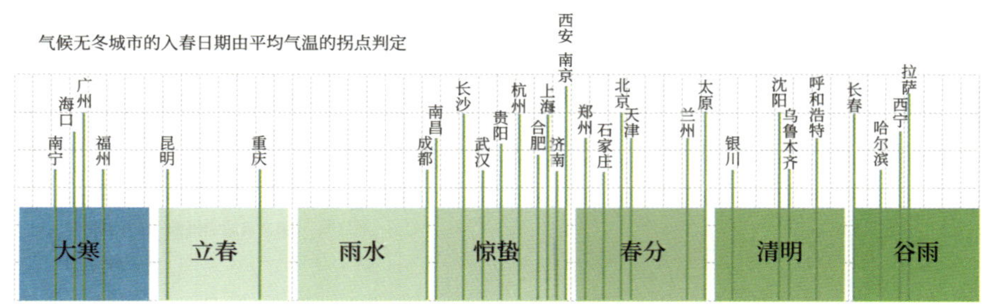

省会级城市入春进程（1981—2010年）

惊蛰时节，是气候之春由南方到北方的渐进时段。

是惊蛰还是启蛰？雨水和惊蛰，谁先谁后？

惊蛰，是指蛰伏冬眠的动物复苏，《夏小正》便有“正月启蛰”之说。公元前 104 年，汉武帝颁布《太初历》，二十四节气由民间智识上升为国家历法。但当时为避汉景帝刘启的名讳，启蛰被改为惊蛰。

当然，最初的春季节气次序也不是立春、雨水、惊蛰、春分、清明、谷雨，而是立春、启蛰、雨水、春分、谷雨、清明。

在古代星宿范畴，启蛰意味着“龙宿见于东方也”，东方青龙七宿见于东方天际。而在古代气运理念中，启蛰当于雨水之前，因为龙行而雨施。龙的蛰伏尚未结束，何以有甘雨时降？

隋唐时期，不用再避刘启的名讳，隋文帝时期开皇十七年（597 年）颁布的《大业历》中，恢复了启蛰之名。到了唐代，唐高祖时期武德二年（619 年）颁发的《戊寅历》中，又恢复了立春、启蛰、雨水的次序。唐高宗时期麟德二年（665 年）颁发的《麟德历》中，春季节气的次序为：立春、启蛰、雨水、春分、清明、谷雨。清明、谷雨的次序自此确定。而在这之前的 145 年间，是谷雨在前、清明在后。

开元十七年（729 年），唐玄宗颁发的《大衍历》中，启蛰又被改为惊蛰（毕竟几百年的时间，民间已经习惯了惊蛰这个名字），并且又改成了立春、雨水、惊蛰的次序。此后，雨水、惊蛰的先后次序又经更易，直到唐穆宗时期，长庆二年（822 年）颁发的《宣明历》中，春季节气的次序改为：立春、雨水、惊蛰、春分、清明、谷雨。此次序沿用至今，再未变更。

这意味着在黄河中下游地区，代表万物复苏的惊蛰原来应该是第三个节气，而随着气候变化，惊蛰应该是科学意义上的第二个节气了。这便是古代惊蛰节气有时是第二个节气，有时是第三个节气的原因所在。作为非物质文化遗产，节气次序在现代社会不再更改，但特定节气的气候或物候内涵却在不断变化。

关于启蛰、雨水谁先谁后的次序问题，从气候学上看，是温度条件和水汽条件的问题，是由冰冻到消融的温度临界值、由雪到雨的降水相态临界值谁先谁后的问题。于是，启蛰、雨水谁先谁后的次序，被视为气候偏冷还是偏暖的一种间接证据。

1951—1980 年惊蛰时节迎来物候意义上的春天

在节气起源地区黄河中下游，两个区域高度重叠。

2011—2020 年雨水时节迎来物候意义上的春天

雨水节气所表征的初雨时间具有很大的偶然性，而惊蛰节气所表征的物候春始时间，却具有很强的稳定性。因此，物候春始时间是在惊蛰时节，还是提前到雨水时节，可以反映气候变化趋势及幅度。

惊蛰与雷有关系吗？雷有着怎样的人文意象？惊蛰节气之名，与雷无关，而是“阳和启蛰，品物皆春”，是渐至的温暖唤醒了蛰伏冬眠的动物。

在汉代，人们将阳气所激发的战鼓般喧天震地的声音，称为“春分之音”。七十二候中“雷乃发声”和“始电”也都是春分的节气物语。可见，在二十四节气创立之初，春分便已被确定为初雷鸣响的气候时间。

根据国家预警信息发布中心的数据进行统计，惊蛰时节雷电预警主要集中在长江以南，预警数前三位的省区分别为江西、福建、贵州。以1981—2010年气候期为例，节气体系起源地区是在春分、清明、谷雨时节迎来初雷。所以，使蛰伏的冬眠动物从梦中苏醒的，不是有声的惊雷，而是无声的温度。温暖，比雷霆更有力量。

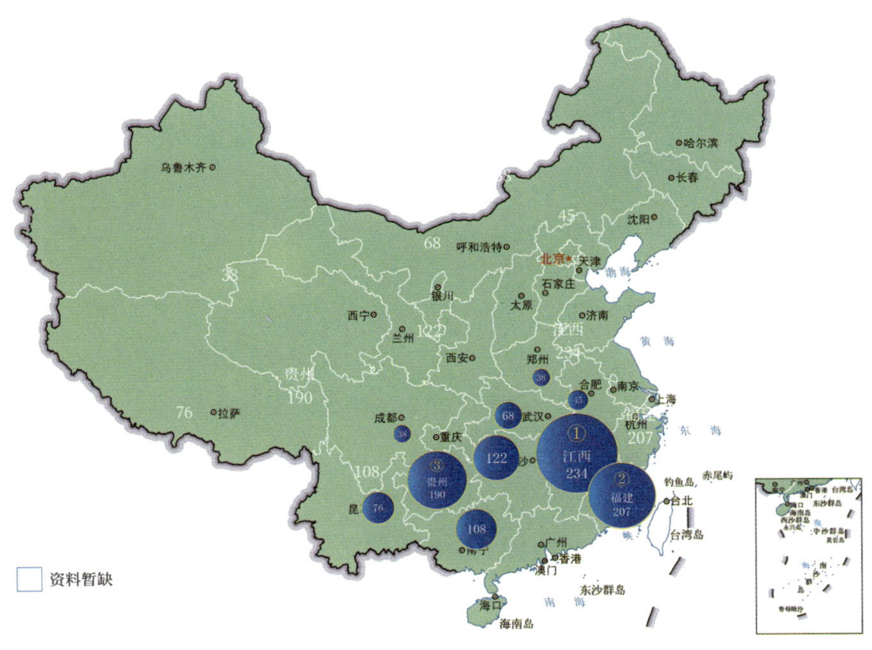

2016—2022年惊蛰时节雷电预警最多的10个省区

常年惊蛰时节初雷区域

常年春分时节初雷区域

常年清明时节初雷区域

常年谷雨时节初雷区域

什么时节初雷鸣响?

注：港澳台地区资料暂缺。

就连乾隆帝也深知惊蛰与雷无关。清代《大清高宗皇帝圣训》记载了乾隆三十四年（1769 年）乾隆帝一次与雷有关的震怒。他说："钦天监每岁奏报初雷观候，仅据占书习见语，于惊蛰后照例具奏，并非闻有雷声。故套相沿，甚属无谓，嗣后此例着停止。"钦天监认为"惊蛰闻雷"，于是在惊蛰节气观测初雷，然后将观测结果奏报给皇帝，但几乎钦天监每次都没有观测到雷声，所以受到斥责。

乾隆帝斥责的是脱离气候规律的墨守成规，叫停的是惊蛰节气日的初雷观测（零报告制度）。但钦天监在执行圣意的过程中，居然擅自取消了初雷的全部观测任务长达 40 年。直到嘉庆十六年（1811 年）才恢复观测。

汉代《洪范五行传》载："雷以二月出震，其卦曰豫，言万物随雷出地，皆逸豫也。"

元代《月令七十二候集解》云："万物出乎震。震为雷，故曰惊蛰，蛰虫惊而出走矣。"

震对应自东而来的春风，春分又至，万物复苏。人们将雷视为震卦的卦象，但卦象之雷，泛指勃发与激荡，并非特指天气现象的雷。

虽然惊蛰和北方的初雷无关，却与南方特别是安徽、江苏、浙江等地的初雷高度吻合，《淮南子》成书之地淮南地区将惊蛰称为"雷惊蛰"。所以在这些地区，人们完全可以将初雷作为惊蛰节气的标识。

随着农耕的重心南移和士大夫的南迁，农民和诗人都留意到了南方惊蛰与初雷的契合。"微雨众卉新，一雷惊蛰始"，是唐代诗人韦应物在担任滁州刺史的时候看到的田园，描述的是安徽的惊蛰物候。

通过诗词、谚语的演绎和流传，惊蛰鸣雷的物候特征逐渐得到了夯实。这虽然不是惊蛰的古义，但恰恰是对南方惊蛰物候正确的本地化修正。而且，惊蛰节气祭雷神也是南方部分地区的习俗，习俗的形成自然有它的气候依据。

《吕氏春秋》曰："开春始雷，则蛰虫动矣；时雨降，则草木育矣。"谚语说："春雷响，万物长。"其实春雷不响，万物也长。人们乐于将渐变的累积机制简化为突变的触发机制，于是将雷视为春暖的标识。

农历二月二龙抬头的历年时间均值与惊蛰节气对应。冬季，虫也蛰伏，龙也蛰伏。到仲春时"蛰虫咸动"。所以在我看来，惊蛰和龙抬头，是同一事项的"互为另一种"表达。龙抬头是惊蛰（冬眠期结束）的有机组成部分，也是最隆重的部分，或者说标志性的部分。

古人将雷视为"天地长子"。"雷出则万物出，雷入则万物入"，雷之发声、收声与万物启、闭相对应，所以古人认为雷"入则除害，出则兴利，人君象也"。

古时候人们特别惧怕雷，所以也就特别在意雷，从前"冬雷震震，夏雨雪"都被当作不可能发生的事情，写进誓言里了。但气候变化的背景下，隆冬时节冬雷震震的事情也偶有发生。

从前，人们往往按照初雷的早晚来推断气候是否异常。

在江浙一带，如果恰好惊蛰打雷，那算是好兆头，所以有"惊蛰闻雷米似泥"的说法，指米像泥一样多，也像泥一样便宜。类似的说法也很多，比如"惊蛰吼雷，风调雨顺""惊蛰鸣雷，谷米成堆"。

但如果没到惊蛰就打雷，通常会被人们视为灾异之兆。民谚说："未蛰先雷，人吃狗食。"在这一点上，大家很有共识。惊蛰之前就打雷，说明暖湿气流异常强盛，所以很可能造成连阴雨。相关的说法也很多，比如"未到惊蛰雷声响，四十八天无太阳""惊蛰未到雷先鸣，喑喑哑哑到清明""未到惊蛰先动鼓，幽幽雅雅四十五"。

惊蛰，是物候春始的代名词。在人们心中，其实有五个春天。第一个是阳气之春，始于冬至，冬至阳生。第二个是节气之春，始于立春，与春分日所代表的回归年意义上的天文春始不同，它是节气意义上的春始。第三个是形而上的物候之春，在惊蛰时节数九数完的"九尽日"。第四个是古人眼中

"寒暑平"的天文之春，即春分日，此时太阳位于黄经 0°，是天文意义上的春始。这四个春天都是"一刀切"的、无地域差异化的春天。第五个春天，才是体现地域差异化的气候之春。

农历二月被称为丽月，即景色俏丽的月份；也被称为令月，意思是美好、吉祥的月份；还被称为如月，如者，表随从之意，意为万物相随而出。也有人将"如"解读为顺从，万物顺应着渐渐回暖的天气，相继复苏。也有

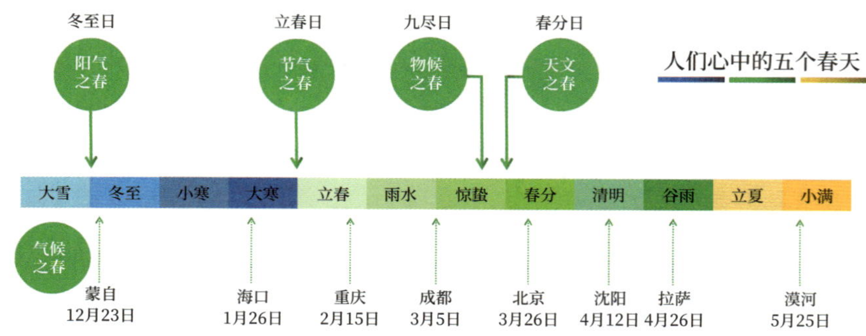

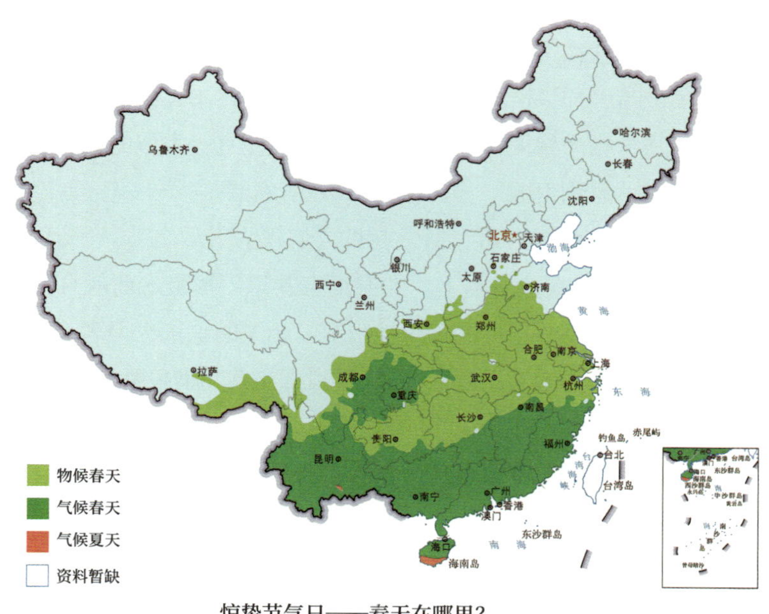

惊蛰节气日——春天在哪里?

人将“如”解读为延续，温暖在承上启下地延续着，生命的活力也在延续和增长。

惊蛰时，气候之春尚在江南，而物候之春已降临节气起源地区。我们今天数九数的是什么？数的是结局，这结局是数完九，物候意义上的春天便会来临。于是，“九九加一九，耕牛遍地走”，这是春耕期开始的标准时间。山东谚语“冬至饺子夏至面，八十一天柳两岸”，说的便是数完九，物候春始。

随着气候变化，物候意义上的春天来临的时间大体上提前了一个“九”，九九无须加一九，便可耕牛遍地走。

人们平常还可以闲聊，但是一到惊蛰，就没闲工夫了，“惊蛰节一过，亲家有话田里说”。跟亲家聊个天儿的时间都没了，有什么事，也只能在田间地头抽空儿说几句。

当然，大家在春耕夏耘的间隙，也想着乐和乐和、热闹热闹。田野之中，也需要一张一弛，也需要有娱乐精神。

九九加一九，物候春始

（1951—1980年）

九九加一九，物候春始

（1981—2010年）

九九加一九，物候春始

（2011—2020年）

清代董诰《清音荟景册》之“新畲耕馌”（馌音 yè，指给在田间耕作的人送饭）
台北故宫博物院藏

清代《清嘉录》记载：“二三月间，里豪市侠，搭台旷野，醵（jù，集资）钱演剧，男妇聚观，谓之‘春台戏’，以祈年祥。”另有关于烧青苗的记载：“是时，田夫耕耘甫毕，各醵钱以赛猛将之神。昇神设场，击牲设醴，鼓乐以酬。四野遍插五色纸旗，谓如是则飞蝗不为灾，谓之‘烧青苗’。”

人们春季农忙时抽空看个“春台戏”，夏季农闲时搞个“烧青苗”。辛苦，但是不单调，人们总在找寻适当的调剂方式。而且搭台唱戏，鼓乐拜神，也顺便防灾，考虑得很周全。

惊蛰时节，开始热闹了：一个是热，天气回暖了；一个是闹，蛰虫复苏了。

各种虫子都“满血复活”地回来了，有很多是人们惧怕或者讨厌的害虫。那怎么办呢？于是就有了祛除害虫的诸多习俗。

这些习俗不是真的去捉害虫，而是象征性地治理害虫，只是走个形式。因为这个时候，害虫们刚刚苏醒，还没怎么出门呢。有的地方把惊蛰的前一天定为“射虫日”，人们晚上在田里画出弓箭的形状，举行模拟射虫

清代周培春《民间神像图》之“虫王爷”，美国费城艺术博物馆藏

的仪式。意思是说，害虫们，你们来呀，弓箭伺候！有的地方有“扫虫节”，人们在田里插上扫帚，象征着用扫帚扫除鬼怪、疾病、晦气、虫害等。有的地方在惊蛰当天，人们会在院子里生火烙煎饼，用这种烟熏火燎的方式来象征性地祛除各种害虫。还有不少地方是象征性地“爆炒害虫”。比如用浸泡过盐水的黄豆在锅中爆炒出噼里啪啦的声音，仿佛是热锅上的虫子发出的声音。还有些地方的“爆炒害虫”，不仅要炒，还要吃，甚至边吃边喊。当然，炒的不是虫，而是玉米。待到玉米炒熟，全家人围坐在一起，边吃边喊：“吃炒虫啦！吃炒虫啦！”

当然，在人们心中，还有另外一种害虫也要治理，所以有些地方有惊蛰时节祭白虎的习俗。传说白虎是代表口舌、是非之神，白虎每到惊蛰都出来找吃的，所以人们要把肥腻的猪肉抹在白虎的嘴上，请它不要再开口搬弄是非。

在气候变暖的背景下，“又是一年春来早”已经成为各地的一种常态。本来应该在春分时节入春的地方，往往在惊蛰时节就匆匆忙忙地入春了。

节气春季气候时间大幅度向前漂移，使北京的入春日期由从前的清明时节逐渐提前到了惊蛰时节，入夏日期逐渐由芒种时节、小满时节逐渐提前到了立夏时节。气候入夏时间正在与天文入夏时间趋于吻合。

2015 年惊蛰时节，《天气预报》节目中呈现的“入春前线”

惊蛰时节盛行晴暖天气，正所谓“九九艳阳天”。很多地方的日照时数既大于之前的雨水时节，也大于之后的春分时节。

我们也可以从歌曲《九九艳阳天》选段中看出一二：

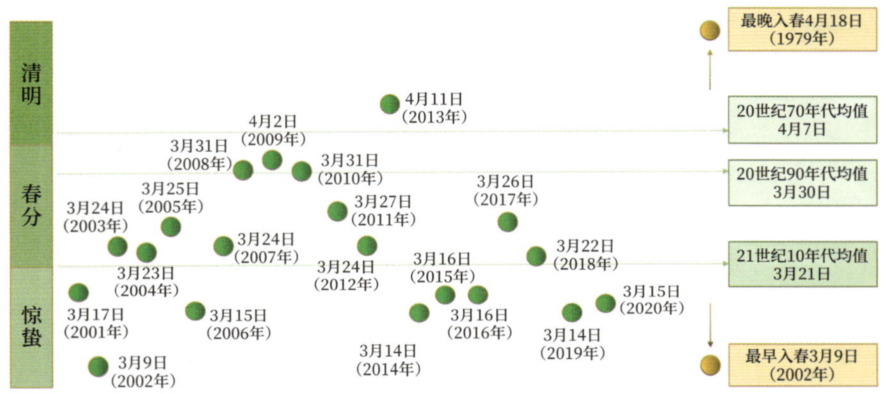

北京入春时间的变迁

惊蛰时节艳阳天

九九那个艳阳天来哟
十八岁的哥哥呀坐在河边
东风呀吹得那个风车儿转哪
蚕豆花儿香啊麦苗儿鲜
……
风车呀风车那个咿呀呀地个唱呀
小哥哥为什么呀不开言

晴暖，也就伴随着干燥，而且惊蛰时节的干燥程度有明显加深。以北京为例，惊蛰已成为一年之中最干燥的时节。

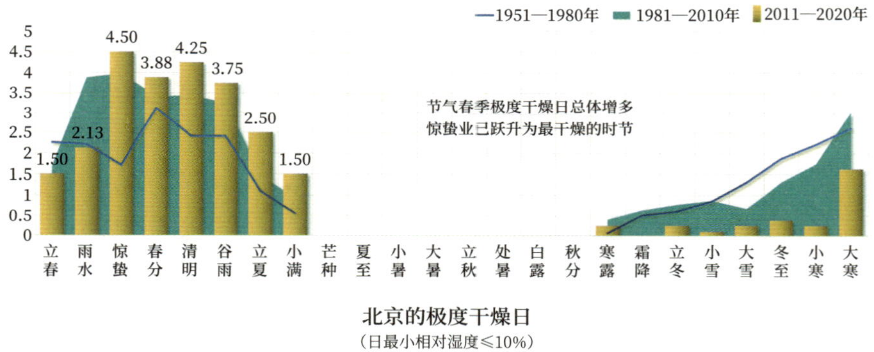

北京的极度干燥日
（日最小相对湿度≤10%）

惊蛰时节，在南北方日照“贫富差距”拉大的同时，温度的“贫富差距”缩小了。北方地区是“给点阳光就灿烂”，气温往往反超南方。但是快速回暖的过程中，昼夜温差迅速增大，仿佛一天当中包含了两个季节。而且，惊蛰时节是阳光先行，雨露滞后，所以显得天干物燥。尚未脱去冬装的人们，忽然就有了一种燥热的感觉。

有人坚持“春捂秋冻”，但越来越多的是“七九六十三，行人把衣宽”，走起路来，冬装就有点穿不住了。

从前，人们对惊蛰时节的回暖持有高度的理性。

谚语说：“惊蛰热，要反春。”“惊蛰暖，棉衣到小满。”如果惊蛰气温偏高幅度太大，很可能遭遇倒春寒，寒凉的天气或许会一直持续到初夏。惊蛰时节，正好是北方供暖季陆续结束之际，气温暴跌也就显得更有杀伤力。

其实，古人早有应对天气的制度弹性。比如北宋时期“自十月朔许置火，尽正月终。近岁多春寒，常特展火禁五日，亦不过展”。这就是说，原本取暖季从农历十月初一开始，到正月底结束，历时四个月，但是如果赶上料峭春寒，还可以通融一下，取暖季延长五天。根据天气实况，适当延长供暖时段，这不就是现代所说的“看天供暖”吗？

我们盼望春姑娘，但惊蛰时节，却是她最任性的时候。众里寻“她”千百度，她想几度就几度。

天气快速回暖，往往气温虚高，一旦冷空气杀个回马枪，就会是一场气温的大跳水。所以也就有了“乍暖还寒时候，最难将息”的感慨，有了“惊蛰刮风，从头另过冬”的民谚。

大家当然希望天气赶紧暖和起来，但是对回暖的节奏，还是希望稳扎稳打，别太唐突，别太冒进。这样，天气才能平和一些，“惊蛰宁，百物成”。

惊蛰三候

古人梳理的惊蛰节气的节气物候是：一候桃始华，二候仓庚鸣，三候鹰化为鸠。

惊蛰一候·桃始华

春天的物候，常常是人们关于美的参照物。“柳叶来眉上，桃花落脸红”，柳叶眉、桃花面几乎是古代美女最经典的妆容标准。

所谓桃始华，指的是多见于北方的山桃，而非多见于南方的毛桃。以南宋都城临安（今杭州）为例，现代物候观测，山桃盛花期为 3 月 5 日（惊蛰前后），毛桃盛花期为 3 月 25 日前后，山桃的花期比毛桃要早 20 天左右。

山桃原产于中国，《大戴礼记·夏小正》中便有“梅、杏、杝桃则华。杝桃，山桃也”的记载，山水诗人谢灵运也曾作诗“山桃发红萼，野蕨渐紫苞”。

北宋《图经衍义本草》记载：“山中一种，正是《月令》中桃始华者。但花多子少，不堪啖，惟堪取仁。《唐文选》谓‘山桃，发红萼’者，是矣。”

虽然有人理性地评价桃花很好看，桃子不好吃，桃仁尚可用，但作为物候标识，食用性并非首选。古人遴选物候标识，一要讲究代表性，要常见；二要讲究规律性，要守时；三要讲究观赏性，兼顾颜值。《诗经》中“桃之夭夭，灼灼其华”，就刻画了仲春时的物候之美。

北京的“桃始华”由 3 月 28 日（春分二候）逐渐提前至 3 月 21 日（春分一候）。2023 年，“桃始华”的时间更是提前到了惊蛰二候。

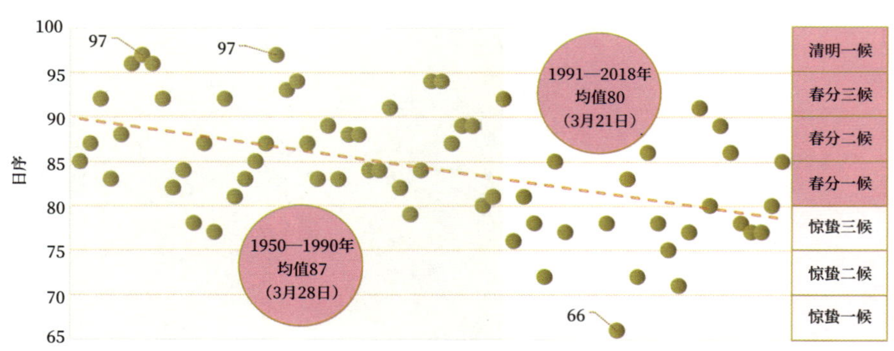

北京的桃始华（1950—2018年）

实点为逐年日序值，虚线为线性趋势线。

人们将桃花始开，作为春阳的标识；将桃花渐落，作为春雨的预兆。所以绵绵春雨，也被称为“桃花水”。

正所谓“花开管时令”，除了桃树，“红杏枝头春意闹”，杏树也是农耕时令的“消息树”，因此《隋书》中有“瞻榆束耒，望杏开田”的说法。桃花是将雨之候，杏花是可耕之候。

秋的妙处在于眺望远处，而春的妙处却在于端详近处。仲春之美，就在于草之新绿、木之初华。

惊蛰二候·仓庚鸣

《诗经》：“仓庚于飞，熠耀其羽。”这是说黄鹂鸟在飞，羽毛闪耀着熠熠光泽。《诗经》：“黄鸟于飞，集于灌木，其鸣喈喈。”这是说黄鹂时飞时落，欢快婉转地鸣唱。

仓庚，即黄鹂鸟。清代《钦定授时通考》中记载：“仓庚，黄鹂也。仓，清也；庚，新也。感春阳清新之气而初出，故鸣。”在古代，黄鹂的称谓有地域差异。汉代《方言》曰：“自关而东谓之仓庚，自关而西谓之鹂黄。”

“莺歌暖正繁”，黄鹂鸟被视为春阳清新的感知者和报道者。按照《说文解字》的说法，黄鹂鸟“鸣则蚕生”，黄鹂鸣叫说明真正的春暖开始了。

从惊蛰一候桃始华，到惊蛰二候仓庚鸣，这标志着鸟语花香时节的开始。

谚语说：“惊蛰过，暖和和，蛤蟆老角唱山歌。”在人们眼中，莺歌燕舞，代表的是春天里最好的歌唱家和舞蹈家。

宋代《埤雅》载：“仓庚鸣于仲春，其羽之鲜明在夏。”黄鹂的鸣音报道春天，黄鹂的羽色报道夏天。从“两个黄鹂鸣翠柳”到“阴阴夏木啭黄鹂”，人们从黄鹂鸟鸣音和羽色的变化中，感受着由春到夏的时令变化，正如谚语所言：“立夏不立夏，黄鹂来说话。”

对仲春天气，《诗经》里写的是：“春日载阳，有鸣仓庚。”春天的阳光承载着和暖之气，黄鹂鸟快乐地鸣叫。

惊蛰三候·鹰化为鸠

“鹰化为鸠”是说老鹰惊蛰时变成了布谷鸟。

清代《钦定授时通考》所载：“（鸠）即布谷也。仲春之时，鹰喙尚柔，不能捕鸟，瞪目忍饥，如痴而化。化者，反归旧形之谓，春化鸠，秋化鹰。如田鼠之于駕也，若腐草、雉、爵，皆不言化，不复本形者也。”

我们可以这样理解：春暖之后，食物多了，鸟类的性情不那么凶猛了，变得温顺了，由“鹰派”变成了“鸽派”。

唐代诗人韦应物云：“微雨霭芳原，春鸠鸣何处。”到了仲春，人们看不到鹰了，但鸠忽然多了起来，于是人们以为鹰变成了鸠。实际上，是鹰躲起来忙着孵育小鹰，鸠忙着鸣叫求偶，是鹰和鸠的恋爱与婚育存在时间差。

古老的节气物候标识中，有不少是某种生物变成另一种生物的说法，例如鹰化为鸠、田鼠化为鴽、腐草为萤、雀入大水为蛤、雉入大水为蜃等。

这里涉及两个概念，一个是“为”，一个是“化为”。这两个概念之间有什么区别呢？

唐代《礼记正义》中说：“化者，反归旧形之谓。故鹰化为鸠，鸠复化为鹰。若腐草为萤、雉为蜃、爵为蛤，皆不言化，是不再复本形者也。”可见，“为”是不可逆的，比如“腐草为萤”，说草腐烂之后变成萤火虫，但萤火虫不能再变成草。

清代《七十二候考》中说：“鹰鸠必无互化之理。豺獭宁知报本之诚。验虹藏于小雪，气已稍迟。考雉雊于小寒，时犹太早。蜃蛤成于大水，原非亲见之言。”“鹰化为鸠”只是古人的假说而已，后来人们逐渐认识到“鹰鸠必无互化之理”。

在古人看来，惊蛰时布谷鸟是以“鹰化为鸠”的方式亮相的，然后便以春神的身份开始了它辛勤的催耕工作。

在七十二候中，有四项与鹰相关：一是惊蛰三候鹰化为鸠，二是小暑三候鹰始挚，三是处暑一候鹰乃祭鸟，四是大寒二候征鸟厉疾。这是古人以鹰的神态和行为为时令标识，界定一年之中的寒热温凉。

惊蛰节气神

民间绘制的惊蛰神，几乎只有一个主角——雷公。这体现着民间信俗中雷与惊蛰的对应关系。

雷公有着孙悟空的面容，也被称为毛脸雷公嘴。雷公长着鸟嘴，长着鸟的爪子和翅膀，手里拿着鼓槌，击鼓轰雷，如同一只狂躁的大鸟，在天空中一边捶打天鼓，一边任性地张牙舞爪扇翅膀，云天鼓震，电闪雷鸣。

在古代，雷神也被视为惩罚罪恶之神，为人主持正义。所以人们对雷电，既有恐惧，也有尊崇。古代有专门负责雷电天气的雷神，这是人们对雷电威严的神化表达。

《论衡》中这样描述雷神的形象："图画之功，图雷之状，累累如连鼓之形。又图一人，若力士之容，谓之雷公。使之左手引连鼓，右手推椎，若击之状。其意以为雷声隆隆者，连鼓相扣击之意也。"《山海经》是这样描述雷神形象的："雷泽中有雷神，龙身而人头，鼓其腹，在吴西。"

虽然古代雷神的形象不断演化，但大多是鸟嘴、猴形，且有一双翅膀以及槌形武器，可以在空中击鼓而雷。在很多国家的文化中，雷神都被认为是鸟。因为雷来自空中，人们首先想到的便是鸟，猜测或许是什么鸟扇动翅膀激发了雷声。

在民间的版本中，作为惊蛰神的雷公，形象和服饰大体近似。但雷公的肌肤，有的是肉色的，有的是青色的。雷公手中的法器也各有不同，有的双手执槌；有的一手执楔，一手持锥，这也被称为雷公凿和雷公锤。在人们的想象中，雷公的一锤定音，便是万物启蛰的"发令枪"。

汉代《春秋元命苞》载："阴阳聚而为云，阴阳和而为雨，阴阳合而为雷，阴阳激而为电，阴阳交而为虹霓，阴阳怒而为风，乱而为雾。"

古人试图以阴阳之间的互动关系，解读各种天气现象。古人认为"阳与阴气相薄，雷遂发声"。春暖之后，阳气不再潜藏，而与阴气正面交锋，于是"震气为雷，激气为电"。

随后，雷神又被分为两个角色：雷公和电母。雷公执锤，电母执镜，联袂造就炫目震耳的声光电效果。对流性的雷电现象，其"管理者"仿佛是一对夫妻。

春分·东风试暖

汉代《风俗通义》:“鼓者，郭也，春分之音也，万物郭皮甲而出，故谓之鼓。”

唐代杜甫诗曰：“雨洗娟娟净，风吹细细香。”

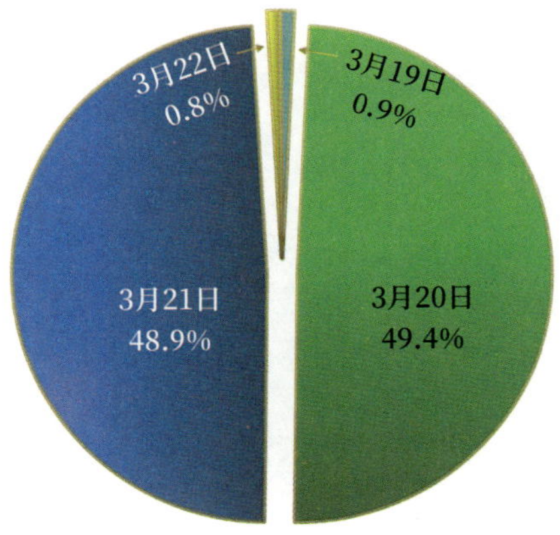

春分节气日在哪一天?
（1701—2700年序列）

春分节气，通常是在 3 月 20 日前后。

春分节气日，春的领地终于达到了250万平方千米，春天不再是只是南方的“特产”，而冬已缩减到约705万平方千米。整个春分时节，春天从长江到长城，地盘向北推进约130万平方千米，冬春交替速度加快。而云南的部分河谷地区逐渐完成春夏交替。

冬天数九，人们往往还会多数一九，“九九加一九”，加的这一九数完之时，正是春分。所以人们数的，是从冬至到春分的天文冬季。数九的本质，是盼春分。

春分、秋分，被视为昼夜均分之时。拉祜族史诗《牡帕密帕》中，将其描述为：“春分之后，太阳骑猪走（猪走得慢，所以白昼时间长），秋分之后，

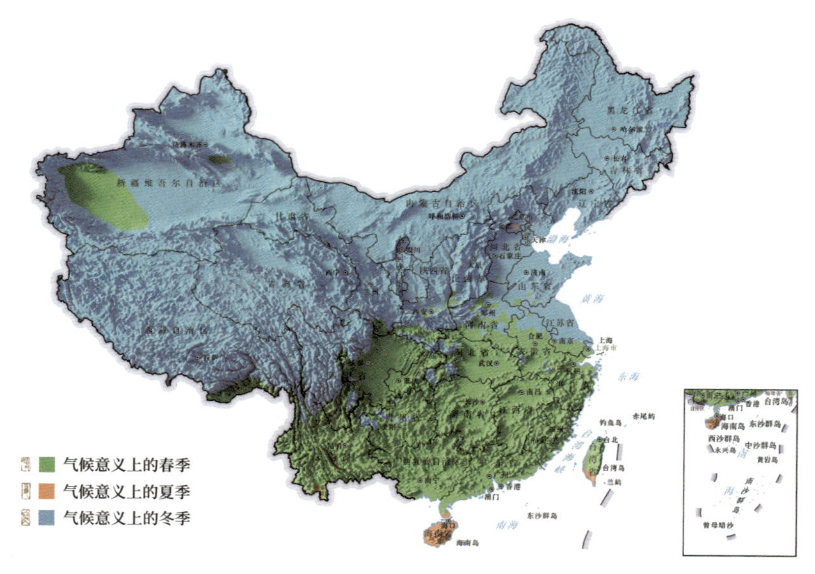

春分节气日季节分布图
（1991—2020年）

春分节气日季节分布及变化 单位：万平方千米					
春季		夏季		冬季	
面积	变量	面积	变量	面积	变量
约250	81.5	约5	3.5	约705	-85

太阳骑马走（马跑得快，所以白昼时间短）。”

我特别喜欢这个极具画面感的描述。其实，猪走马走这一慢一快之中，还隐含着太阳视运动的非匀速问题。中国古代最早发现这一现象的，是南北朝时期天文学者张子信。

《隋书·天文志》中这样记载：“清河张子信……专以浑仪测候日月五星差变之数……言日行在春分后迟，秋分后则速。”

汉代《春秋繁露》说：“仲春之月，阳在正东，阴在正西，谓之春分。春分者，阴阳相半也，故昼夜均而寒暑平。”古人观天时有三个维度，春分正值阴阳、昼夜、寒暑平衡均等之时。

其实就本质而言，阴阳与昼夜的平衡均等，都可以用昼夜时长来衡量。这里所谓的昼夜均等，并非白昼时长与黑夜时长严格意义上的完全相同，而是白昼与黑夜时长为一个回归年中白昼与黑夜时长的均值日。

昼夜时长均等的时间，春季早于春分，秋季晚于秋分。纬度越低，昼夜均分的日期离春分、秋分越远。

在“定气法”背景下，各个节气以黄经等分。夏季为远日点，角速度较慢，春分至秋分的时长为 186 天左右；冬季为近日点，角速度较快，秋分至春分的时长为 179 天左右。两个周期的时长是不均等的。春分之前、秋分之后的一段时间，白昼时长超过 12 小时。一年之中白昼长于黑夜的日数并不是 183 天左右，而是 190 天以上，低纬度地区甚至超过 200 天。二十四节气起源地区，春分日前 3 天、秋分日后 3 天左右才是真正的昼夜平分日。

城市	纬度	昼长首次≥ 12 小时	昼长末次≥ 12 小时	昼长≥ 12 小时日数
哈尔滨	45° N	3 月 18 日	9 月 25 日	192 天
北京	40° N	3 月 17 日	9 月 25 日	193 天
武汉	30° N	3 月 16 日	9 月 26 日	195 天
昆明	25° N	3 月 15 日	9 月 27 日	197 天
海口	20° N	3 月 14 日	9 月 29 日	200 天

有时，在日出之前的一段时间，我们就感觉天已经亮了。我们有很多词语描述这个微妙的时刻，例如平旦、拂晓、黎明时分等。一天中的民用晨昏

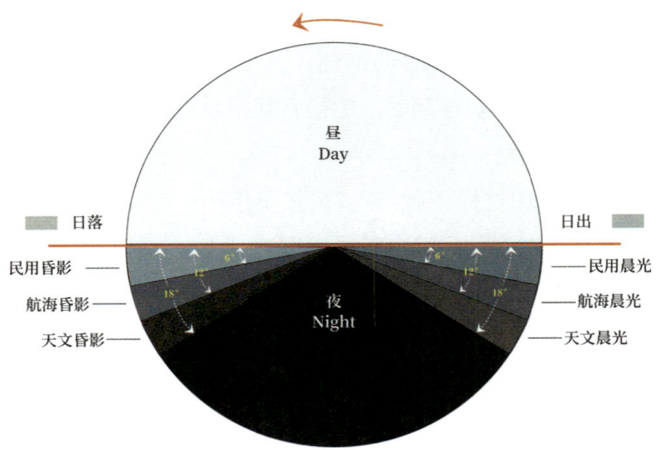

天文、航海、民用晨昏示意图

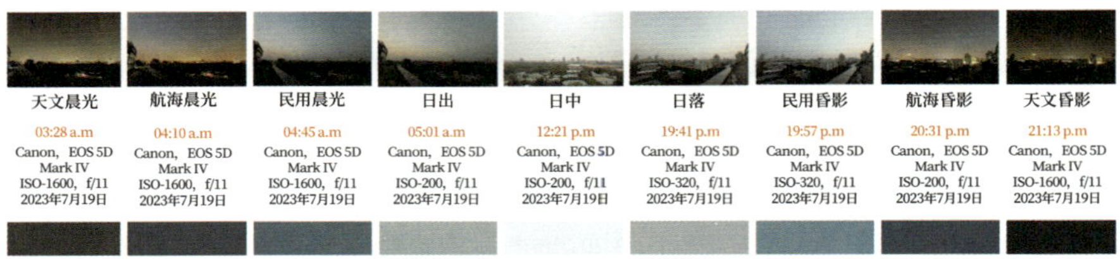

日出、日中、日落及晨昏

这是我们 2023 年 7 月 19 日在办公室的楼上拍摄的昼夜晨昏的影像。刘凯、宋晓甫摄。观测拍摄地点：中国气象局。

（曙暮光）时间，使我们额外享受到日出之前的晨曦和日落之后的余晖。“黎明即起”早于“日出而作”。

而“寒暑平”呢？我们以年平均气温界定寒暑平。以与年平均气温的差值≤ 2℃视为近乎寒暑平。以 1981—2010 年气候期为例，能接近寒暑平的地方其实很少很少。北京的“寒暑平”，是在临近清明（4 月 3 日）和霜降之时（10 月 23 日），比春分和秋分都滞后一两个节气。广州的“寒暑平”分别是在临近清明至谷雨的中间点（4 月 13 日）和霜降至立冬的中间点（11 月 1 日），比春分和秋分几乎滞后两个节气。与春分、秋分相比，不同地区的寒暑平滞后时间各有不同。

春分时节近乎“寒暑平”的区域

秋分时节近乎“寒暑平”的区域

以全国平均而言，春季的“寒暑平”是在3月31日，春分日之后的10天左右；秋季的“寒暑平”是在10月24日，秋分日之后的30天左右。

春分秋分日“阴阳相半”，阳气强度均为0.5。但春分秋分时节并非“寒暑平”，春分时节阳气均值高于秋分时节，但春分时节的平均气温明显低于秋分时节。所以，春分、秋分不是寒暑平，而是春分近寒、秋分近暑。以气温论，春分接近霜降，秋分接近立夏。

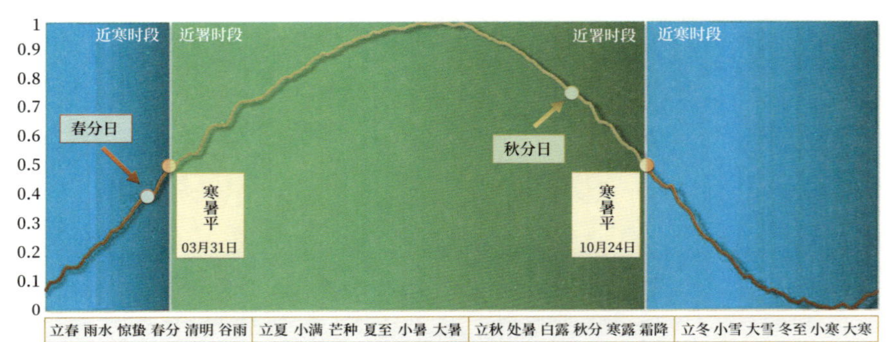

全国平均气温归一化视角下的“寒暑平”

（1991—2020年气候基准期）

春分、秋分不是气温意义上的“寒暑平”，而是春分近寒、秋分近暑。

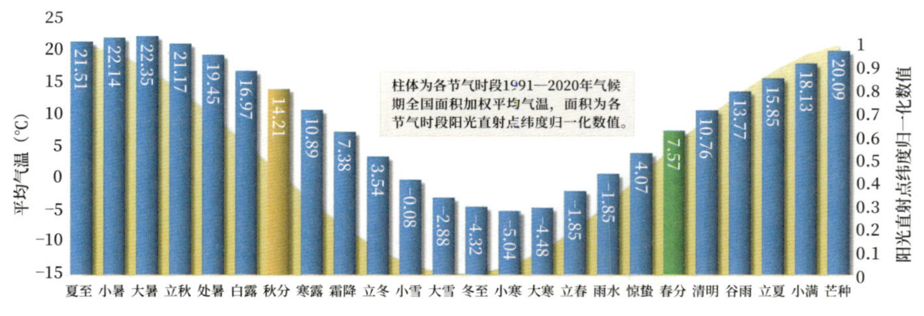

秋分气温远高于春分

秋分日平均气温较春分日高9.99℃，秋分时节平均气温较春分时节高6.64℃。

我们再换一个角度，不同纬度带上各个节气的白昼时长变幅是不同的。纬度越高，变幅越大，气温的年较差也就越大，这在很大程度上造就了气候禀赋的差异。

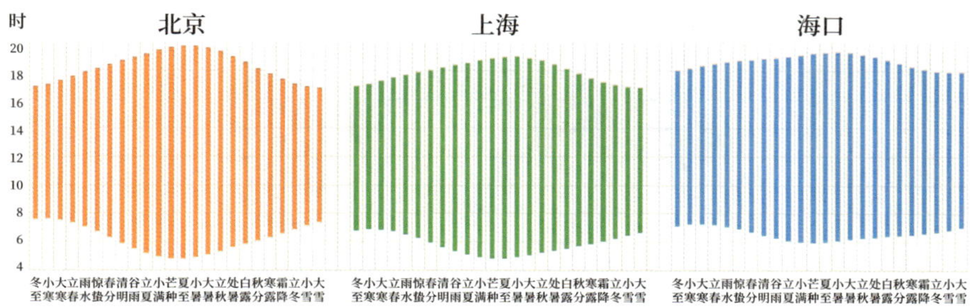

北京（40° N）、上海（30° N）、海口（20° N）各个节气日的白昼时长

因为南方地区春分后昼长的增量少于北方，而秋分后昼长的减量同样少于北方。所以春分之后回暖速度比北方慢，而秋分之后暑热消退的速度同样比北方慢，因此“寒暑平”的时间也就比北方滞后。

在各个节气时段，春分、秋分前后的白昼时长变幅是最大的，人们很容易春困秋乏，这是人体对天文变量的滞后响应所致。我们常说“春困秋乏夏打盹”，如果说“夏打盹”主要源于气候因素，那么“春困秋乏”主要源于天文因素。而国际睡眠日 3 月 21 日（春分日），正是北半球春困、南半球秋乏的起始时段。即使是国际睡眠日的日期设定，也彰显着节气逻辑。

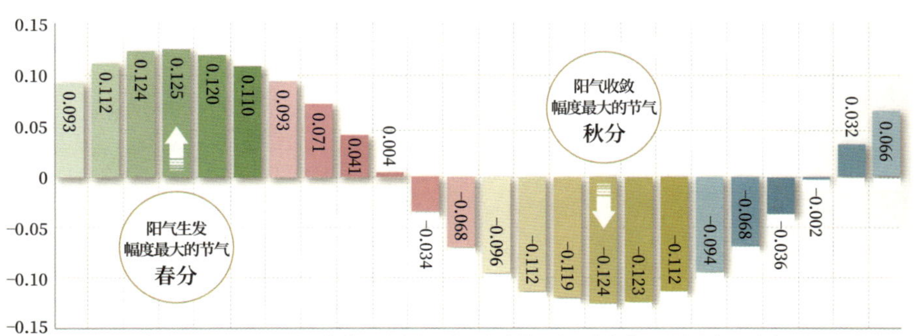

各节气时段的阳气变量

天气和暖，夜辰缩短。由冬之闭藏，到春之疏泄，代谢水平提高，人们对时令节律的适应有着一定的滞后性，所以常有春困之感。诗人说：“春眠不觉晓。”俗话说：“天长了，夜短了，耗子大爷起晚了。”

画家笔下的春困。清代冷枚《春阁倦读》轴（局部），天津博物馆藏

春分前后、秋分前后，是一年中白昼时长变幅最大的时段。所以春分时节，是天气回暖开始提速的时候，这也被称为东风试暖。

春分、清明时节，气温的升幅最大。

节气歌谣中的“春分地皮干”，是风使然。当然，春风渐起，是放风筝的最佳时间。清代高鼎《村居》诗云：“草长莺飞二月天，拂堤杨柳醉春烟。儿童散学归来早，忙趁东风放纸鸢。”而到了清明时节，放风筝的时节便结束了，正所谓“清明放断鹞”。

升温的节奏　　全国平均气温（1981—2010 年）

第一次	时间节点	历时
气温第一次升到 0℃以上	1 月 29 日	
气温第一次升到 5℃以上	3 月 4 日	历时 34 天
气温第一次升到 10℃以上	3 月 29 日	历时 25 天
气温第一次升到 15℃以上	4 月 17 日	历时 19 天
气温第一次升到 20℃以上	5 月 22 日	历时 35 天
气温第一次升到 25℃以上	7 月 16 日	历时 55 天

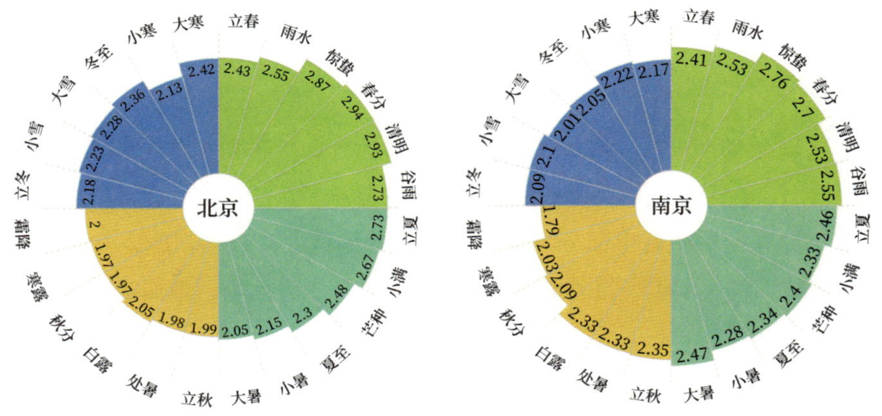

北京、南京各节气平均风速（m/s）

风最大的节气，北京是春分和清明，南京是惊蛰和春分。

清代《清嘉录》记载：“清明后东风谢令乃止，谓之放断鹞……春日放之，以春之风自下而上，纸鸢因之而起，故有‘清明放断鹞’之谚……儿童放纸鸢，以清明日止，曰放断鹞。”

明代郎瑛在《七修类稿》解读“四时之风”的差异时这样说：“四时之风，未见有言之者。予以春之风自下而升上，纸鸢因之而起。夏之风横行空中，故树杪多风声。秋之风自上而下，木叶因之而陨。冬之风著土而行，是以吼地而生寒也。”

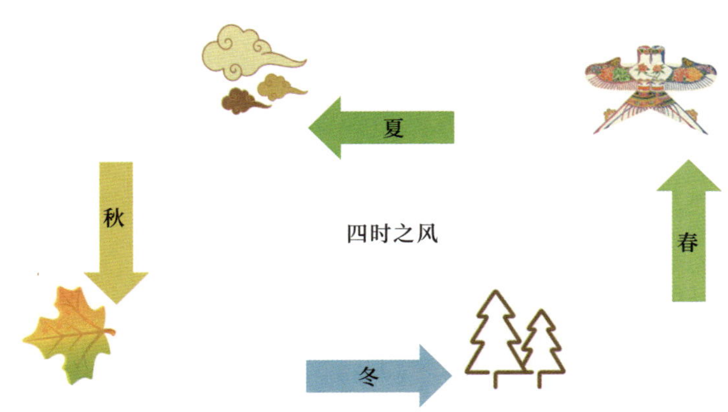

明代王逵《蠡海集·气候》是由气之升降的角度解读了春色与秋色的高低次第："春之气自下而升，故春色先于旷野。秋之气自上而降，故秋色先于高林。"

这是古人的说法。那么，为什么春天最适合放风筝呢？第一是风力，第二是升力。春天的风最大，在四季中高居榜首。

我们看春风的右半部分：整层显著偏南风且上升运动。冷空气来之前，有较强的偏南风和暖平流。槽前动力抬升，整层上升运动，地面暖低压发展甚至成为强盛气旋。

再看春风的左半部分：动量下传，午后傍晚风力加大。冷空气到来，槽后脊前冷空气控制，天气晴朗，高层风下沉，近地面热力上升，中高层动量下传对流。

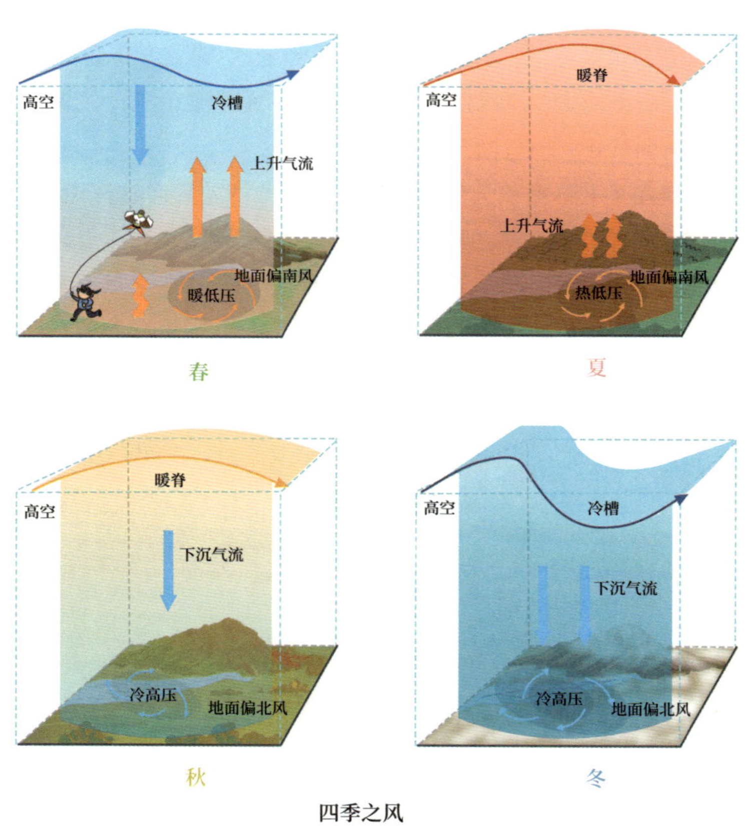

四季之风

为什么冬季容易雾霾积聚？单纯就气象特征而言，因为地面很冷，半空中有暖而轻的空气，像扣了一个锅盖一样，形成阻碍空气扩散的逆温层。而春天时，地面回暖迅猛，上冷下暖，完全是一年之中最好的“顺温层”，这种大气层结为风筝提供了足够的升力。

“杨柳青，放风筝”，如果春天放不成风筝，人们可是会责骂老天爷的。

清代孔尚任曾说：“结伴儿童裤褶红，手提线索骂天公。人人夸你春来早，欠我风筝五丈风。”

节气春季，北京北风依旧盛行，而南京东风已然领衔。

立春时所说的东风解冻，东风只是客串。到了春分时，东风才逐渐成为领衔主演。

《易纬通卦验》曰：“立春条风（东北风）至，春分明庶风（东风）至。”

《史记》曰：“明庶风，居东方。明庶者，明众物尽出也。”东风的属性，是明庶，是让万物尽情萌生，任性成长，这是万物的青葱时光。

一副著名的对联，特别能够概括春分时节的气候特点：“不教春雪侵人老，亦见东风使我知。”在古人眼中，东风是最具亲近感和辨识度的风，甚至到了“天下谁人不识君”的程度。

“异乡物态与人殊，惟有东风旧相识。”即使身处他乡，虽然风俗不同，

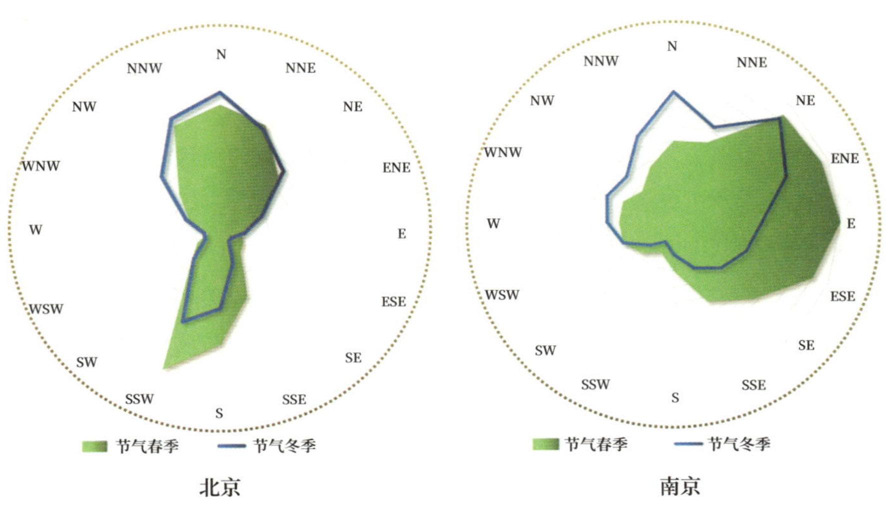

1981—2010 年北京和南京节气春季与节气冬季风向玫瑰图

风物迥异，但总能遇到东风这位“旧相识”。“等闲识得东风面，万紫千红总是春。”即使不借助测风仪，也都能辨认出东风。为什么呢？因为只凭万紫千红便知道东风来过了。

“协气东来，和风南被。”这是描述风的理想状态。

首先，风向最好是东风和南风。其次，风力最好既不是轻软之风，也不是强劲之风，而是 4 级左右的和风。于是，风和气所形成的体感，是和谐。

《庄子·逍遥游》道：“嘉承天和，伊乐厥福。”人间的乐与福，皆源自“天和”，自然的祥和之气。由天及人，人们崇尚温润之气、和煦之风，最高境界便是令人如沐春风。

那什么是春风呢？《现代汉语词典》告诉我们：“春风，指春天的风。”但这样的解释过于笼统和宽泛。春天的风是既多元又多变，不是所有春天的风都可以被称为春风。春天的风，可能出身于热带，也可能出身于寒带，可能来自太平洋，也可能来自西伯利亚，可能是剪刀，也可能是尖刀。

老舍先生在《春风》中写道：“所谓春风，似乎应当温柔，轻吻着柳枝，微微吹皱了水面，偷偷的传送花香。”老舍先生的说法更符合春风这个词的气象属性和文化属性。春风应当特指可送暖、可化雨、具有护肤功能而不是毁容功能的风。

谚语说：“风不扎脸是春天。”当东风在冷高压的占领区不再像受气包一样忍气吞声的时候，当东风能够时不时欢快地向人们展示它温润性情的时候，冰冷的季节便结束了。

“吹暖东风自不忙，徐徐一例与芬芳。”风之暖，然后便是春之香。唐代卢照邻诗云：“雪处疑花满，花边似雪回。”人们在农历正月雪如花、二月花如雪的恍惚之间开启了迎春模式。

有诗云：“草作忘忧绿，风为解愠清。”绿草之绿，被称为忘忧绿，让人忘记忧伤；清风之清，被称为解愠清，令人消除怨气。春天，仿佛是治愈的季节。“古者邑居。秋冬之时，入保城郭；春夏之时，出居田野。”古人在这和暖的时节，便开始了“出居田野”的户外生活。

但在这一过程中，风向并不稳定。古诗有云：“燕子初归风不定，桃花欲动雨频来。”燕子刚刚回来的时候，风向极其多变；桃花即将开放的时候，东风带来的春雨便渐渐地多起来了。江南地区连绵的春雨，也被称为“桃花水”。所谓“风不定”，既指风的激越飞扬，更指盛行风向尚未确定，风向多变、任性。

在人们眼中，东风很忙，正如宋代诗人方岳所写的那样：“春风多可太忙生，长共花边柳外行；与燕作泥蜂酿蜜，才吹小雨又须晴。”

惊蛰时节，乍暖还寒，桀骜的冷空气依然占据上风。而到了春分时节，温润的东风开始有了更多的“话语权”。英语中有一句谚语：“三月，来如雄狮，去如羔羊。”这是说三月的天气变化，是一个由凶猛渐渐变得温顺的过程。

我小时候特别喜欢陆游“小楼一夜听春雨，深巷明朝卖杏花”的诗句，说起春天就下意识地浮想到这样的情境。很久以后读到宋代王嵎的诗，瞬间共情。他在“日烘晴昼，人共海棠俱醉”的时节小睡之后感慨道：“午梦醒来，小窗人静，春在卖花声里。”

在古代中国，天气现象的量词很有意蕴。例如一犁春雨、一蓑烟雨、一笛秋风、一番信风。秋日，一笛秋风，风若笛中出；春日，一犁杏雨，雨在犁上落。

古人有“望杏瞻榆”的习俗，望着杏花看，看着榆钱落。所谓“杏花春

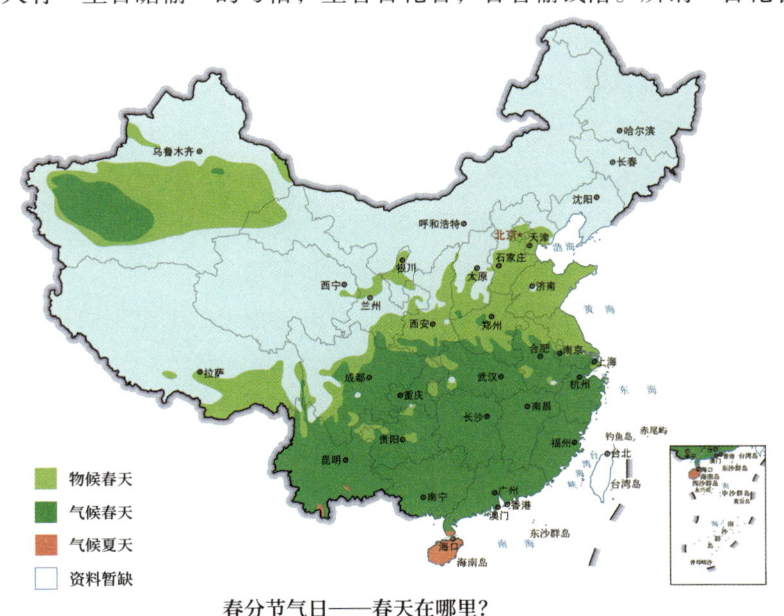

春分节气日——春天在哪里？

春分之时，气候之春跨过长江，物候之春临近长城。孟春若冬，季春若夏，仲春才最是春天。

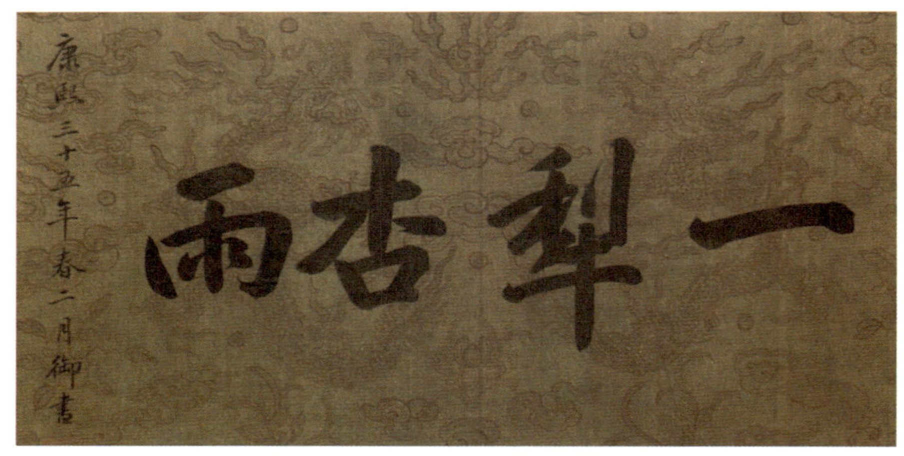

康熙帝手书“一犁杏雨”，来自清代焦秉贞绘《御制耕织图》，康熙三十五年（1696 年）内府刊本，美国国会图书馆藏

雨江南”，只写了杏花开时的唯美，没有写杏花开后的繁忙耕作。

物候，不仅是节气的物化标识，更是农事“消息树”和“发令枪”。

《四民月令 · 三月》中说：“是月也，杏华盛，可菑沙、白、轻土之田。时雨降，可种秔稻及植禾、苴麻、胡豆、胡麻，别小葱。桑葚赤，可种大豆，谓之上时。榆荚落，可种蓝。”阳春三月的农事次第，取决于四项组合式判据：一是杏花开了，做什么；二是春雨来了，做什么；三是桑葚红了，做什么；四是榆钱落了，做什么。成语“望杏瞻榆”只是其缩写版。

“沾衣欲湿杏花雨，吹面不寒杨柳风。”此时，即使有风雨，也很柔和温润，已不是初春时的冷雨，还没有暮春时的骤雨。

我的一位同事说，在老家湖北，大家将春天的毛毛细雨称为“纷纷”（fènfèn）雨，好像打伞也不是，不打伞也不是。而且人们还将“纷纷”当作动词，说雨一直在“纷”。一个字，简洁地描述了春雨舒缓而缠绵的特点。有人形容说，这种雨相当于慢条斯理地薅老天爷身上的“羊毛”。

慢条斯理的春雨下上一整天，累计雨量也可能达到暴雨的量级（24 小时累计降水量 50~100 毫米），算是最低调的暴雨了。这种雨浸湿田地，可以触达更深的土层。老话儿说：“天钱雨至，地宝云生。”春耕到春播的过程中，云是宝，雨是钱。土壤存下一大笔从天而降的“钱”，这在春播之后是庄稼们最大的一笔“可支配收入”。而且这种雨不会淹田毁路，属于人畜无害型暴雨。

对人们来说，春天的毛毛细雨，保湿润肤效果最好。易吸收不黏腻，水润持久无刺激，而且完全免费，纯公益，属于美容型降水。

“春分雨三场，顶喝人参汤。”“春分三场雨，遍地生白米。”“春分有雨病人稀，清明有雨庄稼猛。”人们用谚语历数着春雨的各种好处，降燥、除尘、润物、怡情。

在气候变化的背景下，春季节气的增温幅度最大。就北京而言，春分是进入 21 世纪以来变暖最多的节气。从前的春分是“东风试暖”，东风初来乍到，是小心翼翼地回暖。但现在的春分，已经完全没有了当初的那种恬静的性情。本该渐渐温润的“东风试暖”，变成了忽然燥热的温度“大跃进”。

春分时节增温幅度大，却往往意味着震荡幅度也大，天气“随机播放”的概率增高。人们吐槽说：“昨天 30℃，今天雪封路，没点特异功能，谁都扛不住！”就像宋代诗人杨万里写的那样：“东风试暖却成寒，春恰平分又欲残。”

一位厨师曾和我聊起他眼中的气候变化：与十年前相比，现在马兰头

2013 年 3 月 20 日北京的一场春分雪

（初春尝鲜儿的一种野菜）、香椿差不多提前一周就进厨房了，春茶大概提前五天就上菜单了。可见，在盘中、杯中，我们也能感受到舌尖上的气候变化。

春分时，虽然天气渐渐温暖，但往往气温跌宕，急升骤降。风也有时和煦，有时狂野。“春分地皮干”，其实不只是地皮干，春天的沙尘更是令人烦恼。

《汉书·食货志》中这样描述农夫的四时之苦：“春不得避风尘，夏不得避暑热，秋不得避阴雨，冬不得避寒冻，四时之间，无日休息。”风和尘，被视为天气范畴的春天之苦。

有些年，春天早早地攻陷冬的领地，立足未稳，冷空气便大举反攻，于是冬天成功“复辟”。2015 年更是在春分、清明交替的时节，出现汹涌的倒春寒，令人发出“好不容易熬过了冬天，却差点儿冻死在春天”的感慨。

人们说：“二八月，看巧云。”仲春时节，田野的“颜值”提高了，天空的“颜值”也提高了。

每年 3 月 23 日都是世界气象日。2017 年世界气象日的主题叫理解云（Understanding Clouds），官方翻译为“观云识天”。我觉得，理解云，不只是为了识天，也不只是为了专业观测。对人们来说，看云卷云舒，更重要的是让自己的心有一个在天空中神游的时间。

春分三候

古人梳理的春分节气物候是：一候玄鸟至，二候雷乃发声，三候始电。

在古代，每当季节更迭，天子都要“亲率三公九卿诸侯大夫”到郊外“迎气”，即迎候新季节的到来。唯独春分时节，除了祭祀太阳，天子还要进行一项高规格的仪式，就是天子亲率家眷恭迎燕子这位春神。

《礼记·月令》：“仲春之月……玄鸟至。至之日，以大牢祠于高禖。天子亲往，后妃率九嫔御，乃礼天子所御。”“四立”之际，天子是“亲率三公九卿诸侯大夫”到郊外迎气。而燕子归来之际，天子是亲率家眷迎接燕子，向生育女神高禖求子。

春分一候·玄鸟至

燕子，在古代是享受最高规格官方礼遇的动物，也是被古文化保护的生灵。而与人最亲近、居人檐下的燕子，被称为家燕。

在古代，鸟类中“待遇”最高的就是燕子。《诗经》中有“天命玄鸟，降而生商”之说，《逸周书》中有“玄鸟不至，妇人不娠”（燕子不按时回来，天下的女子便无法怀孕）之说。燕子是被神化了的候鸟，上古文化一直尊敬并保护着这种可爱的生灵。

因为燕子的回归时间常与古代春社的日期相近，所以燕子也被称为“社燕”，相当于春社的物候标志。春社是在立春后的第五个戊日，理论上是在3月15日—28日，与春分一候玄鸟至之说基本吻合。但后来，燕子的回归时间逐渐延后。宋代晏殊的“无可奈何花落去，似曾相识燕归来”，描述的便是落花的暮春时节，燕子才翩翩回归的场景。于是，我们便见到了“咫尺春三月，寻常百姓家，为迎新燕入，不下旧帘遮”的情景。

以现代的物候观测，节气起源地区黄河流域，燕子的回归时间通常是在谷雨时节，北京也是如此。

春分一候，有玄鸟至和元鸟至两个版本。因玄元相近，唐代、宋代与清代都曾因避讳将“玄鸟”称为“元鸟”。例如，宋代是为了避宋圣祖赵玄朗的名讳，清代是为了避康熙帝玄烨的名讳。

春分二候·雷乃发声

什么是“雷乃发声”？

唐代孔颖达在《礼记正义》中说：“雷乃发声者，雷是阳气之声，将上与阴相冲……以雷出有渐，故言乃。”“雷乃发声”，被视为阳气与阴气相冲。所以古代的天气观测中，雷声是否“和雅”被当作阴阳是否调和的一项指标。

《淮南子·天文训》将春分物候定义为“春分则雷行”，所以初雷不只是春分二候的候应，也是整个春分时节的核心气候特征。虽然惊蛰往往使人联想到春雷，但春分才是“雷乃发声”的节气。

汉代高诱在对《吕氏春秋》的注释中写道：“冬阴闭固，阳伏于下，是月阳升，雷始发声，震气为雷，激气为电。”唐代《玉历通政经》中记载：“二月，四阳盛而不伏于二阴。阳与阴气相薄，雷遂发声。”在古人看来，冬天阳气只能潜伏在地下，到了农历二月，阳气才钻出来。然后不甘于沉默，开始勇于“亮剑”，于是“震气为雷，激气为电”，以雷电的方式刷存在感。

汉代《风俗通义》中记载：“鼓者，郭也，春分之音也，万物郭皮甲而出，故谓之鼓。”古人更是将阳气所激发的战鼓般喧天震地的声音，称为“春分之音”，作为春分时节所特有的声音。七十二候中雷乃发声和始电都是春分的节气物候标识。可见，在二十四节气创立之初，春分便已经被确定为初雷鸣响的气候时间。

但初雷往往雷声大、雨点小。按照清代钦天监的观测，初雷之时 65% 是“天阴无雨”，25% 是“天阴微雨”。换句话说，约 90% 的初雷都并没有带来有效降水。

到了阳春三月，雷雨天气才变得更多，也更具声势，所以有人认为这时才是雷雨季节的开始。

《淮南子》曰：“季春三月，丰隆乃出，以将其雨。”这是说农历三月雷神才正式现身，播撒雨水。文中说的“丰隆”，也作丰霳，指古代的雷神。

在大多数国家的神灵体系中，雷神的地位通常都高于其他天气神，甚至是最高等级的神灵。希腊神话中至高无上的主神宙斯便是雷神。对雷神的崇拜，乃是一种全球性的文化现象。

我们对雷的敬畏，首先源于它的巨大震响之声，大家以为是天之怒，是上苍对人们的惩罚。同时，雷电在古人眼中，也是官威的代名词，正所谓“雷霆雨露，皆是君恩”。《逸周书》中说：“雷不发声，诸侯失民。不始电，君无威震。”以天人感应的思维，人们认为如果在不适宜的时候出现雷电，天子和诸侯的威望会受到危及。

但随后人们发现，雷电的发声，与万物繁盛的季节相对应，雷出则万物皆出，雷息则万物皆息，似乎雷电乃是万物长养之神。于是，人们对雷电既有畏惧，又有尊崇。再后来，人们发现，雷雨之后空气中的负氧离子含量特别高，于是对雷电便又添了一份好感。

按照 1981—2010 年气候期的状况，所谓“一雷惊蛰始”，主要契合长江沿线。春分的“雷乃发声”，主要契合淮河—秦岭一线。对节气体系起源地区而言，初雷大多是在清明、谷雨时节。

唐代元稹的春分诗有云：“雨来看电影，云过听雷声。”这个“看电影”，不是我们在电影院里看的电影，而是闪电。

惊蛰时节迎来初雷的区域

春分时节迎来初雷的区域

春分三候·始电

唐代孔颖达在《礼记正义》中解释道："电是阳光，阳微则光不见。此月阳气渐盛，以击于阴，其光乃见，故云始电。"这里所说的阳光，是指阳气之光，阳气"气泄而光生"。在古人看来，凡声音皆属阳，凡光亮皆属阳，春分时节雷鸣电闪，是阳气强盛到一个临界点的标志。

"仲春之月，阳气方盛，阴不能制，故阳光闪烁而为电。"阳气随着实力增强，不再受制于阴气，开始与其正面交锋。于是，不仅战鼓震天，而且刀光炫目。

我们说电闪雷鸣，电闪是因，雷鸣是果，有雷声必然有闪电，那为什么春分二候有雷鸣，五天之后的春分三候才有电闪呢？

这或许是因为，春分时节的雷电是最初的雷电，雷声显得更突出，闪电可能只是在云中放电或云间放电，要么被云层遮挡，看不清楚，要么被人看见了也觉得很远，有点毫不相关的感觉。大家感觉雷公是主角，闪电只是陪着雷公出场的一位"灯光师"。

但再过些天就不一样了，开始有了云地闪电，也就是所谓的"落地雷"，正如唐代诗人王绩描述巫山雷电的文字："电影江前落，雷声峡外长。"云地闪电可能劈到人，导致伤亡；可能劈到树，造成火灾。

古人认为，雷和电是由雷公、电母两位大神分别掌管的两项相对独立的“业务”，既有协作也有分工。在古人看来，电是“阳光”，是阳气所发出的光芒。阳气渐盛时始电，这是衡量阳气强度的现象指标。

所以，在节气物候标识中将雷和电分开记录，可能与雷电灾害的发生概率也有一定的关系。雷乃发声的侧重点是雷，被视为天怒，始电的侧重点是电，被视为天谴。前者只是生气了，后者是真的“重拳出击”了。

春分节气神

如果说龙王扮演的雨水神和雷公扮演的惊蛰神，形象都略显凶悍，接下来的春分神则“画风突变”。

民间绘制的春分神是一位秀外慧中的仕女，通常手执团扇、满面春风，是“来时衣上云”“闲花淡淡春”的女神。

云肩、坎肩、长裙、短裙、腰裙、飘带裙、腰箍、腰带、帔、珠玉绶、彩裤……人们为了呈现心中完美的女性形象，在细节上尽可能精微地添绘。

其实，人们笔下的春分神，也正是人们平常所说的春姑娘。

民间关于气象现象的称谓，几乎都像是长辈，例如风伯、雨师、雷公、电母、寒婆婆、雪婆婆、冬将军。只有春被称为姑娘。或许春天让人们情不自禁地爱上了美好之人、之物。

春分神仿佛一位护生天使，优雅而温婉，细润而轻盈。眼语笑靥，在天庭端详着大地上蛰虫启户、草木青葱。

仕女图是国画题材中的一个重要分目。尽管大家笔下的春分神都是仕女，但人们都极尽工微地将春分不同的风物之美幻化为仕女不同的风情之美。人们以颜值最高的节气神赋予体感最好的节气，这是由天及人的移情。

“天下名山胜水，奇花异鸟，惟美人一身可兼之。”霞帔水袖的仕女，无论抚琴、烹茶、驻足、徐行，还是赏花寻芳、簪花理妆，皆是春分，仲春风物之美的拟人化表达。

清明·万物齐乎巽

汉代《三统历》道："清明者，谓物生清净明洁。"

宋代葛长庚曰："清明也，尚阴晴莫准，蜂蝶休猜。"

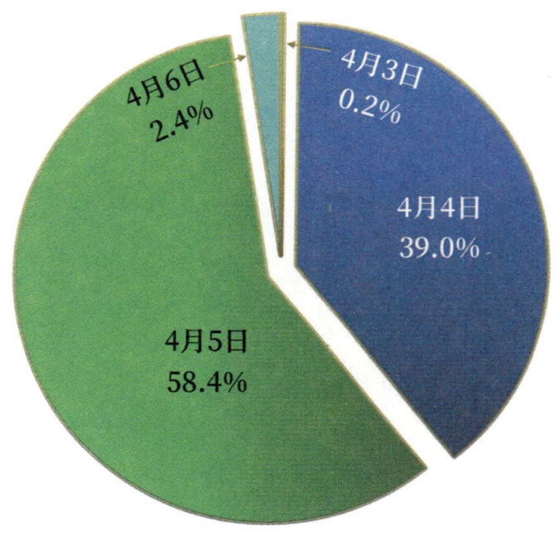

清明节气日在哪一天?

（1701—2700年序列）

清明节气，通常是在 4 月 5 日前后。

清明节气日，春的领地达到约 380 万平方千米，已占全国陆地面积的近 40%，平均年降水量 400 毫米以上地区大多已被春收入囊中。整个清明时节，春逐渐取代冬的霸主地位。春天地盘扩张约 130 万平方千米，冬天地盘缩减 161 万平方千米。清明开始时，春之疆域为冬的约 67%；清明结束时，春之疆域为冬的约 124%。同时，夏在岭南蔚然成风。

清明至少具有三个维度的意涵。

首先，清明是一个节气。清明，气清景明，是兼容了天气现象和物候现象的节气。其原始语义中侧重天气清新明媚。但时值“句者毕出，萌者尽达”，即弯曲的芽儿皆破土，鲜嫩的叶儿初长成。万物皆显，草木新绿，也是清明时节专属的物候现象。

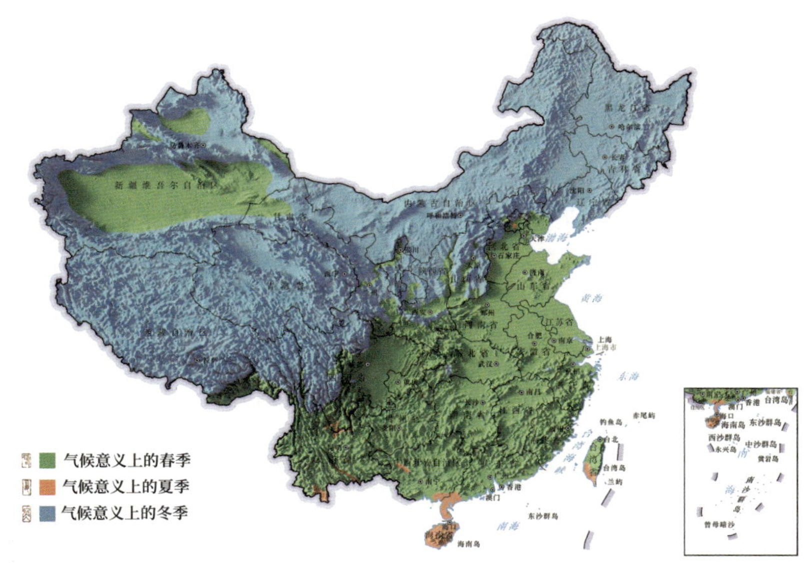

清明节气日季节分布图

（1991—2020年）

清明节气日季节分布及变化　　单位：万平方千米					
春季		夏季		冬季	
面积	变量	面积	变量	面积	变量
约 380	130	约 9	4	约 571	-134

其次，清明是一个节日。在现代中国，清明是唯一的“一岗双责”（既是节气也是节日）的节气。在节日体系流变的过程中，清明以其节气之身，逐渐融汇了与其时段相近的上巳节、寒食节等一众节日，成为阳春时节的总汇和集成型的节日。这几乎是中国节日体系中最大的一宗“兼并重组”。

最后，清明是一种人间理想。清明二字，是人们描述自然物候和政治环境的共用词语。如同中国古人最高的气候理想是风调雨顺一样，清明是人们对自然和社会生态的最高理想，正所谓“盛世清明”。

因此，有人甚至认为清明似乎存在不可译性的问题。

自宋代开始，《清明上河图》逐渐成为体现气候物候清明和社会政治清明的特定绘画题材。

宋代张择端《清明上河图》（局部），故宫博物院藏

明代仇英《清明上河图》（局部），台北故宫博物院藏

清代陈枚《清明上河图》（局部），台北故宫博物院藏

清明是物候类节气。清，包括温度清爽、草木清新；明，包括阳光明媚、万物明丽。

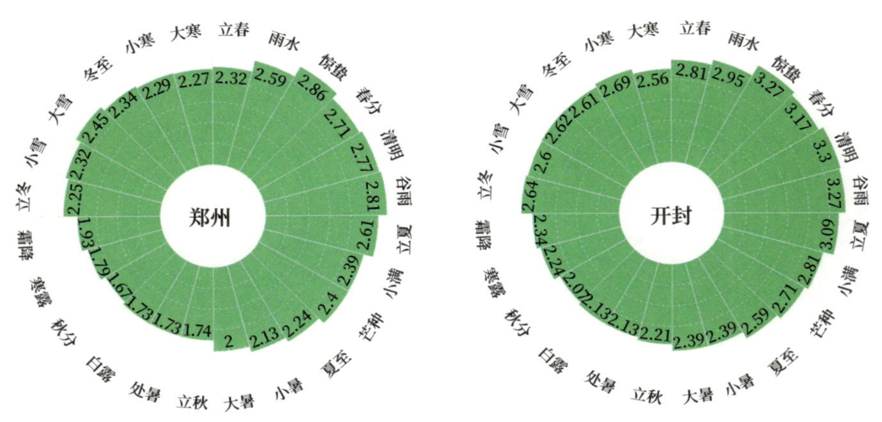

郑州、开封各节气平均风速（m/s）

惊蛰、春分、清明、谷雨时节风最大。

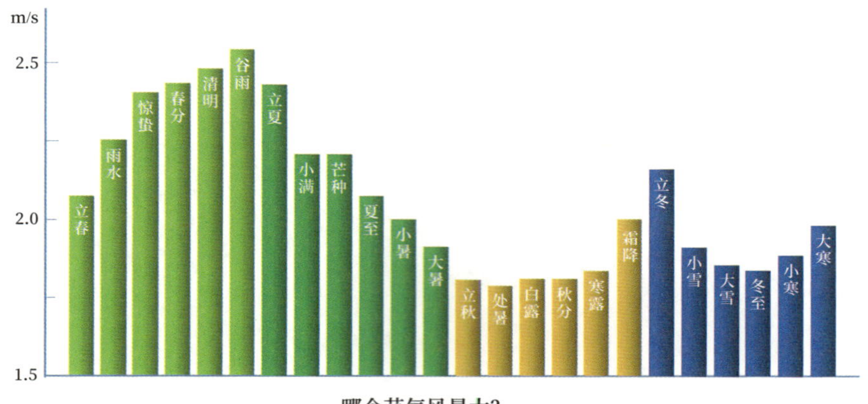

哪个节气风最大?

（1981—2010年全国平均值）

以中原的郑州、开封为例，阳春三月的清明、谷雨时节风最大。

什么是清明？元代《月令七十二候集解》中说：“时有八风，历独指清明风，为三月节，此风属巽故也。万物齐乎巽，物至此时，皆洁齐而清明矣。”万物齐乎巽。巽，特指东南风，也泛指风。在古人眼中，万物出乎震，万物齐乎巽。是盛行风的转变，是和暖、湿润的风，造就了万物春生，一切因风而齐。

风，是清明节气的特定标识。《淮南子》甚至将清明称为“清明风至”，也就是说，清明时节的风速达到极致。

阳春时节的谷雨和清明是风最大的节气。当然，各地风最大的节气各有不同，不同的气候期也有微妙的差异。

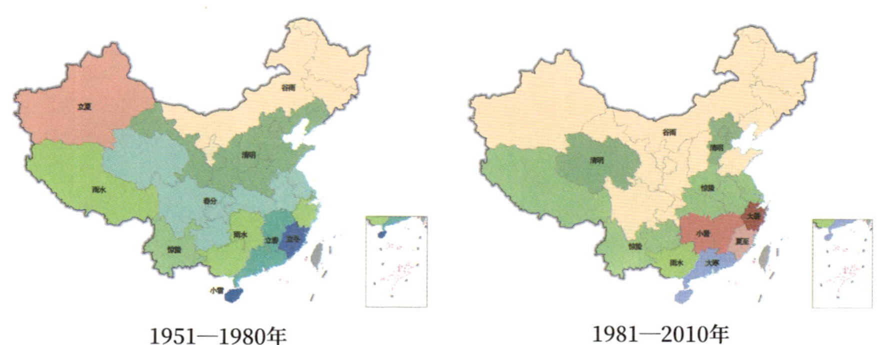

在气候显著变化前的1951—1980年气候期，节气体系起源的黄河中下游地区的确是清明时节的风最大。

注：港澳台地区资料暂缺

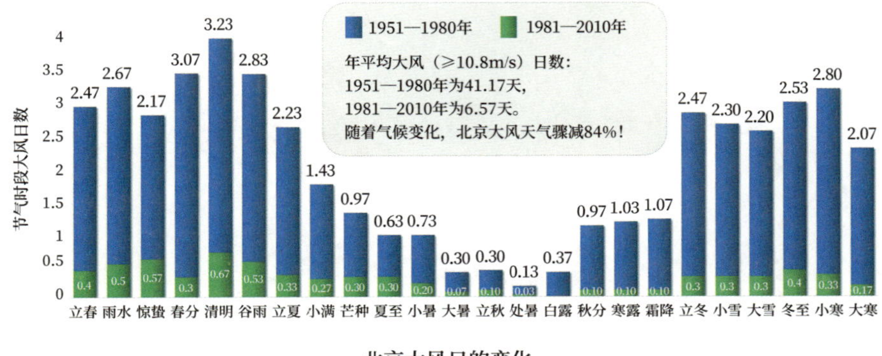

北京大风日的变化

北京春季大风天气最多，以清明、谷雨为最；秋季大风天气最少，以处暑、白露为最。

大风天气减少，是气候变化背景下各种气象要素变化最醒目的一个类项。

阳春时节，温暖而强劲的春风是暖湿气流的“急行军”。在“春风得意”的行进过程中，如果遭遇抵抗，形成交战，便有可能造成降雨。所以人们赞颂春风，实际上赞颂的是暖湿气流的暖和湿，第一是暖，指春风送暖；第二是湿，指春风化雨。

但中国地域辽阔，还有春风“鞭长莫及”之处，正如古诗所云“春风不度玉门关”。

我们以日均降水量首次≥4毫米作为“春风化雨”的雨季开始的标志。雨季在立春、雨水时节抵达长江中下游地区，立夏、小满时节抵达黄河中下游地区。尽管已然很近了，但直到仲秋之时回撤，都始终未能触及玉门关。

对北京而言，清明是花事最繁盛的时节。北方大风多，所以有“风归花历乱”之说。“京华尘土春如梦，寒食清明花事动。”一切都很梦幻，但是“马上风来乱吹塕（wěng，尘土），秾桃靓李杳然空”。

尽管阳春时的风很狂躁，甚至带着黄土，但人们对此却很宽容，因为“行得春风有夏雨，落得夏雨有秋成”。

西藏民谣是这样描述草原的四季颜色的：“冬季的草原白茫茫，春季的草原绿茵茵，夏季的草原花斑斑，秋季的草原黄灿灿。”而草原色彩斑斓四季的背后，是“没有春天的风尘滚滚，就没有秋天的油脂汪汪”的因果。

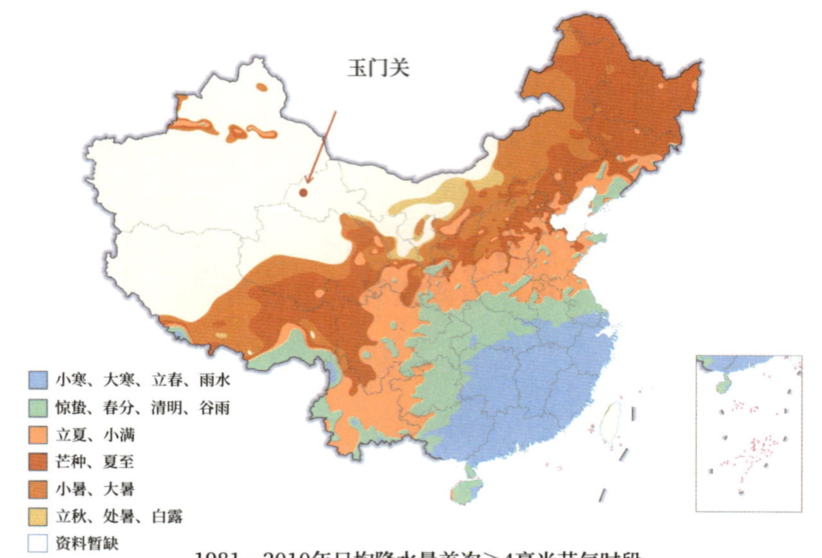

1981—2010年日均降水量首次≥4毫米节气时段

阳春时节的天气，之所以被说成是“最美人间四月天”，可能至少有三个理由。

一是此时人们的体感舒适度最佳。天气宜人，既不冷，也不热。

我们经常说到一个概念——“年平均气温”，比如北京的年平均气温11.5℃。那什么时节的气温最接近年平均气温，即古人所说的“寒暑平”呢？北京便是在清明时节，节气起源地区也大多如此。正如《月度歌谣》唱的那样：

正月寒，二月温，正好时候三月春。
四暖五燥六七热，不冷不热是八月。
九月凉，十月寒，严冬腊月冰冻天。

二是此时有着最佳的能见度。“清明”的本义就是清（clear）、明（bright），天气既清新又明媚。

三是此时是最佳的物象。古人说“春梦暗随三月景”，意思就是我们想及唯美的情境，就会下意识地“脑补”阳春三月的物象。

以人的视角，四月天最美；但以天的视角，却是做四月天最难！按照农

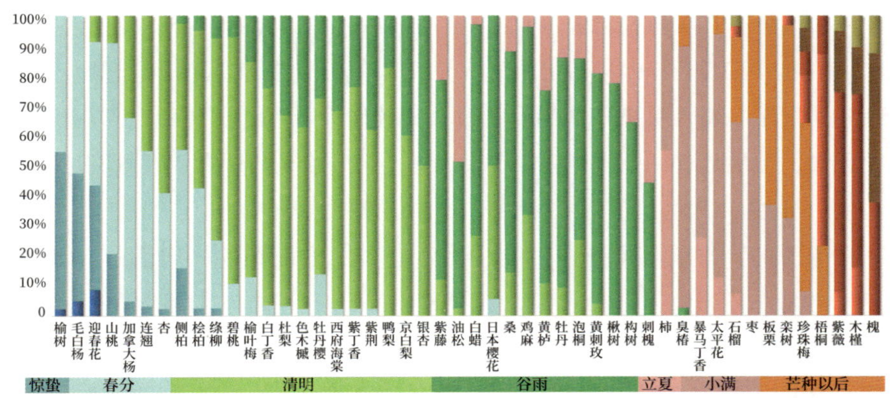

北京植物盛花期的节气时段概率分布

（基于1963—2012年48种木本植物的物候观测）

历，就像民谣说的那样："做天难做三月天，稻要温和麦要寒。种田郎君要春雨，采桑娘子要晴干。"做人难，其实做天也难。

与冬天不同，到了春天，人们对天气好坏的判定标准出现明显分化。不同地区不同作物的不同生长时段对冷暖、晴雨有着不同的需求，所以往往是你之所盼，恰是他之所怨。

阳春虽好，但清明时节天气变化节奏过快。

清代绘本《苏州市景商业图册》，法国国家图书馆藏

清代顾禄在《清嘉录》中说：“清明前后，阴雨无定。俗呼神鬼天，或大风陡起，黄沙蔽日，又谓之，落沙天。”有诗云：“劈柳吹花风作颠，黄沙疾卷路三千。寄声莫把冬衣当，耐过一旬神鬼天。”可见在南方，清明时节的天气，神也是它，鬼也是它。一天之中，天气给人的感觉，有可能是天堂地狱一日游。

清明的天气就如同贾平凹先生在《老生》中说到的一句话：“人过的日子必是一日遇佛，一日遇魔。”清明时节，阴晴不定，时风时雨。所以我用宋代葛长庚的词来概括清明时节的天气：“清明也，尚阴晴莫准，蜂蝶休猜。”如此悬念丛生的天气，“动物气象台”也就别奢望可以预报准确了吧？这个时候在南方，是晴霁便若夏，阴雨即成冬，有点春如四季的感觉。

苏轼的《定风波》便是写于1082年的清明时节，是“清明时节雨纷纷”意象的苏式解读：“莫听穿林打叶声，何妨吟啸且徐行。竹杖芒鞋轻胜马，谁怕？一蓑烟雨任平生。料峭春风吹酒醒，微冷，山头斜照却相迎。回首向来萧瑟处，归去，也无风雨也无晴。”

王羲之的《兰亭集序》、苏轼的《寒食帖》的天气背景，其实都是清明时节。王羲之写的是天朗气清、惠风和畅的响晴天，而苏轼写的是苦雨如秋、小屋如舟的连雨天。

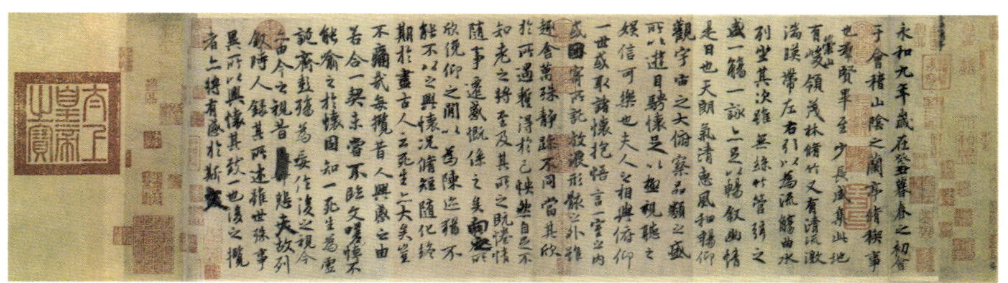

被称为“天下第一行书”的王羲之《兰亭集序》，唐代冯承素摹，故宫博物院藏。

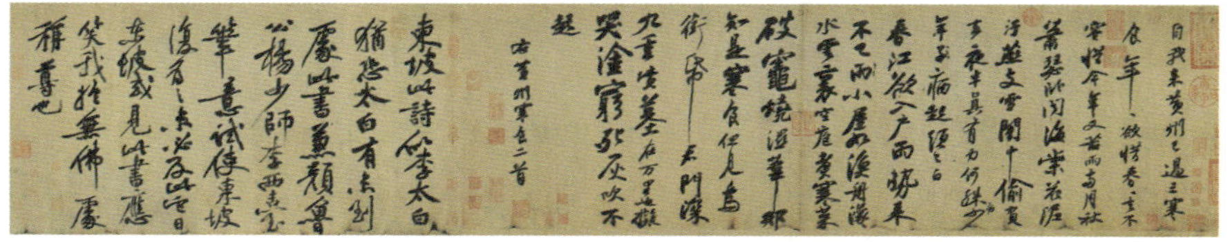

被称为“天下第三行书”的苏轼《寒食帖》，台北故宫博物院藏。

阳春三月称为炳月。《尔雅·释天》中说："三月为寎（bǐng，嗜睡）。""三月阳气盛，物皆炳然也。"天气快速回暖，万物快速成长。不过现在常常有人也将三月称为寎月，春困之月。

虽然天气喜怒无常，但在古人眼中，"三月阳气浸长，万物将盛，与天之运俱行不息也"。

清明毕竟是"气长物盛"的时节，所以有风，也被视为"习习祥风"；有雨，也被视为"祁祁甘雨"。人们对清明时节的天气，心怀感恩与包容。

清明时，物候春天终于跨越长城，进入人们欣欣然的新绿时节。全国而言，清明越来越成为一年之中升温最快的节气。

从前，清明通常被翻译为 Pure Brightness（纯净明亮）或者 Clear and Bright（清晰明亮）。后来，清明被译为 Fresh Green（新绿）。我特别喜欢这个版本，因为它诠释了清明"万物皆显"的特征，更具有物候上的普适性。

清明的新绿之时，远山也变得饱满。人们对自己的身材，是喜瘦厌胖，却会因为秋天山容的日渐清瘦而感伤，因为春天山容的日渐丰腴而欢愉。正如《汉书》所言："仲春之月，始雨水，桃始华。盖桃方华时，既有雨水，川谷涨泮，众流猥集，波澜盛长，故谓之桃花水。"宋代欧阳修有诗云："古堤老柳藏春烟，桃花水下清明前。"

清明时节，北方和南方的天气大不相同，从民歌中就可以看出差异。陕西民歌春天唱的是："阳婆上来丈二高，风尘尘不动天气好。"岭南民歌春天唱的是："山歌好比春江水，不怕滩险弯又多。"

"清明时节雨纷纷"，是南方的天气常态。南方清明的明，不是天气的明媚，而是草木的明艳。

明代文徵明于嘉靖九年农历三月八日（1530 年 4 月 5 日）在他的纪事画作《雨晴纪事》中道出了久雨初晴时的无限感慨：

入春连月雨霖霪，一日雨晴春亦深。
碧沼平添三尺水，绿榆新涨一池荫。

这是在说下雨的时候一直湿冷，一放晴才感觉已是春深时分。

清明时节雨纷纷

南岭附近地区的降水概率最高。

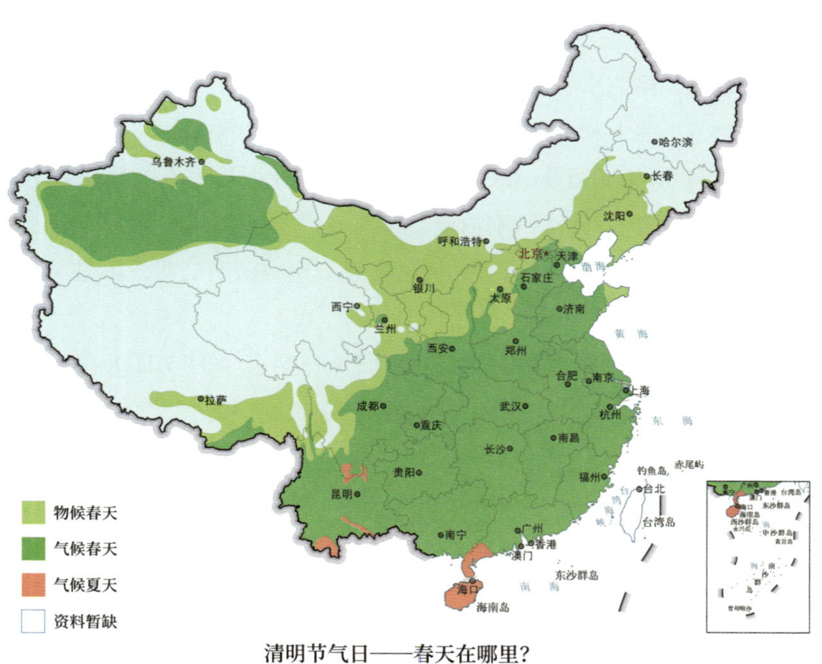

清明节气日——春天在哪里？

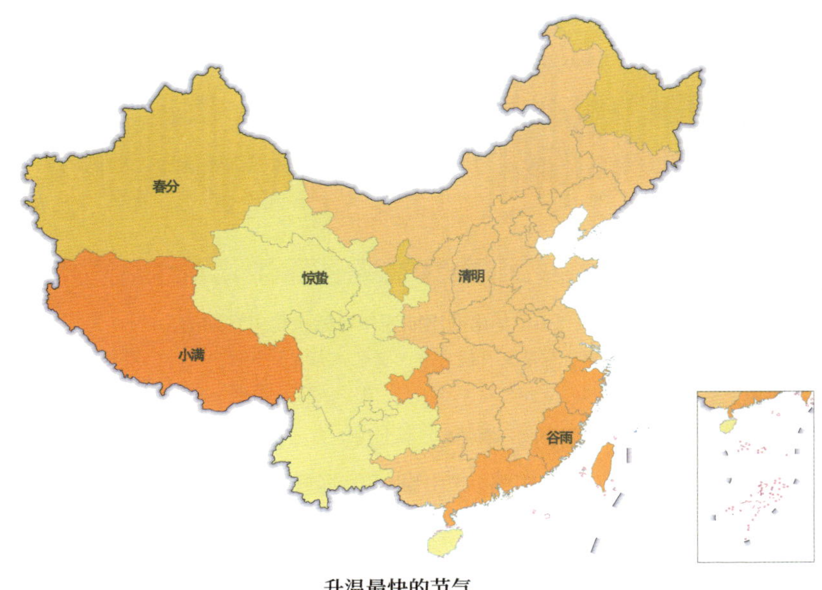

升温最快的节气

（1981—2010年平均）

清代查士标《四季山水图册》之“春水船如天上坐”，美国克利夫兰艺术博物馆藏

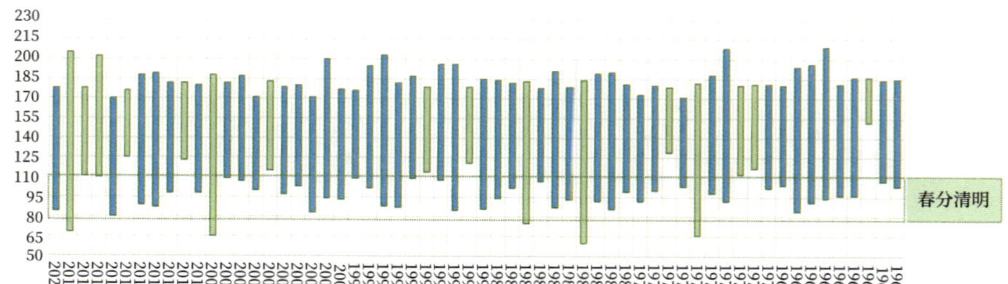

1961—2020年华南前汛期逐年开始和结束日期的日序

73%的年份，华南前汛期始于春分至清明时节（蓝色表注）。

被称为华南前汛期的春雨季，平均始于4月8日清明时节，73%的年份自春分至清明时节春雨连绵。“山歌好比春江水”，春雨落，春江涨，春水在春歌中流淌。

人们守冬寒、熬夏暑，“风雨忧愁”之时尚能“受用清福”，气清景明之时更是要快意酣畅地让自己的心神与物候约会。而在快节奏的当代生活中，人们早已经没有了“抱琴看鹤去，枕石待云归”的闲暇，没有了“云疑作赋客，月似听琴人”的心境。

宋代吴惟信的《苏堤清明即事》写道：“梨花风起正清明，游子寻春半出城。日暮笙歌收拾去，万株杨柳属流莺。”清明时节，大家真的是早出晚归，“日暮笙歌收拾去，万株杨柳属流莺”。到了晚上，依然心绪难平，“一树梨花一溪月，不知今夜属何人”。

毕竟春日短暂，人们岂可错过？正所谓“握月担风，且留后日，吞花卧酒，不可过时”。当然，有人也会很超前地伤感起来：“乍过清明，早觉伤春暮。数点雨声风约住，朦胧淡月云来去。”没到谷雨，刚过清明，正是春意最盛之时，就已经开始伤春了，这便是诗人心态，并非着眼于当下的繁荣，而是繁荣之后的落寞。“喜中愁漏促，别后怨天长”，相聚的时间总是太短，相思的时间总是太长，关于时间的情感“相对论”，古今无异。

正如宋代周邦彦的《应天长》所言：“条风布暖，霏雾弄晴，池台遍满春色。正是夜堂无月，沉沉暗寒食。梁间燕，前社客。似笑我、闭门愁寂。乱花过，隔院芸香，满地狼藉。长记那回时，邂逅相逢，郊外驻油壁。又见汉宫传烛，飞烟五侯宅。青青草，迷路陌。强载酒、细寻前迹。市桥远，柳下人家，犹自相识。”

清明插柳

宋代《梦粱录》道：“京师人从冬至后数起一百五日，便是此日，家家以柳条插于门上，名曰明眼。凡官民不论小大家……”

这是在说因为寒食禁火，火种都没了，到了清明，又要钻木取火，这些火就被称为“新火”。皇宫里先取火，然后就把刚刚钻取的榆柳新火赐给大臣们，以示宠幸。有一首诗《清明日赐百僚新火》比较写实，诗中写道“朱骑传红烛，天厨赐近臣”，然后大臣们觉得很有面子，因此“荣耀分他日，恩光共此辰”。

达官显贵以能获得皇帝赐火为荣耀，于是就把传火的柳条插在门前，让大家看看，他家享受了皇帝赐火的待遇。后来大家纷纷仿效，唐代之后，柳条插门成为百姓习俗。

人们折柳，最初是以柳枝乞取新火，看中的是其“雪中送炭”的功能。但后来人们又有了折柳、插柳、戴柳习俗，是因为传说柳枝有辟邪和益寿的功能，就算是锦上添花了。

所以清明时节，人们会顺手折下软嫩的柳条，把玩一番，然后将其编成帽子戴在头上，或带回家插在门楣或者屋檐之上。人们还编出很多谚语。

这些谚语或者简单粗暴地吓唬你：“清明不戴柳，死后变黄狗。”或者文雅一点地吓唬你：“清明不戴柳，童颜变皓首。”意思就是，柳条挺神的，您还别不信！

清代庄媛《人物画册》之一

清代潘荣陛在《帝京岁时纪胜》中写道：“清明日摘新柳佩带。”可见直到清代，插柳的习俗依然在延续。

清明最具代表性的习俗——插柳、踏青、放风筝其实都是人们与阳春物候的快乐互动。从前清明风行插柳，所以清明，也有“柳户清明”之说。

宋代晁端礼《玉胡蝶》云：“淡淡春阳天气，夜来一霎，微雨初晴。向暖犹寒，时候又是清明。乱沾衣、桃花雨闹，微弄袖、杨柳风轻。”

清代顾禄在《清嘉录》中写道：“清明日，满街叫卖杨柳，人家买之，插于门上。农人以插柳日晴雨占水旱，若雨主水。谚云檐前插柳青，农夫休望晴。”

元代娄元礼《田家五行》道：“清明日喜晴，谚云檐头插柳青，农人休望晴，檐头插柳焦，农人好作娇。”

大家以插柳这一天的天气，以及树叶是焦是青来占卜后续的天气。所谓插柳，既有屋檐插柳，也有妇女头上簪柳、男子身上佩柳、儿童以柳为笛。阳春时节，人们有各种关于花草枝叶的行为艺术。

阳春三月的别称“雩（yú，古代求雨的祭祀）风”，出自《论语》中的“暮春者，春服既成，冠者五六人，童子六七人，浴乎沂，风乎舞雩，咏而归”。这说的是暮春三月，穿上春装，约上五六个成人、六七个孩子，一同在沂水中洗浴，然后在求雨的舞雩台上吹风，一路唱着歌回家，体现的是孔子认同的一种生活情趣。

与清明时段临近的本有上巳节。上巳节，原为三月上旬的巳日，魏晋后确定为农历三月初三，人们在水边沐浴禳灾，称为“祓禊”，后又增加了宴饮游春、曲水流觞等习俗。杜甫《丽人行》中“三月三日天气新，长安水边多丽人”写的便是上巳节。

与清明时段临近的还有寒食节。《周礼》中写道：“仲春以木铎循火禁于国中。”注曰：“为季春将出火也。禁火盖周之旧制。”这相当于现在电视天气预报里的森林火险预警吧。

季春之月，天干物燥，风高火急，所以全国都要禁火，这是周朝旧制。或许当初整月禁火而寒食，是为了避免火灾，只不过借用了介子推与重耳的故事，使冰冷而刚性的制度有了易于获得情感认同的人文温度。

2016年，我们采访拍摄浙江农家制作青团。刘小菲摄。

清代顾禄在《清嘉录》中写道："相传百五禁厨烟，红藕青团各荐先。""红藕青团各荐先"，也就是说供物祭祖的习俗还在，但寒食禁厨烟的习俗已经成了"相传"的往事。

清代富察敦崇在《燕京岁时记》中说："清明即寒食，又曰禁烟节。古人最重之，今人不为节，但儿童戴柳祭扫坟茔而已。"作为中国历史上曾经第二大的节日，寒食节在气候寒凉的明清时期逐渐淡出了人们的生活。

最终，上巳和寒食被相近的清明"兼并"，但清明承袭了上巳节的踏青习俗，也承袭了寒食节的祭祖习俗。于是，气清景明的清明，景色俏丽、踏青游春的清明，也成为慎终追远的清明。

其实我们回溯清明寒食的过程中，会有这样一种感触，就是所谓民俗，都是动态的，既有传承也有流变。一些原有的习俗淡出，一些新生的习俗融入，有的故事不再传说，有的信仰不再被人笃信，有的禁忌不再是禁忌。一些曾经只在民间流传的俚曲登上大雅之堂，一些被官书标注的"鄙俗"成为新的传统。

古人曾以繁复的规制祈求上苍，曾以华美的礼乐祭拜神灵，而先秦的礼乐没有延续到今日。这并不是礼崩乐坏，而是人们对天地的敬畏与感恩有了新的存在感和仪式感。所以，民俗没有天然的正确与否，没有恒定的标准答案。人们的认同和践行，才是民俗的生命之本。

记得有一段时间，人们在争论过年的时候福字能不能倒贴，就有民俗专家坚决地说福字倒贴是原则性错误。其实在不违背公序良俗的前提下，我们应当以包容的心态看待民俗中的新样态、新寓意。现在有人说福字的各部首、构件分别象征着房梁、人口、田地，有人、有房、有田便是福。上古的福字则是人用双手捧酒浇于祭台之上以向天祈求。农事、经济、科技的发展，社会文明程度的提升，都会为民俗注入活水、增添新的内容，我们应当乐见其变，乐见其成。继承传统、弘扬文化，不是抱残守缺。

清明时节，不再禁火，不再折柳，但踏青的习俗依然活着，祭奠先人的传统更是完好地延续至今。人们的祭祀也渐渐地由敬神到敬人，由“生之本”到“类之本”，从神道到人道，这是一种庄重又温暖的文化。

二十四节气作为中国人传统的独特时间法则，在时间量化更加细致、气象原理更加清晰、生产方式更加先进和多元的时代，也需要与时俱进，以更契合现代生活的方式，成为既有陈香又有新意的文化。

阳春三月，也被称为“蚕月”。谚语说：“清明捂蚕，小满使钱。”从前养蚕，特别在意清明时的和暖天气。捂，指温暖。小满时将蚕卖了，就有钱给孩子们花了。

清明时节，田里的活越来越多，但家里的粮越来越少，粮食供给有些青黄不接。在人们看来，清明时节的花草之美，也是花草之鲜美。一花一草、一芽一叶，都可以是人们的充饥之物。野草野花，都是青黄不接时的时鲜。

从前，从南京到北京，都有临近谷雨采食香椿的习俗，故有“雨前香椿嫩如丝”的说法。但现在气候变了，清明时节就可以采食芬芳醇厚的香椿芽儿了。我小的时候，就特别喜欢清明物候榆钱。

唐代岑参《戏问花门酒家翁》诗云：“老人七十仍沽酒，千壶百瓮花门口。道傍榆荚巧似钱，摘来沽酒君肯否？”

榆钱虽然不能当钱花，但是可以当粮吃啊。鲜嫩、脆爽，又有淡淡的甜。撸榆钱，蒸榆钱饭，煮榆钱粥，拌榆钱馅儿，算得上是春天里的清鲜之食。榆钱，音同“余钱”，听起来好像是余下的钱。所以在人们看来，榆钱真是意好味佳之物。寓意好，味道鲜。

榆钱以为食，而榆枝以为薪。“清明一日，取榆柳作薪煮食，名曰换新火，以取一年之利。”所以在清明时节，要特别感谢榆树。

清明三候

古人梳理的清明节气的节气物候是：一候桐始华，二候田鼠化为鴽，三候虹始见。

清明一候·桐始华

从前，人们以梧桐开花作为阳春的物候标识，梧桐落叶作为初秋的物候标识。

从《诗经》中，我们便可以感受到梧桐非寻常之木："凤凰鸣矣，于彼高冈。梧桐生矣，于彼朝阳。""宜言饮酒，与子偕老。琴瑟在御，莫不静好。"凤凰择梧桐而栖。琴瑟由梧桐而成。

在人们心中，梧桐乃"比德"之木，是高贵品德的代言物。

明代《群芳谱》曰："桐，木名，有三种。华而不实曰白桐，《尔雅》所谓荣桐是也……今始华者，乃白桐耳。"

唐代韩愈《寒食日出游》诗中的"桐华最晚今已繁"，便是清明一候的桐始华。所谓桐始华，指的是白桐（泡桐）。而青桐（梧桐）的花期通常在仲夏，并非阳春。

但在中国古代，梧桐是一个非常宽泛的概念，既包括了青桐，也包括了白桐。有人认为"桐"与"梧桐"是两类不同的植物，例如《说文解字》说

“桐，荣也。荣，桐木也”，而“梧，梧桐木也”。有人认为“桐”就是“梧桐”，例如汉代高诱对《吕氏春秋》的注释：“桐，梧桐也，是月生叶，故曰始华。”

南北朝时期陶弘景的《本草经集注》将桐树细分为四种：青桐、梧桐、白桐、岗桐。青桐和梧桐可由茎皮颜色区分，青桐色青，梧桐色白。白桐和岗桐可由花来区分，白桐有花，岗桐无花。

明代赵文俶《春蚕食叶》，台北故宫博物院藏

明李时珍在《本草纲目》中在对桐树类别进行梳理的基础上指出了前人之谬：“桐华成筒，故谓之桐，其材轻虚，色白，有绮文，故俗谓之白桐。泡桐，古谓之椅桐也，先花后叶，故《尔雅》谓之荣桐，或言其花而不实者，未之察也。陆玑以椅为梧桐，郭璞以荣为梧桐，并误矣。白桐，一名椅桐，人家多植之，与岗桐无异，但有花、子，二月开花，黄紫色。《礼》云三月桐始华者也，堪作琴瑟，岗桐无子是作琴瑟者。”本草用桐华，应是白桐。

在古代诗文之中，与桐花花期相近的梨花更为出名，所以清明风也被称为梨花风，比如诗中说“梨花风起正清明”，再如李白诗云：“柳色黄金嫩，梨花白雪香。”从早春时的柳色，到暮春时的梨花，它们概括了整个春天的物候历程。

什么是鴽（rú）？《夏小正》中说：“鴽，鹌也。”《本草纲目》

写道："鴽乃鹑类。"

鴽，有的解释是"古书上指鹌鹑类的小鸟"，有的更简单："鴽，一种鸟。"那现在还能看到鴽吗？这种鸟恐怕已经绝迹了。

从字面的意思看，"田鼠化为鴽"是老鼠变成了鹌鹑那样的鸟儿。清明时节，人们发现田里的老鼠少了，那它们到哪儿去了呢？哦，可能是变成了颜色、个头都与老鼠差不多的鹌鹑。但真实的情况是，随着天气快速回暖，老鼠躲到地下"避暑"去了。

无论是清明二候田鼠化为鴽，还是惊蛰三候鹰化为鸠，都只是古人对物候变化所做的猜想而已，谈不上科学。可见古人归纳的节气物候标识，有些是观测型的，是亲眼所见；有些是观测加猜测型的，现象是亲眼所见，但原因是什么，犹未可知，那就给出一个基于猜测的"参考答案"。

在古代，"化"是一个很玄奥的概念。先秦的师旷在《禽经》说："羽物变化转于时令。"田鼠化为鴽的"化"是状变而非实变。《荀子》对状变和实变的阐述是："状变而实无别而为异者，谓之化，有化而无别，谓之一实。"

具体到田鼠和鴽之间的转化，按照孔颖达的说法是："凡云化者，若鼠化为鴽，鴽还化为鼠。"也就是说，阳春时田鼠化为鴽，然后仲秋时鴽再化为鼠，它们之间只是状变。

清明二候·田鼠化为鴽

古人所谓的“化为”，是可逆的。天暖的时候，田鼠可以变成鹌鹑；天凉的时候，鹌鹑还能再变成田鼠。古人认为鼠是至阴之物，而鴽是至阳之物，阴与阳可以相互转化，一个冬半年活动，一个夏半年活动，就像一个值白班，一个值夜班。

“化为”更像所谓的轮回。当然，这一切都是古人对物候变化的无关科学的假说。

先秦时期能够入选节气物候标识的鸟类，想必都是山野田园当中人们低头不见抬头见的鸟儿。但是现在，有些变成稀有物种了，有些绝迹了，甚至关于节气物候的古籍都成了它们唯一的“栖息地”。它们已无法代表节气物候了，这也是我们在二十四节气古老的节气物语中所感受到的一种沧桑和遗憾。

战国时期云纹璜，璜是对彩虹的艺术化模拟，台北故宫博物院藏

“白云飞夏雨，碧岭横春虹。”清明时节的“气清景明”包括雨后天边的虹彩。

舒婷《致橡树》写道：“我们分担寒潮、风雷、霹雳，我们共享雾霭、流岚、虹霓。”这些天气现象中，此生当与恋人共享的，包括了虹霓之美。

清明三候·虹始见

从前，人们认为彩虹乃是阴阳交会之气，是阴阳势均的产物。是阴阳消长、气序更迭过程中的平衡态造就了虹霓之美。人们还认为虹霓有雌雄之分，鲜盛的虹为雄，暗微的霓为雌。

早在唐代，学者孔颖达就在对《礼记》的注释中说："虹是阴阳交会之气，纯阴纯阳则虹不见。若云薄漏日，日照雨滴则虹生。"宋代学者沈括写道："虹乃雨中日影也，日照雨即有之。"可见在古代，虽然人们通常以阴阳学说解释彩虹，但已经有人对彩虹的生成原理做出了比较正确的论述。

《诗经》中便有"朝隮于西，崇朝其雨"的描述，这是说早晨西边天上有彩虹，中午之前就会下雨（此说适用于西风带地区）。与之相应的谚语这样表述："东虹日头西虹雨。""有虹在东，有雨落空；有虹在西，人披蓑衣。"

人们很早便开始借用彩虹来预测天气。彩虹之所以形成，是阳光照在雨后飘浮在天空中的小水滴上，被分解成七色光，即光的色散现象。彩虹是多与雷雨相伴的绚丽的气象景观，而古人以为祥瑞，所以往往对彩虹进行穿凿附会的解读。

在古代，彩虹也是雄浑之气的写照，正所谓"气势如虹"。在唐代诗人卢照邻"烽火夜似月，兵气晓成虹""唯余剑锋在，耿耿气成虹"的诗句中，我们都能够感受到这种意象。

清明节气神

俗话说：“正月寒，二月温，正好时候三月春。”

在我看来，如果以人格化的形象表征宜人的清明，那清明应是沈从文笔下“一个正当最好年龄”的女子。如果必须彰显“清明风”的特质，清明也应该是清爽、明快、令人如沐春风的“风一样的女子”。

中国古代的二十四番花信风，“风应花期，其来有信也”，最初特指阳春三月时应和花季的风，即“三月花开时，风名花信风”。

风有常，花有信，这是风与花私相约会的时节。以一位如花女子代言花事繁盛、风气含香的清明，似乎再好不过了。

但民间绘制的清明神，却往往是很邪魅的形象。民间的清明神，大多是绰号“白无常”的谢必安。人们尊称其为七爷，这是一位源自道教的神祇。

他的常见形象通常身着便服、草鞋，甚至赤裸上身；手持纸伞或芭蕉扇，或手持羽扇或者折扇，甚至手持旧时拘传之用的火签；口吐长舌，呈行走的步态。他身材高挑，面容白皙，满面笑容，头顶的官帽上写着“一见生财”或“一见大吉”四个字。

为什么民间的清明神是白无常呢？或许主要有两个原因：一是清明习俗，二是清明气象。谢必安这个名字的寓意是“酬谢神明者必然安康”。人们在清明时节祭拜神灵、祭祀先祖，希望谢必安这位节气神能够保佑自己安康，并且驱鬼逐魔。“谢必安”，似乎可以为清明祭祀的人们提供一种心理慰藉。

从气象层面看，阳春虽好，但清明时节天气变化节奏过快，体现着无常，正如诗中所言“春雨如暗尘，春风吹倒人”。

《易经》云：“一阴一阳之谓道，阴阳不测之谓神。”

道，象征的是有常的定数；神，象征的是无常的变数。人们祈盼气候守常态，风调雨顺；担心气候生异象，风邪雨霪。无常，是人们对变数的一种刻画方式，体现着人们对未知和不测的忧虑和恐惧。

谷雨·雨生百谷

《礼记》云："生气方盛，阳气发泄，句者毕出，萌者尽达。"

宋代黄庭坚诗云："落絮游丝三月候，风吹雨洗一城花。"

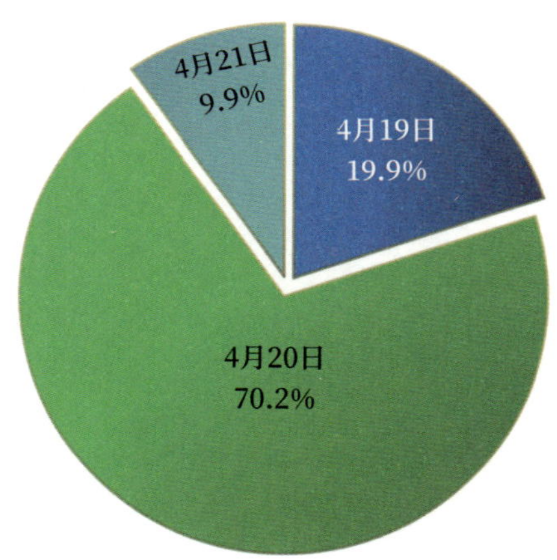

谷雨节气日在哪一天?
（1701—2700年序列）

谷雨节气，通常是在 4 月 20 日前后。

谷雨节气日，春的领地已达到约 510 万平方千米，终于进入全盛时期。冬只能退守到高海拔或高纬度地区。整个谷雨时节，冬由约 410 万平方千米萎缩至约 270 万平方千米，已不到其鼎盛时的 1/3。而夏天逐渐由岭南扩展到江南，低调地攻陷春天的地盘。

谷雨时春生之气盛极，“锄草春愈茂，养草秋亦衰”。按照《礼记·月令》的说法，这个时候“句者毕出，萌者尽达”。弯曲的芽儿皆出世，娇嫩的叶儿初长成。草木“卖萌”的时节结束了，花季也就结束了。“何须命轻盖，桃李自成阴。”这时人们已经不需要再冠盖遮阳，因为春阳之下始有浓荫。

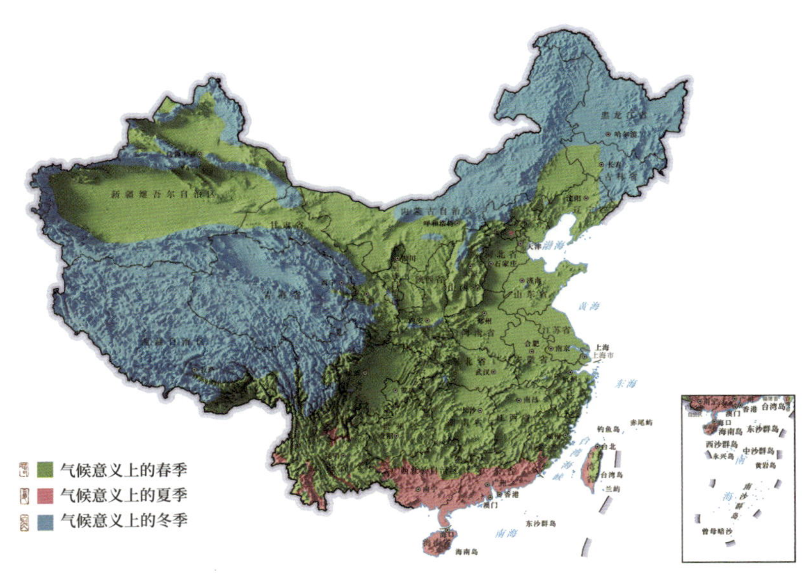

谷雨节气日季节分布图
（1991—2020年）

谷雨节气日季节分布及变化　单位：万平方千米					
春季		夏季		冬季	
面积	变量	面积	变量	面积	变量
约 510	130	约 40	31	约 410	−161

《诗经》云："既优既渥，既沾既足，生我百谷。"在古人看来，普惠而丰沛的降水，是百谷丰登的前提。所以最重要的气候便是雨候。

古人说"雨生百谷，故曰谷雨"，这既是谷雨节气名的由来，也是谷雨时节气候的写照。谷雨，是兼容了天气现象和物候现象的节气。

谷雨节气时，"时雨将降"。所谓时雨，有两层含义：一是指应时而至的雨，二是指那种飘忽、急促的雨。雨水多了，雨水也急了。雨，时常会成为一天之中的小插曲，甚至主旋律。

春天，各地的物候有先后，农事有早晚，有些地方是"谷雨种大田"，陆续开始；有些地方是"谷雨谷满田"，接近结束。

一次，一位编导跟我探讨《三国演义》中"煮酒论英雄"的故事是发生在哪个节气。书中有这样几个线索：首先是时令背景。曹操说："方今春深，龙乘时变化。"曹操的这句话已经框定了基本时段。春深，以月论，当是孟春仲春季春的季春三月；以节气论，当是季春的清明谷雨时节。

其次是天气情况。把酒之时描写天气的有三句话："酒至半酣，忽阴云漠漠，骤雨将至。""时正值天雨将至，雷声大作。""天雨方住。"煮酒论英雄时，已非春季大规模降水的绵雨，而是夏季小规模降水的骤雨，且伴有雷电。以古人的说法，这种对流性降水近似初夏开始的"分龙雨"。

许昌的气候初雷约 32% 在谷雨时节（峰值时段），谷雨时节雷暴日数 1.11，是清明时节的 1.7 倍。故将时间界定为春夏之交的谷雨时节更契合当时的气候。

最后是物候线索。原文中提及："玄德正在后园浇菜。""适见枝头梅子青青。"许昌的气候入春是在 3 月 25 日前后。"清明宜晴，谷雨宜雨"，谷雨时节是草木"添枝加叶"过程中最渴望润泽之时。而"梅子青青"的时间指向更明确，梅子通常是 5 月青涩、6 月黄熟。5 月初，是泡梅子酒的"上时"。近代江浙是以青梅作为立夏三新之一。以青梅煮酒，当是谷雨三候至立夏时节。

清代郭麟在《夏初临·麦人》中说："立夏时光，青梅白笋朱樱。"清代顾禄在《清嘉录》中说："立夏日，家设樱桃、青梅、穗麦，供神享先，名曰立夏见三新。"所以《三国演义》中"煮酒论英雄"的时间应该是在谷雨。如果再确切一点，可能是在谷雨三候（4 月 30 日—5 月 4 日前后）。

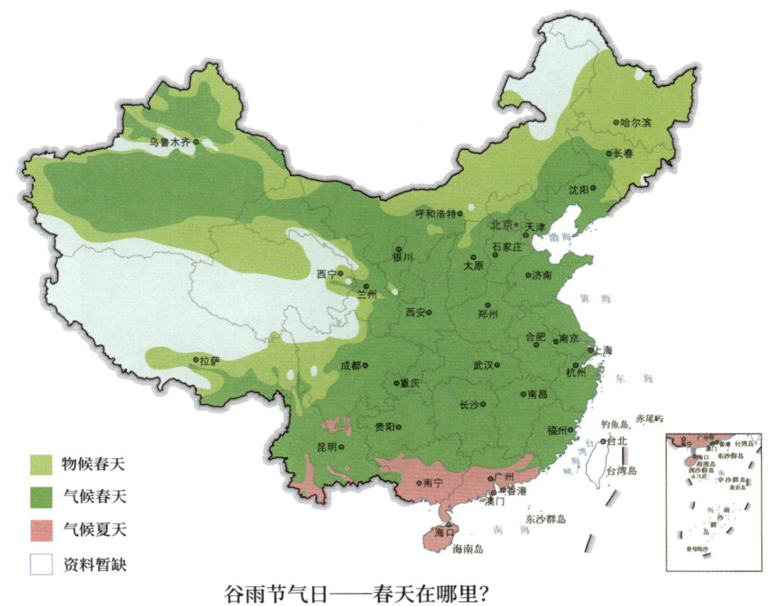

谷雨节气日——春天在哪里?

谷雨时，物候意义上春天的领地逐渐进入全盛期，近乎“普惠”。即使在气候寒凉的东北，也可以“谷雨种大田”。在气候变暖的进程中，更是“谷雨到立夏，种啥都不怕”。

古话说：“三月春浓，芍药丛中蝴蝶舞。五更天晓，海棠枝上子规啼。”你看，阳春时节，每天的生活，可以如同雅集。

记录宋代风俗的《梦粱录》说：“是月春光将暮，百花尽开。”然后一口气数了 27 种春花，再加上燕语莺啼，所以“对景行乐，未易以一言尽也”。阳春美景，无法用一句话说清楚。

牡丹，俗称谷雨花，以其在谷雨节开也。谚云：“谷雨三朝看牡丹。”

谷雨的花信风是：一候牡丹，二候荼蘼，三候楝花。“洛花以谷雨为开候”，谷雨始以国色天香。花季，到了最绚烂的时候。李商隐写道：“曾醒惊眠闻雨过，不知迷路为花开。”被雨吵醒固然很烦，但因花迷路，这是多么令人陶醉啊！《红楼梦》中也有“转过花障，则见青溪前阻”的描述，这种“障”和“阻”正是春天里花和雨带来的“后遗症”。即使在花季之后，依然有诗人“凡尔赛”地讲述着迷路：“春晚花方落，兰深径渐迷。”

宋代佚名《海棠蛱蝶图》页，故宫博物院藏

楝花开的时候，天气和气候是什么样的呢？有两句诗做了高度概括：一句是“榆荚雨酣新水滑，楝花风软薄寒收”，另一句是“早禾映雨初晴后，苦楝花风吹日长”。楝花开，天气暖了，“薄寒”，仅有的一点寒意也渐渐地消隐。而且晴雨交替的节奏快了，“春天孩儿面，一天变三变”，晴雨如同孩儿的啼笑，可以瞬间切换。

古人偏爱以风物作为天气现象的别称，所以谷雨时节的风和雨，也被称为榆荚雨、楝花风。于是风雨似乎也饱含诗意。

从前，在人们心中，榆荚和楝花更是另有玄妙。因为榆荚也叫“榆钱”，多余的钱，名字特别讨喜。榆钱被人喜欢，是因其名；而楝花被人喜欢，是因其形：楝花多籽。榆荚和楝树，一个表音钱财旺，一个表意人丁旺，乃阳春完美的意象。

谷雨节气日，也是联合国中文日。这与“天雨粟”的文化故事相关。

什么是天雨粟？这源于仓颉造字感动上苍，于是有了“天雨粟”的传说。这个传说，说的是文化的价值如同百谷若春雨般由天而降。《淮南子·本经训》中说：“昔者苍颉作书，而天雨粟、鬼夜哭。”

唐代张彦远在《历代名画记》中写道：“（有了文字之后）造化不能藏其密，故天雨粟；灵怪不能遁其形，故鬼夜哭。”

2010 年，谷雨节气被确定为“联合国中文日”，谷雨，通常被译为“Grain Rain”，它蕴含着雨生百谷和天雨粟的双重含义。

在二十四节气起源地区，从前谷雨时节的降水量，既多于之前的清明，也多于之后的立夏。如果说“春雨如恩诏，夏雨如赦书”，那么谷雨时节便是“恩诏”中的雨露真正惠及万物之时。人们希望“恩诏”能够施行普惠制，“阳春有脚，经过百姓人家”。

谷雨时，各地物候也有所不同，有的是：“三月十八，麦抱娃娃。”有的是：“谷雨前，麦挑旗；谷雨后，麦出齐。”有的是：“谷雨麦打苞，立夏麦龇牙，小满麦秀齐，芒种见麦茬。”

“谷雨蚕生牛出屋”，亦耕亦桑，繁忙异常，所以“谷雨立夏，不可站着说话”。

对北京而言，小麦在谷雨、立夏时节恰处抽穗拔节期，特别渴望雨水。

以安阳、衢州、昆明为例，中原的安阳，小麦生长全程雨水供不应求；江南的衢州，小麦生长全程雨水供过于求；西南的昆明，小麦生长前半段雨水供过于求，后半段供不应求。

1951—1980 年气候期谷雨时节降水量多于其前后节气的区域

1981—2010 年气候期谷雨时节降水量多于其前后节气的区域

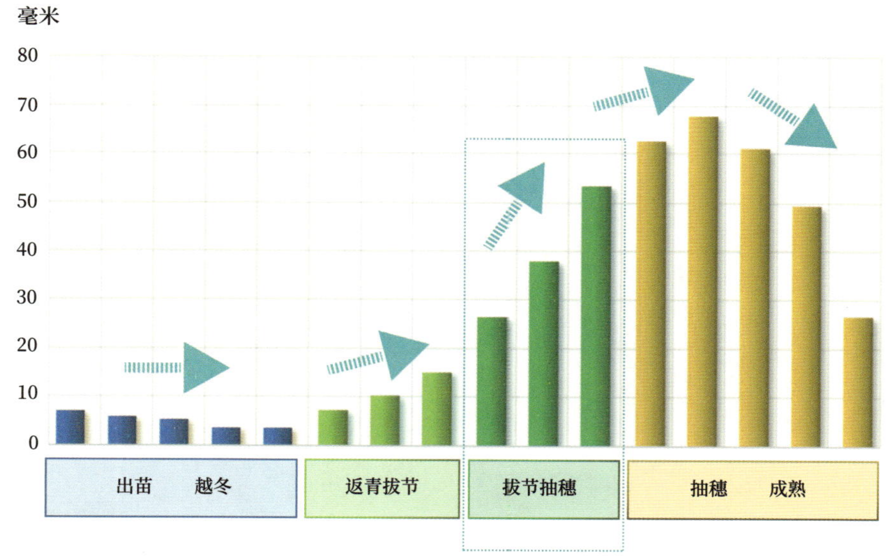

北京九个县区 1959—1980 年冬小麦逐旬需水量平均值

参见裴鑫德，张桂芝，邵瀛洲．北京地区冬小麦需水量计算方法的研究初报 [J]. 中国农业大学学报，1983，12（4）：71-80.

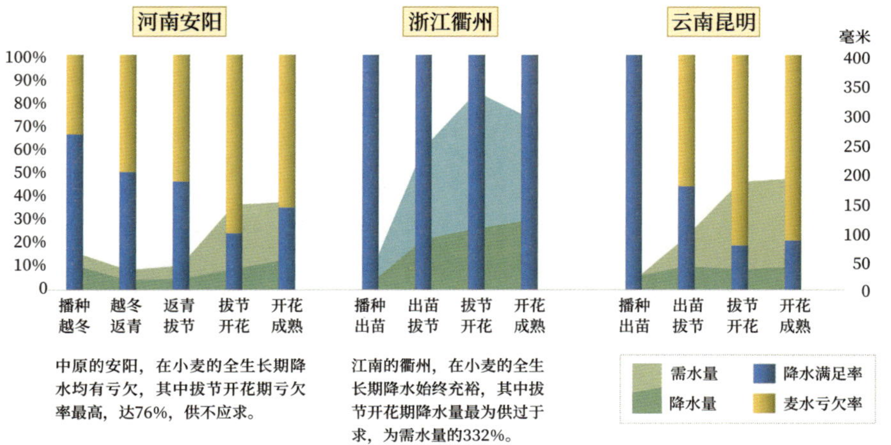

以山西太原为例，在冬小麦的全生长期，降水均有亏欠，其中阳春时节的拔节开花期降水亏欠最为严重，亏欠率高达 73%，降水供不应求，小麦亟待甘雨，这是北方地区较为普遍的气候、物候特征。

在古人眼中，阳春三月，上苍“承阳施惠”，是普惠众生的时节。

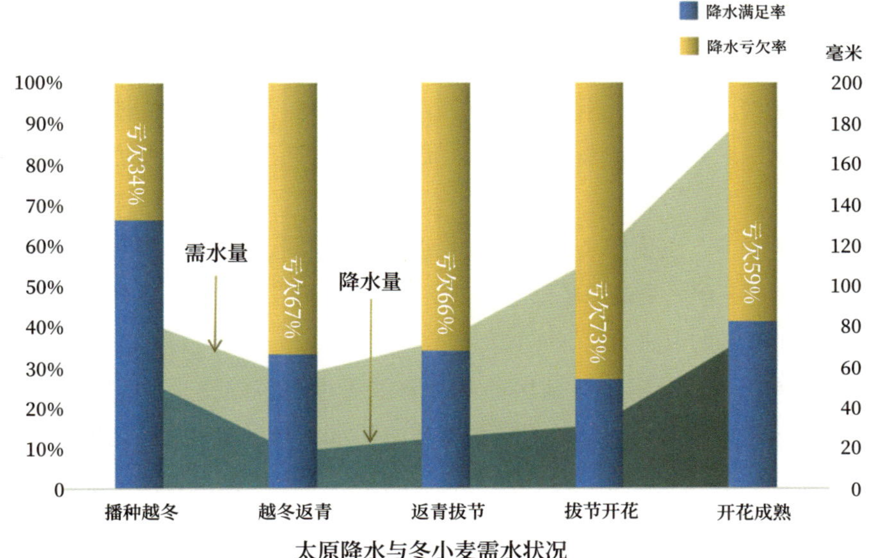

太原降水与冬小麦需水状况

参见孙爽，杨晓光，李克南，等．中国冬小麦需水量时空特征分析 [J]. 农业工程学报，2013，29（15）：72-82.

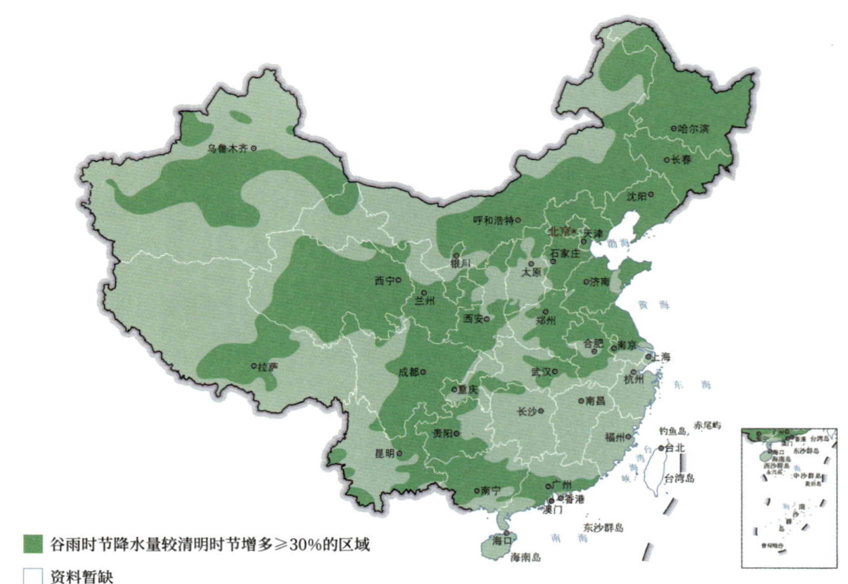

雨生百谷

但清明和谷雨的“工作重点”又略有不同，清明是回暖更显著，而谷雨是雨泽更丰沛。于是，万物渐渐适应了这种先洒阳光、后赐雨露的流程，于是有了“清明宜晴，谷雨宜雨”的说法。万物清明的时候舒展筋骨，谷雨的时候吸纳雨露。所以这时最好的天气是“油云阴御道，膏雨润公田”。

谷雨时节，正值冬小麦的抽穗灌浆期，日均需水量是越冬期的十几倍，是返青期的三倍，是最渴求雨水的时候，所以才有“谷雨前后一场雨，胜过秀才中了举”的说法。

谷雨时节，全国多数地区的降水量显著增多。也就是说，在返青的草木最渴望雨水的时候，恰好迎来丰沛的雨水。雨水天遂人愿地增多，这是气候范畴的成人之美，是天气与物候的良性呼应，也是谷雨节气的要义所在。

但人们理想化的诉求又不只“谷雨宜雨”这么简单。人们心中最好的春雨要既可以“入土深透”，又可以“旋即晴霁”，是《诗经》里的“其雨其雨，

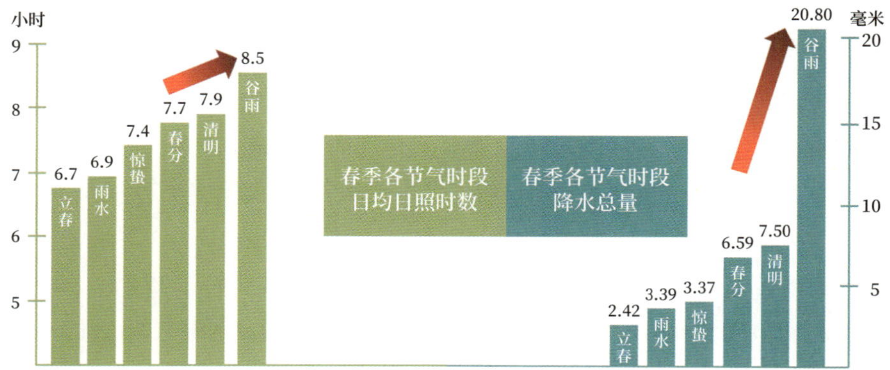

1981—2010 年北京春季各节气时段日均日照时数和节气时段降水总量

日照缓增，降水骤增。雨，是谷雨时节最具特征化的变量。

杲杲出日”。

草木的丰盈饱满需要阳光充足和雨露充沛的双重加持。谷雨之名，只描述了雨水条件的功能，但其实温度条件才是第一位的。雨水使草木可以畅快地长，温度使之可以安心地活。

需要春雨的，除了宿麦，还有新秧。

清明断雪，谷雨断霜。
清明下种，谷雨下秧。
春天里的泥，秋天里的米。

有了春暖，旱地才能播种；有了春雨，水田才能插秧。

宋代杨万里《插秧歌》云：“笠是兜鍪蓑是甲，雨从头上湿到胛。”人们在雨中抢插稻秧，戴着斗笠，穿着蓑衣，全副武装，但雨水还是从头上流到脖子，又流到肩膀，人们顾不上擦，甚至连饭都顾不上吃。对农民而言，错过了谷雨，便辜负了时节。正如俗语说的：“(农历)三月种瓜结蛋蛋，四月种瓜扯蔓蔓。”

人们常说“清明断雪，谷雨断霜”，并认为这是“言天气之常”，是对气候常态的刻画。

霜雪对草木的生长具有“一票否决权”。“清明断雪，谷雨断霜”所刻画的，并不是通常意义上的一般气候状态。如果仅仅以终雪和终霜的气候平均来界定，那么就有一半左右的霜雪出现在气候平均时段之后，“清明断雪，谷雨断霜”这则谚语也就不能为人们提供足够的安全感。

我们以 30 年气候基准期内最后三场雪和最后三场霜作为算法标准，“清明断雪，谷雨断霜”具有 95% 以上的可信度。

而随着气候变化，半个世纪的时间，北京无霜期延长了整整一个节气。初霜时间由寒露移入霜降时节。终霜时间，由谷雨移入清明，由谚语中的“谷雨断霜”渐渐变为清明断霜。

在东北地区，终霜冻提前了至少一个节气。从前是“立夏到小满，种啥都不晚”（基调是：别急），现在变成了“谷雨到立夏，种啥都不怕”（基调是：赶紧），播种期提前了一个节气。

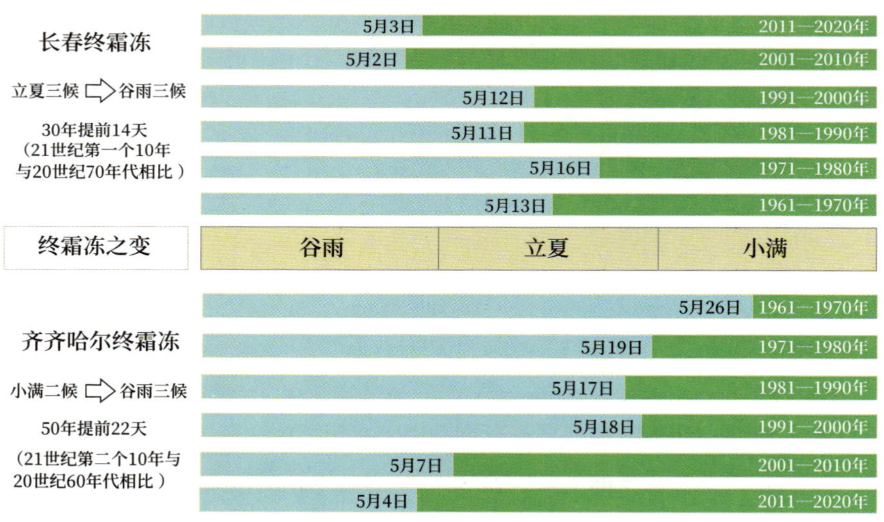

而秋种则是延迟了一个节气。例如华北，从前的冬小麦播种是“白露早，寒露迟，秋分种麦正当时”，现在渐渐变成了“麦子点在寒露口，点一升收三斗”。

在雨生百谷的谷雨，风在加大，昼夜温差也在加大，这是谷雨节气的两项“之最”。哪个节气风最大？南方的答案都不一样，而北方地区几乎都是谷雨时节的风最大。

乌鲁木齐
哈尔滨
长春
沈阳
呼和浩特
北京
天津
渤海
石家庄
银川
太原
济南
西宁
兰州
西安
郑州
黄海
合肥
南京
上海
拉萨
成都
武汉
杭州
重庆
东海
长沙
南昌
钓鱼岛
赤尾屿
福州
贵阳
昆明
台北
台湾岛
南宁
广州
香港
澳门
东沙群岛
海口
南海
海南岛
1981—2020年清明断雪（平均最后三场雪在3月21日—4月4日间）的区域
资料暂缺

清明断雪

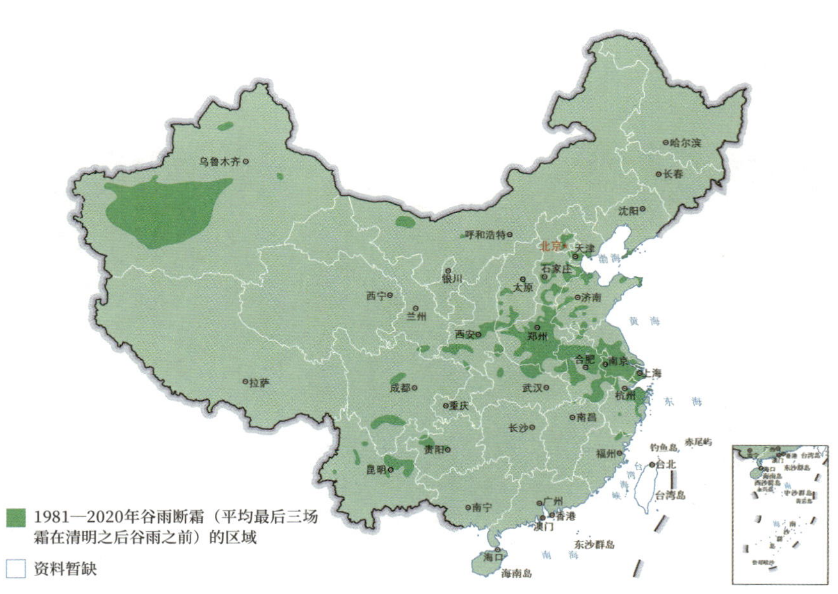
乌鲁木齐
哈尔滨
长春
沈阳
呼和浩特
北京
天津
渤海
石家庄
银川
太原
济南
西宁
兰州
黄海
西安
郑州
合肥
南京
上海
拉萨
成都
武汉
杭州
重庆
东海
长沙
南昌
钓鱼岛
赤尾屿
福州
贵阳
昆明
台北
台湾岛
南宁
广州
香港
澳门
东沙群岛
海口
南海
海南岛
1981—2020年谷雨断霜（平均最后三场霜在清明之后谷雨之前）的区域
资料暂缺

谷雨断霜

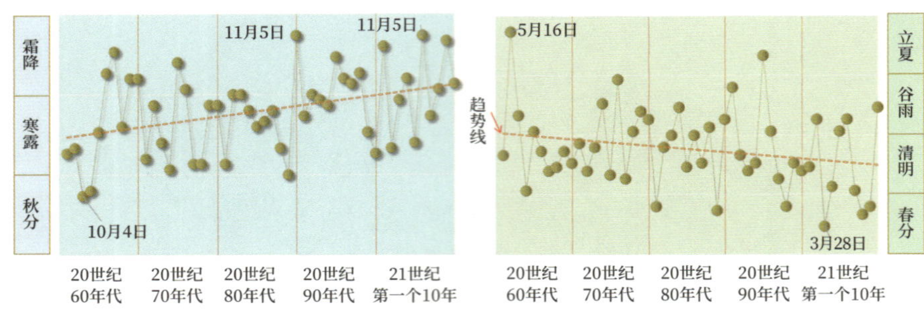

北京的初霜与终霜

随着气候变化，北京昼夜温差最大的时段逐渐由春夏交替的谷雨、立夏、小满时节，提前到了春分、清明、谷雨时节。暑热多雨的小暑、大暑、立秋时节昼夜温差最小。

虽然仲秋时节被古人称为昼夜温差大的“尜尜天”，但一年之中昼夜温差最大的反倒是春夏交替时节。随着气候变化，谷雨已成为很多地区一年之中昼夜温差最大的节气。

而在气候变化的背景下，昼夜温差呈现缩小的趋势。例如北京，与1951—1980年相比，2011—2020年平均昼夜温差由10.23℃降到9.37℃，缩小了0.86℃。

2013年北京春寒，本应清明时节始花的海棠，到4月26日谷雨时节才始花。

谷雨，是人们因落花而惜春之时。花开花落，赋予了人们更脆弱的感性。“探春”时，是发现的眼睛里透露着惊喜，“惜春”时，是别离的心绪中流淌着感伤。

花之枯与荣，成为人们心目中关于悲与欢、离与合、衰与盛、退与进的物化写照。人们的心境常常依随着自然的物境而变化，这是不知不觉的“天人合一”。

一注目，十里粉艳；再回眸，满径花雨。

与春花的迎来与送往，是人们心中的两番物语。花的盛开与残败，是无字之书，是物候上的两度观测，也是情绪上的一组峰谷，更是审美意义上的万顷波澜。

初春时簌雪如花，阳春时落花如雪。谷雨时节，人们以惜花之心，在花衰、花落的过程中，由花及己，将花由绚烂到静美的短暂过程视为芳华。

2022 年北京冬奥会开幕式二十四节气倒计时之谷雨节气组图，配诗为宋代黄庭坚《见二十弟倡和花字漫兴五首其一》中的“风吹雨洗一城花”。

在飞花落絮的阳春时节，“刬草生还绿，残花落尚香”，这是花之余韵，人们陶醉于花香、酒香、茶香与诗香之中。人们笃信，今年的花期已逝，明年的花期可期。春时的审美，不仅审视了美，也超越了花期来去之间的情绪峰谷。透过花开花落，看到人生是由不同周期的期待与实现，不同幅度的精彩与平淡交叠而成。

其实，暮春时因落花而感叹万物无常的人是痛苦的。

在我看来，人们心中的“常”有两种，一个是关于规律性的“常”，即 Normal，常态，另一个是关于持续性的“常”，即 Usual，常在。

所谓无常，应该有两层内涵。一是难以预料。此处的常，代表规律。有规律的变化，也是常。只有违逆或跳脱规律的事，才是无常，是规律之外的极端性变率。例如腊月雪是“常”，六月雪是“无常”。二是难以持久。此处的常，是在时间进程中的恒定。于是，按照特定规律演进的变量，也被视为无常。

在有些人心中，花有信，月有常。花有盛与衰的花期规律，月有盈与缺的朔望周期。这些都可以被视为“常”。所以人们在谙熟节律的基础上期待着每一番花好月圆。但在另一些人心中，希望花一直是盛花，月一直是满月，如果盛花与满月不能成为常态，便是“无常”。这是用自己的审美取向替代自然节律。

对自然风物之常能够形成更客观的认知，或许是节气文化的逻辑。

宋代杨万里《三月二十七日送春绝句》诗云：“只余三日便清和，尽放春归莫恨他。落尽千花飞尽絮，留春不住欲如何。”春时已暮，尽管依依不舍，但还是放手，毫无怨念地让春天离开吧。花已开过，絮已舞过，留不住春天又如何。

明代仇英《赵孟頫写经换茶图卷》（局部），美国克利夫兰美术馆藏

但人们还是找到了一种留住春天的方式。“吃好茶，雨前嫩尖采谷芽”，真正的好茶采自谷雨时节，味道香醇。谷雨又名茶节，雨前茶细嫩清香，谷雨品尝新茶，相沿成习。

翠芽留得春意在，品茗之时，便是与春天的再次约会。

2016年春，我们在浙江拍摄的春茶杀青。刘小菲摄。

唐代齐己《谢中上人寄茶》诗云："春山谷雨前，并手摘芳烟。绿嫩难盈笼，清和易晚天。且招邻院客，试煮落花泉。地远劳相寄，无来又隔年。"暮春时节采茶，感觉采的不是茶，而是芳香的云雾。阳春时节饮茶，也不是独饮闲闷之茶，而是以落英缤纷的泉水煮茶，呼朋唤友一起来分享春天的绿嫩清和之味。

清代外销画，英国维多利亚和阿尔伯特博物馆藏

上图左起分别是采茶、拣茶、晒茶，下图左起分别是炒茶、揉茶、舂茶。

茶，原本是餐食之余的雅闲之饮，非必用之物。但渐渐地，茶已经由柴米油盐酱醋茶的茶，变成了琴棋书画诗酒茶的茶。品茶成为一种生活方式，成为一种源自东方的文化符号。

谷雨三候

古人梳理的谷雨节气的节气物候是：一候萍始生，二候鸣鸠拂其羽，三候戴胜降于桑。

南北朝的《大广益会玉篇》这样形容萍的特质："萍草无根水上浮。"人们常以"此身天地一浮萍"感慨漂泊的人生。

萍，在《礼记·月令》中写作"蓱"。汉代郑玄注释："蓱，萍也。其大者曰蘋。"高诱在《淮南子》的注释中说："萍，水藻。"可见，萍与蘋、藻通常不被严格区分。

谷雨一候·萍始生

《诗经》曰："于以采蘋？南涧之滨。于以采藻？于彼行潦。"

萍，因为"与水相平故曰萍"。萍，"静以承阳"，这是古人眼中阳气浮动于水的象征。

水比土的热容量大，在天气回暖的过程中，水温升速缓于地温。所以到了暮春，水生植物才逐渐春生。正如唐代杨续诗云：“花蝶辞风影，蘋藻含春流。”“萍始生”虽特指萍，但亦是水生植物集体春生的代言物。

阳春三月，有两组最经典的组合：一是清明时节风与花的约会，二是谷雨时节萍与水的相逢。

南宋程大昌的《演繁露》引述了南北朝时期南唐学者徐锴《岁时广记》的说法：“花信风，三月花开时风名花信风。初而泛观，则似谓此风来报花之消息耳。”

在节气起源地区，什么时节风最大？阳春三月。什么时节花最多？阳春三月。

风季与花季合于阳春，是风与花的相逢。《淮南子》中称清明“清明风至”，实是应和花期的风。

最初的二十四番花信风，便特指阳春三月恪守气候规律的风，“风应花期，其来有信也”。而谷雨过后，“江南四月无风信，青草前头蝶思狂”。谷雨过后，即使再有风，这位花的信使，也送不来花的消息了。

谷雨二候·鸣鸠拂其羽

“鸣鸠拂其羽”表面上是说谷雨时霖雨渐至，羽毛不耐雨湿的布谷鸟时而鸣叫，时而需要整理被淋湿的羽毛，但其内在含义却是布谷鸟鸣唱催耕。

汉代郑玄为《礼记》作注曰：“鸠鸣飞且翼相击，趋农急也。”唐代虞世南在《北堂书钞》中则更简洁地道出了“鸣鸠拂其羽”的要义：“鸣鸠趋农。”

布谷，又名杜鹃、子规。同一种鸟的三个不同称谓，有着完全不同的文化意境。

布谷鸟是古代的春神，鸠鸣春暮，“鸣鸠拂其羽，四海皆阳春”。但在人们看来，布谷鸟独特的叫声，似乎是在催耕：“布谷布谷，磨镰扛锄。”“阿公阿婆，割麦插禾。”“布谷布谷天未明，架犁架犁人起耕。”

南北朝宗懔《荆楚岁时记》云：“有鸟名获谷，其名自呼。农人候此鸟，则犁杷上岸。”

“布谷布谷督岁功”，布谷鸟的人文形象，很像是田间一位尽职尽责的农事督察。当然，从生物学上看，布谷鸟的啼叫，只是求偶或宣示领地。

鸟语花香的春季，古人从鸟之语、花之香中领悟到“花木管时令，鸟鸣报农时”的农耕智慧。其实阳春时节，可供遴选和欣赏的物候标识实在是太多了。但是农民们无暇欣赏，人们只有闲的时候眼里才有风景。

“窗前莺并语，帘外燕双飞。”无论它们如何莺歌燕舞，都不如布谷鸟的声音更有感召力。

对节气起源地区而言，阳春时节是“雨频霜断气温和，柳绿茶香燕弄梭；布谷啼播春暮日，栽插种管事繁多”，是“清明断雪，谷雨断霜”。

【西安】布谷始鸣：5 月 17 日（5 月 7 日—5 月 30 日，多年变幅 23 天）
【西安】布谷终鸣：6 月 8 日（5 月 25 日—6 月 23 日，多年变幅 29 天）
【北京】布谷始鸣：5 月 22 日（5 月 16 日—6 月 18 日，多年变幅 33 天）
【北京】布谷终鸣：7 月 15 日（5 月 21 日—7 月 31 日，多年变幅 71 天）

根据现代的物候观测，北方布谷初鸣时间，并不在农事既起的阳春时节，而是在初夏的小满前后。所以，布谷并不能在各地胜任“劝课农桑”的职责。

《诗经》云：“桑之未落，其叶沃若。于嗟鸠兮，无食桑葚！”色泽美的桑叶、口感好的桑葚被用来形容美少女。而某些男人则被描述为贪吃桑葚的斑鸠！

谷雨三候·戴胜降于桑

古时立春时，女子“纤手裁春胜”，她们按照某些春天品物的形状剪裁出各种饰物，戴在头上，称为“春胜”。还有人戴花，或者戴彩帛，或者缀簪于首，以示迎春。

戴胜鸟最醒目的特点，就是羽冠高耸，鸣叫时羽冠起伏。人们觉得它的羽冠就像是戴着春胜一般，所以将其称为“戴胜”，并视之为“织纴之鸟”。

所谓戴胜降于桑，是说戴胜鸟在桑树上筑巢孵育雏鸟。那为什么偏偏是在桑树之上呢？这种鸟并不是“择良木而栖”，而是因为先秦时期黄河中下游地区桑树特别多，谷雨时节桑树也更繁盛。而且谷雨时节桑葚逐渐成熟，鸟儿以之为食。

参差浓叶所点染的桑绿，体现阳春物候，是草木青葱时光的写照，更是对田园春色的总括。

在古人眼中，桑乃四时之药。春取桑枝，夏摘桑葚，秋打霜桑叶，冬刨桑根白皮。但特地言及桑树的深层次原因，却是因为蚕。“戴胜降于桑”意在“蚕候也”。《逸周书汇校集注》中说：“蚕事之候鸟也。鸟似山雀而尾短，色青。毛冠俱有文饰，若戴花胜，故谓之戴胜。”

阳春三月，“蚕事既登”，是蚕生之候，所以也被称为“蚕月”。蚕，以桑叶为食，而谷雨正是桑叶鲜美之时，“蚕月桑叶青，莺时柳花白”。

古代社会，耕地有“桑田”之说，广义的农业有“农桑”之谓。温饱源于耕织，人们在耕织上的勉励，叫作“劝课农桑”。其实，谷雨二候鸣鸠拂其羽、谷雨三候戴胜降于桑，就是一种物化的“劝课农桑”。“布谷催耕以兴男事，戴胜催织以兴女功，非一鸟也。戴胜头戴花胜，黼黻（fǔ fú）太平之象，降于桑以兴蚕也。”鸣鸠拂其羽，是以布谷鸟为标识，催促耕田之事；戴胜降于桑，是以戴胜鸟为标识，提示养蚕之事。勿因慵懒，错失天时。

谷雨节气神

按照古代的月令，季春时节官员要深入民间，“循行国邑，周视原野”。因此，民间绘制的谷雨神是道士模样，仿佛在田间地头“现场办公”的雨师。因为是“现场办公”，所以他穿着近乎便服的衣袍，有的发髻上簪着莲花冠。其步态多为八字步或弓箭步，穿福字履或夫子履。

雨师，是古代神灵体系中专职负责降水事务的天气神。风伯雨师体系中的雨师，右手握着禾苗，左手拿着雨钵，可以说是一手抓“需求侧”，一手抓“供给侧”。

在万物最需要雨水的关键期，这位“专业对口”的天气神就开始执掌时令。

另一个版本的节气神是文质彬彬的一位书生。

谷雨时节，草木由“卖萌”到青葱，有如诗文之美。但春季即将结束，迎春、探春之后，人们开始惜春。真的是“人间暮春，雨落情长”。或许，作为谷雨神的书生，是暮春风物最好的吟咏者和怜惜者。

气序到了谷雨之时，物候特征是落花、流水，陆生植物落英缤纷，而水生植物次第萌发。这时，萍与水相逢，既是因为“春江水暖”，也是因为春雨降、春水涨。谷雨之雨，往往是使人“不知晴为何物”的连绵阴雨。下雨的时候，人们一直感到湿冷，一放晴才感觉已是春深时分。

在人们心中，春天最唯美的是花事，“一春无事为花忙”。暮春时节的物候，是“鸟弄桐花日，鱼翻谷雨萍”。而由春到夏的变化，是由繁花到茂叶的变化，“春至花如锦，夏近叶成帷”。这是草木“添枝加叶”的时节。

谷雨时节，正是古人的惜春之时。

唐代杜牧《惜春》一诗云：“花开花又落，时节暗中迁。无计延春日，何能驻少年。”人们的惜春，也是惜人。青，乃春之正色，也就是我们说的青春。人们由自然时令的青春，有了对人之青春的移情。时令难以青春常驻，人何以依然翩翩少年?

暮春时节的落花之美令人感慨。花季短暂，迎来与送往，竟是两番风物。在与自然物候的迎来送往之间，人们愈发珍惜“天人共好”的绚丽阳春。

当然，阳春也有阳春的烦恼。宋代朱淑贞在《即事》中便说：“谢却海棠飞尽絮，困人天气日初长。”诗中说的首先是春困的烦恼，其次是“花絮”的烦恼。如今，花粉和飞絮却成为越来越多的人的烦恼。这不是文人的闲情，而是常人的病情。

柳结浓烟，杨飘花雪，有时真的让人望而生畏。但好在杨花柳絮只是春天的一段花絮，“卷絮风头寒欲尽”，花絮落尽，就是暖洋洋的日子了。想到这里，便释然了。

谷雨时节，有暖意，但热未至；有凉风，但寒已消。正是不冷不热的时候。之前是一个漫长的取暖季，之后又是一个漫长的制冷季，阳春三月，是最低碳、最省电的短暂时光。

立夏·熏风阜物

小满·运臻正阳

芒种·梅熟而雨

夏至·时有养日

小暑·蒸炊时节

大暑·溽热炎蒸

夏

立春
雨水
惊蛰
春分
清明
谷雨
立夏
小满
芒种
夏至
小暑
大暑
立秋
处暑
白露
秋分
寒露
霜降
立冬
小雪
大雪
冬至
小寒
大寒

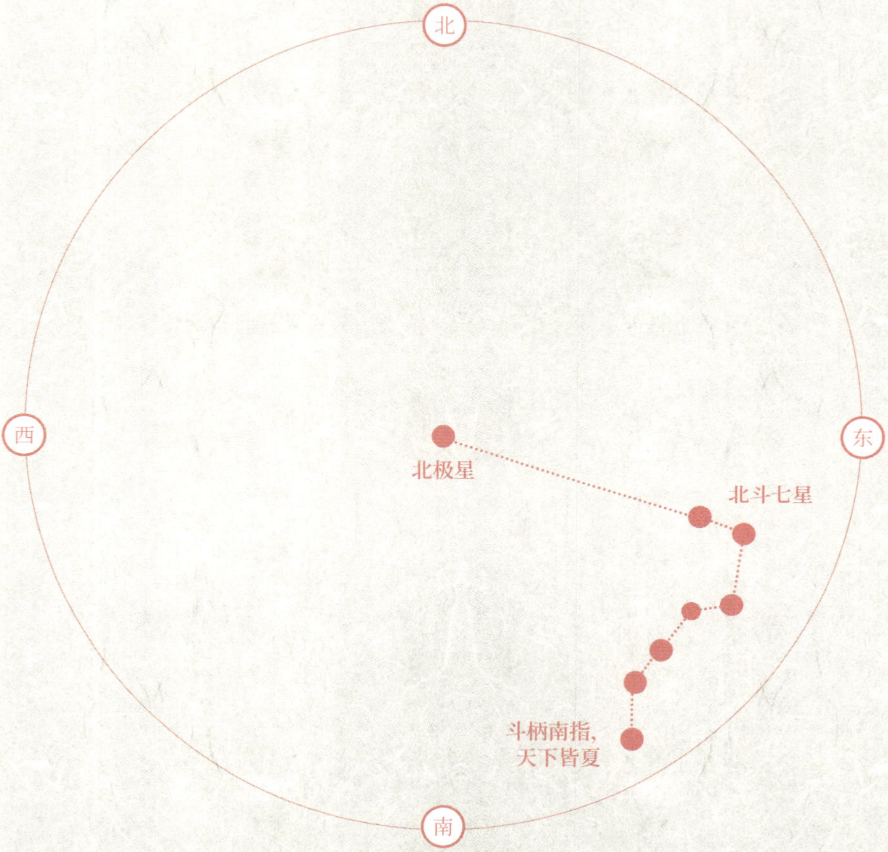

北

西

东

北极星

北斗七星

斗柄南指，
天下皆夏

南

雄雉于飞，下上其音。展矣君子，实劳我心。

——《诗经·雄雉》

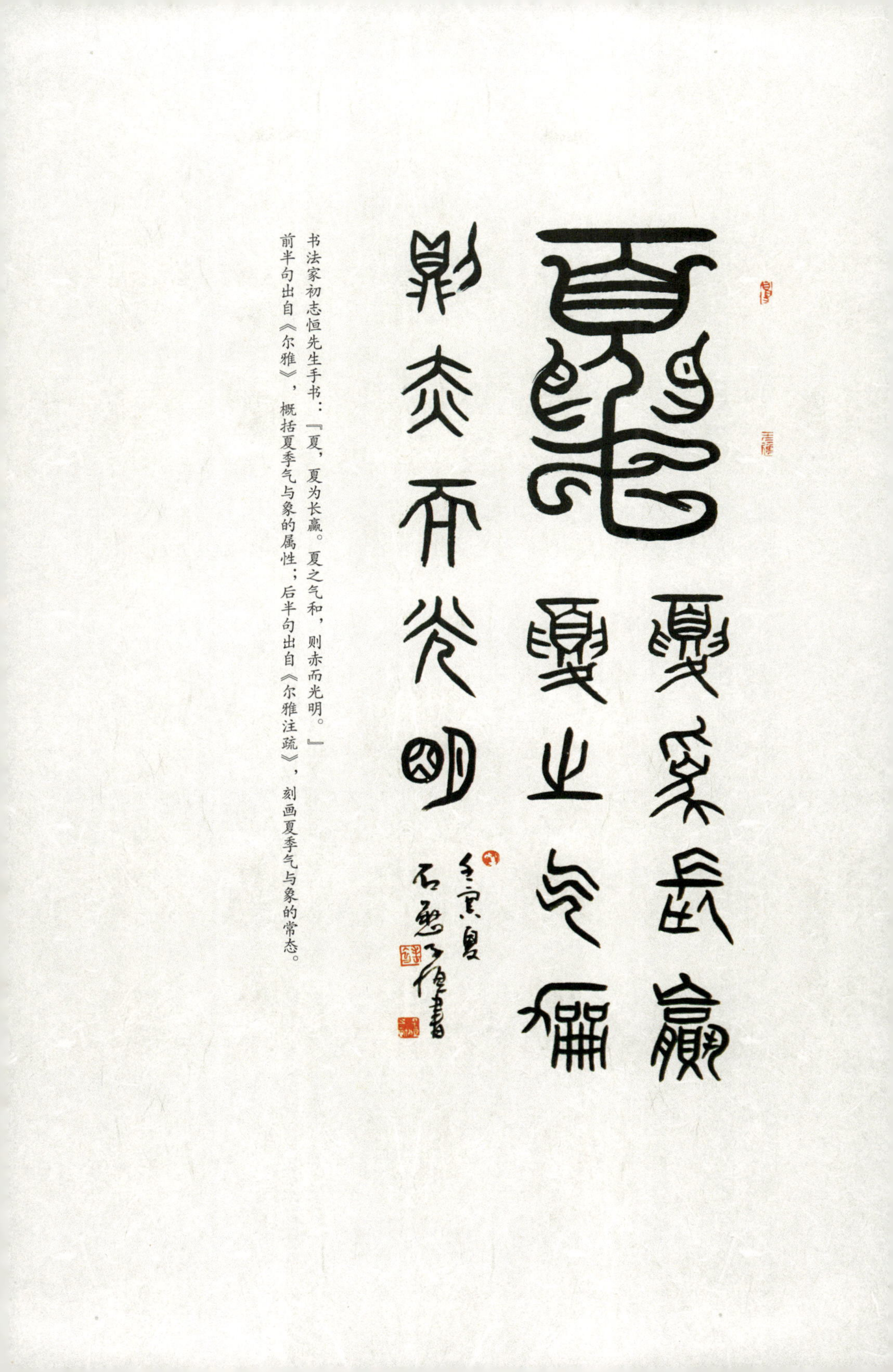

书法家初志恒先生手书：『夏，夏为长赢。夏之气和，则赤而光明。』
前半句出自《尔雅》，概括夏季气与象的属性；后半句出自《尔雅注疏》，刻画夏季气与象的常态。

·夏为长赢·

长赢，具有双重含义。长乃消长层面的长，赢通盈，乃盈缩层面的盈。

在古人心目中，阴阳的消长与盈缩，造就了春生、夏长、秋收、冬藏。而夏季，是阳气盈至鼎盛，万物长到极致。

《黄帝内经》曰："天地气交，万物华实。"

《文子 · 卷一 · 道原》曰："大丈夫恬然无思，惔然无虑。以天为盖，以地为车，以四时为马，以阴阳为御，行乎无路，游乎无怠，出乎无门。以天为盖则无所不覆也，以地为车则无所不载也，四时为马则无所不使也，阴阳御之则无所不备也。"

南北朝时期《三礼义宗》中说："四月立夏为节者，夏，大也，至此之时物已长大，故以为名。"

立夏，是天文意义上夏季的开始。在准等长的四季体系中，立夏意味着一个回归年中白昼时长最长的 1/4 时段的开始。

在古人眼中，夏季是阳气的鼎盛时段。如果将阳气强度定义为 [0，1] 的函数，那么天文夏季的阳气强度是在 [0.83，1] 区间。换句话说，如果将夏至时（阳气强度峰值时）定义为 1，那么立夏时阳气强度便达到了 0.83 左右。

"阳气浮长，故为茂盛而华秀也"，所以夏季时万物并秀。"阳气浸盛，乐由阳来也"，所以夏季是万物快乐的狂欢节。

《徐霞客游记》开篇的描述"云散日朗，人意山光，俱有喜态"，便是 1613 年立夏时节徐霞客眼中的天气与感触。简言之，立夏，天地喜态。

在人们心中，"红荔"乃有"红利"之意。人们以朱色表夏，朱夏其实可以看作上苍给予人们的一份"红利"，万物纵情生长，人们可以取之为食。在雨热同季的气候背景下，夏季是阳光和雨露被最慷慨地同步馈赠于人的时期。

立夏·熏风阜物

明代《遵生八笺》曰：“天地始交，万物并秀。”
宋代王安石写道：“晴日暖风生麦气，绿阴幽草胜花时。”

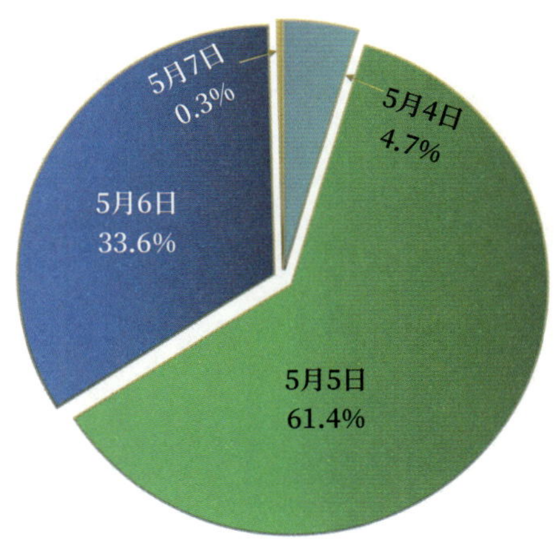

立夏节气日在哪一天？
（1701—2700年序列）

立夏节气，通常是在 5 月 5 日前后。

立夏节气日，冬逐渐被“边缘化”，春的疆域进入鼎盛之时，达到 610 万平方千米，名曰立夏，实为盛春。立夏时节，夏由华南快速地推进到华北，面积增加约 115 万平方千米。立夏结束时，春、夏、冬面积占比约为 63%∶20%∶17%，冬已退居末席。

正如唐太宗李世民诗云：“北阙三春晚，南荣九夏初。”北方尚在暮春，南方已然是初夏了。

在古代的月令中，每到天文季节更替之时，天子都会亲自率领三公九卿诸侯大夫到郊外恭迎新季节的到来。立春到东郊，立夏到南郊，立秋到西郊，立冬到北郊。

南风，为夏季的盛行风向。

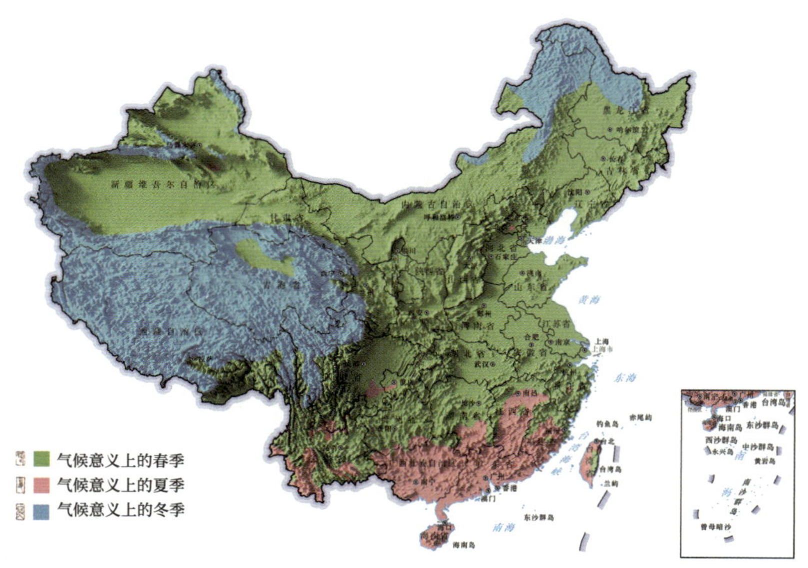

立夏节气日季节分布图
（1991—2020年）

立夏节气日季节分布及变化　　单位：万平方千米					
春季		夏季		冬季	
面积	变量	面积	变量	面积	变量
约 610	100	约 80	40	约 270	-140

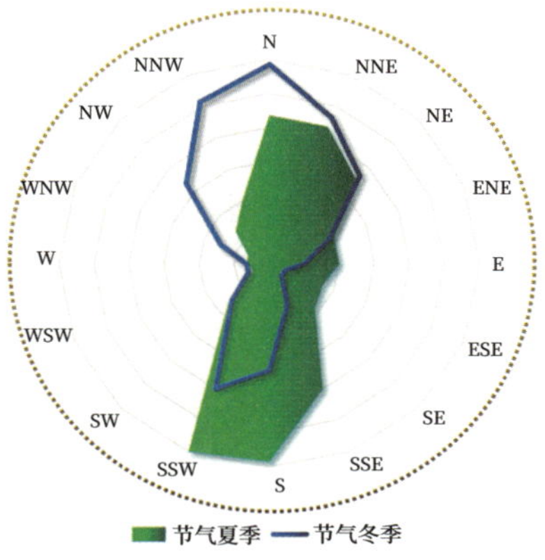

北京节气夏季与节气冬季风向玫瑰图

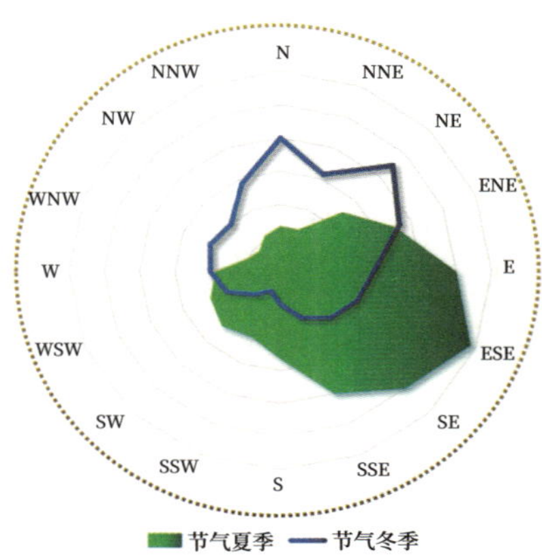

南京节气夏季与节气冬季风向玫瑰图

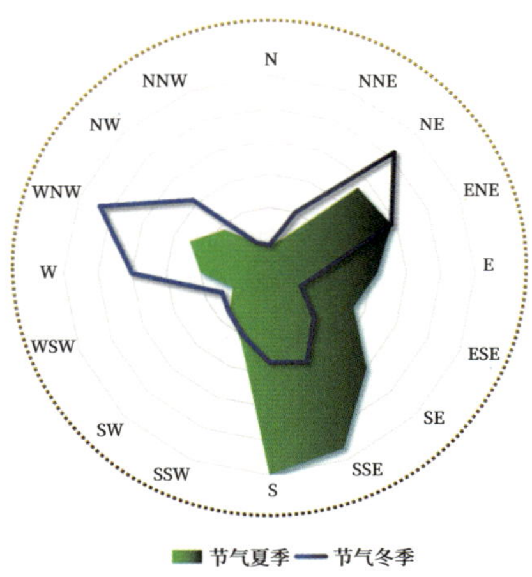

郑州节气夏季与节气冬季风向玫瑰图

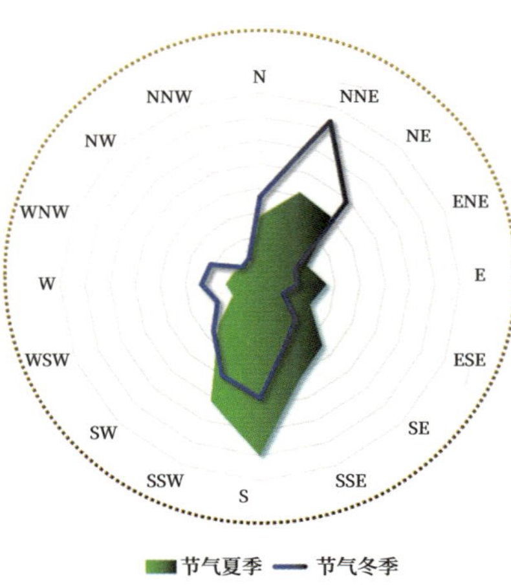

开封节气夏季与节气冬季风向玫瑰图

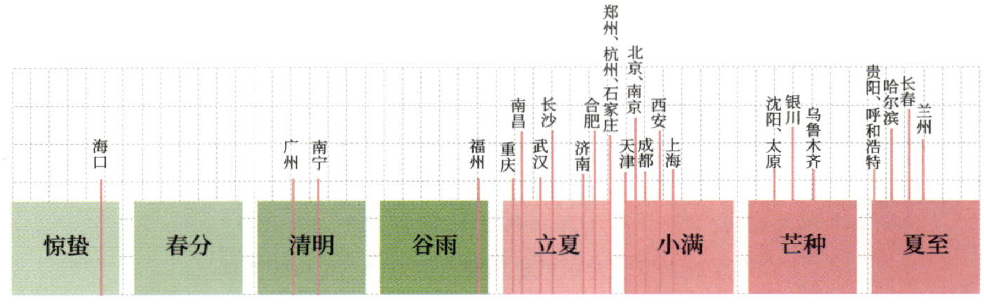

省会级城市入夏进程

立夏之日，人们为什么要到南郊去迎候夏天呢？因为古人觉得，夏天自南而来，是南风送来的。而人们衣食温饱所需要的各种物产都是夏天长出来的，我们的丰饶和富足是拜南风所赐，所以有“熏风阜物”之说。

《楚辞》曰：“滔滔孟夏兮，草木莽莽。”《诗经》曰：“凯风自南，吹彼棘心。棘心夭夭，母氏劬劳。”棘心，指酸枣树初发的嫩芽，隐喻孩儿。劬，则指辛苦。自南而来的温润和风，用以隐喻慈母的哺育与操劳。

《范子计然》中写道：“风顺时而行，雨应风而下。”先秦时期的《南风歌》云：“南风之薰兮，可以解吾民之愠兮。南风之时兮，可以阜吾民之财兮。”这是说南风能够来，可以消除民众的烦恼；南风能够按时来，可以增加民众的财富。

中国夏季风降水的水汽，让人们“雨露均沾”的水汽，一是来自南海的南风，二是来自孟加拉湾的西南风，三是来自太平洋的东南风。

在人们眼中，它们可以统称为南风。它们共同的属性是温暖而湿润，不远万里地为我们空运海量的水汽，然后再以成云致雨的方式留给大地。所以，感恩南风。

虽曰熏风阜物，但与春季相比，初夏的风并不狂躁。从全国气象预警类项来看，初夏的立夏、小满时节是由大风预警频发到雷电、暴雨、高温预警盛行的过渡阶段。

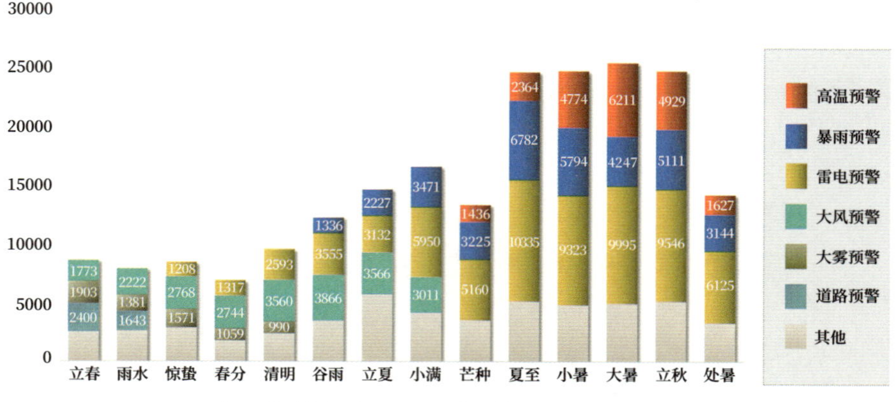

立春至处暑节气全国气象预警总数及前三位预警类项

数据为2016—2022年平均值，数据来源：国家预警信息发布中心。

《淮南子·天文训》中说："立夏大风济。"也就是风变得轻柔了。谚语说"立夏斩风头"，歌谣说"立夏鹅毛住"，鹅毛都可以在地上待住而不至于被风吹走。

在季风气候的背景下，因为风调，所以雨顺。人们盼望着每个时节的盛行风能够如期而至。于是，风调雨顺成为中国人最高的气候理想。

清代禹之鼎《云山烂漫图》，故宫博物院藏

立夏之后，降水的局地性增强，东边日出西边雨。

人们感觉龙王爷的政策变了，所以人们说夏天的雨是"分龙雨"。

用陶渊明的话说是"春水满四泽，夏云多奇峰"。春天的云好似二维的，平平地铺，降水是大尺度的"普惠"；夏天的云仿佛是三维的，直直地长，降水是小尺度的"独宠"。

一年四季哪个季节雨水最多？夏季。夏季，龙王爷的工作最繁重，太辛苦！怎么办呢？好在龙王家族有很多的龙子龙孙，谁也别闲着，赶紧分家，自立山头。每条龙各管一个山头。农历四月搞一次小分龙，农历五月再搞一次大分龙。总之，要"龙尽其才"，不能"龙浮于事"。

但随之而来的是，各个地方的天气政策就大不一样了。有的龙懒，旱了也懒得下；有的龙勤快，涝了还拼命下。于是，在两条龙辖区分界的地方，就可能出现"夏雨隔牛背，十里不同天"的情况。

如果我们盘山而行，往往绕过一个弯，天气便大不一样。山里的天气，"远近高低各不同"。

在云南的南糯山，勐海与景洪的交界处有一个"气候转身的地方"的标牌。2016 年，我请朋友到此拍摄。2021 年冬，我向朋友问起这个标牌，他说已经不在了。标牌不在，但这样的气候差异依然在。这就是人们经常调侃的“局部地区”。

作家李娟在《我的阿勒泰》中写道：“我们山里的雨，总是只有一朵孤零零的云冲着一小片孤零零的空地在下，很无聊似的。其他的云，则像是高兴了才下雨，不高兴就不下。更有一些时候，天上没云，雨也在下。——天上明明晴空万里，可的确有雨在一把一把地挥洒。真想不通啊……”①

我小时候看“小人儿书”《小雁齐飞》，里面有这样一段话，高爷爷告诉大伙：“这电台报的是全专区的天气，可咱专区有多少村子呀，能刮一种风、下一样的雨吗？俗话说‘雷雨隔牛背’，天气变化是隔一线差一山啊！”②

---

① 参见李娟 . 我的阿勒泰 [M]. 昆明：云南人民出版社，2010.

② 参见连环画 . 小雁齐飞 [M]. 上海：上海人民出版社，1972.

商汤时期，曾连年大旱，贵为国君的汤“以身为牲，祷于桑林之野”。他痛心疾首地说：“余一人有罪，无及万夫。万夫有罪，在余一人。无以一人之不敏，使上帝鬼神伤民之命。”

《左传》有云：“国之大事，在祀与戎。”古代，一个国家的两件大事，一是祭祀，二是用兵。

《诗经》中的“琴瑟击鼓，以御田祖，以祈甘雨”，就是雩祭中的乐舞。先秦时期的各种雩礼，是由女巫担任舞者的乐舞仪式。听起来古意盎然，但实际上比后世的祈雨仪式更为残酷。

《礼记》曰：“立夏，命有司祀雨师。”三国时期《典略》中说：“旧制求雨，太常祷天地宗庙社稷山川，已赛，如其常祭，牢礼。四月立夏旱，乃求雨，立秋虽旱不祷。求雨到七月毕，赛之。秋冬春三时不求雨。”就像一则农谚说的那样：“冬旱无人怨，夏旱大意见。”因为夏旱是火烧眉毛的干旱。

在朝廷操办的各种仪式中，由皇帝亲自主持或者指派“特使”主持非常规的“大雩”，是所有祈雨仪礼中的规格最高的。而且官方的祈雨，上至天子，下至县令，都有义务参与。

雨水稀缺时为百谷祈求膏雨的专项祭祀分为常雩和大雩两种。大雩一般是在气温高、日照强、蒸发量大的初夏、仲夏举行，这也是气候使然。康熙帝曾感叹：“京师初夏，每少雨泽，朕临御五十七年，约有五十年祈雨。”

古人的祈雨围绕两条主线展开。一是求神，二是律己。其实二者也一脉相承：求神是无辜的我求神帮忙，律己是有罪的我求神宽恕。

求神又分为两个方面，一是平时烧佛香，二是临时抱佛脚。所谓平时烧佛香，是按照官方规制和民间习俗来供奉与祭祀日常就有的天气神。之前各种天气神各管一摊，风伯、雨师、雷公、电母、虹神、霜神，甚至关公、麻姑、雪婆婆等，各个大神都要拜到，一个都不能少。朝廷编制内的天气神，按照级别和神格，享有官方祭祀、供品及各种待遇。唐代之后官方的天气神趋简，行云布雨之事划归龙王统一“归口管理”。

所谓临时抱佛脚，是按照礼制或者各种“应急预案”进行的祈祷仪式，属于计划内的事项，属于“规定动作”的范畴。但更多的，还是各种“自选动作”。真是各村有各村的“高招”，一地有一地的“偏方”。

临时抱佛脚的求神，又分为两个方面，人们希望从物质和精神两个层面满足或感动上苍、取悦神灵。物质层面是各种牺牲和供品，包括酒、五谷、禽畜等。甚至很多物产，收获时便是祭祀首选。

精神层面包括祭坛、各种舞乐戏曲、各种迎送和各种感人至深的祈雨文。例如苏轼的《祷雨社稷祝文》：“……自春徂秋，迄冬不雨，嗣岁之忧，吏民嗷嗷，谨以病告，锡之雨雪，民敢无报？”这是在说这么长时间不下雨了，大家都眼泪汪汪地盼着你呢！倘若能够赐予我们雨雪，懂得敬畏和感恩的我们，怎么会不诚心诚意地报答你呢？

苏轼的《祷雨后土祝文》又写道：“……神食于社，盖数千年，更历圣主，讫莫能迁。源深流远，爱民宜厚，雨不时应，亦神之疚，社稷惟神，我神惟人，去我不远，宜轸我民……”这是说神啊，你接受了我们几千年的供奉，咱们有着深厚的感情啊，该下雨的时候不下雨，这就是你的不对了。你于情于理都该体恤和怜爱我们这些靠天吃饭的百姓。

这话让神听了，还不下雨，神都觉得不好意思，都觉得对不住苏轼这么好的文采，这么缜密的逻辑。

律己类的祈雨活动更是类项繁多，包括斋戒、沐浴、撤乐、素服、减膳、独居、禁屠、赦免、露天听政检视政事，甚至发布罪己诏。乡野之中，人们也往往用架桥、修路、抚恤孤寡等方式表达赎罪之意。人们希望通过律己，通过各种自罚和自省，变得洁净一些，低调一些，节俭一些，勤勉一些，仁慈一些，来求得上苍的宽宥。

人们也常以天人感应的理念解读政事之失与气象之异的相关性。“天人感应”固然没有科学道理，但臣子能够运用“天人感应”的理念，将灾异与政事挂钩，作为警示天子的一种方式，使之有所收敛，有所检点，是一种借助天威的制衡方式，也算是“靠天吃饭”吧。

人们对天神，慢慢地由祈报并举到恩威并施。比如有的地方官屡屡祈求龙王停止下雨，一直未能如愿，盛怒之下差人将龙王塑像捆了起来。比如人们炮轰积雨云，以烟熏的方式提供上升气流和充足的凝结核。在祈祷之余，人工干预也成为一个新的选项。

立夏的物候是“其盛以麦”，“晴日暖风生麦气，绿阴幽草胜花时”。如果说风景，立夏时节最美的风景就是麦子。谚云：“谷雨麦怀胎，立夏麦吐芒。小满麦齐穗，芒种麦上场。”

麦熟进入最后一个月的倒计时。“四月麦醉人”，麦子是乡间风景，“麦足半年粮”，麦子更是百姓依归。

立夏是一个温暖的节气，但也是一个需要渡难关的节气。立夏甚至被说成乏节气。为什么呢？第一是人疲乏，第二是粮匮乏。

所谓人疲乏，宋代《梦粱录》是这样说的：“四月谓之初夏，气序清和，昼长人倦。”立夏时节，天气倒是很好，清新、平和。但白昼长了，人会感到疲倦。而且这只是开始，漫漫长夏，本来劳作就辛苦，汗流浃背，还会食欲减退，难以入睡，所以也就很容易患上一种季节病，古人称之为“疰夏”。这种季节病的表现形式，就是“入夏眠食不服”，即吃不好，睡不好，于是浑身酸软，日渐消瘦。

既然这样，我们可以先做个记号，看看整个夏天到底瘦了多少。于是就有了“立夏称人”的习俗。“立夏称人”作为半山立夏习俗之一，参与申报了“人类非物质文化遗产代表作名录”。

清代《清嘉录》曰：“立夏日，家户以大秤权人轻重，至立秋日再秤之，以验夏中之肥瘠。”诗云：“时逢立夏出奇谈，巨秤高悬坐竹篮。老小不分齐上秤，纽绳一断最难堪。”立夏的时候，整个家族或者众多乡邻聚在一起，先支好一个大的秤，然后大家一个接一个地坐到竹篮子里去称体重。有人负责称，有人负责报数，有人负责记录。周围的人七嘴八舌地议论，“评量燕瘦与环肥”。说这个真瘦，那个太胖，那个才是标准体重，也有人觉得这样有辱斯文。如果赶上谁把篮子坐破了，或者把绳子拉断了，那就更难堪了。

立夏称人，然后立秋再称一次，看看大家熬过这个夏天，到底是有失落感还是成就感。

当然，报出的、记下的未必是真实体重，而是往往选一个吉利数字，精确倒在其次。其实，这只是从前乡村里一种宗亲或者乡亲的互动方式，或者说是一种关于夏天的行为艺术而已。

立夏称人之后要吃顿好的，立夏尝新，然后立秋贴秋膘，立冬补嘴空。可见在古代，体重的季节变率曾经是一个很大的问题。

但现在，问题已经不再是问题。古人的痛点反而成为现代人的兴奋点。发福，已经不再被当作一种福了。人们常说“每逢佳节胖三斤”，似乎体重跟这个季节当中有多少假期和节日，关系更密切。

而且，现在气候变化了，夏天是加长版的夏天，往往是立秋、处暑正当暑。立秋并不是夏天和秋天的分界线，而是夏天不可分割的一部分。所以在高温盛行的立秋节气称人，似乎就显得很奇怪了。北方经常要到白露，南方基本要到秋分，暑热才能消退。

如何预防“疰夏”呢？有的地方盛行“七家茶”。茶叶不是自家的，而是亲朋邻里之间互相赠一点、讨一点，反正不少于七家，然后把来自各家的茶叶混在一起，煮茶喝。正如明代《西湖游览志余》所记载的：“立夏之日，人家各烹新茶，配以诸色细果，馈送亲戚比邻，谓之七家茶。”

所谓七家，只是一个虚数而已。还有所谓“七家粥”，即汇集左邻右舍的米，集各家的食材熬出一大锅粥，再与大家共享。取之于邻，馈之于邻。而且，在收罗食材的过程中，还使邻里关系更加融洽，或许七家茶、七家粥最初起源就是基于这样的思路：通过这种众筹和共享，让大家感受到，在消夏这件事上，大家是“命运共同体”。

立夏的第二个难关是粮匮乏。立夏时节，正是青黄不接到青黄相接的过渡时段。

到了芒种、夏至时节，是《论语》中说的“旧谷既没，新谷既升”。而立夏、小满时节，用陶渊明的话说是“旧谷既没，新谷未登”之时，于是“夏日常抱饥，寒夜无被眠”。去年的粮在仓里都快没了，今年的粮在田里还没熟呢。所以古代要解决温饱问题，最重要的就是要解决冬天的温和夏天的饱。

冬天有粮，但菜很少，只能是有什么吃什么。春天有菜了，但粮越来越少。所以说“正月二月三月间，荠菜可以当灵丹”。不过到了立夏，难关还是难关，但毕竟大家有了一点乐观。

宋代林椿《枇杷山鸟图》，故宫博物院藏

为什么呢？因为初夏时节，不仅蔬菜多了，水果也多了。立夏物候，便是由赏花到品果。而且地里长的、树上结的、水中游的，都可以是立夏时节的时新。这时候，江南的朋友有底气说“不时不食”，只吃时新。这时有地三新、树三新、水三新，以及八鲜、九荤、十三素之说。而樱桃、青梅、鲥鱼是最经典的立夏三新。

当然，立夏时节的尝新，尤其是各种排场很大的尝新，并非出自平民之家。对百姓而言，夏季的饮食通常是汤汤水水，很少有肥甘厚味。百姓的尝新，也只是一道鲜菜、一盘鲜果而已。

立夏尝新，起初是荐新，是将时新用来敬神或者祭祖。可以少了自己的，但是不能怠慢神灵、亏欠祖先。其中，樱桃不仅可以是节气物候，还是历史悠久的宗庙祭祀供物，连《史记》中都有相关的记载。

《史记·刘敬叔孙通列传》记载："孝惠帝曾春出游离宫，叔孙生曰：'古者有春尝果，方今樱桃孰，可献，原陛下出，因取樱桃献宗庙。'上乃许之。诸果献由此兴。"

北京的春天，恰恰是樱桃开花结果的短暂历程。樱桃是清明开，小满摘。清明时节樱桃花开，是春天的开始；小满时节樱桃红熟，是夏天的开始。而随着气候变暖，樱桃的花期与果期分别提前到了春分时节和立夏时节。

什么是夏天？气象学上有其温度标准，即日平均气温22℃以上。但民间常以水果物候定义。在民间，什么是夏天？就是看见西瓜的时候。什么是盛夏？就是西瓜不到一块钱一斤的时候。什么是夏天？就是开始卖杧果的时候。什么是盛夏？就是杧果由论斤卖变成论堆卖的时候。

北方的入春明显晚于南方，入夏却与南方相差无几。以1981—2010年气候期为例，成都3月5日入春，北京3月26日入春；成都5月22日入夏，北京5月21日入夏。

由于北方的白昼时长增幅大，且阴雨少，有效日照时数更多，给点阳光就灿烂，气温连蹦带跳地跨过夏天的门槛。换季的路上，夏公子与春姑娘近乎"追尾"。

随着气候变化，尽管通常是"又是一年春来早"，但春日还是变得更短促，因为夏日骤然而至。

乌鲁木齐
哈尔滨
长春
沈阳
呼和浩特
北京
天津
渤海
石家庄
银川
太原
西宁
济南
兰州
黄海
西安
郑州
合肥
南京
上海
拉萨
成都
武汉
杭州
东海
重庆
南昌
长沙
钓鱼岛
赤尾屿
福州
贵阳
台北
昆明
台湾岛
南宁
广州
香港
澳门
东沙群岛
海口
南海
海南岛
立夏时节入夏的区域
资料暂缺

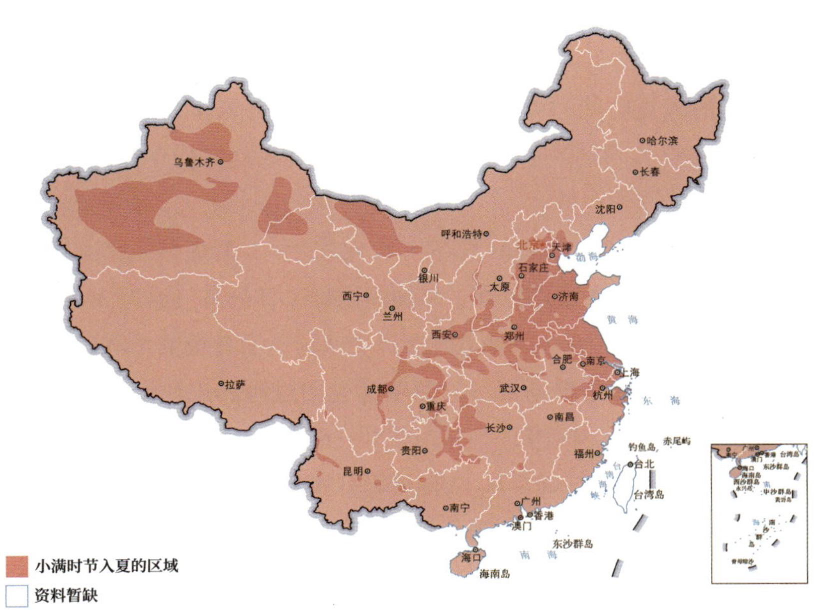
乌鲁木齐
哈尔滨
长春
沈阳
呼和浩特
北京
天津
渤海
石家庄
银川
太原
西宁
济南
兰州
黄海
西安
郑州
合肥
南京
上海
拉萨
成都
武汉
杭州
东海
重庆
长沙
南昌
钓鱼岛
赤尾屿
贵阳
福州
台北
昆明
台湾岛
南宁
广州
香港
澳门
东沙群岛
海口
南海
海南岛
小满时节入夏的区域
资料暂缺

在气候变化背景下，夏季时长往往“野蛮生长”。以北京为例，2011—2020年与1951—1980年气候期相比，夏季由94天增长到121天，增长29%。冬季由160天缩减到139天，缩减13%。日平均气温0℃以下的严冬由92天缩减到67天，缩减27%。更重要的是，日平均气温25℃以上的盛夏由52天增长到83天，增长60%。日平均地温30℃以上的溽暑由13天骤增到了42天，增长223%。

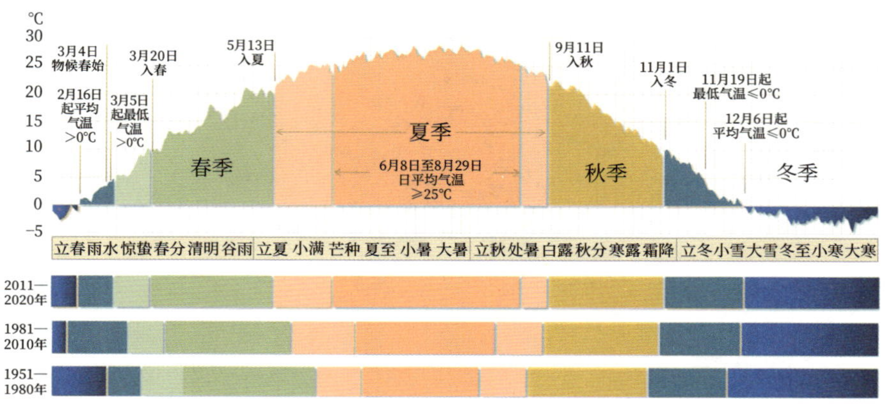

三个气候期的北京寒暑色谱

北京的入夏时间，由从前的6月1日（小满三候），提前到了5月13日（立夏二候），提早一个节气。北京的气候入夏时间正在趋向天文入夏时间。

随着气候变化，北京的夏冬时长比由1∶2渐渐接近1∶1。2022年，北京的夏季时长首次超过冬季。年均高温日（日最高气温≥35℃）为百年前的4倍。年均热带夜（日最低气温≥25℃）为百年前的14倍。

由春到夏，便是繁华落尽、芳草丛生的过程。正如唐代褚遂良诗云：“花落春莺晚，风光夏叶初。”古人可以“细数落花因坐久，缓寻芳草得迟归”。在暮春初夏的宜人时节，人们可以有如此的闲情。“抱琴看云去，枕石待鹤归”，可以慢生活，可以悠闲地与自然风物对视和对话。这是现代人既羡慕，又无法回归的生活状态。

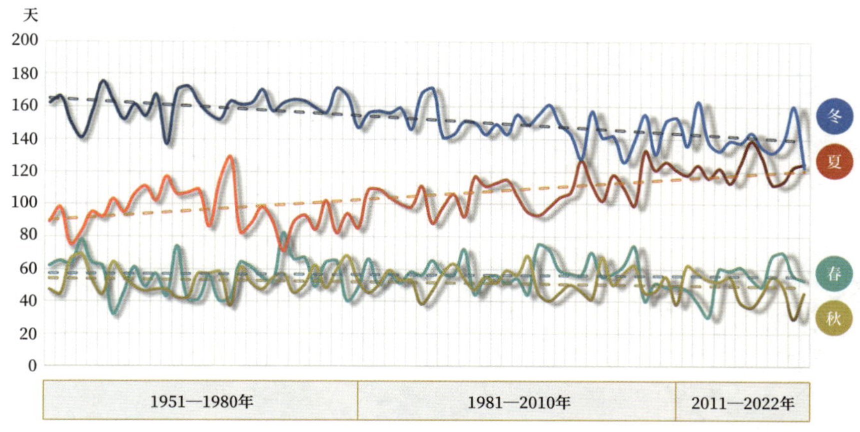

北京的四季时长变化

实线为逐年季节时长，虚线为线性趋势线。

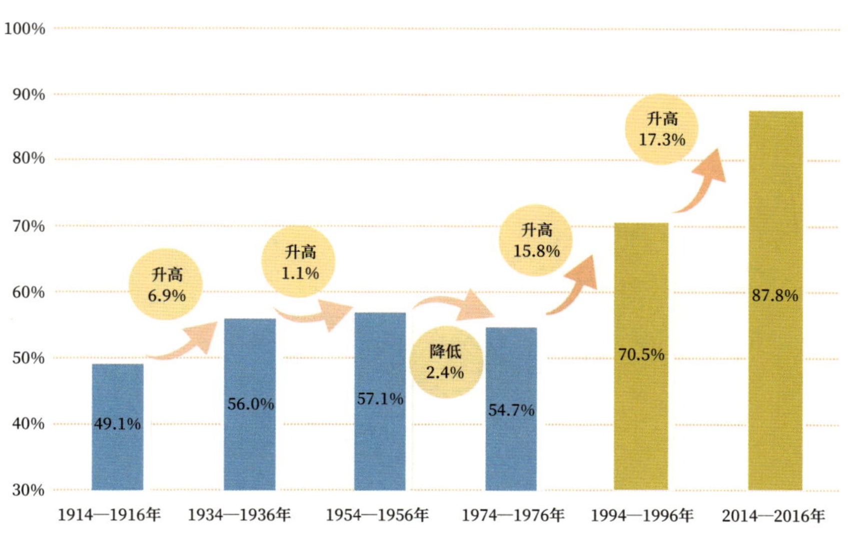

北京一个世纪六个时段的夏冬时长比

在古代，春夏交替之时被称为“清和”，立夏、小满所在的农历四月被称为“清和月”。清和，是古人对和暖体感的概括性表述，它代表着气温上升期的首个体感舒适时段。

2018 年立夏日，我在北京郊外拍摄的槐花，这时花已稀落。

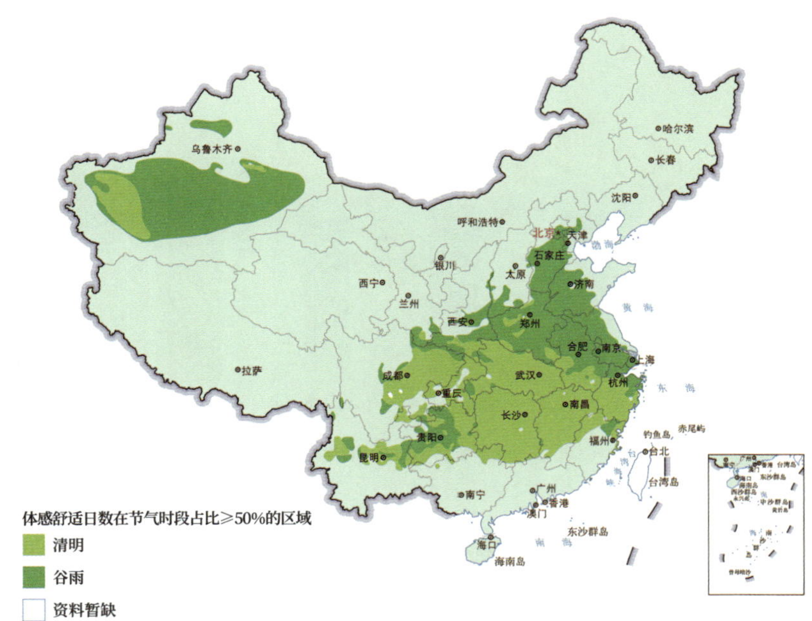

清明、谷雨时节的体感舒适区域

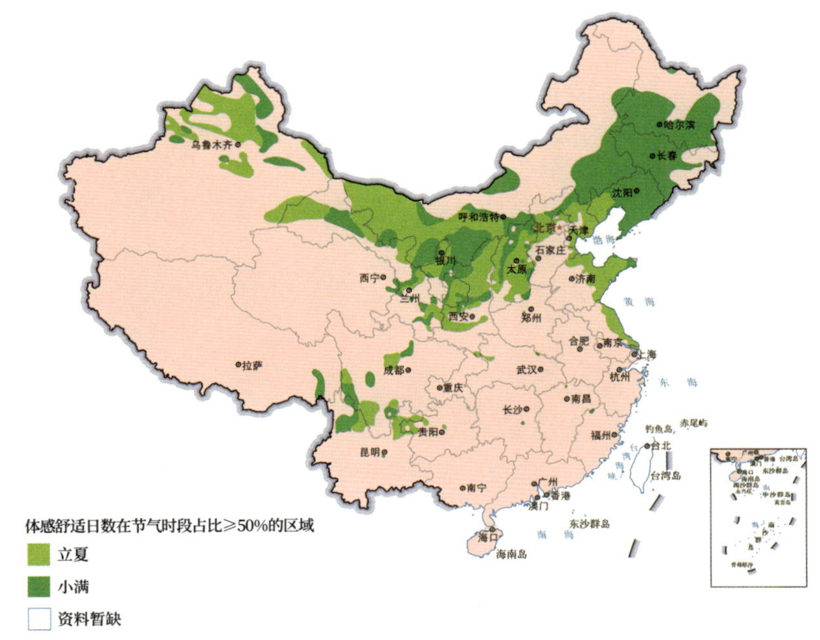

立夏、小满时节的体感舒适区域

立夏三候

古人梳理的立夏节气物候是：一候蝼蝈鸣，二候蚯蚓出，三候王瓜生。

到底什么是蝼蝈，历来众说纷纭。有说是青蛙，也有说是蝼蛄和蝈蝈，还有说是蝼蛄和青蛙。此外，还有说是臭虫、土狗、石鼠等。

宋代以前的学者主要持蝼蝈为青蛙说和蝼为蝼蛄、蝈为青蛙说。

汉代郑玄坚定地认为“蝼蝈”是青蛙，其在对《礼记》的注释中说：“蝼蝈，蛙也。”但更多的学者认为“蝼蝈”是蝼蛄和青蛙的合称。例如，汉代蔡邕《月令章句》中说：“蝼，蝼蛄；蝈，蛙也。”宋代张虙在《月令解》中写道：“蝼，蝼蛄也，能鸣。蝈，蛙也。”元代吴澄《月令七十二候集解》云：“蝼蝈，小虫，生穴土中，好夜出，今人谓之土狗是也；一名蝼蛄，一名石鼠，一名螜，各地方言之不同也。”

这一则物候标识，始终是物候考据者的“兵家必争之地”，大家为此引经

立夏一候·蝼蝈鸣

据典、费尽笔墨，甚至带着浓重的火药味去驳斥与自己相左的意见。如果有图示从节气萌芽时代流传至今就好了。就像宋代学者郑樵说的，“古之学者，左图右书”，大家可以“索象于图，索理于书”。

立夏一候“蝼蝈鸣”这个历久弥新的争议也说明，一个始终没有形成共识的节气物语，是难以承担物候范畴的标识作用的。物候标识的价值，在于应用，而非考据。

故宫博物院藏的传为南宋时期夏圭所作《月令图》立夏一候蝼蝈鸣的图释文字写道：“蝼蝈非一物也，盖有二：蝼，虫名，蝈，蛙名。二物显然矣。蔡氏云：蝼，蝼蛄也，蝈，虾蟆也，即今取食蛙也。是月，阴气始动于下，故应候而鸣也。”

明代李泰《四时气候集解》比较全面地罗列了各方观点，有蛙、蟪蛄（知了）、土狗（蝼蛄）、臭虫等版本，并提示“礼注及岁时百问直指以为蛙者，恐无所据”。

蝼蝈鸣，很可能出自中国最早的物候典籍《夏小正》中的“(农历三月)螜（hú）则鸣”。蝼蛄，俗称土狗、蝲蝲蛄，通常是在孟夏初鸣。童谣《诱蝼蝈》唱道：“蝼蝈蝼蝈吃青草，骑着白马往外跑。”其中的注释是：蝼蝈是一种小红虫。孩子把一根青草嫩茎伸进洞里，蝼蝈便下意识地叼住。孩子往后一提，蝼蝈便跟着出来了。这首童谣是孩子手拿草茎时唱的。

我从小就常听这句谚语：“听蝲蝲蛄叫，还不种地了？”意思是蝼蛄可能会伤及幼苗，但还是要按照时令播种。立夏一候蝼蝈鸣，其隐含之意是播种之后需警惕田间害虫。

很多人希望将“蝼蝈鸣”的蝼蝈释为青蛙，心情是可以理解的。日本在17世纪修订七十二候时，也是将立夏一候“蝼蝈鸣”改为立夏一候“蛙始鸣”。韩国也是将“蝼蝈鸣”释为“蛙始鸣”。

在古人眼中，青蛙是极具预测灵性的小动物，人们将蛙鸣称为“田鸡报”。在感知天气变化之后，它用“唱歌”的方式来“报道”。人们根据青蛙是午前叫还是午后叫，叫声是急促还是舒缓，清亮还是暗哑，齐叫还是乱叫，归纳出众多天气谚语，似乎青蛙既能预报天气范畴的晴雨，也能预报气候范畴的旱涝，属于全能型的“预报员”，在节气的物候标识物中理应有其一席之地。

在很多国家，人们也都非常推崇青蛙的预报天赋。古希腊时代（最早见于公元前278年），青蛙便有了“天气预报员”（Weather Prophet）的称谓。英语中有青蛙预报员（Frogcaster）的说法，德语中有天气蛙（der Wetterfrosch）的说法。在一些国家，天气预报节目主持人的标识，就是一只青蛙，所以，从事气象预测的人常将青蛙引以为“同行”。如果我在餐馆里看到有人点了干锅田

立夏二候·蚯蚓出

鸡，会恍惚地觉得，那不是一锅气象台台长吗？！

青蛙初鸣通常是在阳春，所谓“三月田鸡报”。如明代张璁《咏蛙》云：“独蹲池边似虎形，绿杨树下养精神。春来吾不先开口，那个虫儿敢作声。”在众多类似的咏蛙诗中，人们都是将青蛙初鸣作为春之声。当然，人们也乐于这样理解：阳春之时蛙初鸣，孟夏之时蛙盛鸣。立夏，是青蛙预报员开始播报的时节。如宋代陆游《幽居初夏》诗云：“湖山胜处放翁家，槐柳阴中野径斜。水满有时观下鹭，草深无处不鸣蛙。”

立夏二候，“蚯蚓，阴类。出者，承阳而见也”。每年此时，蚯蚓才懒洋洋、慢悠悠地出现在人们的视野之中。按照《礼记·月令》的说法，仲春时节，“蛰虫咸动，启户始出”。

那蚯蚓为什么如此特立独行，这么晚才结束冬眠状态呢？古人的解释是：“二月蛰虫已出，蚯蚓得阴气之多者，故至是始出。”按照宋代鲍云龙《天原发微》的说法：“蚯蚓阴物，感正阳之气而出。”在古人看来，蚯蚓感阴气而屈，感阳气而伸。因为深居地下，感受到的阴气比其他蛰虫更多，所以要到阳气几乎最盛的孟夏正阳之月才出来，最晚结束冬眠。

而且古人认为，蚯蚓还是一位地下的“歌女”。西晋崔豹在《古今注》中说：“蚯蚓……擅长吟于地中，江东谓之歌女。”就连东晋葛洪都在《抱朴子》中称奇道：“蚓无口而扬声。”

在古人看来，蚯蚓能鸣唱，且是在出地之前鸣唱。例如汉代高诱在对《吕氏春秋》的注释中写道：“是月阴气动于下，故阴类鸣，蚯蚓、虾蟆从土中出。”再如宋代张虙在《月令解》中写道：“蚯蚓亦能鸣，谓之歌女，此时始出地未鸣也。”但古人所说的蚯蚓“唱歌”，只是美丽的误会。很多土栖的擅长“唱歌”的昆虫与蚯蚓为邻，或者“借用”蚯蚓的洞穴，使人误以为蚯蚓也会“唱歌”。

蚯蚓虽小，既无爪牙之利，亦无筋骨之强，却有着翻土、产肥料、蓄水三重功能。它使田地的土质更疏松，更有利于微生物活动进而蓄积肥力，也更有利于蓄积雨水。

蚯蚓被列为物候标识，可见人们并非“以貌取物”。

立夏三候·王瓜生

王瓜究竟是什么，古人并无定论。汉代郑玄在对《礼记》的注释中说："王瓜，萆挈也。"而"萆挈"这个称谓令人更为生疏。宋代邢昺在对《尔雅》的注释中说："菟瓜，一名黄，苗及实似土瓜。土瓜者，即王瓜也。《月令》王瓜生是也。"

明代徐光启的《农政全书》认为王瓜是黄瓜："王瓜非甘瓜也，当作黄瓜。"但李时珍在《本草纲目》中否定王瓜为黄瓜，而认同王瓜为土瓜的说法："杜宝《拾遗录》云，隋大业四年避讳，改胡瓜为黄瓜……今俗以《月令》王瓜生即此，误矣。王瓜，土瓜也。"宋代张虙《月令解》则认为王瓜是泛指："王瓜，大瓜也。种最多，有大有小。此言其生谓大种也。"所以我们在英译过程中，采用藤蔓（Vine）来指代王瓜。

立夏、小满交替时的代表性物候，用宋代梅尧臣的说法是："王瓜未赤方牵蔓，李子才青已近樽。"古人相对普遍地认为王瓜色赤，其色契合春青夏赤的五行理念。

汉代高诱在对《淮南子》的注释中说："王瓜色赤，感火之色而生。"宋代卫湜在《礼记集说》中说："王瓜，南方之果也，其色赤。"这项物候虽言王瓜，但意思更多是指藤蔓类植物。它标志着春生夏长，从花花草草，到枝枝蔓蔓；从初春时的绿痕，到初夏时的绿荫；由独立型植物的生长，到攀附型植物的生长。初夏时节，人们希望“垂藤引夏凉”。

王瓜极常见，生长在“平野田宅及墙垣”，属于亲民型的物候标识。而且古人认为王瓜具有“止热燥”的功效。在“阳胜而热”的初夏时节，王瓜乃上苍所赐的清热之物。

人们往往习惯性地将不知名或不漂亮的草称为杂草，但“野百合也有春天”，每一种杂草都有自己的生物气候学。

七十二候作为中国古代物候历，其伟大之处，便在于观察和集成生物的时令智慧，使生物灵性成为我们刻画时间的“生物钟”。而在这一过程中，不嫌弃杂草，英雄不问出处。

七十二候中，有野草、小虫，而无梅花、牡丹，可见物候标识“选秀”的终极标准并不是生物“颜值”。

立夏节气神

《淮南子》曰：“季夏德毕，季冬刑毕。”在古人看来，上苍对万物，自立春开始赐予恩德，春生；自立秋开始施以刑罚，秋收。因此，天子在立春恭迎春天之后，赏赐文官，借由文官传递体现“德”的政令；在立秋恭迎秋天之后，赏赐武将，借由武将执行体现“刑”的军令。

而天子在立夏恭迎夏天之后，却是赏赐所有人，分封、褒奖，文要举荐，武要选拔。大家“无不欣悦”。总之，立夏之日，天子要像夏季的天气一样，遍施雨泽，让大家雨露均沾。

民间绘制的立夏神，有这样一个共同的细节：袖子部分，一半是武将服饰，一半是文官服饰，以示其文武双全，德刑并存。

立夏神，往往还有端袖、推髯、按掌的动作，威而无怒，仿佛夏三月“使志无怒”的图示版。

夏季“盛德在火”，立夏开始，天气开始体现一个“火”字。“孟夏之月，天地始交，万物并秀”，所谓的天之气和地之气开始交合，雨热同季，悬念丛生。因此，护佑“万物并秀”的使者，必须是既有金刚法力，又有菩萨心肠的人。于是，关公也常担任立夏神，而且关公的红脸，也体现了夏季“盛德在火”的属性。

明代商喜《关羽擒将图》（局部），故宫博物院藏

小满·运臻正阳

汉代《月令章句》曰："百谷名以其初生为春，熟为秋，故麦以孟夏为秋。"

宋代黄公度说："花枝已尽莺将老，桑叶渐稀蚕欲眠。半湿半晴梅雨道，乍寒乍暖麦秋天。"

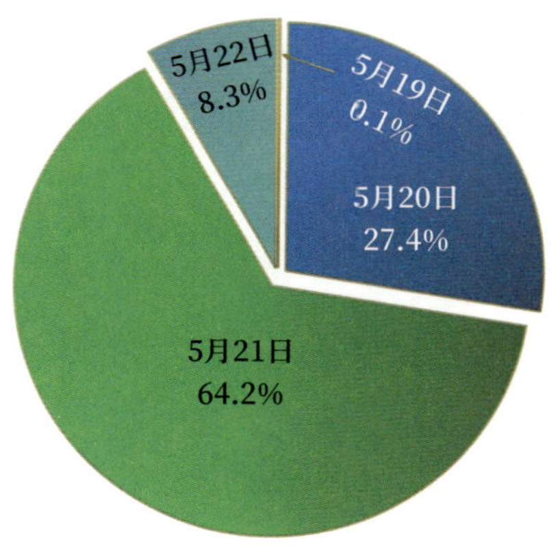

小满节气日在哪一天？
（1701—2700年序列）

小满节气通常是在 5 月 21 日前后。

小满节气日，春的领地小幅缩减到约605万平方千米。整个小满时节，春天已完成“北伐”，向西攻掠的余地也已有限。她小口蚕食了约20万平方千米冬的地盘，自己却有约135万平方千米的地盘被夏大口鲸吞。小满是夏之疆域增量最大的节气时段。到小满结束时，春、夏、冬面积比约为51%∶34%∶15%，冬只得“蜗居”高原了。

谚语有云：“一国之宝，三大四小。”“庄稼种好，三大四小。”“四小”中的小满，被视为特别重要的农事时点。

小时候背诵节气歌谣，我最喜欢的是“立夏鹅毛住，小满鸟来全”。

都说“林子大了，什么鸟都有”，但这句话有一个时令条件，即从小满节气开始才是“林子大了，什么鸟都有”。“小满鸟来全”的最初版本可能是

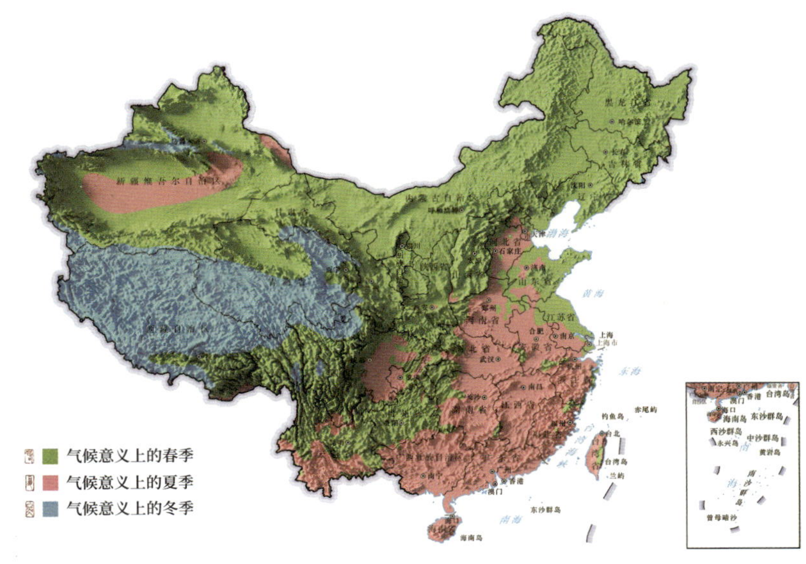

小满节气日季节分布图
（1991—2020年）

小满节气日季节分布及变化　单位：万平方千米					
春季		夏季		冬季	
面积	变量	面积	变量	面积	变量
约605	-5	约195	115	约160	-110

汉代《易纬通卦验》中的“小满雀子蜚”。

为什么这个节气叫小满？唐代孔颖达在《礼记正义》中写道：“谓之小满者，物长于此，小得盈满。”所谓小满，通常是指谷物的籽粒小满，其微妙的分寸是未满但将满。这个节气以小满为名，意在提示人们准备夏收，所以强调的是将满，而非未满。以前小满的译法是 Little Fullness 或 Lesser Fullness，侧重未满。我们倾向于将小满的译法改为 Fullness Approaches 或 Approaching Fullness，以突出将满。

小满之满，在节气体系创立和传承的过程中至少有三个维度的含义：一是阳气小满，二是籽粒小满，三是江河小满。当然，人们在品味小满之时，也有这样的人文意蕴：满，未大满；盛，非极盛；而小满，最是圆满。

2019 年我在云南出差时，听红河的朋友讲起某县的蝴蝶谷，每年小满时节就会有三四亿只蝴蝶翩然起舞。小满，蝴蝶小满，似乎也是小满节气的一种唯美意境。

阳气小满

汉代《四民月令》曰：“自是月（农历三月），尽夏至煖气将盛，日烈暵燥。”“五月芒种节后，阳气始亏，阴慝将萌。”

从阳春三月到夏至时节，是干热天气的盛行期。尽管夏至被视为阳气鼎盛之时，但从芒种开始，阴雨渐多，所以小满是阳气将满之时。《逸周书·时训解》中将小满三候的候应定为“小暑至”，即天气开始小热。显然，小满节气所处的时令与天气小热、昼长将满、阳气近乎鼎盛相关。古人在确定小满之名时，当不会忽略其气象与天文意涵。

我们以阳光直射点纬度归一化界定阳气，一个回归年中阳气强度为 [0, 1] 的函数。那么，小满时的阳气强度达到 0.95，趋于鼎盛。所以这一时节，是阳气小满、阴气将绝。直到“夏至一阴生”。

西晋傅玄《述夏赋》曰：“四月惟夏，运臻正阳。”到了农历四月，阳气便接近“如日中天”的程度了。北方少有雨云的遮蔽，往往是干热暴晒的天气盛行，于是地温开始明显高于气温。

小满、芒种时节，通常是一年之中地温与气温差值最大的时候。即使气温尚未达到35℃以上的高温，午后的地表也会发烫。把温度计搁在地上，一看，嚯！居然有六七十摄氏度。所以，我们也会觉得气象台预报的气温是不是被刻意压低了，甚至怀疑气象台瞒报高温。

“小满”时节，可能是人们对天气预报的气温大为“不满”的时候。

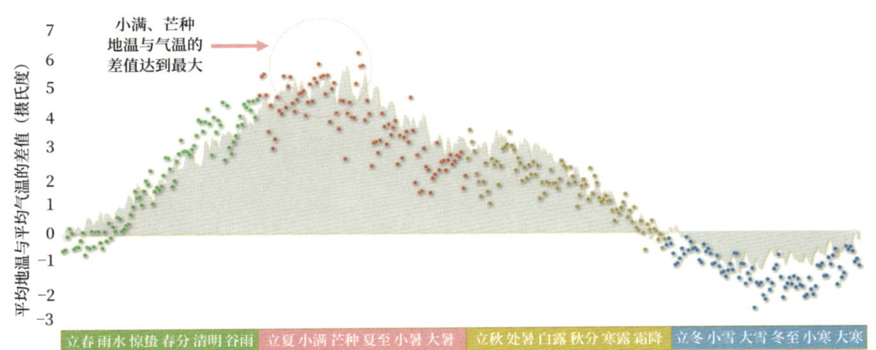

北京的地温与气温的差值

（面积为1951—1980年，散点为2011—2020年）

气象台预报的是1.5米高的通风庇荫处的具有可比性的大气温度，并不是差异化下垫面的不具有可比性的地表温度。人们夏天的吐槽“我和烤肉之间，只差一撮孜然”，对应的是具有熏烤感的地表温度。若对应气温，即使40℃的酷热，烤肉还是烤不熟的。

顺便说一句，与1951—1980年相比，北京2011—2020年平均气温增温2.16℃，平均地温增温1.77℃，换句话说，我们头上的气候变化幅度，大于

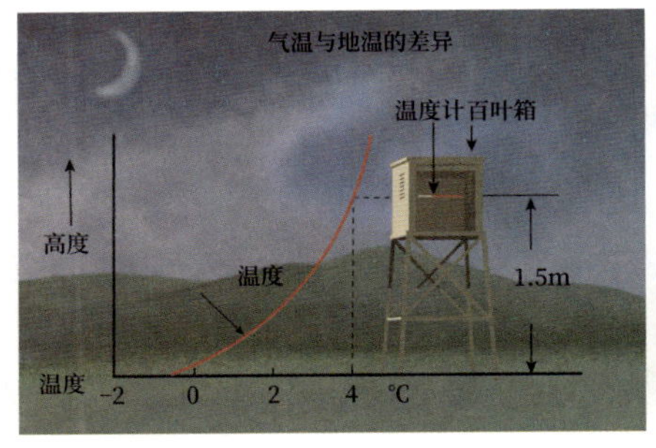

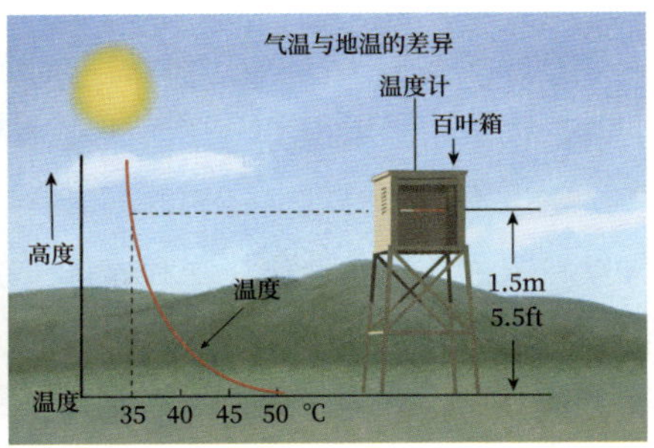

夜晚和白昼，地温与气温的差异示意图

脚下的气候变化幅度。

籽粒小满

籽粒小满可特指麦子，也可泛指各种夏收作物即将饱满。这是农事的快速切换期，古人设定的节气名，良有深意。小满之名提示收麦，芒种之名提示种稻。

为什么有两个节气名提示夏收、夏种，却没有一个节气名提示秋收、秋种呢？因为夏季气温高，作物生长速度快，而且天气变数多，所以“麦收要紧，秋收要稳”。

而且麦收是“九成熟，十成收；十成熟，一成丢”，即麦子熟到九成的时候就得赶紧收割，等到麦子完全熟了，熟到大满的时候就晚了。因此，以大满来界定麦子完全成熟的时间，不具有预测价值。

在二十四节气起源地区，小满时节正是麦子即将成熟之时。文人或许因花事稀落而伤感，但农民们在麦气浮动的田野中，没有惆怅，只有舒畅，正如欧阳修诗云：“最爱垄头麦，迎风笑落红。”

宋代《图经本草》记载：“大凡麦，秋种、冬长、春秀、夏实，具四时中和之气，故为五谷之贵。”在人们眼中，麦子之尊贵，在于“得四时之气”，偏得春、夏、秋、冬全季节的日月精华。

江河小满

宋代翁卷《乡村四月》云：“绿遍山原白满川，子规声里雨如烟。”小满的满，代表雨水增加了，江河湖塘涨满了。华南谚语说：“小满江河满。”

这虽不是节气创立之初的古老含义，属于新解，却是南方地区根据自身气候状况进行的本地化注释和修订。这也是二十四节气在传承和应用的过程中，因地而异的发展。所以关于节气，我们既要追根溯源，理解它的气候本意，也要与时俱进，使其萌生新意。

小满时节起，南岭两侧的部分地区降水量进入峰值时段，正所谓“龙舟

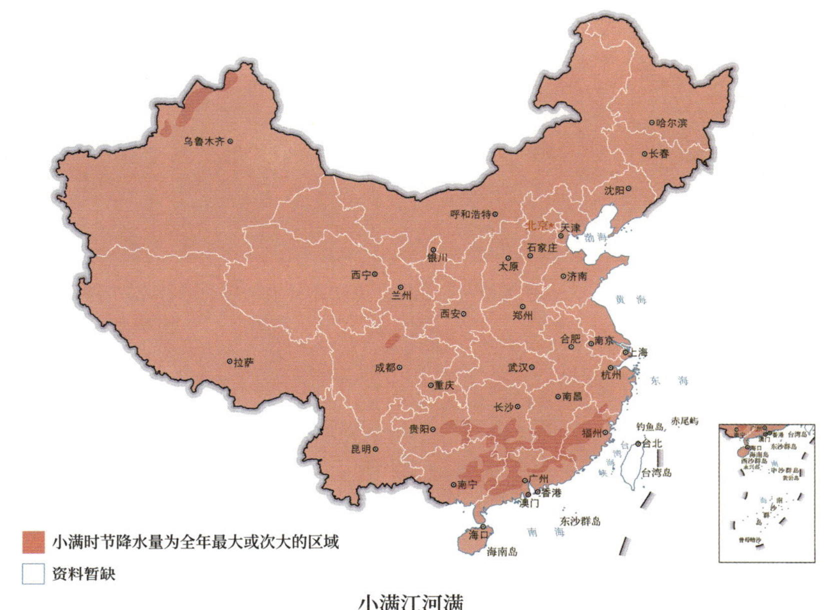

小满江河满

水”。所以在南方，有“小满动三车”的说法，所谓“三车”，即丝车、油车、水车。春蚕结茧，要缫丝；菜籽成熟，要榨油；稻田灌溉，要蓄水。

清代《清嘉录》记载：“小满乍来，蚕妇煮茧，治车缫丝，昼夜操作。郊外菜花，至是以皆结实，取其子，至车坊磨油，以俟估客贩卖。插秧之人，又各带土分科。设遇梅雨泛滥，则集桔槔以救之。旱则连车迁引溪河之水，传戽入田，谓之‘踏水车’。号曰‘小满动三车’，谓丝车、油车、田车也。”

在中国台湾地区，有“立夏小满，雨水相赶”的气候谚语。小满是二十四节气中降水增幅最大的节气，较立夏增多96%。而在小满之后的芒种时节，天气进入梅雨盛期，降水量达到峰值。

此时蚕开始结茧，要“治车缫丝”，动丝车。小满时，正是“蚕熟麦秋天”的时候。小满，传为蚕神生日，江浙有祈蚕节。小满时节，蚕茧抽丝，栽桑养蚕人家动丝车缫丝织绸。正如宋代苏轼《浣溪沙》云：“麻叶层层檾叶光，谁家煮茧一村香。隔篱娇语络丝娘。”

清代陈枚《耕织图》，左图为祭神、浴蚕，右图为分箔、采桑，台北故宫博物院藏

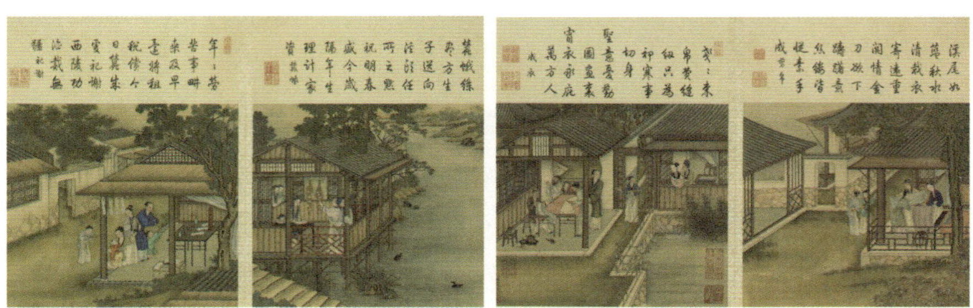

清代陈枚《耕织图》，左图为蚕蛾、祀谢，右图为剪帛、成衣，台北故宫博物院藏

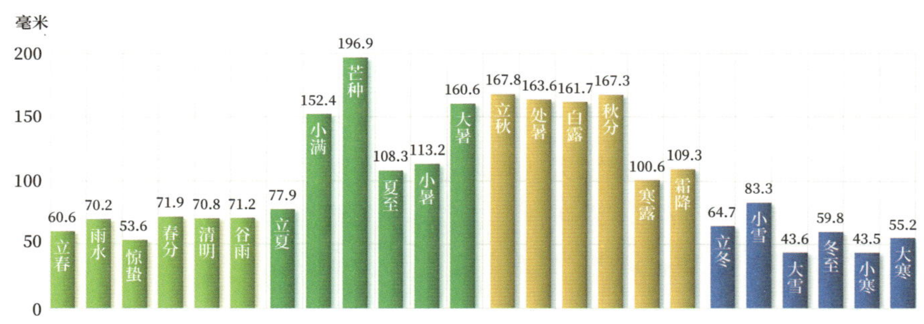

台湾地区二十四节气降水量

（台湾地区所有测站1981—2010年均值）

油菜结籽了，把油菜籽送到车坊去榨油，这叫动油车。水车的作用就更大了，旱则以车引水，涝则以车排水。“蓄水如蓄粮，保水如保粮”，无数水车奔忙在阡陌之间。谚语说：“小满不满，干断田坎。”“小满不满，芒种不管。”总之，小满时节水要满。有人调侃说，到小满就有了“油水”，有了油，也有了水。

宋代卢炳《减字木兰花》写道：“风斜雨细，麦欲黄时寒又至。馌妇耕

清院本《亲蚕图·祭坛》，记录了乾隆九年（1744 年）清代首次举办祭祀先蚕神的盛况
台北故宫博物院藏

夫，画作今年稔岁图。”

清代顾禄在《清嘉录》中说：“初夏，天气清和，人衣单袷。忽阴雨经旬，重御棉衣。”王鸣凤《初夏村居杂咏》云：“鹎鵊催晨晓月残，数声布谷报春阑；棉衣欲换情偏懒，见说江南麦秀寒。”

就气候而言，雨连绵的暮春初夏时节常有一段轻寒天气。古人将其称为“麦秀寒”或“小满寒”（芒种、夏至时节还可能有“黄梅寒”）。天气稍微冷一些，反倒会激发麦子的生长潜能。谚语说“麦冻秧，憋破仓”，面对“麦欲黄时寒又至”的情景，农民们构想着丰收。

随着气候变化，雨季不那么守时了，小满时节降水节律的变化也对气温的节律产生了连带影响。

小满三候

古人梳理的小满节气物候是：一候苦菜秀，二候靡草死。三候麦秋至。

苦菜，可能是中国人最早开始食用的野菜之一。《诗经》中便有“采苦采苦，首阳之下”的文字。

当然，所谓苦菜，包括很多种味苦的野菜，例如成语“如火如荼”中的荼，其本义也是指一种苦菜。中国最早的物候典籍《夏小正》中已有夏历四月“取荼”之说。

《诗经》:“谁谓荼苦？其甘如荠。”这是说谁说苦菜真的特别苦，咀嚼之后回甘有如荠菜。

《诗经》:“南山有台，北山有莱。”台，通“薹”，指莎草，可制蓑衣。莱，指藜草，可食其嫩叶。这句的意思是，对人们来说，山上的草是可以为衣、可以为食的温饱基础。

明代王象晋在《群芳谱》中记载：“荼为苦菜，感火气而苦味成。不荣而实曰秀，荣而不实曰英。苦菜当言英。”严谨而言，荼应当被称为“苦菜英”。

明代《本草纲目》记载：“苦菜，一名‘游冬’，经历冬春，故名。”宋代《图经本草》记载：“苦菜，春花、夏实。至秋，复生花而不实，经冬不凋也。”

在古人看来，初夏的野菜味苦，与夏火有关。

小满一候·苦菜秀

宋代卫湜《礼记集说》中说："苦菜，南方之菜也，故其味苦。一则感火之色而生，一则化火之味而秀。"

为什么人们在初夏时节格外关注苦菜？因为青黄不接。成语"青黄不接"的本义，就形容指五月"旧谷既没，新谷未登"的情况。农耕时代，这是人们心里最忐忑的时候。幸亏，人们还有春季草木的嫩芽、绿叶，可以尽力填补一下餐桌上的短缺。

初夏时节，苦菜繁茂。谚语说："春风吹，苦菜长，荒滩野地是粮仓。"那人们为什么在意"苦菜秀"呢？因为苦菜开花之前，还很鲜嫩；开花之后就老化了，口感就差了。因此，小满节气是野菜口感的分水岭。

苦菜虽然苦，但咀嚼之后会有一丝回甘。从前，人们一般是将苦菜用水烫过，冷淘凉拌，佐以盐、醋、辣油，也可加入蒜泥，味道嫩香清爽。当然，苦菜也可以做馅、做汤，看个人喜好。

青黄不接之际，要靠野菜、野果填饱肚子。所以人们对春天里先发出芽、长出叶、结出果的植物，都有一种格外的关注，也有一份特别的谢意。虽然现在我们不需要再以苦菜充饥，但苦菜还是经常以"绿色有机食物"的身份出现在我们的餐桌之上。

在"不时不食"的南方，人们乐于品尝初夏时新。立夏，进入蔬果鲜美的时节，人们可以品尝各种时鲜。不再是"正月二月三月间，荠菜可以当灵丹"了。

即使"在那遥远的地方"，人们也将樱桃作为初夏的时鲜。新疆民歌《掀起你的盖头来》唱道："掀起你的盖头来，让我来看看你的嘴。你的嘴儿红又小呀，好像那五月的红樱桃。"

江南的立夏三新，还细分为地里三新、树上三新和水中的三新。还有立夏品尝八鲜、九荤、十三素，以及三烧、五腊、九时新的各种讲究。

地里三新：苋菜、蚕虫、燕笋。

树上三新：樱桃、梅子、香椿。

水中三新：螺蛳、刀鱼、白虾。

八鲜：樱桃、笋、新茶、新麦、蚕虫、扬花萝卜、鲥鱼、黄鱼。

九荤：鲥鱼、鲚鱼、咸蛋、螺蛳、叫花鸡、腌鲜、卤虾、鲳鱼、鳊鱼。

十三素：樱桃、梅子、麦蚕（把新麦揉成细条蒸熟）、笋、蚕豆、茅针、豌豆、黄瓜、莴笋、萝卜、玫瑰、松花、苜蓿。

三烧：烧饼、烧鹅、烧酒。

五腊：黄鱼、腊肉、盐蛋、螺蛳、清明狗（清明日购买狗肉，悬挂庭上风干，立夏日取下食用）。

九时新：樱桃、梅子、鲥鱼、蚕豆、苋菜、黄豆笋、玫瑰花、乌饭糕、莴苣笋。

什么是靡草？汉代高诱在对《淮南子》的注释中说："靡草，草之枝叶靡细者。"哪些是典型的靡草呢？汉代郑玄在对《礼记》的注释中说："旧说云靡草，荠、葶苈之属。"靡草，是那种细长的、柔软的草，所以靡草不只是一种草，而是一类草。到了初夏时节，喜阴的柔嫩细长的草类受不了风吹雨淋，尤其是受不了暴晒，会陆续枯死。

宋代张虙《月令解》记载："诗小雅，无草不死，无木不萎。注：盛夏养万物之时，草木枝叶犹有萎槁者，此正。靡草之类，非专一物。俗谚有夏枯草。"《月令解》中提及《诗经·谷风》中的"无草不死，无木不萎"，在万物可以纵情生长的夏季，却有草木因狂风和烈日枯萎，而且并非一物，而

小满二候·靡草死

是一类，所以有“夏枯草”之说。

古人将草分为两类，分别是喜阴的草、喜阳的草。

唐代孔颖达在《礼记正义》中写道：“以四时春生夏长，物之盛莫过夏时，故云‘虽盛夏万物茂壮’也。以其天时不齐，不能无死者，故‘《月令》仲夏靡草死’，故曰‘死生分’。是草木无能不有枝叶萎槁者。”

夏季虽是万物繁盛的季节，但也是“死生分”的季节，并非普惠所有草木。正如明代刘基的《天说》所言：“靡草得寒而生，见暑而死。”以南北朝时期沈约“靡草既凋，温风以至”的说法，“靡草死”提示我们温风暑热即将来临。

清代《钦定授时通考》载：“凡物感阳生者，则强而立。感阴生者，则柔而靡。谓之靡草，则阴至所生也，故不胜至阳而死。”喜阴的草，细嫩、柔弱；喜阳的草，刚直、坚韧，正所谓“疾风知劲草”。在古人看来，小满时节的阴阳消长，造就了草类盛衰的轮替。

《诗经》是这样描述麦熟的：“爰采麦矣？沫之北矣。”到哪儿去采麦穗？到卫国的沫乡之北。爰（yuán），意思是在哪里。沫（mèi），是春秋时期卫国邑名，即牧野。

《诗经》：“我行其野，芃芃其麦。”芃（péng），形容繁茂。这句是说我悠闲地乡间行走，看着繁茂的麦子。

小满三候·麦秋至

清代姚配中《周易通论月令》载：“卦气成乾，又五日麦秋至。麦芒，谷也。时句芒之气尽，巽互兑为秋，荐之，告春气之已毕，而夏气至也。卦气由乾而成大有。”在古人眼中，麦熟意味着春气之终结。本是西风仲秋之时收获，麦子让人体验到东南风孟夏时就可以有收获的喜悦。

起初，小满三候是“小暑至”，说的是炎热天气开始小试身手。在《吕氏春秋》和《礼记》中，“小暑至”本是仲夏物候。但最初创立七十二候的《逸周书·时训解》将小满三候定为“小暑至”，一直沿袭至《宋史》。自《金史》，才以“麦秋至”替代“小暑至”。

由小满三候“小暑至”改为小暑三候“麦秋至”，可能出于两方面的考量：一是为了避免混淆初夏的小暑至和盛夏的小暑节气的称谓；二是希望大家更关注即将成熟的小麦，毕竟“麦熟半年粮”。

什么是“麦秋”？汉代蔡邕《月令章句》载：“百谷各以其初生为春，熟为秋，故麦以孟夏为秋。”元代陈澔《礼记集说》载：“秋者，百谷成熟之期。此于时虽夏，于麦则秋。”元代吴澄《月令七十二候集解》云：“此于时虽夏，于麦则秋，故云麦秋也。”清代孙希旦《礼记集解》云：“凡物生于春，长于夏，成于秋。而麦独成于夏，故言麦秋，以于麦为秋也。”

可见，人们的解读很相近。按照春生、夏长、秋收、冬藏的理念，虽然这时候对我们来说是夏天，但对即将成熟的麦子来说，这已经是它们的秋天了。

宋代张虙《月令解》云：“麦之言秋，盖万物成熟为秋。麦至是熟，故曰麦秋。上巳登麦矣。今复言麦秋至者，盖登麦。农以新为献耳。如今农夫献新，论麦秋则今始至也。”麦秋至，是麦熟之时，也是古代农民荐新之时，要祭献新谷。

小满的三个物候标识，各有各的季节：小满一候苦菜秀，这是苦菜的夏天；二候靡草死，这是靡草的冬天；三候麦秋至，这是麦子的秋天。似乎，大家各过各的，互不相扰。

小满时节，既然我们的主粮麦子已经到了它的秋天，麦收进入倒计时，这个时候人们也就格外在意天气，最担心所谓“天收”，即快到手的麦子被老天爷没收了。

那么小满时节麦子最怕什么天气呢？

当然最怕冰雹，噼里啪啦一阵乱砸，把麦子砸倒了、砸烂了，最让人心疼。但冰雹的发生概率较低，小满时节尚未进入强对流天气的高发期。小满时节发生概率更高、更有可能对麦子造成严重摧残的是干热风。此时的麦子需要慢慢地灌浆乳熟，怕干、怕热、怕风，当然也就最怕干热风。

清代周培春《民间神像图》之“雹神”，美国费城艺术博物馆藏

干热风，顾名思义，就是又干又热的风。怎么来界定干热风呢？三个“三”：气温高于 30℃，相对湿度低于 30%，风速大于 3 米 / 秒。

小满节气神

民间的小满神，是一位巡视乡野的官吏。这时正是夏收前青黄不接的时候。按照《礼记·月令》的说法，这个时候官员要“出行田原”，代表天子对农民进行慰问和鼓励，希望大家“毋或失时”。

谚语说“小满赶天，芒种赶刻”，农耕进入一年之中最繁忙的时段，千万不能贻误时令。人们盼望着渐趋饱满的籽粒，能够化为丰厚的收成。

小满神的服饰大多为清代官服，头戴清代笠帽，脚踏厚底靴，身着补褂、素箭衣、云肩。这与其他节气神的服饰规制迥然不同。据说这是因为人们看

到“满”字，便下意识地想到“清”。

民间绘制的小满神，角色虽然都是基层官吏，但其身形、容貌、“道具”，却版本繁多，颇具喜感。甚至，有人绘制的小满神还戴着度数很高的圆框老花镜，一副旧时教书先生范儿。

他们有的出奇地瘦高，有的夸张地矮胖；有的一手拿着烟袋，一手拿着扇子；有的一手拿着烟袋，一手拿着水碗。扇子和水碗都是对小满时节干热天气的贴切注脚。

芒种·梅熟而雨

《周礼·地官》云："泽草所生，种之芒种。"

宋代陆游诗云："时雨及芒种，四野皆插秧。家家麦饭美，处处菱歌长。"

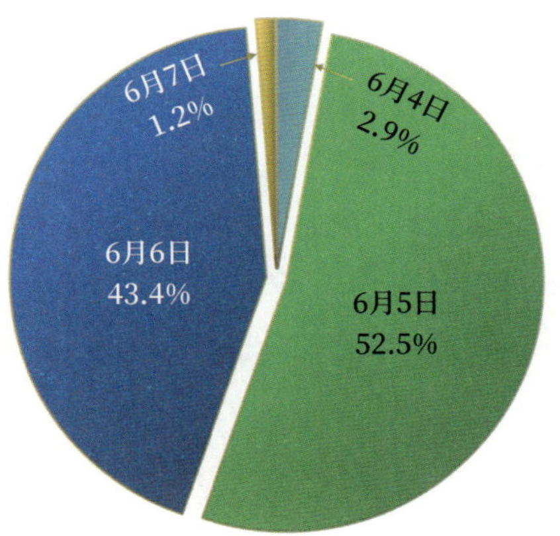

芒种节气日在哪一天？
（1701—2700年序列）

芒种节气，通常是在6月5日前后。

芒种节气日，春的领地已缩减至约 490 万平方千米，夏的领地扩张至 330 万平方千米，全国人口最稠密的地区已完成春夏更迭。而在整个芒种时节，夏继续高歌猛进，夏的地盘实现对春的反超。在芒种结束时，春夏面积比已降至约 94%。

芒种一词最早见于《周礼·地官》中“泽草所生，种之芒种”，即只要是能长草的水田，就可以种麦子或者稻子。这句话中，种应读作 zhǒng，芒种泛指长着芒刺的各种谷物。

芒种节气是什么意思呢？唐代《礼记正义》中说：“芒种者，言有芒之谷可稼种。”元代《月令七十二候集解》中说：“（芒种）五月节，谓有芒之种谷可稼种矣。”

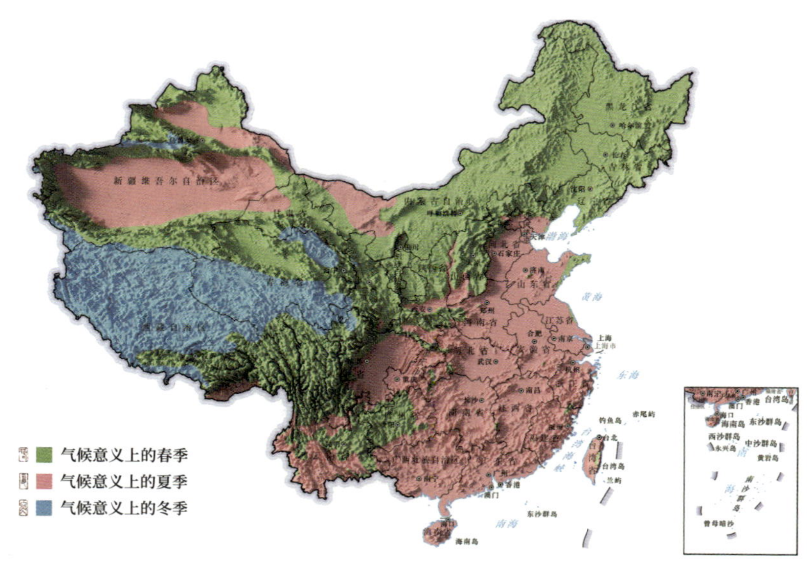

芒种节气日季节分布图

（1991—2020年）

芒种节气日季节分布及变化　　单位：万平方千米					
春季		夏季		冬季	
面积	变量	面积	变量	面积	变量
约 490	-115	约 330	135	约 140	-20

从主要粮食作物来看，芒种是指有芒的麦子该收了，有芒的稻子该种了，实现由麦到稻，由旱地到水田的快速切换。谚语说：“早上一片黄，中午一片黑，晚上一片青。”早上是麦子的黄色，中午是割麦后土地的本色，晚上是稻秧的青色。所以芒种时节是“亦稼亦穑”，又得收，又要种。谚语说：“杏子黄，麦上场，栽秧割麦两头忙。”

因为芒种时节强对流天气渐多，此时的麦收恰是“龙口夺粮”，人们担心麦收变成了“天收”。所以芒种，也经常被人写成“忙种”。

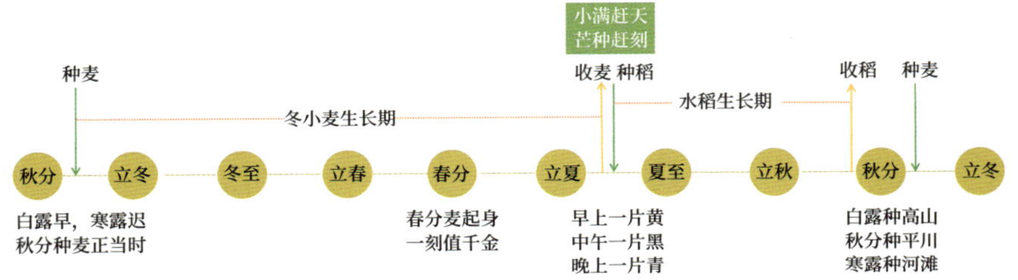

谚语说：“小满赶天，芒种赶刻。”芒种之所以成为最忙碌的节气，与战国时期开始的两熟制有关。而更重要的是始于北宋初年、发展于南宋的稻麦两熟制。稻麦两熟制的优势有三，其一是，气候冷干则麦子收成好，气候暖湿则稻子收成好，这是一种对冲思维，以针对气候的对冲，作为保障温饱的底线。其二是，稻子，即使早稻，也是仲春时播，盛夏时收。而麦子深秋时种，初夏时收，麦子可以解决青黄不接的问题，并提高土地利用效率。其三是，正如谚语所说“麦是火里生金，稻是泥中结子”，旱地和水田的轮作，不仅可以保障土壤的肥力，也减低了作物病害和虫害对环境的适应性。

虽说是收和种两头忙，但芒种节气的名称本义，重点是种，节气名称更侧重于前瞻性地提示人们赶紧种，千万别错过天时。

谚语说：“芒种后见面。”这不是说咱们芒种之后见一面，而是芒种之后收完麦子，打完麦子，我们就可以见到新面、吃到新面了。所以到了芒种，人们终于熬过了青黄不接的时段，虽然忙，但是心里踏实。

有一段顺口溜是这样说的：“羊盼清明牛盼夏，马到小满才不怕，人过芒种说大话。”羊盼望着清明，因为羊到清明就能饱餐鲜草了。但牛还不行，牛开春之后或者要耕田，或者因为草太嫩太矮，既费力气又不容易吃饱（可见，嫩草并非老牛的主粮）。青草要渐渐茂盛，牛要到立夏，马要到小满，才能饱餐青草。

人要到芒种之后，挨过了青黄不接的时段，夏收的这一茬作物颗粒归仓了，吃食不愁，才敢闲聊吹牛。所以，没有哪个节气，人们可以像芒种这样，可以同时体验收的欢欣和种的艰辛，忙并快乐着。

芒种时节的江南虽然已经进入夏天了，但人们经常感觉过的是假的夏天。

按照宋代范成大的说法是："连雨不知春去，一晴方知夏深。"因为老在下雨，所以人们都不知道春天什么时候走了。等到天晴了，才忽然发现，恍然已是盛夏。为什么会这样呢？因为梅雨。

梅节令

梅雨是冷暖气团之间战略相持的产物，因发生在梅子黄熟的时节，所以名曰梅雨。

自古以来有很多物候与气候"二合一"的词语，例如梅雨、桃花水、麦秀寒、裂叶风等，而梅雨是其中知名度最高的一个。梅雨，很容易被想象成暗无天日的阴雨，很容易被脸谱化。实际上，梅雨时节的天气往往是忽晴忽雨，谚语说："黄梅天，十八变。"

《清稗类钞》中记载了桐城派大家方苞、姚鼐关于梅雨的一段争论：

乾隆末，桐城有方、姚二人，同负时望，而议论辄相抵，每因一言，辩驳累日，得他人排解始息，久竟成为惯例。一日，同赴张某家小饮，酒后闲谈，偶及时令，方谓黄梅多雨，姚谓黄梅常晴。

方曰："唐诗'黄梅时节家家雨'，子未知耶？"

姚曰："尚有'梅子黄时日日晴'句，子忘之耶？"

方怒之以目，姚亦忿忿。张急劝解曰："二君之言皆当，惜尚忘却唐诗一句，不然可毋争矣。"

方、姚齐声问何句，张曰："'熟梅天气半阴晴'，非耶？"

其实，他们说得都对。只不过，他们分别说的是丰梅、枯梅、常梅而已。

港澳地区降水的主峰值为"龙舟水"盛期的芒种，次峰值为台风盛期的大暑、立秋。与广东、福建等地一样，台湾地区也是在芒种时节降水量达到峰值，亦为"龙舟水"。台湾地区梅雨的降水量当然不及台风雨，大体上为全年降水量的四分之一。

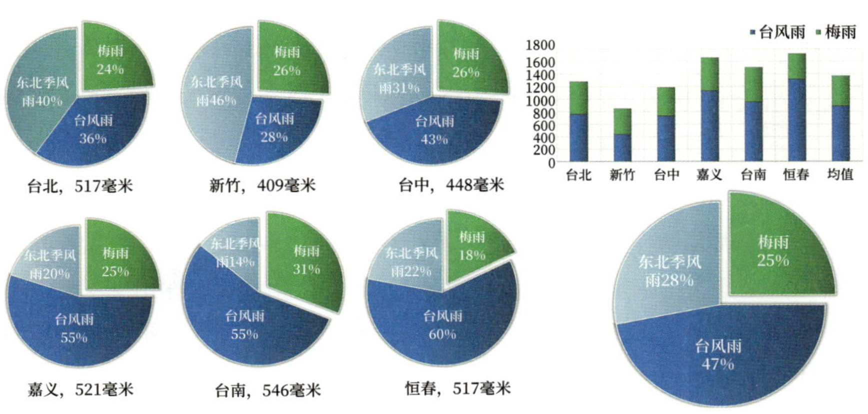

台湾地区各地梅雨的降水量

台湾地区各地不同时期降水量均值

人们虽然厌烦阴雨，甚至忌惮梅雨，但人们更懂得，梅雨期也正是“物长盈满”的好时节。梅雨是一种丰厚的赐予。“农以得梅雨乃宜耕耨，故谚云：‘梅不雨，无炊米。’”人们深知“梅伏两场雨，有面又有米”的道理。

“连宵作雨知丰年，老妻饱饭儿童喜”，其实大家都懂得丰沛的雨水意味着什么。一旦遇到缺斤短两的枯梅，甚至空梅，人们才会深知梅雨的好处。

雨热同季的季风气候，夏日正是雨、热两种极致叠加的时节。温和的天气少了，地里的庄稼变数多了，人们心里七上八下的，所以经常借由占卜和祭拜以求安心。

进入夏季，人们格外尊重司职降雨的“雨师”和后来统管水务（既掌管水的“存量部分”，如河；也掌管水的“增量部分”，如雨）的龙王。最隆重的求雨仪式“雩祭”大多是在降水量本该最丰沛的时候举行。

魏晋时代的《请雨》词写道：“皇皇上天，照临下土，集地之灵。神降甘雨，庶物群生，咸得其所。”这段《请雨》词的倾诉对象，是笼统的天神，相当于我们现在所说的“老天爷”。

数千年的演化，天神系统被“精兵简政”了，人们只笃信和供奉一个总神，其他的便是世俗化或地域化的神。

从先秦到两汉，再到唐宋，负责气象的自然神灵逐步趋于简化，原来风伯、雨师甚至雷公、电母等各司其职的“办事机构”不再细分，龙王开始进行统一的“归口管理”。就像政府的便民服务大厅，由分散设置到集中办理，某类业务在一个窗口就可以得到“一站式服务”。虽然以现代人的观点，这些都被视为迷信，但从多个天气神，简化到一两个天气神，也算是一种社会进步。

芒种之后江南的梅雨期处在冷暖气团交战初期，暖气团往往只能勉强招架，所以天气湿寒，这段天气被称为“黄梅寒”或“冷水黄梅”。

宋代范成大《芒种后积雨骤冷》诗云：“梅霖倾泻九河翻，百渎交流海面宽。良苦吴农田下湿，年年披絮插秧寒。”人们穿着棉衣在田里插秧，幼嫩的稻秧在水中想必也冻得瑟瑟发抖。而且这样的天气并非小概率，人们几乎是“年年披絮插秧寒”。人们插完秧，心里还不踏实，于是就有了所谓“安苗”的习俗。这个习俗从宋代开始，一直到清代都非常流行。安苗是指稻秧栽插完毕，正好有点空闲时间，农家会特地挑选一个吉日，祈祷祭祀，祈求稻谷能够平安长大。

而对北方地区而言，干热的时节开始了，35℃以上的高温天气逐渐崭露头角。西双版纳的勐海、景洪，最热的节气分别是芒种、夏至、小满；最冷

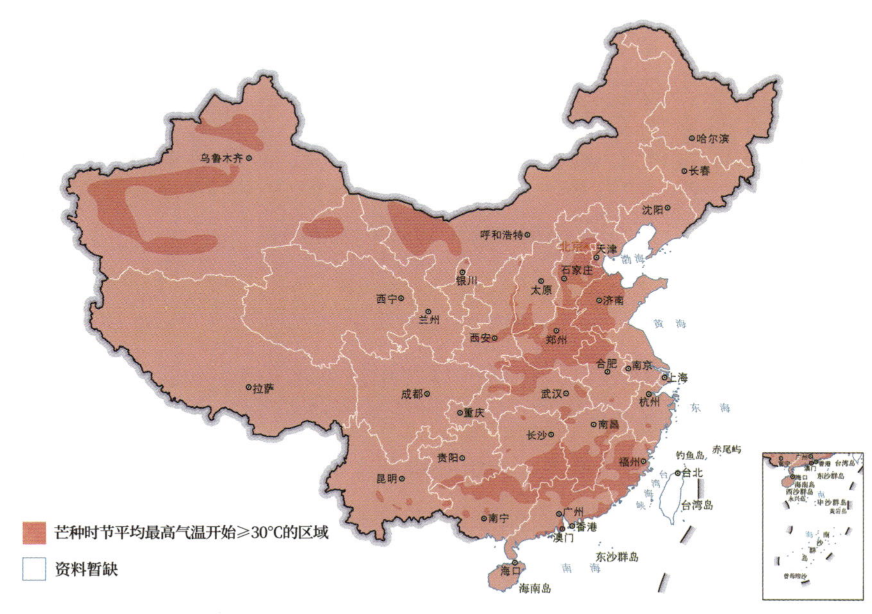

仲夏初热

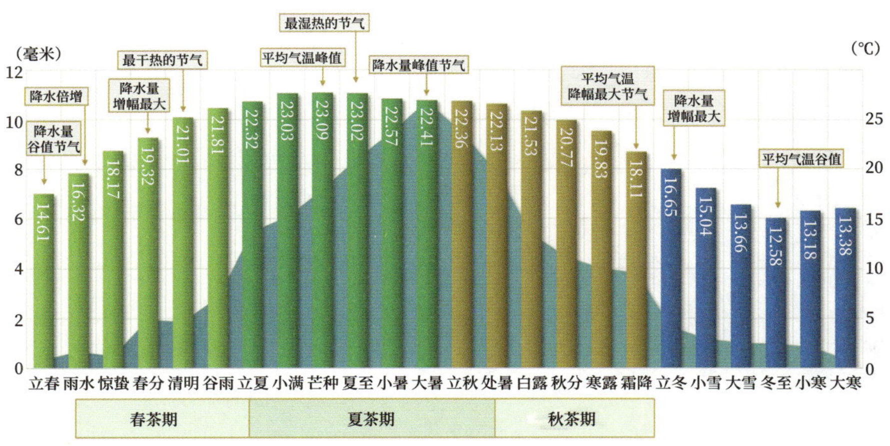

普洱茶主要产区云南勐海的二十四节气

（1991—2020年，面积为日均降水量，柱体为平均气温）

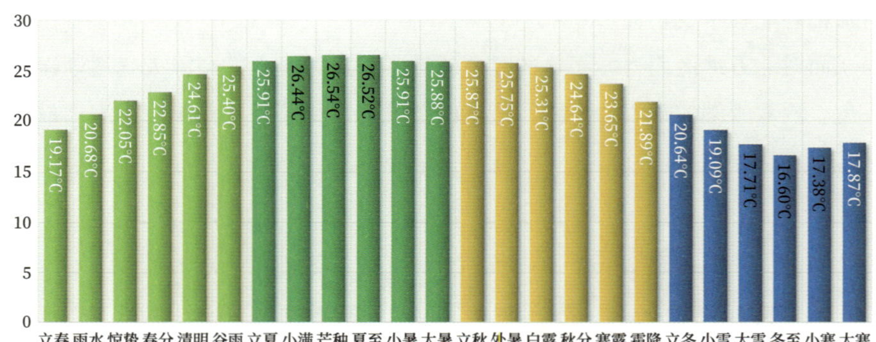

云南西双版纳景洪二十四节气平均气温

（1991—2020年）

的节气分别是冬至、小寒、大雪。

对一些西部地区而言，芒种是一年之中最热的节气，远远早于大多数地区最热的小暑、大暑节气。

《红楼梦》中，黛玉葬花、宝钗扑蝶都发生在众花凋谢、花神退位，人们举行饯花会的芒种时节。芒种时节，农事物候的主角由麦子变成稻子，自然物候的主角由花变成草。

人们认为，芒种一过，便是真正的夏天了。人们通常将芒种或端午（平均日期为 6 月 11 日）视为夏节。民间有“未食端午粽，寒衣不可送”之说。西班牙语里也有一句与之对应的谚语：“直到 5 月 40 日（即 6 月 9 日），不要脱下你的外套。”

2013 年芒种时节，在鄱阳湖边，我在水葱丛中偶然发现一窝水鸟蛋。那一瞬，觉得它们也是时令之美的一部分。

芒种时节，物候是花的凋谢，气候是雨的增多，“半溪流水绿，千树落花红”。

或许正是这样的景象令人心生感慨。时光仿佛如花飘过，似水流过。但仔细想来，“不但春妍夏亦佳，随缘花草是生涯”，春有花，夏有草，随缘便好。春日是良辰，夏日也是佳期，自是各有其美。品味一个节气，更在于发现它的别样之美。

芒种时节，忙着收，忙着种，人们还要忙着应对夏天的虫、夏天的病和夏天闷热潮湿的天气。《齐民要术》记载：“五月芒种节后，阳气始亏，阴慝将萌，暖气始盛，虫蠹并兴……”人们需要“定心气而备阴疾也”，以平和的心态来防备湿热天气可能导致的各种疾病。尤其要“使志无怒”，不要让怒气郁积于胸。

端午，多在芒种时节，即湿毒弥漫、虫毒滋生之时。这原本是恶月之中的恶日，却造就了古俗云集的端午。端午节辟邪习俗主要是两个字——佩服，一个是佩，一个是服，分别指佩戴和服用。

而赛龙舟，是端午节众多习俗中最具动感的一项。龙舟竞渡，起源于古代吴越地区农历五月庆祝龙神再生的祭典。因为此时正是梅雨即将开始的时节，人们要迎祭龙神，主管降雨的龙神终于又要重新披挂“上岗”了。

不过在古代，端午正值农事最繁忙的时节，所以人们对龙舟竞渡也有不同的声音。五代时祁阳县令萧结曾在公文文书上愤然批道：“秧开五叶，蚕长三眠，人皆忙迫，划甚闲船！”

传为明代仇英《百美图》卷（局部），描绘了民间的端午斗草，台北故宫博物院藏

清代徐扬《端阳故事》之裹角黍、观竞渡，故宫博物院藏

清代徐扬《端阳故事》之悬艾人、系彩丝、采药草，故宫博物院藏

芒种三候

古人梳理的芒种节气的节气物候是：一候螳螂生，二候鵙始鸣，三候反舌无声。

螳螂最醒目的特征就是前肢形如刀，虽并无刀锋，却有坚硬的锯齿，所以也被称为“刀螂”。明代李时珍《本草纲目》记载：“螂，两臂如斧，当辙不避，故得当郎之名，俗呼为刀螂。”

螳螂有很多别名，按照《礼记注疏》所载，螳螂乃“三河之域”的称谓，但各地都将螳螂卵称为“螵蛸（piāo xiāo）”。

芒种一候·螳螂生

汉代扬雄的《方言》中有载："螳螂俗呼石螂，逢树便产，以桑上者为好，是兼得桑皮之津气也。"中药桑螵蛸便是通常产于桑树上的螳螂卵鞘。

螳螂秋卵而夏虫。古人认为，芒种时节螳螂感阴气初生，于是破壳而出。在节气起源地区，芒种正是干热暴晒的时段，乃所谓"亢阳"之时，其后才有"夏至一阴生"，螳螂却"感一阴之气而生"，这本是古人常用来形容鸟类的"得气之先"的生物灵性。

螳螂是自然界的拟态专家，有绿、黄、棕、灰、粉等色，可以貌如花，可以形如竹，可以翠如夏草，可以枯如秋叶。绿色的螳螂，与仲夏时的草色浑然一体。

有一次我见到兰花螳螂，不禁惊叹其美"出于兰"而"胜于兰"。

螳螂虽被称为"饮风食露"之虫，但其"食谱"并不寡淡，是以蚊蝇、蝶蛾为餐。说起螳螂，人们会自然想到"螳螂捕蝉，黄雀在后"这句俗语，"蝉高居悲鸣，饮露，不知螳螂在其后也"，这是仲秋时节的物候情节。但实际上，螳螂很少捕蝉，黄雀也很少捕螳螂，"螳螂捕蝉，黄雀在后"只是寓言中的经典食物链而已。

江苏民歌《搭凉棚》中唱：

春季里螳螂叫船，游春仔个舫哎，
伊发喽喽来，喽喽自在发来，伊发喽喽来。
蜻蜓个摇橹，蜢蚱把船撑啊，
啊哈啊一品堂。
迎新春螳螂搭凉啊棚啊，越搭嘛越风凉。

这首民歌描述了螳螂叫船、蜻蜓摇橹、蜢蚱撑船，以及螳螂搭凉棚取风凉的情景。迎春之时，人们畅想着仲夏时节热闹的昆虫故事。

芒种二候·鵙始鸣

鵙，为伯劳鸟，也常被称为博劳、伯赵。这正是《诗经·七月》“七月鸣鵙，八月载绩”中的鵙。周之七月，乃夏之仲夏五月。

在不同的地方，伯劳鸟的初鸣时间有所差异。汉代郑玄在《毛诗传笺》中写道：“伯劳鸣，将寒之候也。五月则鸣，豳地晚寒，鸟物之候从其气焉。”《易纬通卦验》中说：“（伯劳鸟）夏至应阴而鸣，冬至而止。”

“啼鵙千山暮，一年春事休。”这是说伯劳鸟的啼叫常被视为阳气蓬勃生发的春季的结束。

“春尽杂英歇，夏初芳草深。”鵙鸣之时，花事渐远。

说起鵙，人们或许陌生，但它一直生活在一则我们非常熟悉的成语

宋代《离枝伯赵图》，离枝，即荔枝；伯赵，即伯劳鸟，台北故宫博物院藏

中——劳燕分飞。这当中的劳指的就是伯劳鸟。

南北朝时期《东飞伯劳歌》曰："东飞伯劳西飞燕。"

元代《西厢记》曰："他曲未终，我意已通，分明是伯劳飞燕各西东。"虽然伯劳鸟现身于缠绵惜别的人文情境之中，但实际上它是一种袖珍猛禽。它也被称为"恶声之鸟"，被视为不善翱翔的枭类。

汉代高诱在对《吕氏春秋》的注释中说："鵙，伯劳也。是月阴作于下，阳发于上。伯劳夏至后因阴而杀蛇，磔之于棘而鸣于上。《传》曰'伯赵氏司至者也。'"能杀蛇于木，我们真不敢小觑"劳燕分飞"中的"劳"！

古人认为伯劳鸟喜阴，芒种、夏至时节感阴而鸣。在所谓阴气渐盛的时节，喜阴之鸟便愈显凛凛杀气。古人说："伯劳鸣，将寒之候。"你看，尚未盛夏，人们就已经开始捕捉关于"将寒"的蛛丝马迹了。

"鵙始鸣"这个物候，或许只是夏日鸟声的代言性标识。一天之中最经典的夏声，是值早班的鸟声喳喳、值白班的蝉声唧唧、值晚班的蛙声呱呱，

芒种三候·反舌无声

以及值夜班的蚊声嗡嗡。

唐代张籍在《徐州试反舌无声》中疑惑地指出："夏木多好鸟，偏知反舌名。"夏天有那么多歌唱家般的鸟鸣，为什么人们偏偏在意反舌鸟呢？

节气歌谣有云："小满鸟来全。"夏季本是百鸟争鸣的时节，但七十二候中夏季的鸟类物语最少，皆在芒种，分别是芒种二候鵙始鸣、芒种三候反舌无声。

春秋的鸟类物语多，聚焦的是候鸟之来去；冬季万物凋敝，物候线索极其有限，人们只好聚焦留鸟之生息。而长养万物的夏季，虫、兽、草、木皆可为物候标识，所以夏季的鸟类物语便显得少了。

但在古人眼中，伯劳鸟和反舌鸟是善鸣之鸟中的两类典型代表，伯劳鸟因阴气微生而啼叫，反舌鸟因阴气微生而收声。在古人心中，芒种的三项物候，都是阴气始萌的预兆。

汉代高诱在对《吕氏春秋》的注释中写道："反舌，伯舌也。能辨反其舌，变易其声，效百鸟之鸣，故谓之百舌。承上微阴，伯赵起于下，后应阴，故无声。"反舌鸟什么时间歌唱，什么时间沉默，孔颖达的说法是："反舌鸟，春始鸣，至五月稍止。其声数转，故名反舌。"

宋代《太平御览》载："百舌鸟，一名反舌。春则啭，夏至则止。唯食蚯蚓，正月以后冻开则来，蚯蚓出，故也。十月以后则藏，蚯蚓蛰故也。"

似乎蚯蚓的启闭，决定了反舌鸟的去留。

在人们看来，反舌鸟是天赋异禀的口技大师，鸣声宛转，音韵多变，可惟妙惟肖地模仿众多禽鸟的鸟语，所以也称“百舌鸟”。

《咏百舌》

［宋］文同

众禽乘春喉吻生，满林无限啼新晴。

就中百舌最无谓，满口学尽众鸟声。

《反舌》

［宋］李光

喧喧木杪弄新晴，羁枕惊回梦不成。

任是舌端能百啭，园林春尽寂无声。

但反舌鸟模仿百鸟的口技却主要在春季“炫技”，所以唐代杜甫诗云：“百舌来何处，重重只报春。”到了芒种时节，“口技大师”却蹊跷地变得沉默寡言。反舌无声，让人顿感林间肃静了许多，也让人若有所失。

芒种节气神

民间绘制的芒种神，大体上有两个版本。

第一个版本的芒种神是句芒神。句芒神本是春神，后来成为主管耕牧之神。句芒神，简称芒神。于是，人们将芒神视为芒种神。芒神的形象是一位牧童，他担任芒种神时，其手中的“道具”颇有深意。芒种，是收麦子、种稻子的时节，所以芒种神左手拿着一根细鞭，鞭策麦收，右手攥着一束稻秧，催促种稻。不过，很多人笔下的芒种神，已不再是童子，而是一位翩翩少年。似乎在人

们的想象中，从立春到芒种，牧童悄然长大了。

与担任立春神的句芒神一样，芒种神装束的细节中，也有对气候的预测。芒种神穿草鞋代表当年降水偏少，光着脚高束裤管代表当年降水偏多。

由耕牧之神亲自担任立春神和芒种神，或许说明这是人们眼中两个最关键的农事节气：立春时，芒神劝春耕；芒种时，芒神劝夏种。

芒种神的另一个版本，是古代的一位粮官。芒种之时，正值麦收。麦收有五忙：割、拉、打、晒、藏，这是一条龙的流程，需要一气呵成地连贯完成。“抢收急打场，收到仓里才算粮”，中间任何一个环节遭遇恶劣天气，都可能意味着半年的收成功亏一篑。

但麦收时节，往往天气恶劣。以北京为例，一年之中 42% 的冰雹发生在 6 月，6 月里 76% 的降雨都伴随着雷暴和大风。麦收有三怕：雹砸、雨淋、大风刮。在降水增多、雷暴大风冰雹的高发期，麦收真的是“龙口夺粮”。

所以，由粮官担任芒种神，由“专业人士”监督麦收进程，管理归仓之粮，体现着人们对夏收的重视，毕竟“麦足半年粮”。希望天下熟、仓廪实，这是国泰民安的物质基础。

夏至·时有养日

《夏小正》云："（夏历五月）时有养日。养，长也。"

唐代李世民曰："和风吹绿野，梅雨洒芳田。"

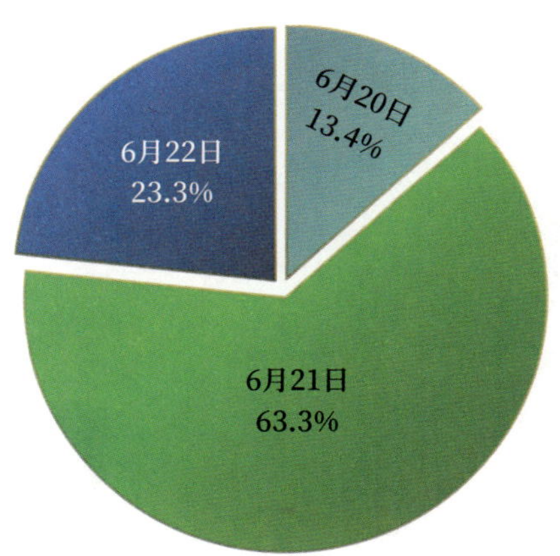

夏至节气日在哪一天?

（1701—2700年序列）

夏至节气，通常是在 6 月 21 日前后。

夏至节气日，夏已纵贯南北，面积达到 433 万平方千米。夏至时节，冬固守高原“大本营”，但面积逐渐萎缩至 100 万平方千米以下。夏的地盘继续扩充 127 万平方千米，在面积上实现“控股”。西南的部分地区出现气温由升到降的拐点，开始春秋交替。

夏至，是什么意思呢？

南北朝时期《三礼义宗》记载：“夏至为中者，至有三义：一以明阳气之至极，二以明阴气之始至，三以明日行之北至，故谓之至。”这说明夏至的至，一代表阳气鼎盛，二代表阴气萌生，三代表阳光直射到最北的位置。夏至日是北半球白昼最长、黑夜最短的一天，从前也叫作“日北至”。

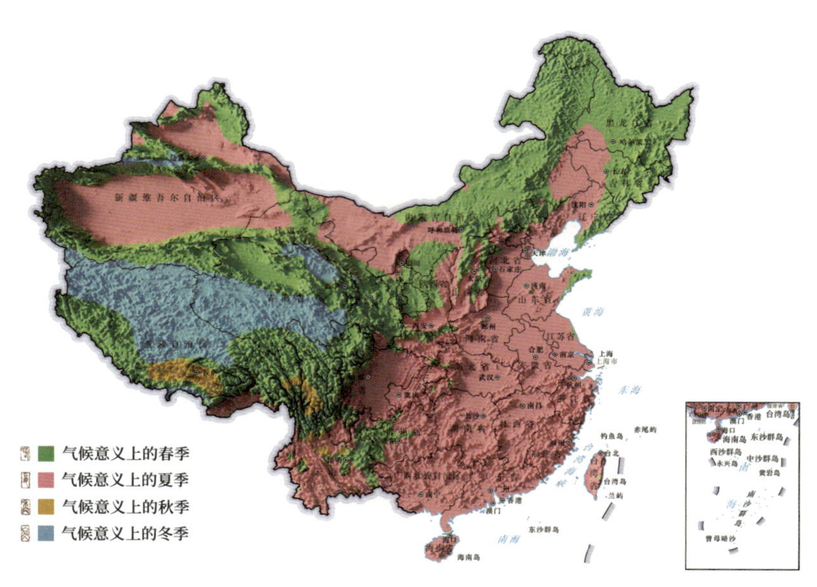

夏至节气日季节分布图
（1991—2020年）

夏至节气日季节分布及变化　　单位：万平方千米

春季		夏季		秋季		冬季	
面积	变量	面积	变量	面积	变量	面积	变量
409	-81	433	103	14	14	104	-36

夏至日正午，摄于北回归线上的广州

夏至这一天，阳光直射北回归线，大体上就是从云南红河到广西百色，到广州，再到台湾阿里山一线，所以北回归线也被人们称为“太阳转身的地方”。正午时分，真的是“日在中天”。平常是立竿见影，但这个时候是“立竿不见影”。

以现行的“平太阳时计时体系”的视角，一年中正午的“日中”（太阳高度角最高时）时刻是不同的。2 月 11 日前后（立春时节）“日中”时刻最晚，11 月 3 日前后（霜降时节）“日中”时刻最早，二者相差约半个小时。这是“平太阳时”与“真太阳时”的“均时差”造成的。夏至日的“日中”时刻，北京是 12 点 16 分左右，上海是 11 点 56 分左右，广州是 12 点 28 分左右。

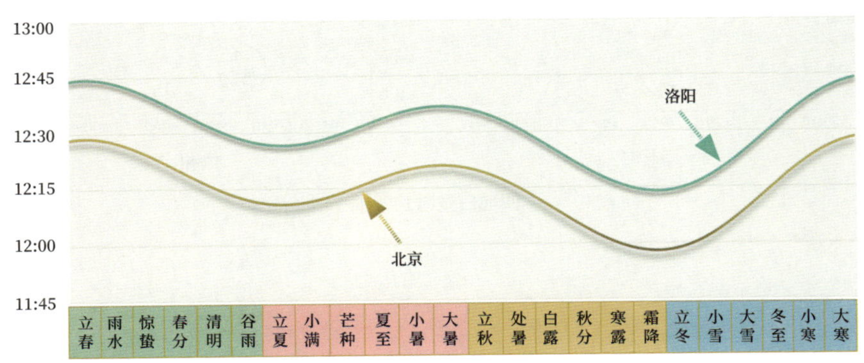

一年中“日中”时刻逐日变化示意

从日出最早到日落最晚，哈尔滨（45° N）是 12 天，北京（40° N）16 天，上海（30° N）21 天，广州（23° N）29 天。纬度越低，过渡期越长；纬度越高，一年中白昼时长的变幅越大。

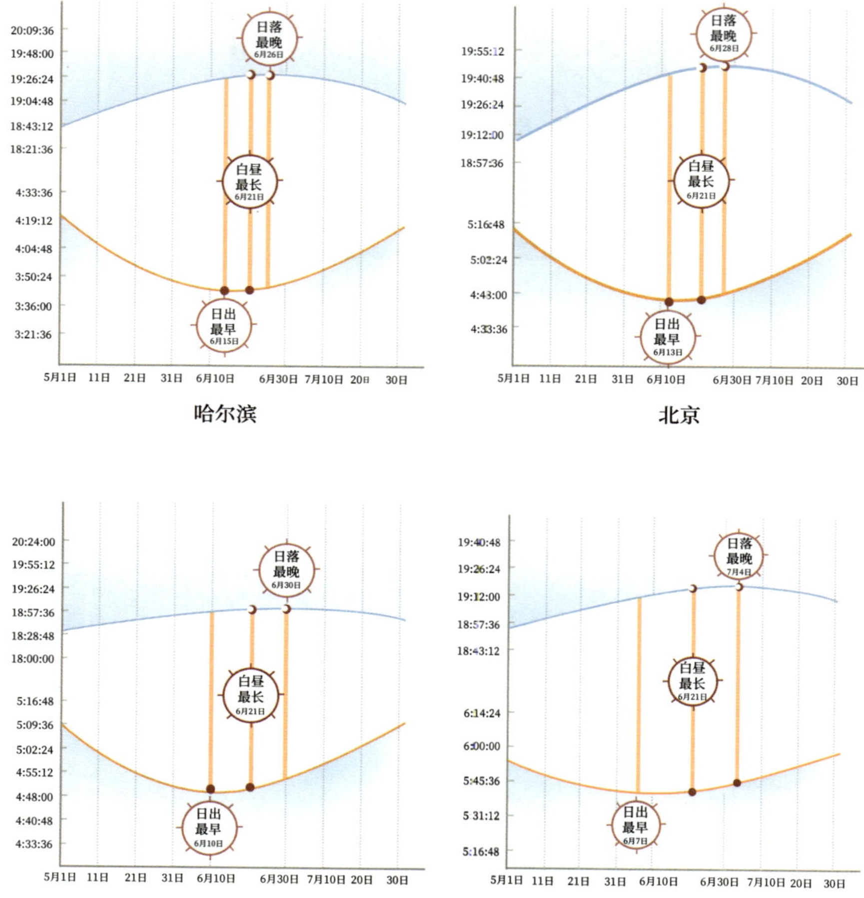

四地白昼时长变幅

	哈尔滨	北京	上海	广州
日出最早	6 月 15 日前后	6 月 13 日前后	6 月 10 日前后	6 月 7 日前后
日落最晚	6 月 26 日前后	6 月 28 日前后	6 月 30 日前后	7 月 4 日前后
白昼最长	夏至日			

同在 30° N 附近的拉萨、成都、武汉、上海，日出最早日、日落最晚日才是相似的。

夏至日是白昼最长，既不是日出最早，也不是日落最晚。而且，各地

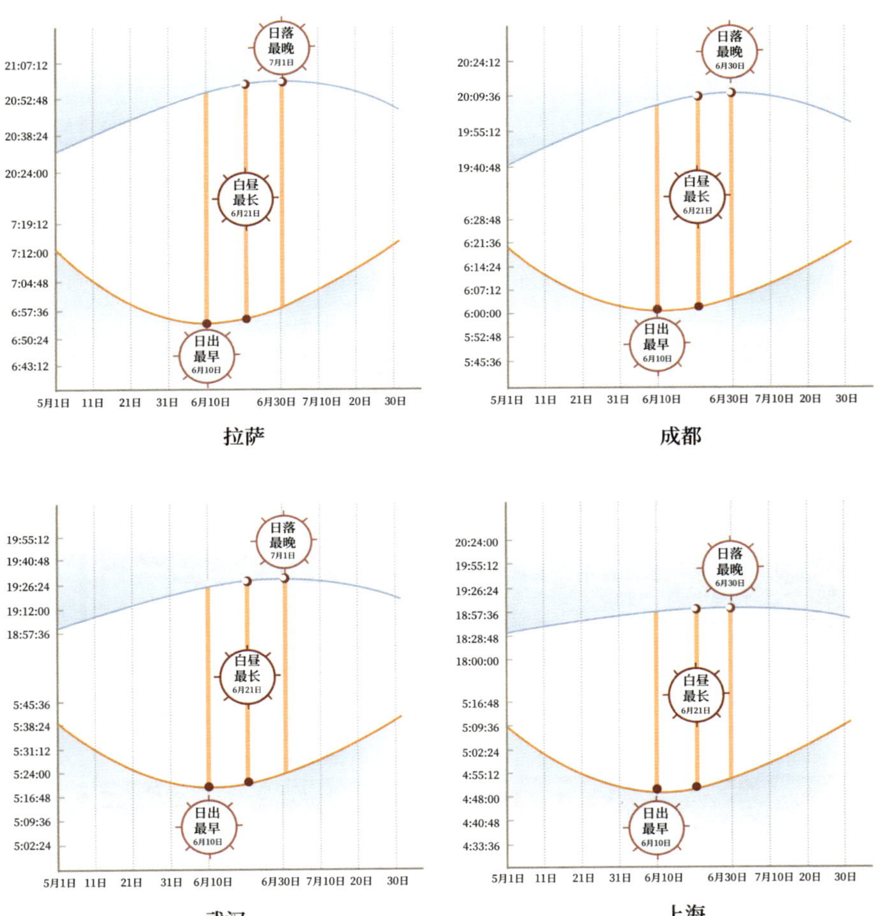

四地白昼时长变幅

	拉萨	成都	武汉	上海
日出最早	6 月 10 日前后	6 月 10 日前后	6 月 10 日前后	6 月 10 日前后
日落最晚	7 月 1 日前后	6 月 30 日前后	7 月 1 日前后	6 月 30 日前后
白昼最长	夏至日			

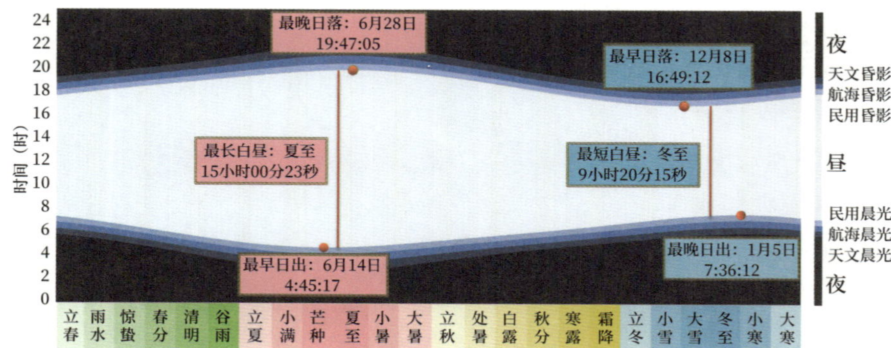

二十四节气视角下北京市太阳视运动特征

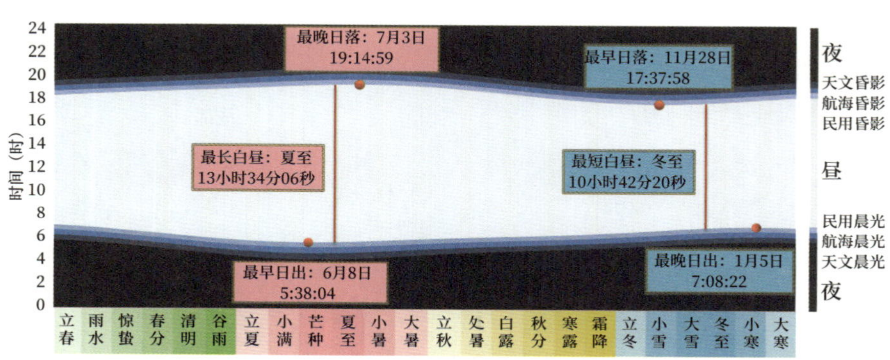

二十四节气视角下广州市太阳视运动特征

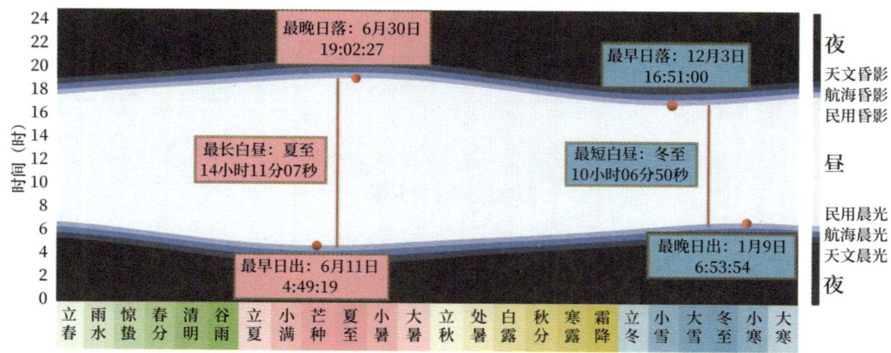

二十四节气视角下上海市太阳视运动特征

日出最早的日期、日落最晚的日期各不相同，只有白昼最长这一点是一致的，这是古人提炼出的共性。

不同纬度上的太阳的轨迹是不一样的。如果放眼全球，可以看出太阳的轨迹各地差异更大。

2015 年我到位于北极圈内的芬兰罗瓦涅米出差，这里的夏至日前后，太阳会一直在地平线之上晃悠，这就是所谓的极昼，当地人把这段时间称为“午夜阳光季”。

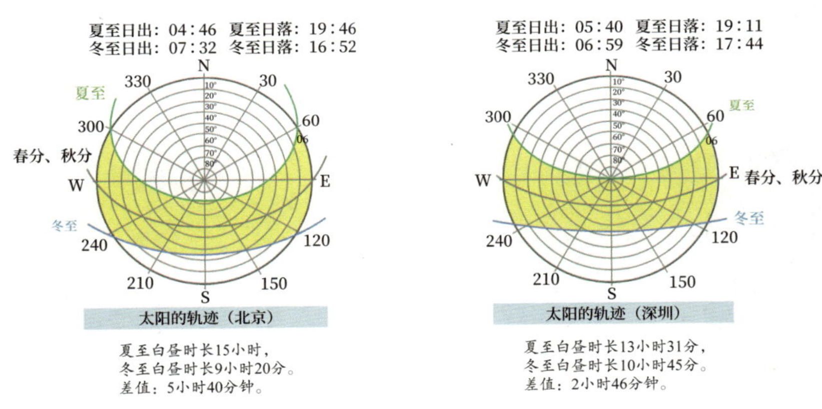

太阳的轨迹（北京）

夏至白昼时长15小时，
冬至白昼时长9小时20分。
差值：5小时40分钟。

太阳的轨迹（深圳）

夏至白昼时长13小时31分，
冬至白昼时长10小时45分。
差值：2小时46分钟。

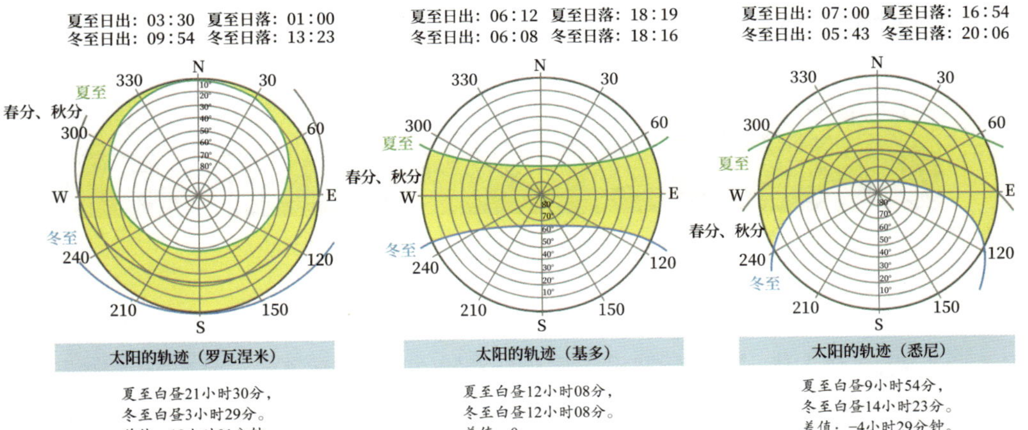

太阳的轨迹（罗瓦涅米）

夏至白昼21小时30分，
冬至白昼3小时29分。
差值：18小时01分钟。

太阳的轨迹（基多）

夏至白昼12小时08分，
冬至白昼12小时08分。
差值：0。

太阳的轨迹（悉尼）

夏至白昼9小时54分，
冬至白昼14小时23分。
差值：-4小时29分钟。

太阳轨迹的年度变化

灰线为春分、秋分，绿线为夏至，蓝线为冬至，黄色区域为年度变化。

高纬度地区的极昼和极夜是太任性的两件事。罗瓦涅米每年的 12 月初至 1 月初是极夜时段，人们大约只在正午时分可以享受天亮的待遇。而每年的 6 月 10 日至 7 月 10 日是极昼时段。夏至节气前后，每天太阳几乎都在地平线之上晃悠。

我去的时候是大暑时节，穿着羽绒服，晚上每隔一个小时拍一张照片。大暑时节，这里也只有两三个小时不太黑的“黑夜”。

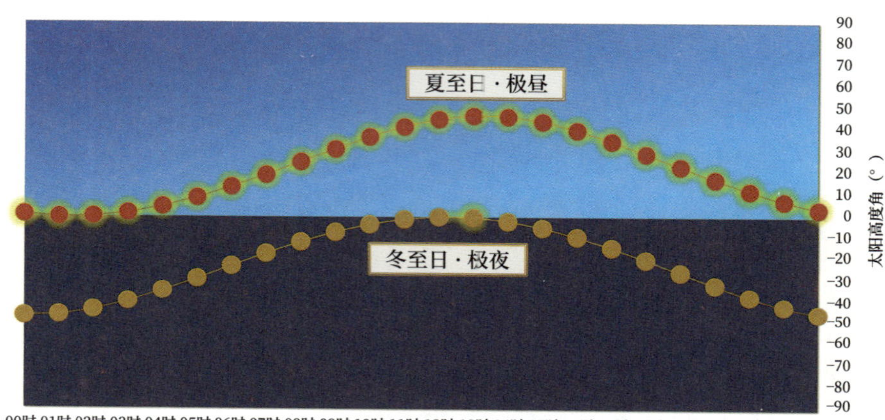

“二至”时北极圈上（芬兰罗瓦涅米）的太阳视运动示意

罗瓦涅米的“夜晚”

《汉书》载：“冬至阳气起，君道长，故贺。夏至阴气起，君道衰，故不贺。”在古代，到了所谓阴气至极的冬至，人们相互道贺。而在阳气饱满、万物方盛的夏至，却并不道贺。因为冬至虽阴气至极，但阳气开始萌生。之所以相互道贺，看重的不是当下的情况，而是未来的预期。同理，在古人看来，夏至虽然阳气鼎盛，但阴气萌作，所以也就没有理由庆贺。

《淮南子》中有“五月为小刑”的说法。这是因为农历五月夏至时，阳之极，阴之初，即有轻微杀气。而且，夏至时，阳气盛极而衰，开始走下坡路了。所以人们需要做的不是庆贺，而是在饮食起居方面注意自我养护，不应再鲁莽、造次。日子最好过得慢慢悠悠、懒懒洋洋、安安静静。官员们也有专门的夏至假期，利用假期“安身静体”。虽然汉代开始，夏至便被视为一个节日，俗称“做夏至”，但总体而言，人们通常在夏至时过得很低调、平静和谨慎。

2015 年夏至时节，我镜头下的中央气象台大楼

左图 15∶30，云陆续赶到中央气象台开碰头会。中图 16∶10，云在中央气象台集结完毕。右图 16∶50，碰头会“圆满结束”。谚语如此评述这样的情景：“不怕云彩顺风流，就怕云彩乱碰头。”

随着气候变化，夏至时节已经为雷暴天气最多的时段。夏至时节北方的降雨还不是南方梅雨那样的“阵地战”，而是急促、飘忽的“游击战”。唐代元稹的夏至诗云“过雨频飞电，行云屡带虹”，显然是指北方游击战式的雨。若是南方，正值梅雨之盛期，反倒少有“飞电”“带虹”之类的情景。

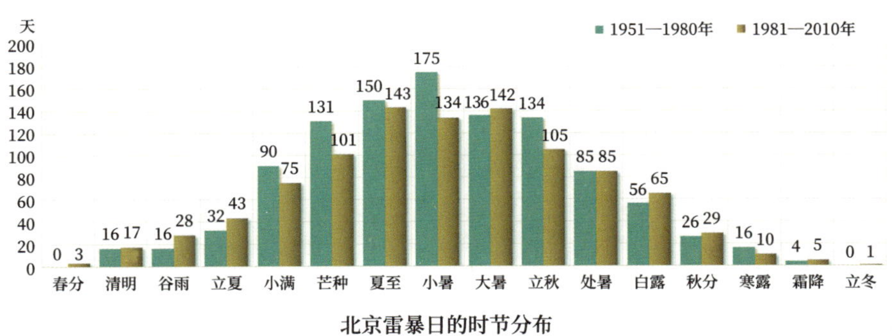

北京雷暴日的时节分布

在雨热同季的气候区，盛夏时节开始进入“水火交融”的巅峰时刻。

夏至时节应该是一年之中日照时间最长的时候。但在南方，理论上的日照“很丰满”，实际上的日照却“很骨感”。为什么呢？这是因为很多地方阴雨连绵，雨经常下得天昏地暗，人们根本无法享受到本该拥有的日照。

夏至做黄梅

节气简笔画，描绘了江南节气歌谣中所言“夏至做黄梅”。

明代王象晋的《群芳谱·天谱》中说：“时雨最怕在中时，前二日来谓之‘中时头’，必大凶。若到得末时，纵有雨，亦善。谚云‘夏至未过，水袋未破’。”“夏至未过，水袋未破”，是说到了夏至时节，天上装满水的袋子破了，所以一直下雨。正如诗中所说：“一川烟草，满城风絮，梅子黄时雨。”

宋代陈长方《步里客谈》这样解析梅雨：“江淮春夏之交多雨，其俗谓之梅雨也。盖夏至前后各半月……余谓东南泽国，春夏天地气交，水气上腾，遂多雨，于理有之。”

全国平均而言，二十四节气中，哪个节气的降水量最大？夏至。所以夏至也被称为“水节”或者“水节气”。每年此时，天上就像有个装满水的袋子，整天往下倒水，“夏至东南风，当日就满坑”。

人们发现，临近夏至时节不仅各地的雨水苦乐不均，就是眼皮底下，也经常是东边日出西边雨。“夏雨隔牛背”，一头牛可能这半边淋雨，那半边晒太阳。

哈尔滨
长春
乌鲁木齐
沈阳
呼和浩特
北京
天津
渤海
石家庄
银川
太原
西宁
济南
兰州
黄海
西安
郑州
合肥
南京
上海
拉萨
成都
武汉
杭州
重庆
东海
长沙
南昌
钓鱼岛
赤尾屿
贵阳
福州
昆明
台北
台湾岛
南宁
广州
香港
澳门
东沙群岛
海口
南海
海南岛
芒种时节降水量为全年最多的区域
资料暂缺

哈尔滨
乌鲁木齐
长春
沈阳
呼和浩特
北京
天津
渤海
石家庄
银川
太原
西宁
济南
兰州
黄海
西安
郑州
合肥
南京
上海
拉萨
成都
武汉
杭州
重庆
东海
长沙
南昌
钓鱼岛
赤尾屿
贵阳
福州
昆明
台北
台湾岛
南宁
广州
香港
澳门
东沙群岛
海口
南海
海南岛
夏至时节降水量为全年最大的区域
资料暂缺

雨带逐渐北抬，夏至时节是长江流域最多雨之时。

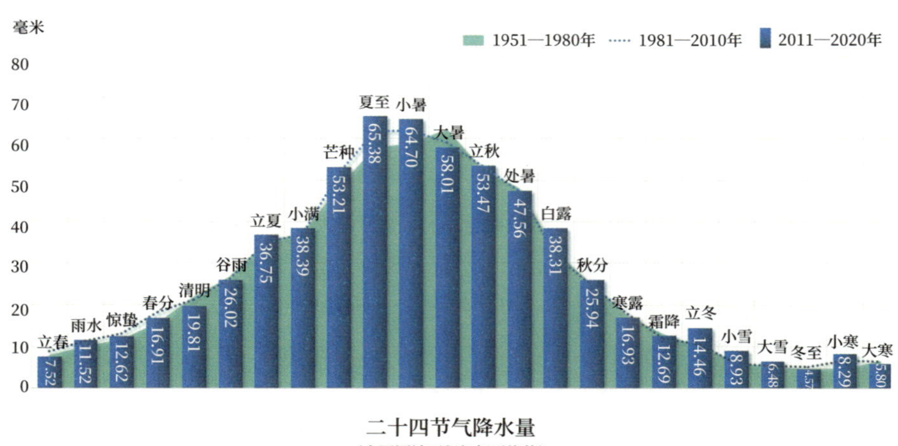

二十四节气降水量

（全国测站面积加权平均值）

降水的局地性增强，山区尤为突出。元代末期娄元礼的《田家五行》中记录了这样一则故事："前宋时，平江府昆山县作水灾，邻县常熟却称旱。上司谓接境一般高下之地，岂有水旱如此相背之理？不准后申。其里人直赴于朝，诉诸史丞相。丞相怪问，亦然。众人因泣下而告曰：‘昆山日日雨，常熟只闻雷。’丞相曰：‘有此理。悉听所陈。’”

这是说交界相邻的昆山与常熟，一个总下雨，一个只打雷，形成又旱又涝的奇怪局面。官员不知晓“夏雨隔田晴”的天气规律，以为蹊跷。但其实昆山说的是实话，常熟也未谎报军情。直到大家哭诉详情，丞相才领悟了其中的道理。

所以古人夏季占卜天气，常常更侧重自己脚下的“一亩三分地”，“晴雨各以本境所致为占候”。

古人用“分龙雨”来解释这种蹊跷的降水现象。夏天，负责降雨的龙多了，令出多门，降雨体现出很大的随意性。人们对夏至时节的天气心中设防，却常常防不胜防。

能不能分享到降雨，古人的措辞是“若有命而分之者”，用网友的说法是“拼的是人品”。

宋代叶梦得《避暑录话》曰：“吴越之俗，以五月二十日为分龙日，不知其何据。前此夏雨时行，雨之所及必广。自分龙后，则有及有不及，若有命而分之者也。故五六月之间，每雷起云簇，忽然而作，类不过移时，谓之‘过云’。雨虽三二里间亦不同。”

正因为夏至时节是农事的关键阶段，又是降雨丰沛之时，所以人们把夏至日之后的 15 天又细分成三段，称为三时。三时，从前是指人们起居、劳作、出行等时应特别谨慎的时段。我们知道一个节气分为三候，每候是五天，但夏至的“三时”，每个时的时间并不均等，头时 3 天、中时 5 天、末时 7 天，也有称为上时、中时、下时的。

南北朝时期《荆楚岁时记》中写道：“六月必有三时雨，田家以为甘泽，邑里相贺。”

这时候正值农作物生长期，特别需要雨水的滋润，人们大体还是乐于见到降雨的，所以有“夏至雨，值千金”的说法。但有的地方忌讳每个“时”的最后一天下雨，所谓“三时三送，低田白弄”，人们会觉得这种降雨容易造成渍涝。

所谓“水袋未破”，水袋里的水可能来自“分龙雨”，可能来自梅雨，也可能来自台风雨。平均而言，登陆中国的第一个台风的平均日期是 6 月 27

日，正值夏至时节。在西北太平洋和南海，平均每年有27个台风生成，有七八个台风在中国登陆。“命中率”大约是27%，也就是说100个台风，有27个台风在中国登陆。

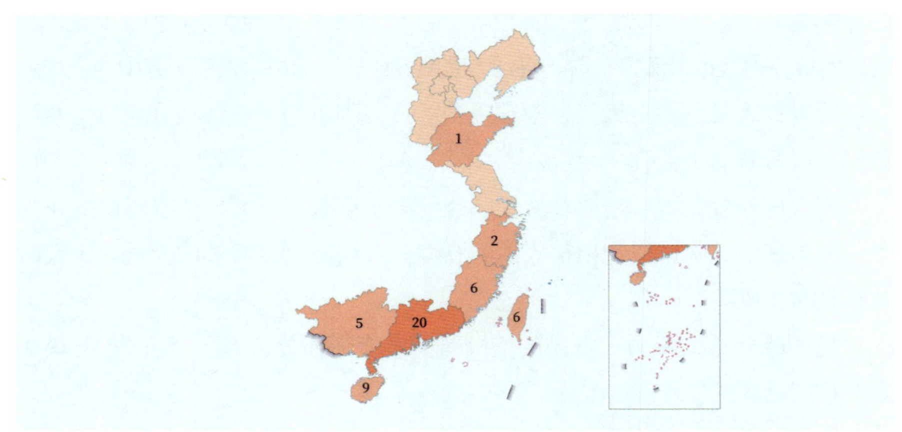

夏至时节台风登陆的地域分布（1949—2021年）

注：数字为台风登陆次数（包含二次以上登陆）。

起源于黄河流域的节气文化，最初对台风是非常陌生的。

历史上对台风的确切记载，可追溯到南北朝时期沈怀远的《南越志》，原书已佚失，来自宋代《太平御览》的引述如此写道：“熙安间多飓风。飓者，具四方之风也。一曰惧风，言怖惧也。常以六七月兴。”1716年出版的《康熙字典》“飓风”词条写道：“飓风者，具四方之风也，常以五六月发，永嘉人谓之风痴。”

《康熙字典》引述的《南越志》为“常以五六月发”，《太平御览》引述的《南越志》为“常以六七月兴”。这两种表述倒是都正确，但不知沈怀远的原文到底是哪个。《康熙字典》说台风始于农历五六月（起始期），《太平御览》说台风兴于农历六七月（鼎盛期）。《康熙字典》引述的明杨慎《艺林伐山》中“飓风之作，多在初秋”之语，更契合台风影响中国的时节规律。

台风生成数最多的节气是处暑、立秋，台风登陆数最多的节气是大暑、处暑。因此台风“兴于六七月”及“飓风之作，多在初秋”之说都是合理的。

台风登陆数最多的省份依次为广东、台湾、福建、海南、浙江。

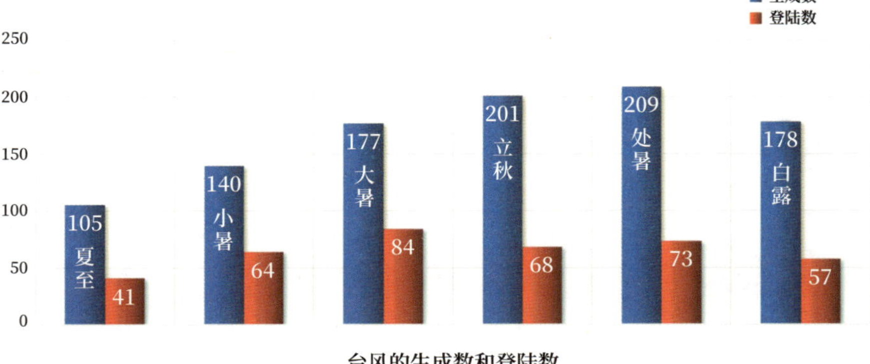

台风的生成数和登陆数

（1951—2010年）

而称台风为“风痴”，这个说法至少始于南宋（最早见于1162年毛居正编纂的《增补互注礼部韵略》)。清代初年劳大舆《瓯江逸志》的描述更为详尽：“温州自夏徂秋，常观云以候风。一日之间，风稍息，则雨大倾，雨稍霁，则风复作，谓之风痴。”称台风为“风痴”，是因其风雨飘忽不定。

苏轼专门写过一篇《飓风赋》，描述他遇到台风的情景和感触：“列万马而并骛，会千车而争逐……予亦为之股栗毛耸，索气侧足。夜拊榻而九徙，昼命龟而三卜。盖三日而后息也。父老来唁，酒浆罗列，劳来僮仆，惧定而说。”

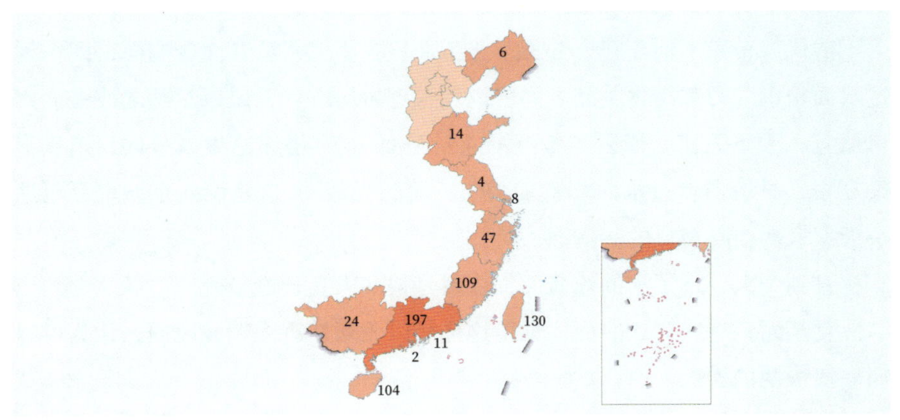

台风登陆的地域分布（1949—2021年）

注：数字为台风登陆次数（包含二次以上登陆）。

他说，台风来的时候像万马奔腾，像千车奔驰，令人毛骨悚然。一夜九次搬床，一天三次占卜。三日之后，天气恢复平静。父老乡亲前来慰问，上好酒好菜为他压惊。这个时候，恐惧感才刚刚散去，大家开始谈笑风生。

现在，台风还在千里之遥就已在我们的视野之内，人们可以从容地未雨绸缪，不会再像苏轼那样惊讶和惊恐了。

每到一个节气，我们谈论最多的一个问题就是，这个节气吃什么？

唐代白居易《和梦得夏至忆苏州呈卢宾客》诗云："忆在苏州日，常诣夏至筵。粽香筒竹嫩，炙脆子鹅鲜。水国多台榭，吴风尚管弦。每家皆有酒，无处不过船。"

按照白居易的说法，在苏州这样的繁华都市，夏至日，家家都摆设宴席，有酒有肉有音乐，俨然夏季最盛大的节日。但对平民而言，往往是冬至饺子夏至面。

在节气起源地区黄河流域，夏至吃面有着悠久的历史。人们夏至"食汤饼"，然后"取巾拭汗"，可以"面色皎然"。所谓汤饼，便类似现在的热汤面片儿。人们吃得大汗淋漓，边吃边擦汗，面色也红润起来。

"夏至面"，首先要有物质基础。就物候而言，黄河流域是"芒种三日见麦花"，随后"宿麦既登"，夏至时节恰好可以喜尝新麦，烧麦糊、擀面饼、煮面条，特别有耕耘之后的成就感。冬至饺子夏至面，这"夏至面"是尝鲜，也是舌尖上的自我犒赏。

清代《帝京岁时纪胜》记载："京师于是日，家家俱食冷淘面，即俗说过水面是也。乃都门之美品。向曾询及各省游历友人，咸以京师之冷淘面爽口适宜，天下无比。谚云'冬至馄饨夏至面'。京俗无论生辰节候，婚丧喜祭宴享，早饭俱食过水面。省妥爽便，莫此为甚。"这是说北京城里夏至这一天家家都要吃爽口的冷淘面。

直到今天，过了水的炸酱面，依然是很多人夏日之最爱。

夏至面，有人喜欢热面，觉得这样可以驱寒；有人偏爱凉面，认为可以痛痛快快地消暑。

与"猫冬"的冬至时节相比，夏至时节满地农活，人们更忙，包饺子、蒸包子有些烦琐，煮面最简便。而且炎热的夏季，吃食也不像冬天那样肥甘厚味，夏至面恰好比较清爽。盛夏时节，人们还是希望吃些汤汤水水、软软烂烂、清清淡淡、热热乎乎或者凉凉快快的食物。

在饮食上，古代有一些互助式的消夏方式，例如民间的“结茶缘”，有人在路边摆设茶壶、茶杯，为行人提供免费的茶水。再如传说夏至这一天要吃百家饭才能安然度过夏天，这也是一种淳朴的美俗。宋代《岁时杂记》记载：“京辅旧俗，皆谓夏至日食百家饭则耐夏。”其实，这种信俗本身无关科学，众筹而成的百家饭其实是亲朋邻里在为度夏的坚韧信念做有人文温度的加法。

夏至三候

古人梳理的夏至节气物候是：一候鹿角解，二候蝉始鸣，三候半夏生。

夏至一候·鹿角解

宋代卫湜《礼记集说》载：“鹿好群而相比，则阳类也。故夏至感阴生而角解。”元代吴澄《月令七十二候集解》载：“鹿，形小，山兽也，属阳，角支向前，与黄牛一同。麋，形大，泽兽也，属阴，角支向后，与水牛一同。夏至一阴生，感阴气而鹿角解，解，角退落也。”古人认为，鹿为山兽，属阳，“夏至一阴生”，鹿角因为感知并呼应阴气之萌生而脱落。

汉代蔡邕《独断》有云：“冬至阳气始动，夏至阴气始起，麋、鹿解角，故寝兵鼓，身欲宁，志欲静，不听事，送迎五日。”古人极其重视处于阴阳流转拐点的夏至一候和冬至一候，希望以身心宁静的方式度过这微妙的五天一候。

在北美，7 月的满月被称为鹿月（Deer Moon）或雄鹿月（Buck Moon），即鹿长新角的时节，仿佛夏至鹿角解的后续。可见，人们描述物候的心仪标识物往往是暗合的。

上古时期，节气起源地区鹿随处可见，或许它们才应被视为这里最初的常驻者。“取天下若逐野鹿”，这使“逐鹿”具有了逐取政权之隐义。

山麓是鹿的栖息之地，它们纵情于山水之间，因鹿奔跑而有“塵”（尘之繁体），因鹿蹚水而有“漉”。欢庆的庆，繁体字“慶”，原指以敬献鹿皮略表寸心。“冬日鹿裘，夏日葛衣”是朴素衣着的代名词。形容怦然心动，是心头“小鹿乱撞”。

人们鼓瑟吹笙的欢宴都以“呦呦鹿鸣，食野之苹”起兴，“呦呦鹿鸣”是山野田园最经典的闲适意象。鹿眠芳草、牛卧落花，仿佛隐逸生活的情境代言。“只拟随麋鹿，悠悠过一生”，人们向往的生活，或许就是像一样鹿安闲地徜徉于寒、暑、枯、荣周期中的简美生活中。

“鹿鸣志丰草”“寒鹿守冰泉”“各守麋鹿志，耻随龙虎争”，人们喜欢“托鹿言志”。“鹿鸣猿啸虽寂寞”“鹤舞鹿眠春草远”“鱼意思在藻，鹿心怀食苹”，在文人诗词中，鹿几乎是与草、木、鸟、兽、虫、鱼“百搭”的常见文化意象。

因为常见，也因为物象与意象之美，“鹿角解”才能作为盛夏开始的物候标识。当然，也有一些人对鹿的青睐，在于“鹿身百宝”。

《艺文类聚》中写道：“夫鹿者，纯善之兽，五色光辉……天下太平，符瑞所以来至者……德至鸟兽，即凤皇翔，鸾鸟舞，麒麟臻，狐九尾，雉白首，白鹿见。”鹿被视为纯善之兽，白鹿甚至被视为祥瑞，这使我们联想到白鹿原所蕴含的古义。

现在白鹿也是台风的名字了。2013 年的 1330 号台风海燕被除名，中国需要提交一个新的台风名，我记得 2014 年在参加台风名评审时，报送了白鹿作为候选名称（我推荐的另外两个候选名称是布谷、斑竹），并最终通过。

候选的台风名，需要有良好的文化寓意，还要朗朗上口，且不易被误读，白鹿便是如此。有人提议嫦娥，但嫦娥的拼音为 cháng é（容易与英语的变化［change］混淆），很容易被误读。

在古人眼中，鹿角是美的化身，丽的繁体字为“麗”，便是对鹿角抽象化的美学表达。由“麗”到丽，鹿已不再，野生的鹿群更是难得一见，这不只是文字的简化。

夏至二候·蝉始鸣

虽然说是“蝉始鸣”，但古人知晓蝉鸣与鸟鸣的原理是不一样的，蝉是“无口而鸣”。

汉代高诱在对《淮南子》的注释中说：“蝉鼓翼始鸣。”蝉鸣是蝉振翅而发出的声音。

在古人眼中，蝉是一种灵物，有潜藏，有蜕变，有欢歌，有悲鸣。自土而出，归土而去，只有短暂而亢奋的鸣唱。

蝉的家族种类甚众，有数千种之多；古籍中的别称甚繁，有数十种之多。人们以蝉鸣为夏声，“蝉乃最著之夏虫，闻其声即知为夏矣”。人们甚至认为“假蝉为夏”，即“夏”字为蝉形。古人似乎有一种崇蝉情结。

夏至一候有蝉始鸣和蜩始鸣两个版本。《吕氏春秋》《礼记》《淮南子》《隋书》等为“蝉始鸣”，《逸周书》《宋史》《元史》等为“蜩始鸣”。《夏小正》为“螗蜩鸣”或“良蜩鸣”。

那么，蝉和蜩有什么区别呢？其实它们本为一物，只是先秦时期各地的称谓不同。孔颖达在对《礼记》的注释中写道：“蜩、螂蜩、螗蜩。舍人云：‘皆蝉’。《方言》曰：‘楚谓蝉为蜩，宋、卫谓之螗蜩，陈、郑谓之螂蜩，秦、晋谓之蝉’。是蜩蝉一物，方俗异名耳。”

当然，蜩可特指夏蝉，也被称为蟪蛄，所以庄子有“蟪蛄不知春秋”之语。

古人将“大而色黑者”的蚱蝉称为蜩，《诗经》中便有“四月秀萋，五月鸣蜩”之说。古人又将“小而色青赤者”的寒蝉称为螗，于是《风土记》中有“蟪蛄鸣朝，寒螿鸣夕”之说。

人们以蚱蝉鸣夏，寒蝉鸣秋；以蚱蝉鸣朝，寒蝉鸣夕，但实际上蝉家族并没有如此严谨的时节分工。

对人们来说，春天的燕语莺啼是悦耳的，但夏季的很多声音却是令人怨念丛生的烦恼。夏至蝉始鸣，虽然夏至节气物语只列举了蝉鸣，但盛夏时节“扰民”的声音远不止于此。河洛民歌《五更调》唱道：

一更一点正好眠，忽听蚊虫闹哩喧，嗡，嗡，嗡，嗡。
二更二点正好眠，忽听促织闹哩喧，吱，吱，吱，吱。
三更三点正好眠，忽听蛤蟆闹哩喧，呱，呱，呱，呱。
四更四点正好眠，忽听斑鸠闹哩喧，咕，咕，咕，咕。
五更五点正好眠，忽听更鸡闹哩喧，咯，咯，咯，咯。

《诗经》曰：“如螗如蜩，如沸如羹。”按照汉代郑玄《毛诗传笺》中的解读：“饮酒号呼之声，如蜩螗之鸣，其笑语沓沓，又如汤之沸，羹之方熟。”成语蜩螗沸羹，便是以群蝉鸣叫、羹汤沸腾比喻环境喧闹。因此，蝉始鸣较蜩始鸣更为确切。

蝉并无预告时令的天赋，只是感夏热而鸣。气温超过 20℃始有零星的“独唱”，超过 25℃始有多声部的“合唱”。以分贝数值衡量，蝉鸣多为扰民性质的噪声。

一天之中，蝉鸣通常是“接力赛”，不同时段由不同种类的蝉担任“音乐课代表”，例如中午是蚱蝉，晚上是寒蝉。生物的鸣音，是这个世界活力与动感的一部分。而蝉鸣，是最经典的夏声。

节气物候体系中，“始鸣”的很多，如惊蛰二候仓庚鸣、谷雨二候鸣鸠拂其羽、立夏一候蝼蝈鸣、芒种二候庚始鸣、夏至一候蝉始鸣、立秋二候寒蝉鸣；“不鸣”的却很少，如芒种三候反舌无声、大雪一候鹖鴠不鸣。

很多物候现象，人们往往盎然于其始，漠然于其终。对苦夏的人们而言，蝉不鸣了，才是真正的寂静欢喜。但如今，谁还能注意到从哪一天开始，蝉噪止息了呢？人们在鸟语喧杂、蝉声聒噪的夏天，可修得“蝉噪林逾静，鸟鸣山更幽”之感，实为一种玄美的禅境。

夏至三候·半夏生

汉代高诱在对《淮南子》的注释中说：“半夏，药草也。”宋代卫湜在《礼记集说》中说：“半夏生者，盖居夏之半，而是药生于是时，故因以为名。”

半夏，汉代便已为“药草”，以块茎为药，性味辛温。因为生于农历五月，时值“夏之半”，所以叫半夏。但半夏生的“生”，是指幼苗生而可见，还是块茎生而可采，却存在争议。

唐代颜师古在《急就篇注》中认为：“半夏，五月苗始生，居夏之半，故为名也。”但半夏的物候期并非如此。明代李时珍《本草纲目》中对半夏

福建漳州田螺坑土楼的夏和秋，上图摄于 2023 年 6 月 26 日（夏至时节），下图摄于 2020 年 9 月 24 日（秋分时节）。冯木波摄。

的描述是："生微丘或生野中，二月始生叶……"这是说大体上，半夏是仲春二月生苗，仲夏五月可以采块茎，但仲秋八月是最佳采收期。

宋代《图经本草》载："二月生苗，一茎……五月、八月内采根。"宋代《图经衍义本草》载："半夏……生槐里川谷，五月、八月采根暴干。"明代《群芳谱》中说："半夏圆白为胜……五月采者虚小，八月采者实大，陈久更佳。"

半夏在生长过程中，通常会有两次"倒苗"，即枝叶枯萎。这是在"丢卒保车"，以保证块茎的生长。一次"倒苗"是在仲夏时节，因烈日而枯萎；另一次"倒苗"是在仲秋时节，因寒凉而枯萎。而人们采收块茎正是在半夏的两次"倒苗"期间。

半夏既以块茎为药，人们自然关注的是它的块茎，所以"半夏生"意指其块茎在夏至时节生而可采，符合物候特征和逻辑。但按照"春秋挖根夏采草，浆果初熟花含苞"的采摘理念，夏虽可采，秋则最佳。当然，夏至三候半夏生这项物候标识，也是在借用"半夏"之名提示人们：夏天已经过去一半了！

夏天过去一半的夏至时节，耕耘正忙；秋天过去一半的秋分时节，收获在望。

夏至节气神

民间绘制的夏至神，聚焦于"火"。夏至神通常是左手摇着芭蕉扇，右手拿着火葫芦，脚踩风火轮的童子（哪吒的形象），象征着火热盛夏的来临。

夏至神脚下的风火轮是一种法器，足下生风，轮上起火。芭蕉叶仿佛是天然的仪仗之扇。夏天用它，既可遮阳，也可避雨。

葫芦多籽，所以常被视为子嗣昌盛的象征物。而且葫芦在古代是盛药的容器，我们至今还有这样一句俗语："不知道他葫芦里卖的是什么药。"在古代，盛夏暑热，疾疫盛行，乃是"厉鬼行"所致，所以葫芦成为人们心目中辟邪驱鬼的法器。

不过，有人笔下的夏至神，不是童子而是青年。他一只手拿着喷火的葫芦，体现着夏至时节的阳刚气象。

小暑·蒸炊时节

《说文解字》曰："暑近湿如蒸，热近燥如烘。"

唐代孟浩然诗云："荷风送香气，竹露滴清响。"

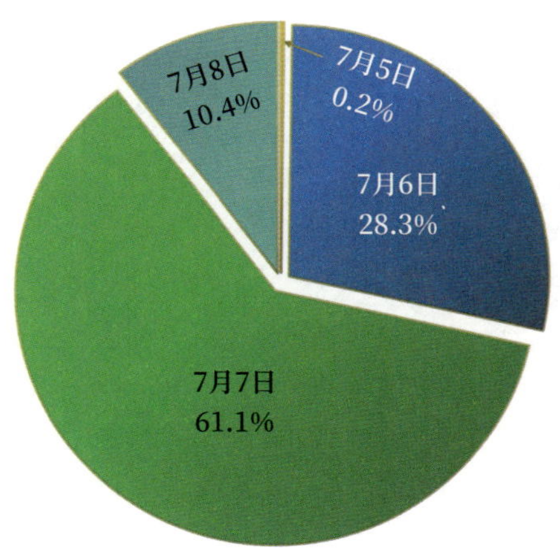

小暑节气日在哪一天？

（1701—2700年序列）

小暑节气，通常是在 7 月 7 日前后。

小暑节气日，夏进入全盛期。夏的领地达到约560万平方千米，已是春之疆域的约两倍。冬的“自留地”只剩下约70万平方千米。小暑时节，夏向600万平方千米的目标继续“开疆拓土”，而西南、新疆、内蒙古、黑龙江的部分无夏区陆续完成春秋交替。

小暑时节的气候特点，是“一出一入”，出是出梅，入是入伏。小暑是南方雨季和北方雨季轮替之时。长江中下游地区梅雨逐渐结束，开始被副热带高压接管。而北方开始进入主雨季。在唐代元稹的笔下，这时“竹喧先觉雨，山暗已闻雷”。渐渐地，北方也有了青霭、绿苔之类的江南意象。

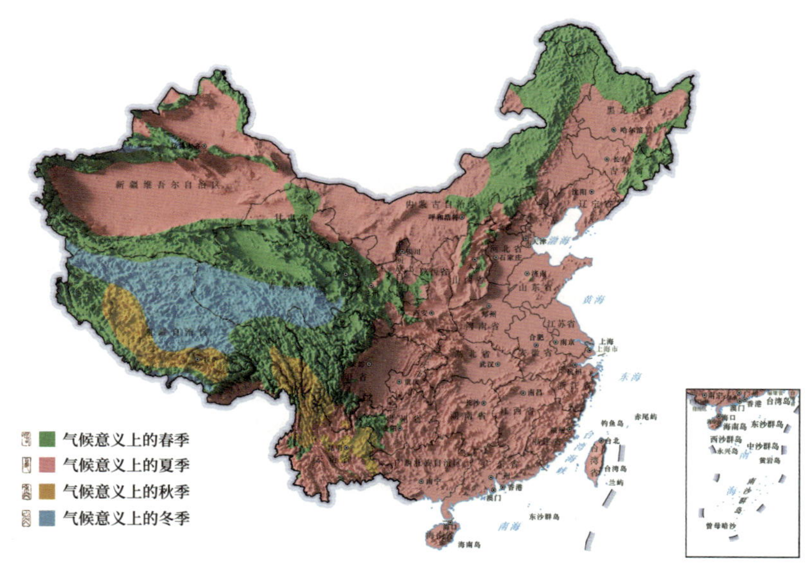

小暑节气日季节分布图
（1991—2020年）

小暑节气日季节分布及变化　　单位：万平方千米							
春季		夏季		秋季		冬季	
面积	变量	面积	变量	面积	变量	面积	变量
约280	-129	约560	127	约50	36	约70	-34

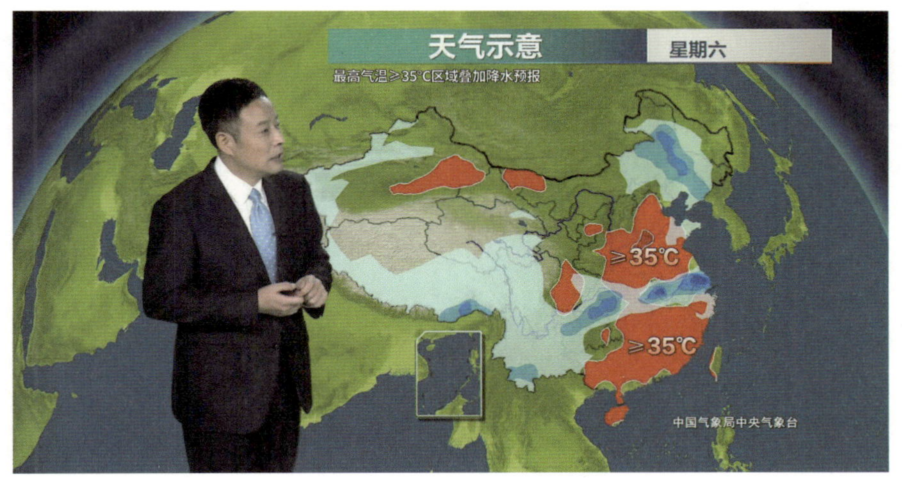

2023 年 7 月 7 日（小暑节气日），CCTV 中文国际频道天气节目截图

中部和东部地区的降雨区和高温区仿佛是“三明治”：东北地区降雨、华北平原高温、长江沿线降雨、江南华南高温。

什么是暑？

农历六月称为焦月，如《尔雅》中曰：“六月盛热，故曰焦。”农历六月也被称为溽月，如《说文解字》所言：“溽，湿暑也。”焦月的焦，体现的是干热暴晒；溽月的溽，体现的是潮湿闷热。

《尔雅》云：“暑，煮也，热如煮物也。”所以暑是高温加高湿的代名词。

小暑时节是天气由干热到湿热的过渡阶段，用烹饪方式形容，是由烧烤到熏蒸，两种烹饪方式的交接时段。古人将其定为小暑的理由是“热气犹小”，是着眼于湿度，而非温度。如果单纯着眼于气温，小暑和大暑谁更热？不同地区有不同的答案。而小暑与大暑，共同构成了全年最湿热的时段，正所谓“小暑大暑，上蒸下煮”。

甗，上半部为甑（zèng），可放置食物、通蒸汽。下半部为鬲（lì），若鼎，为中空，用于煮水。无论是多么精致的甑，身在其中也是受蒸炊之煎熬。韩愈说：“如坐深甑遭蒸炊。”陆游说：“坐觉蒸炊釜甑中。”他们不约而同地用甑、用蒸炊来刻画高温、高湿的天气，此时的人们如同被扣在暖气团的大笼屉里。

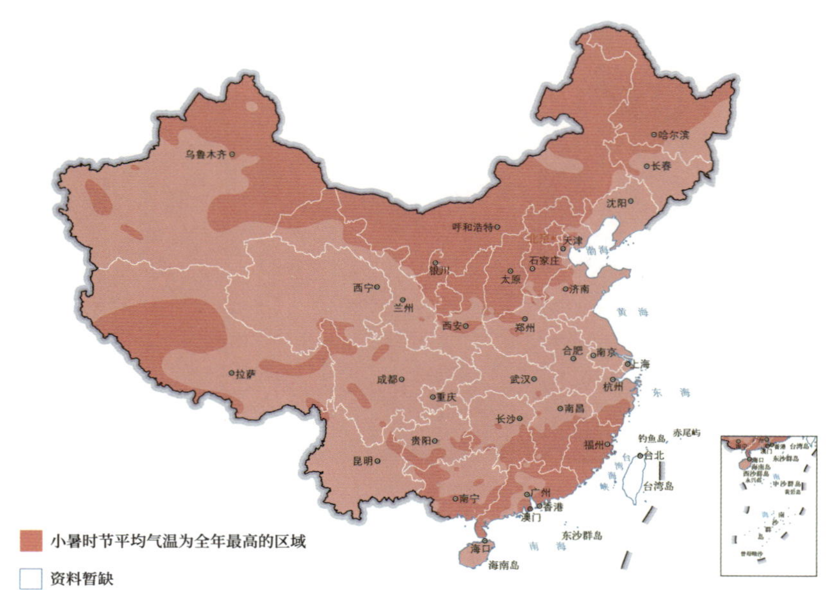
乌鲁木齐
哈尔滨
长春
沈阳
呼和浩特
北京
天津
渤海
石家庄
银川
太原
济南
西宁
兰州
黄海
西安
郑州
合肥
南京
上海
拉萨
成都
武汉
杭州
东海
重庆
南昌
长沙
钓鱼岛
赤尾屿
贵阳
福州
台北
昆明
台湾岛
南宁
广州
香港
澳门
东沙群岛
海口
南海
海南岛
小暑时节平均气温为全年最高的区域
资料暂缺

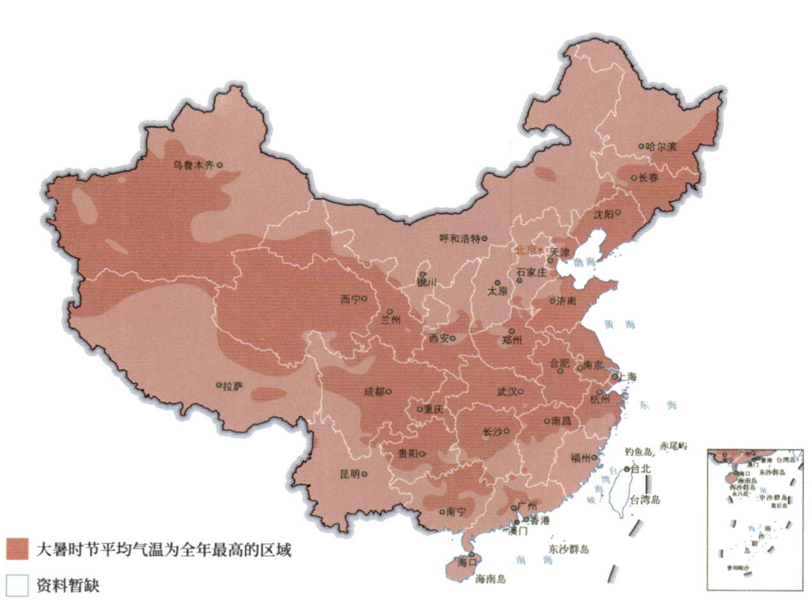
乌鲁木齐
哈尔滨
长春
沈阳
呼和浩特
北京
天津
渤海
石家庄
银川
太原
济南
西宁
兰州
黄海
西安
郑州
合肥
南京
上海
拉萨
成都
武汉
杭州
东海
重庆
南昌
长沙
钓鱼岛
赤尾屿
贵阳
福州
台北
昆明
台湾岛
南宁
广州
香港
澳门
东沙群岛
海口
南海
海南岛
大暑时节平均气温为全年最高的区域
资料暂缺

甑是古代蒸饭的一种瓦器，一般分为上下两部分：上部为甑，用来放蒸物，下部为釜，用来煮水。中间设有通蒸汽的箅子。所以小暑时节“釜甑蒸炊”的天气体感，配以现代的纪录片解说就是：“下面的釜煮水，上面的甑蒸人。密闭的釜甑锁住肉的原味，水热蒸熟，鲜嫩多汁……”

从气温的绝对值来说，当然是烤的温度更高。但烤完全是靠烈日的暴晒，人们还可以在空间上躲一躲，在树荫下、房间里躲避烈日；也可以在时间上躲一躲，日出之前、日落之后，至少还有些许的凉爽。

但蒸就完全不同，它是温度和湿度的相互加持，即使真实温度未必有多高，但人们的体感温度却已是无法承受之高。而且，“夜热依然午热同”，在没有空调的时代，人们无处躲藏。难怪网友吐槽说：“我这条命是空调给的！”

《大热》

［宋］戴复古

天地一大窑，阳炭烹六月。
万物此陶镕，人何怨炎热。
君看百谷秋，亦自暑中结。
田水沸如汤，背汗湿如泼。
农夫方夏耘，安坐吾敢食。

上图为商代兽面纹鹿耳四足青铜甗（yǎn，先秦时期的蒸食器具），江西省博物馆藏。下图为乾隆款掐丝珐琅兽面纹甗，故宫博物院藏。

用现代白话文来说，就是天气太热了，万物仿佛都成了正在被烧制的陶具，整个世界就像一个大窑炉，太阳像炭火一般，在盛夏六月尽情燃烧。农夫在田里耕耘，田里的水像是煮沸的，背上的汗像是盆泼的。人却没有理由抱怨，因为秋天的硕果，都是因为炎热而结实。

盛夏时节最能消暑的，还是一场来去匆匆的午后雷雨。但在南方，人们很忌讳小暑打雷。谚语说："小暑一声雷，翻转倒黄梅。"小暑当日打雷，似乎梅雨季就又回来了。人们希望下雨，但又不希望是连阴雨。人们惧怕热，但又担心天气不热，作物不高兴。"人在屋里热得燥，稻在田里哈哈笑"，如果非要选，那还是让稻子高兴吧。

《汉书·五行志》中说："盛夏日长，暑以养物。"人们更在意万物之长养。

对农民而言，虽然热，但大家不敢对炎热有怨言，因为知道地里的庄稼需要这样的热。汉代崔寔的《农家谚》中便收录了"六月不热，五谷不结"这一则农谚。两千年前来自农民的天气观，便已体现出质朴的理性。

如何消暑？尽管网友调侃说"谁跟我说心静自然凉，我跟谁急"，但在古人看来，暑热之中的心静确实很重要。有人以"荷风竹露"避暑，有人以"雪藕冰桃"避暑。"荷风送香气，竹露滴清响"，人们在与自然物候的和合中清修静气。

当然，人们也会以退藏、隐伏、沉睡、酣醉等方式消暑。在我们心中，古人更崇尚自然，多以凉亭、树荫、蒲扇、清茶的方式消暑。但实际上，古人和现代人一样"食寒饮冷"，嚼冰块，喝冷饮。清代《清嘉录》诗云："初庚梅断忽三庚，九九难消暑气蒸。何事伏天钱好赚，担夫挥汗卖凉冰。"刚

宋代刘松年《江乡清夏图》卷（局部），台北故宫博物院藏

入伏的小暑时节，还是冰块儿最畅销！

长夏火燥，天气张扬着“暴脾气”，人能否“使志无怒”？

19 世纪清代外销画，左图为舍冰水，右图为卖冰核，大英博物馆藏

夏天的打斗场景

左图为明代仇英《清明上河图》(局部)，台北故宫博物院藏；右图为清代绘本《苏州市景商业图册》，法国国家图书馆藏。

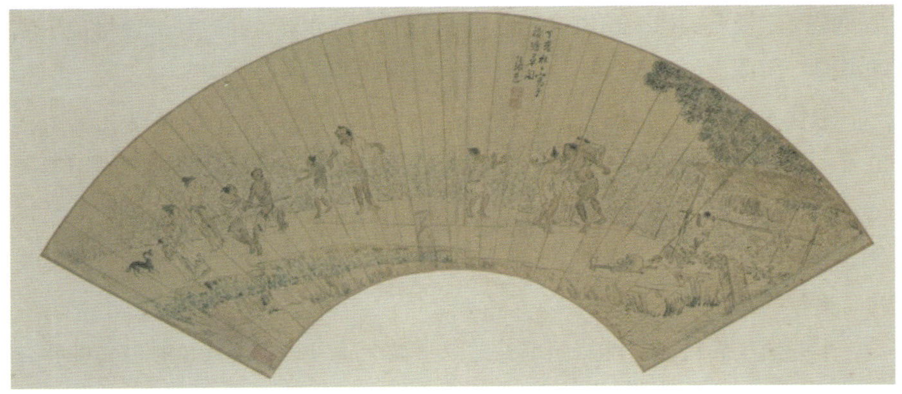

明代张宏《农夫打架》扇页，故宫博物院藏

小暑三候

古人梳理的小暑节气物候是：一候温风至，二候蟋蟀居壁，三候鹰始挚。

小暑一候·温风至

在古人眼中，从夏至到小暑的最大变化，似乎是关于风的体感。

全国平均而言，小暑时节是整个夏天风最小的时段，往往处于干热、暴晒、静风的状态，即使有风，也是热烘烘的风，热风如焚。

《礼记·月令》云："（季夏之月）温风始至。"这时的风是温风，这时的云是静云，用管子的话说，"蔼然若夏之静云"。所谓温风，按照朱熹的解读是"温厚之极"的风。季风气候背景下，在人们看来，春生夏长皆得益于风的温厚。所谓"始至"，不是初现，而是"峰值"。

宋代王应鳞《六经天文编》云："必至未位遁卦，而后温厚之气始尽也。"宋代张虙《月令解》云："夏之温风乃言于夏末者，盖温风至则阳气极也。"元代陈澔《礼记集说》云："此记未月之候，至极也。"元代吴澄《月令七十二候集解》云："温热之风至此而极矣。"也就是说，小暑时节，上苍的"温厚"达到了极致。

中国的气候特征是雨热同季，即雨水最多时段与天气最热时段高度叠合，阳光、雨露在这个时节都变得最慷慨，这是万物的狂欢季。

古人以“温厚之极”概括了中国盛夏的气候禀赋。古人所说的温风，实际上是指副热带高压带来的东南风或南风。苏轼的诗“三时已断黄梅雨，万里初来舶棹风”，就是说小暑出梅了，海上开始吹来热烘烘的东南风，船舶可以借着风回家了。

清代顾禄《清嘉录》载：“梅雨既过，飒然清风，弥旬不歇，谓之‘拔草风’。”舶棹风，在笔笔相传或口口相传的过程中，民间称谓变成了拔草风，倒也特别形象。“赤日炎炎似火烧，野田禾稻半枯焦”，说的便是酷暑烤得秧苗枯萎，杂草枯焦，客观上起到了拔草的功效。文雅的舶棹风、通俗的拔草风，以不同的方式表述着小暑一候温风至。

小暑二候·蟋蟀居壁

蟋蟀，俗名蛐蛐，乃秋兴之虫，盛夏并没有多少存在感。

在古代，蟋蟀多被称为蜻蛚，但别名众多。汉代扬雄《方言》的“蜻蛚”词条中说：“楚谓之蟋蟀，或谓之蛬，南楚之间，或谓之王孙。”汉代蔡邕《月令章句》记载：“蟋蟀，虫名，斯螽、莎鸡之类，或谓之蛬，亦谓之蜻蛚。”三国时期陆玑《陆氏诗疏广要》云：“幽州人谓之促织。”

如今，在人们的潜意识中，蟋蟀居壁似乎是因为惧怕烈日和热浪，所以潜藏起来了。在古人看来，蟋蟀居壁的内在原因是此时蟋蟀尚小，外在原因是此时穴中体感舒适。对蟋蟀而言，这时的所谓阴气尚处于可感、可适的状态。

汉代郑玄在对《礼记》的注释中说："盖肃杀之气初生则在穴，感之深则在野而斗。"唐代孔颖达进而详细解读："蟋蟀居壁者，此物生在土中。至季夏羽翼稍成，未能远飞，但居其壁。至七月则能远飞在野。"

等到大暑时节，蟋蟀长大了，不想再"面壁"了，而且感觉穴中阴气渐盛，于是就到野外嬉戏和争斗。蟋蟀好勇斗狠的生物性情，都被视为肃杀之气使然。"蟋蟀居壁"这项候应，说的虽是蟋蟀，但也是"夏至一阴生"之后古人衡量肃杀之气的一项标识。

故宫博物院藏传为南宋夏圭《月令图》小暑二候蟋蟀居壁图释文字是这样写的："《尔雅翼》云：'蟋蟀，蛩也。'是时，羽翼稍成，感凉气而居壁，非院落之壁，是处土奥之穴也。《诗》云：'七月在野。'火老金柔，商令初隆，此义颇贯。又谓之候虫应时而鸣，性好勇而斗狠，须致胜负而止。非虫好斗，是肃杀之气使之然也。"

小暑二候的候应，有蟋蟀居壁和蟋蟀居宇两个版本。蟋蟀居宇说与《诗经》中蟋蟀"八月在宇"相合。《诗经》云："七月在野，八月在宇，九月在户，十月蟋蟀入我床下。"这描述的是蟋蟀以月为序的活动区域变化。人们是以蟋蟀之所在，表征由夏热到秋凉的气候进程。

但蟋蟀的争斗贯穿整个秋季，所以旧时的斗蛐蛐儿被称为"秋兴"。蟋蟀的鸣唱也贯穿整个秋季，"尚有一蛩在，悲吟废草边"，或许这是万物最后的秋声。按照《毛诗正义》的说法，"虫既近人，大寒将至"，待蟋蟀躲进屋里、钻到床下，便是由秋凉到冬寒之时。

宋代叶绍翁《夜书所见》诗云："萧萧梧叶送寒声，江上秋风动客情。知有儿童挑促织，夜深篱落一灯明。"

蟋蟀，又名"促织"，似有催促纺织之意，秋天"促织鸣，懒妇惊"。

清代《钦定月令辑要》记载："鸣盖呼其候焉。三伏鸣者，躁以急，如曰：'伏天、伏天！'入秋而凉，鸣则凄短，如曰'秋凉，秋凉！'"春天布谷"催耕"，秋天蟋蟀"促织"，似乎总有热心的生灵为我们播报时令。

在人们看来，盛夏季节的避暑，鹰似乎比我们多出一个选项，那就是"鹰击长空"。这时，人们特别羡慕那些能够体验"高处不胜寒"的生灵。但

小暑三候·鹰始挚

是，鹰反倒并没有忙于避暑，而是忙于学习。

小暑三候的候应，通常有三个版本，一是鹰始挚，源自《夏小正》，二是鹰乃学习，源自《吕氏春秋》《逸周书》《礼记》，三是鹰始鸷，源自《农政全书》。

鹰乃学习说的是雏鹰练习捕食之术，属于演习；鹰始挚说的是捕食，属于实战。而鹰始鸷中的“鸷”意为凶猛，是以性情代替行为的一种模糊化表述。

“鹰始挚”是委婉的说法，因为古人避讳“杀”字。汉代戴德《大戴礼记》记载：“鹰始挚，始挚而言之，何也？讳杀之辞也，故言挚云。”

如果与处暑一候鹰乃祭鸟对比来看，鹰乃学习更为恰当。因为鹰乃祭鸟涵盖了在祭鸟之前捕鸟的行为，与鹰始挚的行为相同。而如果小暑时鹰“挚”后而无“祭”，鹰便不足以被古人视为“义鸟”。但对鹰而言，盛夏时不可能只学不捕，“鹰始挚”更契合真实状况。

明代张介宾《类经》曰：“鹰感阴气，乃生杀心，学习击抟之事。”清代《钦定授时通考》载：“《月令》鹰乃学习，杀气未肃。挚鸟始学击抟，迎杀气也。”

小暑时“杀气未肃”，所以鹰“始学击抟”，重点在一个“学”字。到了

“天地始肃”的处暑时，鹰凶猛的捕食行为才刚刚开始。

盛夏时，老鹰是演示捕食之技；幼鹰是练习捕食之技。宽泛言之，这是着眼于季节变化的实战演习。在人们看来，此时的鹰变得异常凶猛，杀气乍现。凶猛，只是一种表象，深层次的原因是鸟类的居安思危。在长养万物的盛夏，有的在疯长，有的在欢唱，而鸟类已经“未雨绸缪”，它们超前地开始做过冬的准备了。鸟类对时令变化的预见天赋，被称为“得气之先”。

在古人看来，小暑三候鹰始挚是肃杀之气将起的物化标识。

小暑节气神

民间的小暑神，大体上有三个版本。

第一个版本是鬼怪。古人认为暑热乃厉鬼所为。小暑时节人们开始数伏的“伏”，体现在闭门静处，所以人们绘制的小暑神多为鬼怪形象。小暑之前的节气诸神，至少都衣裳整齐。而小暑神赤裸着上身，光着脚，一手拿着扇子，一手举着火把（或火盆）。当然，有的鬼怪并不袒胸露背赤足，这或许暗示了天气并未热到极致；或者即使天气再热，小暑神也要持守衣冠礼俗。

第二个版本是僧人。有人将小暑神描绘为一位以护生的慈悲心“结夏安居”的僧人。这使人感到，度夏也是一种修行。或许这也是提示人们如何消

暑的一种示范性图释吧。

第三个版本是将军。暑热盛行，疾疫多发，即使健康的人也往往“疰夏”，眠食不适，力倦神疲。或许一位甲胄在身的将军，可以成为人们安然度夏的守护神。

大暑·溽热炎蒸

《管子》云："天地气壮，大暑至，万物荣华。"

唐代卢照邻云："川光摇水箭，山气上云梯。"

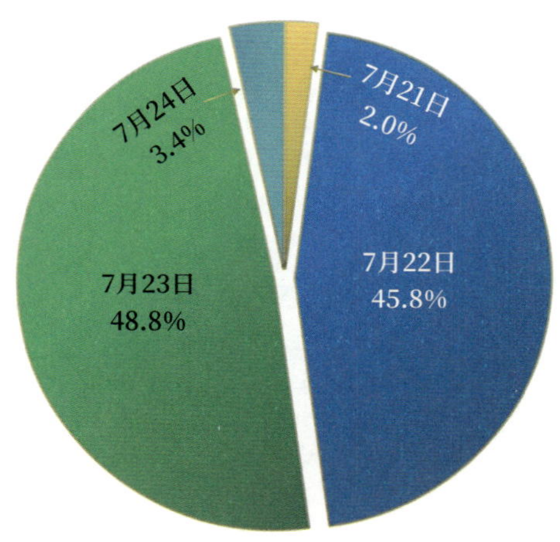

大暑节气日在哪一天？

（1701—2700年序列）

大暑节气，通常是在 7 月 23 日前后。

大暑节气日，夏的领地达到鼎盛，占据约600万平方千米。冬的地盘仅有其十分之一，这也是什么节气都难以撼动的常冬区。而在长冬无夏、春秋相连的区域，大暑时节将全面完成春秋更迭，春逐渐退出季节版图，所以大暑是秋之疆域扩张幅度最大的一个节气时段。

如果仅仅对比气温，小暑和大暑两个节气其实相差无几。那为什么一个叫小暑，一个叫大暑呢？差别就在于湿度。正如古人所说，“土润溽暑”，《易纬通卦验》对此的解读是：“暑且湿。”意思就是湿热，也就是我们现在所说的高温、高湿的桑拿天。因此“大暑前后，衣衫湿透”。

谚语说：“大暑到，树气冒。”溽暑，便是那种湿漉漉的闷热。湿气，好像是从地里、树上冒出来的。热，则由干热的“烧炽”变成湿热的“蒸郁”，换句

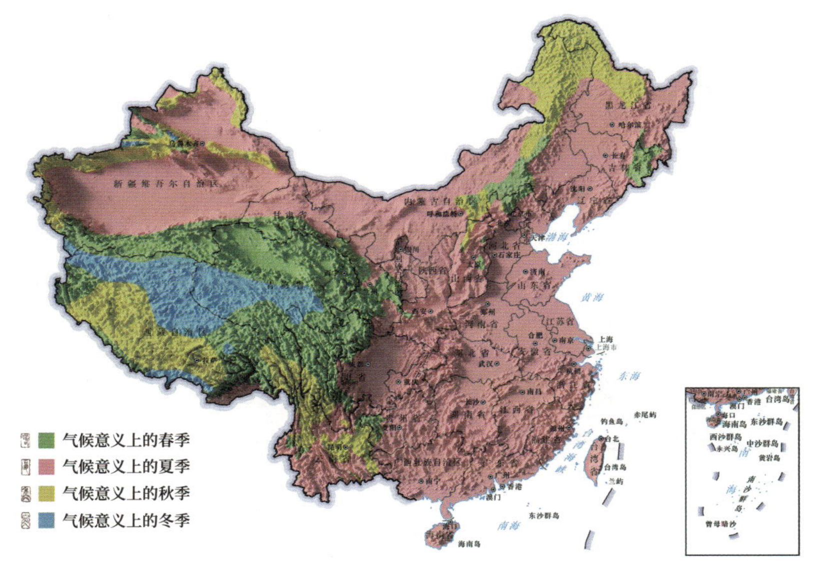

大暑节气日季节分布图
（1991—2020年）

大暑节气日季节分布及变化　　单位：万平方千米							
春季		夏季		秋季		冬季	
面积	变量	面积	变量	面积	变量	面积	变量
约170	-110	约600	40	约130	80	约60	-10

乌鲁木齐
哈尔滨
长春
沈阳
呼和浩特
北京
天津
渤海
石家庄
银川
太原
西宁
兰州
济南
黄海
西安
郑州
合肥
南京
上海
拉萨
成都
武汉
杭州
东海
重庆
南昌
长沙
钓鱼岛
赤尾屿
贵阳
福州
台北
昆明
台湾岛
南宁
广州
香港
澳门
东沙群岛
海口
南海
海南岛
小暑时节“热带夜”为全年最多的区域
资料暂缺

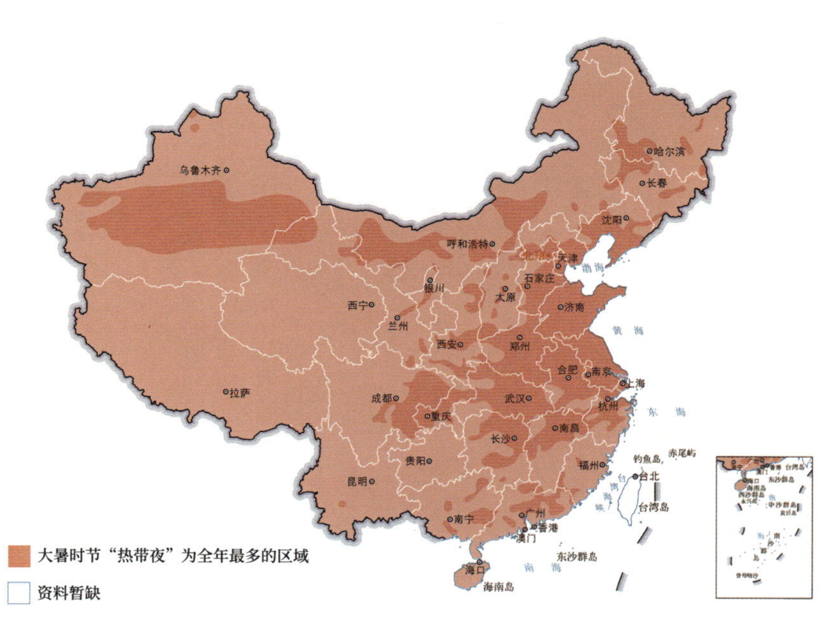
乌鲁木齐
哈尔滨
长春
沈阳
呼和浩特
北京
天津
渤海
石家庄
银川
太原
西宁
兰州
济南
黄海
西安
郑州
合肥
南京
上海
拉萨
成都
武汉
杭州
东海
重庆
南昌
长沙
钓鱼岛
赤尾屿
贵阳
福州
台北
昆明
台湾岛
南宁
广州
香港
澳门
东沙群岛
海口
南海
海南岛
大暑时节“热带夜”为全年最多的区域
资料暂缺

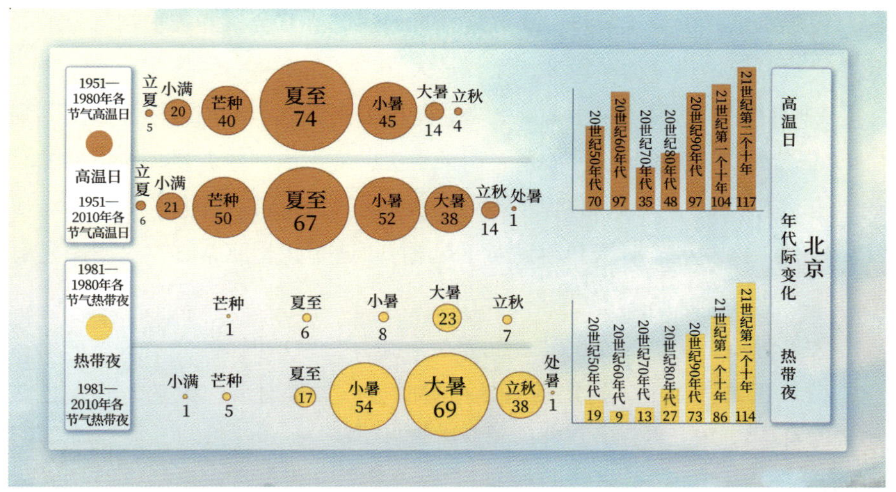

与 1951—1980 年相比，1981—2010 年高温日增加了 23%，热带夜增加了 3.5 倍！而 21 世纪第二个十年高温日和热带夜更是分别增加了 74% 和 7.3 倍！

话说，原来是火辣辣的干热，大暑时节变成了汗津津、黏腻腻的湿热。

明郎瑛《七修类稿》记载：“溽，湿也。土之气润，故蒸郁而为湿暑，俗称龌龊热是也。”天气又湿又闷，让人感觉脏气弥漫，所以这种湿热，也被称为“龌龊”。

“热带夜”，是指日最低气温≥25℃，如同身处热带的闷热日子。在中国，人口最密集的地区，大暑时节的热带夜最多。

而随着气候变化，“热带夜”的增幅远超高温日。与 1951—1980 年气候期相比，2011—2020 年北京的年均高温日增加了七成，而“热带夜”增加了 7 倍！

明代周臣《水亭清兴图》，台北故宫博物院藏

说起北京哪个节气最热，要说高温日最多，是夏至；要说平均气温最高，是小暑，要说“热带夜”最多，无疑是大暑！

按照夏九九歌谣，由小暑到大暑，是由“三九二十七，出门汗欲滴”到“四九三十六，卷席露天宿”，是人们天当房、地当床、数着星星盼清凉的时候，也是人们最有宇宙观的时候。

现在，网友也有对天热时睡觉的吐槽：“这哪儿是凉席呀？这明明是电热毯嘛！”

大暑时节，正是夏季的“土润溽暑”达到极致的时候。“旱云飞火燎长空，白日浑如堕甑中”抱怨的只是白昼时分。大暑时节白天热，晚上也热，是“溽暑昼夜兴”的暑热，暑热的最高境界。

2021 年 7 月 CCTV 中文国际频道的节目，以省和地区的视角报道哪个节气雨水最多，哪个节气天气最热。

中国气候中的“雨热同季”中的雨，也包括台风雨。天气最热的时段，也是台风登陆最多的时段。1949—2021 年，台风登陆数最多的节气前五位依次为大暑、处暑、立秋、小暑、白露。

我们再看看台风主要的登陆时段（芒种至寒露时节）台风登陆数的地域分布。登陆台风最多的大暑时节，台风最“青睐”的是广东、台湾、福建。

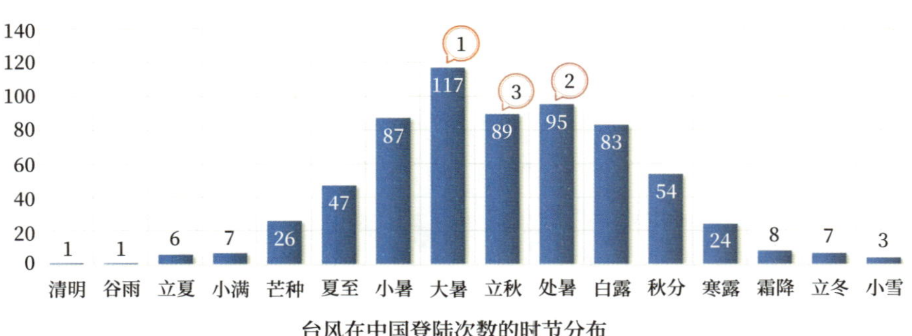

台风在中国登陆次数的时节分布

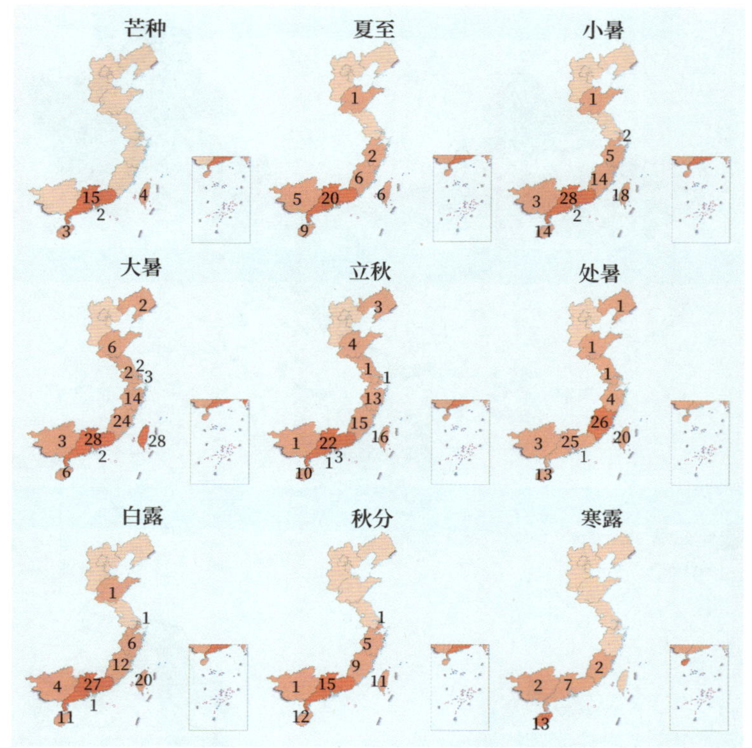

台风登陆的地域分布

注：数字为台风登陆次数（包含二次以上登陆）。

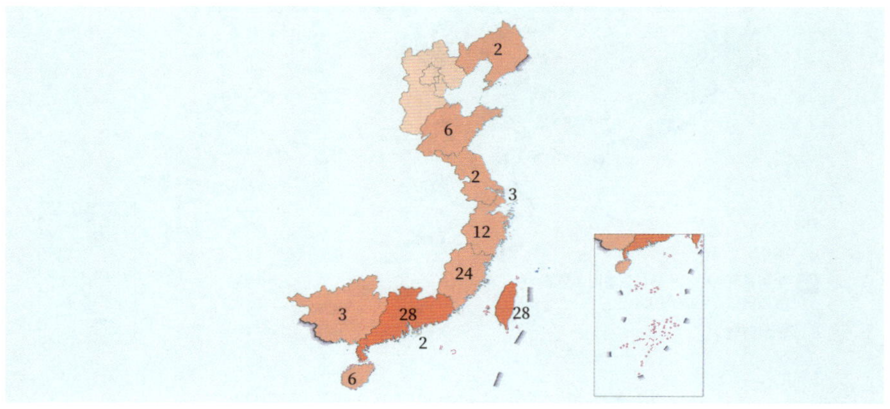

大暑时节台风登陆的地域分布

注：数字为台风登陆次数（包含二次以上登陆）。

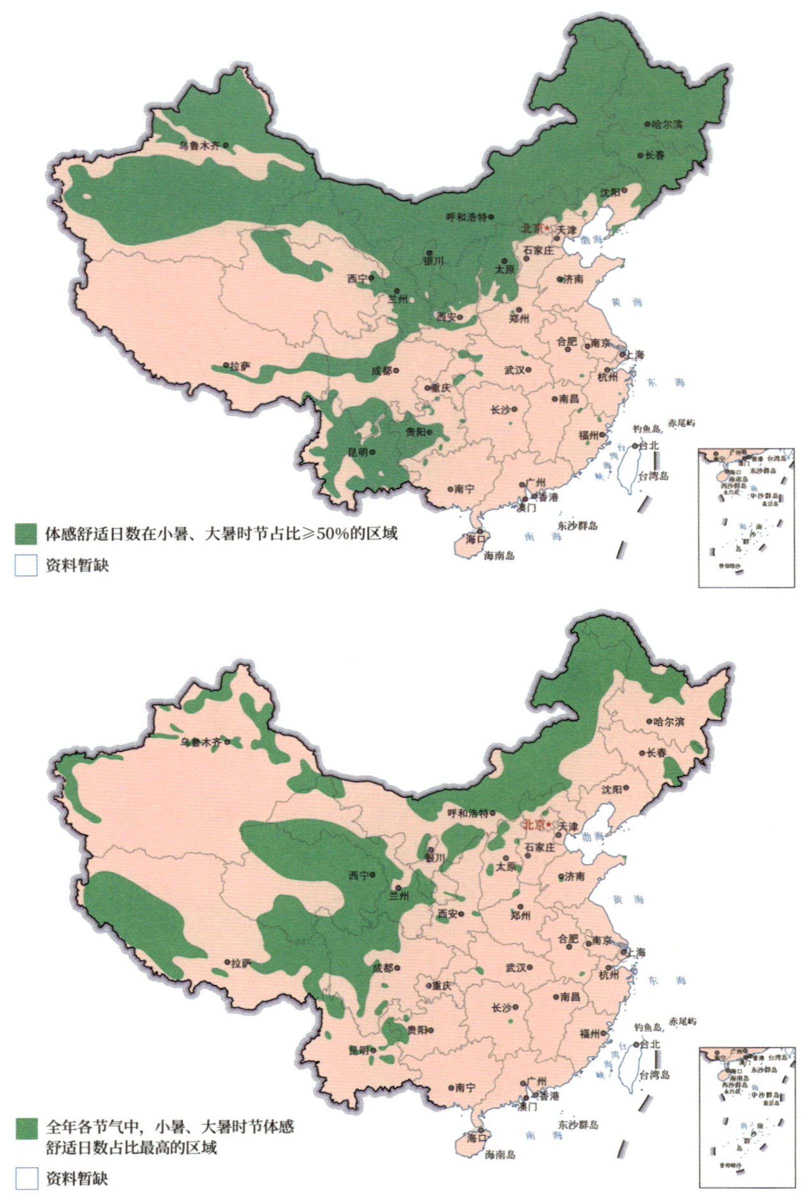

“上蒸下煮”的小暑和大暑时节，哪里清凉呢?

在上图标绿的区域内，小暑、大暑是当地体感舒适的节气（体感舒适日数在节气时段占比≥ 50%）；在下图标绿的区域内，小暑、大暑是当地一年中体感最舒适的节气（体感舒适日数占比最高的节气）。

但随着气候变化，夏至、小暑时节降水量增多，而大暑时节降水量呈现减少的趋势。

小暑大暑，上蒸下煮。蒸和煮的特点，一是加水，二是扣上锅盖。

盛夏时节，强大的副热带高压好像一个大锅盖，把大家都严严实实地罩在里面。炎炎烈日之下，如果缺水了怎么办？“大雨时行”，盛夏时不时地会来一场热对流降水，能够稍微缓解高温。

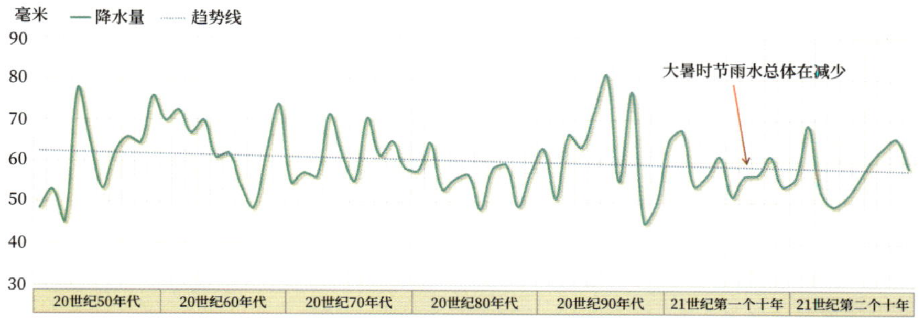

大暑时节的降水量

（1951—2020年逐年，全国测站面积加权平均值）

用唐代诗人权德舆的话说：“三伏鼓洪炉，支离一病夫。”人在伏热面前，宛如一介病夫。躯体“倦眠身似火，渴歠汗如珠”，心神“悸乏心难定，沉烦气欲无”。唯一的办法是期待降雨，“何时洒微雨，因与好风俱”。

但即使有降水，也往往难消暑热，“时暑日烈，其水之热如汤”，有雨水反而像是往热锅里又加了一遍水。

曾经有网友问：“为什么气象台发布暴雨预警，同时还发布高温预警？”另一位网友答：“可能下的是开水！”

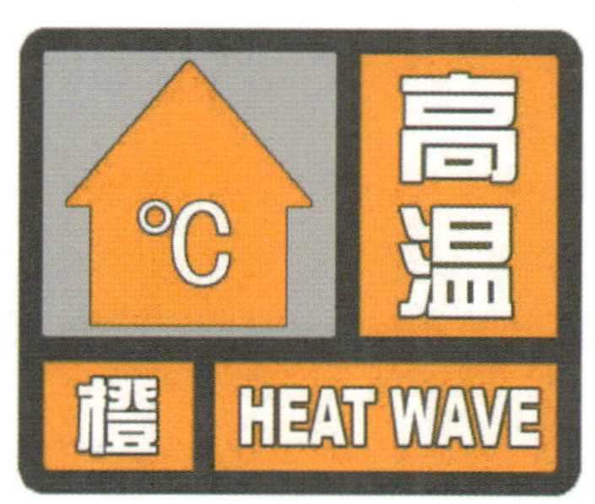

北方地区，大家还经常争论小暑、大暑谁更热，因为大暑时节，北方进入雨季，所以气温反倒没有小暑的时候那么高了。但在南方地区，这个问题几乎没有什么好争论的，大暑是无可争议的高温冠军。而且现在的高温，是那种提前开始、延后结束的“超长待机”的高温。

大暑是全国高温预警最多的节气时段。

人们往往觉得长江边无暑气，很凉快，正如宋洪适《渔家傲》曰：“六月长江无暑气。”这让人误以为这里几乎没有酷暑。但实际上并非如此，杨万里用自己的亲身体验告诉人们，“人言长江无六月，我言六月无长江”，因为“日光煮水复成汤”。

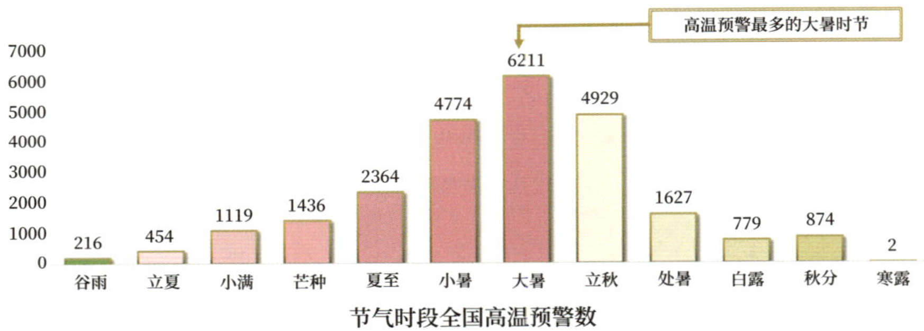

节气时段全国高温预警数

数据为2016—2022年平均值，数据来源：国家预警信息发布中心。

长江沿线的著名“火炉”，哪个节气“火”最旺呢？结果都是大暑。

宋代诗人梅尧臣写道：“大热曝万物，万物不可逃。燥者欲出火，液者欲流膏。飞鸟厌其羽，走兽厌其毛。”盛夏时节，真是热得无处逃避。柴能燃出火，汤能熬成膏。鸟都嫌弃自己的羽毛，兽也嫌弃自己的皮毛。在古人看来，“寒犹可御，而暑不可避”。

酷热如此，即使是大诗人李白、白居易，“穿衣指数”都快降为零了。李白《夏日山中》云：“懒摇白羽扇，裸袒青林中。脱巾挂石壁，露顶洒松风。”白居易《竹窗》云：“是时三伏天，天气热如汤。独此竹窗下，朝回解衣裳。”所以，大暑时节如果还能保持衣衫干爽，服饰整洁，特别值得点赞！

谚语说：“伏天无君子。”伏天把人热得已经顾不得衣冠，顾不得那么多

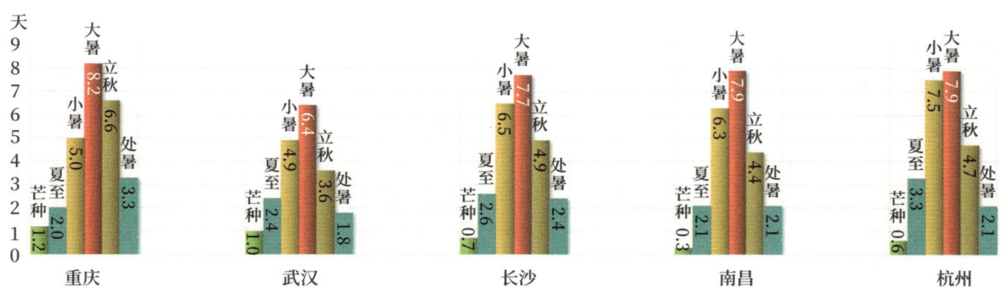

长江沿线“火炉”，哪个节气“火”最旺？
（1981—2010年平均高温日数）

的风度和礼数了。真是“大暑龌龊热，伏天邋遢人”。当然，天气可以龌龊，但人最好不要邋遢，至少不要把天气当作邋遢的理由。

我们常说“小暑大暑，上蒸下煮”，但一般人体验到的只是“上蒸”，农民们感受到的才是“上蒸下煮”。因为“田水沸如汤，背汗湿如泼”。农民们站在水田里，就像站在一锅热汤里。下面被热汤煮着，上面被热气蒸着，汗流得像被水泼了一样。而且人们还觉得大暑就应该是这样的天气。

元代刘贯道《消夏图》，美国纳尔逊–阿特金斯艺术博物馆藏

明代《农政全书》汇总了盛夏理当炎热的各方说法：

谚云：“六月不热，五谷不结。”
老农云：“大抵三伏中正是稿稻天气，又当下壅时最要晴。晴，则必热故也。”
《月令》云：“季夏……行秋令，则丘隰水潦禾稼不熟，正此谓也。”

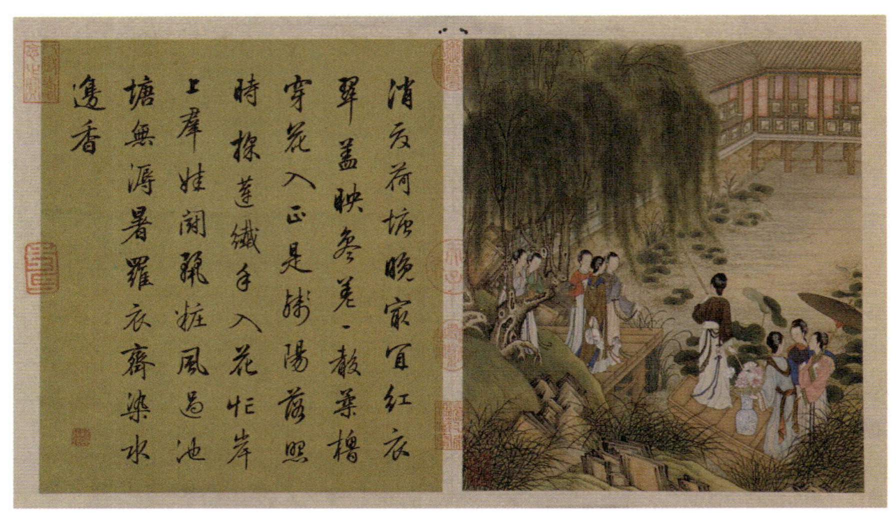

清代陈枚《月曼清游图册》之《碧池采莲》，故宫博物院藏

图中诗云："消夏荷塘晚最宜，红衣翠盖映参差。一声柔橹空花入，正是残阳落照时。採莲纤手入花忙，岸上群娃斗丽妆。风过池塘无溽暑，罗衣齐染水边香。"

不是农民们不怕热，而是因为秧苗们怕不热，因为"大暑不暑，五谷不鼓"。而且，人们发现"大暑热不透，大热在秋后"，反正早晚都要热，那还是在秧苗们长身体的时候热一点吧。相比之下，农民们对盛夏的酷热反倒有着一份淡定的理性。

当然，大暑时节北方进入雨季之时，南方人民却更渴望雨水，正所谓"小暑雨如银，大暑雨如金"。对此，《农政全书》也做了一番解读："夏秋之交，稿稻还水后，喜雨。谚云：'夏末秋初一剂雨，赛过唐朝一囤珠。'言及时雨，绝胜无价宝也。"

我们常将四季分明作为优越的气候禀赋，但夏热冬寒的鲜明四季，尤其雨热同季的盛夏，造就了中国古人的坚韧。气候的张力锤炼了意志力，中国人在大开大合的气候中生生不息。

大暑三候

古人梳理的大暑节气物候是：一候腐草为萤，二候土润溽暑，三候大雨时行。

大暑一候·腐草为萤

所谓“腐草为萤”，是“腐草感暑湿之气，故为萤”的简称。

古人认为草衰败和腐烂之后，生命的运化在继续。稻秆能变成蟋蟀，麦秆能变成蝴蝶，靡草腐烂之后能变成萤火虫。但真实的情况是，因为萤火虫在枯草上产卵，湿热的大暑时节，萤火虫卵化而出。

南北朝时期萧统在《锦带书·林钟六月》中描述：“三伏渐终，九夏将谢。萤飞腐草，光浮帐里之书；蝉噪繁柯，影入机中之鬓。”九夏即将谢幕之时，萤飞蝉噪乃经典物候。

那为什么惊蛰三候是鹰“化为”鸠，而大暑一候不是腐草“化为”萤呢？

清代《钦定授时通考》载：“离明之极，则幽阴至阴之物亦化为明……不言化者，不复原形也。”在古人看来，阳盛之时，幽阴之物成了发光体，幽阴之所也成了明亮处。之所以是“腐草为萤”而不是“腐草化为萤”，因为这种转化是单向的，萤不可化为腐草。正如汉代蔡邕《月令章句》记载：“不复为腐草故不称化。”宋代卫湜《礼记集说》亦云：“不云化者，鸠化为鹰，鹰还化为鸠，故称化。今腐草为萤，萤不复为腐草，故不称化。”

当然，我们无须太较真。即使在古代，这或许也只是一种无关事实的文化表达而已。就像在英语之中，有人将萤火虫很写实地称作发光的虫子（glowworm），有人将萤火虫很写意地称作火在飞（firefly），这是一样的道理。

童谣《大麦秸，火萤虫》唱道：

大麦秸，大麦秸，火萤虫儿上大街。
不打你，不骂你，玩玩就放你。

蝉是盛夏时的发声昆虫，一般是雄蝉唱，雌蝉听。而萤火虫作为盛夏时的发光昆虫，雌虫雄虫是你有你的光，我有我的亮，雌虫的荧光更耀眼。萤火虫密集之处，树都仿佛成了圣诞树。

福建省漳州市南靖县云水谣坎下村，夏至、小暑时节的秘境流萤

左图摄于 2016 年 7 月 3 日 19 点 42 分，右图摄于 2015 年 7 月 11 日 20 点 09 分。冯木波摄。

萤火虫是两千多种能发出荧光的昆虫的总称。在盛夏雨后的夜晚，萤火虫星星点点，没有星辰璀璨，却比星辰梦幻。流萤之美，以大暑为最。只是，现在的萤火虫越来越少了，朱熹诗中的“飞萤腐草寻常事”已不再是寻常事，这也成为很多人童年回忆的一部分。当然，萤火虫并非只在盛夏才有。南方一些地区春分之后便有萤火虫在秘境中翩翩起舞，成为春宵之美的一部分。

浙江丽水莲都区九龙国家湿地公园，春分时节江南湿地的春宵精灵

左图摄于 2022 年 3 月 28 日 19 点 03 分，朱卫中摄。右图摄于 2018 年 4 月 1 日 19 点 29 分，郑叶青摄。

大暑二候·土润溽暑

有一次看电视剧《三国演义》，诸葛亮向鲁肃讲述春、夏、秋、冬的特点：秋天的特点是“雷始收声”，不打雷了；冬天的特点是“虹藏不见”，看不到彩虹了；春天的特点是“雾霭蒸腾”，冰雪消融之后湿气弥漫；而夏天的特点就是“土润溽暑”。实际上，电视剧梳理了原著中诸葛亮对气候规律的认识，然后做了一个集中的表述。

什么是“土润溽暑”？按照元代陈澔《礼记集说》中的解读：“溽，湿也。土之气润，故蒸郁而为湿暑。”

溽暑，是又湿又热，是湿热之最。反映在土地上，指土壤被水浸泡的饱和状态，土地仿佛是“发面儿”的。

汉代王粲《大暑赋》有云：“熹润土之溽暑，扇温风而至兴。”这时的土真的是“热土”，踩在泥土中都会有一种被扎、被烫的感觉。古人以“祁寒溽暑”表征寒暑极致，指代气候带给人的磨难。土润溽暑，是雨热同季的气候使然。而雨热的同步过度叠加，是夏季的气候最大的风险所在。

直到今天，我们对异常多雨的1998年依然记忆犹新。

大雨时行，是“土润溽暑”的续集。“前候湿暑之气蒸郁，今候则大雨时行，以退暑也”，当湿热达到极致，瓢泼大雨就会前来“退烧”。

大雨时行，按照中国最早的岁时典籍《夏小正》的说法是“时有霖雨”，

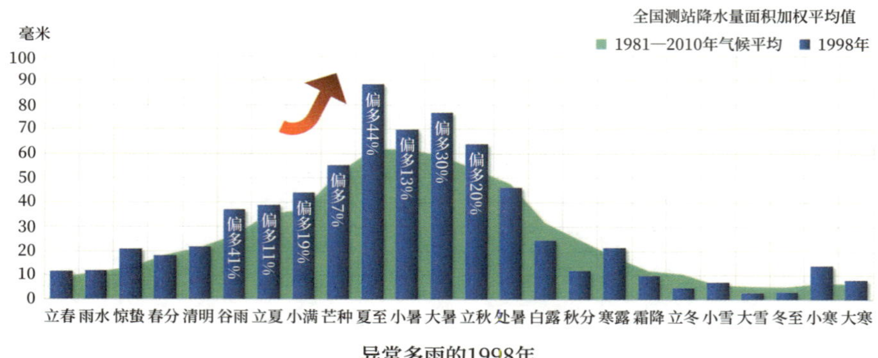

异常多雨的1998年

不是浮皮潦草的雨，而是酣畅淋漓的雨。明代陈三谟《岁序总考全集》中的《七十二候歌》写道："土润郁蒸并暑湿，洗天大雨正时行。"我特别喜欢其中的"洗天"二字，大雨时行可谓洗天之雨，能把天洗得干干净净。

唐代诗人卢照邻的诗句，仿佛盛暑时节的"云水谣"："川光摇水箭，山气上云梯。"这时湿气蒸腾，可骤然成云致雨，于是径流滔滔，水疾如箭。

苏轼《六月二十七日望湖楼醉书》诗云："黑云翻墨未遮山，白雨跳珠乱入船。卷地风来忽吹散，望湖楼下水如天。"苏轼所描述的，便是翻腾的积雨云造成的一场"霖雨"。

大暑三候·大雨时行

大暑时节，南方处在副热带高压的掌控之下，伏旱盛行，所以谚语说“小暑雨如银，大暑雨如金”。除了台风雨，便是午后的热对流降水。但下雨的时间短反而会加重闷蒸感，下雨的时间长一些，才能暂时纾解暑热。

孔颖达《礼记正义》载：“土既润溽，又大雨应时行也。不云降，降止是下耳，故言其流义，故云行，行犹通彼也。”降和行本为同义词，但不说是降，偏说是行，意在形容降雨的急促与飘忽，意在形容雨之流行，更意在形容骤雨降落之后在大地上的奔涌感。

《孟子》中的“油然作云，沛然下雨”便是“大雨时行”的写照，雨后“则苗浡然兴之矣”。郑玄在对《礼记》的注释中写道：“至此月大雨流潦，畜于其中，则草死不复生，地美可稼也。”在人们看来，“大雨时行”既是解渴的雨，也是提升肥力的雨。

盛夏之时，蒸发量大，作物需水量也大，往往“五天不雨一小旱，十天不雨一大旱”。谚语云：“冬旱无人怨，夏旱大意见。”所以，人们感谢“大雨时行”。

大暑时，正是二十四节气起源地区一年一度的短暂雨季。大暑期间的降水量为全年总降水量的四分之一左右。所以谚语说：“小旱不过五月十三，大旱不过六月二十四。”

农历五月十三是关公磨刀日，农历六月二十四是关公生日，人们觉得老天爷总得看在关公的面子上，以雨水普济众生吧。而从气候上看，前者是雷雨多发时，后者是全年主雨季。

大暑节气神

民间的大暑神，通常与小暑神是同一个鬼怪，都是酷热的“鬼天气”的代言者。当然，大暑神和小暑神手中的“道具”有所不同。小暑神手里举着小火把，而大暑神双手顶托着一个大火炉，象征天气热到极致。人们用这种形象的方式区分大暑、小暑之热。

大家笔下的大暑神，装束各有不同：有的是古代军士的装束，有的上身穿着肚兜儿，有的干脆上身赤裸。

还有的大暑神是威风凛凛的两位武将，他们手中的法器，一个喷着火，一个洒着水。一位负责制造炎热，一位负责制造雨水。或许，这既可以体现南方伏旱、北方雨季，也可以体现季风气候的雨热同季。

在浙江台州，人们有送大暑船的海洋文化习俗。祈愿神灵为讨海人除险解困、驱疫消灾。“送大暑船”，已进入国家级非物质文化遗产代表性项目名录。

大暑是伏天

节气简笔画之大暑。左图为大暑风铃，蛙鸣蝉噪时，风铃有清音。右图为大暑船。

立秋·凉风有信

处暑·新凉直万金

白露·玉露生凉

秋分·平分秋色

寒露·风清露肃

霜降·气肃而霜

秋

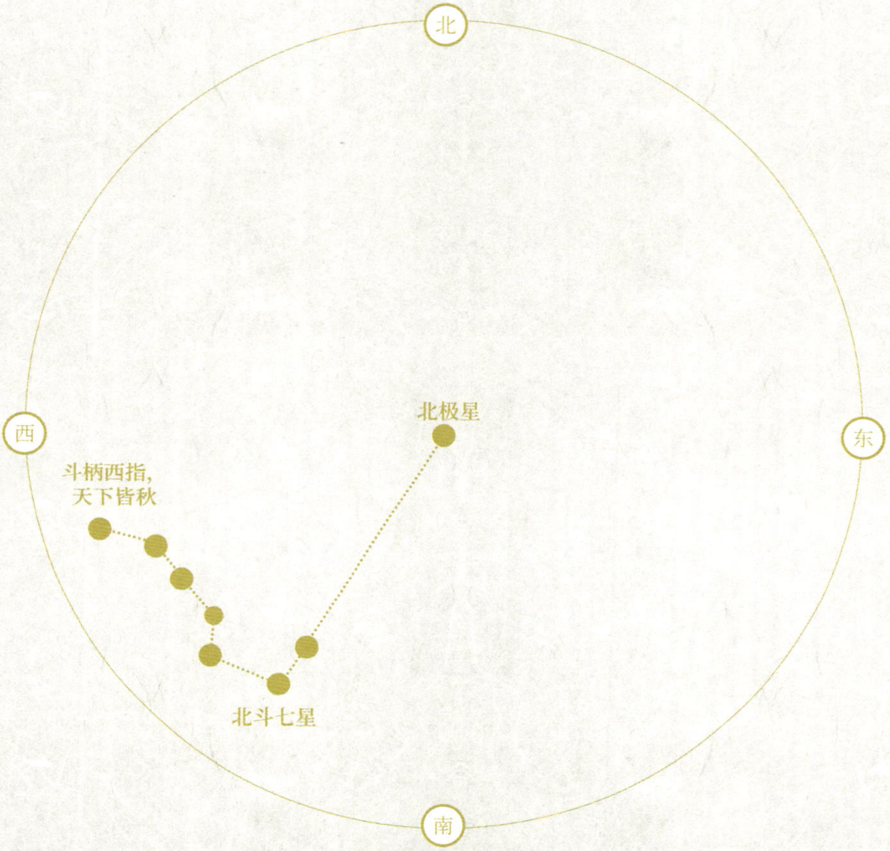

北

西

东

北极星

斗柄西指，
天下皆秋

北斗七星

南

野有蔓草，零露瀼瀼。有美一人，宛如清扬。

——《诗经·野有蔓草》

书法家初志恒先生手书：『秋，秋为收成。秋之气和则白而收藏。』

前半句出自《尔雅》，概括秋季气与象的属性；后半句出自《尔雅注疏》，刻画秋季气与象的常态。

·秋为收成·

收成，具有双重含义。收乃启闭层面的收，成乃华实层面的成。上苍在自如的收放盈缩中完成一个轮回。气始收，使人落寞；但物有成，使人欢欣。当然，这是基于一年一熟的形意。而在一年两熟的农耕体系中，人们知道夏亦有成，例如“小满麦秋至”中的麦秋。

在人们看来，气温上升期的春夏如同来自上苍的恩德，气温下降期的秋冬如同来自上苍的刑罚。所以古人说“德取象于春夏，刑取象于秋冬”。四季更迭，人们“感冬索而春敷兮，嗟夏茂而秋落”。

但秋季是“物皆成象”的丰稔之时。人们面对萧瑟，虽然“悲哉秋之为气也”，但也会有“是谓天地之义气，常以肃杀而为心”的理性见地。

古人曾以“元亨利贞”四个字对应四季，代表天道的四种品德。何以为利？有人解读为：“利者，义之和也。”有人解读为：“利者，万物之遂。”因此，看似肃杀的秋三月，并非刑罚，而是上苍在精神和物质层面的双重施与。

立秋·凉风有信

《释名》曰："秋者，緧也。緧迫万物，使得时成也。"

唐代司空曙云："向风凉稍动，近日暑犹残。"

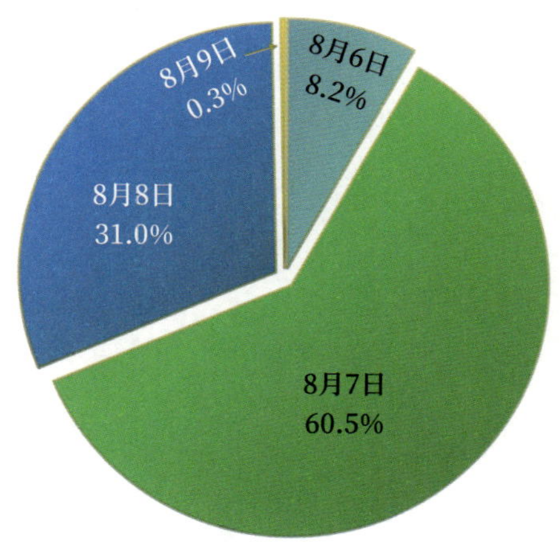

立秋节气日在哪一天？

（1701—2700年序列）

立秋节气，通常是在 8 月 7 日前后。

立秋节气日，北方部分地区率先入秋，夏的领地缩减至约 530 万平方千米，为大暑时的 88%。秋的领地少部分来自夏秋更迭，大部分来自春秋交替，面积由 130 万平方千米猛增至约 365 万平方千米。而且在立秋结束时，秋之疆域迅速扩张至 520 万平方千米，强力完成对夏的反超。

2019 年立秋时节，陕西的一位农民在其微博中写道："知了叫得累了，瓜园的西瓜卸园了，甜瓜藤上留下的蛋儿也被孩童们摘去了，吃了一个夏天的桃子已慢慢退去。夏天越走越深，秋天伸出双手来交接，满山遍野的枣儿透出了黄色。核桃熟了，苹果有了味道，红薯蔓铺开了长，小动物们开始在玉米地边活动了……这是一年里最美丽的光阴。"立秋的一切似乎都与吃有关。

说起立秋，人们很自然地会想到"立秋贴秋膘"。

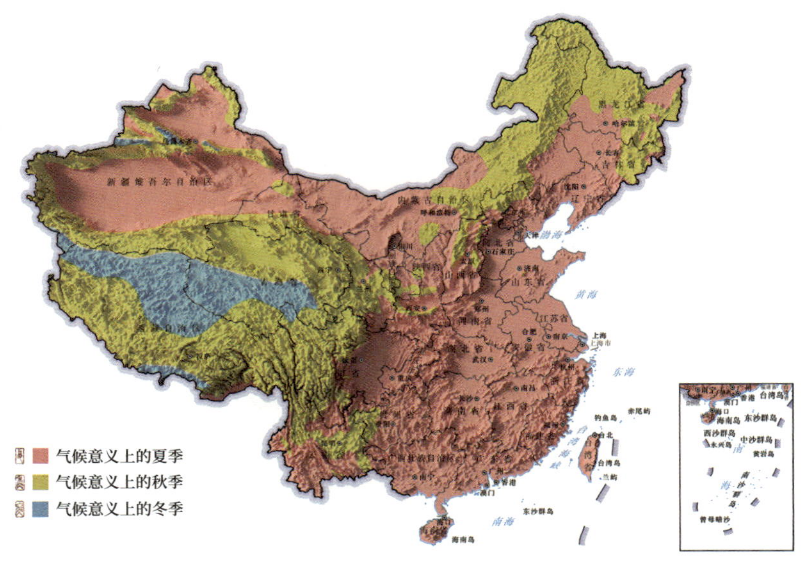

立秋节气日季节分布图
（1991—2020年）

立秋节气日季节分布及变化　　单位：万平方千米							
春季		夏季		秋季		冬季	
面积	变量	面积	变量	面积	变量	面积	变量
0	-170	约 530	-70	约 365	235	约 65	5

从前是因为夏天天气太热，夏天干农活太累，而且消夏的能力也有限，人常常被热得没有食欲，也没有睡意，所以日渐消瘦，没精神，也没力气。一到立秋，得多吃一点油水，赶紧自我“补贴”。

宋代林椿《果熟来禽图》，故宫博物院藏

立秋的众多食俗中，除了“贴秋膘”和食用生津润燥之物，还有防范痢疾、腹泻这些秋季常见病相关的饮食建议，这体现出人们的前瞻意识。

人们也常用红纸写下“今日立秋，百病皆休”的字贴在墙上，希望这个秋天不是“多事之秋”。

什么是秋？从春生、夏长、秋收、冬藏的视角看，古人以立春、立夏为“启”，二者体现了上苍之慈；立秋、立冬为“闭”，二者体现了上苍之严。但无论启还是闭，严还是慈，或许都是天地对万物的悲悯。

春天，护佑万物复苏；夏天，纵容万物成长；秋天，可以有获得感；冬天，可以有休养期。

按照《说文解字》，“秋”和“年”字，代表的都是禾谷之熟。从这个意义上说，秋，是集四季之大成者，也是年的代名词。人们祈盼“天赐常教大有秋”。“有秋”也自然成为丰年的代名词。“五谷皆熟，为有年也”，有丰厚的秋成，年才成其为年。只不过，年侧重的是谷物由荣而枯的一个周期律；秋侧重的是谷物由华而实的一个截止点。

在云南大理，我听到白族的朋友问候“你好”音似“立秋”，好奇地一问才得知，原来“秋”代表“好”。人们心目中的美好，便是岁月秋好。

什么是立秋？

南北朝时期的《三礼义宗》中写道：“七月立秋，秋之言揫，缩之意。阴气出地，始杀万物，故以秋为节名。”元代《月令七十二候集解》解释：“秋，揪也，物于此而揪敛也。”所谓“揪敛”，本义是抓住。引申义是，到了这个季节，天地趋于收敛，万物渐次成熟。

文人的说法很晦涩，但农民的做法很浅显——揪。秋天确实是从“揪”开始的。提手旁加上秋，乃为揪，可见秋天是一个需要动手的季节，有勤劳的手，才有丰厚的收。

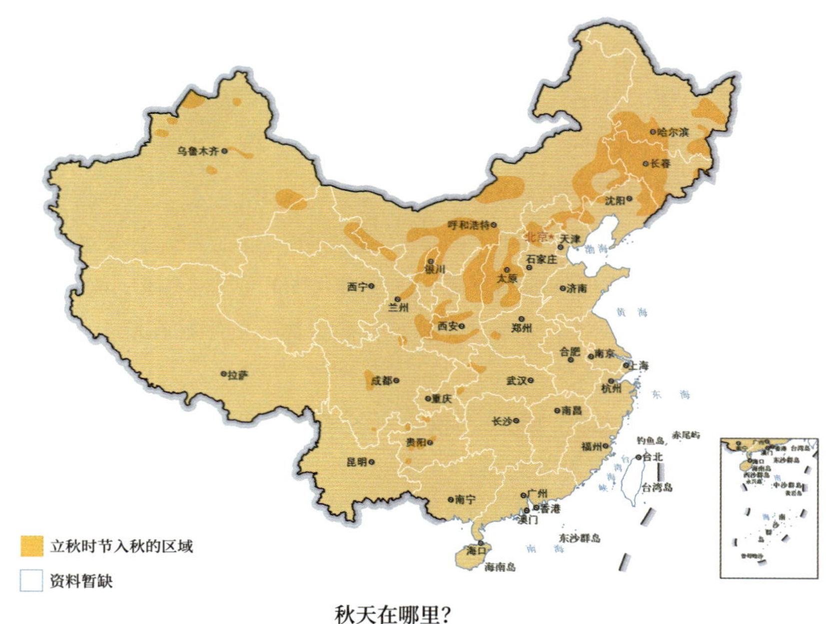

秋天在哪里?

从前在北方，人们是“立了秋，扇子丢”，“处了暑，被子捂”，然后“白露身不露”，到了寒露时节，是“冷得扛不住，翻箱找衣裤”，就连新闻播音员都在节目中呼吁人们“尊重降温”，说“秋裤及腰，胜过桂圆枸杞”。

但南方还远远不行，南方往往“小暑大暑不算暑，立秋处暑正当暑”，立秋、处暑是“小暑大暑，上蒸下煮”连续剧的冗长续集。立秋尚未秋，末伏仍是伏，不能“身在伏中不知伏”。

在南方，谚语说“立秋末伏，鸡蛋晒熟”。稻田里的泥鳅都可能被烈日晒死，所以立秋也有“煎秋”之说。而且这样的天气具有很强的可持续性，在副热带高压的笼罩之下，伏热盛行。谚语说“立秋十八曝”，很可能是连续半个多月的暴晒。

通常每年的“七下八上”（7 月下旬—8 月上旬）是全国多数地区的最热

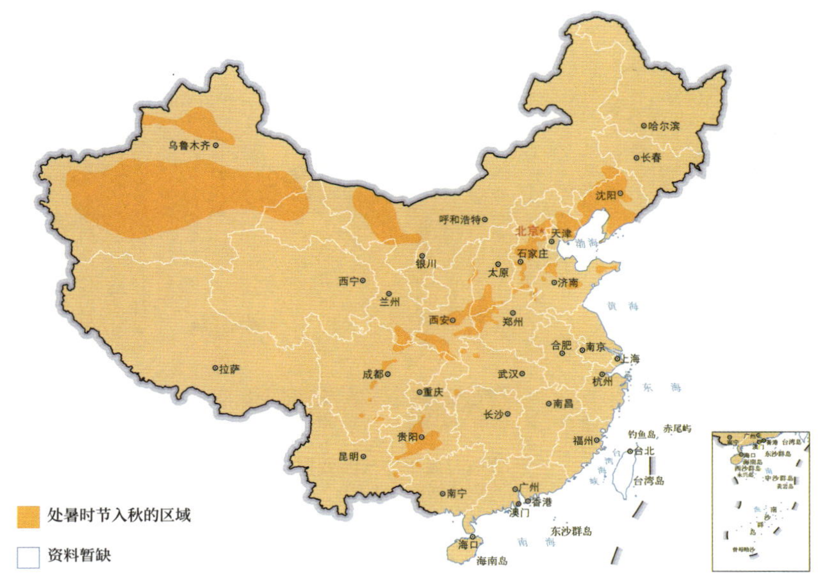
哈尔滨
长春
乌鲁木齐
沈阳
呼和浩特
北京
天津
渤海
石家庄
银川
太原
西宁
济南
兰州
黄海
西安
郑州
合肥
南京
上海
拉萨
成都
武汉
杭州
东海
重庆
南昌
长沙
钓鱼岛
赤尾屿
贵阳
福州
台北
昆明
台湾岛
广州
南宁
香港
澳门
东沙群岛
海口
南海
海南岛
处暑时节入秋的区域
资料暂缺

哈尔滨
乌鲁木齐
长春
沈阳
呼和浩特
北京
天津
渤海
石家庄
银川
太原
西宁
济南
兰州
黄海
西安
郑州
合肥
南京
上海
拉萨
成都
武汉
杭州
东海
重庆
南昌
长沙
钓鱼岛
赤尾屿
贵阳
福州
台北
昆明
台湾岛
广州
南宁
香港
澳门
东沙群岛
海口
南海
海南岛
白露时节入秋的区域
资料暂缺

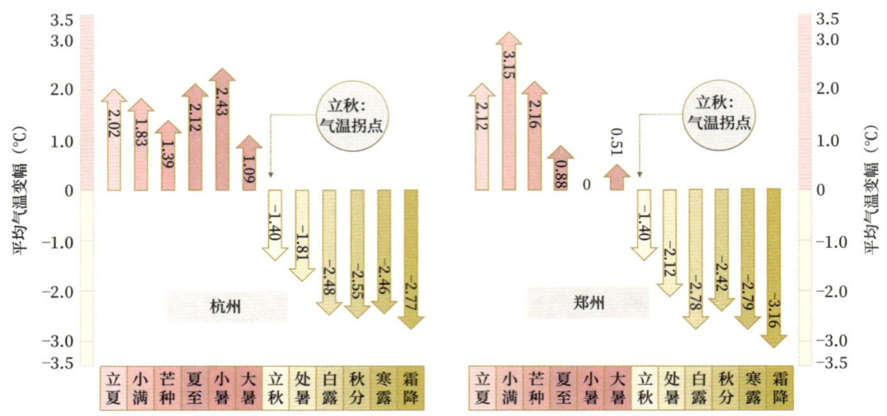

节气时段平均气温变幅

(1991—2020年)

时段。“七下八上”，经常把人热得七上八下的。

虽然立秋是气温的拐点，但它毕竟是揪着大暑的尾巴来到我们面前的，尚在伏中，依然承袭着暑热的本色。虽然谓之“秋”，立秋却是二十四节气中仅次于大暑、小暑，第三热的节气。

小暑、大暑最热，小寒、大寒最冷，这两点并无争议。但季军是谁存在悬念，季军的比拼主要在立秋与夏至之间。特别是 21 世纪第二个十年，立秋在最热 32 天滑动序列中的占比已达 19.3%，接近小暑的 23.3%，秋老虎之盛，前所未有。

人们往往会有这样的感触，春暖之后没多久，炎热的天气便尾随而至。但长夏之后，秋凉却是缓缓地甚至偷偷地降临。可谓骤然入夏，悠然入秋。

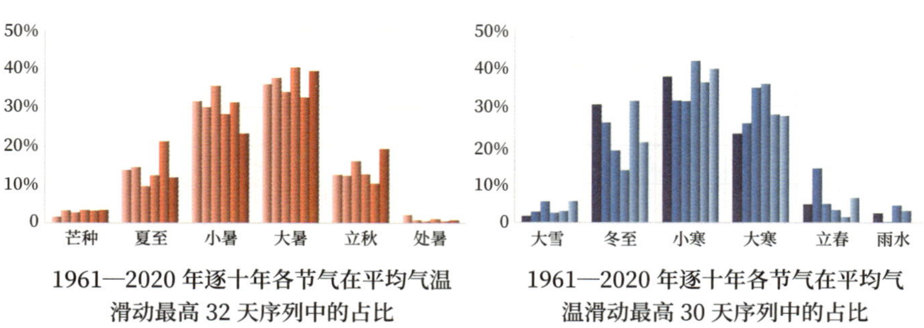

1961—2020 年逐十年各节气在平均气温滑动最高 32 天序列中的占比

1961—2020 年逐十年各节气在平均气温滑动最高 30 天序列中的占比

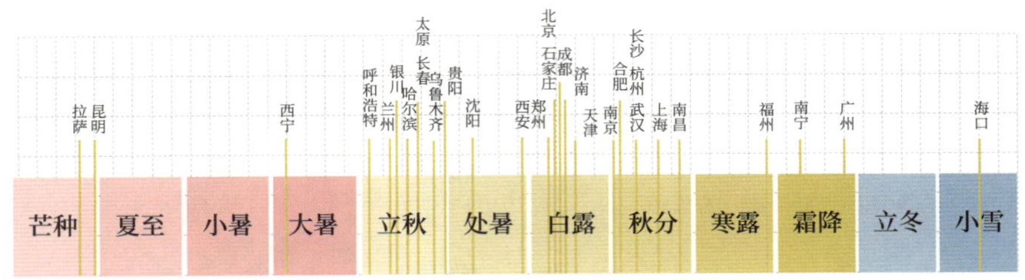

省会级城市入秋进程

气候无夏城市的入秋日期由平均气温的拐点判定。在四季更迭中，夏秋交替的“战线”最长。

立秋时节，人们的感觉很微妙，“向风凉稍动，近日暑犹残”。人们到生风之处、成荫之所躲避残暑，正所谓：“汀葭肃徂暑，江树起初凉。”

春夏交替快，夏秋更迭慢，季节变换的节奏有着鲜明的差异。夏来如山倒，夏去如抽丝。古人觉得“秋期如约不须催，雨脚风声两快哉”，你根本不用催促秋天，它随着风雨，很爽快地就如约而至。但现在不一样，秋期违约，催亦无果。

2022 年的立秋，是整个观测史上最热的一个节气，超过任何一个小暑、大暑。8 月 12 日，中央气象台史无前例地发布高温红色预警，红色预警期持续 11 天（8 月 13 日—23 日）。全国有 12% 的国家级气象观测站最高气温打破历史纪录。

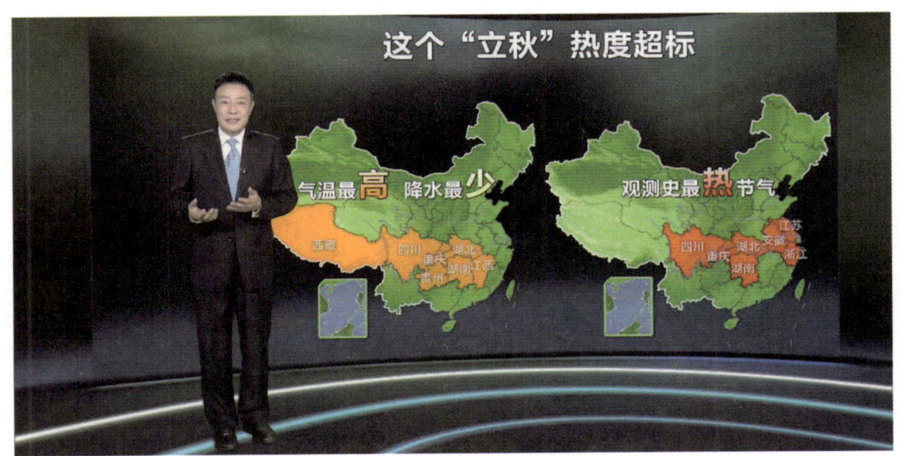

2022 年 8 月 23 日《天气预报》节目截图

重庆 8 月 8 日—26 日连续 19 天最高气温≥ 40℃。日最高气温 43.7℃（8 月 19 日），日最低气温 34.9℃（8 月 19 日）均刷新历史纪录。2022 年立秋，是高温预警最多的节气时段，高温预警是常年同期的三倍。

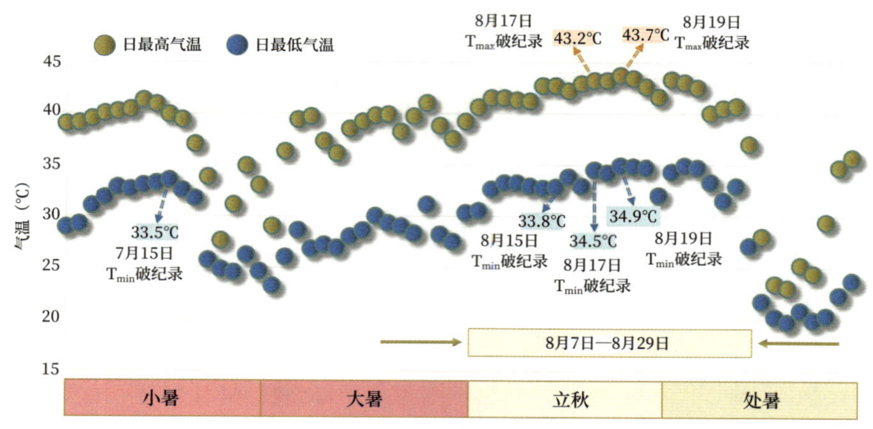

2022 年重庆的秋老虎

气温屡次刷新历史纪录，甚至在立秋三候的 8 月 19 日，日最低气温 34.9℃、日最高气温 43.7℃，均创造历史纪录。

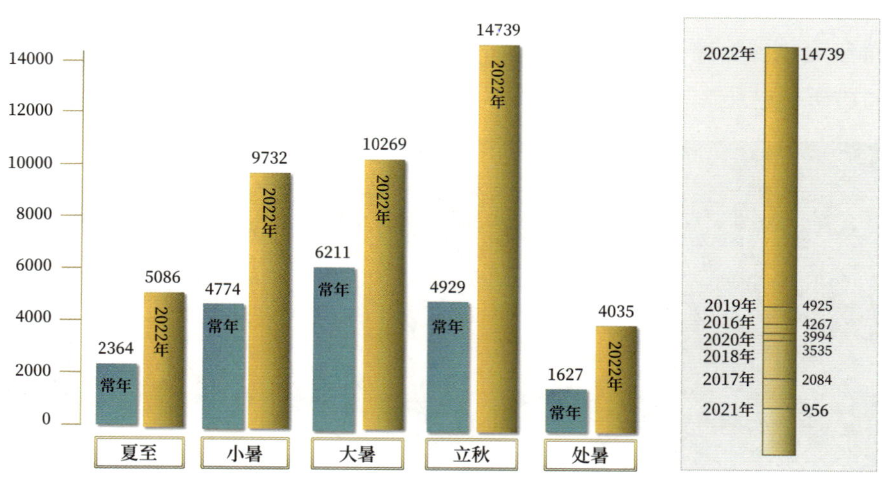

夏至到处暑时节全国高温预警总数
(2016—2022年均值对比2022年)

2016—2022 年立秋时节
高温预警数逐年对比

宋代钱选《花草螽斯》，台北故宫博物院藏

在没有气温计量标准的古代，人们是以什么方式体现秋天的降临呢？《淮南子·说山训》中记载：“见一叶落而知岁之将暮，睹瓶中之冰而知天下之寒。”人们以“一叶知秋”的理念，通过看似微小的细节窥见夏秋交替，正如诗中所云：“山僧不解数甲子，一叶落知天下秋。”现在日本仍有这种入秋的仪式感——“桐一叶”。

当然，“一叶落而知天下秋”是基于当时人们的眼界，以为天下同秋。现在我们知道，有些地方一年之中并没有秋天。而且，各地并非同时入秋。

宋代《梦粱录》记载：“立秋日，太史局委官吏于禁廷内，以梧桐树植于殿下，俟交立秋时，太史官穿秉奏曰：‘秋来！’其时梧叶应声飞落一二片，以寓报秋意。”这是说立秋那天，有一个官方的“报秋”仪式。太史官在宫廷内高声奏报：“秋天来了。”说话之间，梧桐的叶子便“很乖巧、很配合地”落下一两片。梧桐落叶最终也成为官方认可的秋季来临的物化标志，正所谓“秋凉梧堕叶，春暖杏开花”。

怎么会那么巧，一立秋，太史官一说“秋来”梧桐就落叶？你也会怀疑可能有“托儿”吧？可惜，你也没有证据。

在北京，我有这样的体验：大暑时节地上会有被雨打落的槐花，立秋时节地上会有被雨打落的残叶，但那是被雨打下来的，不是被人喊下来的。

初秋的落叶，往往会使人受到一种触动，“早秋惊落叶，飘零似客心”。

宋代《东京梦华录》云：“立秋日，满街卖楸叶。妇女儿童辈，皆剪成花样戴之。”宋代《梦粱录》云：“（立秋日）都城内外，侵晨满街叫卖楸叶，妇人女子及儿童辈争买之，剪如花样，插于鬓边，以应时序。”

四九三十六，争向露头宿

五九四十五，树头秋叶舞

六九五十四，乘凉不入寺

夏九九歌谣简笔画之四九、五九、六九

立秋，正值五九、六九的交替之际，刚刚走出暑热的巅峰时刻。既然一叶落是新秋降临的物候标识，于是人们买楸叶、剪楸叶，然后戴在头上，算是迎接秋天来临的一种习俗。

从前，官方和民间盛行立秋占卜，套用专业术语，就是以立秋日作为推测后续天气气候的“初始场”。相当于在刚刚入秋之际，掐算整个秋季的收成，甚至来年的年景。立秋占卜大体分为两类：一是基于天气，二是基于天文。

我们先看基于天气。

宋代《岁时广记》记载：“立秋日天气清明，万物不成。有小雨，吉；大雨，则伤五谷。”有人认为立秋这一天，“天气清明，万物不成”，晴天不好；“多风落稻”，刮大风更不好；“大雨则伤五谷”，大雨也不好，最好下雨，但最好下小雨；而且下雨还不要打雷，“雷打秋，高地只半收，低地水漂流”。立秋打雷容易出现洪涝，但也有人认为“雷震秋，禾多收”，立秋打雷反而是预兆丰收的好兆头。这分寸，老天爷可真不好把握！

不过总体而言，立秋时节的降雨还是一件好事情。“立秋三场雨，秕稻变成米”，无论是水稻还是大豆、玉米、棉花，对雨水都有着旺盛的需求。

清代《帝京岁时纪胜》记载：“秋前五日为大雨时行之候，若立秋之日得雨，则秋日畅茂，岁书大有。谚云：‘骑秋一场雨，遍地出黄金。’”

再来看基于天文。

《清嘉录》载：“土俗以立秋之朝夜占寒燠。”这就是古人根据立秋的具体天文时刻来占卜。早在东汉，崔寔的《农家谚》中就收录了“朝立秋，凉飕飕，夜立秋，热到头”的说法。后来，词句稍有改动，最著名的说法就是“早立秋，凉飕飕；晚立秋，热死牛”。

这个说法有两种解释：第一种解释是，立秋准确的天文时刻是早上还是晚上？也就是“此于一日之早晚辨立秋也”，古人以中午十二点为界限，之前的是早立秋，之后的是晚立秋。第二种解释是，立秋在农历六月还是七月？也就是“此于两月之间分立秋之早晚”，如果在农历六月就是早立秋，七月就是晚立秋。

这两种解释，在古代都流传甚广。有按照立秋的天文时刻来判断年景的，如谚语云：“亮眼秋，有的收；瞎眼秋，一齐丢。”这是说白天立秋收成好，晚上立秋收成差。也有按照立秋的农历时间判断年景的，如谚语云：“七月立秋慢悠悠，六月立秋快加油。”这是说如果立秋在农历七月，秋收就问题不大；如果在农历六月，就要更勤快。

从前沿海地区流传着一句谚语：“六月秋，紧溜溜；七月秋，秋后油。”这是说如果立秋在农历六月，冬天来得早，讨海的人要及早歇息。如果立秋在农历七月，入冬较晚，还可以继续讨海多赚些“油水”。

此外，还有以立秋日的农历日期来作为判据的，如“公立秋，凉悠悠；母立秋，热死牛”，日期是单数为公立秋，双数为母立秋。

当然，人们会综合多个判据来进行推测，思路有点像现代天气预报中的“集合预报”。

2019 年，我们曾在《立秋日气候占卜类谚语验》一文中，集中验证了天文类判据、气候类判据共六大类项的立秋日气候占卜类谚语。

其中可信度最高的，是以“立秋日风向”，即以冬季风风向为西风、西北风、北风还是东北风，夏季风风向为东风、东南风、南风还是西南风来预测北京（时间序列 70 年）整个节气秋季（立秋至霜降时节）气温显著偏高还是偏低（气温距平≥ 0.5℃或≤-0.5℃），预测准确率约为 72%。

明代唐寅《采莲图》，台北故宫博物院藏

就物候而言，秋天是收获的季节。就气温而言，秋天是酷暑之后的宜人季节。所以人们对秋天有着格外的偏爱。初秋时节迎秋，中秋时节赏秋，深秋时节辞秋。

古时候，秋天有这样几项仪式。

首先，立秋之日迎秋，是天子亲自率领三公九卿、诸侯大夫一起，到西郊去迎候秋天的到来。

其次，立秋时节，作物陆续成熟，“农乃登谷”，天子品尝新谷之前还要将刚收获的新谷供奉给先祖。

再次，如果立秋之后天气依然炎热，即我们现在所说的秋老虎，仲秋之时还要举行仪式驱除暑热，让秋天真的像是秋天。这是在驱除阳气，所以“天子乃难，以达秋气”，必须由天子亲自操办仪式。古人认为“阳者君象”，诸侯以下的人没有资格驱除阳气。春夏之交的时候“毕春气”，是由巫师操办。但“达秋气”，只能由天子操办。可见，迎接清秋之气是四季之中的最高礼仪。

最后，做秋社，即报答神灵护佑，欢庆五谷丰登。

综上，入秋之后的四项仪式为迎秋节、荐秋成、达秋气、做秋社。

古时做秋社，原本是在秋分前后，是立秋后的第五个戊日；后来提前到农历七月十五，以祭祀田神的方式，延续着秋社的古意。根据清代顾禄《清嘉录》的记载：“中元，农家祀田神。各具粉团、鸡黍、瓜蔬之属，于田间十字路口再拜而祝，谓之‘斋田头’。案：韩昌黎诗：‘共向田头乐社神。’

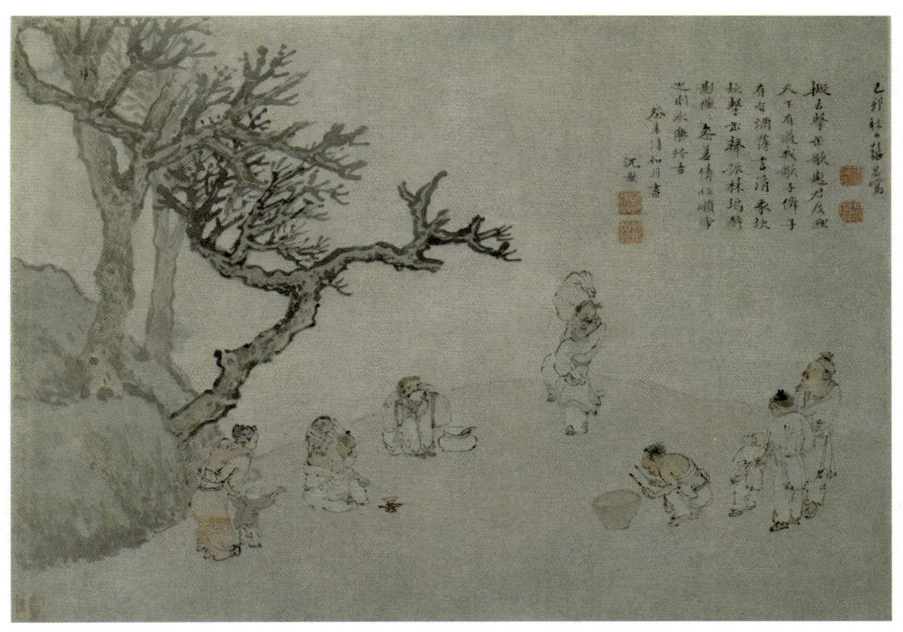

明代张宏《击缶图》，首都博物馆藏

又云：‘愿为同社人，鸡豚宴春秋。’《周礼疏》云：‘社者，五土之总神，又为田神之所依。’则是今之七月十五之祀，犹古之秋社耳。”

有人是立秋避秋，因为立秋时还很热，人们也累到“立秋处暑，凭墙着裤”，即累到穿裤子的时候都站不稳，得靠着墙。当然，立秋避秋算不上是节日，只是擦擦汗、歇歇脚、透透气、定定神儿的休息日。

有人是立秋赶秋。所谓赶秋，既是感恩神灵护佑的答谢会，也是秋收之前的动员会，更是春夏大忙之后的狂欢节。赶秋的农事背景是水田、旱地的作物已经黄熟，年景好坏已成定局。

立秋三候

古人梳理的立秋节气物候为：一候凉风至，二候白露降，三候寒蝉鸣。

《淮南子·天文训》将立秋物候定义为“立秋凉风至”，所以“凉风至”不只是立秋一候的候应，而是整个立秋时节人们最深刻的感触。这种感触是

立秋一候·凉风至

气温、风向、相对湿度变化的集成。

唐代王粲《凉风至赋》云："龙火西流，凉风报秋。"凉风，是报秋者。古人常常将报秋之风描述为"一笛秋风"，秋风仿佛有了乐感。

什么是凉风？《淮南子》中将西南风称为"凉风"，高诱在对《吕氏春秋》的注释中说："凉风，坤卦之风。"凉风，可以无关乎体感，仅仅指代风向，也可以是风向和体感的双重指代，体现着凉而未寒的细腻体感。

唐代孔颖达在对《礼记》的注释中认为："凉风至，凉寒也，阴气行也。"宋代张虙《月令解》载："七月时候也，凉未至于寒，故秋为凉风。若北风，其凉则寒矣。"明代顾起元《说略》载："凉风至，西方凄清之风曰凉风，温变而凉，气始肃也。"

凉风至，也作"盲风至"。唐代孔颖达解读："秦人谓疾风为盲风。"后世也以"盲风怪雨"形容疾风骤雨。

对大多数地区而言，立秋凉风至，未必是指立秋一到便疾风大作，转瞬清凉，成为熬暑之人的解救者。所谓凉风，只是西风或西南风的代称而已。

且不说南方"立秋处暑正当暑"，即使对北京而言，立秋时节白天的气温其实也与大暑相差无几（平均最高气温只相差 0.4℃左右）。

宋代范成大《立秋二绝·其一》诗云："三伏熏蒸四大愁，暑中方信此生浮。岁华过半休惆怅，且对西风贺立秋。”

立秋时节最突出的变化是盛行风转为来自干燥内陆的西风，能让人隐约有一点久违的干爽感觉。对苦夏已久的人们而言，他们似乎感受到了一份来自上苍的赦免之意，所以“屈指西风几时来”。

为了让秋天来得更具仪式感，人们将凉风奉为立秋的图腾，朱熹将“凉风至”视为“严凝之始”。立秋的气候标识是“凉风有信”，物候标识是“一叶知秋”。因风而气凉，因风而叶落。

在古代月令体系中，孟秋之月凉风至，仲秋之月疾风至，后者即杜甫笔下的“八月秋高风怒号，卷我屋上三重茅”中的疾风。孟秋时清风初起，仲秋时疾风渐至。风向和风力都是人们心目中季节更迭的标志。

清代光绪帝的诗《秋意》云：“一夕潇潇雨，非秋却似秋。凉风犹未动，暑气已全收。桐叶碧将堕，荷花红尚稠。西郊金德王，武备及时修。”他写出了从夏令到秋令之间一种微妙的分寸。

“凉风犹未动”，不满足“立秋凉风至”的物候标识，“桐叶碧将堕，荷叶红尚稠”，也不满足“一叶知秋”的物候标识，但一番夜雨，已然神似秋天。

即使没有冷气团爆发带来的凉风，冷、暖气团对峙时，冷气团的渗透也可以营造秋意。一场夜雨便在这将秋未秋的时候，令暑气收敛。

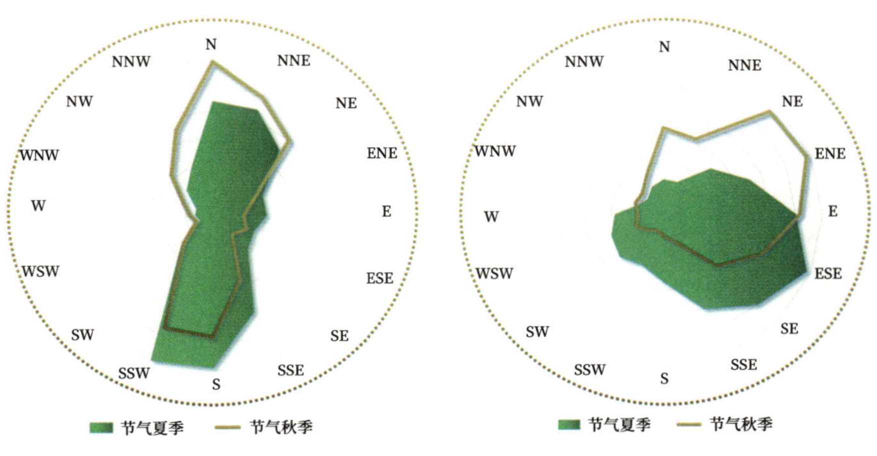

北京节气夏季与节气秋季风向玫瑰图

南京节气夏季与节气秋季风向玫瑰图

在中国季风气候背景下，时节不同，风向不同，风的属性不同。虽然立秋时气温并没有显著的变化，但风向中来自干燥内陆的西风增加，令人们倍觉干爽，似有凉意，于是也就有了立秋“凉风至”的候应。虽然在文化语境中，秋季与西风对应，但诸多的地区秋季的盛行风并非西风。

立秋二候·白露降

汉代郑玄在对《易纬通卦验》中立秋“白露下”的注释中写道：“白露，露得寒气始转白。”

立秋二候白露降中的所谓白露，并不是白露节气的露水，亦不是用来形容仲秋“阴气渐重，露凝而白”的意象。立秋的“白露降”，只是初秋时节的薄雾蒙蒙。

在古人看来，立秋白露降，是“茫茫而白者，尚未凝珠”，这似乎是白露的雏形。

之所以特地称之为白露——“示秋金之白色也”——只是为了突出白色是秋天的标准色而已。

苏轼的《赤壁赋》作于壬戌年七月十六日（1082 年 8 月 12 日），相当于“定气法”界定的立秋二候。《赤壁赋》中“白露横江，水光接天”的“白露”就是立秋二候白露降中的薄雾，还是弥漫在江上的薄雾，而非白露节气的露珠。

初秋常见的天气意象有和风、新凉、细雨、轻烟、流岚，似乎初秋的一切都很素淡、清朗。此时的雾气，常被人称为颇具诗意的“霭”。人们并不厌烦雾霭，人们甚至喜欢在模糊朦胧的低能见度状态下，感受和谐的时令之美。这是诗人和画者所偏爱的朦胧意境，一种细腻的感性与文化偏好。

用汉代董仲舒的话说：“雾不塞望，浸淫被洎（jì）而已。”“白露降”式的雾气并未遮蔽视野，只是浸润了天地，撩拨了诗心。在浓墨重彩的盛夏之后，或许这一抹薄雾，最是令人怡然欢喜。

“滔滔清夏景，嘒嘒（huì，意指微弱）早秋蝉。”在诗人笔下，夏季最经典的是画面，秋季最经典的是声音。“滔滔”代表豪放的夏景之扬，“嘒嘒”代表婉约的秋声之抑。

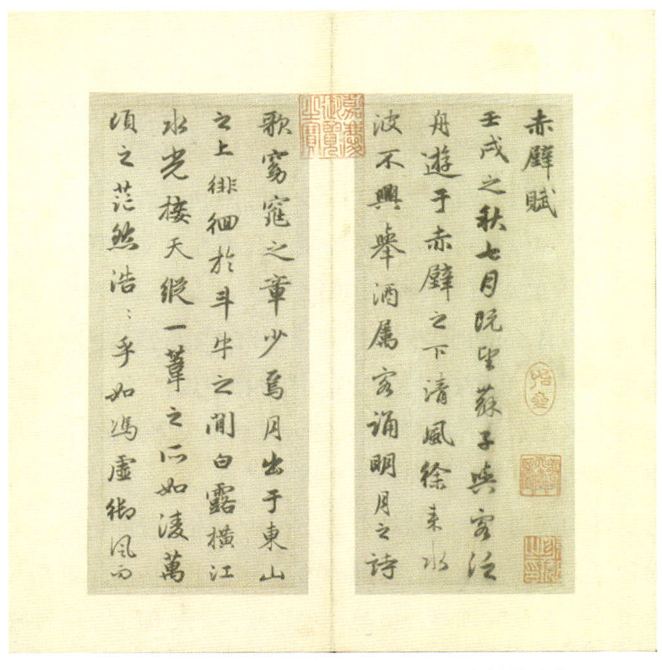

元代赵孟頫所书的苏轼《赤壁赋》，台北故宫博物院藏

夏天，寒蝉与众蝉和鸣，但到了秋天，似乎只有寒蝉“独唱”。金风始至，初酿秋凉。寒蝉鸣，仿佛是关于暑气消退的预告。在蝉家族里，寒蝉在古诗词中“出镜率”最高。秋风初生之时，三国时期曹植说：“秋风发微凉，

立秋三候·寒蝉鸣

寒蝉鸣我侧。”秋雨初歇之时，宋代柳永说：“寒蝉凄切，对长亭晚。骤雨初歇。”秋云初起之时，唐代郎士元说：“薄暮寒蝉三两声，回头故乡千万里。”那若断若续的寒蝉之鸣，乃秋之凄美，令人恻隐和怜惜。

古代人们将夏蝉称为蜩，秋蝉称为螿。高诱在对《吕氏春秋》的注释中说：“寒蝉，得寒气鼓翼而鸣，时候应也。”

秋蝉和夏蝉有什么区别呢？汉代郑玄在对《礼记》的注释中说：“寒蝉，寒蜩，谓蜺也。”宋代邢昺在对《尔雅》的注释中说：“蜺，一名寒蜩，又名寒螿，似蝉而小，青赤色者也。”宋代鲍云龙在《天原发微》中说：“寒蝉鸣，得阴气之正。寒蜩又曰寒螿，似蝉而小青赤。”

秋蝉与夏蝉的区别在于，秋蝉个头小一些，体呈青赤色。

螿噪而秋至，应候而秋悲，寒蝉与西风、落叶、白露、青霜一同构成了悲凉的意象组合。立秋寒蝉鸣，虽是一项物候标识，但也是一种唤醒愁绪的文化符号。寒蝉沙哑的叫声仿佛文人在秋凉时节哀婉的心声。

而当气温低于 20℃时，蝉声便止息了。

鸿雁渐远之际，人们眼前是蝉噤荷残的景象。寒蝉沉默了，荷叶凋零了。成语“噤若寒蝉”，便是形容深秋时节肃杀氛围中的集体沉默。

立秋节气神

立秋

在古人看来，立秋时，阴气结束“闭关修炼”的阶段，始有肃杀之气，一切政令也要顺应时气之变。

秋季是“用兵”的时节。按照古代的月令，立秋节气，天子到西郊迎秋之后，要赏赐“军帅武人”，然后“乃命将帅，选士厉兵”，秣马厉兵。

所以，在立秋神的角色感上，人们似乎有着高度的默契。民间绘制的立秋神，通常是一身戎装的军中教头，英姿飒爽。他一手挥令旗，一手持大刀，有一丝“沙场秋点兵”的意味。

但也有文官形象的立秋神，首服为明代笼巾，一手抚带，一手做着剑指、托髯、端袖之类的戏剧化动作。

当然，还有人将立秋神绘为头戴楸叶的少年郎，或者手持“秋令”、高奏“秋来”的太史官。

处暑·新凉直万金

元代《月令七十二候集解》记载："处，止也，暑气至此而止矣。"唐代白居易诗云："离离暑云散，袅袅凉风起。"

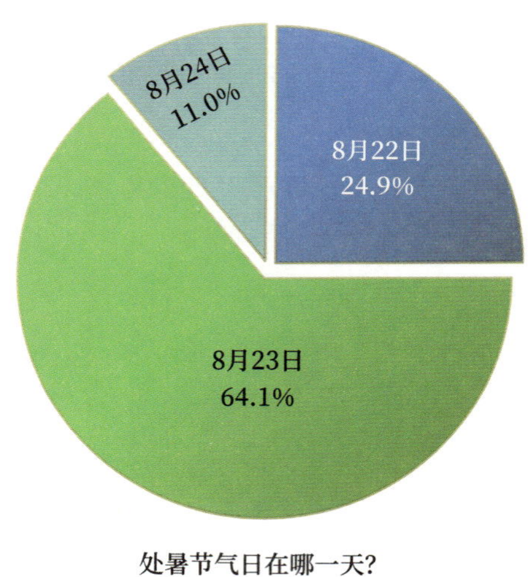

处暑节气日在哪一天?
(1701—2700年序列)

处暑节气，通常是在 8 月 23 日前后。

处暑节气日，长城以北地区已相继入秋，秋的领地达到约 520 万平方千米，并在整个处暑时节向 600 万平方千米的“小目标”继续扩张，随后秋迅速进入全盛期。冬也在夏秋的“混战”中伺机抢占秋的地盘，逐渐将势力范围扩充至 100 万平方千米以上。

处暑的处是停止、隐退之意，指暑热之气到此结束。有人借用入伏、出伏的说法，将处暑称作“出暑”，即摆脱了暑气的困扰。处暑，是“言渎暑将退伏而潜处也”。

《诗经》有“七月流火”之语，通常是指天蝎座的心宿二慢慢地偏西，也有学者认为是英仙座流星雨上演之时，一般每年此时，暑热就消退了。

“四时俱可喜，最好新秋时。”按照陆游的说法，虽然春、夏、秋、冬

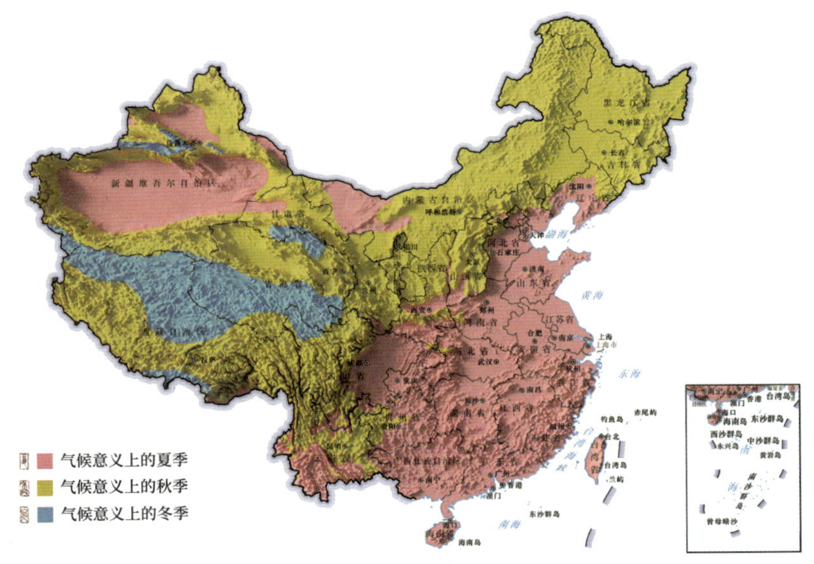

处暑节气日季节分布图

（1991—2020年）

处暑节气日季节分布及变化　　单位：万平方千米					
夏季		秋季		冬季	
面积	变量	面积	变量	面积	变量
约 360	-170	约 520	155	约 80	15

雨热同季的区域

（1981—2010年）

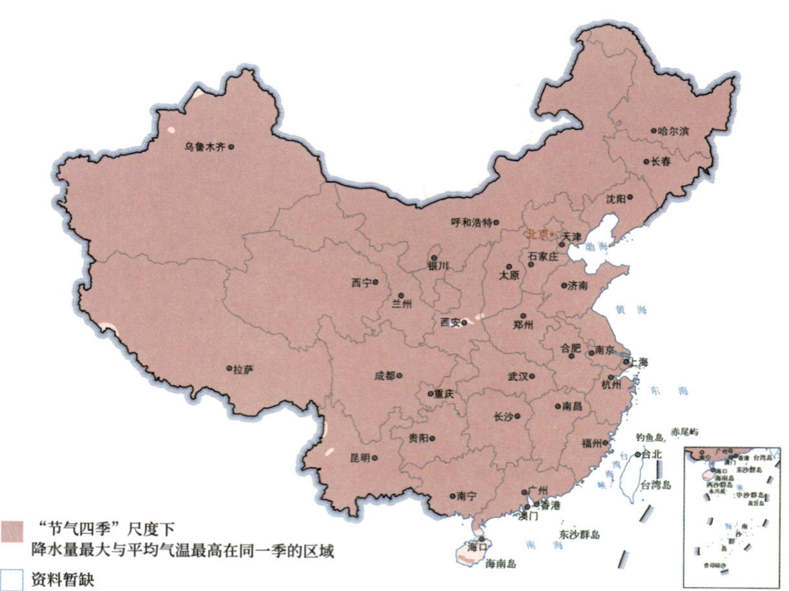

雨热同季的区域

（1991—2020年）

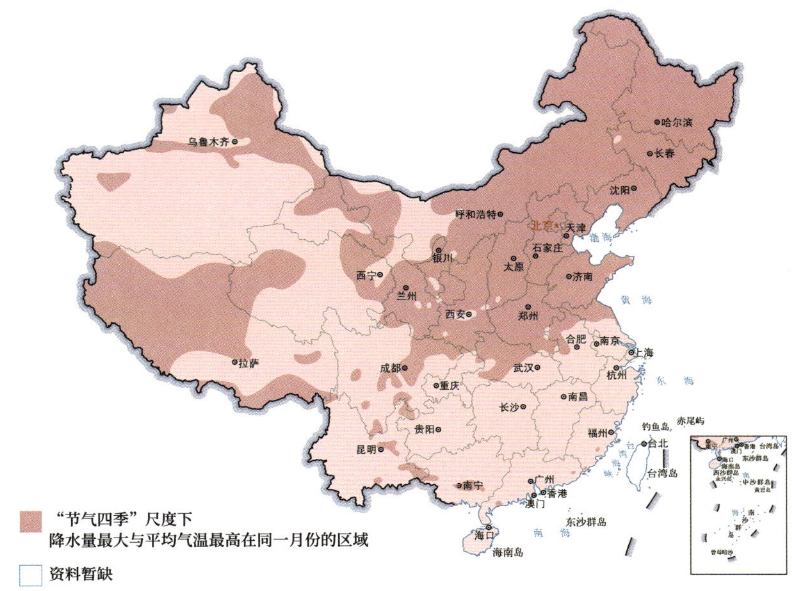

雨热同月的区域
（1991—2020年）

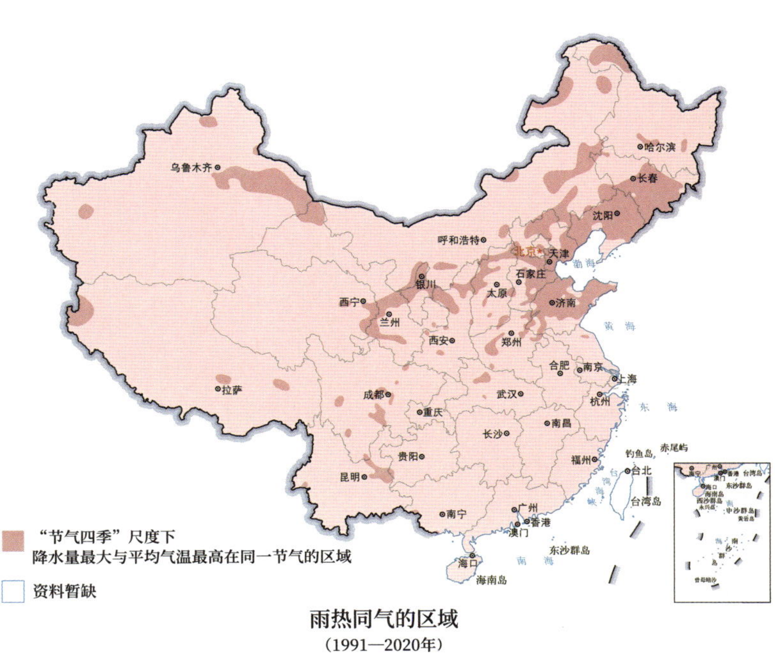

雨热同气的区域
（1991—2020年）

各有其美，但体感舒适度最高的，还是暑热消尽的新秋时节。

新秋，甚至被视为重生之时，光阴“价值最高”的时刻。

清代李渔在《闲情偶寄》中感慨道：

过夏徂秋，此身无恙，是当与妻孥庆贺重生，交相为寿者矣。又值炎蒸初退，秋爽媚人，四体得以自如，衣衫不为桎梏，此时不乐，将待何时？况有阻人行乐之二物，非久即至。二物维何？霜也，雪也。霜雪一至，则诸物变形，非特无花，亦且少叶；亦时有月，难保无风。若谓“春宵一刻值千金”，则秋价之昂，宜增十倍！

处暑不仅标志着炎热季的结束，也标志着多雨季的结束。处暑实际上具有双重指征意义。

在雨热同季的区域内，哪些地方在处暑时节暑热止息，且雨季进入尾声呢？

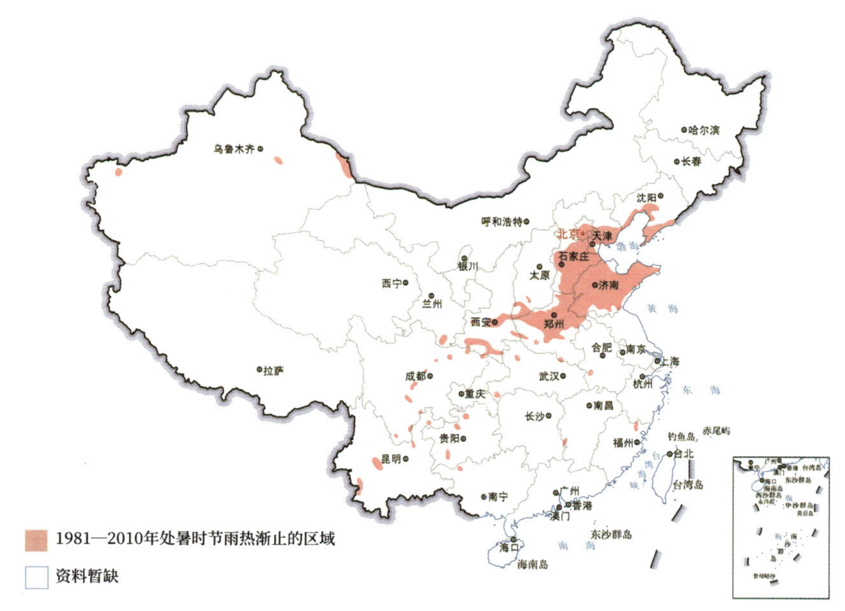

雨热同季的区域内，处暑时节暑热止息（最低气温首次＜20℃）且雨季进入尾声的地方，正好涵盖节气体系起源的黄河中下游地区。也就是说，在节气体系起源地区，处暑节气代表着热季和雨季的相继结束。

以 1901—2100 年序列为例，平均入伏日期是 7 月 16 日（干热的小暑向湿热的大暑的过渡阶段），平均出伏日期是 8 月 23 日（代表暑热止息的处暑）。

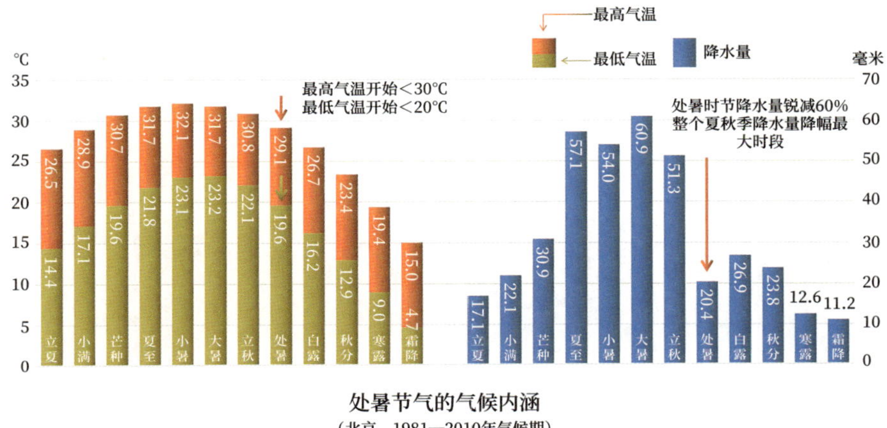

处暑节气的气候内涵

（北京，1981—2010年气候期）

处暑，也正是出伏日的均值日期。以北京为例，处暑节气一方面代表着炎热季结束，最高气温开始< 30℃，最低气温开始< 20℃。另一方面，也象征着多雨季结束。降水量较之前的立秋时节锐减 60%，为整个夏秋季降水量降幅最大的时段。

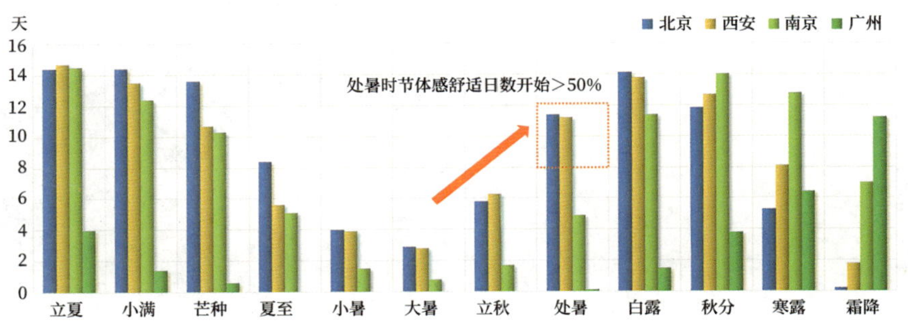

夏秋各节气时段体感舒适日数（1981—2010年）

如果从人体体感的视角来看，对二十四节气起源的黄河中下游等地而言，处暑节气意味着盛夏之后第一个体感舒适日数> 50% 的时段。

国内较为通用的人体舒适度指数 *C*（Comfort Index of Human Body）的

计算方式为 $C=1.8T+32-0.55(1.8T-26)(1-RH/100)-3.2\sqrt{v}$。

其中 T 为平均气温（℃），RH 为相对湿度（%），v 为风速（m/s）。我们将人体体感分为五级。对北京、西安而言，盛夏后第一个体感舒适日数>50% 的时段是处暑，对南京而言，是白露，但对广州而言，却是霜降时节。

冷不舒适	偏凉	舒适	偏暖	热不舒适
$C \leqslant 50$	$55 \geqslant C > 50$	$55 < C \leqslant 70$	$70 < C < 75$	$C \geqslant 75$

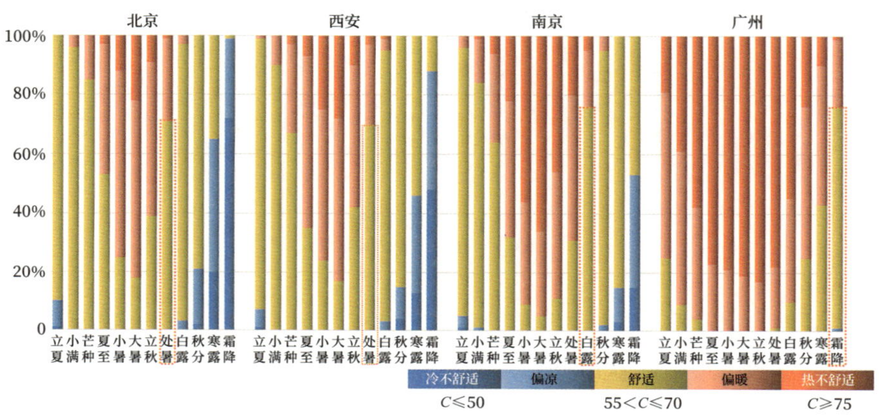

处暑时节，暑热止息，天地始肃。我们如何直观地理解“天地始肃”？

我拍摄的 2020 年伏期始日和终日的苹果。出伏的苹果，恰是渐渐“修成正果”之时。

盛夏的天地，任由万物纵情生长。而到了出伏的处暑时节，万物由外化的生长，转为内化的成熟。从外在看，不再长了。从内在看，却是由青涩到熟美。人亦如此，虽然到了一定年龄，外形不会变得更高大了，但内在部分却会变得更成熟、更有“味道”。正如谚语所说：“人过三十五，好似庄稼到处暑。”

《庄子·庚桑楚》记载：“夫春气发而百草生，正得秋而万宝成。夫春与秋，岂无得而然哉？天道已行矣。”这是说春气勃发，百草生，而秋气收敛，万宝成。一个负责生，一个负责成，天道如此。天地始肃，万物有成，所以“处暑立年景”。

关于节气的名字，有人提出这样一个问题：节气有小暑、大暑和处暑，处暑代表炎热季节的结束，那为什么有小寒、大寒，却没有处寒来代表寒冷季节的结束呢？乍一听，这个说法有点像在抬杠，但仔细想来，这却是一个很好的问题。

立春一候东风解冻，冰雪开始消融。雨水三候草木萌动，草木开始长出嫩芽、吐出新绿，开始萌发新生，这时候是草木以实际行动宣告寒冷季节的结束。雨水节气，便是气候意义上的处寒节气了。但古人在选择这个节气名字的时候，有好多个候选名称，比如处寒、冰融、新绿，还有备耕，即可以准备春耕了。

左图为2015年处暑时节，我拍摄的甘肃敦煌鸣沙山。右图为2016年处暑时节，我拍摄的新疆吐鲁番沙漠中的稻田。

但最终人们还是选择了雨水这个名字，或许由雪到雨的变化，能够更传神地体现出这个节气的样貌，比处寒这个名字更综合、更直观。

而立秋之后的这个节气，名称的可选择余地不多，因为天地之间的景物并没有发生很突兀的变化，最大的变化就是人们体感舒适度的变化。所以处暑这个名字透射着人们的欣喜之情——谢天谢地，终于可以和酷暑说一声再见了。

在古人看来，寒是冷的极致，暑是热的极致。所以到了处暑不是天气就不热了，而是一年之中最热的时候终于过去了。处暑节气的称谓，也足以说明其实人们从来就没把立秋真正当作秋，而是依然视之为暑。

二十四节气中，按照炎热程度排序，第一名是大暑，第二名小暑，第三名是立秋。所以对苦熬盛夏的人们来说，立秋只是名字给人一种精神寄托，而处暑才是真正带来凉爽的节气，所以处暑特别受人欢迎。“处暑无三日，新凉直万金。”人们欢欣于新凉。

宋代刘松年《宫女图》（局部），东京国立博物馆藏

处暑时，北方的雨季结束了，暑季也结束了，天气变得干爽了。所以在北方，如果称处暑节气为“秋爽”节气，或许更为贴切。

清代《帝京岁时纪胜》中记载了这样一则逸事：“京师小儿懒于嗜学，严寒则歇冬，盛暑则歇夏，故学堂于立秋日大书‘秋爽来学’。”这说的是京城里很多孩子懒得读书，冬天歇冬，夏天歇夏，天冷、天热都是不读书的理由。所以到了立秋的时候，学堂就会贴出四个大字，“秋爽来学”。天气既不冷，也不热，别再找借口了，赶紧来学习吧。

而汉代《四民月令》中的“秋爽来学”是在白露时节：“（农历八月）暑小退，命幼童入小学，如正月焉。”可见，各地暑热消退的时节大不相同。

现在，处暑时节正是秋季开学——“秋爽来学”的时候，宜人的天气也是我们该好好学习的一个理由。

北方地区在处暑之后，炎热天气几乎就绝迹了，最多也只有一两天。而南方地区在处暑之后，依然是溽热难散，新秋尚远。疆域之大，并非同此凉热。

宋代苏汉臣《秋庭婴戏图》（局部），台北故宫博物院藏

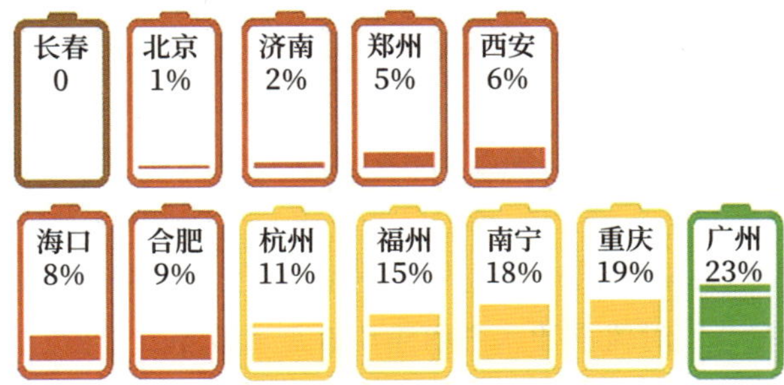

时至处暑，各地高温已“余额不足”

（1981—2010年气候平均，处暑日之后高温的全年占比）

2015 年处暑时节的一个傍晚，我的前同事张锡炎拍摄于地处北热带的云南景洪。两张照片的拍摄时间仅相隔 3 分钟。这就是所谓的“局部地区有降雨”。低纬度地区依然是雨热“同框”的炎夏。

例如地处南亚热带的深圳，处暑时节的热带夜与立秋时节相比，不减反增。

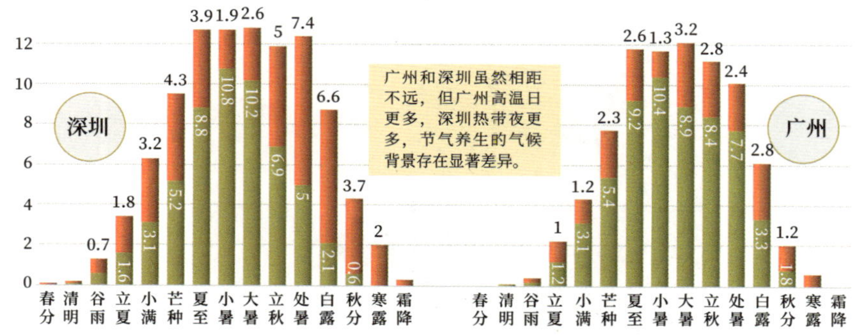

深圳和广州的热带夜

（金色柱体为1951—1980年数值，红色柱体为1981—2010年增量）

广州热带夜增加 37%，深圳热带夜增加 88%。从前深圳年均热带夜为广州的 89%，现在为 123%。深圳处暑、白露时节的热带夜发生突变式跃升。

主力节气时段热带夜增幅（1981—2010年相比1951—1980年）

城市＼节气	小满	芒种	夏至	小暑	大暑	立秋	处暑	白露
深圳	103%	83%	44%	25%	56%	72%	148%	314%
广州	39%	43%	28%	13%	36%	33%	31%	85%

岭南的暑热尚未消退，而且随着气候变化，热带夜“控股”的节气（热带夜日数在节气时段占比＞50%）由 3 个（夏至、小暑、大暑），突变式地跃升为 7 个（芒种、夏至、小暑、大暑、立秋、处暑、白露）。

·1月：极度深寒
·2月：极度深寒+暴雪
·3月：极度深寒+扫雪
·4月：你以为春天来了吗？呵呵，对不起，还是冬天。
·5月：呼呼刮大风
·6月：全年都这个温度就爽翻了
·7月：突然就热成了狗
·8月：热成这样好意思叫东北？
·9月：突然就冻成了狗
·10月：我了个去，下雪了
·11月：哎呀，我头发怎么结冰了
·12月：极度深寒，铁门真甜

网友对东北气候的“吐槽”

高纬度地区冷得早。2020 年，8 月 24 日出伏，内蒙古根河 8 月 29 日就开始供暖了。

对北京来说，处暑是盛夏后第一个体感舒适的节气。但对哈尔滨来说，处暑是全年最后一个体感舒适日数＞ 50% 的时段。在随后的白露、秋分时节，哈尔滨便逐渐开启秋冬更迭的进程了。

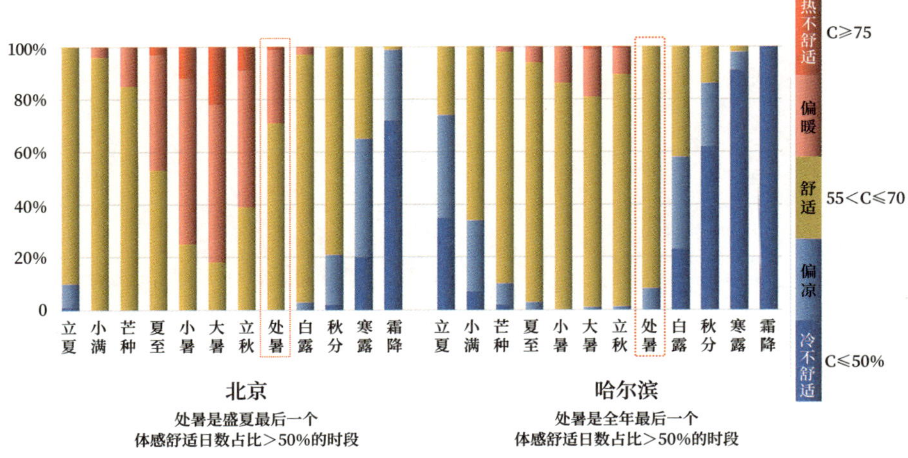

北方地区按照节气谚语，是“处了暑，被子捂”。按照夏九九谚语，是“七九六十三，夜眠寻被单”。而且，从“六九五十四，乘凉入佛寺”，到“七九六十三，夜眠寻被单”，这十来天当中由热到凉的转变，真是立竿见影。

我特别喜欢一则谚语：“着衣秋主热，脱衣秋主凉。”意思是说，稍微穿多一点就热，稍微穿少一点就凉。这则谚语诠释了秋季本是一种细微的分寸。

我们可以把处暑概括为“一出一入”：出，是出伏；入，是入秋。不过，此时夏所占据的却是人口最稠密的区域，所以许多人还有“处暑依然暑”的感触。历经漫漫长夏的人们，是多么希望暑热赶紧“隐退”！

宋代范成大诗云：“但得暑光如寇退，不辞老景似潮来。”他把暑热当作敌寇，属于“敌我矛盾”，并且期望天气赶紧凉爽下来，为时光按下“快进键”。南方地区在处暑时节，是“处暑天还暑，仍有秋老虎”，也就是说，处暑时人们仍处在暑热的包围之中，还要与秋老虎相处。

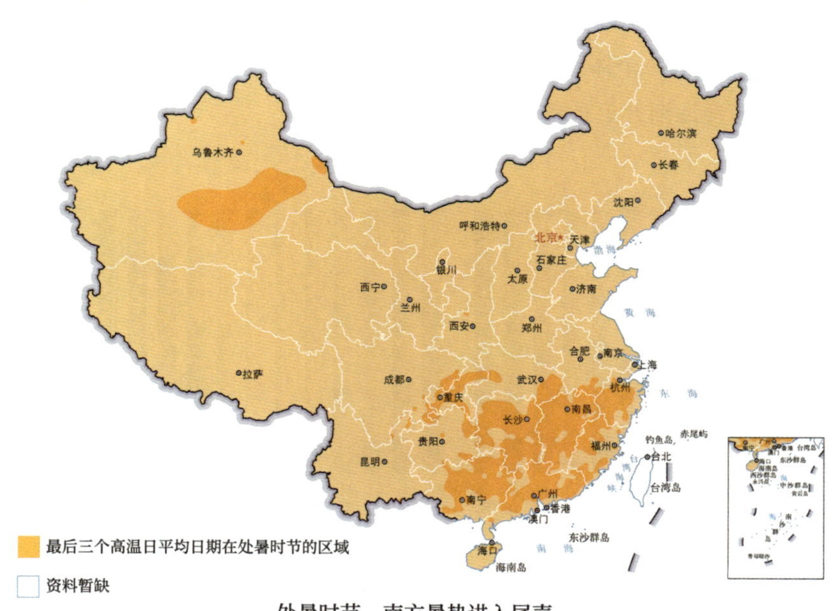

处暑时节，南方暑热进入尾声

江南地区，一般都要到秋分至寒露时节才会陆续开启夏秋更迭的进程。所以南方往往是“小暑大暑不算暑，立秋处暑正当暑”，南方有将近 30% 的地区最高气温的纪录就诞生在立秋至处暑时节。立秋至处暑时节，南方地区继续上演着“小暑大暑，上蒸下煮”连续剧的续集。

所以在南方，有“处暑十八盆”的说法。因为处暑时节天气依然炎热，每天都要在盆里泡个澡，一连十八天，一直到白露时节。

有一次，我到广西出差，在左右江河谷地带，与一位同行聊起“处暑十八盆”。他说：“在我们这儿，不是处暑十八盆，是处暑八十盆！”为什么呢？因为天热的时候，他们一天不止一盆，人家冲凉比吃饭还勤呢！尽管寒露之后逐渐秋高气爽，但人们每天冲凉的习惯还在。

而且除了南北差异，实际上还有城乡差异。且不说现代的热岛效应，即使在古代，人们也能感觉到都市与乡野之间存在细微的差别。宋代陆游《秋怀》诗云：“园丁傍架摘黄瓜，村女沿篱采碧花。城市尚余三伏热，秋光先到野人家。”

处暑之前的冷空气，还无力攻陷高温区；而处暑过后的冷空气，已不再有救人于水火的“救星”光环。清爽的天气已成为主流，只有处暑时节能够消夏的冷空气才有最好的“群众基础”。

平常我们说起冷空气，它的形象通常是比较负面的。但有两个时段，冷空气特别受人欢迎：一个是在处暑之时，另一个是在入冬之后。处暑之时是因为它能够消除暑热，入冬之后是因为它可以驱散雾霾。

在气候变暖的背景下，处暑时节，如果有冷空气来，很多人都希望天气预报不要发布大风降温预警，不要发布预警，最好发布喜讯。

在描写初秋时节的众多诗词当中，我格外喜欢白居易的诗句：“离离暑云散，袅袅凉风起。”因为他抓住了初秋时节天气的两个变化，一个是风的变化，另一个是云的变化。

所谓风的变化，用节气物候说，有小暑一候温风至，立秋一候凉风至。就是从小暑节气开始，风是热烘烘的风；从立秋节气开始，风是凉丝丝的风。从全国平均最高气温来看，立秋只比小暑低 0.66℃，气温的变化不算大。

所谓“世态炎凉”，天气层面由炎到凉的变化，首先并不体现在气温的变化上，而是体现在风带给人们的体感变化上。这个时候的风，并不是呼呼啦啦吹袭人的猎猎西风，只是轻轻柔柔撩拨人的袅袅凉风。袅袅凉风，诗人抓住了这个细腻而微妙的时令差异。

再来看云的变化，所谓离离暑云，是那种灰黑浓密，甚至翻涌咆哮的积雨云。人们说：“（农历）五六月看恶云，七八月看巧云。”恶云，指看起来凶恶的云，是离离暑云的一种民间说法而已。到了农历七八月，天空的“颜值”迅速增高了，令人胆战心惊的云少了，使人赏心悦目的云多了：要么是丝丝缕缕的卷云，要么是清清淡淡的淡积云。

虽然处暑时节的风和云，距离秋高气爽还差得很远，但“离离暑云散，袅袅凉风起”却写出了初秋时最具特征化的天气体验。

云变得亲民了，风变得宜人了，处暑时节的天气使人心生欢喜。在古人看来，从盛夏到初秋，首先不是温度上的变化，而是风带来的感觉差异和云带来的视觉差异。

在处暑时节，人们对晴天好还是雨天好，有着两种完全不同的观点。认为晴天好的说：“不怕立秋雷，只怕处暑雨。”“处暑好晴天，家家摘新棉。”认为雨天好的说：“处暑不落浇，将来无好稻。”“处暑雨，滴滴都是米。”“处暑雨如金。”

之所以会有两种截然相反的观点，是因为“屁股决定脑袋”，种什么作物决定了什么是好天气，处暑时节，处在种稻区的人希望是雨天，处在种棉区的人希望是晴天。就像一位婆婆的两个女儿，一个卖伞，希望下雨；一个卖帽，希望放晴。

从前在南方，人们为棉花和水稻都设立了“生日”。人家在过生日的一段时间里，不希望雨水打扰。

棉花生日是农历七月二十，取自“二十日，俗传棉花生日，忌雨”。水稻生日是农历八月二十四，取自“农人以是日为稻生日，雨则藁多腐”。棉花生日是农历七月二十，临近处暑。过生日的时候，棉花裂铃吐絮，人们开始陆续收摘，当然希望最好是晴天。所以谚语说：“雨打七月廿，棉花不上店。”如果这个时候下雨，秋后的集市上就没有棉花了。水稻的生日是农历八月二十四，刚刚秋分。这个时候也需要晴天，因为要“烧干柴，吃白米”。而处暑时节正是水稻禾苗的孕穗期，对水分需求量大，所以是“处暑要落浇苗雨”。

显然，在同一个时间段，你眼中的好天气，可能恰恰是别人眼中的坏天气。

棉花解决温，水稻解决饱，解决人们温饱问题的两种作物，却有着相反的天气喜好。所以，天气真的很难做到让家家满意。

顺便说一句，在特别注重温饱的农耕社会，二十四节气七十二候体现了人们对耕织的重视。唯一欠缺的是关于御寒之物的物候，因为在节气体系创立时还没有棉花。

关于棉花的记载最早可见于宋代。宋代史炤《通鉴释文》记载：“木棉……二三月下种……至秋生黄花结实。及熟时，其皮四裂，中绽出如绵。”宋代范正敏《遯斋闲览》记载：“闽岭以南多木棉，土人竞植之。有至数千株者，采其花为布，号吉贝布。”宋代艾可叔《木棉》中说：“车转轻雷秋纺雪，弓弯半月夜弹云。”宋代苏辙《益昌除夕感怀》诗云：“永漏侵春已数筹，地炉犹拥木棉裘。”木棉裘，也就是现在人们所说的棉袄。

明代李时珍《本草纲目》记载：“木棉有二种，似木者名古贝，似草者名古终。或作吉贝者，乃古贝之讹也。”此处的吉贝、古贝似为木棉（ceiba）的音译，而古终似为棉花（cotton）的音译。

宋代，棉花开始用于平民御寒，处暑节气的候应中理当像民间的农历七月二十“棉花生日”一样，设立“处暑一候棉花开”。

当然还有一种是基于天气韵律的观点认为，处暑和白露的天气保持相对一致，所谓“处暑不下雨，干到白露底”。处暑不下雨，水稻不喜欢，但白露不下雨，水稻就会很高兴；而处暑下雨，水稻喜欢，但白露也下雨，那个时候水稻可就不高兴了。所谓“处暑不干田，白露要怨天”，似乎没有能让水稻一直都喜欢和高兴的好天气。

显然，处暑之时的雨是水稻的好天气，而白露之后的雨又是水稻的坏天气。可见，靠天吃饭是多么不容易，因为天气很难让作物时时如意。

处暑三候

古人梳理的处暑节气物候是：一候鹰乃祭鸟，二候天地始肃，三候禾乃登。

处暑一候·鹰乃祭鸟

在古人眼中，鸟类比其他生物更早感知时令变化。由盛夏到初秋，鹰给人留下的是勤勉而专注的印象。小暑三候鹰始挚，盛夏时鹰已在操练捕食之技。到了初秋，鹰由演习转为实战，站在食物链的顶端，开始捕杀小鸟、小虫、小兽。正如古人所云：“金气肃杀，鹰感其气，始捕击诸鸟，然必先祭之。”

“鹰乃祭鸟，始用行戮”，鹰仿佛是秋气肃杀的代言者。

汉代郑玄对《礼记》的注释中写道：“鹰祭鸟者，将食之示有先也，既祭之后不必尽食。”汉代高诱对《淮南子》的注释曰：“鹰挎鸷杀鸟于大泽之中，四面陈之，世谓之祭鸟，始行杀戮，顺秋气也。”唐代孔颖达对《礼记》的注释中说：鹰祭鸟者，将食之示有先也……谓鹰欲食鸟之时，先杀鸟而不食，与人之祭食相似，犹若供祀先神，不敢即食，故云示有先也。宋代鲍云龙《天原发微》曰：“鹰杀鸟，不敢先尝，示民报本也。又示：不有武功。”宋代张虙《月令解》曰：“秋鹰祭鸟与獭祭鱼、豺祭兽小异，虽均是示有先之意，惟鹰祭时鸟犹生也。祭后始杀之，故云始用行戮。”

在古人对“鹰乃祭鸟”的刻画中，我们可以得到这样几个印象。首先，鹰开始捕猎鸟类，但被视为顺应肃杀的秋气。其次，鹰捕猎之后并不食用，而是将猎物陈列出来，如同人们祭祀一般，在体现有所敬畏的同时，又体现“不武”的理念。最后，在“祭祀”之后，鹰才杀死猎物，而且随后也并非狼吞虎咽地将猎物都吃掉。

人们发现，鹰常常将所猎之物码放在一起，就像是人们将各种美食先供奉给神灵和先祖一般，古人将这种现象称为“示有先”。大家对这种仿佛会在内心里挂念先祖的生灵有一种由衷的好感。而且人们通过观察发现，鹰似乎还有不捕杀正在孵化或哺育幼鸟的禽鸟之习性，捕杀的多是老弱病残之鸟。

“犹若供祀先神”且“不击有胎之禽”，都被视为鹰的“义举”。于是，杀气凛凛的捕食者被塑造得充满义气，正如欧阳修在《秋声赋》中所云：“是谓天地之义气，常以肃杀而为心。”

明代顾起元《说略》曰：“秋者，阴之始，故曰天地始肃。”

天地始肃虽然特指处暑，但也可以概括秋气之象。处暑时节，暑热止息，在古人看来，秋气清肃是因，暑热止息是果。

天地始肃，是一个难以量化的节气物语。它是指天地的气氛开始变得严肃了，气肃而清。在古人看来，上苍对我们严慈相济。春和夏，体现的是慈；秋和冬，体现的是严，阳气也在秋冬由疏泄转为收敛。

汉代郑玄对《礼记》的注释中写道：“肃，严急之言也。”

《淮南子·时则训》曰：“季夏德毕，季冬刑毕。”所谓“季夏德毕”，就是夏季一过，上苍已倾其所能，能够给予我们的恩德都已经给完了。处暑时

处暑二候·天地始肃

节，上苍将由慈到严，由让我们领受恩德变为让我们接受刑罚。所以，秋也被视为一位刑官。

《汉书·董仲舒传》中云："天道之大者，在阴阳。阳为德，阴为刑，刑主杀而德主生。是故阳常居大夏，而以生育养长为事。阴常居大冬，而积于空虚不用之处。以此见天之任德不任刑也。"在古人看来，虽然上苍对我们有德有刑，但还是以德为主，以刑为辅的。

谚语说："九月的天，御史的脸。"人们以御史严肃的面孔，形容深秋时的飒飒秋气。但初秋时节，以凋零和寒冷为标志的刑罚，尚未"行刑"。处暑三候禾乃登说的是谷物成熟的时候，形容的是恩德的丰硕成果，人们沉浸在即将收获的欢畅与憧憬之中。

虽然天地始肃，万物肃杀的刑罚即将开始，但人们还来不及秋愁、秋悲，就要开始准备秋收。《文子》曰："因春而生，因秋而杀，所生不德，所杀不怨，则几于道矣。"《管子》曰："春风鼓，百草敷蔚，吾不知其茂；秋霜降，百草零落，吾不知其枯。枯茂非四时之悲欣，荣辱非吾心之忧喜。"

上苍让万物在春天萌生，在秋天终结。这一切既不是出自恩德，也不是出于怨恨，一切都是自然法则。百草的繁盛与凋零，并不是四季的悲伤与欢欣。别人给予我的荣辱，也不是我内心的忧愁与喜悦。

可见，在春秋战国时期，人们已经能够清晰地认识到万物之枯荣，春天的蓬勃与秋天的肃杀，都只是时令使然。所以我们不必夸赞，无须幽怨，也不必将春天视为上苍的恩宠，将秋天视为上苍的刑罚。不要因为春天到来而欣欣然，也不要因为秋天降临而戚戚然。人们只要遵循节令、顺应天道便好。

处暑三候·禾乃登

在二十四节气的候应中，有两项与主要粮食作物相关。一个是小满三候的麦秋至，另一个就是处暑三候的禾乃登。一个代表夏收，一个代表秋收。“禾乃登”，既泛指谷物开始成熟，又特指稷的成熟。“稷为五谷之长，首熟此时”。也就是说，江山社稷的稷，作为五谷之首，在处暑时节率先成熟。

汉代郑玄对《礼记》的注释中曰：“黍稷之属于是始熟。”宋代鲍云龙《天原发微》记载：“谓稷为五谷之长熟于此时也。”明代顾启元《说略》中写道：“禾乃登，禾者，谷连藁秸之总名，又稻秫菰粱之属皆禾也。成熟曰登。”

什么是稷，人们一直有不同的解读。有人认为是粟，也就是小米；也有人认为是高粱；还有人认为是不黏的黍米。所以禾乃登，是指作为二十四节气创立时期最主要粮食作物的稷，在处暑时节成熟了，主粮收获进入了倒计时。

此时，人们终于可以估算出收成如何，人们开始“稻花香里说丰年”。按照现在的节气歌谣，北方地区是“处暑动刀镰”，秋收拉开帷幕，然后

“白露快割地，秋分无生田”。

谚云：“过了七月半，人似铁罗汉。”为什么这时候人们可以像罗汉一样镇定呢？按照清代梁章钜《农候杂占》所载：“酷暑已退，可望秋收，农人有恃也。”可见，暑热消退之时，人们有了底气。

不同时节，颜色也有变化。立夏的时候，家里青黄不接。立秋的时候，田里青黄相接，正所谓“晚禾青来早禾黄”。而到了处暑和白露，颜色不断地变化，“处暑满垌黄，白露满田光”。

处暑时节，除了禾乃登，割高粱、摘棉花、打枣、卸梨、拔麻、起蒜、收瓜，人们累并快乐着。很多物产都成于处暑。

2022 年北京冬奥会开幕式二十四节气倒计时之处暑节气组图，配诗为唐代李绅《悯农》中的“春种一粒粟，秋收万颗子”。

处暑节气神

民间的处暑神，大体上有两个版本。

第一个版本是手执芭蕉扇，或刀、剑、双锤的将军，头顶着太阳的光晃，如同火神。他往往是京剧的扮相，展现着京剧中“横竖锤”或者“抱刀式”的威武神态，仿佛正在出征或者即将出手。同样是将军，但容颜和身姿和立秋神大有不同，立秋神是赵云那样的将军，而处暑神是张飞那样的将军。

第二个版本是面目凶暴的虬髯大汉，有的甚至敞怀、赤脚，形似鬼怪。

我们搜集的民间绘制的处暑神，约 70% 是军中将领，30% 是乡间大汉。但他们有一个共同点，就是都显现着暴躁的火气。

或许如此设定处暑神形象，其背后的气候逻辑一方面是此时虽然入秋，但余热未消，秋燥盛行。有时热若盛夏，暑气仿若回光返照。另一方面是南方沿海地区，处暑时节正值秋台盛行的时段，此时的热浪和风雨，都体现着处暑天气性情之暴躁。

白露·玉露生凉

三国时期曹植《秋思赋》云：“云高气静兮露凝衣。”
宋代晏殊诗云：“湖上西风急暮蝉，夜来清露湿红莲。”

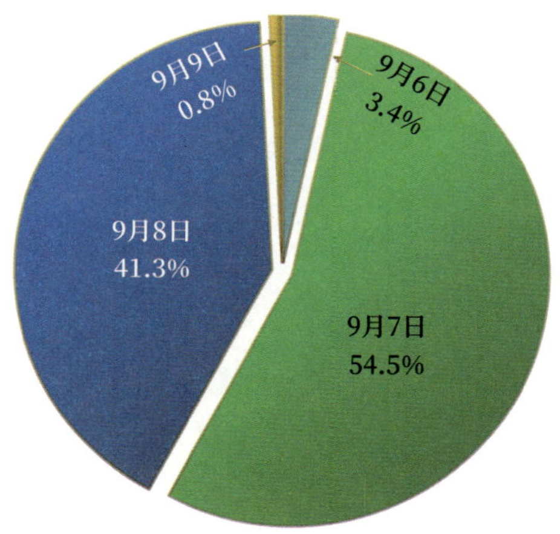

白露节气日在哪一天？
（1701—2700年序列）

白露节气，通常是在 9 月 7 日前后。

白露节气日，秋的领地达到约 600 万平方千米，远超夏的约 220 万平方千米，但因夏的地盘是人口最稠密的地区，所以人们通常还是将其后的秋分作为夏热与秋凉的分水岭。白露时节，冬终于在高海拔和高纬度地区渐成“气候”，逐渐扩充至 200 万平方千米左右，实现对夏的超越。

白露，玉露生凉。其形为露，其意为凉，这是天气由热到凉的形意。白露时节，从全国来看，高温预警开始退出前三类项，而大风预警开始位列前三。这是由热浪向凉风渐变的节气。

古代月令和候应物候标识的表述中，《吕氏春秋》中有仲秋“凉风生”，《淮南子》中有仲秋“凉风至”，北魏《正光历》有白露二候“暴风至”。秋风，是仲秋和白露的气候特征项。

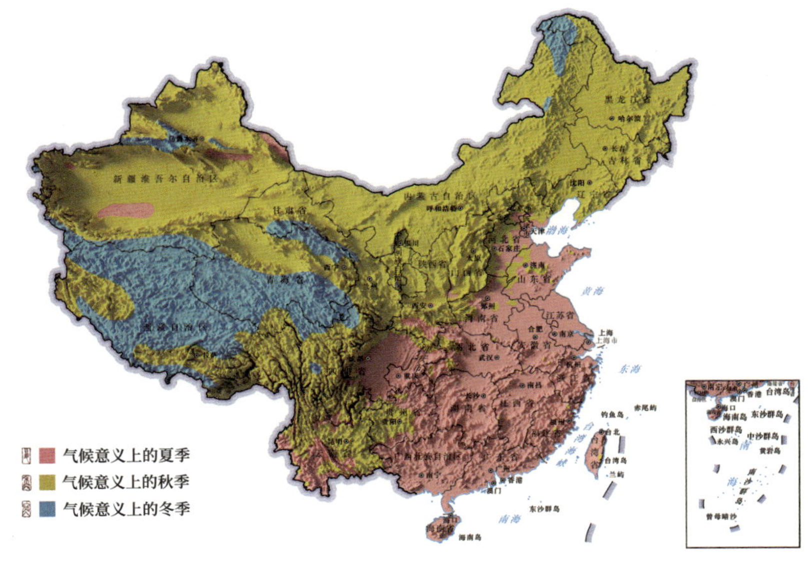

白露节气日季节分布图
（1991—2020年）

白露节气日季节分布及变化　　单位：万平方千米					
夏季		秋季		冬季	
面积	变量	面积	变量	面积	变量
约 220	-140	约 600	80	约 140	60

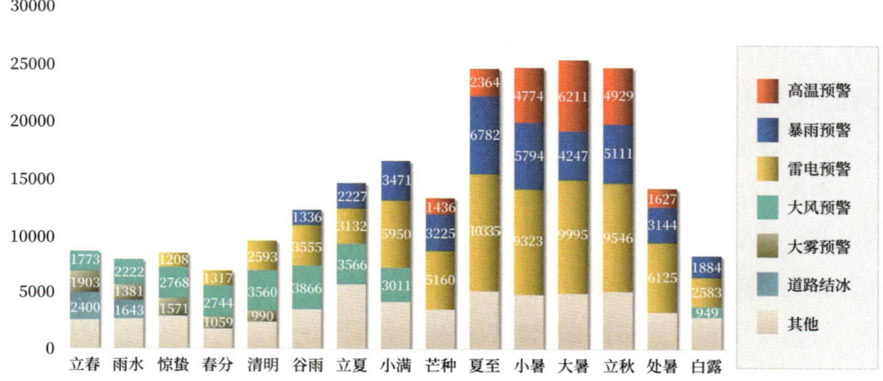

立春至白露节气全国气象预警总数及前三位预警类项

数据为 2016—2022 年平均值，数据来源：国家预警信息发布中心。

汉代刘向在《九叹》中云："白露纷以涂涂兮，秋风浏以萧萧。"秋季天气有两个表征：茫茫白露，瑟瑟秋风。"蕙帐晨飙动，芝房夕露清"，晨风和夕露是秋天的天气概况。

在二十四节气体系中，有两个与露相关的节气：白露、寒露。白露是"阴气渐重，露浓色白"，从此有了凉意（例如日最低气温≤ 15℃）。寒露是"露凝而白，气始寒也"，从此有了寒意（例如日最低气温≤ 10℃）。

在古代医书中，露水甚至被认为具有药效。例如李时珍在《本草纲目》中说，"秋露繁时"收取，"百花上露，令人好颜色"，花露具有美颜的效果。

《黄帝内经》记载："寒风晓暮，蒸热相薄，草木凝烟，湿化不流，则白露阴布以成秋令。"白露时节，早晚秋凉，白天夏热，这正是"秋令"的特征。白露时节，昼夜温差加大了。谚语说："过了白露节，两头凉，中间热。"人们把这种天气称为"尜尜（gága）天"。但白露时节并非一年中昼夜温差最大的时段，最"尜尜天"的还是春夏交替之际。

玉露生凉时节，气温低了，降水少了，天气开始变得清凉、干燥。所以这时天气趋凉、趋燥，养生要点常被归结为简洁的两项：一是白露不露，二是白露补露。这是说白露时节，衣着上尽量不要追求清凉了，正所谓"白露不露，长衣长裤"。饮食上尽量多吃一些润燥生津之物，使我们继续保持"鲜嫩多汁"的状态。

在古人眼中，露水似乎不是普通的水，所以冠之以甘露、仙露之类不同凡俗的称谓。在人们的潜意识中，露水由此而始，由此而白，所以诗云："露从今夜白，月是故乡明。"但实际上，"露凝而白"并非秋季的专利和特产。白露时，不是露始生，而是露始增。

只是多雨的夏季也有露水，但在田野水润的季节，露水显得不那么突兀而已。正如宋代张虙《月令解》所言："露四时皆有之，惟白露则气肃。白露为霜是也。"

为什么会出现露水？这要从露点说起。露点是指在固定气压下，空气之中的气态水达到饱和而凝结成液态水所需要降到的温度。

一般而言，温度越高，空气对水汽的容纳能力越强。当温度降低的时候，空气就容纳不下那么多水汽，就饱和了。那么多余的水汽怎么办呢？就只好"变态"了，由气态变为液态。

达到露点之后，凝结的水飘浮在空中，就成了雾，雾附着在物体的表面，就成了露。而当气温低于 0℃时，就开始结霜了。

在黑龙江、内蒙古等一些高纬度地区，会出现"白露点秋霜"或"白露前三后四有秋霜"的现象。白露节气，似乎已是白霜节气，温凉更迭的进程往往比黄河中下游地区快两三个节气。例如，达斡尔族对节气便有着修订性表述。

白露时节，早上有露水，往往预兆当天的天气可能响晴。谚语说："霜雾露，晒衣裤。""草上露水大，当日准不下。"也就是说，清晨如果有霜、有雾或者有露水，当天反倒是清朗的秋日。虽然朝露很美，但是过于短暂，只是秋日清晨的一个小小的插曲，所以人们才有"譬如朝露，去日苦多"的感叹。

达斡尔族对秋季节气的修订性表述

节气	立秋	处暑	白露	秋分	寒露	霜降
民间表述	凉快了	稠露	轻霜	天开眼	重霜	变天了
气候特征	气候入秋	体感初凉	初霜	气候入冬	初雪	首次积雪

参见毅松．达斡尔族的农业民俗 [J]. 黑龙江民族丛刊，2003（5）；戴嘉艳．达斡尔族农业民俗及其生态文化特征研究 [D]. 北京：中央民族大学，2010.

唐代诗人元稹笔下的白露气候，是“露沾蔬草白，天气转青高”。这是一个“青高”的节气，雨少了，云也少了，所谓天气的“青高”，是天空的清澈与高远。

粗略而言，白露时节的气候是南方依旧为夏，北方渐次入秋；南方金风去暑，炎威渐退，北方玉露生凉，已及新秋。谚云：“春不分不暖，秋不分不凉。”所以白露时节也时有炎热的天气，秋老虎尚未成为纸老虎。《礼记·月令》中便有仲秋之月依旧暑热的应对之策：“天子乃难，以达秋气。”

元代陈澔《礼记集说》记载：“季春命国难以毕春气，此独言天子难者，此为除过时之阳暑。阳者君象，故诸侯以下，不得难也。暑气退，则秋之凉气通达，故云以达秋气也。”因为“阳者君象”，这时天子要亲自主持傩仪，来驱除“超长待机”的阳暑之气。

就体感舒适性而言，上半年舒适宜人天气范围最大的是小满，下半年是白露。对节气起源地区而言，白露是最舒适的节气；对岭南地区而言，立冬才是最舒适的节气。所谓秋高气爽，由北到南需要两个多月的舒缓渐进。

有一则谚语，乍一听令人窃喜：“白露后，不长肉。”但遗憾的是，它说的不是人，而是北方的荞麦。这则谚语完整的说法是：“白露前，荞麦熟；白露后，不长肉。”

白露之后，气温低了，消耗少了，人们反倒容易长肉。这时也是很多水果果肉长到丰满的时候，于是人们开始白露打枣、秋分卸梨。当然，各种水果对气候有着不同的喜好，正如谚语所言：“旱枣子，涝栗子，不旱不涝收柿子。”

从前在南方，白露时节忌讳下雨，忌讳“稻秀雨浇”。谚云“白露日雨，来一路苦一路”，甚至认为“白露雨，偷稻鬼”。明代《农政全书》中也有“白露前是雨，白露后是鬼”的说法，并解释这是因为“白露雨味苦，稻禾沾之则白飒，蔬菜沾之则味苦”。

总体而言，白露时节，全国降水显著减少。二十四节气中，全国的降水量降幅最大的，一个是寒露，另一个是白露，这两个带“露”的节气。仿佛露多了，雨便少了。

在仲秋时节，人们的心情特别好。我记得有句打油诗：“撕片白云擦擦

小满：气温上升期体感最舒适的节气

白露：气温下降期体感最舒适的节气

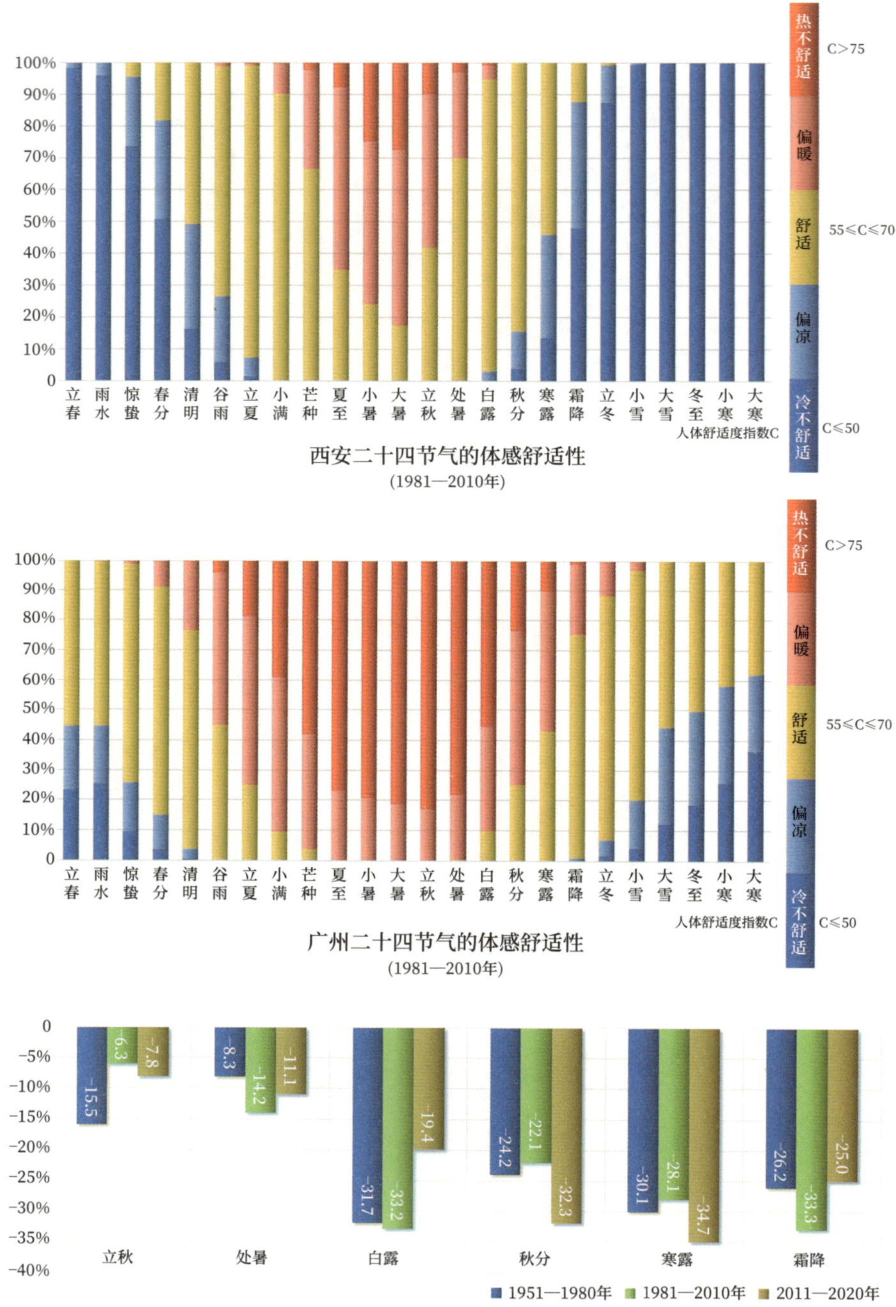

西安二十四节气的体感舒适性

(1981—2010年)

广州二十四节气的体感舒适性

(1981—2010年)

节气秋季全国降水量变幅

(全国测站面积加权平均)

汗，凑近太阳吸袋烟。”当然，吸烟有害健康，但这说明这个时候人们颇有闲情逸致。

也不是所有的地方在白露时节都蓝天白云。白露时秋云薄，秋雨亦多。这时，冷与暖交锋，冷气团开始进入战略反攻阶段，每次冷暖交锋几乎都伴随着暖气团的溃败和冷气团的“反客为主”，所以“一场秋雨一场寒”。

一场秋雨一场寒

但有个区域例外，暖湿气团尚未退却，还在当家做主。白露之后，四川及周边地区渐渐迎来“华西秋雨”。“山中一夜雨，树杪百重泉”，夜雨之后，大家清晨起来一看，每个树梢都有水珠滴滴答答地坠地，如同千百道水泉一般。

干冷气流要对这一地区施加影响，只能走两条路，而且都不是一马平川的路：一条路是从青藏高原北侧东移，另一条路是从东部地区向西倒灌。

从青藏高原北侧东移，就意味着冷空气有一部分被高原挡住了去路。从东部地区倒灌，就意味着冷空气在长途奔袭的过程中损兵折将。所以无论走哪条路，冷空气的实力都“打折”了。当冷空气到达西南地区的时候，冷暖空气经常形成“乱战”，一时之间很难分出胜负，导致阴雨连绵，这就是诗人笔下的“巴山夜雨涨秋池”。

白露三候

古人梳理的白露节气的物候是：一候鸿雁来，二候玄鸟归，三候群鸟养羞。

白露时节，低头看露，抬头看鸟。在古人看来，白露最经典的物候，是鸟候。

秋高气爽时节鸟类的迁飞，在古人心中具有极高的时令美学价值，正如唐代刘禹锡诗云：“晴空一鹤排云上，便引诗情到碧霄。”

白露一候·鸿雁来

这个候应为什么叫“鸿雁来”？

宋代鲍云龙《天原发微》记载：“言自外来于内，此又言自北而来南。”黄河中下游地区既不是鸿雁向南迁飞过程中的出发地，也不是其目的地，所以称为“来”，即匆匆途经此地，进入人们的视线而已。所以“鸿雁来”是Swan geese fly south，既不是depart（离开），也不是arrive（到达）。如果以航班类比，鸿雁起飞于漠北，降落于江南，北方的人们只是于其“航线”看到在“巡航高度”上飞翔的鸿雁而已。

在二十四节气七十二候的72项物候标识中，有22项是鸟类物候，为第一大类。而鸟类物候中，又以鸿雁为最，分别为白露一候鸿雁来、寒露一候鸿雁来宾、小寒一候雁北乡、雨水二候候雁北。显然，鸿雁迁飞是中国古代物候观测史上最重要的生物标识。“裴回闻夜鹤，怅望待秋鸿”，人们笃信于鸿雁迁飞的时令规律。

人们不仅在时令范畴曾以鸟类为师，在食物范畴也曾以鸟类为师。比如很多野果，人们最初是看到鸟类吃，才开始放心食用；野生稻谷也是如此，人们先发现其可食用，后发现其可种植。人们从鸟类的食谱中找寻安全且可口的食物。

而且人们还通过观察鸟来判断天气变化。例如“燕飞低，穿蓑衣”，或是“鸦浴风、鹊浴雨，八哥洗浴断风雨”。

是要放晴还是要下雨？——“斑鸠叫，天下雨；麻雀噪，天要晴”。可以下田插秧了吗？——“白鹤来了好下秧”。喜鹊叫意味着什么？——“久晴鹊噪雨，久雨鹊噪晴”。同样是鹳鸣意味着什么？——“鹳仰鸣则晴，俯鸣则阴”。

2023 年白露时节，我到齐齐哈尔百鸟湖调研，那里的管护人员告诉我，他们感觉东方白鹳仰头叫就放晴，低头叫就下雨：“老准了！”我提出一起来做监测和分析，看看东方白鹳的预报准确率怎么样。

所以，无论是感知时令，还是感知天气，人类都需要感谢鸟类。当然，善于借用鸟类的本能智慧，也是人类的一项大智慧。源远流长的内蒙古乌拉特民歌《鸿雁》唱道：

鸿雁 天空上
对对排成行
江水长 秋草黄
草原上琴声忧伤
鸿雁 向南方
飞过芦苇荡
天苍茫 雁何往
心中是北方家乡
天苍茫 雁何往

心中是北方家乡

……

酒喝干 再斟满

今夜不醉不还

很多人唱这首歌，都是在微醺或酣醉的状态，意在“酒喝干，再斟满，今夜不醉不还”。但我每次听这首歌想到的是，与二十四节气中四项候应有关的鸿雁南迁与北归。

元代玉大雁（带饰），台北故宫博物院藏

北方的谚语说：“八月初一雁门开，大雁脚下带霜来。”白露时节，大雁自漠北而来，途中已然经历霜雪。2013 年白露时节，我参访乌兰巴托，穿着羽绒服。到那儿的第二天，下雪了。况且那并不是初雪，而是当地 9 月的第四场雪了。这便是大雁在迁飞途中的天气。

汉代郑玄对《礼记》的注释中说：“玄鸟，燕也。归，谓去蛰也。”汉代高诱对《吕氏春秋》的注释写道：“玄鸟，燕也。春分而来，秋分而去，归蛰所也。”宋代鲍元龙《天原发微》记载：“玄鸟归为仲秋之候，春至秋归，

2013 年，刚刚白露时的蒙古国首都乌兰巴托

王昌龄笔下的“八月萧关道”已是“处处黄芦草”，“饮马渡秋水，水寒风似刀”了。

归蛰藏本处。”

玄鸟归，是指燕子飞往越冬地。燕子来去的基准时间，曾被粗略地定为春分和秋分，所以燕子也被称为“社燕”，即与春分时间相近的春社时来，与秋分时间相近的秋社时去。而无论是秋分秋社还是白露，“玄鸟归”都是仲秋之候。

白露二候·玄鸟归

白露一候鸿雁来，是大雁从度夏地飞来；白露二候玄鸟归，是小燕向越冬地飞去。大雁和小燕都是候鸟，在同一季节里却有着不一样的行程。它们只是邂逅于白露时节，所以也就有了“社燕秋鸿”这则成语，以雁与燕的匆匆相见又离别隐喻人们的相思很长，相见却很短。

春暖“玄鸟至”，来时是“比翼双飞”地来；秋凉“玄鸟归”，去时是“拖家带口”地去。来去之间，它们完成了生命的延续。

燕子傍人而居，在屋檐下衔泥筑巢，呢喃细语，是与人最亲近、情感交集最多的小鸟。

《诗经》曰：“燕燕于飞，差池其羽。之子于归，远送于野。瞻望弗及，泣涕如雨。”在《诗经》中，燕子便已是怆然离别剧情中的一部分。所以，在人们内心深处，春分“玄鸟至”和白露“玄鸟归”或许不仅是节气物语，也是关于离别与重逢的物语。

白露三候·群鸟养羞

“群鸟养羞”有两个侧重点。

首先可见汉代高诱对《吕氏春秋》的注释：“谓寒气将至，群鸟养进其毛羽御寒也。”说的是群鸟敏锐地觉察肃杀之气，趁着秋果丰硕、秋虫肥美之时大快朵颐，将自己养得羽翼丰满，以此御寒。

其次便是汉代郑玄对《礼记》的注释：“羞者，所美之食；养羞者，藏之

2023 年 9 月 13 日白露时节，我摄于黑龙江扎龙湿地。明清文官补子上的图案，一品为仙鹤，二品为锦鸡，三品为孔雀。感觉镜头中是一群惬意悠闲的一品大员。

以备冬月之养也。”说的是群鸟辛勤地积攒和储藏美食，备足过冬的“粮草”。

其实两者的目标是一致的，虽然各有侧重，但都不可或缺。后世对“群鸟养羞”的解读则更侧重食物。宋代鲍云龙《天原发微》记载：“群鸟养羞，羞，食之美。养之以备冬藏。”宋代张虙《月令解》中说：“羞，谓所食也。养而蓄之，以备冬藏，以是知先时而备物，犹能之人灵于物可不知有先具邪？”明代顾起元《说略》记载：“养羞者，藏之以备冬月之养也。”

以此地为家的留鸟们，既要梳理好自己的“羽绒服”，也要准备好自己的“冬储粮”，解决好温饱问题。或许在古人看来，“群鸟养羞”便是人们备冬的微缩版本，也是对人们备冬的一种温馨提示。

其实，“群鸟养羞”中的群鸟也包括仲秋时饱食大餐、养足体力再行迁徙的候鸟。以对黑龙江扎龙自然保护区丹顶鹤的物候观测研究为例，其秋迁期约 47 天（47.5 ± 0.5 天），明显长于春迁期的约 33 天（32.5 ± 3.5 天）。这说明秋季迁徙“战线”拉得更长，春季绵延两个节气，秋季绵延三个节气。

大体上是清明时节来，寒露时节前后走。

从白露一候鸿雁来到寒露一候鸿雁来宾，为什么候鸟的秋季迁飞“战线更长”呢？

第一个原因是“家庭负担”。春天来时是比翼双飞地来，秋天走时是拖家带口地走。“家长”们要等春夏时出生的雏鹤能够展翅高飞时再全家一起迁飞，一个都不能少。丹顶鹤春天来时，河湖尚未解封，只有一些小的水体边缘夜冻昼融，它们冒着吃不饱饭的风险提早乔迁至度夏地，最大的动力就是繁育后代。

第二个原因是“食物诱惑”。白露开始秋粮金黄、秋果甘香，它们岂愿错过美味？！秋季迁徙前丹顶鹤离人更近，离农田也更近。春迁期，与强人为活动区域距离 1.35 ± 0.52 千米，与农田距离 212.86 ± 136.84 米。秋迁期，与强人为活动区域距离 1.11 ± 0.40 千米，与农田距离 185.07 ± 57.08 米。它们“无畏”地食用农田里散落的秋粮籽粒，这便是白露三候群鸟养羞的行为写照吧。

第三个原因是希望完美借力北风。诸葛亮是巧借东风，候鸟们是巧借北风，当寒风渐起时，它们可以御风而行，“好风凭借力，送我上青云”，搭乘寒潮南下的“顺风车”自在地完成南迁。而且，它们正好赶在寒潮到来之际撤离，而寒潮会使候鸟度夏地开始出现稠霜、薄冰、初雪，以致觅食艰难。①

白露节气神

民间绘制的白露神有两个版本：一是武生版本，二是孩童版本。

武生版本的白露神是一位身着戏服的英俊武生、飘逸的江湖侠客，通常身背双剑，颇有武侠小说中“仗剑走天涯”的气质。也有人将白露神绘为背剑的儒生，或许是想以其对应白露温和的气候。

武生的首服非常多样，有的戴林冲盔，多为黑色，盔顶立插红缨，向后下方倒垂，形似倒缨盔。有的戴硬罗帽或者武生巾，甚至驸马套。显然，白

① 参见陶蕊．松嫩平原五种鹤迁徙期停歇栖息分布研究 [D]．东北林业大学，2017．

露神的许多首服的创意都来自京剧戏服。

孩童版本的白露神也被称为“白露童子”，身披彩带，衣袂飘然，手里舞着剑。

秋气将寒，自白露起逐渐进入气候意义上的秋季。这两个版本的相同点就是作为“道具”的剑，剑似乎体现着秋风剑气，取萧瑟、肃杀之形意。

秋分·平分秋色

《说文解字》载："龙，春分而登天，秋分而潜渊。"

宋代杨万里诗云："秋气堪悲未必然，轻寒正是可人天。"

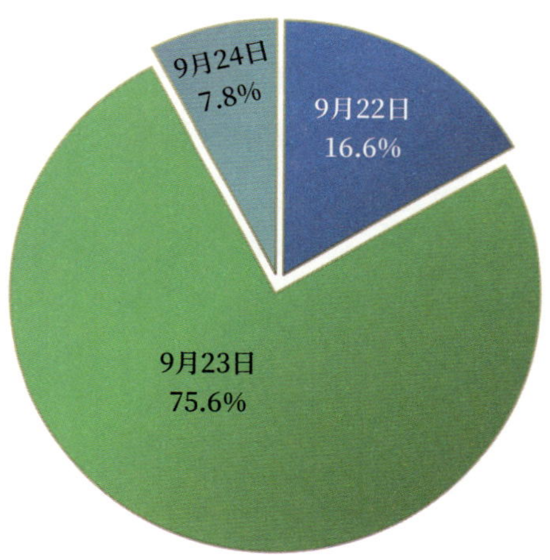

秋分节气日在哪一天?

（1701—2700年序列）

秋分节气，通常是在 9 月 23 日前后。

秋分节气日，夏已退守长江以南，领地已缩减至约 120 万平方千米。与此同时，秋的疆域扩充至约 630 万平方千米，已达鼎盛状态。秋分时节，冬的地盘逐渐呈现与秋可以分庭抗礼的态势，由约 210 万平方千米快速扩张到 430 万平方千米，为其增量最大的节气时段。

秋分时节，天气给人的感觉可以用两个字形容：爽、朗。爽，天气清爽了；朗，天空明朗了。于是，秋毫可以明察，秋水能够望穿。这时乾坤静肃、风色高清。因为大气通透清朗，天空开始呈现“高清”版本。

秋爽、秋云、秋水、秋月，集成了秋分的自然与人文意境。

古人笔下“世事短如春梦，人情薄如秋云”的秋云，似乎给人一种惨

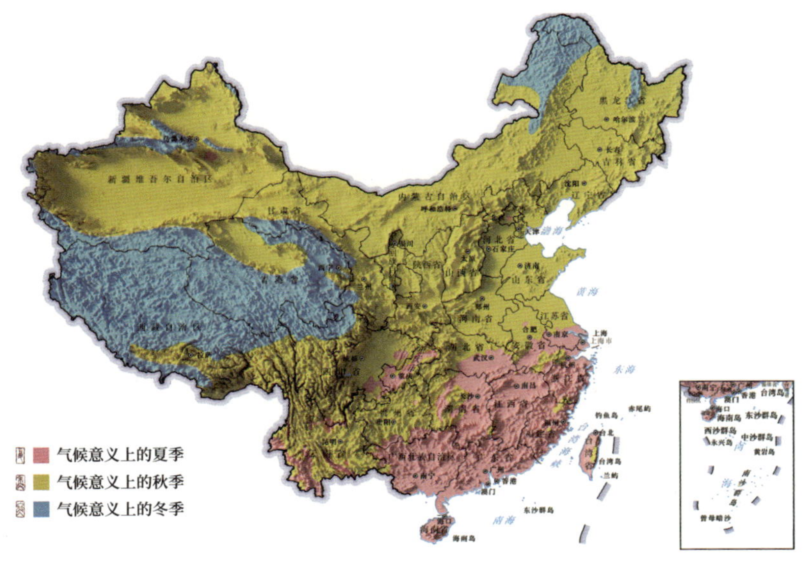

秋分节气日季节分布图

（1991—2020年）

秋分节气日季节分布及变化　　单位：万平方千米					
夏季		秋季		冬季	
面积	变量	面积	变量	面积	变量
约 120	-100	约 630	30	约 210	70

淡、冷漠的感觉。但秋云的淡薄、高远，似乎更像是一种境界，人们借以明志，借以抒怀。

云由浓到淡，由厚到薄，草木由密到疏，由绿到黄。天与地，都在做着减法，都开始变得简约和轻盈。

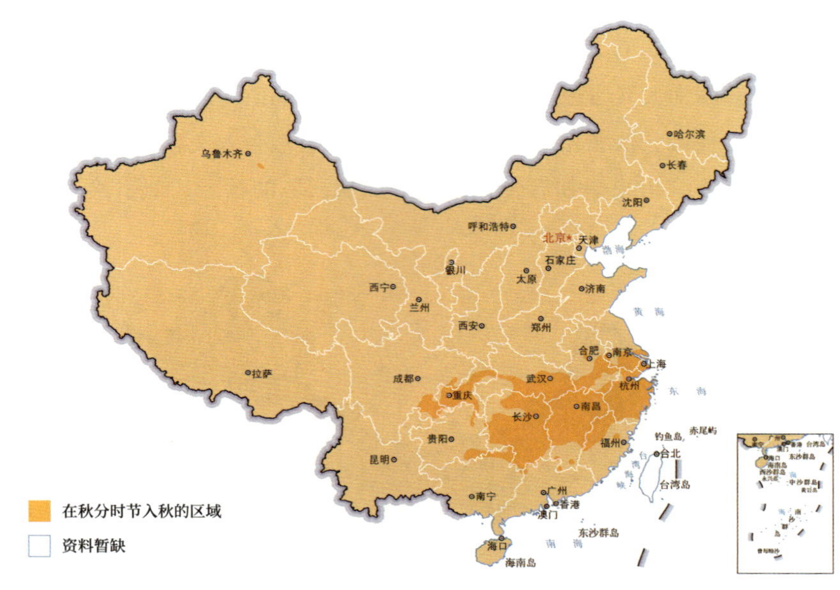

热至秋分

但各地的温凉更迭大不相同。南方是“热至秋分”，时有新凉。而北方已不是新凉，而是轻寒。而塞北秋分时已见初霜，“秋分前后有风霜”，所以“秋分送霜，催衣添装”。

古人认为，秋分是一个分界线。秋分之前，暑有余热，所以秋燥还是温燥；秋分之后寒意渐浓，所以秋燥已是凉燥。因此，过了秋分，需要多吃温润之物。

对江南而言，天气通常是“冷至春分，热至秋分”，但这句话只能大体代表气候上的平均值。秋分时节，南方往往依然暑热未消，在气候变化的背景下，尤其如此。

宋代《太平御览》引《天文录》曰：“大寒在冬至后，二气积寒而未温也。大暑在夏至后，二气积暑而未歇也。寒暑和乃在春秋分后，二气寒暑积而未平也。譬如火始入室，未甚温，弗事加薪，久而愈炽，既迁之，犹有余热也。”可见，人们很早就已经意识到，春分、秋分还难以“寒暑平”或“寒暑和”。

此时的南方，“薪柴”已撤，却犹有余热。人们把这时的闷热天气，称为“木犀蒸”。闷热，都被说得如此文雅。

2015 年 9 月 22 至 23 日秋分时，我到长沙出差，两天里见证了“木犀蒸”和桂花雨。

我不禁感慨，迎候你时，一树芬芳；送别你时，满庭花雨。

左图摄于 9 月 22 日（秋分前一日），右图摄于 9 月 23 日（秋分日）。

为什么叫“木犀蒸”呢？木犀，曾是桂树的俗称。农历八月，雅称桂月，正是桂花飘香的时节，人们有着“酌酒呈丹桂，思诗赠白云”的盎然诗兴。

宋代范成大《吴郡志》载：“桂，本岭南木，吴地不常有之，唐时始有植者。浙人呼岩桂曰木犀，以木之纹理如犀也。”

清代顾禄《清嘉录》载：“俗称岩桂为木犀，有早晚两种。在秋分节开者，曰早桂；在寒露节开者，曰晚桂。将花之时，必有数日鏖热如溽暑，谓之木犀热。言蒸郁而始花也。”在桂树即将开花的时候，常有一段时间像在锅里蒸的闷热天气，仿佛桂花是因闷热而开花的，所以这样的天气便被称为“木犀蒸”或“木犀热”。

秋分时节“雷始收声”。夏季，空中要么是“自我拔高”的积雨云，黑云翻墨、惊雷震天、白雨跳珠，要么是铺陈于天幕的层云或者层积云，几乎

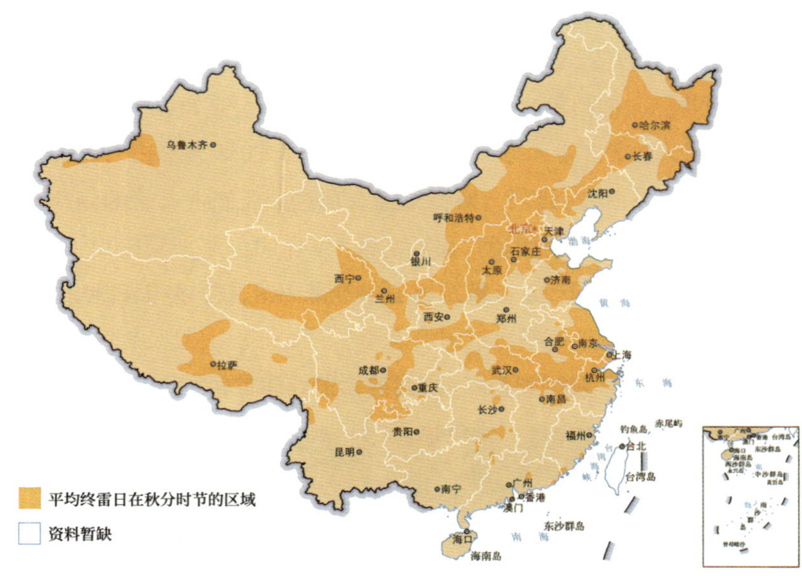
乌鲁木齐
哈尔滨
长春
沈阳
呼和浩特
北京
天津
石家庄
银川
太原
西宁
兰州
济南
黄海
西安
郑州
合肥
南京
上海
拉萨
成都
武汉
杭州
东海
重庆
南昌
长沙
钓鱼岛
赤尾屿
贵阳
福州
台北
昆明
台湾岛
广州
南宁
香港
澳门
东沙群岛
海口
海南岛
平均终雷日在秋分时节的区域
资料暂缺

雷始收声

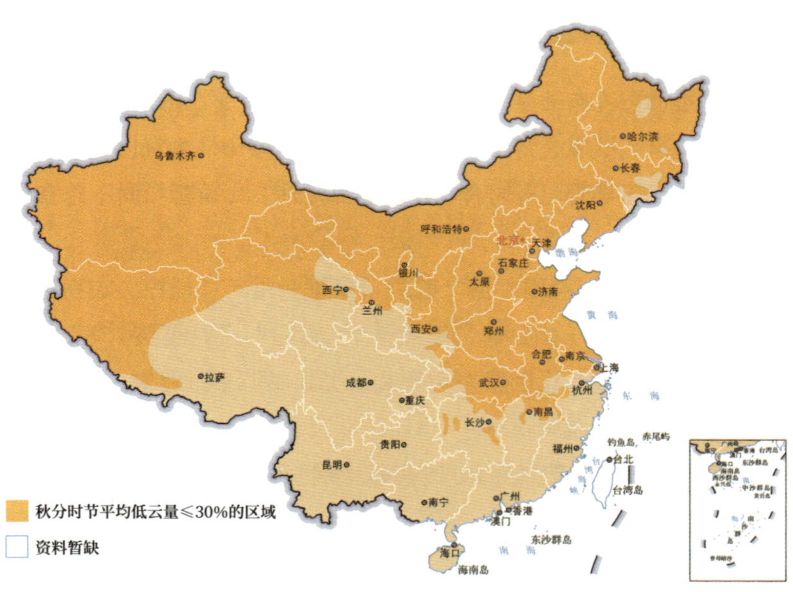
乌鲁木齐
哈尔滨
长春
沈阳
呼和浩特
北京
天津
石家庄
银川
太原
西宁
兰州
济南
黄海
西安
郑州
合肥
南京
上海
拉萨
成都
武汉
杭州
东海
重庆
南昌
长沙
钓鱼岛
赤尾屿
贵阳
福州
台北
昆明
台湾岛
广州
南宁
香港
澳门
东沙群岛
海口
海南岛
秋分时节平均低云量≤30%的区域
资料暂缺

看巧云

整个天空都“未予显示”，雨也下得拖泥带水。大家避之不及，怎会有看云的心情呢?!

到了秋季，降水减少，气压梯度加大，大气通透性和洁净度提高，流动性增强。总云量减少，其中高云比例提高，由厚重变为轻盈。

“日映仙云薄，秋高天碧深。”这个时候的云是高天上流云。丝丝缕缕，团团朵朵，撩人而不扰人。似乎只有这个时候的云才有资格被叫作“云彩”。

2013 年临近秋分时，我摄于吉林省抚松县兴参镇头道沟村。蓝天白云下，大豆、玉米黄绿参差。

谚语说：“秋分白云多，处处好田禾。”这时的云白禾黄，是人们在色彩上的双重欢喜。《荀子》云：“托地而游宇，友风而子雨，冬日作寒，夏日作暑，广大精神请归之云。”唐杨倞注曰：“至精至神，通于变化，唯云乃可当此说也。”

荀子所言算是对云的至高评价了吧？云，低可近人，高可及天。风是它的朋友，雨是它的孩子。它的近与远、舒与卷、浓与淡、聚与散，是岁月最灵动的写照。

秋分时节，也是“秋风起兮白云飞，草木黄落兮雁南归”的时候。鸿雁农历二月北上，八月南下。“二八月看巧云”，看的是流云飞鸿的时令之美。

中秋习俗：从迎寒到赏月

中秋这个词非常古老，最早出现在《周礼》中，说的是“中秋夜迎寒”的祭祀。《周礼》是这样记载的：“中春昼，击土鼓，龡（chuī）《豳（bīn）诗》，以逆暑；中秋夜迎寒，亦如之。”

上古时期迎接寒暑的祭祀活动主要有两个，第一个是在仲春时节的白天，人们会击鼓、吹奏，唱迎暑之歌，以顺应阳气；第二个是在仲秋时节的夜晚，人们会击鼓、吹奏，唱迎寒之歌。这两个祭祀活动一个是为了“逆暑”，迎接夏天；一个是为了迎寒，迎接冬天。

但古人最早所说的中秋，并不是特指农历八月十五，而是仲秋，泛指农历八月。周代，除了中秋夜迎寒，还有“中秋献良裘”的习俗。这个时节，人们要为天子献上皮衣。风凉夜寒，要开始更换冬装了。

现在的很多谚语，说的也是御寒的事：“吃了中秋饼，被子盖过颈。”“吃了中秋饼，快把棉袄请。”“吃了中秋饼，烤火才不冷。”

这与古代中秋迎寒的思路是一脉相承的。只不过，不是用击鼓、吹奏的方式，而是以盖被、穿袄、烤火的实际行动迎接冬天的来临。

《礼记》和《史记》中，都记载了中秋祭月、中秋敬老的规制。《礼记·祭义》曰：“祭日于坛，祭月于坎。”《史记·封禅书》曰：“祭日以牛，祭月以羊彘特。”也就是说，要用牛祭日，用羊和猪祭月。《礼记·月令》曰：“（仲秋之月）养衰老，授几杖，行糜粥饮食。”

古代有春祭日、秋祭月，日月代表了阴阳，所以要“祭日于坛，祭月于坎”。仲春时节祭日，是在高台；仲秋时节祭月，是在坑穴。仲秋时节敬老，几杖以安其身，饮食以养其体，应让老人衣食住行都有保障。直到汉代，所谓中秋，还是泛指农历八月，而且人们这段时间会举行多种祭月和敬老活动，也要在此时换上冬装，但并没有欢乐的节庆气氛。

到了唐宋时期，民间渐渐有了赏月的习俗，有了节日的雏形。有人认为唐太宗时期已有“八月十五日为中秋节”的说法，中秋已经是一个重要的节日了。但即使是节日，也只限于宫廷之中，尚未成为民间的节庆活动。

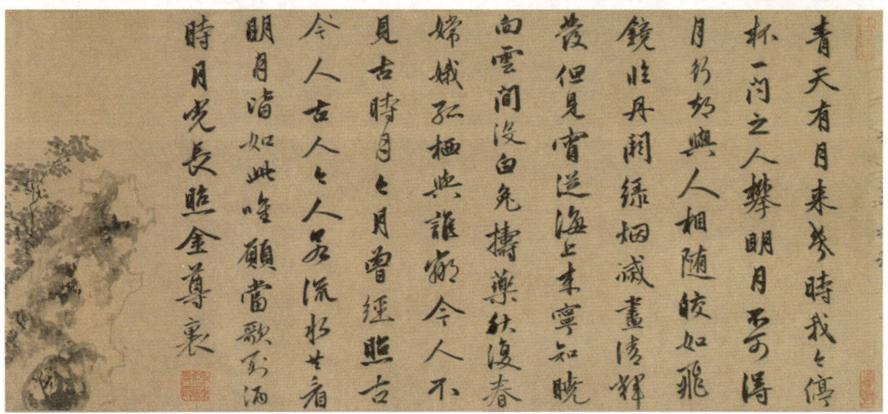

明代杜堇画、金琮书《古贤诗意图卷》之李白把酒问月，故宫博物院藏

古人习惯秋分祭月，但若秋分之时未能恰逢月圆之夕，人便会倍感遗憾。于是后来人们逐渐改在明净、清爽的仲秋望日之夜祭月。

秋分的日期是相对固定的，在 9 月 22 日—24 日之间。中秋节的公历日期却有着一个月之久的跨度：最早的中秋是在 9 月 7 日（白露时节），最晚的中秋是在 10 月 8 日（寒露时节）。

中秋祭月是对秋分祭月在日期上的一种变通。中秋与秋分为同一日的概率只有 3% 左右，但秋分是中秋节的公历日期的平均值。

中秋节是中国传统节日中较晚定型的一个。在我看来，这是在农候的禾谷熟时段、气候的寒暑平时段，选定月满的时点作为圆满之形意。所以时段是由太阳决定的，时点是由月亮决定的，它体现了兼顾日月之行的中国古人在时令美学上的极致化追求。

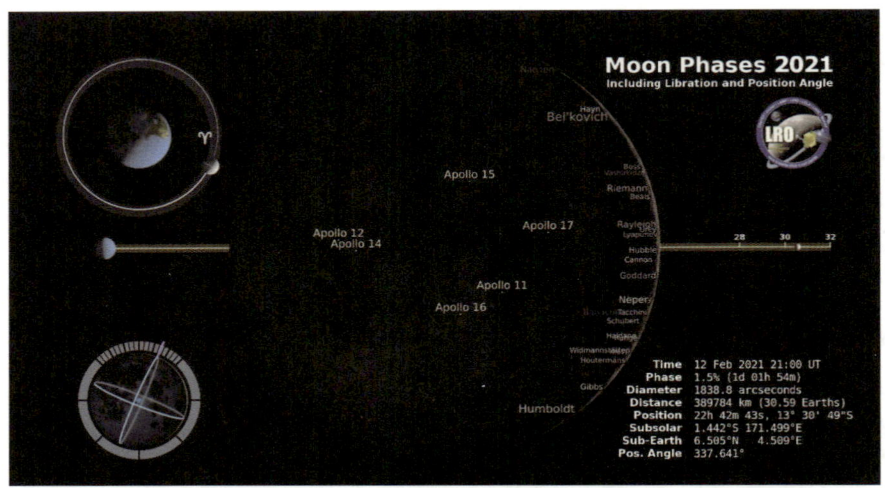

朔望月相：上图为 2021 年 2 月 11 日春节（朔），下图为 2021 年 9 月 21 日中秋节（望）。图片来自 www.nasachina.cn。

“海上生明月，天涯共此时。”中秋节是特别容易引发人们共情的节日，在国际化传播的过程中甚至不需要译文，人们还常常酌情“加戏”。

尽管现在中秋节常被调侃为“月饼节”，但在祭月赏月的文化脉络中，月饼的出现是比较晚的。南宋时期，《梦粱录》中有了关于月饼的记载。但月饼还是一种“四时皆有，任便索唤”的“市食点心”，一种“蒸作从食”的蒸食点心。所谓“四时皆有”，就是平常吃的，并非中秋节的专属食物。所谓“任

中秋节的国际化

左图为太平洋岛国萨摩亚1996年发行的中秋节邮票小型张，其中有月兔捣药、花灯、敬老、舞狮、月饼等图案。右图为印度洋岛国马尔代夫1995年发行的邮票小型张，凸显了跨文化的想象力。它将米老鼠和中国中秋节联系在一起，米奇手提灯笼，和米妮一起坐在山顶赏月，身后是点点烛光，体现了中秋节的温馨气氛。

便索唤”，就是可以从外面买回家的。而且，不是烤制的，是蒸制的。

渐渐地，吃月饼、品瓜果成为中秋节的“标配”，取花好月圆的意境。

到了明清时期，中秋祭月已经形成一套遍及民间的完整的祭拜仪式。原本是朝廷春分祭日、秋分祭月，慢慢地在民间改为中秋祭月。这是离秋分节气最近的满月之日。

而且，中秋节的仪式和活动由祭月这个单一性主题演变为多种习俗。祭月也渐渐地被赏月替代。

在民间习俗中，除拜月、赏月，还有一系列与中秋相关的文化内涵，例如全家人的团圆、乡邻之间的联欢、庆丰酬神的丰年祭，以及青年男女的示爱、结情，还有祈子、祛疫等，使中秋节承载了越来越丰富、越来越欢愉的文化功能。

《管子·轻重己》记载：“以夏日至始数九十二日，谓之秋至，秋至而禾熟。”《淮南子·天文训》记载：“秋分蔈定，蔈定而禾熟。”也就是说，收成多寡，年景好坏，不再是悬念，在秋分时节基本都有了定论。

吃下“定心丸”，人们便忙着收、忙着晒。“三春没有一秋忙，收到仓里才算粮。”然后人们趁着秋高气爽，晒粮食、晒干菜、晒盐、晒鱼干儿等。

从前，收割、晾晒、归仓之后，还有一个“送秋牛”的民间习俗。立春

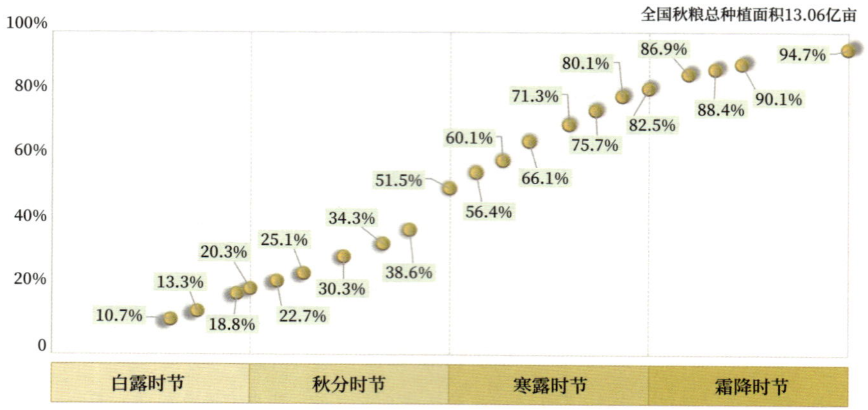

2022年全国秋粮收获百分率
（根据农业农村部农情调度实时信息）

秋分至寒露时节，正是全国秋粮收获最集中、最繁忙的时段。

的时候，人们鞭春牛、劝耕。秋分的时候，人们在黄纸或红纸上印上节气农事和农夫耕田的图样，制成“秋牛图”。送秋牛的人，往往是民间最能说会唱之人。他们在“送秋牛”的过程中，说秋耕事项和各种吉祥话，劝说大家不贻误时令。因为秋收之后还有秋种，“归休乘暇日，馌稼返秋场”。这种习俗也被称为“说秋”，而“说秋”说得好的人被称为“秋官”。立春鞭春，秋分说秋，都是劝农。

被古人视为“寒暑平”的春分、秋分，演绎着春花与秋色之美。但春季再暖一点，繁花便会凋落；秋季再凉一点，百草便会枯萎。所以，人们希望这样的时令不要来去匆匆。人们在物候节律快速递进的春秋季节常有对万物飘零的悲愁与伤感。

唐代宋之问《芳树》诗云：“叹息春风起，飘零君不见。”

唐代卢照邻《曲池荷》诗云：“常恐秋风早，飘零君不知。”

秋分时节，虽然有了些许寒意，但我还是特别喜欢杨万里的那句诗：“秋气堪悲未必然，轻寒正是可人天。”夏天时，人被热得昏沉沉的，也被热得特别烦躁。秋分时的一丝轻寒，恰好让人舒畅，恰好给人一种唤醒感，气温体现着一种恰到好处的分寸。

秋分三候

古人梳理的秋分节气物候是：一候雷始收声，二候蛰虫坯户，三候水始涸。

秋分一候·雷始收声

《淮南子·天文训》将秋分物候定义为“秋分雷戒”，所以“雷始收声”不仅是秋分一候的候应，也是秋分时节最核心的特征。

从全国雷电预警的视角来看，春分后雷电陡增，秋分后雷电骤减。寒露、霜降时节，雷电完全进入了沉寂期，“冬雷震震”是小概率事件。

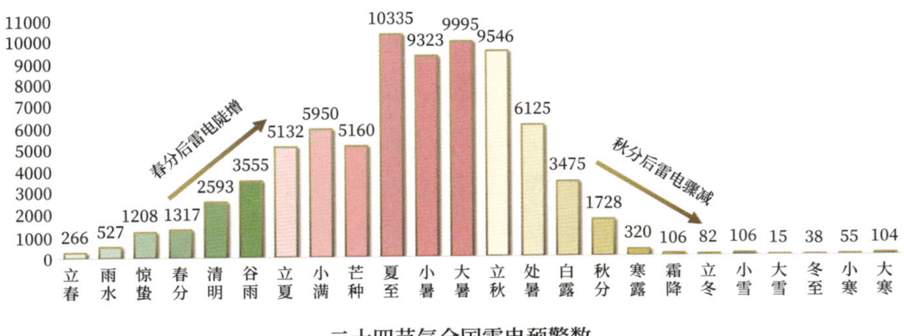

二十四节气全国雷电预警数

数据为2016—2022年平均值，数据来源：国家预警信息发布中心。

在古代，雷之发声与收声，与阳气之盛衰相关。汉代王充《论衡》中说："正月阳动，故正月始雷。五月阳盛，故五月雷迅。秋冬阳衰，故秋冬雷潜。"

古人认为，产生雷电的原因是"阴阳合"，或"阴阳相薄"，或"阴阳交争"。这几种说法的相同之处在于阴阳二气的接触，不同之处在于接触时它们之间或是友好，或是敌对。古代占卜以雷电发生时"其声和雅，岁善"——阴阳约会，而非阴阳决斗——作为好年景的预兆。

雷声，被视为阳强阴弱时段的产物。宋代卫湜《礼记集说》载："春分以阳为主，故继言雷乃发声；秋分以阴为主，故继言雷始收声。"以阴阳思维来看，雷电是阴气与阳气都具备一定实力时，短兵相接所致。而"阴阳相半"的秋分之后，阴气渐盛，阳气潜藏，于是它们很难再有会面的机缘，所以也就很难再有雷声了。

雷被视为阳气之声，秋分之后它"收声入地"，只是在地表上沉默了。在古人看来，所谓"雷始收声"，只是人听不到雷声而已，雷其实一直存在。

汉代高诱对《吕氏春秋》的注释道："藏其声不震也。"汉代郑玄对《礼记》的注释中说："雷始收声，在地中动内物也。"明代顾起元《说略》载："雷二月阳中发声，八月阴中收声，入地则万物随入也。""雷始收声"之后，雷就到地下去了，于是万物就随着雷之收声而集体进入闭藏阶段。

从前也有人认为，雷电乃龙所为，雷电的发生规律是春分"雷乃发声"，秋分"雷始收声"。而龙在一年当中的作息规律，是"春分而登天，秋分而潜渊"，都是"半年工作制"，看起来非常契合雷电的起止时间。

所谓"蛰虫坯户"，汉代郑玄在对《礼记》的注释中说："坏（坯，古文中有多种写法，下文会展开解释），益也。蛰虫益户，谓稍小也。"唐代孔颖达在对《礼记》的注释中进行了更细致的解读："户谓穴也，以土增益穴之四畔，使通明处稍小，所以然者，以阴气将至。此以坏之稍小，以时气尚温，犹需出入。故十月寒甚乃闭之也。"

所以"蛰虫坯户"，还不是完全封闭门户。在时气尚温、阴气渐至的情况下，蛰虫们还可以时常出入门户。仲秋时节，便不再门户洞开，蛰虫们用细土把洞穴垒得结实一些，洞口开得再小一些。到天气寒冷的时候，"至寒

秋分二候·蛰虫坯户

甚乃墐塞之也”，才是真正的封堵洞口，“闲人免进”，准备安然过冬。

仲秋候应“蛰虫坯户”，古有多种写法，差异集中于“坯”之用字。《礼记》记为“蛰虫坏户”，但“坏，音培”。《逸周书》记为“蛰虫培户”。《吕氏春秋》记为“蛰虫俯户”。《淮南子》记为“蛰虫陪户”。《宋史》《元史》等记为“蛰虫坯户”。其中，“坏”“坯”“培”“陪”均为通假字，可通用。根据清代段玉裁《说文解字注》汇总的注释，“坏”可释为：“瓦未烧，今俗谓土坯……此培字正坏字之假借。”

五种写法中，只有《吕氏春秋》的“蛰虫俯户”与众不同。汉代高诱将“蛰虫俯户”释为“将蛰之虫，俯近其所蛰之户”，“俯”为躲藏之义，并无将洞口变小的内涵。

春分是“蛰虫启户”，秋分是“蛰虫坯户”，它们基本上是半年在户外，半年居室内。秋分时节，蛰虫们开始成为“地下工作者”。

在二十四节气的节气物候标识之中，蛰虫类物语的数量仅次于鸟类。而这些蛰虫物语取代了更早的物候标识，如《夏小正》中的正月“囿有见韭”（园子里又长出了韭菜）、四月“囿有见杏”、八月“剥瓜”、九月“荣鞠树麦”（野菊花开，可以种麦了），以及仲冬“芸始生”、仲夏“木堇荣”等直观的候应。

为什么观测蛰虫行为的难度更大，古人却偏偏放弃俯拾皆是的直观物语，而选择可能需要“掘地三尺”的蛰虫观测呢？春天，人们需要借助蛰虫测试地温。蛰虫的洞穴，其实是农耕所依托的土壤环境，人们春季更需要来自地下的“情报”。

秋天，人们需要借助蛰虫测试温度。“蛰虫坯户”“蛰虫咸俯”能够为人们提供关于秋凉和秋寒的温度临界值。每年的寒凉有早晚，生物行为可以对此做出动态修订，使人们更精准地把握时令变化。

因此，所谓“蛰虫启闭”，是人们春秋时用的生物温度计。但蛰虫生活在洞穴之中，人们很难确切地捕捉到它们特征化的生物行为。节气中的蛰虫物语，如果不是出自臆想，而是来自实测，那么其观测的难度无疑是节气相关的物候观测中最高的。在现代人看来，这几乎是一种不可思议的执着。

汉代高诱对《吕氏春秋》的注释道：“涸，竭。”意为水开始干涸。元代吴澄《月令七十二候集解》载：“水本气之所为，春夏气至，故长；秋冬气返，故涸也。”但汉代郑玄在对《礼记》的注释中提出疑问，认为秋分时节便水体干涸是不符合实际情况的：“此甫八月中，雨气未止，而云水竭，非也。”郑玄又进一步引用《国语·周语》中对星象出现时辰的描述，来说明水涸出现的时间为寒露之后：“辰角见而雨毕，天根见而水涸。”

秋分三候·水始涸

“水始涸”不是水体的整体干涸，而是“潦水尽”，即夏雨遗存的积水逐渐干涸，浅塘显露曾经的水痕。

一年之中的水体变化，显然与降水高度相关。春季降水陡增，所以春水生，诗词吟咏春江水满，人们唱着“山歌好比春江水”。秋季降水锐减，所以秋水净，诗词吟咏秋江水清，人们唱着“心与秋江一样清”。

从全国而言，秋分时节的降水量不足立秋时节的50%，而北京仅为20%。此时，河流舒缓了，水洼干涸了。

唐代司空图在《二十四诗品》中有这样的词句：“流水今日，明月前身。”这是说流水为何如此清澈，因为皎洁的明月是我的前身。在降水量大的春夏，流水往往是浑浊的，只有在雨水不再喧嚣、径流不再湍急的清秋，才有可能呈现“流水今日，明月前身”的意境。

秋气之美，常在于水之静美。

秋分节气神

民间绘制的秋分神，大体上有两个版本。

第一个版本的秋分神是一位持戟的军士，手持利斧，金刚怒目，代表古时的秋猎开始了。直到清代，木兰围场的“哨鹿”，也是“率以秋分前后为候”。

当然，在人们心目中，秋分神也是丰硕秋实的守护神。所以第二个版本的秋分神是一位手持拂尘与书卷或团扇的仕女，但也有的秋分神并无持物，只是端袖沉思。

人们往往将仕女版本的秋分神绘为神话中的仙女嫦娥，这与秋分与中秋日期相近有关。自古以来的祭月、拜月和赏月，均体现着人们对星辰的崇拜。

被古人视为“寒暑平”的春分和秋分，节气神都是纤云弄巧般的仕女，她们是最宜人时令的代言者。不过，就气温而言，春分和秋分并非“寒暑平”，而是春分近寒，秋分近暑。民间秋分神一武一文的角色差异，或许也体现了人们在仲秋时节感触的差异。

此时，秋高气爽之时，有人赏秋，有人伤秋。人们有秋兴，也有秋愁。

寒露·风清露肃

南北朝时期《三礼义宗》曰：“九月之时，露气转寒，故谓之寒露节。”明代叶子奇诗云：“不知满径秋多少，凉露西风淡泊花。”

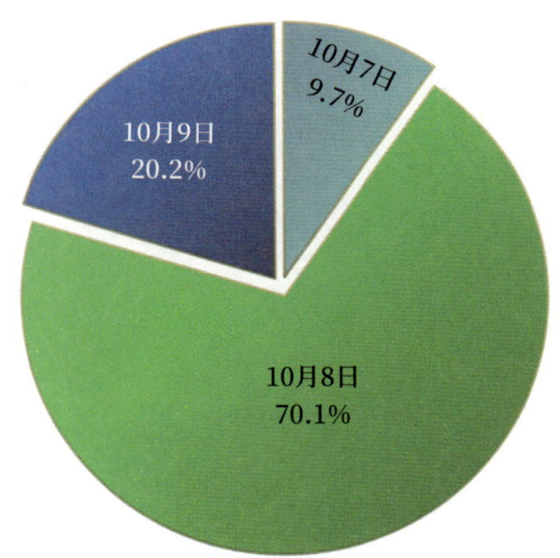

寒露节气日在哪一天？
（1701—2700年序列）

寒露节气，通常是在 10 月 8 日前后。

寒露节气日，夏已由江南退守岭南，领地只剩下约 50 万平方千米，再无与秋冬的鼎足之势。秋在南方与夏艰难鏖战缠斗之时，却在北方迅速败退。冬已大有一统北方之势，寒露结束时，冬的地盘已达 580 万平方千米，一举实现对秋的反超。

二十四节气中，有两个节气是描述露水的，一个是白露，莹莹白露；另一个是寒露，凄凄寒露。它们的差别在哪儿呢？古人说寒露是“露气寒冷”，那么如何界定“露气寒冷”呢？在二十四节气体系起源地区，寒露时节白天的最高气温开始降到 22℃以下，白天也没有夏天的感觉了。早晚的最低气温开始降到 10℃以下，已经有了冬天的感觉。

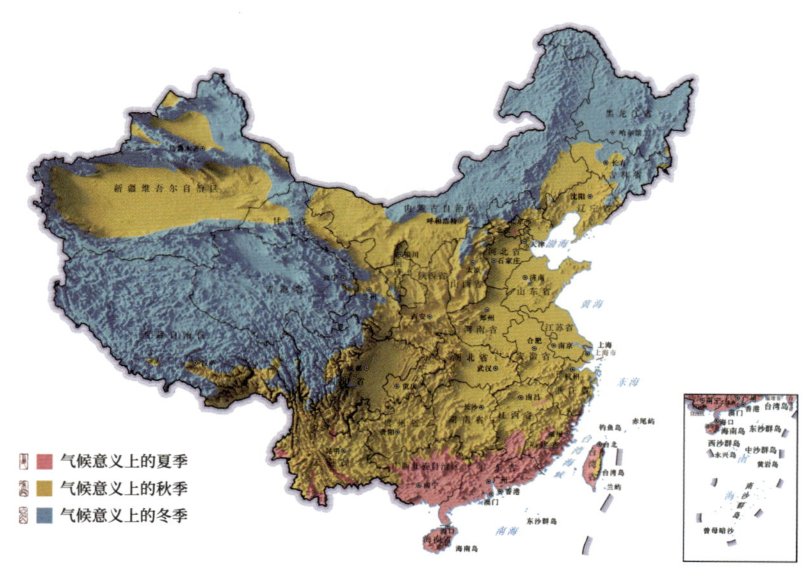

寒露节气日季节分布图
（1991—2020年）

寒露节气日季节分布及变化　　单位：万平方千米					
夏季		秋季		冬季	
面积	变量	面积	变量	面积	变量
约 50	-70	约 475	-155	约 435	225

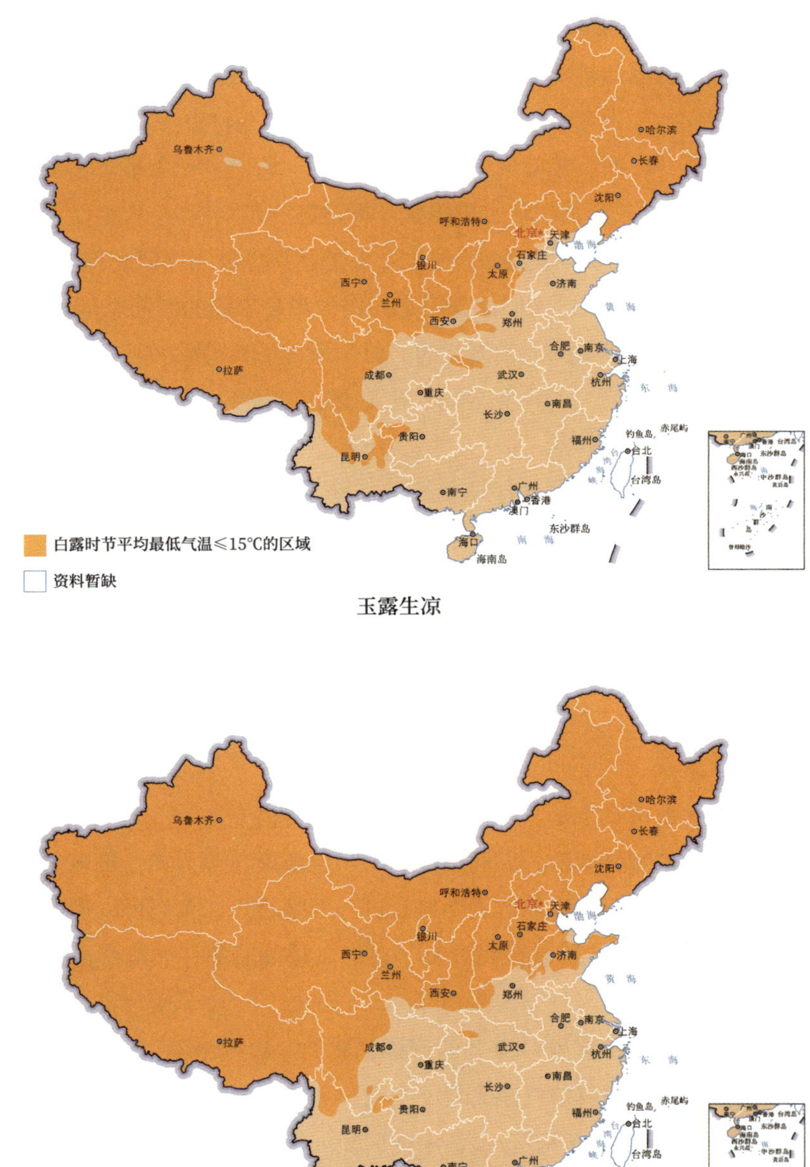

玉露生凉

寒意始生

从白露到寒露，从≤ 15℃到≤ 10℃，也是从不再穿短衣、短裤到不再穿单衣、单裤。

所以寒露与白露的差别在于，白露时，白天是夏热，早晚是秋凉；寒露时，白天是秋凉，早晚是冬寒。虽然只相差一个月，体感上却相差了一个季节。

深秋时节，民间流传着两条简洁的劝“穿”谚语。一个是“吃了寒露饭，不见单衣汉”，另一个是“吃了重阳糕，单衫打成包”。

因为寒露和重阳日期比较接近（九九重阳节的公历日期平均值为 10 月 17 日，寒露二候），所以人们往往用它们作为多穿衣服的时间基准。

近年来，寒露时节网上最流行的，就是那首《秋裤赋》：

我要穿秋裤，冻得扛不住；
一场秋雨来，十三四五度。
我要穿秋裤，谁也挡不住；
翻箱倒柜找，藏在最深处。
说穿我就穿，谁敢说个不；
未来几天里，还要降几度。
若不穿秋裤，后果请自负。

我觉得《秋裤赋》是一种非常好的表达和传播方式。

从前立春的时候劝耕，人们用鞭春牛、走街串巷等方式，希望人们抓紧时间准备春耕，以面对面的方式劝耕。进入网络时代，人们可以借助网络打油诗的方式劝“穿”。所以在我看来，它不仅是普通的打油诗，也是一种网络时代的新节气民俗。

其实从前也有很多劝“穿”的谚语，比如“白露身不露，赤膊是猪猡”，这是说人如果到了白露节气还光着上半身，那简直就是猪。类似的句式还有“清明不插柳，死后变黄狗”，说清明的时候如果人不戴柳条编成的帽子，来世就会变成狗。这些谚语，几乎是用骂人或者吓唬人的方式，力图起到规劝的作用。虽然理不糙，但话太糙了。

谚语说：“寒露不算冷，霜降变了天。”说“寒露不算冷”，也是跟霜降比；说“霜降变了天”，也是寒露帮的忙。因为所谓“霜降变了天”，体现的只是累积效应，只是冻坏骆驼的最后一团寒气而已。

由凉到寒的变化，是寒露帮忙攒下来的。就全国平均而言，秋季节气之中，“变天”节奏最快的，是寒露；气温下降幅度最大的，是寒露；降水减少幅度最大的，也是寒露。

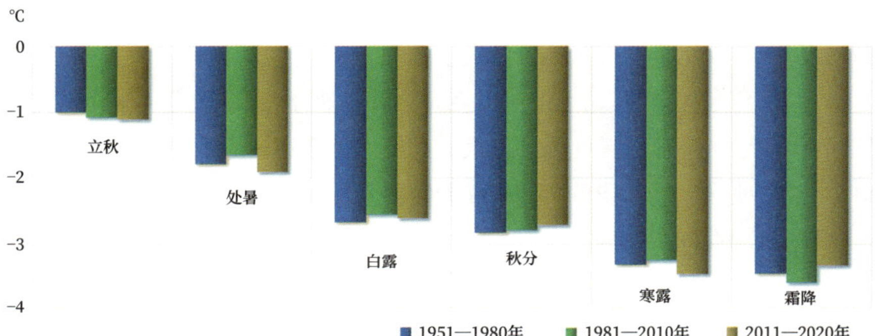

秋季各节气的平均气温变幅
(全国测站面积加权平均值)

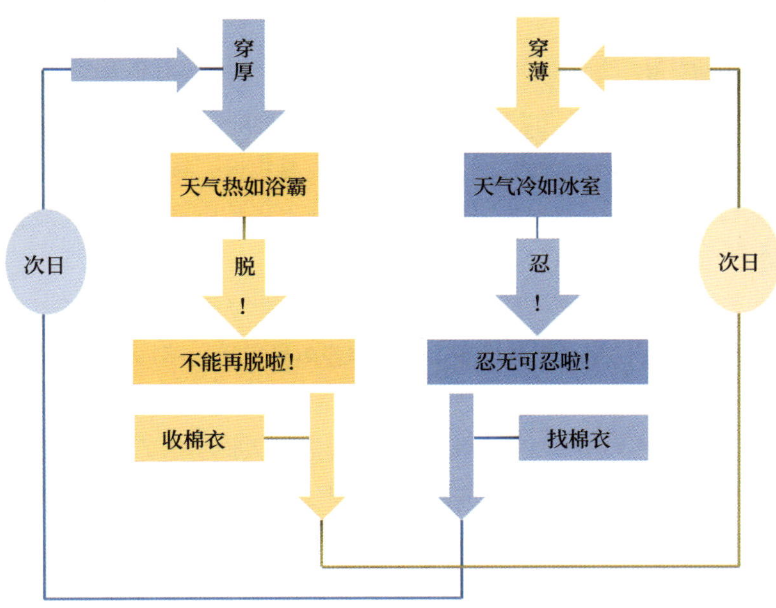

寒露时节，早晨出门的故事

寒露时节，秋阳明媚时，晴暖若夏；秋风凛冽时，肃寒如冬。

有一句谚语，说的是白露和寒露节气的衣着原则，叫“白露身不露，寒露脚不露”。“白露身不露”好理解，但如何解释“寒露脚不露”呢？

如果将其解读为寒露节气就不能穿露脚的凉鞋或者拖鞋，似乎不妥。因为这就意味着，从白露到寒露的一个月当中，身子被包裹得很严实，但脚还露着，甚至可以赤脚，脚居然是最后不露的。

人们说“寒从脚起”，也说“养生先养脚”，脚离心脏最远，血液供应少，脚部的脂肪层又薄，保温性能差，最容易受凉。难道不应该是首先让脚不裸露吗？春捂秋冻，也不能单单让脚冻着啊！

我觉得“白露身不露”，已经包括了脚，脚是“身”不可分割的一部分。所谓“寒露脚不露”，不是指白天穿鞋时不露脚，应该是指晚上睡觉时不露脚，是专门强调晚上要盖好被子，尤其不能露着脚。

有人疑惑，不是要春捂秋冻吗？春天来时，适当地捂一捂，使机体渐渐地适应回暖；秋天来时，适当地冻一冻，提高机体的抗寒能力，着装与时令应有适当滞后。

但所谓“捂”和“冻”，都应有一个前提，古人的说法是：“寒无凄凄，暑无涔涔。”春天的捂，以不出汗为前提；秋天的冻，以不着凉为前提。当然，这很难以精准量化的方式判定，即使气温相近，有风无风，是干是湿，是晴是雨，体感的差异也很大，所以我们穿衣还是应当“晴冽则减，阴晦则增”。

“二八月，乱穿衣”，所谓“乱”，一方面是指人们需要根据天气变化及时增减衣物，另一方面也说明不同的人穿着差异很大。不过，没人会在农历九月乱穿衣。

俗话说：“急脱急着，胜如服药。”就是告诉人们，热了应及时脱衣，冷了要及时加衣。它与“春捂秋冻”看似相悖，实则相合。就像战略上藐视敌人，战术上还要重视敌人一样。“春捂秋冻”，说的是应对气候的战略；“急脱急着”，说的是应对天气的战术。

春季穿衣，大的原则是适当地捂。但春季的昼夜温差往往是一年之中最大的，一天之内，或许就包含了两个季节。一季之中，也可能急冷急暖，所谓“春如四季”。所以在一天之内、一季之中还需要机动地增减衣物。

英语中有一个着装原则叫“多层着装”，即所谓洋葱着装法。热了脱一两层，冷了加一两层，随时调整。穿衣不能只有两层，捂上便是隆冬衣着，脱了便是盛夏装束。中间要有过渡，为机体提供缓冲。

寒露时节，不仅天气凉了，雨水少了，日照也少了。花鸟草虫，该谢的谢了，该飞的飞了，该歇的歇了，该睡的睡了，只有农民们还没歇。

我们经常说秋天是收获的季节，但实际上秋天既是收获的季节，也是播种的季节。《管子》曰：“夫岁有四秋，而分有四时。”管子认为有四个秋天，“五谷之所会”，即五谷全收之时，乃是秋天中的秋天。

秋天首先是忙着收，有的早一些，是“白露快割地，秋分无生田”；有的晚一些，是“寒露无青稻，霜降一齐倒”。人们忙着收，“寒露到，割晚稻”。收完了，还要翻地，“寒露霜降，耕地翻土”。还要打场，还要晾晒，“寒露割谷忙，霜降忙打场”。

左图为江西婺源的篁岭晒秋。右图为新疆焉耆的戈壁晒辣椒。很多物产都是晒出来的，例如秋分晒盐，寒露、霜降晒柿饼，立冬、小雪晒鱼干。

收晒之后，又是新一轮的播种。二十四节气起源的黄河流域地区，寒露节气是冬小麦播种的标准时间节点。冬小麦每年重复着寒露种、芒种收的循环。所以，对节气起源地区而言，寒露是冬小麦的“落地”节气。

关于种麦，中原地区的谚语云：“寒露时节人人忙，种麦、摘花、打豆场。”长江中下游地区种麦时间则要稍晚一些，“寒露到霜降，种麦莫慌张；霜降到立冬，种麦莫放松”。

从华北到华南，播种冬小麦的时间用一个句式基本上就能够概括。华北地区是：“白露早，寒露迟，秋分种麦正当时。”中原地区是：“秋分早，霜降迟，寒露种麦正当时。”江南地区是：“寒露早，立冬迟，霜降种麦正当时。”华南地区是：“霜降早，小雪迟，立冬种麦正当时。”

播种小麦在其他地方叫秋种，在华南被称为冬种。哪个节气早，哪个节气迟，哪个节气正当时，在中国，这几乎是关于节气与农时的通用句式。

当然，随着气候变化，冬小麦播种的时间如今也有所推延。例如，从前华北是“白露早，寒露迟，秋分种麦正当时”，但现在往往是“小麦点在寒露口，点一碗收一斗”。气候变暖了，农活也就跟着春天动得早，秋天歇得迟。

寒露时节，往往是一场秋雨一场寒，秋雨过后秋风紧。

台湾新竹的人家在晒柿饼

在台湾，寒露时节，“九降风”开始降临，正好是晒物之际。在东北季风难以光顾的台湾南部，谚语说：“早春雨，慢冬露。”意思是早稻的育化靠的是雨，慢冬（晚稻）的育化就只能靠露水了。摄于2017年寒露时节。

谚语说：“寒露雨风，清明晴风。”清冽的秋风在秋雨之后接踵而来，然后往往是气温骤降，严霜降临。谚语还说：“寒露有霜，晚稻受伤。”所以人们特别留意寒露的天气变化，“不怕霜降霜，只怕寒露寒”。人们之所以不怕霜降的霜，是因为霜降的时候，晚稻已经收割完了。人们之所以最怕寒露的寒冷，是因为那正是临门一脚时，晚稻的收官阶段。

俗话说：“寒露雨，偷稻鬼。”“寒露风，稻谷空。”在南方，对晚稻而言，下雨也不行，刮风也不行。有一个气象名词叫寒露风，寒露风并不能狭义地理解为寒露时节的风。谚云：“棉怕八月连阴雨，稻怕寒露一朝霜。”寒露风原指华南寒露时节危害晚稻的低温现象，或者干冷型的凄风，或者湿冷型的苦雨。而当双季稻北扩至长江中下游地区，这种会危害晚稻生长的灾害性天气偶尔在秋分前后便开始流行。所以广义的寒露风未必只是风，也未必只发

秋雨过后秋风紧

清代恽寿平、王翚《花卉山水合册》（十），故宫博物院藏

生于寒露，而是危害晚稻的低温综合征。

一年中，人们有两次最重要的踏青。清明踏青，是为春天接风；重阳辞青，是为秋天饯行。春时踏青，秋时辞青，体现的是人与草木之间聚散皆有情。

古人认为，春天适合看近景，秋天适合看远景。春天看花容，秋天看山色。

四季当中，冬天太冷，刮风下雪，天气太恶劣；夏天太热，高温热浪，风雨雷雹，天气多变。只有春秋适合出去走一走。而且春秋是短暂的过渡季节，气温变化快，于是景物变化也快，随时可能有惊喜。

春天适合走出去、看近景：看花看草，观鱼观鸟，近景中有春天里各种鲜活的细节。而秋天适合走出去、看远景，不要拘泥于近景中的枯萎和飘摇；要看远景：看天那么空阔，云如此高洁，山从来没有这样色彩斑斓。正如唐代宋之问诗云："山形无隐霁，野色遍呈秋。"

所以重阳辞秋，自然应选择以登高望远的方式鸟瞰草木，与秋天作别。

我在长白山地区采访时，当地的朋友告诉我，平常的山就叫山，山只有到了深秋五彩斑斓的时候才有资格叫"五花山"，这也是山最上镜的时候。当然，重阳之际，降水锐减，浓云消退，大气通透性好，能见度高，这是人们可以登高望远的气象前提。

苏轼词云："露寒烟冷蒹葭老，天外征鸿寥唳。"这是说露水变冷了，烟气变凉了，芦苇也不开花了。天边的鸿雁，声音凄清而高远，但鸿雁只是匆匆过客，过了寒露便了无踪影，人们锦书遥寄的心愿也难以再通过鸿雁传书的方式实现了。

鸿雁渐远的同时，蝉噤荷残：鸣蝉沉默了，荷叶凋零了。深秋时节，因为景物渐渐萧疏残败，人们称之为老秋、穷秋。"穷秋九月衰"，似乎时光正在走向衰老。

"寒露霜降水退沙，鱼落深潭客归家。"从秋分物候的"水始涸"，到立冬物候的"水始冰"，一切变得简约而清净。有人怀念曾经的繁盛，但也有人更享受深秋的这一份清净自在。

杜牧诗云："深秋帘幕千家雨，落日楼台一笛风。"寒露节气，如果晴天，标志性的景色是"碧云天，黄叶地"；如果有风，则"云悠而风厉"；如果有雨，便是“寒露洗清秋”。没有浓抹之美艳，只有淡妆之清雅。

寒露是秋天中的秋天。虽然秋已渐老，却是彩色的秋。“虽惭老圃秋容淡，且看黄花晚节香”，就在这清冽的日子里，观赏秋天绚烂的“晚年”吧。

寒露三候

古人梳理的寒露节气物候是：一候鸿雁来宾，二候雀入大水为蛤，三候菊有黄华。

寒露一候·鸿雁来宾

秋凉时节，人们在不同场景、不同时段审视候鸟的迁飞与逗留。

唐代陈叔达诗云：“岸广凫飞急，云深雁度低。”唐代李世民诗云：“晨浦鸣飞雁，夕渚集栖鸿。”

白露一候“鸿雁来”，寒露一候“鸿雁来宾”，这“鸿雁来”和“鸿雁来宾”有什么区别呢？按照汉代郑玄对《礼记》的注释记载：“皆记时候也，来宾，言其客止未去也。”唐代孔颖达对《礼记》的注释则说：“今季‘秋鸿雁来宾’者，客止未去也，犹如宾客，故云‘客止未去也’。”宋代鲍云龙《天原发微》写道：“鸿雁来宾，云仲秋来者为主，季秋来者为宾，又云仲秋来则过去，季秋来则客止未去。”

一种解读是“雁以仲秋先至者为主，季秋后至者为宾”，意思是古人把先来的鸿雁视为主，将后到的鸿雁称作宾。鸿雁迁飞，启程早或晚，飞得快与慢，时间相差一个月。白露时人们看到第一批鸿雁南飞，寒露时是最后一批鸿雁南飞。另一种解读是无论早来的还是晚到的，在寒露时节还逗留此地的，都是“宾”，所以人们在寒露时节见到的鸿雁未必都是后来者，可能是仲秋飞来，季秋未去而已。

谚语说：“大雁不过九月九，小燕不过三月三。”这是说大雁最迟农历九月九寒露时节来，小燕最迟农历三月三阳春时节回。至于谁先来、谁后到，也有人认为先来的是鸿雁中的力强者，晚到的是鸿雁中的体弱者。

明代方以智《通雅》记载：“雁也，鸿雁来，雁北乡，雁父母也。鸿雁来宾，候雁北，雁之子也。白雁曰霜信小雁也。”实际上，鸿雁的迁飞虽是“自由行”，却是扶老携幼的互助式旅行。非实测者的解读中常有臆想的成分。

二十四节气起源地区黄河流域，既不是鸿雁的度夏之地，也不是鸿雁的越冬之地。节气候应中所说的鸿雁之来去，大多是旅途中行色匆匆的鸿雁，往往只是“惊鸿一瞥”，或者只是在本地“服务区”稍微歇个脚、喝口水、吃顿饭的鸿雁。

但也有的雁群来了之后“乐不思蜀”，小住一段时间，于是人们视其为“来宾”。“鸿雁来宾”，是指最后的归雁。

在古代，有霜信之说。人们将鸿雁视为霜的信使。南北朝时期鲍照诗云：“穷秋九月荷叶黄，北风驱雁天雨霜。”宋代元好问诗云：“白雁已衔霜信过，青林闲送雨声来。”

宋代沈括《梦溪笔谈》记载：“北方有白雁，似雁而小，色白，秋深则来。白雁至则霜降，河北人谓之‘霜信’，杜甫诗云‘故国霜前白雁来’，即此也。”明代毛晋《毛诗草木鸟兽虫鱼疏》写道：“（鸿雁）秋深方来，来则降霜。河北谓之霜信。”对北方地区而言，寒露的“鸿雁来宾”便是霜信，是初霜即将降临的预兆。

宋代冯伯规《岁晚倚栏》诗云：“问信迟宾雁，催寒有响蛩。”鸿雁飞、蟋蟀鸣，在古人看来，是生物对寒凉天气的视频和音频报道方式。

寒露二候·雀入大水为蛤

秋冬季节，有两个鸟类化为贝类的候应，一是寒露二候雀入大水为蛤，二是立冬三候雉入大水为蜃。

《国语·晋语》记载："赵简子叹曰：雀入于海为蛤，雉入于淮为蜃。"三国时期韦昭对此注释："小曰蛤，大曰蜃，皆介物蚌类也。"即小的蚌被称为蛤，大的蚌被称为蜃。

此处的"大水"，通常被解读为海。如汉郑玄对《礼记》的注释中说："大水，海也。"汉高诱对《淮南子》的注释亦称："大水，海水也。"宋鲍云龙《天原发微》记载："爵入大水化为蛤，飞化为潜也。"

古人发现，到了深秋和初冬时节，望来望去，怎么很难见到鸟类了呢？到水边一看，很多贝壳颜色和纹理跟鸟特别相似。"飞物化为潜物也"，哦，原来是鸟类都变成了贝类。

俗话说"秋风响，蟹脚痒。""清明螺、端午虾，九月重阳吃爬爬。"

寒露重阳正是品味鱼、虾、蟹的"上时"。深秋寒露的"雀入大水为蛤"，仿佛是在委婉地对"吃货"们说，别错过贝类肥美之时哦！我们不可以把"雀入大水为蛤"这样的候应轻率地归为科学谬误。古人的生命观，不是生与死，而是生与化。生命不是消亡，而是转化。于是人们安然于生，泰然于死，正如诗中所言："英雄生死路，却似壮游时。"让生命中少一些生离之苦、死别之悲。

我们也可以换一种思维方式去解读：古人或许并非真的这样想，这只是一种善良且浪漫的愿望，一种朴素的生命运化观。每一种生命都没有消亡。在这个时节你看不见它，只是因为它变换了一种存在的方式而已：夏天想飞的时候，有翅，能高飞于天；秋天想藏的时候，有壳，可深藏于海。

寒露三候·菊有黄华

《离骚》中便已有“朝饮木兰之坠露兮，夕餐秋菊之落英”的诗句，体现着菊花的孤傲与高洁。“寒露百花凋”，但菊花偏偏在寒露时盛开，正所谓“迎寒桂酒熟，含露菊花垂”。

诗云“却邪萸入佩，献寿菊传杯”，菊与茱萸都是重阳风物。而重阳通常是在寒露时节，正是人们辞秋之时。

菊花其实有很多种颜色，那为什么寒露物语说的只是“菊有黄华”呢？

汉代高诱对《淮南子》的注释中说：“菊色不一，而专言黄者，秋令在金，以黄为正也。”元代陈澔《礼记集说》中记载：“鞠色不一，而专言黄者，秋令在金，金自有五色，而黄为贵，故鞠色以黄为正也。”宋代鲍云龙《天原发微》云：“菊有黄华，独记其色，以其华应阴之盛。愚谓五阴不能剥一阳。故吐其美为华。”

可见，黄色被视为菊花的纯正颜色，表征秋令之色。

“菊有黄华”是寒露三候的物候标识。但就节气起源地区的现代物候观测结果而言，“菊有黄华”的时间多在寒露一候。春早、秋迟的物候现象，说明以五日为节律的七十二候创立之时，气候比现在更为温暖。

在人们心目中，菊花最重要的还不是颜色，而是品格，它进而成为人们品格自塑的镜鉴。

唐代杨炯在《庭菊赋》中写道：“及夫秋星下照，金气上腾。风萧萧兮瑟瑟，霜刺刺兮稜稜。当此时也，弱其志，强其骨，独岁寒而晚登。”宋代《锦绣万花谷》云：“拒霜花，树丛生，叶大，而其花甚红。九月霜降时开，故名拒霜。”明代《本草纲目》记载：“雁来红，茎叶穗子并与鸡冠同。其叶九月鲜红，望之如花，故名。吴人呼为‘老少年’。”

虽说“得霜篱落剩黄花”，但将冬之时，菊花并非只剩黄花。菊花也并不孤独，还有诸如拒霜花、雁来红这样的花草，一同笑看渐寒的时令。

清代禹之鼎《王原祁艺菊图》，故宫博物院藏

唐代黄巢《不第后赋菊》诗云：“待到秋来九月八，我花开后百花杀。冲天香阵透长安，满城尽带黄金甲。”“满城尽带黄金甲”，写的便是寒露时节的菊花之盛。

描写秋菊的诗句还有“繁林已坠叶，寒菊仍舒荣”，欲霜或初霜的深秋时节，菊花作为秋之尾花展示着它凌霜傲寒的性情。

明代画家沈周诗云：“秋满篱根始见花，却从冷淡遇繁华。”这描写的是冷淡时节的繁华。

寒露节气神

民间绘制的寒露神，大体上有两个版本，扮相都颇有戏剧感。

第一个版本的寒露神是一位扬眉亮剑的“武生”。他以长剑寒锋提示着人们，这是第一个以“寒”字冠名的节气。刀剑之寒光，凸显寒露乃肃寒之气的“亮剑”之时。他也可能持刀，做着抱刀式、出刀式、举刀式之类的武术动作。

在早期的版本中，寒露神多为女将，头上戴着京剧中的七星额子，飒爽如挂帅的穆桂英。

第二个版本的寒露神是一位身着披风或者薄袍褂的“青衣”。她的装束便是图示版的穿衣指数。

将寒时节，或许她就是生活中催促你添衣的贤妻良母。有一句很流行的网络用语：“世界上有两种冷，一种是你觉得冷，另一种是你妈觉得你冷。”“你妈觉得你冷”，便是母亲守护神般的体贴与疼惜。

霜降·气肃而霜

汉代《春秋感精符》记载："霜，杀伐之表，季秋霜始降。"三国时期曹丕诗云："秋风萧瑟天气凉，草木摇落露为霜。"

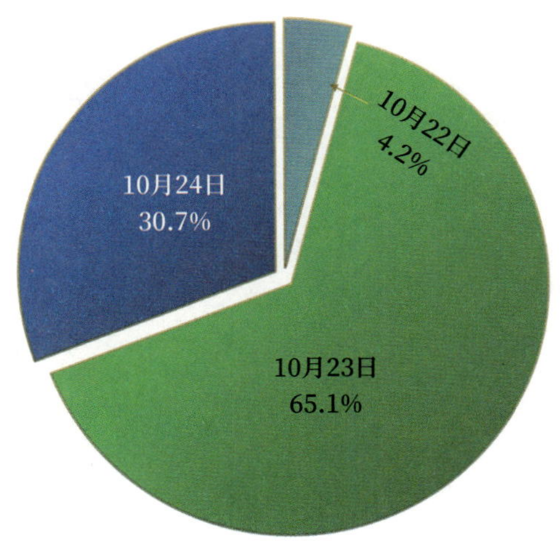

霜降节气日在哪一天?
（1701—2700年序列）

霜降节气，通常是在 10 月 23 日前后。

霜降节气日，秋已渗透至岭南，夏已无天险可守的领地仅残存约 25 万平方千米。自此，季节间的纷争主要是冬与秋的攻守。霜降时节，冬挥戈南下推进至秦岭一线，疆域面积逐渐超过 700 万平方千米，基本形成北方初冬、南方深秋的宏观格局。

寒露之后，便是霜降。古人对寒露的描述是“气渐肃，露寒而将凝也”，对霜降的描述是“气愈肃，露凝为霜也”。所以寒露到霜降，秋气愈加肃杀，于是从将霜到始霜，描述霜的语态由“将来时”变成了“现在时”。

汉代王充《论衡》载：“云雾，雨之征也，夏则为露，冬则为霜，温则

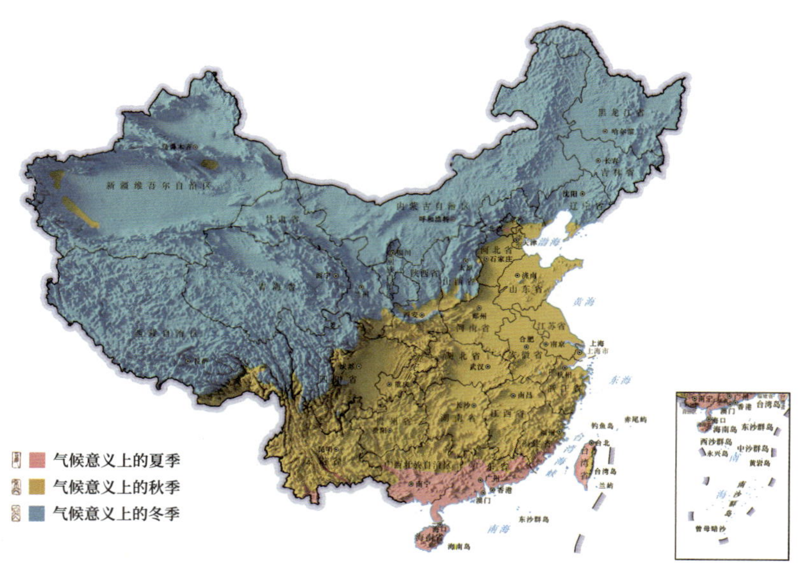

霜降气日季节分布图

（1991—2020年）

霜降节气日季节分布及变化　　单位：万平方千米					
夏季		秋季		冬季	
面积	变量	面积	变量	面积	变量
约 25	-25	约 355	-120	约 580	145

为雨，寒则为雪，雨露冻凝者，皆由地发，不从天降。”既然无论是露还是霜，“皆由地发，不从天降”，那怎么能称之为霜降呢？其实仔细想来，霜降这个名字只是一种比喻。霜降的降，是霜的降临，是一种描述方式，但未必是科学描述。

唐代诗人张继那首著名的诗《枫桥夜泊》写道：“月落乌啼霜满天，江枫渔火对愁眠。姑苏城外寒山寺，夜半钟声到客船。”如果严谨地推敲，霜附着于物，而非飘飞于天。漫天的不是霜华而是霰粒。但诗人的表达逻辑与学者的推理逻辑不同，在诗人眼中，霜是寒冷的化身，霜天是最传神的冬寒意境。

南唐后主李煜的《长相思》诗云：“一重山，两重山，山远天高烟水寒，相思枫叶丹。菊花开，菊花残，塞雁高飞人未还，一帘风月闲。”

霜降时节的芦苇

左图为 2011 年霜降时节，我拍摄的腾格里沙漠中月亮湖畔的芦苇。右图为 2013 年霜降时节，我拍摄的黄河入海口的芦苇。

吹过帘帷的风，透过帘帷的月，这是女子感触外部世界的方式。对她而言，风月无忧无虑；枫叶红了，不是因为欲霜之时叶青素的变化，而是她的思念把枫叶都想红了。

诗云：“蒹葭苍苍，白露为霜。”到了 0℃，空气中多余的水汽就变成了霜花或者冰针。早晨起来，一眼望去，白花花的一片。深秋时节，老天爷给我们点颜色看看。

所谓霜，是空气中的水汽饱和之后，在低温状态下，直接凝华成白色的冰晶。古人认为：“气肃而霜降，阴始凝也。”白霜是由阴气凝结而成。虽

露和霜的区别一目了然：一个是液态的露，一个是固态的霜。

然由白露到白霜，只有一字之差，也只是水的相态不同，但在古人看来，二者意义迥异。如《楚辞》所言："秋既先戒以白露兮，冬又申之以严霜。"在宋玉看来，露是告知秋的来临，霜是预兆冬的来临。《礼记》记载："夫阴气胜则凝为霜雪，阳气胜则散为雨露。"如果阳气占上风，水汽就会化为雨露；如果阴气占了上风，水汽就会凝为霜雪。

"霜以杀木，露以润草。"古人觉得，露是润泽，是赐予；霜却是杀伐，是惩戒。所以由凉到寒，由露到霜，被视为上苍严慈、予夺的转变。

《汉书·董仲舒传》云："天，使阳出，布施于上，而主岁功。使阴入伏于下，而时出佐阳。阳不得阴之助，亦不能独成岁终。阳以成岁为名，此天意也。"

虽然万物乃阳气所生，阴气所杀，但阳气的生养万物之功也离不开阴气"佐阳成岁"的助力。这是古人对阴阳主导万物启闭华实过程的辩证认识。

来源：
空气中水汽饱和时，物体周围多余的水汽“就地”凝华。

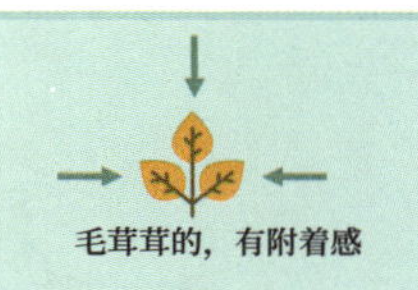

雾凇
Rime

来源：
附近过冷的小雾滴，飘飞而至，粘在物体上并逐渐冻结。

雨凇
Glaze

来源：
天空中过冷的大雨滴“砸”下来，并直接冻结在物体表面。

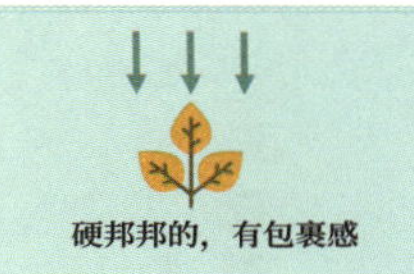

二十四节气体系诞生在什么区域？诞生在什么年代？我们可以基于无霜期提出一个假说。

《尔雅·释天》：“载，岁也。夏曰岁（取岁星行一次），商曰祀（取四时一终），周曰年（取禾一熟），唐虞曰载（取物终更始）。”

在周代，年的寓意是禾谷一年一熟。从春秋到战国时期，熟制由一年一熟向一年两熟发展，这段时期也是对精确时间制度需求最迫切的时期。

什么样的气候区，特别需要刻画气候特征和节律的时段细化的时间体系以实现由一年一熟到一年两熟呢？可能就是无霜期为 200 ～ 250 天且雨热节律比较明显的地区。

在无霜期特别短的地方，大家没有特别的诉求，因为求也求不来。在无霜期特别长的地方，大家也没有特别的诉求，因为气候禀赋不求自来。只有在这些地方，大家才会有特别的诉求：种一季作物，时间绰绰有余；种两季作物，时间紧紧巴巴。种早了，终霜还没完；种晚了，初霜已来临。而且作物需水的盛期还要与降水的盛期匹配。

无霜期在 200 ～ 250 天的区域内，人们对于气候节律的认知欲望最高，建立细化的时间体系的诉求最强烈。

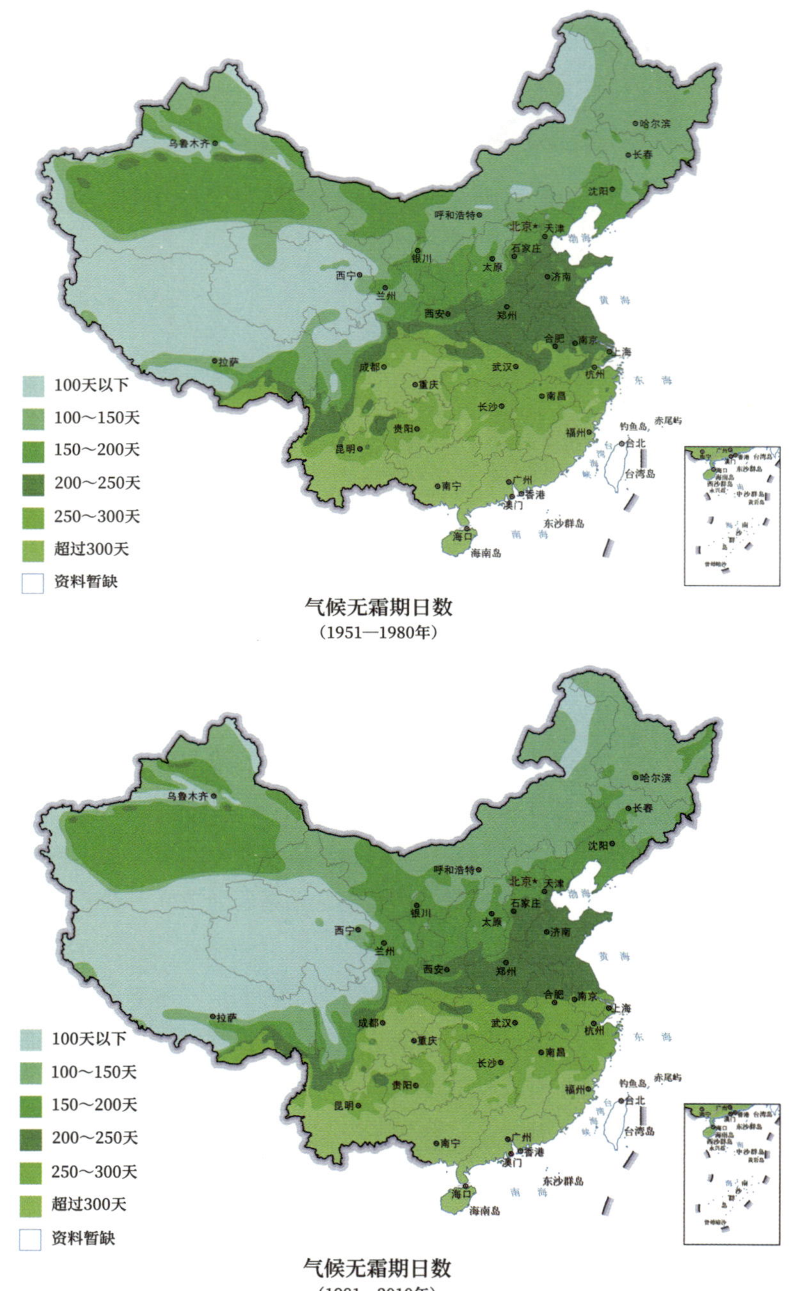

气候无霜期日数

（1951—1980年）

气候无霜期日数

（1981—2010年）

随着气候变化，无霜期为200～250天的区域，显著北移。

气候无霜期日数
（1951—1980年）

气候显著变化前的1951—1980年气候期无霜期为200～250天的区域，恰与节气体系起源的黄河中下游地区相吻合。

在农耕社会，人们格外在意霜，因为农作物的生长是由无霜期决定的。换句话说，霜具有“一票否决权”。古代的“年”与“秋”刻画的都是基于无霜期的谷物一熟的周期与时点。

在节气体系起源地区，无霜期多在200～250天之间。人们凭借对自然时令的精准界定与把握，努力实现一年两熟。

康熙帝与林则徐推广双季稻

康熙帝在位的61年中，最后的20年，气候逐渐变暖了。按照现代学者的说法，康熙末年到雍正年间，是明清小冰期中一个比较弱的暖谷。

康熙帝注意到了气候在逐渐变暖，于是决定在气候相对温暖的地区推广双季稻，并且选定了两个地方进行试点，一个是江宁，一个是苏州。他把苏州试点的任务交给了一位心腹——苏州织造李煦。

苏州织造李煦奏折中报告的苏州双季稻种植及收成							
时间	早稻插秧	早稻收获	亩产（石）	晚稻插秧	晚稻收获	亩产（石）	两季亩产
康熙五十四年（1715 年）	5 月 12 日	8 月 11 日	2.80	8 月 26 日	未提及	1.0	3.8
康熙五十五年（1716 年）	4 月 20 日	7 月 22 日	3.70	7 月 30 日	11 月 8 日	1.5	5.2
康熙五十六年（1717 年）	4 月 20 日	8 月 6 日	4.10	8 月 6 日	11 月 4 日	2.5	6.6
康熙五十七年（1718 年）	5 月 24 日	7 月 30 日	4.15	8 月 8 日	12 月 3 日	2.6	6.75
康熙五十八年（1719 年）	4 月 20 日	7 月 31 日	4.25	8 月 8 日	11 月 14 日	2.2	6.45

注：日期已换算为公历日期。原文中康熙五十五年早稻插秧为农历三月初九，疑误。

李煦接到康熙帝的旨意，在康熙五十四年（1715 年）春天开始试种。但这一年的晚稻到 8 月 26 日（过了处暑）才插秧，虽然也抽穗结籽了，但产量很低。所以第一年的试种并不成功。于是康熙帝分析原因，认为早稻种得太迟了，北京的稻子 7 月 20 日就收获了，苏州的早稻 8 月 11 日才收获。早稻种得晚、收得晚，也就贻误了晚稻的生长期。

第二年，李煦将早稻的插秧期提前到了 4 月 20 日谷雨节气，于是早稻收获比前一年整整提前 20 天；然后赶在立秋之前将晚稻插秧，比前一年提早 27 天。最终，11 月 8 日，在立冬节气的当口儿，晚稻收获。虽然晚稻的禾苗在白露时节遭遇大风，但还是丰收了。

到第三年，江宁和苏州的老百姓都强烈要求种这种双季稻。《康熙朝汉文朱批奏折汇编（七）》记载："无不欣忭踊跃，传为异宝。凡有田产之家，俱闻风求种，从此流传广布百姓，均可得多收一次之稻，利益甚多。"于是康熙帝下旨，将"御稻"推广到江南，"广布江南，以便民生"。这一年，又恰好风调雨顺，苏州的双季稻谷总产量几乎是第一年试种时的两倍。

从康熙五十五年（1716 年）开始，苏州的早稻在谷雨前后插秧，大暑前后收获；然后晚稻在立秋前后插秧，立冬前后收获，基本形成规律。早稻和晚稻的生长期均为 100 天左右。

到了一个多世纪之后的道光十四年（1834 年），江苏巡抚林则徐发现了一个问题："且如江北之下河诸邑……闻三十年前，则两种两刈也。"他指出，当年康熙帝可以在苏州推广双季稻，30 年前依然可以两种两收，为什么现在抛弃了这个优良传统呢？为什么不重新尝试一下呢？

而这个时候，人口快速增长，已经突破 4 亿，人地矛盾日益突出。林则徐认为，如果推广双季稻成功了，正好可以缓解日益紧张的粮食供求关系。但气候迅速转冷，进入明清小冰期最冷的时段之一。道光初年，早稻的插秧时间往往被迫推迟到 6 月，产量也明显下降。人粮矛盾更加突出。

当地还印发《江南催耕课稻编》推广双季稻，林则徐也身体力行，在府宅前后种稻。但遗憾的是，气候并不顺从政令。林则徐在日记中回忆，春天雨雪太多，早稻是 5 月 13 日过了立夏才插秧，到 7 月 8 日小暑节气那天早稻才扬花。又偏偏赶上一个凉夏，"天凉有着棉衣者"，即到了小暑、大暑时节，还有人穿着棉衣。7 月 22 日入伏那一天早稻才勉强灌浆。能保住早稻就已经谢天谢地了，没有时间再奢望晚稻了。双季稻实验，表面上看是败给了时间，其实是败给了气候。

清代农学家奚诚在《畊心农话》中这样评述："迩年少穆林公抚吴时……课种两熟稻决非江南之所宜……今农不识变通，固守成法。"

清张履祥《补农书》记载："田家有三忌，小满蚕、小暑田、小雪麦。"那时候气候寒凉，江南都必须在立冬时节种麦子，不能拖延到小雪节气。

奚诚所言"终以泽土阴寒，两熟稻非江南所宜。虽有一二成效，尚谓偶然得之"，是说现在气候变得寒凉了，即使种双季稻有成效，也注定是偶然的、侥幸的。道光年间的气候已经是"严霜苦雾，饕风虐雪之厉，岁所恒有"，气候过于寒冷，已经不足以支撑两年两熟了。

以节气体系起源地区中的郑州为例，气候变化使无霜期延长了一个节气尺度。终霜渐渐移向惊蛰时节，而初霜渐渐推延到立冬与小雪之间。

各种天气现象中，人们格外关注什么时候初霜，什么时候终霜。人们还

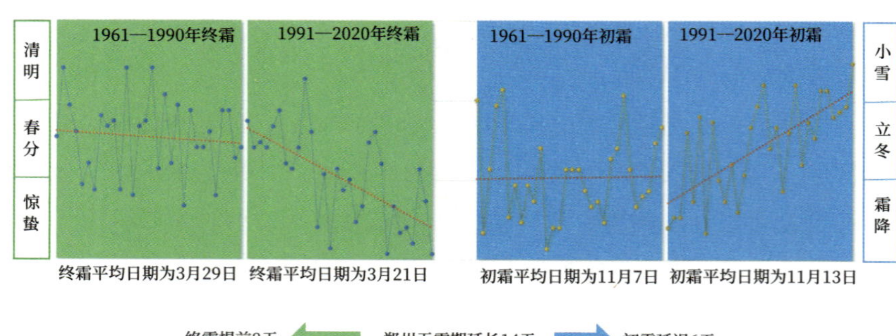

郑州的终霜与初霜

随着气候变化，郑州的无霜期延长了一个节气。

经常以无霜期来描述一个地方的气候禀赋，因为“霜杀百草”，无霜期关乎植物的春华秋实，关乎我们的衣食温饱。在二十四节气起源地区，是霜降见霜、谷雨断霜，但在高寒地区是寒露已见霜，立夏之后还可能有霜冻，“四月八，黑霜杀”。

汉代《易纬通卦验》中，寒露的标识是“霜小下”，霜降的标识是“霜大下”。寒露是介于露和霜之间的节气，不是没有霜，只不过结霜现象比较偶然或者轻微而已，而霜降是节气起源地区开始结霜的气候平均时间。

从前，人们户外生活与室内生活的周期，也是由霜决定的。到了霜降时节，“霜始降，百工休”。按照《礼记》的说法，到了霜降时节，天子会颁布指令：“寒气总至，民力不堪，其皆入室。”也就是说，到了寒气积聚之时，要让百姓结束户外生活。而到了寒霜渐退的仲春，人们像“蛰虫启户”一样，再次开始户外活动。

诗云：“严霜烈日皆经过，次第春风到草庐。”我们以凌霜傲雪形容性情的坚韧，以饱经风霜形容岁月的磨砺。古人说“风刀霜剑”，风如刀，霜如剑，霜被描述成一种锋利的冷兵器，是肃杀的代名词，正所谓“焰焰戈霜动，耿耿剑虹浮”。

俗话说“霜降百草枯”，一遇到霜，所有的菜就都“歇菜”了。但挺过严霜的蔬菜，便是另外一种味道。人们常常会念叨，打了霜的菜和果才更香甜。

乌鲁木齐
哈尔滨
长春
沈阳
呼和浩特
北京
天津
渤海
石家庄
银川
太原
西宁
济南
兰州
黄海
西安
郑州
合肥
南京
上海
拉萨
成都
武汉
杭州
东海
重庆
南昌
长沙
钓鱼岛
赤尾屿
贵阳
福州
台北
昆明
台湾海峡
台湾岛
南宁
广州
香港
澳门
东沙群岛
海口
南海
海南岛
常年寒露时节初霜的区域
资料暂缺

乌鲁木齐
哈尔滨
长春
沈阳
呼和浩特
北京
天津
渤海
石家庄
银川
太原
西宁
济南
兰州
黄海
西安
郑州
合肥
南京
上海
拉萨
成都
武汉
杭州
东海
重庆
南昌
长沙
钓鱼岛
赤尾屿
贵阳
福州
台北
昆明
台湾海峡
台湾岛
南宁
广州
香港
澳门
东沙群岛
海口
南海
海南岛
常年霜降时节初霜的区域
资料暂缺

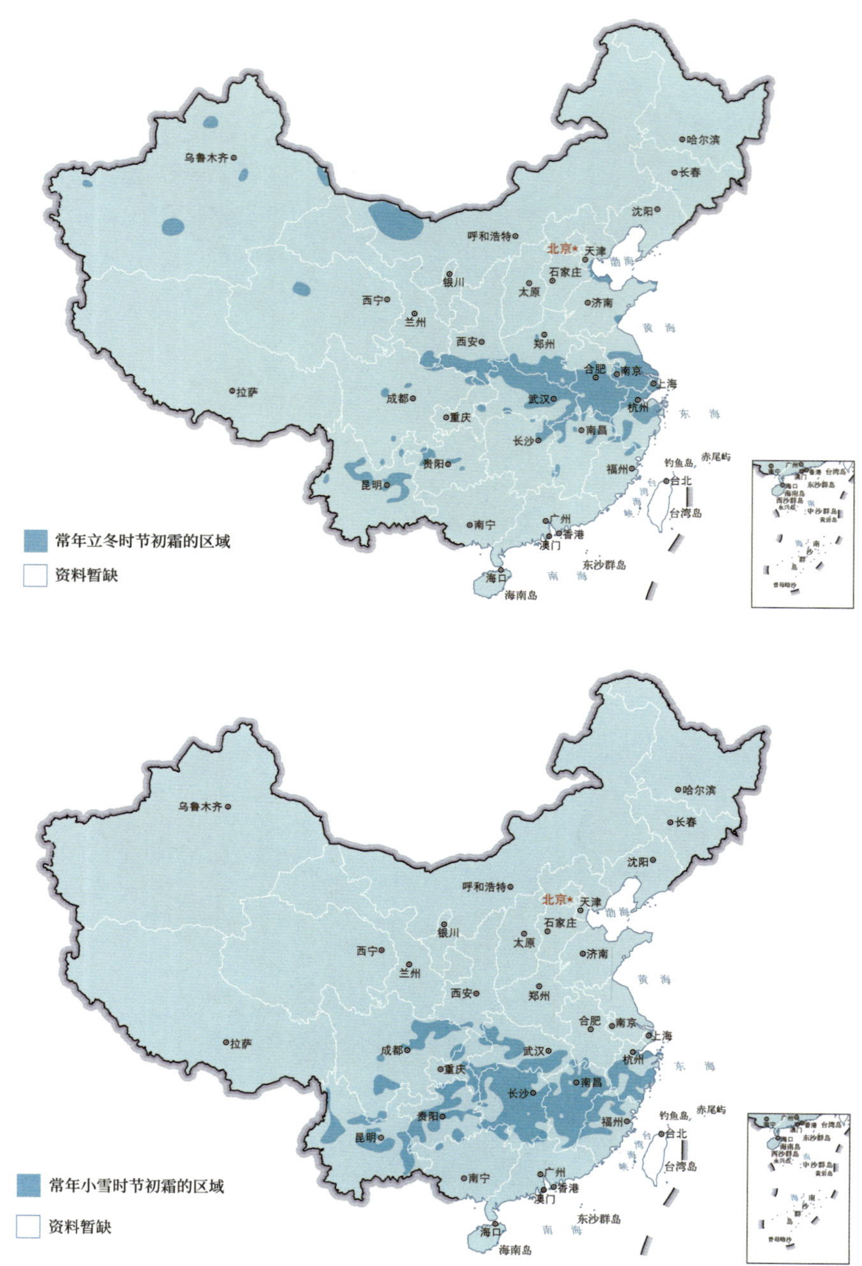

初霜何时来?

寒露、霜降、立冬、小雪，四个节气的跨度，初霜由塞北到达江南。

一位网友说，自己从小就喜欢霜降节气，因为他喜欢吃甘蔗，父母说打霜的甘蔗更甜，所以他就一直期盼着霜降。

“没过霜降节，油在树上歇。”“霜降节后多一日，茶油上树多一滴。”按照江南谚语，人们通常是要霜降过后几日，才开始采摘油茶籽。

左图为 2015 年霜降时节，我拍摄的安徽黄山的油茶籽。右图为 2020 年霜降时节，我拍摄的浙江衢州人们边聊天边剥油茶籽。

虽说“霜降百草枯”，但真正令百草枯萎的不是霜，而是冻，是与白霜相伴而生的零下低温。在水汽极度匮乏的情况下，地表温度低于 0℃，但水汽依然未饱和，并无白霜，可作物却还是遭受了冻害，人们将这种不结霜的冻害称为“黑霜”。

对比实验可以证明，在同样低的温度，但不一样的湿度条件下的两株植物，湿度高的植物的叶面结霜了，湿度低的植物的叶面没有结霜，但被冻得更严重。因为水汽在凝华过程中释放热量，反而使结霜的叶面温度升高，减轻了冻害。

所以，黑霜的危害甚于白霜。确切地说，不是“霜杀百草”，而是“冻杀百草”。相比之下，黑霜更凶。因为误解，白霜曾经长期遭受“不白之冤”。当然，“霜”杀百草的同时，也“霜”杀百虫。这是一种没有亲疏、没有情仇的无差别攻击。

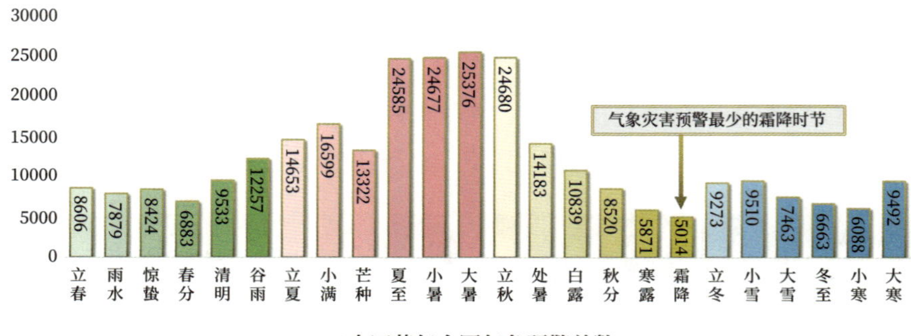

二十四节气全国气象预警总数

数据为2016—2022年平均值，数据来源：国家预警信息发布中心。

夏半年暴雨、雷电、高温、台风的喧嚣结束之后，冬半年大雾、寒潮、风雪、道路结冰的风险盛行之前，霜降时节是一段相对安静的“躺平”时间。

近些年，网上有一个流行词叫“佛系”，佛系的人的口头禅是：“都行，可以，没关系。”面对一切都有着平和、淡然、随缘的态度，所以有人把霜降看作一个佛系节气。

《水经注》曰：“晴初霜旦，林寒涧肃。”《齐民要术》载：“天雨新晴，北风寒彻，是夜必霜。”这本是刻画霜生规律的文字，却有一种道不尽的清净之美。

霜降时节，没有鸟啼，没有蝉鸣，没有蚊蝇滋扰，没有蜂蝶分神。没有了那么多的花花草草、枝枝蔓蔓，人不会因花迷醉，不会因叶障目，一切都变得简约而清和。

少了各种纷繁的细节，天地之间的景物似乎变成了一幅展现本真的简笔画。正如唐刘禹锡诗云：“山明水净夜来霜，数树深红出浅黄。试上高楼清入骨，岂如春色嗾人狂。”

初霜时节，山明水净，大气的通透感、秋水的洁净度都特别好，色彩丰富。人的体感因微冷而感到清爽，不像春天那样容易感到烦躁。白云补衲，碧水参禅，霜降被称为让人清净自在的佛系节气或许有一定的道理。

《庄子》曰：“故圣人之在天下，暖焉若春阳之自和，故蒙泽者不谢；凄乎若秋霜之自降，故凋落者不怨也。”阳春时节，阳光雨露的滋润，受益者不需要感谢；深秋时节，风刀霜剑的折磨，凋落者也不需要抱怨。“秋风萧瑟天气凉，草木摇落露为霜”，这只是天气之寒凉，而非心境之凄凉。

万物应候而荣，顺时而凋，或许一切自当如是，可以了无怨念。一切，都只是时令之物象，“物系于时也”。

汉代徐干《中论·考伪》云：“物者，春也吐华，夏也布叶，秋也凋零，冬也成实，无为而自成者也。”一切都是随着时令顺其自然的变化而已，可以没有欢喜和悲伤。

尽管深秋万物萧瑟，但人们深知风雨不节、寒暑不时的危害，希望霜能够如期而至，因为只有这样，气候才是按照常理出牌。

古人认为“霜降日宜霜，主来岁丰稔”，所以有“霜降见霜，米谷满仓”的谚语。该下霜时最好下霜，虽然看似肃杀，但恪守时节规律便是“正气”，这是人们的理性心态。

《西厢记》中这样写道：“今日送张生上朝取应，早是离人伤感，况值那暮秋天气，好烦恼人也呵！‘悲欢聚散一杯酒，南北东西万里程。’碧云天，黄花地，西风紧，北雁南飞。晓来谁染霜林醉？总是离人泪。”

“送君秋水曲，酌酒对清风”，霜降节气，人们仿佛在与秋天依依不舍地作别。

中国邮政 T82《西厢记特种邮票》

1983 年发行。原画作者为王叔晖。我们可以看到第四幅中，莺莺与张生长亭送别。

霜降是秋季的最后一个节气。秋时已暮，名曰杪秋。秋，已如黄叶，随时飘零。《楚辞》云：“靓杪秋之遥夜兮，心缭悷而有哀。”

对二十四节气起源地区黄河流域来说，从前的说法是：“霜降见霜花儿，立冬见冰碴儿。”但如今随着气候变化，初霜经常迟到，往往是霜降见不到霜花儿，立冬见不到冰碴儿。

股市有“牛市”和“熊市”之说，也有人将那种忽上忽下的行情称为“猴市”。而霜降时节一天之中的气温变化就具备了“猴市”的特征。

从霜降到立冬、小雪，即由深秋到初冬，是一年之中气温下降速度最快的一段时间，从宏观来看，这段时间是气温的“熊市”；从微观来看，一天之内的气温变化又是大幅震荡的“猴市”。气候变化背景下，天气也越来越呈现“猴市”特征。

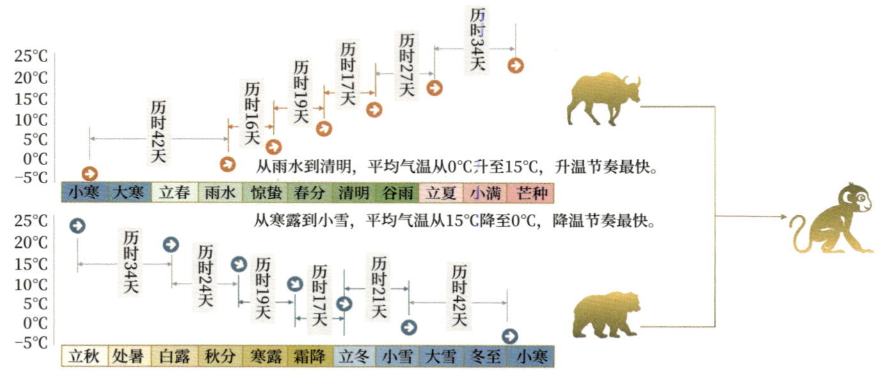

北京气温升或降5°C需要多少天？
(1981—2010年)

宋代周去非《岭外代答》记载：“冬月久晴，不离葛衣纨扇；夏月苦雨，急须袭被重裘。大抵早温、昼热、晚凉、夜寒，一日而四时之气备。”这是古人在岭南的感触，晴雨之间，天气一日之内便可以完成四季轮替。即使“四季如春”之地，也往往“春如四季”。

霜降三候

古人梳理的霜降节气物候是：一候豺乃祭兽，二候草木黄落，三候蛰虫咸俯。

霜降一候·豺乃祭兽

什么是“豺乃祭兽”？根据汉代高诱对《吕氏春秋》的注释记载：“豺，兽也，似狗而长毛，其色黄。于是月杀兽四围陈之，世所谓祭兽。”唐代孔颖达对《礼记》的注释中云：“禽兽初得皆杀而祭之，后得者杀而不祭也。”

豺，“以兽而祭天，报本也。方铺而祭，秋金之义”，在古人看来，豺捕获食物，是顺应秋天的肃杀之气，而捕获食物之后仿佛祭祀的铺陈，体现了其敬畏与感恩。

在古老的节气候应当中，有三个与祭祀有关的候应，分别是雨水一候獭祭鱼，处暑一候鹰乃祭鸟，霜降一候豺乃祭兽。初春时节，“此时鱼肥而出，故獭而先祭而后食”。初秋时节，鹰“先杀鸟而不食，与人之祭食相似”。深秋时节，豺“杀兽而陈之若祭”。它们都是在食用猎物之前，把战利品陈列一番，仿佛举办一个成就展。在古人看来，这是它们心有敬畏、心存感恩的祭祀仪式。

就时序而言，鹰之祭鸟是在初秋，豺之祭兽是在深秋。它们都是在准备过冬的食物，时间上却相差整整两个月。看起来，似乎鸟类更敏感，兽类稍迟钝。或许兽类牙齿锋利、身手敏捷，所以“艺高兽胆大”。

但实际上决定它们什么时候准备过冬食物的是，什么时候猎物更多、更肥美。

兽类之所以在霜降之后才动手捕猎，原因有两个。第一是食物的品质问题。秋天食物最丰富，谚语说：“霜降节，树叶落，鸡瘦羊肥。”深秋时节，鸡因为产蛋瘦了，是个特例；其他动物都胖了。小动物们每天都可以吃饱吃好，每天都在贴秋膘。处在食物链顶端的兽类，并不忙于捕猎，而是“让子弹再飞一会儿”，等到猎物膘肥体壮的深秋再下手。

第二是食物的保质问题。鸟类的食物虽然有荤有素，但以素为主，多为植物类的，例如籽粒、果实。这些东西经过晾晒、风干，很容易储存。但凶猛的兽类只吃肉、不吃草。如果它们在气温较高的初秋就积攒过冬的肉食，肉类保质期很短，很容易腐烂。所以它们在寒意袭人的霜降节气才开始集中捕猎。况且，即使在冬天，它们依然可以外出捕食，还能斩获新鲜的食物。

“豺祭以兽，其陈也，方秋猎候也”，“豺乃祭兽”被视为人们可以开始秋猎的标识。

霜降二候·草木黄落

秋暮时分的草木黄落特别撩拨人们的诗心。汉武帝刘彻的《秋风辞》曰：“秋风起兮白云飞，草木黄落兮雁南归。兰有秀兮菊有芳，怀佳人兮不能忘。”魏晋时期陶渊明的《自祭文》云：“岁惟丁卯，律中无射。天寒夜长，风气萧索，鸿雁于征，草木黄落。”

古人如何看待“草木黄落”？

“草木黄落”代表着时序的更迭，正所谓“叶黄凄序变”，同时这也提醒着人们“伐薪为炭”，需要准备过冬御寒的炭火了。而从更深层次去品味，草木之绿出自黄土，秋深时与土色融为一体，回归黄土、反哺黄土，就此完成生于斯而归于斯的轮回。

《礼记·月令》记载：“（季秋之月）是月也，草木黄落，乃伐薪为炭。”宋卫湜《礼记集说》载：“黄者，土之色，百昌皆生于土，而反于土。以其将反于土，故黄，黄故落也，落则反于土矣。草木黄落则以霜降，于是月而成物之功终焉故也。终则有始，故落又训始，伐薪为炭，则以御冬寒故也。”

在春天和夏天的节气物语中，动物和植物的主题词是振，“立春蛰虫始振”；是动，“雨水草木萌动”；是鸣，“惊蛰仓庚鸣”“立夏蝼蝈鸣”“芒种鵙始鸣”“夏至蝉始鸣”；是华，“惊蛰桃始华”“清明桐始华”；是秀，“小满苦菜秀”；是出，“立夏蚯蚓出”；是生，“谷雨萍始生”“立夏王瓜生”“芒种螳螂生”“夏至半夏生”。

无论是振、是动、是鸣，还是华、是秀，又或是出、是生，都体现着万物的精彩和生命的活力。

草木返青有早有晚，开花结实有先有后。但霜降时节，草都枯萎了，叶都凋落了，有一种一律“格杀勿论”的感觉。

当然，这只是适用于节气起源地区的物语，植物四季常青的南方可以无视这一说法。霜降时节，南方仍然“青山隐隐水迢迢，秋尽江南草未凋”。立冬时节，南方则是“初冬景物未萧条，红叶青山色尚娇”。

《诗经》中也书写了深秋时的伤感。《诗经》云：“桑之落矣，其黄而陨。自我徂尔，三岁食贫。淇水汤汤，渐车帷裳。女也不爽，士贰其行。士也罔极，二三其德。”这是说深秋之时，桑叶枯黄凋落。自从嫁到你家，多年来忍受贫苦的生活。淇水滔滔，溅湿了车上的布幔。我有什么过错呢？可是夫君的感情已不再专注。

《诗经》云：“喓喓（yāo）草虫，趯趯（tì）阜螽。未见君子，忧心忡忡。亦既见止，亦既觏（gòu）止，我心则降。”深秋之时，听那蟋蟀在叫，看那蚱蜢在跳。没有见到君子，我忧愁焦躁。倘若我见着他，偎着他，我愁绪全消。

霜降三候·蛰虫咸俯

什么是“俯”？高诱对《吕氏春秋》的注释中云：“咸，皆。俯，伏藏于穴。”鲍云龙《天原发微》记载：“蛰虫咸俯，皆垂头向下，以随阳气之在内也。”

俯，指蛰虫们垂下头的样子，说明它们都已经进入冬眠状态了。当然，在进入冬眠状态之前，它们还有一项工程要竣工——完全封闭洞穴。

在古人看来，蛰虫把自己密封在洞穴之中，是追随潜入地下的阳气。而从温度而言，土壤深处的温度远高于地表的温度，所以那里才是蛰虫的体感“舒适区”。

《礼记·月令》记载：“（季秋之月）蛰虫咸俯在内，皆墐其户。”孔颖达《礼记正义》云：“俯，垂头也，墐涂也。前月但藏而坯户，至此月既寒，故垂头向下，以随阳气。阳气稍沉在下也。”所谓“蛰虫咸俯”，是蛰虫们关闭了门户，安居在洞穴深处。这也是在提醒行走于户外的人们赶紧入室御寒。

这则候应，写起来很传神，但之于观测却殊为不易。蛰虫咸俯，似乎是进入了集体冬眠。有些动物即使不冬眠，也开始进入隐居状态。

古时候，“霜始降，百工休”。霜冻降临，是工匠们假期的开始。为什么“百工休”呢？因为降霜之后，“寒而胶漆之作不坚好”。

蛰虫咸俯之时，人们开始了虽未“咸俯”但关闭门户“猫冬”的日子。对农民而言，“过罢秋，打完场，成了自在王”。秋冬交替之时，才能享有久违的自在。

秋天与冬天的物候分界线是“蛰虫咸俯”，天气分界线是“水始冰”。一切都回归自在的安静。

霜降节气神

秋天酷似一个人与其盛年作别时的样子，丰盈、饱满。但人也知道在时光的不远处，是“以风鸣冬”的苍凉节气。秋天最后的美，是点染着霜花的凄美。

霜 降

民间绘制的霜降神，通常是一位须髯张扬、挥舞双刀的将军（少数为兵卒）。秋之将尽，寒气肃凛。他一身厉饰，一脸厉色。朔风渐起，严霜既降，风刀霜剑严相逼。风如刀，霜如剑，深秋的风和霜都被描述成锋利的冷兵器。

阴气杀地时节，乡野之中，“寒露百花凋，霜降百草枯”，田亩之内，“寒露无青稻，霜降一齐倒”。

在古代，由降霜到结冰的秋冬交替之际，是举兵之时，理刑之时，也是操刀执斧的割伐之时，还是执弓挟矢的行猎之时。霜降神，体现着肃杀之形意。

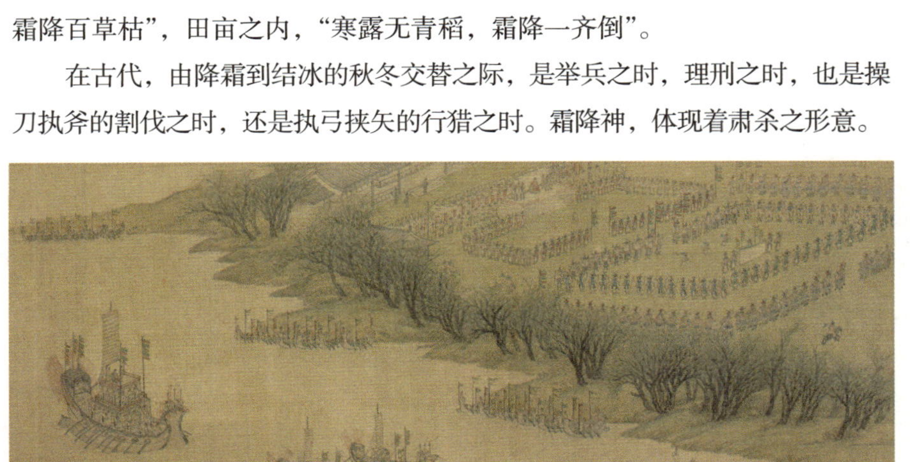

明代吴彬《月令图卷》之十月，秣马厉兵的情景，台北故宫博物院藏

立冬·以风鸣冬

小雪·气寒将雪

大雪·时雪转甚

冬至·迎福践长

小寒·微阳潜萌

大寒·寒气逆极

冬

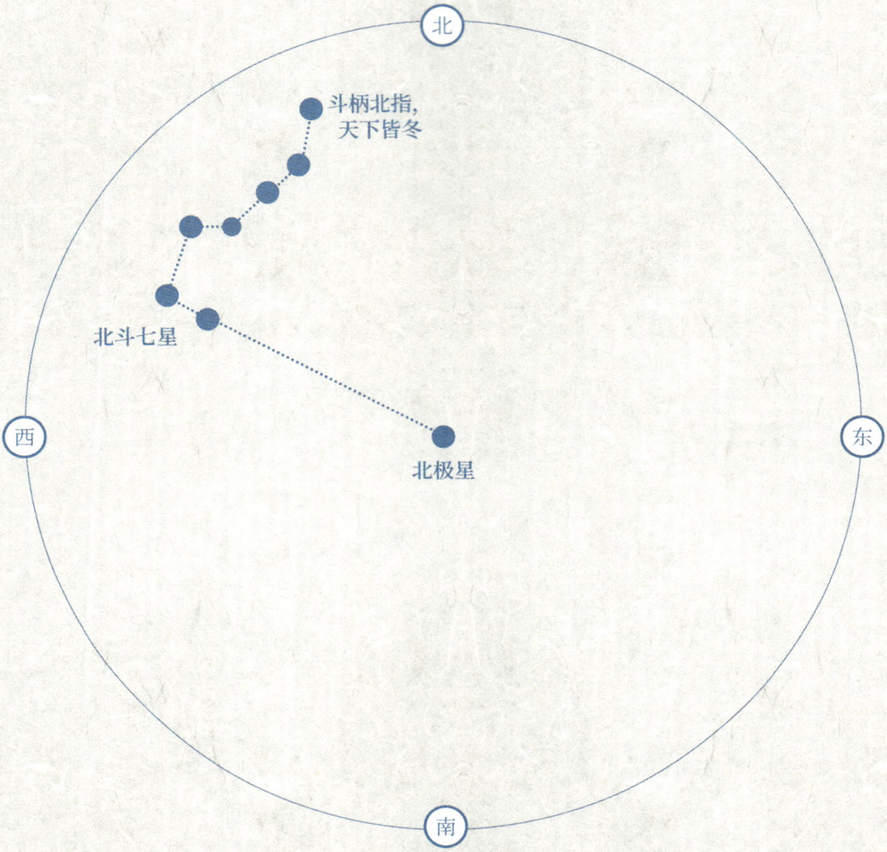

北

斗柄北指，
天下皆冬

北斗七星

西

北极星

东

南

北风其喈，雨雪其霏。惠而好我，携手同归。

——《诗经·北风》

书法家初志恒先生手书：『冬，春为安宁。冬之气和则黑而清英。』

前半句出自《尔雅》，概括春季气与象的属性；后半句出自《尔雅注疏》，刻画春季气与象的常态。

·冬为安宁·

《淮南子·天文训》中将立冬物候定义为“草木毕死”。立冬，既是节气意义上的冬始，也是物候意义上的冬始。

冬天，大地卸去了盛装，让人们体验着繁华褪尽的安宁与简约。与长冬无夏、长夏无冬或者四季如春的气候相比，暑往寒来的四季循环模式，使我们对岁月沧桑有了更深刻的感触。所以古人认为“常燠为罚”，四季温暖，反倒是一种惩罚。

宋代司马光《潜虚》记载：“日息于夜，月息于晦，鸟兽息于蛰，草木息于根。为此者，谁曰天地？天地犹有所息，而况于人乎？”

万物的生长有播放键，有快进键，也需要有暂停键。冬天虽然寒冷，但让万物有一个蛰伏、止息的时间不好吗？人们也可以趁着这个时间从容地内敛、蓄势、养生，让机体和心神都顺应时令的节律。我们应感谢寒与暑收放自如的四季，感谢秋收秋种之后上苍给予我们一个“带薪休假”的时间。

立冬 · 以风鸣冬

汉代《月令章句》云："冬，终也，万物于是终也。"
宋代紫金霜诗云："门尽冷霜能醒骨，窗临残照好读书。"

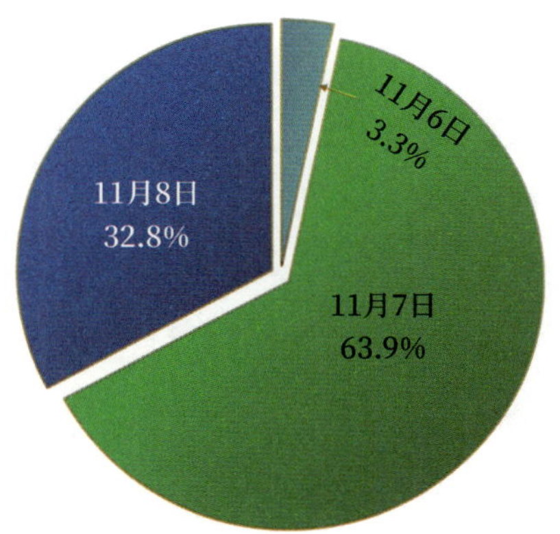

立冬节气日在哪一天?
（1701—2700年序列）

立冬节气，通常是在 11 月 7 日前后。

立冬节气日，冬的领地已占据全国陆地面积的将近 3/4。立冬时节，秋冬分界线由黄河中下游地区逐渐推移到长江中下游地区。岭南也基本完成夏秋更迭，夏只得惆怅地退走到海南南部和台湾南部。北方往往遭遇断崖式降温，于是全面开启御寒模式。

古代的入冬标识特别直观：“水始冰，水面初凝，未至于坚；地始冻，土气凝寒，未至于坼。”

虽然古人并没有量化的气温标准，但以水始冰、地始冻作为冬季来临的标识，是比现代“日平均气温稳定低于 10℃”更直观的平民标准。

在海洋性气候地区，往往是悄然入冬。英国作家阿兰·德波顿《旅行的

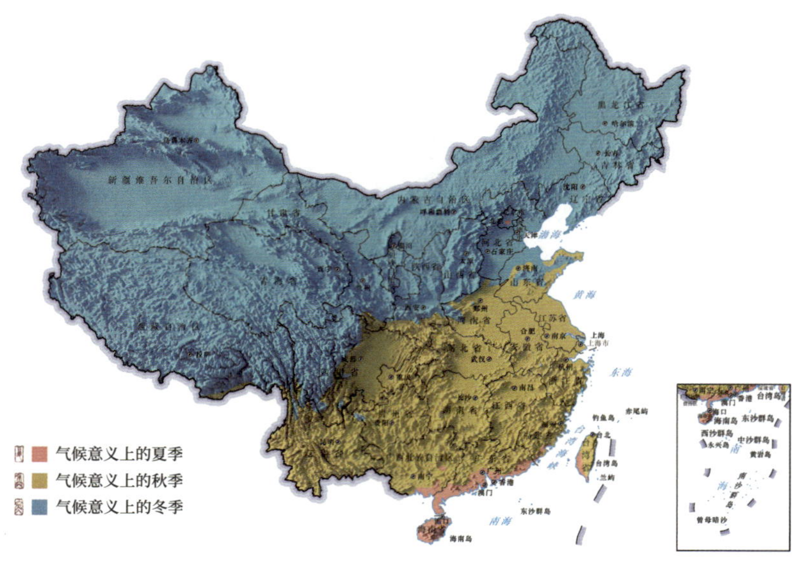

立冬节气日季节分布图

（1991—2020年）

立冬节气日季节分布及变化　　单位：万平方千米					
夏季		秋季		冬季	
面积	变量	面积	变量	面积	变量
约 12	-13	约 238	-117	约 710	130

艺术》中说：“时序之入冬，一如人之将老，徐缓渐近，每日变化细微，殊难确察，日日累叠，终成严冬。因此，要具体地说出哪一天是冬天来临之日，并非易事。”①

而我们的入冬通常是“以风鸣冬”，冬天往往是以一场凛冽的寒风拉开序幕的，一股寒潮便可以强行拉近我们与西伯利亚之间的距离，所以我们怎么会不知道哪一天入冬呢?!

清代《雍正行乐图》，故宫博物院藏

一年中气温降幅最大的节气，北方是立冬，南方是小雪。

唐代之后，北方地区农历十月初一生火取暖逐渐成为一种不约而同的民间习俗，名为“添火”。开炉第一天很像是节日，被称为“炉节”或“暖

① 阿兰·德波顿. 旅行的艺术 [M]. 南治国，彭俊豪，何世原，译. 上海：上海译文出版社，2020.

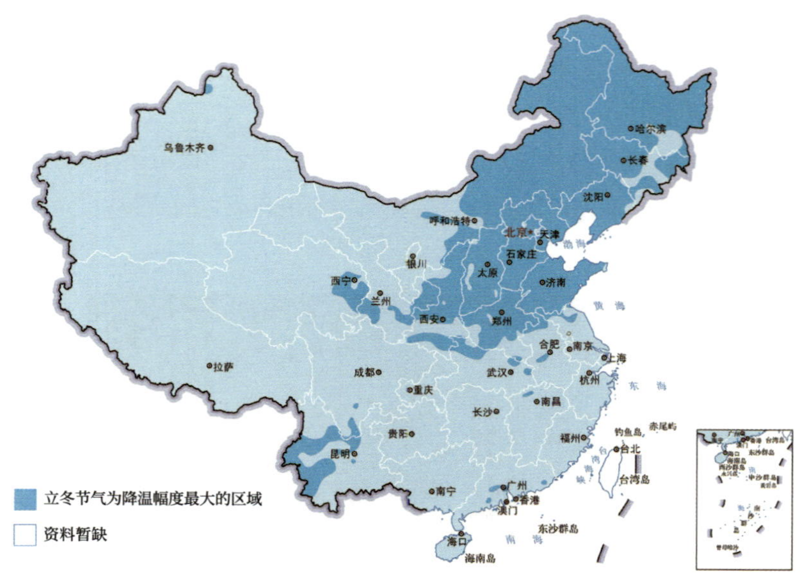

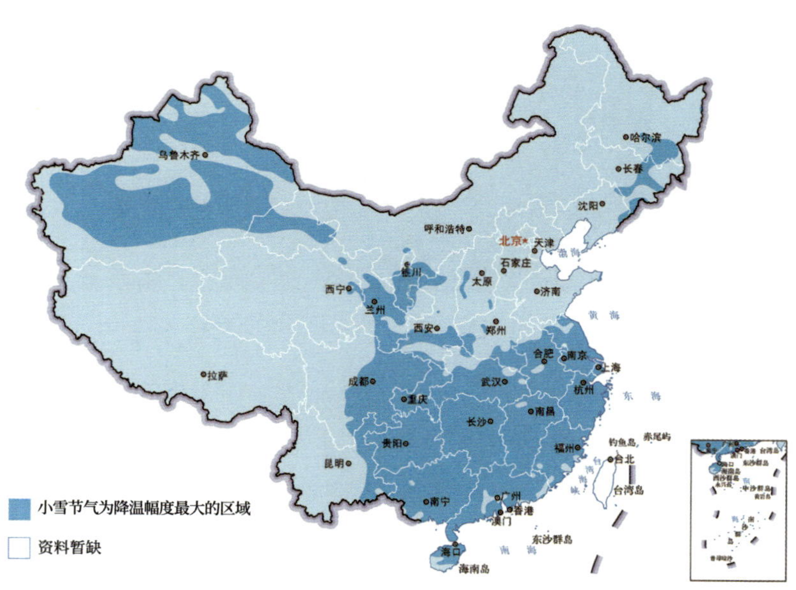

一年中气温降幅最大的节气

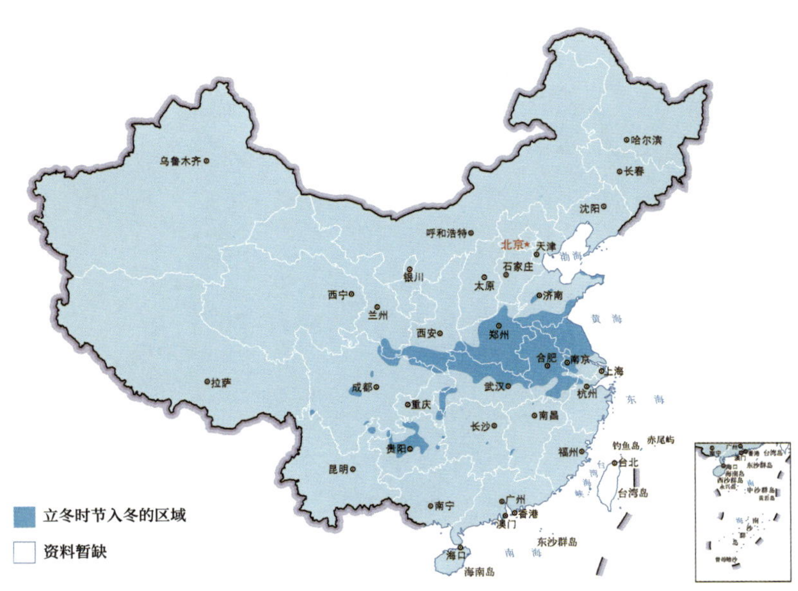

霜降、立冬时节，北方地区集体完成了气候上的秋冬更迭。

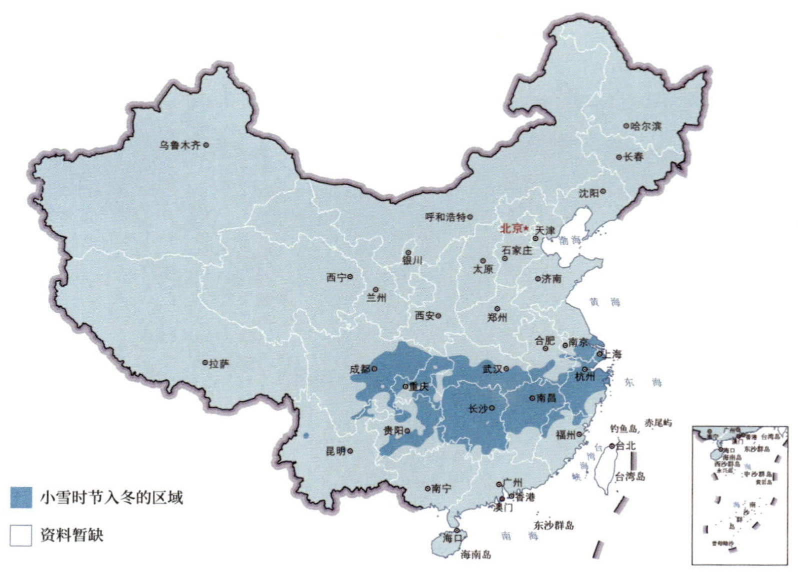

小雪、大雪时节，秋冬分界线由江南推移至南岭附近。

炉会”，大家围坐炉边，烤肉饮酒。江南地区还有暖炉会的专属食品，叫暖炉糕。

清代《燕京岁时记》记载：“京师居人例于十月初一日添设煤火，二月初一日撤火。”那时候北京是农历十月初一添火，二月初一撤火。与现代北京的供暖期时长比较接近，但开始“添火”的时间比现在要早。

从前人们并不喜欢“以风鸣冬”的立冬，但制造大风降温的冷空气具有吹散雾霾的功力，于是大风在大家的心目中渐渐有了好的一面。雾霾肆虐的时候，人们是多么期盼冷空气光临，让大家喝到清冽的西北风啊！

英语中有一则著名的天气谚语，叫“没有风就没有坏天气”。但对英国而言，风也曾经是“清洁工”甚至“解救者”！

英国作家克里斯蒂娜·科顿在《伦敦雾：一部演变史》一书中描述了1820—1960年的伦敦雾霾困境，书中记录的伦敦，一天似乎只有两个时段，一个是深夜，另一个是好像是深夜；地面覆盖着一层厚厚的、油渣饼似的外壳儿。雾是什么颜色的？是“豌豆汤颜色的雾”。雾浓到什么程度呢？是像布丁一样“黏稠到可以勉强咽下去而不至于被噎住”的程度。

国际通用的云分类法的创立者卢克·霍华德专门研究云，据说他晚年也只能研究雾，因为他几乎不再能够看到云。我猜想，在那个年代，人们也不可能信奉“没有风就没有坏天气”这句谚语。

雾霾，使人们有了苦苦“等风来”的期盼。有一次在微博上，某气象台台长刚发了一条大风降温预警，很多网友随即留言说：这当口儿，你们怎么可以发大风降温预警呢？不是应该发布大风降温喜讯吗？！以往的“反派”天气，这个时候反倒成了人缘儿最好的天气！

2015年，我听到一位年轻的妈妈向孩子这样介绍我：“他就是经常在电视里说雾霾的那个伯伯……”

希望未来，雾霾只出现在历史档案里，只是人们陈旧记忆的一部分。

10年里北京PM2.5年度均值（单位：微克/立方米）变化

2013年	2014年	2015年	2016年	2017年	2018年	2019年	2020年	2021年	2022年
89	86	81	73	58	51	42	38	33	30

我们以诗句来品味立冬是个怎样的节气。

第一，我们来看立冬的时令意义。

明代屈大均《晚菊·其一》曰："暖随重九过，寒待立冬来。"在人们的心目中，重阳是暖之终了，立冬是寒之初始。过重阳是辞秋，过立冬是迎寒。

宋代陆游《立冬日作》诗云："方过授衣月，又遇始裘天。"《诗经》中有"九月授衣"之句，古代月令中有十月"天子始裘"的时令。所以，立冬是古代"穿衣指数"变化最大的时候。

清代庄媛《人物画册》之一

很多朝代都沿袭了"十月朔"，行"授衣"之礼的习俗。天子在农历十月初一更换冬装，而且还会在"十月朔"或立冬日"赐袄""赐帽"给重臣和近臣，大家穿上崭新冬装，相互"拜冬"，互道珍重。"十月朔"，也是给故去的先人"捎（烧）"去冬装的"寒衣节"。

古人以“裘葛”指代四季服装。清代学者孙希旦这样解读“裘葛”：“四时之服不同，而独言裘、葛者，以其寒暑之大别也。”即用最冷和最热的时候穿的衣服，来泛指所有的服装。

清代诗人盛锦在《别家人》一诗中写道：“点检箧中裘葛具，预知别后寄衣难。”这是说远行之前，在家里一定要把应带的四季服装都清点好。出门在外，寒暑交替之时，邮寄衣物就太难了！那个时候又没有快递小哥。

第二，我们来看立冬的盛行风。

宋代紫金霜《立冬》诗云：“落水荷塘满眼枯，西风渐作北风呼。”古人所说的“秋冬气始交”，最大的变化是盛行风由西风转为北风，风向转变的同时伴随着风力增强。

元代陆文圭《立冬》曰：“早久何当雨，秋深渐入冬。黄花独带露，红叶已随风。”黄花带露、红叶随风仿佛是立冬节气气候和物候的代言者。

第三，我们可以看到，立冬也是朔风催寒之时。

明代王稚登《立冬》诗云：“秋风吹尽旧庭柯，黄叶丹枫客里过。一点禅灯半轮月，今宵寒较昨宵多。”满庭黄叶之时，在孤冷的清月与禅灯下，人们明显能够感受到寒意日增。

第四，立冬时也有着显著的年际差异。

明代刘基《立冬日作》记载：“忽见桃花出小红，因惊十月起温风。”

宋代方回《九月二十六日雪予未之见北人云大都是时亦无此寒》云：“立冬犹十日，衣亦未装绵。半夜风翻屋，侵晨雪满船。”前者描述的是晴暖的小阳春，后者描述的是人们还没来得及穿上冬装之时风翻屋、雪满船的天气大“变脸”。

宋代诗人仇远《立冬即事二首》（之一）则曰：“细雨生寒未有霜，庭前木叶半青黄。小春此去无多日，何处梅花一绽香。”他的《立冬即事二首》（之二）云：“奇峰浩荡散茶烟，小雨霏微湿座毡。肯信今年寒信早，老夫布褐未装棉。”尽管是同样的节气，但人们很早就知道“寒信”有早有晚，即存在年际差异。晴和雨的差异，便决定了立冬的寒暖，即气温的负距平或正距平。

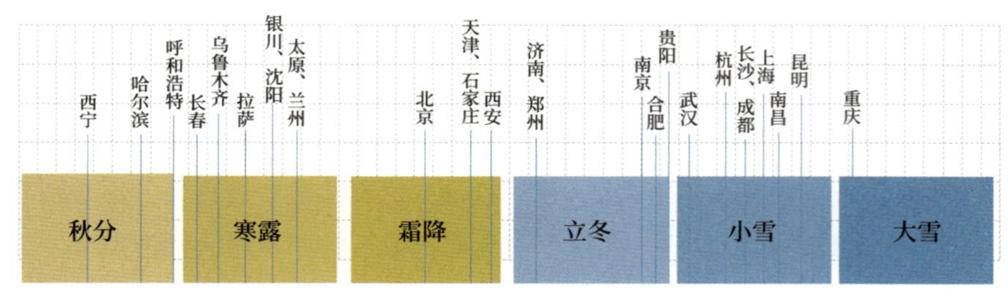

省会级城市入冬进程

第五，立冬也有显著的地域差异。

魏晋时期夏侯湛《寒苦谣》曰："惟立冬之初夜，天惨懔以降寒。霜皑皑怪被庭，冰溏濒于井干。草槭槭以疏叶，木萧萧以零残。松陨叶于翠条，竹摧柯于绿竿。"

这是典型的北方立冬意象。降寒的立冬，代表着草木完全凋零。没有繁花缛叶，从此，草木以素颜示人。从此，万物按下了"暂停键"，进入了漫长的止息时间。

正如清代吴伟业《题王石谷虞山枫林图》诗云："初冬景物未萧条，青山红叶色尚娇。"明代张以宁《立冬舟中即事》亦云："三秋岭外雨全少，十月邕南天未寒。"立冬的江南依然青山红叶。岭南地区更是全无寒意，岭南地区通常是在立冬时节夏秋交替。

在气候变化的当代，人们常常吐槽这是今年第几次入秋失败。仲秋之后，南北方人民在气温方面的共同语言便越来越少了。立冬时节，南北温度的差异，就像一位网友的留言："我在南方露着腰，你在北方裹着貂。"顺便说一句，最好别露腰，也别裹貂。前半句不太文明，后半句不太生态文明。

第六，立冬时人们的心情也可能是两极。

唐代卢照邻《释疾文》云："冬也，阴气积兮，愁颜者为之鲜欢。"宋代冯伯规《岁晚倚栏》云："倏忽秋又尽，明朝恰立冬。细倾碧潋滟，喜对白芙蓉。"古人眼中阴气凝聚的立冬时节，人们往往愁郁。但水色与花容，却能够给愁颜者带来欢愉。

宋代唐庚《立冬后作》诗云："啖蔗入佳境，冬来幽兴长。"诗人将冬日与"啖蔗"对比，表达了冬日虽然寒冷、素淡，但只要有良好的心境，便可

大雪时节的福建漳州河坑土楼，摄于 2021 年 12 月 12 日。冯木波摄。

以享有幽兴之惬意。

唐代李白《立冬》则云：“冻笔新诗懒写，寒炉美酒时温。醉看墨花月白，恍疑雪满前村。”

寒炉美酒，是立冬时诗人的最爱。宋代陆游更是将酒视为冬日里的必备。急雨狂风的初冬时节，他拥炉烤火，说：“如倾潋滟鹅黄酒，似拥蒙茸狐白裘。”风雪寒甚的隆冬时节，他拥炉烤火，说：“力比鹅黄酒，功如狐白裘。”

降霜结冰之后，便是人们“冬腊风腌”的时间。

夏秋收获的很多食材，就这样晾着、酿着、腌着、酱着，打造当令新鲜之外的另一番味道，成为美食的续集，体现着时间运化的智慧。

在江南，人们说“不时不食”。在气候温暖、物产丰足的地方，人们可以有这样的底气，主要吃的是本地、应季的新鲜食物。

但对生活在气候寒冷地区的人们来说，从前冬天只能食用那些窖藏、晾晒的夏天或秋天采收的食物。所以忙完田里的活儿，还要忙活家里的活儿。趁着立冬，人们要晾晒食物，还要酿酒、制腊肉、舂菜、腌菜。

即使人们现在四季都可以吃到新鲜的蔬菜和肉食，但大家还是会偏爱那些酱过、腌过、糟过、熏过的味道，偏爱那些被时间炮制、发酵的食物。而酒更是因时间而醇厚的岁月佳酿。春耕夏耘，如何顺天时、借地利，以获取物产体现着人们的智慧。而获得物产之后，如何打磨和酿制，或许体现着人们更高的智慧。

我们常说“不经意”，而节气习俗带给我们的是“经意”的生活，是细腻、有预期、有时间愿景的生活。

2014 年立冬日，我用银杏叶写字“卖萌”。

冬季的表象是冷峻而寡淡，本质却是平和与安宁。仿佛上苍赐予我们这样一个季节，就是希望我们能够有一段看似“无为”的时间守持宁静，清修心体。苦寒的岁月，过冬似乎是一场修行，它特别能够检验人们身心宁静的能力。

修行的境界，便是“意叶心香”，便是不必借助吐艳的花、滴翠的叶、溢香的果，无须物化的美。我们常说良辰美景，而修行便是能把看似不是美景的日子，过成良辰。

立冬三候

古人梳理的立冬节气物候是：一候水始冰，二候地始冻，三候雉入大水为蜃。

立冬一候·水始冰

古人认为，阴气凝结而为霜，阴气积聚而为冰。在阴气由凝结到积聚的过程中，气候也完成了秋冬交替。《金史·河渠志》记载："春运以冰消行，暑雨毕，秋运以八月行，冰凝毕。"冰凝之时，便是秋天终结、冬天开始的视觉化判据。秋冬交替，便是"小池寒欲结冰花"所刻画的微妙分寸。

元代吴澄《月令七十二候集解》载："水始冰，水面初凝，未至于坚也。"

所谓"水始冰"，是"小池寒欲结冰花"，水面刚刚开始结冰，远非坚冰。用唐代元稹的话说，是"轻冰渌水"，即薄薄的冰，清清的水，0℃的冰水混合物。

从立冬一候水始冰，到大寒三候水泽腹坚，冰冻三尺非一日之寒，而是近百日之寒。冰冻的进程，是"孟冬水始冰，仲冬冰益壮，季冬冰方盛"。

所以，立冬是什么？立冬就是由水到冰，由三点水（氵）到两点水（冫），从三点到两点，让世间简单一点。

水始冰

由立冬到小雪，“水始冰”由黄河流域推移至淮河流域。

立冬二候·地始冻

汉代高诱对《吕氏春秋》的注释中说："霜降后十五日，立冬，水冰、地冻也，故曰始也。"由始霜到始冻，虽只是一个节气的时段，却是天气由秋到冬的更迭。

元代吴澄《月令七十二候集解》曰："地始冻，土气凝寒，未至于坼。"这是说土地开始积聚寒气，开始冻结，但还没有冷到冻裂的程度。

无论是立冬一候水始冰，还是立冬二候地始冻，都只是"始"，还未"封"。要到飘雪时节，才会逐渐开始冰封，"小雪封地，大雪封河"。

但节气起源地区的现代物候观测，"水始冰"的时间通常是在小雪一候，延迟了大约一个节气。"地始冻"的时间往往会延迟到小寒一候。所以"水始冰""地始冻"已经完全不能作为立冬时节的物候标识了。即使在北京，也要到大雪时节，平均地温才能稳定地降至 0℃以下。

"雉入大水为蜃"中的"大水"在哪里？人们对此一直有争议。

中国最早的物候典籍《夏小正》中对"雀入大水为蛤""雉入大水为蜃"中"大水"的表述是不同的。

《夏小正》中是这样说的："（九月）雀入于海为蛤。"但《夏小正》又写道："（十月）玄雉入于淮为蜃。"应该是《夏小正》的这一表述，直接导致后来的注疏者大多认为"雉入大水为蜃"中的"大水"为淮；汉代郑玄、唐

立冬三候·雉入大水为蜃

代孔颖达对《礼记》相应词条的注解均表述为“大水，淮也”；汉代高诱对《淮南子》相应词条的注解为“大水，淮水也”；汉代许慎的注解为“大水，淮也”。但《说文解字》中的表述为：“雉入海化为蜃。”

蜃，是一种大蛤。古人认为，它能“吐气为楼台”，海市蜃楼便据信出自蜃气。立冬三候雉入大水为蜃，被人们认为是寒露二候雀入大水为蛤的续集。

在由秋到冬的过程中，各种候鸟飞走了，各种留鸟似乎也不见了。它们到哪里越冬呢？人们在“补冬”之际，吃着各种蚝、各种蚌、各种蛤，发现其中大蛤的贝壳色泽和纹理很美，酷似雉鸡。于是人们似乎有了答案，留鸟们可能是到大水里越冬。这当然只是一种假说，人们未必以此为训。

所以有人说“雉之为蜃，理或有之”，是说这或许有道理；有人说“蜃蛤成于大水，原非亲见之言”，是说这只是传说而已。

其实入冬之后，野鸡并没有入水，它们只是隐居在山林之间。从前在东北，人们以“棒打狍子瓢舀鱼，野鸡飞到饭锅里”来描述山林中的自然生态。

康熙年间《盛京通志》记载：“(顺治十一年，辽宁）十一月，大雪深盈丈，雉兔皆避入人家。”严寒之时，野鸡甚至“投怀送抱”，自己跑到人们家里御寒。很多现象，都是始于假说，终于正解。

立冬节气神

民间的立冬神，大体上有两个版本。

第一个版本的立冬神是一位拱手的文官。在人们创作的角色设定中，作为立冬神的文官，要依循古代的月令，敬奉天，体恤人。仰面祈祷，附身慰劳。在初寒时节，使人们感受到温暖。在古代，孟冬“天子始裘”，是一种衣着上的示范。立冬神的衣裳，也算是图示型的温馨提示吧。

第二个版本的立冬神是侧身的书生或文官。在二十四节气神中，这是唯一以侧面示人的形象。或许，面对万物萧索的情景，心怀悲悯的书生不忍直视这一切。一袭冬装裹身的书生使人们感到，在严寒面前，我们都太文弱了！

小雪·气寒将雪

汉代《论衡》曰："冬日天寒，则雨凝为雪。"

钱锺书先生曾说："连朝浓雾如铺絮，已识严冬酝雪心。"

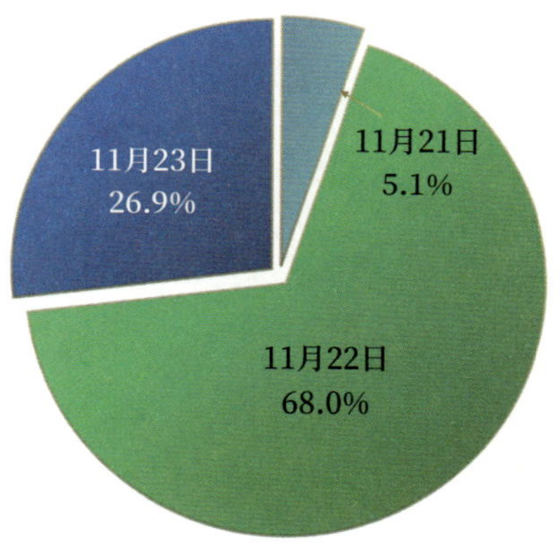

小雪节气日在哪一天？

（1701—2700年序列）

小雪节气，通常是在 11 月 22 日前后。

小雪节气日，季节的纷争只集中在南方。整个小雪时节，冬继续向南扩充约 88 万平方千米的地盘，将秋冬分界由长江沿线推移至南岭沿线。在与冬交战中溃不成军的秋，却在岭南追击本已孱弱的夏，使夏的实际控制范围萎缩至 1 万平方千米以下。

由雨到雪，虽然只是降水相态的变化，但雨被视为凡尘之物，雪却一向是高冷、高洁、高雅的象征。正如汉代《韩诗外传》载："凡草木花多五出，雪花独六出。"雪花是真正的"如花似玉"。它也被视为花，世界上最不怕冷的花。

二十四节气的节气名中，最可爱的或许就是小雪，于是它成了很多人的

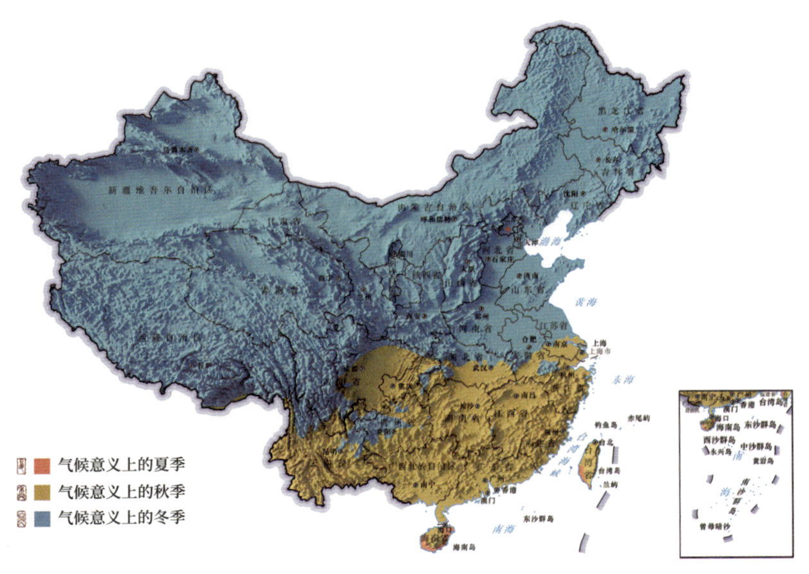

小雪节气日季节分布图
（1991—2020年）

小雪节气日季节分布及变化　单位：万平方千米					
夏季		秋季		冬季	
面积	变量	面积	变量	面积	变量
约 3	-9	约 175	-63	约 782	72

名字。小雪或许是“成名率”最高的节气了。

但随着气候变化，降雪减少，人名中的降水相态也发生了微妙的变化。我们曾做过一项区域性的年代际统计，在全年雪日减少、雨日增多的背景下，名字中带“雪”的人数减少，名字中带“雨”的人数增多，变幅与雨日、雪日的变幅大体相当。这是一件很神奇的事情吧？

元代《月令七十二候集解》云：“雨下而为寒气所薄，故凝而为雪，小者未盛之辞。”明代《群芳谱》曰：“小雪，气寒而将雪矣，地寒未甚而雪未大也。”

按照古人的解读，为什么会下雪？因为天气寒冷。为什么叫小雪？因为雪下得不够大。但是，如果按照气候平均值，对比小雪时节和大雪时节，我们却会发现，小雪时节的降水量其实比大雪时节大！

那为什么反而叫小雪呢？或许有三个方面的原因。

首先，小雪时节往往雪花发育不良，下的未必都是雪。《诗经》有云：“如彼雨雪，先集为霰。”往往刚开始下的还不是雪，而是霰。南北朝时期谢惠连《雪赋》：“岁将暮，时既昏。寒风积，愁云繁……俄而微霰零，密雪下。”风越来越凛冽而凶猛，云越来越低沉而浓重，先下的是零星的霰，后下的是细密的雪。

霰仿佛雪的序曲，还没来得及发育成雪花。霰，在各地的俗称有很多，比如雪籽儿、雪粒儿、雪丸儿、雪糁子、雪豆子、软雹子等。

元代《田家五行》记载：“雨夹雪，难得晴。谚云：‘夹雨夹雪，无休无歇。’”也就是说，不光有霰，下的还有雨、雪、雨夹雪，有时也会雨雪交替，或雨雪混杂。

因为小雪时节天气还不够冷，冷暖气团还在交战，暖的一方稍占上风，就是雨；冷的一方稍占上风，就是雪。一会儿雨，一会儿雪，还时不时地雨夹雪，双方形成拉锯战，所以才会“无休无歇”。因此，小雪之所以叫小雪，是因为这个时候下的未必都是雪，可能是大杂烩，不纯粹。

其次，小雪时节下的，即使是雪，也往往随下随化，或者昼融夜冻。即使降水量不算小，地面上也几乎留不下什么“证据”。到了大雪时节，就不一样了。下了雪，能够形成积雪，有雪摆在“桌面上”，被人们称为“像样儿的雪”，人缘儿好，印象分高。有时纷纷扬扬一场雪，下完了就安安稳稳地“坐住了”，而且“坐”一冬，这就叫“坐冬雪”。

对比小雪时节和大雪时节的三项指标——降水量、降雪日数、积雪日数——的话，小雪时节降水量更大，但大雪时节不仅降雪日数多，而且积雪日数也多。

最后，大雪时节雪下得更勤，次数更多。让人感觉小雪时节是开始下雪，大雪时节是经常下雪。

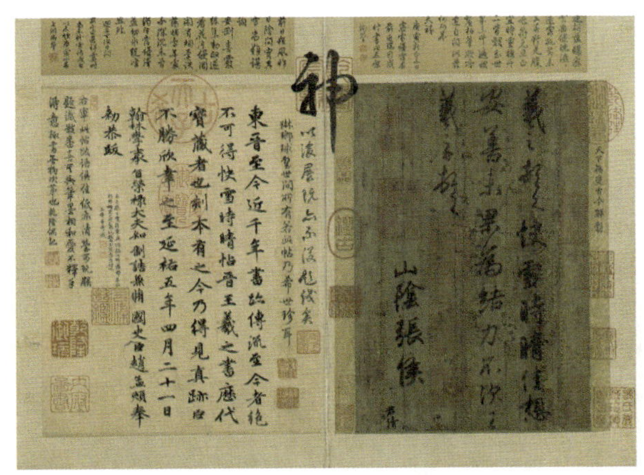

被誉为“天下法书第一”的王羲之《快雪时晴帖》，台北故宫博物院藏

“快雪时晴。佳想安善。”急雪之后，忽而转晴，你可安好？

对北京而言，初雪的气候平均时间是在小雪时节。但初雪的随机性很强，只有 20% 的年份，初雪是在小雪时节。2/3 年份的初雪，分布于立冬、小雪、大雪这三个时节。

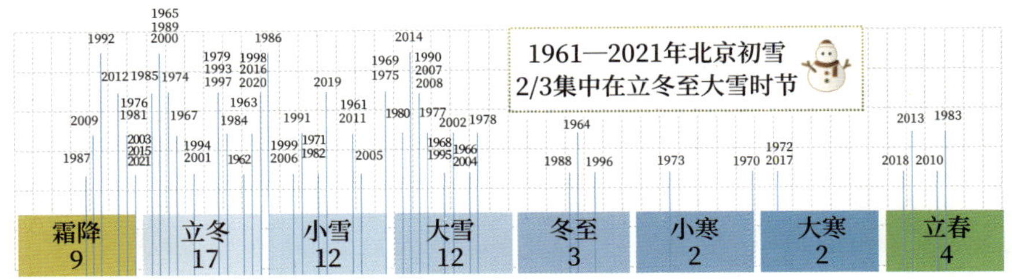

11月，是一个几乎没有节日的月份。但如果初雪在此月降临，便好似临时增设的一个节日。宋代《东京梦华录》载：“此月虽无节序，而豪贵之家，遇雪即开筵，塑雪狮，装雪灯，以会亲旧。”宋代《梦粱录》载：“考之此月虽无节序，而豪贵之家，如天降瑞雪，则开筵饮宴，塑雪狮，装雪山，以会亲朋，浅斟低唱，倚玉偎香。或乘骑出湖边，看湖山雪景，瑶林琼树，翠峰似玉，画亦不如。”

一场雪，就能唤醒人们对这个世界全部的好感。

但预报初雪的难度通常较大，所以，初雪如同初恋，遇见胜过预见。

《诗经》中的一句诗，我特别喜欢：“北风其喈，雨雪其霏；惠而好我，携手同归。”这句诗是说北风使劲刮，大雪随意下；幸亏有你对我好，手拉手咱一起回家。它极具画面感，洋溢着雪中的温情。这时的雪已经不只是一种天气现象了。

清代丁观鹏《雪景人物事迹》，台北故宫博物院藏

从前江南地区有一个说法，农历十月二十五是雪婆婆的生日。虽然同是天气现象，代表风雨的风伯、雨师都是“官方”认定的国家级层面的神灵，而代表雪的雪婆婆，只在民间享有礼遇。和雪婆婆级别相同的是寒婆婆，农历十月十六是寒婆婆的生日。

《农政全书》曰：“（农历）十月十六日为寒婆生日，晴主冬暖。”

我们可以假定寒婆婆的生日为入冬日期，雪婆婆的生日为初雪日期。虽然两位婆婆都是被杜撰出来的，但人们给婆婆们“指定”的生日看起来却不是胡乱编排的。立冬之后，天气渐渐由凉到寒，寒婆婆便出生了。天气先寒而后雪，寒婆婆出生十天左右，雪婆婆也跟着出生了。

以现在的气候看，寒婆婆比雪婆婆早出生 20 ～ 25 天，但在明清时期，她们的出生日期也只隔了 10 天左右。

虽说“寒”和“雪”都被称为婆婆，辈分相同，但气寒而雪，所以从天气原理来看，寒婆婆比雪婆婆的辈分要高，她们似乎不应该是同辈。

俄罗斯作家米·普利什文在《大自然的日历》中写道：“这时，他叹着气说道：‘这该死的天气，孙子来找爷爷了！’”[①] 在俄罗斯，冬寒被称为严寒爷爷，而雪被视为严寒的孙辈。

按照现代的气象观测，长江中下游地区一般是在大雪至冬至时节迎来初雪。明清时期的气候比现在寒冷，寒婆婆和雪婆婆都比现在出生得早。

为什么雪的形象代言人是一位婆婆呢？古人常说兴风、作浪、行云、布雨、酿雪。字里行间的意思似乎是制造一场雪比制造其他的天气现象要更烦琐，或许只有做事细致的婆婆才能胜任。

还有一层原因。我们常说“瑞雪兆丰年”，雪比其他天气现象更具有吉祥的意味，慈祥的婆婆应该更适合做它的“形象代言人”。雷公、电母、雨师、风伯、老天爷……这些称谓听起来都很有威严，都要人们仰视和敬畏。而雪婆婆、春姑娘这样的称谓，听起来很和善、很俏皮。

从前在小雪节气，人们特别在意天气占卜。

占卜第一项是先看会不会按时下雪。小雪时节降雪是“守常”，遵守常

① 米·普利什文．大自然的日历 [M]. 潘安荣，译．北京：北京出版社，2024.

态，即气候规律。

俗话说：“小雪降雪大，春播不用怕。”“小雪下雪雪盈尺，来岁丰年笑弯眉。”“小雪节日雾，来年五谷富。”“小雪有大雾，来年雨水下个透。”

我曾在 2011 年的小雪节气到访过峨眉山气象观测站。这里的海拔 3047 米，常年没有夏天（极端温度最高 22.7℃）。年平均有 314 天大雾，211 天下雨或者下雪，年平均相对湿度 85%，所以天气经常是阴沉沉、湿漉漉、雾蒙蒙的。

我在 2011 年小雪时节拍摄的峨眉山的雪后云海

这里的降雪季是从秋分至立夏，有 7 个多月。我小雪时节来到峨眉山的时候，这里刚刚下过雪，但已是秋分之后的第 12 场雪了。

以 1981—2010 年为例，节气体系起源的黄河中下游地区，是在小雪时节迎来初雪。而在长江中下游地区，第一场雪要到大雪时节才会陆续降临。

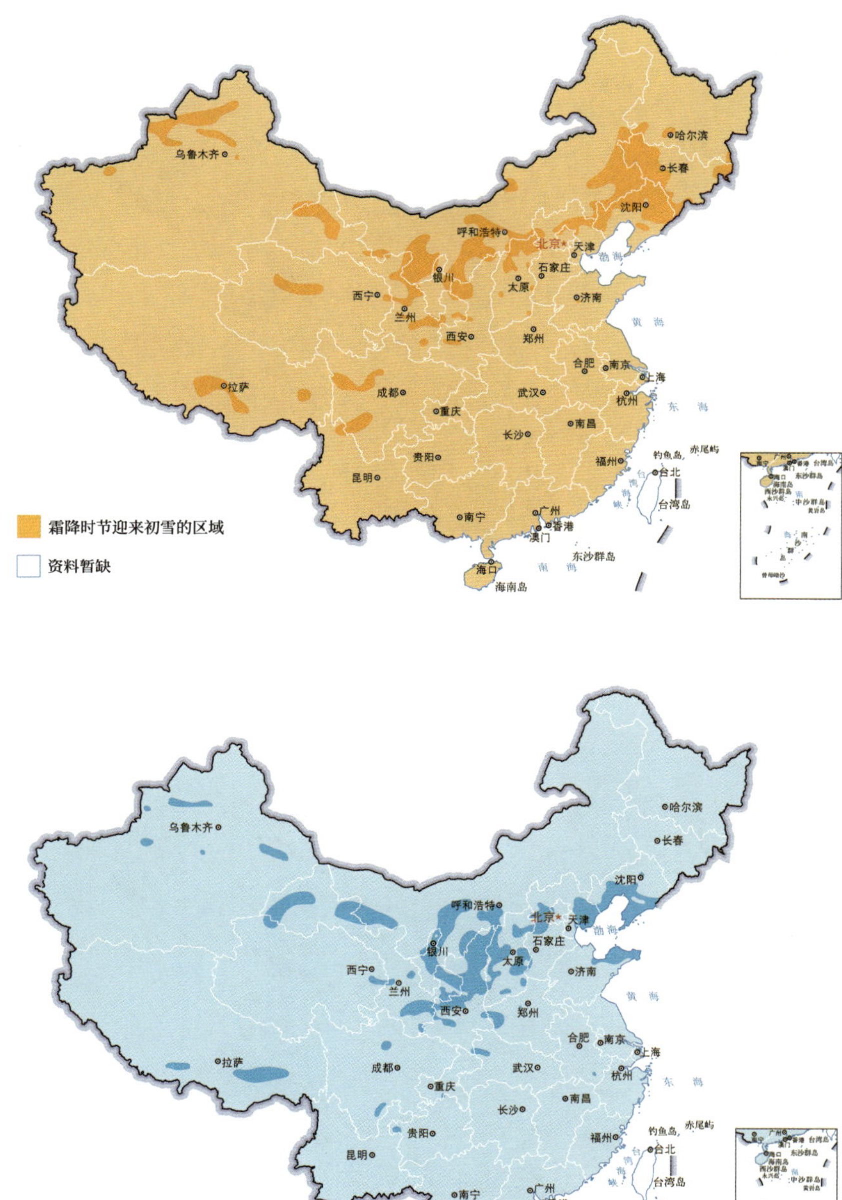

海拔较高或纬度较高的地区是在小雪节气之前的霜降、立冬时节迎来初雪。

乌鲁木齐
哈尔滨
长春
沈阳
呼和浩特
北京
天津
渤海
石家庄
太原
济南
银川
西宁
兰州
黄海
西安
郑州
合肥
南京
上海
拉萨
成都
武汉
杭州
东海
重庆
长沙
南昌
贵阳
钓鱼岛
赤尾屿
福州
台北
昆明
台湾岛
南宁
广州
香港
澳门
东沙群岛
海口
南海
海南岛
小雪时节迎来初雪的区域
资料暂缺

乌鲁木齐
哈尔滨
长春
沈阳
呼和浩特
北京
天津
渤海
石家庄
太原
济南
银川
西宁
兰州
黄海
西安
郑州
合肥
南京
上海
拉萨
成都
武汉
杭州
东海
重庆
长沙
南昌
贵阳
钓鱼岛
赤尾屿
福州
台北
昆明
台湾岛
南宁
广州
香港
澳门
东沙群岛
海口
南海
海南岛
大雪时节迎来初雪的区域
资料暂缺

在中国的代表性城市中，北京、天津、西安、太原、石家庄、郑州、济南等地都是在小雪时节迎来初雪。如果以降雪的视角划分南方北方，那要看初雪是否不晚于小雪时节，终雪是否不早于惊蛰时节？如果是，为北方；否，则为南方。降雪季是否不少于一个天文季节（90天）？如果是，为北方；否，则为南方。

1951—1980年我国降雪的南界，大致是在南宁—梧州—广州—汕头一线。而20世纪80年代之后，随着气候变化，降雪的南界向北收缩了大约100千米。

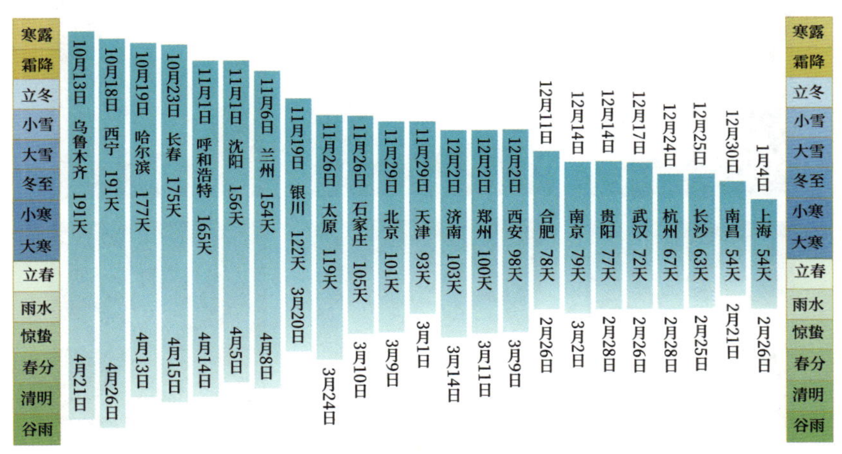

中国主要城市降雪季

（1981—2010年）

海南万宁（古称万州），在明代正德元年（1506年）曾大雪纷飞，这可能是中国有降雪记录最南的城市了。

随着气候变化，不仅降雪的南界向北收缩，降雪也在加速减少。在很多

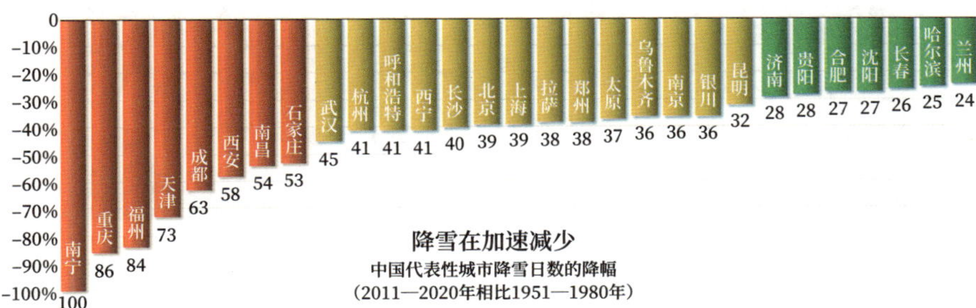

降雪在加速减少

中国代表性城市降雪日数的降幅

（2011—2020年相比1951—1980年）

地区，雪正在成为一种“濒危”的天气现象。

远远望去，雪很唯美；细细端详，雪亦惊艳。

美国人威尔逊·本特利是世界上第一位专注拍摄雪花的人，他一生拍摄过 5000 朵雪花。与德国哲学家莱布尼茨的说法“世界上没有两片完全相同的树叶”同理，威尔逊·本特利证明了世界上没有两片完全相同的雪花。

雪花的首位拍摄者威尔逊·本特利拍摄的雪花图片

而世界上最早的人造雪花，是日本物理学家中谷宇吉郎在1936年完成的。关于雪花，他有一篇著名的论文和一篇著名的散文，分别是《雪的结晶与生长条件之关系》和《雪花——来自天堂的信》。

小雪三候

古人梳理的小雪节气物候是：一候虹藏不见，二候天气上腾、地气下降，三候闭塞而成冬。

小雪一候·虹藏不见

在古人眼中，为什么小雪节气“虹藏不见”，我们看不到彩虹了呢？

根据汉代高诱对《吕氏春秋》的注释记载：“虹，阴阳交气也。(孟冬)是月，阴壮，故藏不见。”他在对《淮南子》的注释中进一步阐释：“虹，阴中之阳也。是月阴盛，故不见也，藏气之下伏也。”

汉代郑玄对《礼记》的注释称：“阴阳气交而为虹。此时阴阳极乎辨，故虹伏。”

在古人看来，虹是“阴中之阳”，是阴气和阳气交合的产物。可是到了小雪节气，阳气已经没有与阴气争锋的能力了，所以我们也就看不到彩虹了。

所以古人把虹藏不见当作一种标志，标志着阴气开始强盛到了没有对手的程度。阳气的态度变成了：我惹不起，但躲得起。

那什么时候阳气又重出江湖与阴气相抗衡呢？要到清明时节——清明三候虹始见。

也就是说，从小雪一候到清明三候，这将近 5 个月中，阳气前半段完全是卧薪尝胆，后半段也只是小试身手。直到阳春三月，才敢与阴气一争高下，争斗历时 7 个月，于是我们也就拥有 7 个月的彩虹季。

当然，真实的情况是，彩虹只是太阳光照在雨后飘浮在天空中的小水滴上，被分解成了绚丽的七色光，也就是光的色散现象。

注：图片由台湾“中国文化大学”大气科学系曾鸿阳教授提供。

所谓小雪一候虹藏不见，只是中原地区的气候。目前彩虹持续时间的世界纪录，就诞生在小雪时节。位于台北阳明山的“中国文化大学”，2017 年 11 月 30 日，观测到持续 8 小时 58 分钟（6 点 57 分至 15 点 55 分）的“全日虹”。2018 年 3 月 17 日，这项纪录获得吉尼斯世界纪录的认证。

所以，二十四节气七十二候中清明三候虹始见、小雪一候虹藏不见的说法，并非普遍适用。冬雪时节，很多地方下的依然是雨，所以才有那首《冬季到台北来看雨》。

小雪二候·天气上腾、地气下降

《释名》曰："冬曰上天，其气上腾，与地绝也。"也就是说，冬季时天之气上腾，与地之气相隔绝。

在古人的观念中，天地之间有两组"气"，一组是天气和地气，另一组是阳气和阴气。一年之中的晴雨寒暑，是由阳气和阴气之间的消长，天气和地气之间的亲疏与聚散造成的。

唐代孔颖达在对《礼记》的注释中试图将"天气"与"地气"的升降与阴阳卦象结合：

> 若以《易》卦言之，七月三阳在上，则天气上腾，三阴在下，则地气下降也。今十月乃云天气上腾，地气下降者，《易》含万象，言非一概，周流六虚，事无定体。若以爻象言之，则七月为天气上腾，地气下降。若气应言之，则从五月地气上腾，至十月地气六阴俱生，天气六阳并谢，天体在上，阳归于虚无，故云"上腾"。地气六阴用事，地体在下，阴气下连于地，故云"地气下降"。各取其义，不相妨也。

古人若以阴气、阳气的视角来看，什么时候"天气上腾、地气下降"呢？是立秋、处暑所在的农历七月，因为三根阳爻在上，三根阴爻在下。但

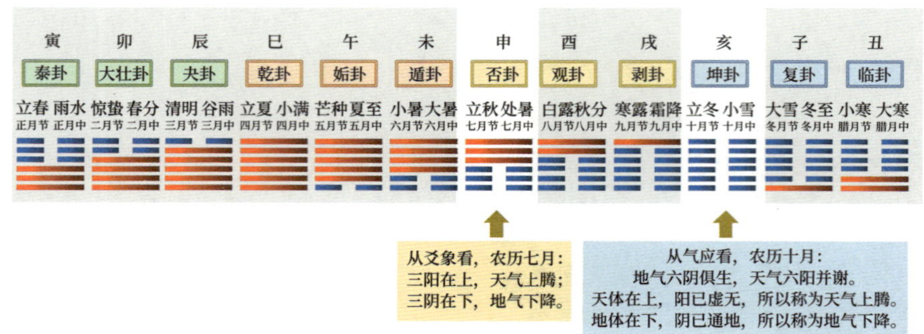

十二消息卦与“天气上腾、地气下降”

以天气、地气的视角来看，是立冬、小雪所在的农历十月，因为上位的天气已归于虚无状态，而下位的地气已处于贯通状态。

小雪时节，从天上来的天之气向上升，从地下来的地之气向下降，相当于它们渐行渐远，谁也不理谁。它们之间没有了冷暖、干湿的交汇、交融，完全处于彼此疏远的状态。

此时阳气和阴气处于什么样的状态呢？汉代《孝经纬》曰：“天地积阴，温则为雨，寒则为雪。时言小者，寒未深而雪未大也。”这时“天地积阴”，阴气积聚、阳气潜藏，于是降水相态由雨转变为雪。

与燕子来了、桃花开了那些直观的节气候应相比，“天气上腾，地气下降”这样的物语显得很抽象。

以现代科学的视角，降水的多与少，也是因为两种“气”。夏天降水多，是因为干冷气团与暖湿气团的交汇；冬天降水少，是因为干冷气团一家独大，甚至“一统天下”。

而一年之中的寒暑变化，是因为太阳直射位置的变化。夏至时，阳光直射北回归线，而且日照时间最长，太阳更青睐北半球；冬至时，阳光直射南回归线，而且日照时间最短，太阳更偏爱南半球。

所以古人认为冬至时阴气达到鼎盛，然后盛极而衰，所谓“冬至一阳生”。小雪时节，阴气的气焰越来越嚣张，阳气完全没有还手之力，甚至无法招架。于是虹藏不见，雨凝为雪。

古代关于“闭”的孟冬月令只有两个版本，一个是《礼记·月令》中

小雪三候·闭塞而成冬

的“闭塞而成冬”，另一个是《吕氏春秋·孟冬纪》为“闭而成冬”。创制七十二候的《逸周书·时训解》采用“闭塞而成冬”版本。

汉代高诱对《吕氏春秋》的注释中说：“天地闭，冰霜凛冽，成冬也。”

汉代郑玄对《礼记》的注释则曰：“门户可闭，闭之；窗牖可塞，塞之。”

所谓“闭塞而成冬”，有两层含义：一是随着天气上腾、地气下降，天气与地气渐行渐远，它们的交流之“门”逐渐封闭，各自闭关。二是人们也需要顺应天地之气而封闭门户，所以《礼记·月令》中强调：“天地不通，闭塞而成冬，命百官谨盖藏。”

宋代张虙《月令解》对此阐述得更为详尽：“天地交，泰，故春言和同。天地不交，否，故冬言闭塞。和同之时，天下皆知春之为春，不必告诏也。闭塞之时，天下虽知之，而或有不谨者，所以命有司也。苟知闭塞之义，则事事物物皆不敢肆矣。”意思是说，自立春、雨水节气所在的孟春（对应泰卦）开始，天气与地气越来越亲近，人们以“和同”描述它们之间的关系。这时官方无须诏告天下春天来了，大家也都知道春天来了。自立秋、处暑节气所在的孟秋（对应否卦）开始，天气与地气越来越疏远，到立冬、小雪节气所在的孟冬，天气与地气已断绝往来。天地闭塞之时，虽然大多数人也知晓，但总会有些人疏忽，所以就需要有人周到地提醒民众封闭门户以应对寒冬。

因此，“闭塞”二字体现着人们过冬之要义。门要关紧，窗要封严。人们最好宅在家里，躲起来“猫冬”。

我们常说“交通”，不交则不通，不通则闭塞。以古人的天气、地气的视角看待天气变化，立冬和小雪代表的孟冬是“地气下降，天气上升，天地不通，闭而成冬”的结果。立春和雨水代表的孟春是“天气下降、地气上升，天地和同，草木繁动”的结果。

初春开始，上面的天之气向下，下面的地之气向上，它们变得很亲近，甚至很亲密，世间不仅因此越来越温暖，而且还会因它们联手酿造出来的丰沛降水，变得草木繁茂。

可是到了初冬，天气和地气完全中断了“业务往来”。尤其是地气，钻入了地下，形成了自我封闭的状态，由此“闭塞”造就了万物的集体闭藏。

立冬时是水始冰、地始冻，是刚刚开始冻。随后的关键词，是封。小雪封地，大雪封河；小雪封田，大雪封船。大地完全处于封冻状态，于是“闭塞而成冬”。

以北京的气温和地温走势，我们如何理解古人所说的孟春“地气上腾”和孟冬“地气下降”？北京是立春时节地温开始高于气温，“地气上腾”；立冬时节地温开始低于气温，“地气下降”。

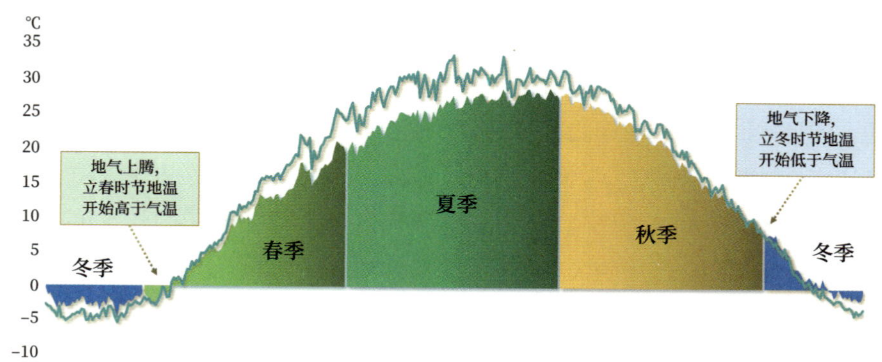

2011—2020年北京的平均气温与平均地温

（面积为气温，折线为地温）

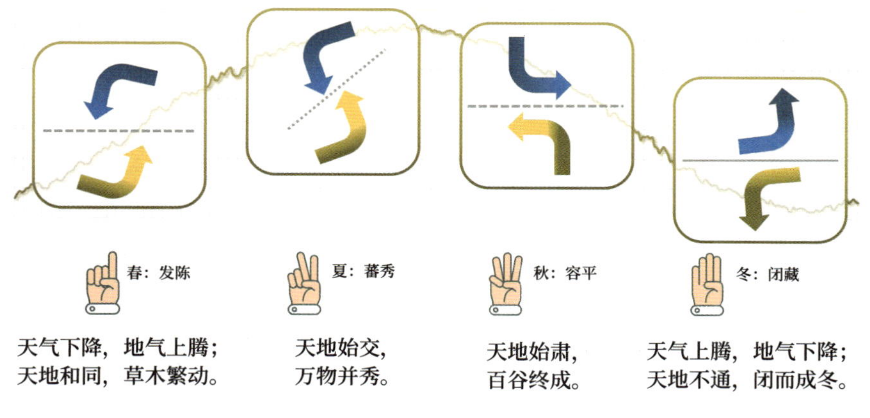

天气与地气的四季互动模式示意

在古人眼中，春天的天气与地气逐渐亲密，于是万物生发；冬天的天气与地气逐渐疏远，于是万物萧索。天气与地气互动关系之亲疏，决定了这个世界的暖寒与万物的生消。

小雪节气神

民间绘制的小雪神，几乎只有一个主题——招雪。这既是对气候规律的写照，也是对民众心愿的刻画。但“招雪者”的角色，大体上可分为兵卒、武将、鬼怪三类。

小雪

小雪神通常是一位身穿冬装的传令兵。他面目肃然，手持红缨长矛，长矛上挂着一面招雪旗，这表达了人们希望军令如山，应时酿雪的祈盼。（有的招雪旗上写着“雪”字，而有些写的是“小雪”。）而由武将担任“招雪者”，或许是因为人们认为降雪是初冬之要务，应由将军亲自督办。由鬼怪担任“招雪者”，或许是因为人们认为小雪节气是“天地积阴”之时。

大雪·时雪转甚

唐代《毛诗正义》云：“谓明年将丰，今冬积雪为宿泽也。”
元代黄庚诗云：“江山不夜月千里，天地无私玉万家。”

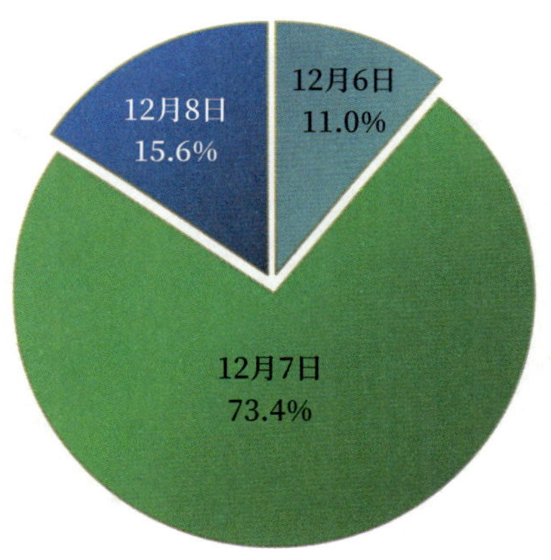

大雪节气日在哪一天?
（1701—2700年序列）

大雪节气，通常是在 12 月 7 日前后。

大雪节气日，冬的领地扩充至约870万平方千米，已达到其可占领面积的96%左右。大雪时段秋冬分界在南岭附近拉锯的同时，夏被秋“团灭”，自此荡然无存。在其后的隆冬时节，季节间不再有大规模的“纷争”，季节版图基本呈现“和平共处”的局面。

中国古代经典的雪天意象来自《诗经》：“上天同云，雨雪雰雰。”同云，指浓厚的层云，也称彤云。《毛诗正义》注曰：“雰雰，雪貌。丰年之冬，必有积雪。”

唐玄宗李隆基诗云：“北风吹同云，同云飞白雪。”诗中阐释了北风、同云、白雪的逻辑链。

对“同云”降雪更细腻的叙述，是《水浒传》第十回“林教头风雪山神

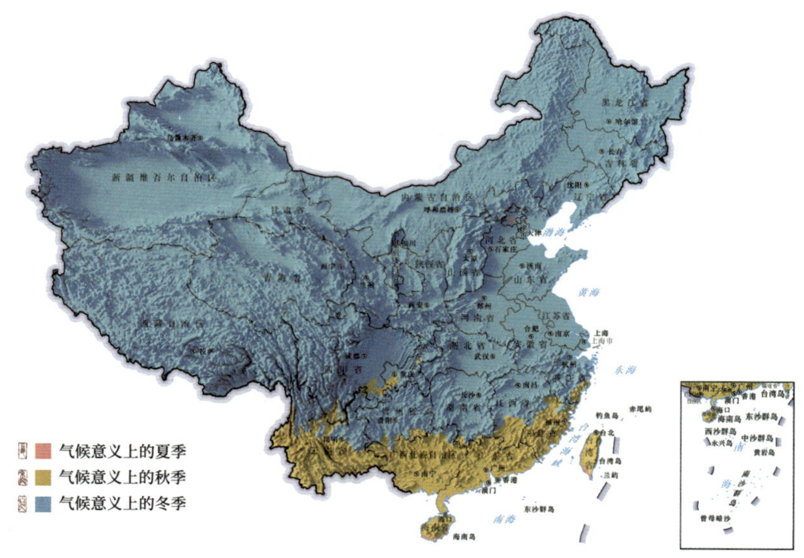

大雪节气日季节分布图
（1991—2020年）

大雪节气日季节分布及变化　　单位：万平方千米					
夏季		秋季		冬季	
面积	变量	面积	变量	面积	变量
约0.5	-2.5	约89.5	-85.5	约870	88

庙”的故事。时间背景是“正是严冬天气，彤云密布，朔风渐起”，雪下得“扯绵扯絮”，既能够形成视程障碍，也能够压垮“竹屋茅茨”，如果下一整天，便可以充塞天地了。一场“同云”降雪，便造就了一个“银世界，玉乾坤”，正是：“凛凛严凝雾气昏，空中祥瑞降纷纷。须臾四野难分路，顷刻千山不见痕。银世界，玉乾坤，望中隐隐接昆仑。若还下到三更后，仿佛填平玉帝门。”

每到冬天，就有南方和北方如何取暖的段子。北方虽然外面的世界天寒地冻，但一进家门就像到了春天，在家里穿着背心儿，一边看雪，一边吃雪糕，偶尔还得开开窗感受寒气，提神醒脑。而南方的冬天经常是湿冷的雨雪盛行，南方的朋友蜷缩在厚厚的被窝里，戴着大帽子，焐着热水袋，还冻得瑟瑟发抖。

所以大家调侃说，冬天取暖，北方是靠暖气，而南方是靠一身正气！说北方的冷是物理攻击，干冷，冷皮；南方的冷是魔法攻击，湿冷，冻骨。

《吕氏春秋》曰：“冬之德寒，寒不信，其地不刚。”冬天的可贵之处就是寒冷，如果寒冷不讲诚信，不能按时到来，甚至“冬雷震震”，土地就不能冻得坚硬，不能有一个深度休眠的时间。

清代董诰《绘高宗御笔甲午雪后即事成咏诗》，台北故宫博物院藏

正如俗话所说：“大雪雪满山，来岁必丰年。”“大雪不冻，惊蛰不开。”

在人们眼中，暖冬之后往往是倒春寒。虽然人们惧怕寒冷，但还是希望该冷的时候就冷。虽然冬阳可贵，但人们还是盼望着下雪，哪怕大雪时天气阴沉沉的，晦暗湿冷。

在可降雪的国家，“瑞雪兆

丰年”几乎是最具共识的谚语，英语中也有类似的说法：“一场适时的雪预示着丰收的一年。”

所以，由雨到雪，不仅仅是降水相态的变化。对大地而言，雪是妆容，是呵护，是滋养，也是一种纯真的安宁。冽冽冬日，肃肃祁寒，是属于雪的季节。如果缺少了雪，世间便少了许多诗文和意趣。

人们偏爱雪，不仅因为雪如花似玉（颜值高），而且“营养”也很丰富。

根据测算，每 1000 克雪水中，含氮化物 7.5 克，大约是普通雨水的 5 倍，所以下一场雪便相当于施了一次氮肥。而且雪是慢慢融化，缓缓渗入，其滋润作用更温和，也更持久。

英语有一个说法叫“snowed under”，即人被埋在雪里，形容事儿太多，人太忙，也太烦。但如果是冬小麦被埋在雪里，却是件莫大的好事。尚未融化的积雪，相当于为越冬作物盖了一层被子，“冬天雪盖三层被，来年枕着馒头睡”。

雪不仅是肥，是被，还是完全无公害的生态农药，正如俗语所言，“大雪半融加一冰，明年虫害一扫空”，所以冬天里的“雪上加霜”未必是一件坏事。

当然，有人希望雪下得恰到好处。汉代董仲舒《雨雹对》诗云：“雪不封条，凌殄毒害而已。”这是说雪最好不要压坏枝条，只要能消除害虫就可以了。

各种动物对下雪有着完全不同的好恶。谚语说：“落雪狗欢喜，麻雀一肚气。”狗为什么喜欢下雪呢？据说是因为雪会掩盖其他狗的气味，它忽然发现了一片无主儿的“新大陆”，于是在雪地里开疆拓土，满地撒欢儿。麻雀为什么不喜欢下雪呢？因为一下雪，“粮食”就都被“雪藏”了，雪倒是管够儿吃，可是不顶饱啊！

《诗经》曰：“我有旨蓄，亦以御冬。”大雪时节，人们忙活完田里的活，又得忙活院子里的活、屋子里的活。收好一仓粮，码好一垛柴，存好一窖菜，再有一缸酱，以及装在瓶瓶罐罐里的各种咸菜，如果再有肉，就称得上是锦上添花了。

民间有“冬腊风腌，蓄以御冬”的习俗。俗话说：“小雪腌菜，大雪腌肉。”“小雪卧羊，大雪卧猪。”

收完了粮食和菜，人们开始忙着晾晒、风干食物，忙着酿酒、腌菜，忙着杀猪宰羊、灌肠熏肉。为了过年，更是为了过冬。所谓农闲，只是地闲下来了，人并没有闲下来，只是变换了一种忙碌的方式而已。

罐子、菜窖、坛子、酱缸，过冬的菜，该晒的晒好，该存的存好，该腌的腌上，该酱的酱上。那些腌菜、酱菜、干菜，以及冬储大白菜，曾是我们的冬天味道，也许正是它们，默默地护佑着我们并不丰足的日子。

南宋时期刘松年仿北宋高克明《溪山雪意图》，美国大都会博物馆藏

这个节气为何名曰大雪？南北朝时期《三礼义宗》云：“时雪转甚，故以大雪名节。”元代《月令七十二候集解》云：“大者，盛也。至此而雪盛矣。”

因为“积寒凛冽，雪至此而大也”，所以大雪时节雪下得更大了，也更频繁了。降水形态也变得更单纯，不再是雨雪交替或者雨雪混杂，而是更容易形成积雪了。有了积雪，才有银装素裹的景色、万山积玉的意境。

小雪、大雪两个节气，主要比的不是降水量之多寡，而是积雪之有无。

与小雪节气相比，大雪时节的特征一是降雪日数更多，二是在广义的节气起源地区，小雪是首次降雪的节气，大雪是首次积雪的节气。

气候变化的年代，人们特别盼望着下雪，下“像样儿”的雪。所以网上就有了这样一句流行语：“凡是不以降雪为目的的降温，都是耍流氓！”

北京 2010—2011 年冬季的初雪直到 2 月 10 日才姗姗而来。2017 年 10 月 23 日—2018 年 3 月 16 日，北京更是创造了连续 145 天无有效降水的纪录。人们吐槽：“全国都在背着北京下雪！”2018 年初，就连故宫博物院也在社交媒体上加入了盼雪的队伍。随后几年，2019 年 11 月 29 日、2020 年 11 月 21 日和 2021 年 11 月 6 日北京初雪，才暂时平息了这项吐槽。

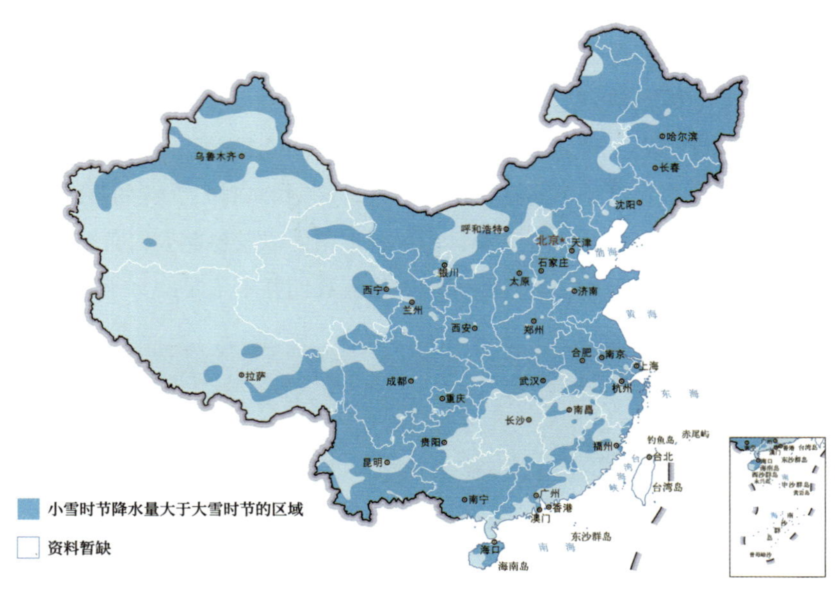
乌鲁木齐
哈尔滨
长春
沈阳
呼和浩特
北京
天津
渤海
石家庄
银川
太原
济南
西宁
兰州
黄海
西安
郑州
合肥
南京
上海
拉萨
成都
武汉
杭州
东海
重庆
南昌
长沙
赤尾屿
钓鱼岛
福州
台北
贵阳
昆明
台湾岛
广州
南宁
香港
澳门
东沙群岛
南海
海口
海南岛
小雪时节降水量大于大雪时节的区域
资料暂缺

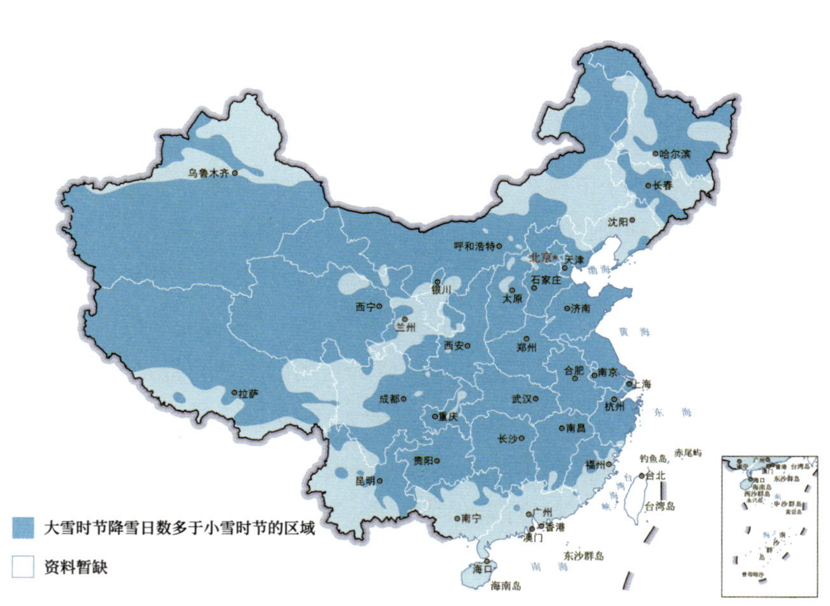
乌鲁木齐
哈尔滨
长春
沈阳
呼和浩特
北京
天津
石家庄
银川
太原
济南
西宁
兰州
黄海
西安
郑州
合肥
南京
上海
拉萨
成都
武汉
杭州
东海
重庆
南昌
长沙
赤尾屿
钓鱼岛
福州
台北
贵阳
昆明
台湾岛
广州
南宁
香港
澳门
东沙群岛
南海
海口
海南岛
大雪时节降雪日数多于小雪时节的区域
资料暂缺

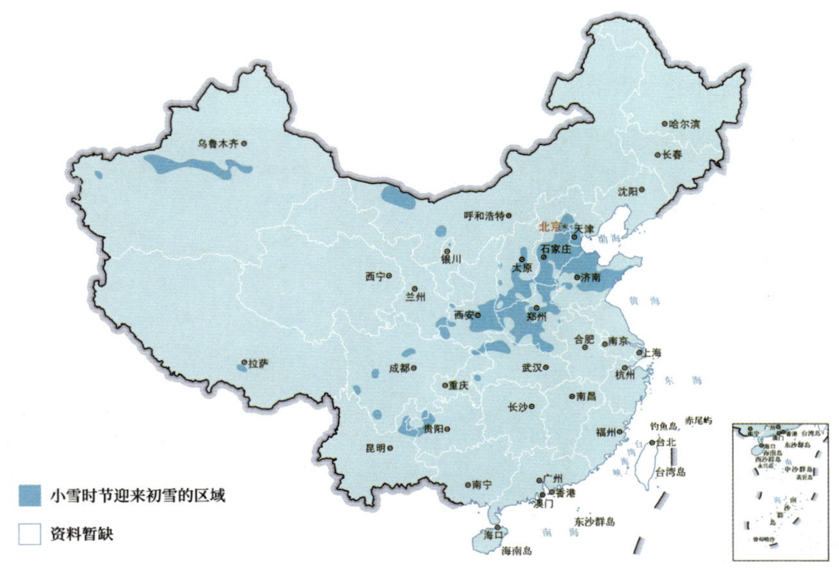
乌鲁木齐
哈尔滨
长春
沈阳
呼和浩特
北京
天津
石家庄
银川
太原
济南
西宁
兰州
西安
郑州
黄海
合肥
南京
上海
拉萨
成都
武汉
杭州
重庆
东海
南昌
长沙
钓鱼岛
赤尾屿
贵阳
福州
台北
昆明
台湾岛
南宁
广州
香港
澳门
东沙群岛
海口
海南岛
小雪时节迎来初雪的区域
资料暂缺

乌鲁木齐
哈尔滨
长春
沈阳
呼和浩特
北京
天津
石家庄
银川
太原
济南
西宁
兰州
西安
郑州
黄海
合肥
南京
上海
拉萨
成都
武汉
杭州
重庆
东海
南昌
长沙
钓鱼岛
赤尾屿
贵阳
福州
台北
昆明
台湾岛
南宁
广州
香港
澳门
东沙群岛
海口
海南岛
大雪时节开始积雪的区域
资料暂缺

大雪三候

古人梳理的大雪节气物候是：一候鹖鴠不鸣，二候虎始交，三候荔挺出。

大雪一候·鹖鴠不鸣

“鹖鴠不鸣”为《吕氏春秋·仲冬纪》版本，其他文献的表述略有不同，如《礼记·月令》中为“鹖旦不鸣”，《逸周书·时训解》中为“鹖鸟不鸣”，《淮南子·时则训》中为“鳱鴠不鸣”。

“鹖鴠”是鸟吗？为什么“鹖鴠不鸣”了？汉代高诱对《吕氏春秋》的注释中写道：“鹖鴠，山鸟，阳物也。是月阴盛，故不鸣也。”汉代高诱对《淮南子》的注释道：“鳱鴠，夜鸣求旦之鸟，兹得一阳之生，故不鸣矣。”

宋代卫湜《礼记集说》载：“夜鸣而求旦，故谓之鹖旦。夫夜鸣，则阴类也。然鸣而求旦，则求阳而已。故感微阳之生而不鸣，则以得所求故也。”宋代鲍云龙《天原发微》载：“鹖鴠不鸣者，盖鸟之夜鸣求旦，乃阴类而求阳，故感一阳而不鸣。”

“鹖鴠”被视为“求旦之鸟”，所以有人将其归为阳物，“鹖鴠不鸣”的原因被解读为冬月阴气强盛。它也被视为夜鸣之鸟，所以有人将其归为阴类，“鹖鴠不鸣”的原因被解读为微弱的阳气萌生。

“鹖鴠”有着怎样的性状？

晋代郭璞对《方言》的注释曰：“鸟似鸡，五色，冬无毛，赤倮。”宋代陆佃《埤雅》载：“鹖，似雉而大，黄黑色，故其名曰褐而鹖。”

有人认为“鹖鴠”像鸡一样，有着五彩的羽色，但冬季并无羽毛。有人认为“鹖鴠”比雉鸡大，羽毛为褐色。

中国最早的鸟类典籍《禽经》中记载：“鹖，毅鸟也，毅不知死，状类鸡，首有冠，性敢于斗，死犹不置，是不知死也。”《左传》云：“鹖冠，武士戴之，象其勇也。”《后汉书》云：“羽林左右监皆冠鹖冠，纱縠单衣。”“鹖鴠”被视为勇毅之鸟，于是人们托物言志，将士冠插鹖鴠之尾羽，既有威风凛凛的气势，也有视死如归的隐喻。

在古代的月令图解中，鹖鴠大多都被绘为锦鸡。故宫博物院藏传为南宋时期的夏圭《月令图》大雪一候鹖鴠不鸣的图释文字说：

鹖，求旦之毅鸟也。似雉而大，青色，首似戴冠。颜师古云：“世谓之鹖鸡。”惟辄好斗，敌之而不知死。古者武士乃效为之冠，取其勇也。夜鸣则阴类，迎阳而不鸣，故曰鹖鴠不鸣。

最早提出“鹖鴠”为寒号虫的，或为元代吴澄的《月令七十二候集解》：“夜鸣求旦之鸟，亦名寒号虫，乃阴类而求阳者，兹得一阳之生，故不鸣矣。”明代杨慎在《升庵集》中也指出：“今北方有鸟，名寒号虫即此也。”明代方以智在《通雅》中认为杨慎的这一说法可为定论：“此升庵之确论。”

尽管元明时期已有“鹖鴠”为寒号虫之说，但“鹖鴠”依然被视为鸟类。

古人眼中的“求旦之鸟”并不是真的鸟，而是鼠类，俗称飞鼠，学名叫复齿鼯鼠。它们昼伏夜出，但又偏偏惧怕寒冷，冻得哆哆嗦嗦，于是发出“哆啰啰”的叫声，所以也被称为寒号虫或寒号鸟。

唐代诗人卢照邻《羁卧山中》的“雪尽松帷暗，云开石路明。夜伴饥鼯宿，朝随驯雉行”中提及的“鼯”很有可能就是“鹖鴠”。

鹖鴠是“夜鸣求旦之鸟”，夜深之时鸣叫，祈求天明。大雪时节长夜漫漫，冬寒凄凄，有负期盼，“求而不得也”，所以“其辛苦有似于罪谪者”的鹖鴠还是放弃了鸣叫。所以，“鹖鴠不鸣”应该是一项表征昼短夜长的节气物候。

到了大雪时节，想必是因为天气太冷了，寒号虫只好躲起来“猫冬”去了，于是冬夜变得安静了。从这个意义上说，“鹖鴠不鸣”也是一项表征天气寒冷程度的节气物候。

大雪二候·虎始交

在古人眼中，虎和龙一样，似乎都是天气变化的原动力，正所谓“虎啸风生，龙腾云起”。它们一个主宰风，一个主宰水，其跃动造就着自然时节的风生水起。

在《易纬通卦验》中有“立秋虎始啸，仲冬虎始交”之说，以虎的行为界定秋冬之气。

汉代高诱对《吕氏春秋》的注释曰：“虎乃阳中之阴也，阴气盛，以类发也。”宋代鲍云龙《天原发微》云：“虎始交者，亦阴类感一阳而交也。”古人认为，虎“今感微阳气，益甚也，故相与而交”。在微阳萌动之时，虎被赋予了生发的能量、阴阳交合的冲动。

古人以五天一候的节律进行物候观测得到的物语，也被称为“候应”，指在一候的时段内生物对天时的反应。有些候应观测难度很高，有的是因为观测辛苦，例如立春二候蛰虫始振，要清晰观测到蛰虫在地下半梦半醒，舒展筋骨的神态；有的是因为观测危险，例如大雪二候虎始交，要清晰观测到寒冬时虎的交配。

虎始交能够成为节气候应，也说明在万物萧瑟的冬季，人们找寻节气物候标识的难度，已经到了需要偷窥的程度。

即使在老虎并不罕见的古代，近距离观测到老虎交配，或许也只能偶然得之。通过样本数的逐渐累积，人们将这种可遇而不可求的偶然型发现，升华为正史所认可的节气候应，可见古人的物候观测来自众人的群策群力。

大雪三候·荔挺出

先秦时期，仲冬之月的植物物候标识有两项，一是“荔挺出”，二是“芸始生”。唐代孔颖达《礼记正义》中说：“芸始生、荔挺出者，以其俱香草故，应阳气而出。”宋代鲍云龙《天原发微》云：“荔挺出，荔，香草，感阳而香。”但它们都已是现代人比较生疏的植物了。芸芸众生的“芸”是一种香草，芸香可驱蠹。而要理解“荔挺出”，更是要运用考据学的知识。

什么是“荔挺出”？

汉代郑玄对《礼记》的注释中写道：“荔挺，马薤也。”汉代高诱对《吕氏春秋》的注释云：“荔，马荔；挺，生出也。”《说文解字》对“荔”和“薤”均有解读：“荔似蒲而小，根可为刷。”“薤，菜也。叶似韭。”

明代李时珍《本草纲目》则说："高诱云河北平泽率生之，江东颇多，种于阶庭，但呼为旱蒲，不知即为马薤也。"李时珍认为这是又名荔实的马帚。但清代段玉裁在《说文解字注》中明确否定了李时珍的说法。

从能食用、有雅香、可为刷这几个角度猜测，"荔挺出"或许指的是马兰。英译过程中，人们通常将其译为马蔺（Chinese iris），但我们还是将其宽泛地译为最耐寒的草（hardiest grass），其指征意义在于，在大雪时节，耐寒之草在冰冻和积雪的环境中，能顽强地萌发。

无论"荔挺出"还是"芸始生"，都代表着寒冬中不屈的生灵和稀有的生机。这会使我们联想到天山的雪莲、顶冰花，可以冒着雪生长，顶着冰开花。

与"冬"字有关的几种草木

冬瓜

唐代《证类本草》云："白冬瓜，一二斗许大，冬月收为果，又蜜饯代果，可以御冬，故曰冬瓜。今皆误书曰东，盖因西瓜之对也。"

忍冬

《辞源》云："忍冬，药草名。藤生，凌冬不凋，故名忍冬。三四月开花，气甚芬芳。初开蕊瓣俱色白，经二三日变黄，新旧相参，黄白相映，故又名金银花。"

冬青

明代《本草纲目》云："冬月青翠，故名冬青，江东人呼为冻青。"

大雪节气神

民间绘制的小雪节气神通常是一个手持长矛的传令兵，长矛上挂着一面招雪旗。而大雪神同样是传令兵，同样身着冬装，但长矛上没有挂着招雪旗，大雪神是手里使劲摇晃着招雪旗。

大雪神与小雪神一样，"招雪者"也有造型相似的兵卒、武将、鬼怪三

个版本。但“招雪者”的肢体语言变得更夸张，咧嘴龇牙，戟指怒目，手里摇晃的招雪旗也变得更大。急急如律令，人们希望雪能够听从这越来越急切的军令。从这个细节的差异就可以看出，在人们心中，小雪节气是开始下雪，大雪节气是频繁下雪。

不过，也有人将大雪神绘成一位须发皆白的老人，有点“独钓寒江雪”的意境。“绿水本无忧，因风皱面，青山原不老，为雪白头。”作为大雪神的皓首长者，其身形神态所体现出的禅定之力，一如青山。

冬至·迎福践长

《礼记·月令》云："仲冬之月……日短至，阴阳争，诸生荡。"
清代《九九消寒图》题词曰："亭前垂柳珍重待春风。"

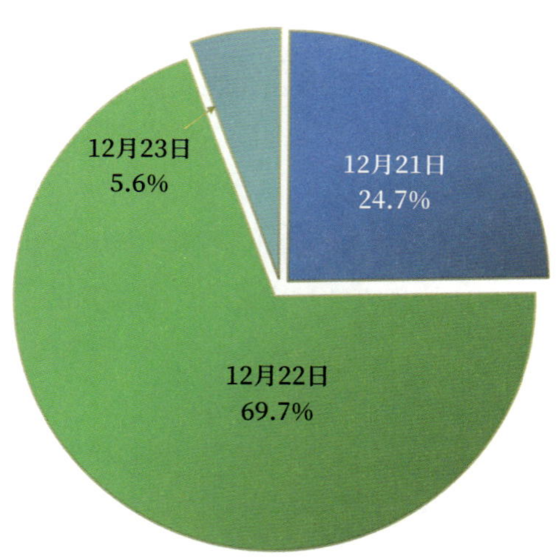

冬至节气日在哪一天？
（1701—2700年序列）

冬至节气，通常是在 12 月 22 日前后。

冬至节气日，不仅夏已被“清零”，硕果仅存的秋之疆域也只有约 65 万平方千米，并且在冬至结束时还有可能继续减少约 10 万平方千米，包括广西北部、广东北部和福建中部。冬至时节，冬的地盘逐渐步入 900 万平方千米左右的鼎盛期。

二十四节气中，先有冬至、夏至，再有春分、秋分，然后是立春、立夏、立秋、立冬，它们合称“四时八节”。其中最早的四个节气：冬至、夏至、春分、秋分，具有清晰的天文标识，各国文化中都有对应的称谓，例如英语中的“solstice”为“至”，“equinox”为“分”。至今，欧美国家还以“分”和“至”作为划分四季的通用方式。

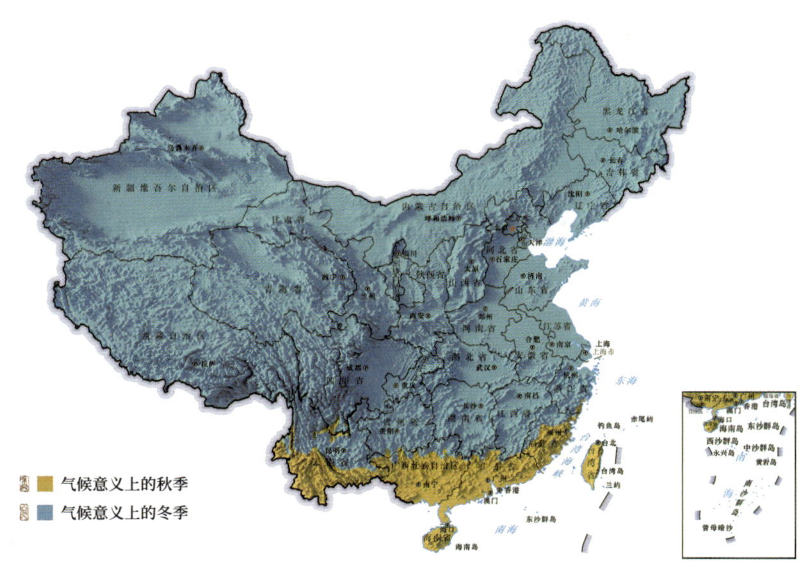

冬至节气日季节分布图
（1991—2020年）

冬至节气日季节分布及变化　单位：万平方千米					
夏季		秋季		冬季	
面积	变量	面积	变量	面积	变量
0	–0.5	约 65	–24.5	约 895	25

因此，冬至、夏至、春分、秋分是各国文化中所共有的时间节点，而从立春、立夏、立秋、立冬（特别是气候八风对应天文八节）开始，我国便逐渐推演出有别于其他文明古国的节气体系独有内涵。

在易卦体系中，复卦始有一阳爻，临卦有两阳爻，故有“一阳来复，二阳来临”之说。在古人看来，隆冬时节，阳气已悄然萌生。从阳光直射点来看，冬至是太阳“转身”的时候，白昼自此增长，阳气自此生发，这便是天文视角下的“一阳来复”。

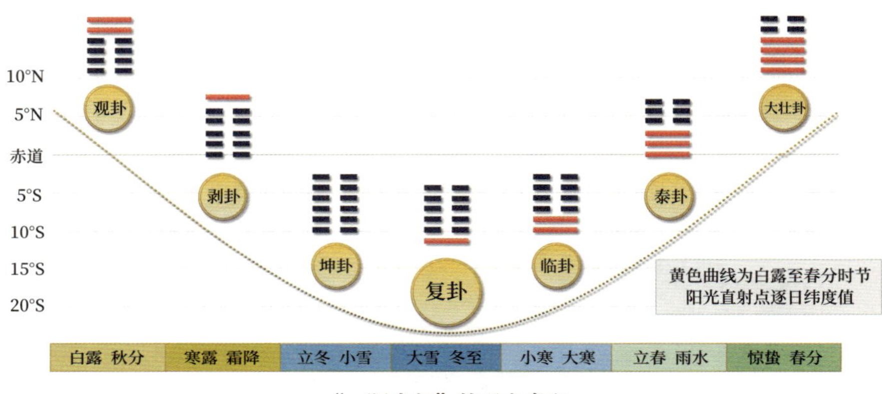

“一阳来复”的天文意义

冬至标志着隆冬的开始。正如武则天诗云：“葭律肇启隆冬。”

虽然冬至开始进入最寒冷的隆冬，古人却在冬至节气相互道贺。《汉书》记载：“冬至阳气起，君道长，故贺。”《后汉书》记载：“夫冬至之节，阳气始萌。”

清代《钦定书经图说》之冬日隩居图，光绪三十一年（1905 年）内府刊本，德国柏林国立图书馆藏

冬至一阳生，即冬至时节，阳气开始萌生。漫漫冬日，人们因为阴阳流转看到了一个拐点，有了一份向往和寄托。

但冬至时阳气之萌并不像草木之萌那样直观，更像是一个概念，所以被描述为“潜萌”，是悄然萌动，默默地为万物复苏做着铺垫。

三国时期曹植《冬至献袜履颂》云："伏见旧仪，国家冬至，献履贡袜，所以迎福践长。"

古代有冬至敬献鞋袜的礼俗，表示履祥纳福。所以冬至节气的一句吉祥话，便是"迎福践长"。

人们认为一年里有多个"春天"，包括气候之春、物候之春、天文之春。而其中的第一个春天便是冬至，这是阳气意义上的春天，阳气始萌，阴阳流转的拐点。民谚云："夏尽秋分日，春生冬至时。"

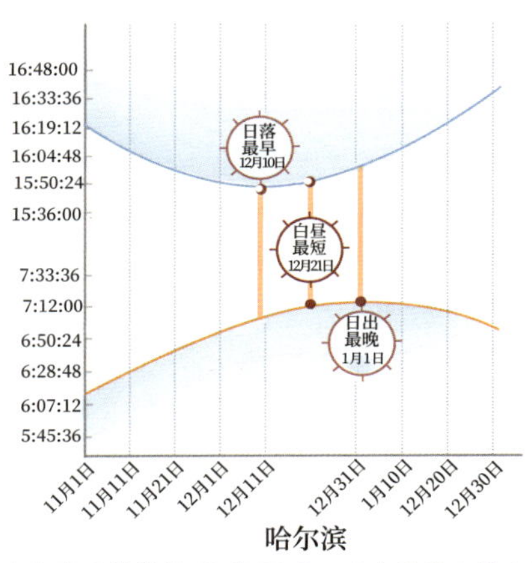

哈尔滨

哈尔滨日落最早 12 月 10 日，日出最晚 1 月 1 日。

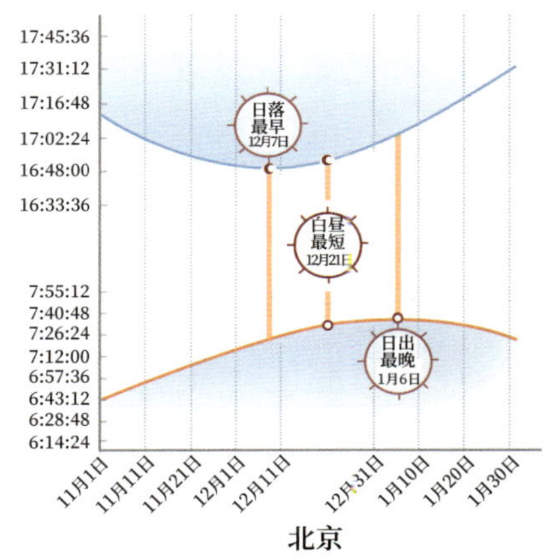

北京

北京日落最早 12 月 7 日，日出最晚 1 月 6 日。

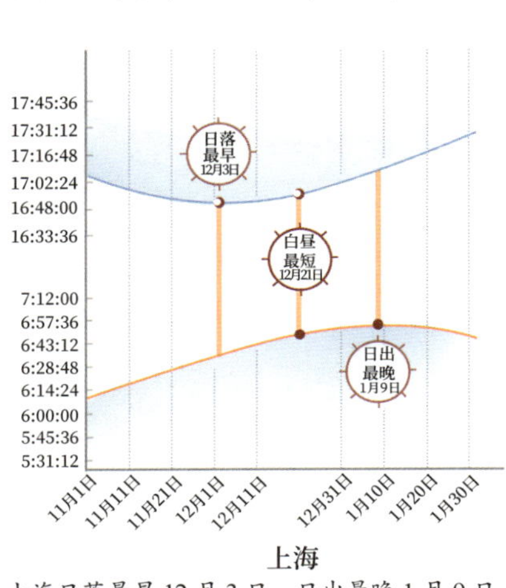

上海

上海日落最早 12 月 3 日，日出最晚 1 月 9 日。

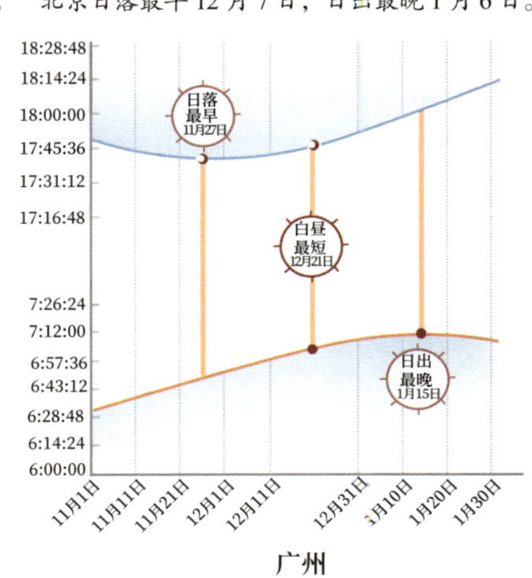

广州

广州日落最早 11 月 27 日，日出最晚 1 月 15 日。

从日落最早到日出最晚，哈尔滨是 22 天，北京是 31 天，上海是 38 天，广州是 50 天，纬度越低，"过渡期"越长。

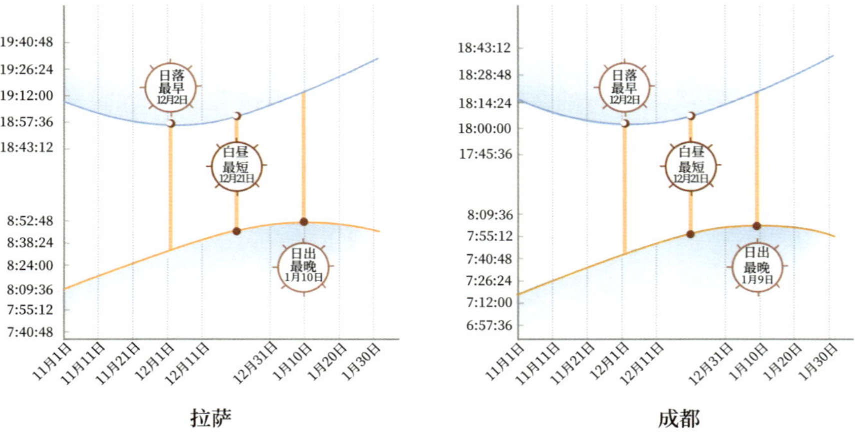

拉萨

拉萨日落最早 12 月 2 日，日出最晚 1 月 10 日。

成都

成都日落最早 12 月 2 日，日出最晚 1 月 9 日。

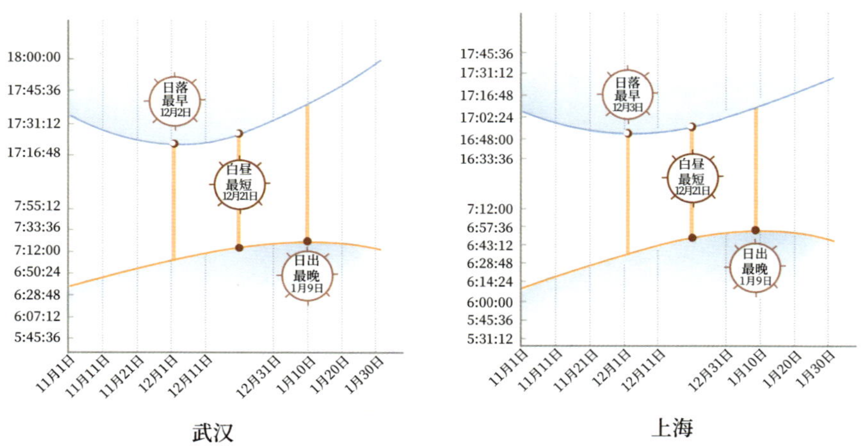

武汉

武汉日落最早 12 月 2 日，日出最晚 1 月 9 日。

上海

上海日落最早 12 月 3 日，日出最晚 1 月 9 日。

冬至前后 30° N 附近城市的日出、日落时间

在这天地俱寒、衾枕皆冷的冬至时节，人们以阳气始萌进行自我提振。

农历月份有很多的别称，农历十一月除了被称为冬月，也被称为辜月，即吐故纳新之月。虽然这时候开始进入隆冬，但冬至阳生，是阴阳流转的拐点。

在以阴气和阳气衡量气候的古代，冬至被视为“阴极之至”，所以到了冬至，人们便生活在万千禁忌之中。一个总的原则，是“不可动泄”。人们应“闭关”安身静体，“以养微阳”，呵护微弱的阳气。

“冬至前后……百官绝事，不听政，择吉辰而后省事”，似乎除了时光，一切都封冻了。

冬至是阴气至盛、阳气始生的日子。人与自然同禀一气，一阳复始之时，人需要与这个气候节点同步呼应，人体是小天地，需要顺应大天地之阴阳流转，不要耗损，而要充注生命的能量。

冬至，是北半球一年中白昼最短、黑夜最长的一天，这是所有地方的共性。所以冬至时有一句情话：想你的时间最短，梦你的时间最长。

在北半球的不同纬度，日出最晚的那一天、日落最早的那一天，各地是各不相同的，确切的白昼时长也不同。古人智慧地捕捉到共性所在。

我家宋牧云同学6岁时曾这样归纳夏至和冬至的特点：“夏至的时候，一天三顿饭都是天亮的时候吃的。冬至的时候，一天三顿饭至少有两顿是天黑的时候吃的。”这种归纳方式，我还真没想过。

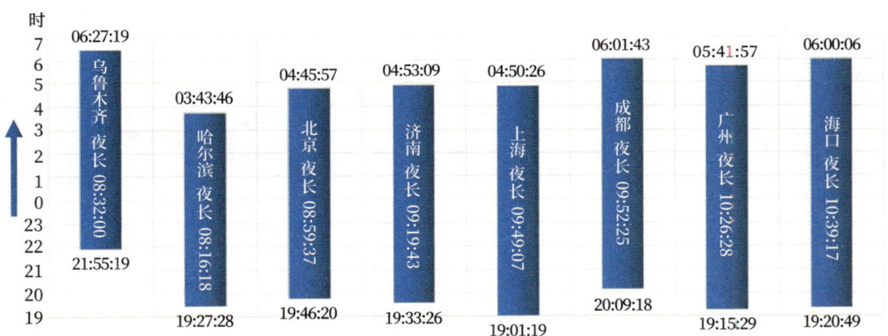

八个代表性城市夏至日的夜长及起止时间

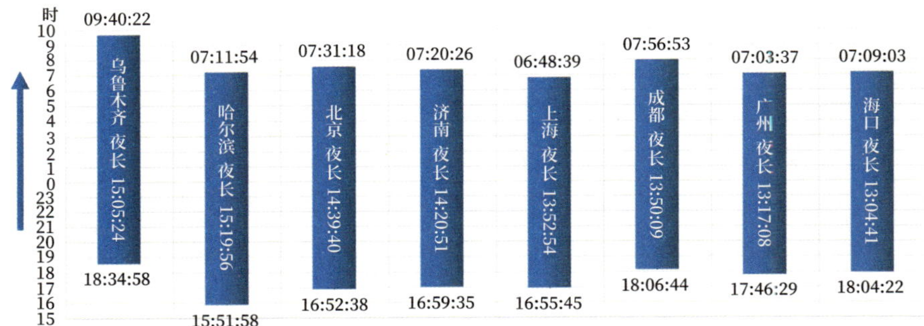

八个代表性城市冬至日的夜长及起止时间

对北京而言，夏至时太阳是 15 小时工作制，冬至时是 9 小时工作制。

冬至时，太阳不仅工作工作时间短，而且工作效率低。冬至时，阳光直射南回归线。对北半球而言，太阳高度角最低。

冬至日，阳光直射南回归线，北半球太阳高度角最低。冬至前后的下午 4 点左右，阳光恰好照射在十七孔桥所有桥洞的侧壁上，呈现“金光穿洞”的奇观。

北京颐和园十七孔桥的网红景观——金光穿洞

太阳高度角最低，单位时间单位面积内接收到的来自太阳的热量最少。白昼时间最短，太阳允许我们接收热量的时间最短，而夜晚散失热量的时间又最长。收支相抵，亏损最严重。

大白天，太阳既不出工（时间最短）也不出力（效率最低），我们的热量亏损也就最严重。正如明代《性理大全》云：“冬至一阳生，却须陡寒，正如欲晓而反暗也。”

虽然热量亏损最严重，但冬至节气还不是一年之中最寒冷的时节。因为尽管冬至之后日照开始增加，但吸收的热量却依然小于散失的热量，气温会继续降低。直到小寒或大寒时节，当收支相抵达到平衡，气温才会降到最低谷。热量“扭亏为盈”时，天气才会开始回暖。

这与一天之中的冷暖变化是一样的道理。一天什么时候最冷呢？并不是子夜时分，而是黎明时分，也就是南唐后主李煜所说的“罗衾不耐五更寒”。五更天，即凌晨3点至5点。不是真正的失眠者，不会如此细腻地感到从三更到五更的寒冷差异。

一年之中的冬至，就相当于一天之中的子夜三更。

我认为，冬至阳生与贺冬至是中国古人一种非常伟大的自然观，其内涵在于：在最黑暗的时候，你看到的是什么？

冬至时节，第一个变量是天气越来越冷，第二个变量是白昼越来越长，好像是有点“人格分裂”的时令。而中国古人淡然于温度之抑的第一个变量，陶然于昼长之扬的第二个变量。人们以阴阳理念，说“冬至一阳生”，以昼长视角，说“吃了冬至饭，一天长一线”。虽然“岁将暮兮欢不再，时已晚兮忧来多”，但人们在阴极之至的“至暗时刻”以“贺冬至”的方式提振自我，憧憬未来，这是中国古人在最缺少阳光的时令，所呈现的最阳光的

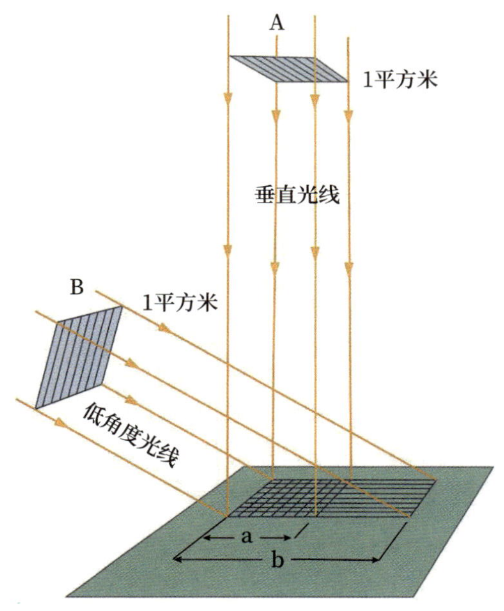

阳光的直射与斜射

心态。

我们在建筑设计中，也可以看出人们在不同时令对阳光的态度。人们希望天文秋季（秋分至冬至）和天文冬季（冬至至春分）阳光可以尽可能地通过窗户触达室内，而又希望天文春季和夏季（春分至秋分）之间的炽烈阳光可以尽可能地不进入室内。

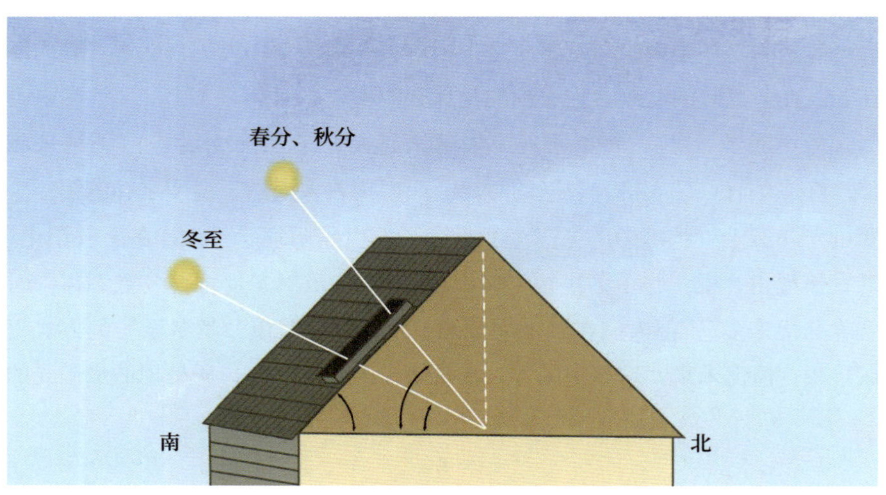

《左传》有以“冬日之日”和“夏日之日”比喻人之性情的对话，人们有着“冬日可爱，夏日可畏”的深刻领悟。

冬至时节阳气增长，但气温下降。从阳气增长的角度，人们贺冬；从气温下降的角度，人们数九消寒。

尽管小寒和大寒是一年中最冷的节气，但在全国众多地区，特别是南方，极端最低气温的纪录诞生于冬至时节。白昼最短的冬至，也是北方地区有效日照时数最少的时节。在一些地区，天气之最或首次，往往与冬至相关。全国平均而言，冬至是全年降水最少的时节。

冬至是“资历”最老的节气之一，而且传统的历法推步由冬至起始，所以冬至曾被视为节气之首。

气，是二十四节气的核心概念。《史记·律书》云：“气始于冬至，周而复生。”二十四节气，便是气的循环。而节，就是为周流天地之间的气确立刻度。

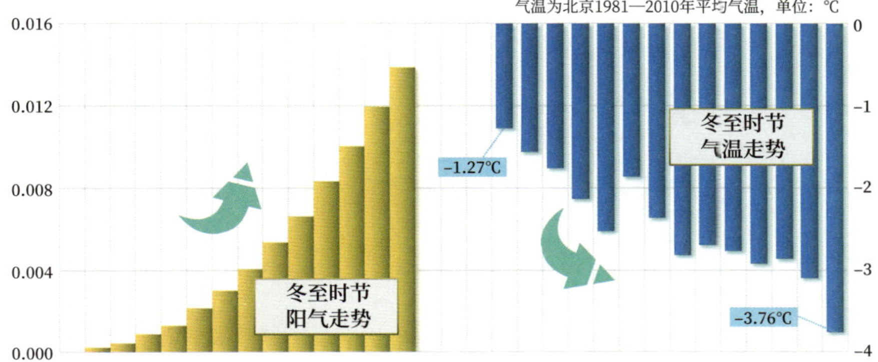

《诗经》有云：“既景乃冈，相其阴阳。”按照朱熹的说法：“景，考日景以正四方也。冈，登高以望也。”也就是说，古人通过登高以测日影，定方位。在日影最长的这一天登高，这一天最容易测定和校正，所以冬至是历法推步的起点，也是最早被测定的节气之一。古人所说的“书云物”，通常特指冬至日通过观测云气的颜色作为优先级预兆，对来年农事进行占卜，这是祈求风调雨顺的信仰习俗。

冬至，不仅是最早被确立的节气，也曾经是最隆重的节日。对冬至节的

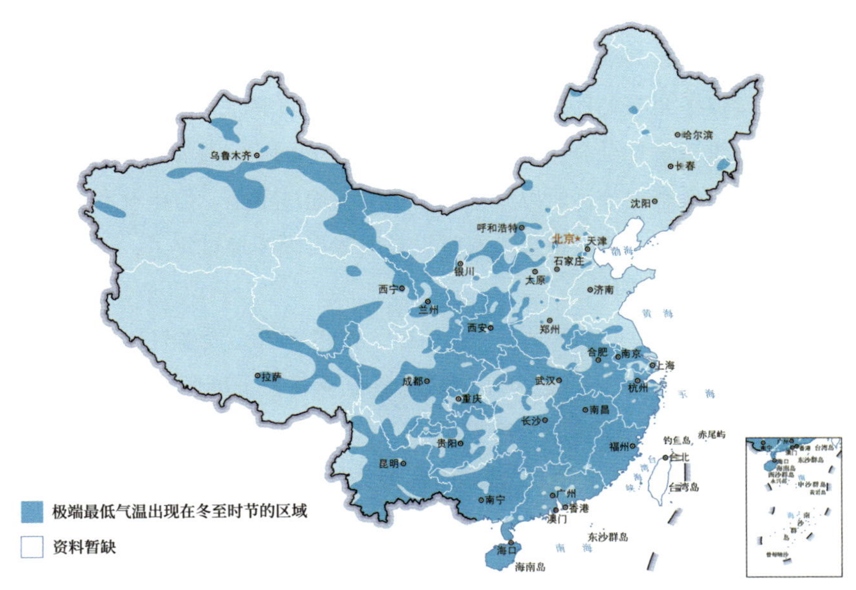

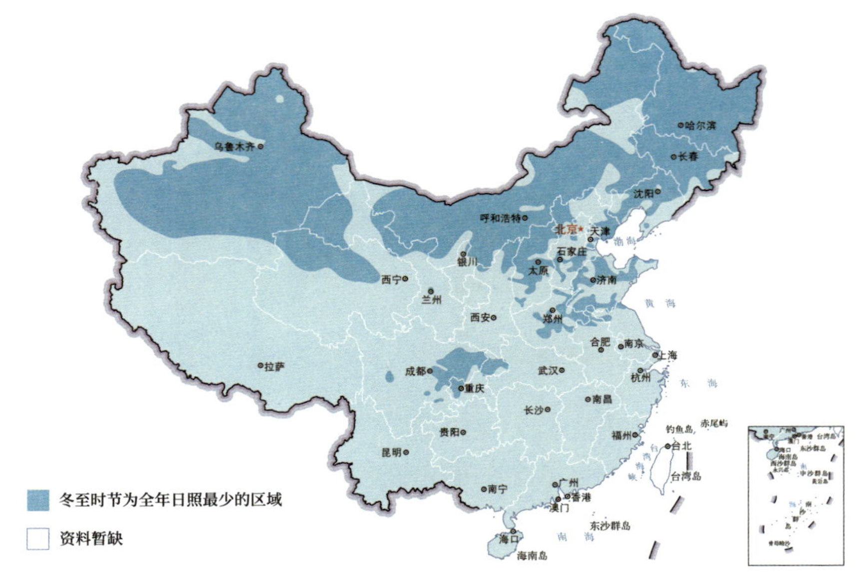

规格，各个朝代、各个地区，说法各有不同。

第一种说法是冬至节比过年稍差一点，被称为“亚岁”，仅次于过年，但高过其他的节日。南北朝时期《宋书》记载：“魏晋冬至日，受万国及百僚称贺，因小会，其仪亚于岁朝也。”宋代《岁时杂记》中说：“冬至既号亚岁，俗人遂以冬至前之夜为冬除，大率多仿岁除故事而差略焉。”

第二种说法是冬至节比过年还热闹，“肥冬瘦年”。因为从寒食到冬至之间的 8 个多月没有大节，所以大家会热热闹闹地过冬至。但冬至和过年之间的时间间隔又很短，所以很多人家就没有闲钱再阔绰地过年了，于是冬至往往被过成最奢华的节日。

宋代《梦粱录》记载：“十一月仲冬，正当小雪、大雪气候，大抵杭都风俗，举行典礼，四方则之为师，最是冬至岁节，士庶所重。如馈送节仪，及举杯相庆，祭享宗禋，加于常节。”

宋代《岁时广记》中说：“都城以寒食、冬、正为三大节。自寒食至冬至，中无节序，故人间多相问遗。至献节，或财力不济，故谚云：‘肥冬瘦年。’”

第三种说法是冬至节与过年相仿，“冬至大如年”。汉代《四民月令》记

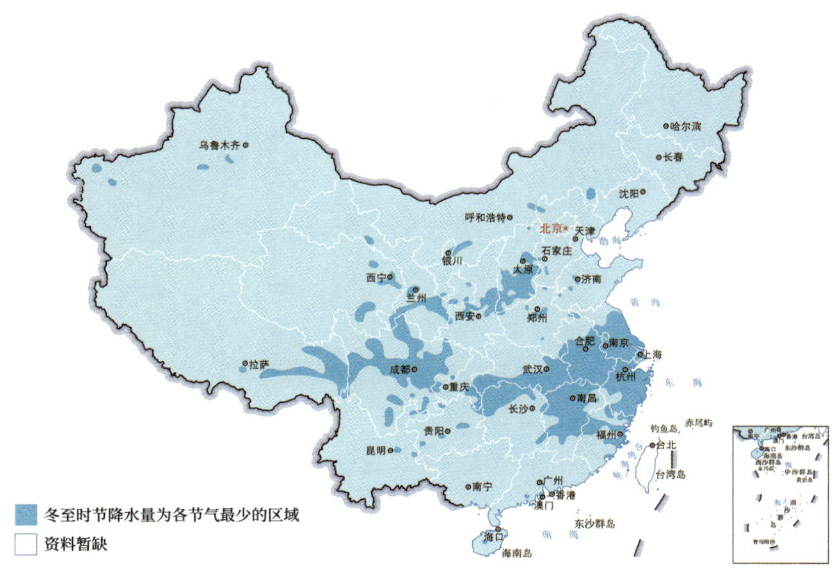
乌鲁木齐
哈尔滨
长春
沈阳
呼和浩特
北京
天津
石家庄
银川
太原
西宁
济南
兰州
西安
郑州
合肥
南京
上海
拉萨
成都
武汉
杭州
重庆
长沙
南昌
钓鱼岛
赤尾屿
福州
贵阳
台北
昆明
台湾岛
南宁
广州
香港
澳门
东沙群岛
海口
海南岛
渤海
黄海
东海
南海
冬至时节降水量为各节气最少的区域
资料暂缺

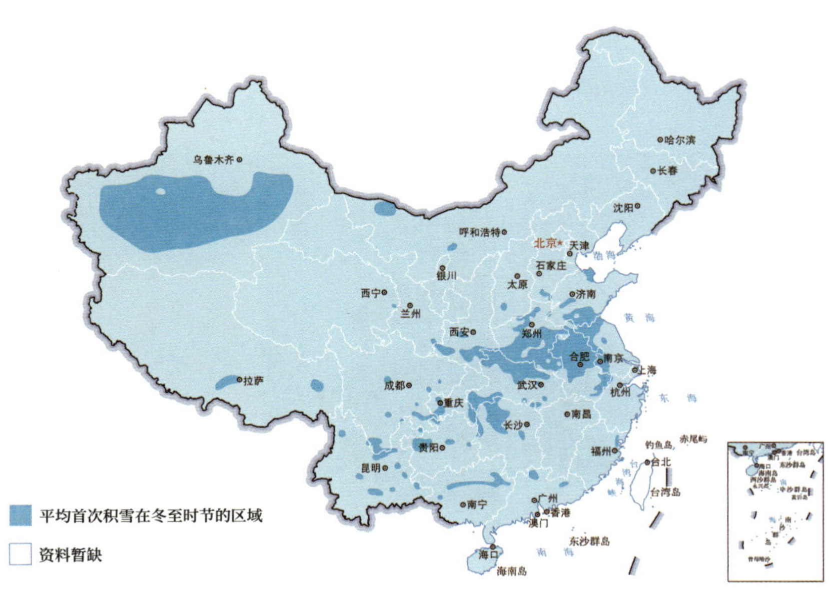
乌鲁木齐
哈尔滨
长春
沈阳
呼和浩特
北京
天津
石家庄
银川
太原
西宁
济南
兰州
西安
郑州
合肥
南京
上海
拉萨
成都
武汉
杭州
重庆
长沙
南昌
钓鱼岛
赤尾屿
福州
贵阳
台北
昆明
台湾岛
南宁
广州
香港
澳门
东沙群岛
海口
海南岛
渤海
黄海
东海
南海
平均首次积雪在冬至时节的区域
资料暂缺

载："冬至之日，荐黍羔。先荐玄冥，以及祖祢。其进酒肴，及谒贺君师耆老，如正旦。"南北朝时期《宋书》记载："冬至朝贺享祀，皆如元日之仪。"宋代《东京梦华录》云："十一月冬至。京师最重此节，虽至贫者，一年之间，积累假借，至此日更易新衣，备办饮食，享祀先祖。官放关扑，庆祝往来，一如年节。"

在古代中国的所有节日中，官方冬至的祭祀仪式规格最高。冬至要祭天，祈求风调雨顺、国泰民安。

唐宋时期，一些公共假期多与节气相关，立春、立夏、立秋、立冬各放假一天，夏至放假三天。冬至的节日氛围最浓厚，冬至节放假七天（过年也是七天），也算是一个"黄金周"了。

所以兼顾各朝仪仗、各方习俗，冬至节的规格与过年基本相仿，"冬至大如年"可以基本概括古人对冬至节的重视程度。而且，"冬至大如年"既是官俗，也是民俗，既有官方礼俗，也有民间风俗。在讲究阴阳的古代中国，冬至的至阴，意味着阳气始生，是一件喜事，也是气运之拐点。

官方的冬至礼俗更为隆重。春分祭日，秋分祭月；夏至祭地，冬至祭天。其中最重要的，是祭天，向上苍祈求风调雨顺，国泰民安。

冬至祭天，这是众多朝代最重要的与节气相关的"官俗"。明清时期"国家级"祈年活动通常在天坛举办。其中，一年一度最盛大的祭天盛典便

现在《天气预报》节目中的北京画面，也多以天坛为背景。

是在冬至日。

天坛祈年殿，始建于明代永乐十八年（1420年），原名大祈殿，之所以被称为“大祈”，是因为当时是天地合祀。清乾隆十六年（1751年）修缮后，易名为祈年殿，为皇家孟春时节祈年大典之专用。

祈年殿内围的四根“龙井柱”象征一年四季春、夏、秋、冬；中围的十二根“金柱”象征一年十二个月；外围的十二根“檐柱”象征一天十二个时辰。中围“金柱”和外围“檐柱”相加，共二十四根，象征二十四个节气。三围之柱共二十八根，象征二十八星宿。祈年殿之结构、细节都体现了细腻的设计思维，可谓天文、气象与时序之集成。

天坛还设有祈年门、斋宫、斋院、神库、神厨、宰牲亭、走牲路和长廊等附属建筑。祭天祈谷仪式需要大量供品，需要在此集中处置。因为祭天祈谷关乎社稷，为了赢得上苍垂怜，皇帝需要提前入住于此，专心斋戒，至少要“至斋三日”，戒荤、戒色、戒烟、戒酒，禁止一切娱乐活动，洁身自处，所以除了沐浴不能戒，其他都要戒。

为了让大典具有神圣的仪式感，人们还成立了神乐署、牺牲所等部门并配专职人员。

按照规制，祭天仪式，基本上是“摸黑”举办的。“日出前七刻”开始，天亮之际结束，大约历时1小时45分钟。北京冬至日的日出时间一般是7点33分，所以冬至祭天仪式最迟也要在5点45分开始。皇帝起床后还要沐浴更衣，都很耗时。大臣们更是要先于皇帝收拾停当，所以冬至祭天，很多人都几乎整夜无眠。

当然，除了天坛，我国各地的坛庙建筑，也都是农耕社会人们礼天敬地的文化习俗的实物证据。

明代《帝京景物略》记载：“十一月冬至日，百官贺冬毕，吉服三日，具红笺互拜，朱衣交于衢，一如元旦。民间不尔。惟妇制履舄，上至舅姑。”清代《燕京岁时记》云：“（冬至）民间不为节，惟食馄饨而已。”到了明清时期，官方的节俗与民间出现分化，冬至是朝廷的节日，却是乡野的常日。

在北方，冬至贺冬的习俗在官宦人家也逐渐衰落，冬至在唐宋时期是重大节日，在明清时期已沦为普通节日。北方民间甚至已经不再把冬至当作节日，冬至的时候吃碗馄饨，已经是冬至习俗唯一的存在感了。但在南方，人们还几乎像欢度除夕一样欢度冬至夜，依然保持着“冬至大如年”的规格。比如清代的苏州，人们依然保持着祭祖和“拜冬”的习俗，相互馈赠“冬至盘”，畅饮冬至节的“节酒”，品尝糯米粉做成的、包裹着或糖或肉或菜或果的“冬至团”，所谓“冬节团子年节糕”。

官人和文人特别在意这个节气，但为什么到了民间，尤其是北方的民间，人们反而不买账呢？士大夫认为冬至是阴阳流转的“拐点”，吃了冬至饭，一天长一线。“冬至一阳生”，所以到了冬至要相互道贺。但老百姓觉得，冬至是隆冬季节的开始，天儿还越来越冷，数九还数不过来了，哪有心思道贺呀，过冬至煮碗馄饨、包顿饺子意思意思得了。什么阳气将萌、阴气始衰？太抽象，在生活中看不见、摸不着，远远没有消寒实在。

对百姓而言，冬至是阴阳流转的“概念股”，并不是天气回暖的“蓝筹股”。人们更在意的是立春，而不是冬至。

从近400年方志记载的各地冬至食俗来看，北方以饺子、馄饨为主，南方有以汤圆为主的区域，有以糍食为主的区域。以粥食为主的区域并不大，而以肉食为主的区域却并不小。

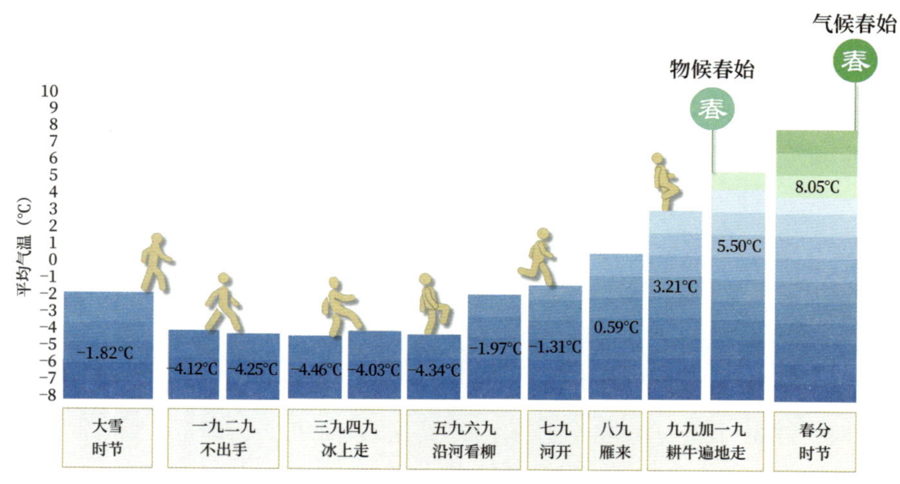

北京数九的气温走势

（1961—1990年气候期，数值为时段平均气温）

在民间，冬至节气一直延续着独特的饮食习俗，有赤豆粥，有冬至团。总体而言，是北方吃馄饨或者饺子，南方吃汤圆。

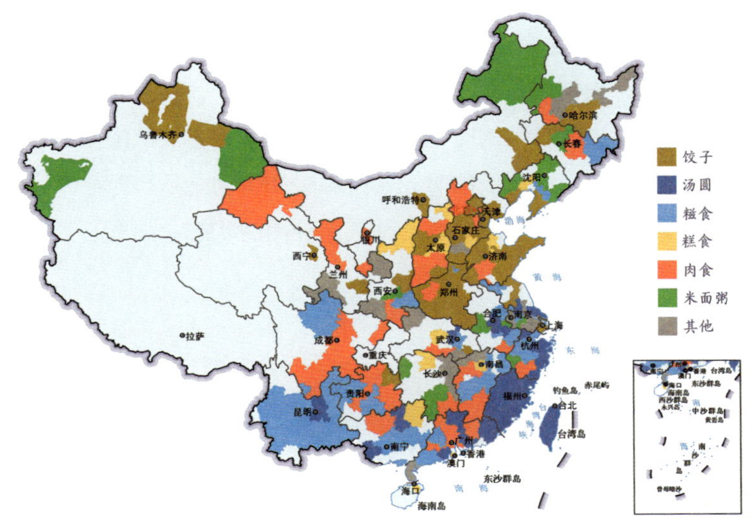

基于清代以来方志资料的冬至食俗地图

资料来源：清代、民国时期资料取自《中国地方志民俗资料汇编》，新中国时期资料取自万方新方志数据库。

南北朝时期《荆楚岁时记》载：“冬至日，量日影，作赤豆粥以禳疫。”现在的所谓养生，是趋利，而古代的很多饮食习俗首先是为了避祸。现在江南地区的冬至团子，是包裹着赤豆馅儿的糯米团子。冬至吃的赤豆糯米饭，也有驱疫避邪之古意。当然，赤豆和糯米本身都是御寒滋补之佳品。

宋代《岁时广记》云：“京师人家冬至多食馄饨，故有冬馄饨、年餢饦之说。”《岁时广记》还收录了一则民间歌谣：“新节已故，皮鞋底破，大捏馄饨，一口一个。”

在南方，人们是“家各磨米为丸”，有“冬至夜搓糯米丸”的习俗，家家户户吃汤圆，又称“冬至圆”。冬至圆分红白两种，“巧将糯米为龙凤”，分别代表金、银，所以有“吃了金银丸，又长了一岁”的说法。同样是吃汤圆，有人把元宵丸称为“头丸”，冬至丸称为“尾丸”，有头有尾。吃了冬至汤圆，一年便圆满了，“冬至如年，糯米做圆”。

从唐宋时期开始，进入冬至，人们开始数九。夏天数伏只数 30 天或 40 天，冬天数九却要数上九九八十一天。一天天数着日子，可见这是最难熬的日子。

从前，冬天可能是最能打磨人们心性的季节。农耕社会，春播、夏管、秋收，繁忙劳碌，人们往往无暇品味时光，只有冬季，是一段长而闲的时光，一段看似最清闲但也最难熬的时光。于是人们把各种喜庆、喧闹的节日都集中在冬季，使这段寒冷而萧条的时光变得温暖和生动。

在寂寞的自处中，人们才会有一种气定神闲的状态。画九、数九，都是冬日里情趣盎然的休闲生活。

冬至三候

古人梳理的冬至节气物候是：一候蚯蚓结，二候麋角解，三候水泉动。

什么是“蚯蚓结”？所谓“结”，是指弯曲。

汉代蔡邕《月令章句》曰：“结，犹屈也。蚯蚓在穴，屈首下向，阳气动，则宛而上首，故其身结而屈也。”明代顾起元《说略》：“六阴寒极之时，蚯蚓交相结而如绳也。”

古人认为，蚯蚓是阴曲阳伸的生物。地气趋于寒冷之时，蚯蚓的身体是向下的。进入冬至时节，阳气微生，蚯蚓的头开始转而向上，所以这个时候，蚯蚓身体的形状像是打了结的绳子。

这段描述虽然很有趣，但在天寒地冻的冬至时节，要观测到藏身地下的蚯蚓，其身体形态在一个确切的时间节点发生这么微妙的变化，而且还要在相当数量的观测样本中提炼共性，这多么玄妙啊！

农历十一月也被称为畅月。关于畅月之畅，有两种说法。一种说法是畅代表充实，按照元代陈澔《礼记集说》中的说法：“言所以不可发泄者，以此月万物皆充实于内故也。”万物都要充实阳气而不能发泄阳气。另一种说法是阳气一直屈缩着，现在终于可以伸展了，感觉很畅快，所以叫作畅月。但无论哪种说法，说的都是阳气，在古人看来，“蚯蚓结”是阳气舒畅伸展的开始。

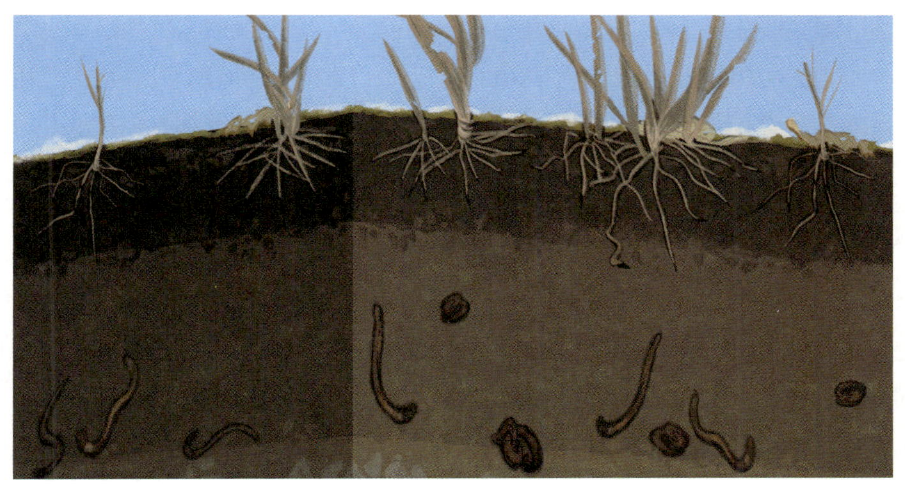

冬至一候·蚯蚓结

冬至二候·麋角解

宋代鲍元龙《天原发微》中说："麋多欲而善迷，则阴类也，故冬至感阳生而角解。"

麋，即俗称的"四不像"。《夏小正》中便已有"陨麋角"的物候记载。古人认为它为泽兽，属阴："麋为阴兽，冬至阴方退，故解角，从阴退之象。""冬至一阳生，麋感阳气故角解"，冬至一阳生之际，麋鹿感到阳气萌发，麋角脱落，此乃“阴退之象”。

但人们对冬至“麋角解”这项物候标识，历来存在争议。孔颖达在《礼记正义》中写道：“说者多家，皆无明据。”也就是说的人很多，但都没有确凿的证据。大家只是注疏，并无实测。随着麋鹿在野外逐渐绝迹，冬至“麋角解”之说实难验证。

直到清代，乾隆帝还在考证冬至是否“麋角解”的问题。

乾隆三十二年（1767 年）冬至，他重读《礼记·月令》时，疑惑于此，便特地派人到鹿场中查验。结果，被称为“麈（zhǔ）”的麋鹿，有的果真在解角，这为冬至“麋角解”找到了切实的证据。于是他命令钦天监修改《时宪历》中“鹿与麋皆解角于夏”的错误。为此，他还特地写了一篇《麋角新说》，感慨道：“天下之理不易穷，而物不易格，有如是乎？”

通过一篇基于实测的论文，我们可以看出麋角解大致是在冬至至惊蛰时节。

观测的时间地点：2008 年 12 月—2009 年 3 月，在北京麋鹿苑半散养区。

观测对象：麋鹿雄性成体 34 头，拾获鹿角 56 具（82%）。在此期间解角具有群体的普遍性。

解角期：2008 年 12 月 19 日（冬至前 2 天）—2009 年 3 月 5 日（惊蛰）。解角期持续近 80 天。总体而言，年老个体先解角，年轻个体后解角。

该项实测表明，麋角解始于冬至前后，并持续到惊蛰。雄性麋鹿通常于小满时节发情，雄性麋鹿之间以鹿角对峙或角斗。所以，麋鹿冬季解角，待初夏发情时茸角骨化，恰好可以用于实战。①

而随着实测数据积淀，我们可以进行细化分析。通过北京南海子麋鹿苑 2011—2022 年冬季麋鹿解角状况，我们可以看出麋鹿的解角集中于大雪—冬至—小寒时节（占比约 83.2%）。最早解角为 10 月 28 日，最晚解角为 2 月 8 日，跨度为 104 天。其中较重的角先脱落，较轻的角后脱落。

---

① 参见张智，李坤，张林源，等．不同年龄麋鹿角的脱落时间与形态特征比较 [J]. 四川动物，2010 (6):868-873.

麋角解

2022 年 9 月 3 日摄于江苏盐城的中华麋鹿园，这里汇集了全球约 60% 的麋鹿。中国天气·二十四节气研究院沈中摄。

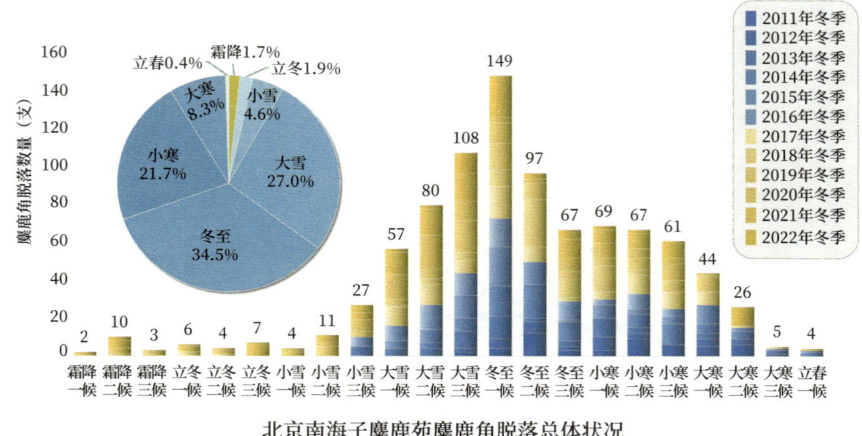

北京南海子麋鹿苑麋鹿角脱落总体状况

（2011—2022年）

以节气尺度衡量，冬至是麋鹿解角概率最高的时段；以候尺度衡量，冬至一候是麋鹿解角概率最高的时段。冬至麋角解具有物候依据，但“冬至二候麋角解”存在一定偏差。

研究表明，麋鹿解角时间与海拔、经纬度、年平均气温等因素并没有显著的相关性。那解角时间是由什么决定的呢？麋鹿种群具有随着光周期变化的角周期，换句话说，麋鹿的解角时间是由一年之中日照变化的节律所决定的，麋鹿解角于白昼最短时段，所以冬至一候麋角解更契合光周期的节律特征。①

在不同的气候期、不同的纬度带，麋鹿解角的时间可能存在一定的差异，所以《逸周书》中的冬至二候麋角解之说大体上是可信的。但 522 年北魏《正光历》中将“麋角解”定位于小寒二候，偏后整整一个节气，是否基于严谨的实测，仍存疑。

① 参见程志斌，刘定震，白加德，钟震宇，林润生，田东晓，等．麋鹿鹿角脱落、群主更替、产仔的年节律及其环境影响因子．生态学报，2020，40(18):6659-6671．程志斌，白加德，钟震宇．麋鹿鹿角生长周期及影响因子．生态学报，2016，36(1):59-68．

冬至三候·水泉动

《淮南子·天文训》云："日冬至，井水盛，盆水溢。"元代陈澔《礼记集说》曰："水者，天一之阳所生，阳生而动。言枯涸者，渐滋发也。"

冬至"水泉动"，是指因为阳气萌生，井水开始上涌，泉水开始流动。这是基于水因阳生而动的概念，未必指人们可以看到泉水涌动，或许泉水只是暗涌而已。

故宫延春阁有乾隆帝题写的匾联，上书"看花生意蕊，听雨发言泉"。夏季之美，在于倾听雨中泉水如人语喧哗般的声音。

但冬至的"水泉动"，并非"言泉"，古人意在此时的水不再沉寂，不再是"默泉"，即泉水不再是完全干涸或者冰凝的状态了。这是古人对时令的感知，可谓见微知著。

冬至"水泉动"，或许是提醒人们，天寒地冻之时，不要忽略阳气的萌生。

冬至节气神

古时候，冬至是祈福时间。冬至祭天乃国之大典，祈求天神护佑苍生。

而冬至之后，官员们会整理一年的政绩向朝廷汇报，是“述职”时间。

《周礼·春官》记载：“以冬日至，致天神人鬼；以夏日至，致地祇，物魅。”冬至时，人们敬天祭祖，酬谢天神和先祖的赐予和护佑。或许，冬至神就身处这样的情境之中。

民间绘制的冬至神，身着朝服，仪容庄重。其和蔼的面容，使人在寒冷的冬季心生暖意。有的冬至神双手执笏，行祭天之礼。有的冬至神手捧竹简（或卷轴），站在朝堂之上，准备奏陈。

当然，也有人将冬至神绘为灯下读书的小小少年。或许，这样的形象，也十分契合“冬至阳生”的时令特征。

小寒·微阳潜萌

《荀子》曰："天不为人之恶寒也，辍冬。"

晋代陶渊明诗云："凄凄岁暮风，翳翳经日雪。"

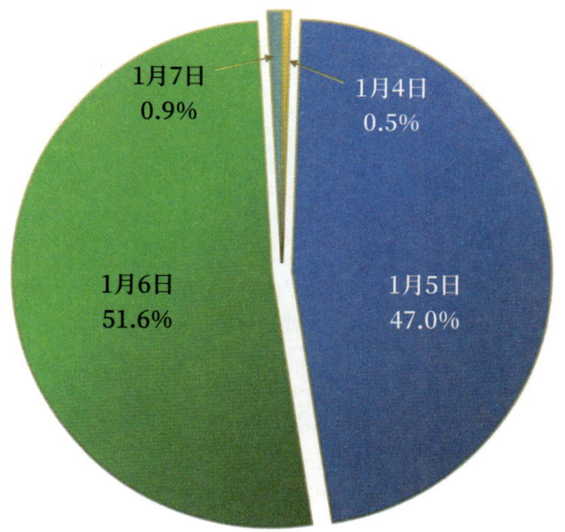

小寒节气日在哪一天？

（1701—2700年序列）

小寒节气，通常是在 1 月 5 日前后。

小寒节气日，冬已再无剩勇，其疆域达到极致。秋终于顽强地固守住约55万平方千米的“大本营”，但云南、广西的部分地区在小寒时节迎来气温由降到升的拐点，于是秋的地盘发生内变，“易帜”为春的领地。

凉为冷之始，寒为冷之极。在古代，寒冷几乎是人们的终极恐惧。“寒”这个字所描绘的情景便是一间屋子里，一个人弓着身子躺在柴草之上，门口的水已经冻成了冰。

而关于衣着，一个夸张的说法是“夏则编草为裳，冬则披发自覆”，即夏天人们穿着用草编织成的衣服，冬天则是用长长的头发盖住自己的身体。古时人们御寒能力差，古人最怕的是“冬日烈烈，飘风发发”，尤其是雪后

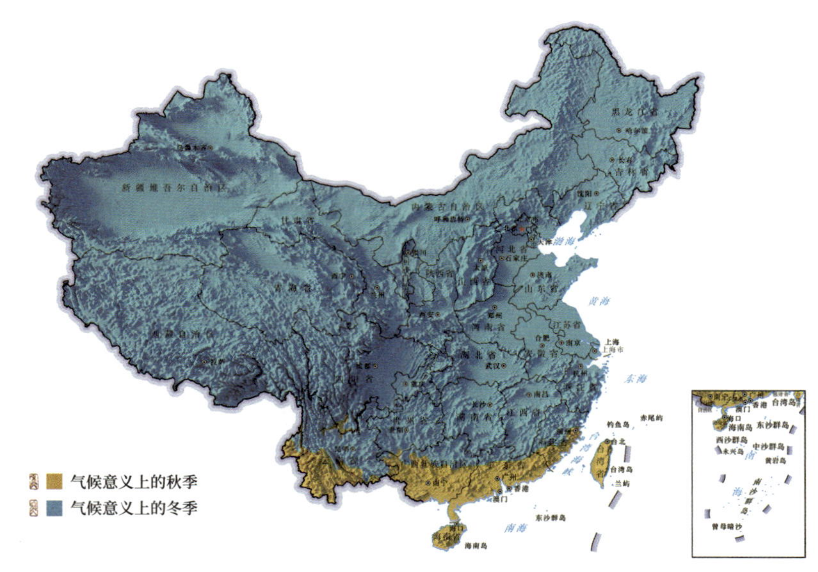

小寒节气日季节分布图
（1991—2020年）

小寒节气日季节分布及变化　单位：万平方千米			
秋季		冬季	
面积	变量	面积	变量
约55	-10	约905	10

的寒风。有句西藏民谣让人特别有感触："盼夏天，像等孩子回家；过冬天，像等官司结案。"

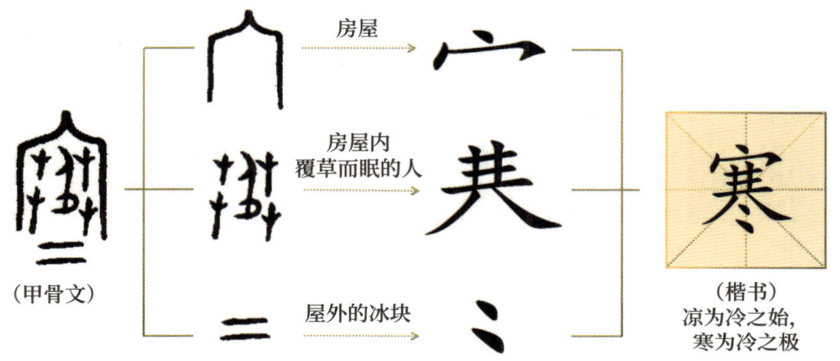

深秋之时，陶渊明还陶醉于"采菊东篱下，悠然见南山"的田园生活，当时他并没有想到接下来的时令。到了小寒时节，他终于感慨道："凄凄岁暮风，翳翳（yì，晦暗）经日雪。"

风雪交加，在小寒时节几乎是一种常态。即使大白天，也是天色晦暗。"荆扉昼常闭"，人们只能整天躲藏在屋子里；"邈与世相绝"，人们完全"闭关"，与世隔绝。所以诗意的田园生活也是有时令前提的，在气流抬升凝结的迎风坡，隆冬时节的田园不复清雅，只有凄寒。

隆冬时节的意象，往往是寒云朔风，正所谓"寒云暧（ài，日光昏暗）落景，朔风凄暮节"。

节气歌谣唱道："小寒近腊月，大寒整一年。"小寒、大寒，已值年关。

谚语说"年关难过"，不只是因为钱财方面的"债"，或许还包括了疾患方面的"债"。笔者曾经听医生说，"年关"正是"收人"的时候，也就是死亡率最高的时候。而从大数据来看，大体上对应农历腊月年关的公历 1 月（小寒、大寒），死亡率达到峰值。

通过对全国省会级城市 2011—2020 年流感样病例数的统计，北方冬至和小寒、南方小寒和冬至分列前两位。其中北京、上海均为小寒最多，广州为"龙舟水"盛期的芒种最多。"冷气积久而寒"，小寒、大寒是一年之中最

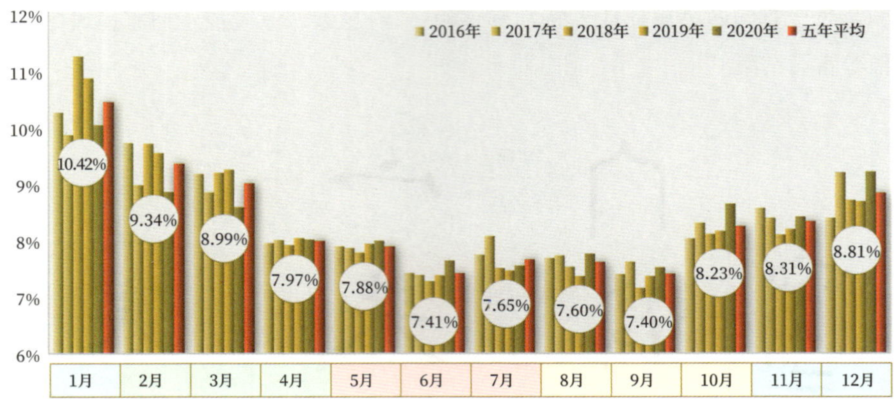

死亡人数的各月占比

（标注的数字为五年均值）

数据来源：中国疾控中心2016—2020年《中国死因监测数据集》中的合计数据。

寒冷的时节，这毫无争议。而且小寒和大寒节气相比，哪个更冷？顾名思义，应是大寒更冷，对此古人似乎也早有定论。

元代《月令七十二候集解》："小寒，十二月节。月初寒尚小，故云。月半则大矣。"古人已经用名字为它们分出了大小，大寒最冷，小寒次之。谚语却表达了人们的生活体验："小寒胜大寒，常见不稀罕。"人们感觉小寒经常比大寒更冷。

就气温而言，小寒和大寒谁更冷呢？

我们先看它们的一贯表现。

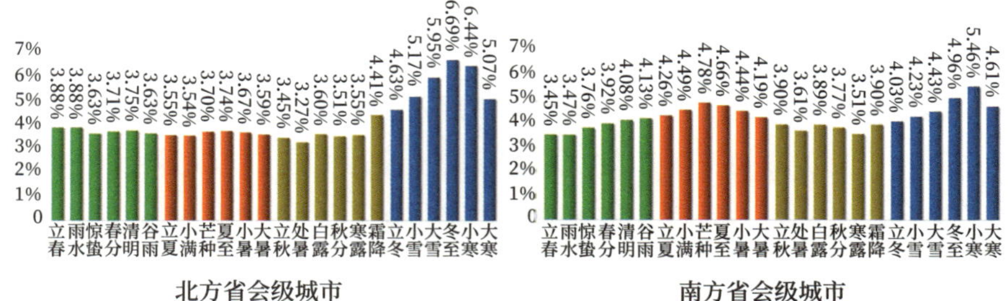

流感样病例的节气时段占比

（2011—2020年）

小寒和大寒时段的平均气温，无论哪个气候期，都是小寒更低。

1951—2020 年间，小寒时节的平均气温较大寒时节低 0.59℃，而小暑与大暑之间的气温差距只有 0.13℃。所以，按照一贯表现，小寒之寒更胜一筹。

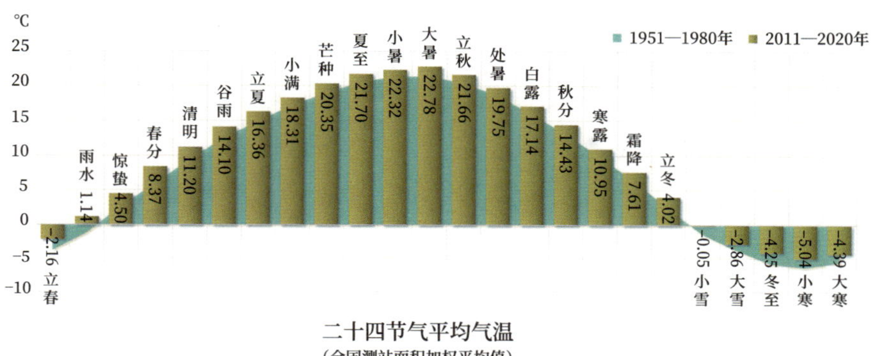

二十四节气平均气温
（全国测站面积加权平均值）

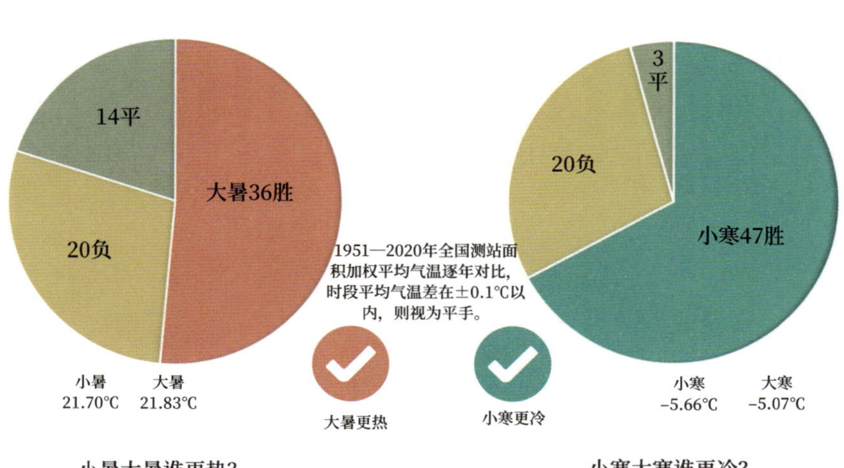

小暑大暑谁更热?

小寒大寒谁更冷?

我们再看小寒大寒之间的逐年对比。

70 年的对比，小寒的“战绩”是 47 胜 3 平 20 负，胜率“碾轧”大寒。因此，就全国平均而言，小寒最冷，大寒次之。如果说小暑和大暑比，大暑是险胜；小寒和大寒比，小寒是完胜。

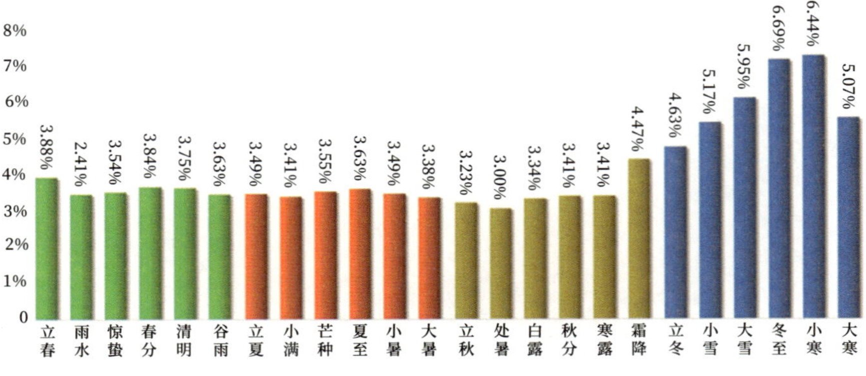

北京

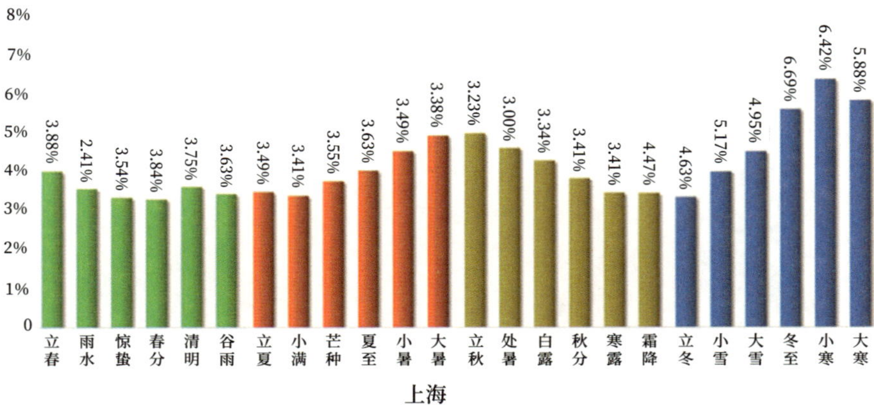

上海

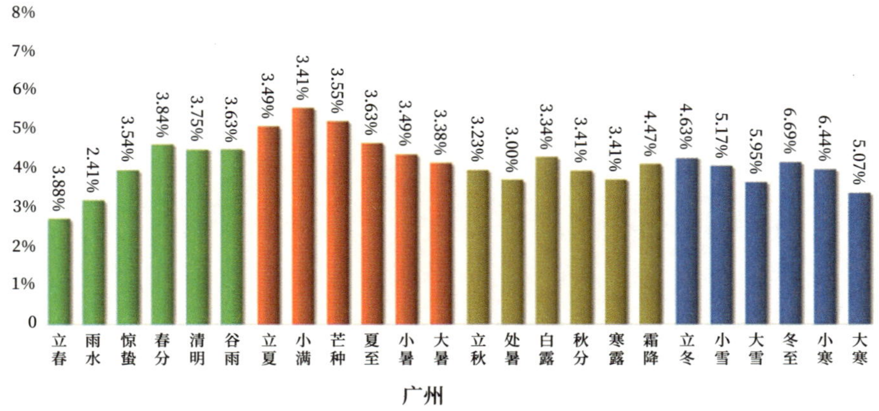

广州

流感样病例的节气时段占比

（2011—2020年）

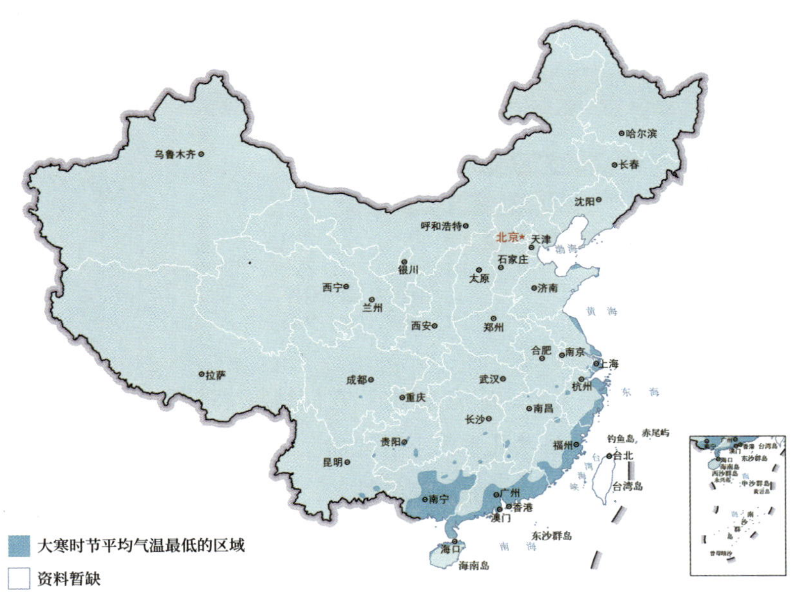

如果看哪个节气平均气温最低，只有东南和华南沿海地区是大寒更冷。小寒胜大寒是非常普遍的。

我们以北京、杭州、广州最冷之候（平均气温五天滑动平均序列最低）和最热之候（平均气温五天滑动平均序列最低）为例，北京的气温低谷在小寒，杭州在小寒和大寒之间，广州在大寒。广州的气温巅峰在小暑，北京在小暑和大暑之间，杭州在大暑。

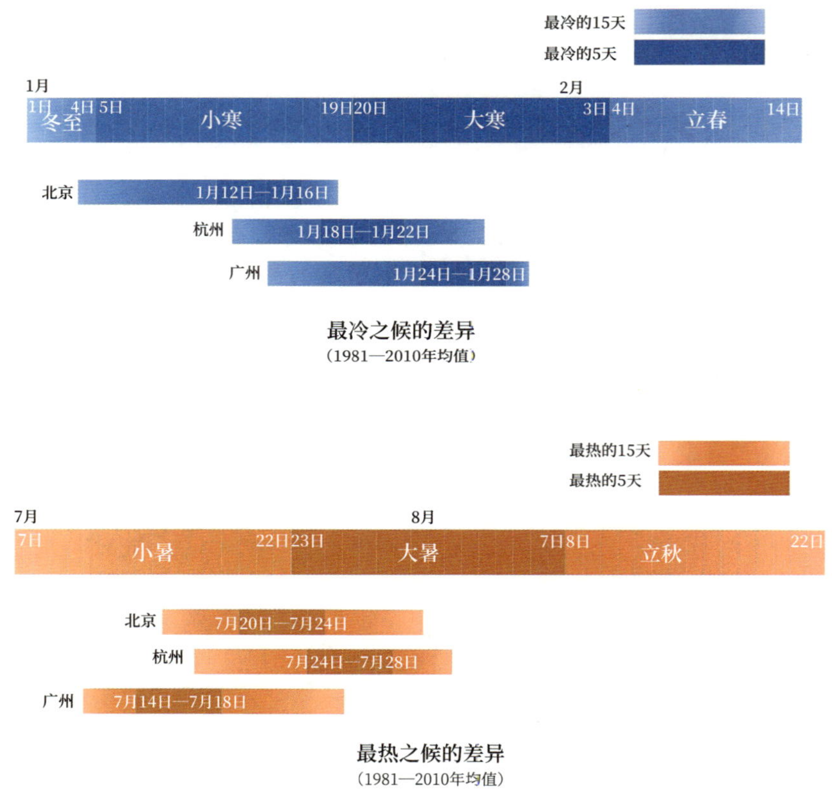

最冷之候的差异
（1981—2010年均值）

最热之候的差异
（1981—2010年均值）

谚语说："小寒大寒，冻成冰团。"它们是寒冷的冠、亚军。

随着气候变化，虽然几乎每个节气都在变暖，但最冷的三个节气，始终依次是小寒、大寒、冬至。而后面的排名，在不同的时期会有一些变化，例如原来立春排在第四位，随着气候变暖，现在已经退居第五位了。所以人们也往往将稳居寒冷冠、亚、季军的冬至、小寒、大寒这三个节气统称为隆冬季节。

入冬之后，各种气象要素几乎都在做“减法”：日照在减少，降水在减少，气温在降低。但从小寒节气开始，气象要素的走势开始出现分化。

进入小寒节气，有些气象要素开始悄悄地做起了“加法”。首先，日照增加了，全国平均日照时数是冬至时节的 1.6 倍。同时，降水量增加了，全国平均降水量，小寒是冬至的 1.4 倍（1951—2020 年全国测站面积加权平均值）。

降雪日数最多的节气，并不是小雪或者大雪：在北方是冬至和小寒，在南方则是小寒和大寒。综合而言，最容易下雪的节气，是小寒。论及雪，小寒最多；论及寒，小寒最冷。小寒节气可谓无冕之王。

谚语说：“小寒冷，大寒暖；小寒不寒，大寒寒。”似乎它们之间存在明显的负相关。

那是不是小寒偏冷，大寒就偏暖，反之亦然呢？答案是否定的。根据我们对 1951—2020 年的气温数据的分析，小寒和大寒有 47 年（占比 67%）是一致偏冷或者一致偏暖。换句话说，更常见的情况是：小寒偏冷，大寒也跟着偏冷；小寒偏暖，大寒也跟着偏暖。大寒仿佛是小寒的“续集”。

既然小寒比大寒还冷，是二十四节气中最冷的节气，那为什么还叫小寒呢？是不是古人弄错了呢？关于这个问题，可能有三个原因。

第一，因为没有气温这种精确量化的方式，古人描述寒冷的程度只能另辟蹊径，要左看看、右看看，冰层是不是更厚、更硬了，所谓“冰方盛，水泽腹坚”。而冰冻三尺非一日之寒，“地冻”需要一个由上而下的渐进过程，比气温下降要缓慢许多。谚语说“小雪封地，大雪封河”“小寒冻土，大寒冻河”，不同下垫面的封冻，其早晚也存在显著差异。

我们衡量寒冷是依据气温高低，小寒时天寒最甚，所以说小寒最冷。古人衡量寒冷，是依据冰层厚薄，大寒时地冻最坚，所以说大寒最冷。对古人而言，地冻有多深、有多硬，更加直观。以地冻程度来界定谁更寒冷，也是可以理解的。

第二，古人界定寒冷程度也基于人的主观感受。小寒时，天气虽然很冷，但人们的耐受力尚可，不觉得已冷到极致。等熬到大寒时，即使气温没有变得更低，人已被寒冷折磨得力倦神疲，可能反而会觉得大寒更冷一些。古人看重累积效应。

第三，古人信奉“物极必反”的理念，夏季只要开始转凉就是秋；冬季只要开始回暖就是春。夏季是由小暑到大暑，冬季是由小寒到大寒，两个极致季节，巅峰总是在最后。所以冬季的最后一个节气获得了大寒的名号，而最冷的节气只能屈尊，被称为小寒了。

所以判定小寒和大寒谁更寒，未必是古人存在谬误，而是衡量寒冷的视角古今有所不同而已。另外，或许还有一个原因，就是在二十四节气开始萌芽和创立的时代，黄河中下游地区可能确实大寒比小寒更冷。

名分和称谓虽有大小之分，但是小寒并不小。我们不能因为它名为小寒而轻视其寒！

小寒三候

古人梳理的小寒节气物候是：一候雁北乡，二候鹊始巢，三候雉始雊。

小寒一候·雁北乡

《夏小正》记为“雁北乡”，《逸周书》记为“雁北向”，因在古文中“乡”通“向”，所以人们大体上从家乡和方向这两个维度解读“雁北乡”。

从家乡的维度上看，鸿雁有度夏地、有越冬地，为什么以北方为家乡呢？

《大戴礼记·夏小正》载：“雁北乡，先言雁而后言乡者，何也？见雁而后数其乡也。乡者，何也？乡其居也，雁以北方为居。何以谓之居？生且长焉尔。‘九月遰鸿雁’，先言遰而后言鸿雁，何也？见遰而后数之，则鸿雁也。何不谓南乡也？曰：‘非其居也，故不谓南乡。’记鸿雁之遰也，如不记其乡，何也？曰：‘鸿不必当小正之遰者也。’”

按照《夏小正》的解读，雁为什么以北方为乡呢？因为北方是它们出生和成长的地方，是真正的家乡。而南方是它们短暂的避寒之所，至多是“第二故乡”。

“雁北乡”，是指鸿雁真的在寒冷的正月向北迁飞吗？唐代孔颖达《礼记正义》记载：“雁北乡有早有晚，早者则此月北乡，晚者二月乃北乡。”有人认为，就像白露一候鸿雁来、寒露一候鸿雁来宾一样，雁群的启程有早有晚，飞行有快有慢，所以有先有后。

那为什么有时雁北乡会绵延一两个月呢？晋代干宝的解释十分有趣：“十二月雁北乡者，乃大雁，雁之父母也。正月候雁北者，乃小雁，雁之子也。盖先行者其大，随后者其小也。”也就是说，他认为不惧严寒的大雁在小寒时节先探路，羽翼未丰的小雁在雨水时节再跟进。直到清代，康熙年间的《钦定月令辑要》仍以这样的观点为正解：“十二月雁北乡，亦大雁，雁之父母；正月候雁北，亦小雁，雁之子也。”

但这样解读小寒一候雁北乡，一直引人疑惑。大雁需要栖息在水生植物丛生的沼泽、湖泊边，以鱼、虾和水草为食。秋天大雁南飞是因为北方水面冻结，难以觅食，而小寒时的黄河流域地区正是最寒冷的时候。如果此时大雁已途经此地，中途无法补充给养，到达漠北的越冬地，那里同样处于无法栖息的封冻状态。

人们觉得小寒时鸿雁北飞有违常情，所以历代有很多学者试图提供合理的解释。

元代陈澔《礼记集说》云：“雁北乡，则顺阳而复也。”人们认为“雁北乡”是鸿雁顺应阳气的提前启程。或许这是人们按照鸟类“得气之先”的逻辑所进行的一番跨越空间的猜测。

明代郎瑛《七修类稿》中说："二阳之候，雁将避热而回。今则乡北飞之，至立春后皆归矣。禽鸟得气之先，故也。"他另辟蹊径地认为，所谓"雁北乡"，并非节气起源地区的人们亲眼所见的本地视角，只是大雁从越冬地刚刚启程或准备启程，雨水二候候雁北，才是雁群达到中原地区的时间。

我们再看汉代学者对"雁北乡"的解读。

高诱对《吕氏春秋》的注释中云："雁，在彭蠡之泽，是月皆北乡，将来至北漠也。"高诱、许慎对《淮南子》的注释均为："雁，在彭蠡之水，皆北向，将至北漠中也。"这样的解读是比较恰切的，此时鸿雁的迁飞应该不是"现在进行时"，而是"一般将来时"。

"雁北乡"的乡，乃趋向之义，或许大雁只是超前感知时令变化，开始念及自己的北方家乡而已，是天寒之时"虽不能至，心向往之"，是"身未动，心已远"。在我看来，蒙古族民歌《鸿雁》中的"天苍茫，雁何往，心中是北方家乡"刻画的便是"雁北乡"。

陆游《野步至近村》诗云："随意出柴荆，清寒作晚晴。风吹雁北乡，云带月东行。"对鸿雁而言，若有暖风自南而来，御风而行，北向而飞，妙然天助。

小寒二候·鹊始巢

物候历固然好，能使气候变得鲜活直观，但有一个问题，春生、夏长、秋收还好，因为无论是田里的、水中的、天上的物候现象都足够丰富，甚至令人眼花缭乱。一个节气可以挑选出很多种具有观赏性和代表性的物候现象，可以多到令人难以取舍。但是，物候历在冰天雪地的小寒时节就面临着巨大的挑战：草木枯萎了，蛰虫冬眠了，用柳宗元的话说，是“千山鸟飞绝，万径人踪灭”。如何才能找到生动的物候现象呢？

好在，柳宗元观察得不够仔细，即使在小寒节气，也没有“千山鸟飞绝”。超越寒暑的“全天候”生灵，可以成为任何一个时段的物候标识。

汉代高诱对《吕氏春秋》的注释曰：“鹊，阳鸟，顺阳而动，是月始为巢也。”宋代鲍元龙《天原发微》云：“鹊知岁所在，以来岁之气兆，故巢也。”明代李时珍《本草纲目》道：“鹊，季冬始巢。开户背太岁，向太乙。知来岁多风，巢必卑下。”喜鹊是留鸟，也被古人视为阳鸟，能够感知新岁将至。于是在对应小寒、大寒的季冬时节，喜鹊开始衔草筑巢，准备孵育后代。

但对喜鹊开始筑巢的确切时间，人们有不同的见解。

《淮南子·天文训》记载：“阳生于子，故十一月日冬至鹊始加巢。”清代《钦定授时通考》载：“至后二阳，已得来年之气，鹊遂为巢，知所向也。”换句话说，冬至是有喜鹊开始筑巢的时段，小寒是更多喜鹊开始筑巢的时段。而且冬至、小寒喜鹊只是开始筑巢，到春天才能“竣工”。

孔颖达对《礼记》的注释中说：“鹊始巢者，此据晚者。若早者，十一月始巢。”郑玄对《诗经》的注释云：“鹊之作巢，冬至架之，至春乃成。”

喜鹊是具有专业级筑巢技能的鸟儿，但辛辛苦苦筑好了巢，却常有其他的鸟儿“鸠占鹊巢”。《诗经》有云：“维鹊有巢，维鸠居之……维鹊有巢，维鸠方之……维鹊有巢，维鸠盈之。”喜鹊是勤劳而专业的筑巢者，但往往其巢的“业主”却变成了布谷鸟。

从前人们觉得喜鹊既能报喜，又能报天气，似乎它深谙“阴阳向背，风水高下”之道，所以通过观察鹊巢来占卜气候。

唐代《朝野佥载》载：“鹊巢近地，其年大水。”

明代《农政全书》云：“鹊巢低，主水；高，主旱。俗传鹊意既预知水，则云：终不使我没杀，故意愈低。既预知旱，则云：终不使晒杀，故意愈高。”按照《农政全书》的描述，喜鹊如果预感到今年可能涝，就故意把巢筑得低，心里说：“你还能淹死我？”如果它们预感到今年旱，就故意把巢筑得高，心里说：“你还能晒死我？”这段描述让人感觉，喜鹊是既极具灵性又极具个性的动物。

小寒三候·雉始雊

这项物候标识自古便有不同的版本。《夏小正》记为“雉震呴”，《吕氏春秋》记为“乳雉雊”，《礼记》和《淮南子》记为“雉雊”，《逸周书》记为“雉始雊”。

小寒正值最寒冷的时节，但对喜鹊、雉鸡而言，它们的春天似乎已经来了。《诗经》曰：“雉之朝雊，尚求其雌。”这是说清晨时分雉鸡便开始鸣叫，这是它们的求偶之声。

在二十四节气的物候标识之中，小寒“雉始雊”是整个冬季唯一的“鸟语”。

什么是“雉始雊”？

《说文解字》的解释为：“雊，雄雉鸣也。”雊，雄性雉鸡的求偶之声。唐代孔颖达对《礼记》的注释云：“雄雉之于朝旦雊然而鸣，犹为求其雌雉而并飞也。”《大戴礼记·夏小正》的描述更具情节感：“雉震呴，呴也者，鸣也；震也者，鼓其翼也。”“雉震呴”是指雄性雉鸡在求偶时一边振翅，一边鸣叫。

元代陈澔《礼记集说》载：“雉，火畜也，感于阳而后有声。鸡，木畜也，丽于阳而后有形。”明代李时珍《本草纲目》则记录：“雉始雊，谓阳动则雉鸣，而勾其颈也。”古人认为雉鸡是阳鸟，雊是“阴阳同鸣”，是冬至后感受到阳气之萌生而发声的。

汉代蔡邕《月令章句》云：“雷在地中，雉性精刚，故独知之应而鸣也。”宋代罗愿《尔雅翼》曰：“十一月，雷在地中，雉先知而鸣。”除了阳气，古人往往还将“雉始雊”与雷相勾连，认为冬月里雉鸡鸣叫，就是因为听到了来自地下的雷声。但也有人通过观测，指出雉鸡鸣叫的时间应该是始于初春时节，所以对小寒“雉始雊”提出疑问，例如清代曹仁虎在《七十二候考》中提出：“考雉雊于小寒，时犹太早。”

动物大多是春心萌动，春天求偶，但人们认为雉鸡能感受到来自地下的阳气潜萌和来自地下的雷鸣，以为自己的春天来了，于是开始求偶。

如果我们用一句话来串联小寒节气的三项物候，那就是：雁北乡，是想回家；鹊始巢，是想安家；雉始雊，是想成家。

小寒节气神

小寒神最通行的版本，其形象源自一位道教神祇。

清明神是面白、高瘦的谢必安，绰号“白无常”，而小寒神是面黑、矮胖的范无咎，绰号“黑无常”。民间传说多将黑白无常称为七爷、八爷，或谢七爷（谢必安）、范八爷（范无咎），他们是一对冥界差役，也就是所谓的“鬼差”。

他们的名字都良有深意。“白无常”谢必

安这个名字的寓意是酬谢神明者必然安康。“黑无常”范无咎（救）这个名字的寓意是冒犯神明者无从拯救。

我在揣摩，为什么清明和小寒这两个节气被人们冠以“无常”之名呢？阳春时，清明节气的天气表情变数最大。隆冬时，小寒节气的天气表情最为冷酷。

如果用股市形容：清明是“猴市”，震荡最剧，其振幅之大，令人深感无常；小寒是“熊市”，点位最低，离峰值之远，令人深感无常。

人们内心的安全感，往往源于确定性。人们喜欢情理之中的有常，惧怕预料之外的无常。

《红楼梦》中有《恨无常》一曲：“喜荣华正好，恨无常又到。”“恨无常”的一个恨字，已然凸显人们的价值观。无常，几乎是人们潜意识中风险和灾难的代名词。

天气最冷的小寒和大寒时节，是多种疾病超额死亡率最高的时段。

通常担任小寒神的“黑无常”范无咎，体现着隆冬时节阴气逼人，寒夜漫长，“小寒大寒，冻成冰团”，天气冷得像酷刑一般，仿佛那种寒冷已经到了勾魂摄魄的程度。很多人在饥寒之中，感叹命途多舛，时运无常，却得不到救赎。

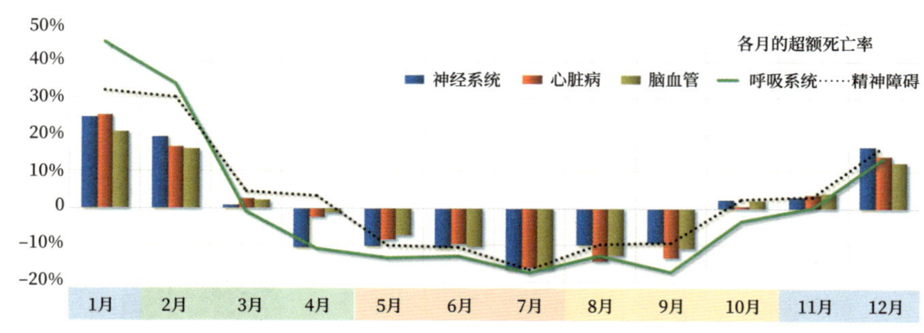

五种主要疾病与月份的显著相关性

数据来源：中国疾病预防控制中心《中国死因监测数据集（2018）》。

小寒神首服多为笼巾，吐着舌头，有的口中还含着短剑，摆出京剧中“横竖锤”的姿态。手持物是虎牌和枷锁，虎牌上写着“赏善罚恶”四个字，展露着奖赐与惩戒的双重法力。这似乎也是在提示着人们善恶之报的存在，希望人们仰不愧于天，俯不怍于人。

小寒神头顶的官帽上写着“天下太平”四个字，表明了神灵的护佑之意。看来，不能“以貌取神”，不能依照颜值将神灵偶像化或者妖魔化。

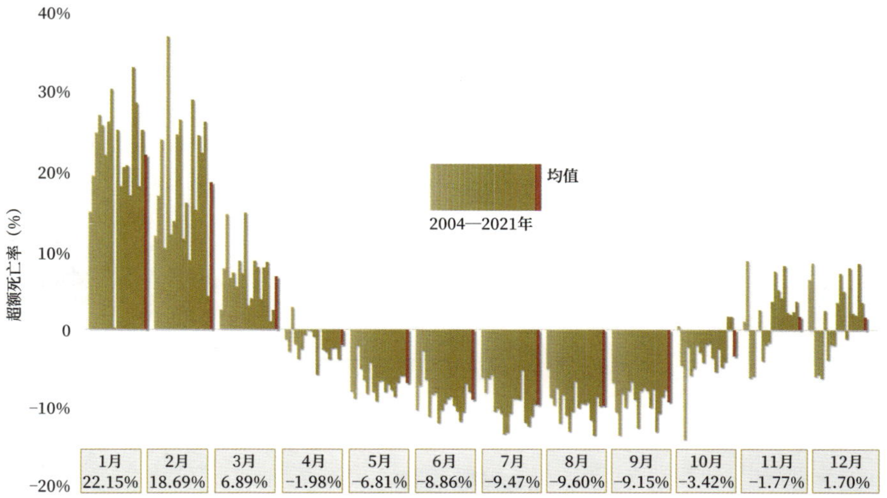

全死因的各月超额死亡率

（2004—2021年，标注数据为均值）

根据中国疾控中心2004—2021年《中国死因监测数据集》中的合计数据，进行了平年与闰年、大月与小月的均一化处理。

大寒·寒气逆极

《吕氏春秋》云："冬之德寒，寒不信，其地不成刚。地不成刚，则冻闭不开。"

宋代陆游诗云："醉面冲风惊易醒，重裘藏手取微温。"

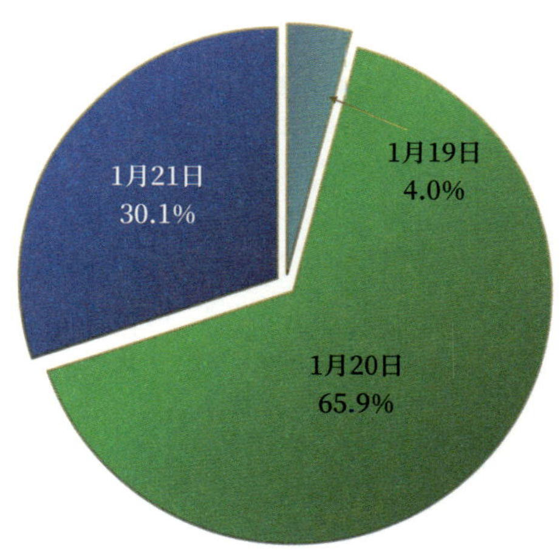

大寒节气日在哪一天？
（1701—2700年序列）

大寒节气，通常是在 1 月 20 日前后。

大寒节气日，冬的疆域保持基本稳定，定格在约 905 万平方千米。增加的约 20 万平方千米的春，是从秋的地盘中“改换门庭”而来的。因为在长夏无冬、春秋相连的气候区，春秋分界是气温由降到升的拐点，季节划分法使然。在大寒时节，春开始舒缓地向北推进，尝试突破冬的南岭防线。

古人说“寒气之逆极，故谓大寒”。薄寒为凉，凉为冷之始，寒为冷之极。寒是冷的极致，而大寒又是寒的极限。所以从字面上看，大寒应该是一年之中最冷的时候。

按照气温来衡量，在多数地区、多数年份，小寒比大寒更冷，这已有定论。但古人将最后的节气定名为大寒，或许另有缘由。其中之一便是“水泽腹

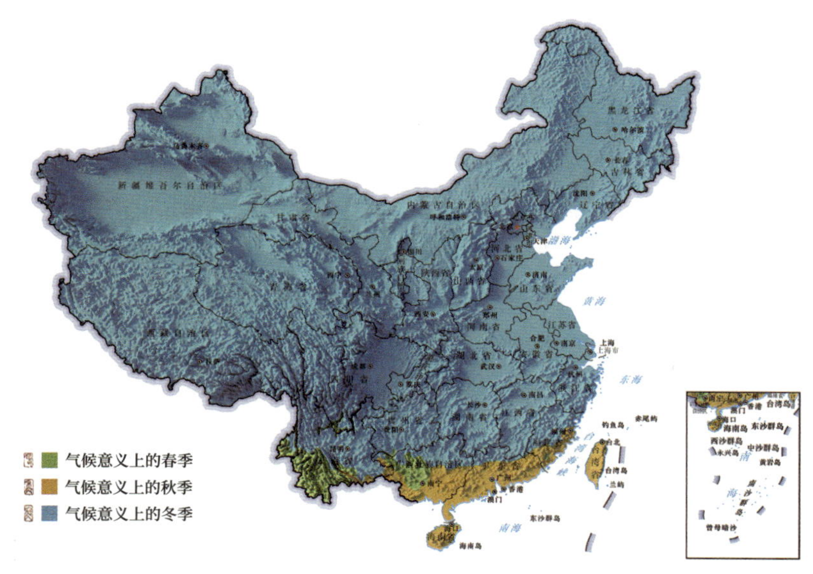

大寒节气日季节分布图
（1991—2020年）

大寒节气日季节分布及变化　　单位：万平方千米					
春季		秋季		冬季	
面积	变量	面积	变量	面积	变量
约 20	20	约 35	−20	约 905	0

坚”，即大寒时冰层最深厚、最坚实。

按照古人的说法，大寒时节乃“寒气之逆极”。逆，有迎接之意，冬寒面临极致状态。然后，至极而逆，极而复返。

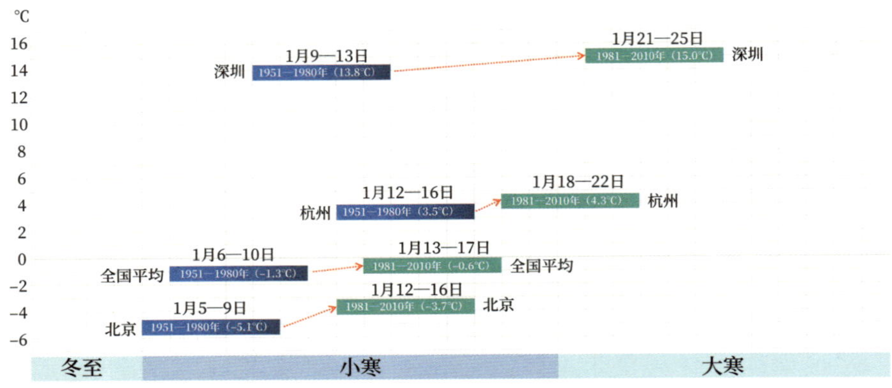

最冷之候的变迁

1981—2010年相比1951—1980年

原本最冷之时是小寒，但随着气候变化，最冷之候向后推移了一周左右，逐渐临近大寒。南方部分地区的最冷之候已移入大寒时节。

“三九四九冰上走”，但在气候变暖的年代，“冰上走”要特别小心，危险莫过于“如履薄冰”。2018 年大寒时节，我去颐和园滑冰，工作人员已经开始不停地巡查冰层融化的情况了。这一年的滑冰季是 1 月 6 日至 2 月 4 日，只有小寒、大寒两个节气，况且那一年的大寒还是极寒。气候变化，已经使我们不敢笃信大寒“水泽腹坚”的古训了。

如果我们以 1951—1980 年全国平均气温最冷的第 30 天气温、最热的第 32 天气温作为“小寒大寒天”和“小暑大暑天”的气温阈值，随着气候变化，像从前小暑、大暑那样热的天大幅增加了 65%，像从前小寒、大寒那样冷的天显著减少了 70%。

气候变化的一个突出特征是夜温升幅更大，仿佛气候变化是在我们熟睡时悄然进行的。这一特征，直接导致昼夜温差的缩小。以北京为例，2011—2020 年与 1951—1980 年气候期相比，昼夜温差缩小超过 1℃。其中春季缩小幅度最小，为 0.4℃；冬季缩小幅度最大，为 1.4℃。

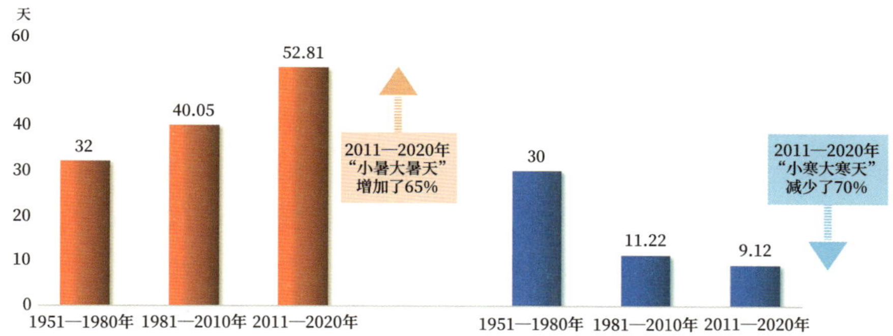

“小暑大暑天”和“小寒大寒天”的变迁

以 1951—1980 年全国平均气温日值为基准，最高的 32 天为“小暑大暑天”，最低的 30 天为“小寒大寒天”。

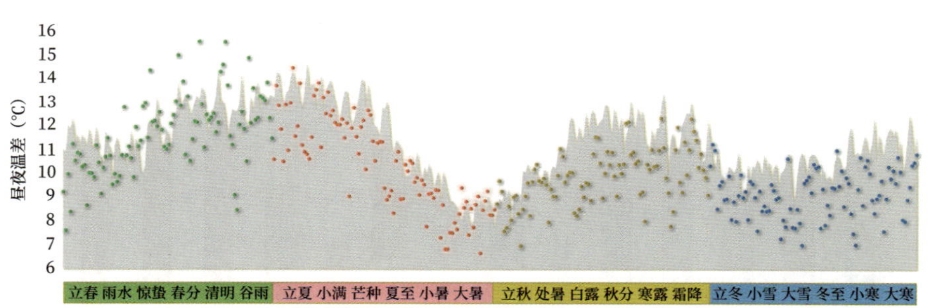

北京的昼夜温差

（面积为1951—1980年，散点为2011—2020年）

随着气候变化，昼夜温差在缩小。

明代《农政全书》云：“十二月谓之大禁月。忽有一日稍暖，即是大寒之候。大寒须守火，无事不出门。”这一时节，冷本是常态，稍一回暖，反而是大冷的前兆。冷空气每次围剿过于造次的暖气团，往往都伴随着凄风寒雪，所以俗话说：“一日赤膊，三日头缩。”“一日赤膊，三日龌龊。”暖一天，至少冷三天。而且所谓“龌龊”，是指雨雪之后道路湿滑泥泞，天气也变得更加湿冷。

人们还是希望隆冬的气温不要过于突兀和跌宕，谚语说：“冷不死，热不死，忽冷忽热折腾死。”从前，人们既惧怕寒冷，更担忧该冷的时候不冷，甚至认为“恒燠为罚”。人们对寒暑温凉保持着高度的理性，并不是根据体感舒适度来评价气候的优劣。所以谚语说："小寒大寒终须寒。""大寒不寒，人马不安。"

若将每十年最冷的300天定义为"小寒大寒天"，最热的320天定义为"小暑大暑天"，它们并非仅仅出现在小寒、大寒或小暑、大暑时节。有19%的"小寒大寒天"是在立春、雨水时节，谓之余寒；有21%的"小暑大暑天"是在立秋、处暑时节，谓之残暑。

"小寒大寒天"在大雪和冬至、小寒和大寒、立春和雨水时节的日数比例大体上是3∶5∶2；"小暑大暑天"在芒种和夏至、小暑和大暑、立秋和处暑时节的日数比例大体上也是3∶5∶2。寒暑的时节分布，仿佛足球上的"352阵型"。

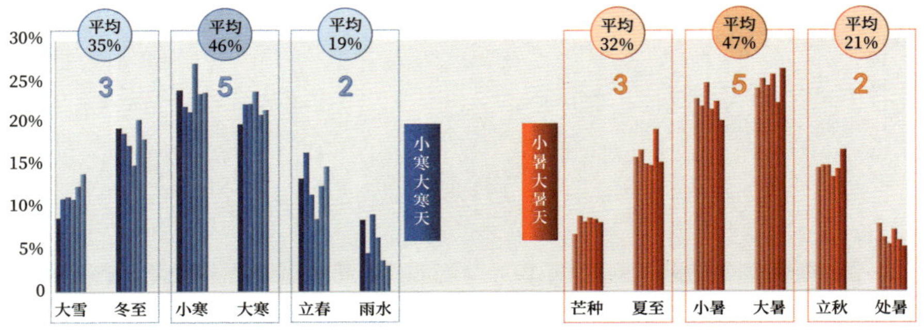

1961—2020年每十年全国平均气温最冷的300天和最热的320天在各节气时段的占比

《左传·昭公四年》载："冬无愆阳，夏无伏阴，春无凄风，秋无苦雨。"

古人心目中理想的气候是冬天不要太暖；夏天不要太凉。春天可以有风，但最好不是凛冽的寒风；秋天可以有雨，但最好不是拖泥带水的连绵阴雨。

在人们心中，隆冬的标准色应该是白色。正如谚语所言："大寒三白，有益菜麦。""大寒寒白，来年碗呷白。""今冬雪盖三层被，来年枕着馍馍睡。"云南丽江纳西族民谣也唱道："冬时雪山肥，夏时粮满仓；冬时雪山瘦，夏时粮架空。"

人们希望大寒时冻得透透的，雪盖得厚厚的。"大寒冷得多，春来暖得多"，如果该冷时没冷，该暖时便很难暖。天行有常，寒暑有节，这才是正常的气候。

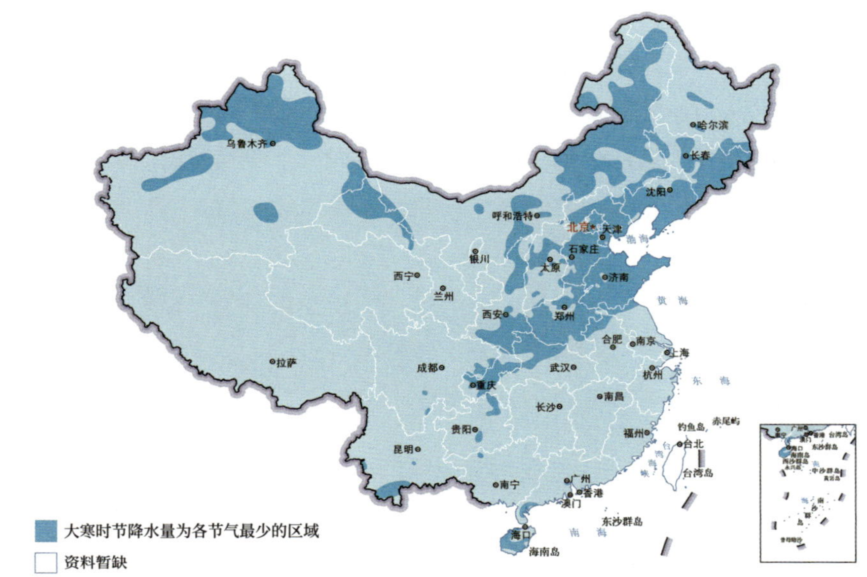

对北方很多地区而言，大寒是全年降水最少的时节。

诗人徐志摩在 1923 年大寒时节写道：

耐，耐三冬的霜鞭与雪拳与风剑，
直耐到春阳征服了消杀与枯寂与凶惨，
直耐到春阳打开了生命的牢监……

在他看来，大寒时节，人们如同被囚禁在生命的牢房之中，机体要面对来自天气的各种酷刑，寒霜像是鞭子，寒雪像是拳头，寒风像是利剑，还有万物肃杀、枯寂的冷漠世界带给人的心灵酷刑。于是在忍耐中期待，人们期待春天的阳光重新让这个世界温暖起来。

《吕氏春秋·季冬纪》云：“今人腊岁前一日，击鼓驱疫，谓之逐除。”汉代《风俗通义》载：“大寒至，常恐阴胜，故以戌日腊。戌者，温气也。”南北朝时期《荆楚岁时记》道：“十二月八曰为腊日。谚语：‘腊鼓鸣，春草生。’村人并击细腰鼓，戴胡头，及作金刚力士以逐疫。”正值“黎明前的黑暗”之时，古人以“腊鼓鸣，春草生”的信念，在隆冬的腊日击鼓，驱魔除疫，逐寒迎春，既能提振自我，也能为春生提供助力。

中国古人有腊鼓逐寒的振奋，有踏雪寻梅的风雅，有“亭前垂柳珍重待春风”的心境，人们在寒甚时节的祈愿和欢愉之中，期待寒极而反。

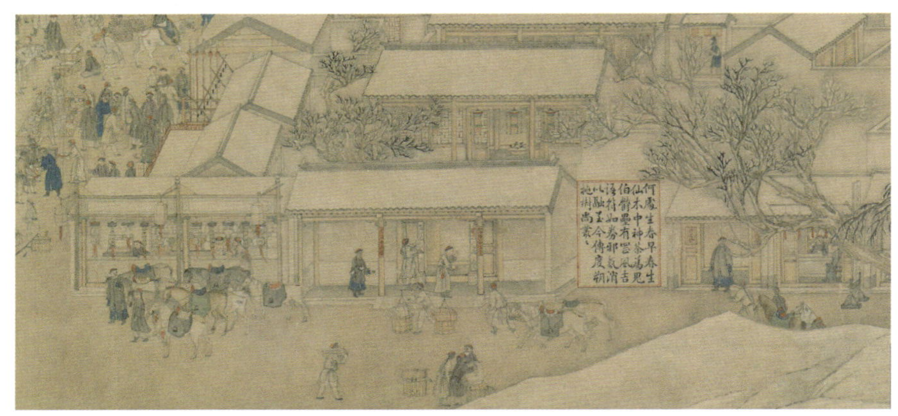

清代徐扬《京师生春诗意图》（局部），故宫博物院藏

大寒三候

古人梳理的大寒节气物候是：一候鸡始乳，二候征鸟厉疾，三候水泽腹坚。

大寒一候·鸡始乳

这项物候标识在古时有不同版本，《吕氏春秋》和《礼记》记为“鸡乳”，《淮南子》记为“鸡呼卵”，《逸周书》记为“鸡始乳”。

到了小寒、大寒的隆冬季节，万物该枯萎的枯萎，该冬眠的冬眠，天地一片白茫茫、静悄悄，只有鸟类还时不时地出现在人们的视野之中。

这时候，人们环顾四周，除了鸟类，实在找不到其他物候现象了，怎么办呢？所以自家养的“六畜”——牛、羊、马、鸡、狗、猪——也成为观测对象。于是就有了大寒一候鸡始乳，也就是说，在一年中最寒冷的时节，家里的鸡开始孵小鸡了。

汉代高诱对《淮南子》的注释道：“鸡呼鸣，求卵也。”元代吴澄《月令七十二候集解》载：“鸡乳，育也。鸡，木畜也，得阳气而卵育，故云乳。”明代顾起元《说略》云：“大寒，十二月中，鸡乳，乳，育也。”

《夏小正》中也曾将“初俊羔”作为二月物候，即刚刚断奶的小羊开始自己去吃青草了；将“颁马”作为五月物候，指把怀孕母马同其他马匹分开放牧。但“初俊羔”“颁马”最终并未被列入七十二候。

大寒“鸡始乳”，也被视为家居生活中阳气萌生的标识。这是一个完全没有观测难度和观测风险的物候现象。于是，鸡作为家禽的代表，成功入选七十二候。

其实，人们很早就开始将鸡视为感知和预测风雨的“专家”。《诗经》中，便有“风雨凄凄，鸡鸣喈喈……风雨潇潇，鸡鸣胶胶”的描述，谚语则有“鸡晒翅，天将雨”“鸡发愁，雨淋头”“家鸡宿迟主阴雨”等说法。

大寒二候·征鸟厉疾

这项物候标识古有“征鸟厉疾”和“鸷鸟厉疾”两个版本。“鸷”的语义很清晰，与凶猛或击杀相关。

汉代许慎《说文解字》载：“鸷，击杀鸟也。”南北朝时期顾野王《玉篇》则写道：“鸷，猛鸟也。”所谓“征”，是指以击杀为目的的飞行，不是闲适地翱翔，而是警觉地盘旋。征鸟的击杀动作有着“厉”和“疾”两大特征。

元代陈澔《礼记集说》中说：“以其善击，故曰征。厉疾者，猛厉而迅疾也。”明代顾起元《说略》载：“征鸟厉疾。征，伐也，杀伐之鸟，乃鹰隼之属，至此而猛厉迅疾也。”对于什么是“疾”，人们的认知较为一致，“疾”体现了迅疾敏捷。但对于什么是“厉”，古人有不同的解读。有人认为是高，有人认为是猛。

汉代高诱对《吕氏春秋》的注释中说：“征，犹飞也；厉，高也。言是月，群鸟飞行，高且疾也。”唐代孔颖达对《礼记》的注释中说：“征鸟谓鹰隼之属也，谓为征鸟如征厉严猛疾捷速也。时杀气盛极，故鹰隼之属取鸟捷疾严猛也。”宋代张虙《月令解》载：“征鸟，以为鹰隼，似失之拘。征鸟，犹言过鸟也。以寒气之极，凡飞禽之类为寒所逼，无云飞之意。行于空中者，皆猛厉迅疾也。”可见，鹰隼在捕食过程中的高超水准，体现在两个关键字：一是描述威猛的“厉”，体现力度；二是描述敏捷的“疾”，体现速度。

“征鸟厉疾”，刻画的情景是冰天雪地的大寒时节，高居食物链顶端的鹰隼之类的掠食者也常常忍饥挨饿，于是在空中盘旋，一旦发现猎物就迅猛地俯冲、扑食，并无“鹰乃祭鸟”式的仪式感。因此，人们感觉此时征鸟之凶悍异于往常。

“征鸟厉疾”，可谓隆冬“杀气盛极”最直观的体现。

什么是“水泽腹坚”？汉代郑玄对《礼记》的注释曰：“腹，厚也。此月，日在北陆，冰坚厚之时也。”唐代孔颖达对《礼记》的注释云：“此月冰既方盛，于时极寒，冰实至盛，而云方盛者，此谓月半以前，小寒之节，冰犹未盛，故云方也。至于月半以后，大寒乃盛。水泽腹坚者，腹，厚也。谓水湿润泽，厚实坚固。”宋代鲍云龙《天原发微》曰：“水泽腹坚者，冰坚达内，谓腹厚。”可见，所谓“水泽腹坚”，体现的是冰层达到了最厚实、最坚硬的时候。

大寒三候·水泽腹坚

《诗经》有云："二之日凿冰冲冲，三之日纳于凌阴。"即人们腊月凿取冰块，正月置入冰窖。元代陈澔《礼记集说》记载："冰之初凝，惟水面而已，至此则彻，上下皆凝。故云腹坚。腹，犹内也。藏冰正在此时，故命取冰。"这是在说，立冬之时的冰只冻在最浅表，如同冰冻在肤；大寒之时的冰冻在最深处，如同冰冻入腹，于是人们这时取冰、藏冰，以供盛夏之用。

我们常说天寒地冻，仿佛因天寒而地冻，但实际上，天寒与地冻之间存在明显的"时间差"。

每天的气温经常上蹿下跳，但地下的温度对气温波动的响应既有滞后，又有衰减。地表以下一米的深层地温往往是"我自岿然不动"。

气温骤降，可以是一日之寒，一股寒潮便能强行换季。但冰冻三尺非一日之寒，由薄冰到坚冰，体现的是累积效应。正如谚语所说："小雪封地，大雪封河。""小寒冻土，大寒冻河。"

土地和水体表面封冻之后，随着温度继续降低，冰层和冻土层厚度缓慢增厚，向纵深发展。腹有坚冰气自寒，或许在古人看来，"水泽腹坚"是更具底蕴的寒冷，是寒冷的最高境界，所以我们不能唯气温论。

大寒节气神

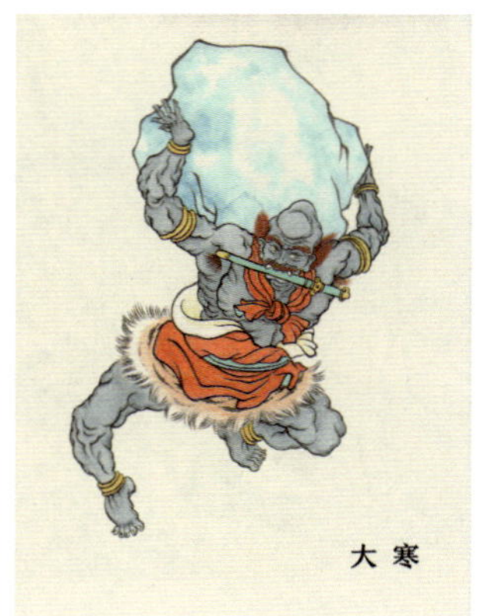

民间最常见的大寒神多以最直观的方式演绎着大寒的“水泽腹坚”。

大寒神与大暑神其实是同一个，大暑神托举着大火盆，通体热得泛红，大寒神则托举着大冰块，浑身冻得发青，寒甚时节却上无盔帽，下为赤脚（有的大寒神脚穿登云履）。

除了大冰块，大寒神的另一个“道具”是一把入鞘的短剑。大寒神嘴里含着剑鞘；隆冬凛凛，仿佛这个节气暗藏寒锋剑气。

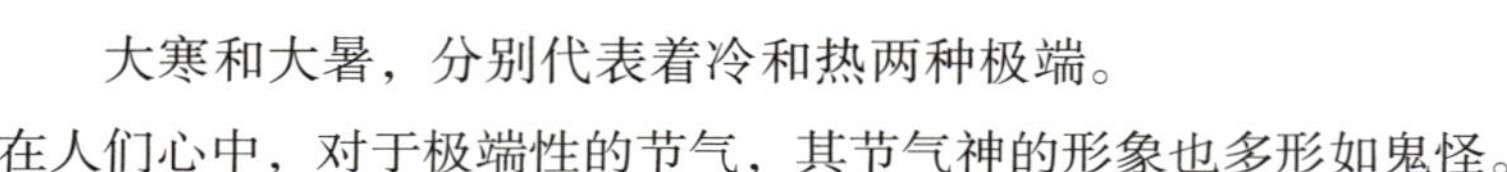

大寒和大暑，分别代表着冷和热两种极端。在人们心中，对于极端性的节气，其节气神的形象也多形如鬼怪。

· 附　　录 ·

夏

春

秋

冬

二十四节气色谱

为二十四节气创制色谱，是希望将节气的通感可视化。

刻画气候和物候律动的节气是具有视像感的。每一个节气留给人们的印象，是自然物象和人文场景的叠合。所以，人们心中的节气时间是有声有色的。

节气，是对气候密码的中国式破译，而基于“四立”的准等长的四季体系是“解密”的要义所在。自此，中国走出了有别于其他文明古国的时间文化路径，进而逐步建立了“春木、夏火、秋金、冬水”的属性、“春青、夏朱、秋白、冬玄”的色彩，以及“春青龙、夏朱雀、秋白虎、冬玄武”的图腾体系。

五行体系是中国古人总括式的自然观，是对异维具象进行同维类比的方法论。其中自然季节时序有着与之对应的地理方位、气候特性，也有着与之对应的颜色与音韵，每一个季节都是有向、有感、有声、有色的，这是中国古人眼中的季节之“象”。

在五行体系中，每个季节尺度的时序都有着色彩属性。由此，我们根据

取象比类的五行体系

五行	五季	五方	五候	五色	五音	五味	五脏	五官	五常	……
木	春	东	风	青	角	酸	肝	目	仁	……
火	夏	南	热	朱	徵	苦	心	舌	礼	……
土	长夏	中	湿	黄	宫	甘	脾	口	信	……
金	秋	西	燥	白	商	辛	肺	鼻	义	……
水	冬	北	寒	玄	羽	咸	肾	耳	智	……

节气四季的典型物象色彩，提取各个季节的色彩基准。

我们对节气色谱的建构，首先基于“四立”的四季体系设定每个季节的色彩基准。

一个季节的节气序列，有着纷繁的物候具象。一个季节的色彩基准，是对多元具象情节进行色彩的提取和抽象。而一个季节的色彩基准及整个节气序列的色彩谱系，既要有文化上的认知依据，也要有科学上的量化依据。

首先，创作节气色谱，我们先确定观察季节的视角与景别——由近及远。为什么由近及远？春天之美，在于近处的微观。草木发芽吐蕊，端详带给我们感动和惊喜。春天，人们移步户外，在庭院中看近景，近景中有春天各种鲜活的细节。夏天，万物浓密繁茂，人们徜徉在田园乡野之间感触生命的灵动与狂欢。秋天，不要拘泥于近景中的各种枯萎和飘摇，要看远景，云是这般高洁，山是如此斑斓。而到了冬天，万物凋敝，降水减少，大气通透，人们以更辽远的视角眺望，目极之处才有风景。所以，春庭、夏野、秋山、冬霄，这是由近及远的视角，镜头由推到拉的景别。

其次，创作节气色谱，我们以一个季节作为一个单元，为季节设定颜色基准。以特定季节经典的物候标识作为季节基准色，并兼顾文化意象。我们设定的各个季节的基准色是：春季为桑绿，夏季为莲红，秋季为桐黄，冬季为天青。

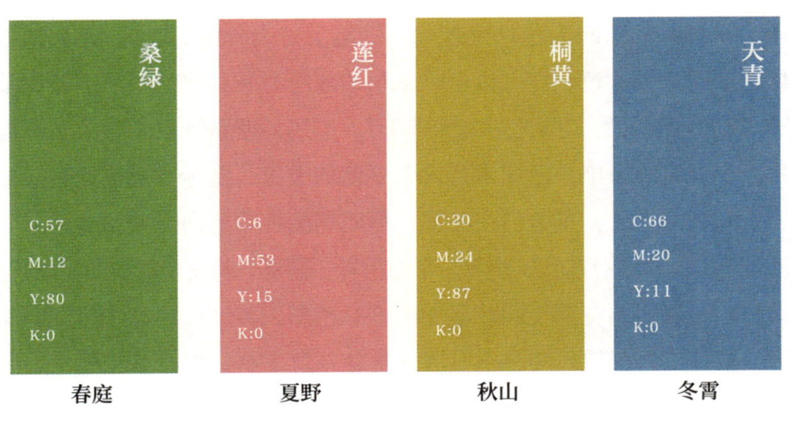

二十四节气色谱的四季基准色

春季为什么择取桑绿？阳春三月有蚕月的雅称，古人有“蚕月桑叶青，莺时柳花白”的名句，阳春谷雨有“戴胜降于桑”的候应，耕地有“桑田”之说，广义的农业有“农桑”之谓。桑绿，体现阳春物候，是草木青葱时光的写照，契合五行体系中春属木、色青的色调，更是对田园春色的总括。

夏季为什么择取莲红？农历六月有荷月的雅称，以莲花代言夏色，合情入理。《诗经》中便有“山有扶苏，隰有荷华”之句。在雨热同季的盛夏，土润溽暑，塘沼丰泽，使莲花成为最灿烂的夏花。而且，莲花既有“出淤泥而不染”的文化品格，也有“风过池塘无溽暑”的消夏意境。莲红，契合五行体系中夏属火、色朱的色调，而在朱红的暖色中，“映日荷花别样红”，难得莲色有着别样的淡雅温润。

秋季为什么择取桐黄？《淮南子·说山训》中便有“见一叶落，而知岁之将暮”之说，“一叶知秋”更是成为深刻的文化认知。宋代《梦粱录》记载：“立秋日，太史局委官吏于禁廷内，以梧桐树植于殿下，俟交立秋时，太史官穿秉奏曰‘秋来’。其时梧叶应声飞落一二片，以寓报秋意。”宋代时，已有梧桐落叶作为秋始的物候标识。在古人笔下，桐叶是秋雨、秋凉、秋声的物候“道具”。李白的“秋色老梧桐”，更是将桐叶作为界定秋色的坐标。以金黄色的桐叶作为秋季的基准色，亦契合“金秋”的意象。

冬季为什么择取天青？“青出于蓝而胜于蓝”，天青是天空被风“干洗”过或雨“水洗”的清澈天色。诗人戴望舒笔下“天青色的心”，是天地之间最纯粹、最明洁的颜色。在“以风鸣冬”的寒冷时节，繁华褪尽，万物萧瑟，“颜色”顿失。苏轼的“照见新晴水碧天”，描述的便是秋尽冬初时节雨后的水天一色。五行体系中，冬属水，水天一色的天青，是冬季最惊艳、最典雅的色彩。高远的青天，是人们在冬季自然而然的视线所向。

源自草木的桑绿、莲红、桐黄，是与阳春、盛夏、晚秋相对应的物候状态。

桑绿，是桑树始花期至展叶盛期的桑叶色彩。莲红，是莲花盛开时花萼的色彩。但莲红的提取较为复杂，因为莲花花色丰富，并有多重间色，莲红取自古代绘画中多见的粉红色单瓣莲花，是莲花有别于其他花色的特质所在。桐黄，是梧桐叶尽染秋色却未斑驳，并开始飘落时的桐叶色彩。

粉红色单瓣莲花花萼，既有横向的色彩纹理也有纵向的色彩渐变。采用“余光法”，经过高度朦胧化形成具有色彩整体感的莲红，体现着人们心目中莲花盛夏色彩的通感。

最后，我们以一个季节作为一个单元，为季节设定颜色基准之后，由客观的气候来确定同一季节六个节气的颜色渐变的速率，设定同一季节中的色彩差异和过渡节奏。

采用1991—2020年全国二十四节气时段平均气温，同一季节中的色彩透明度渐变幅度取决于气温的升降幅度。

因此，我们所创作的二十四节气色谱，色系及浓淡的变化蕴含着气温涨跌的疾徐节奏，蕴含着气候起承转合的韵律。这是基于全国平均的气候状况所制作的色谱，不同地区的二十四节气可以有基于本地气候的不同色谱。

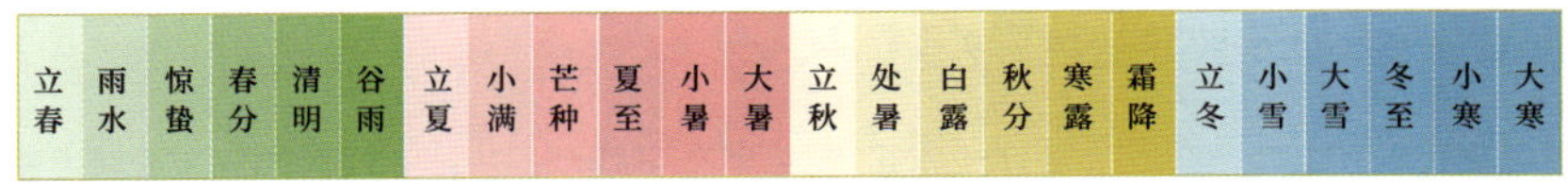

二十四节气色谱

（1991—2020年全国节气时段平均气温）

二十四节气色谱

(1991—2020年北京节气时段平均气温)

二十四节气色谱

(1991—2020年昆明节气时段平均气温)

各地亦有差别，北京小寒最冷，昆明冬至最冷。

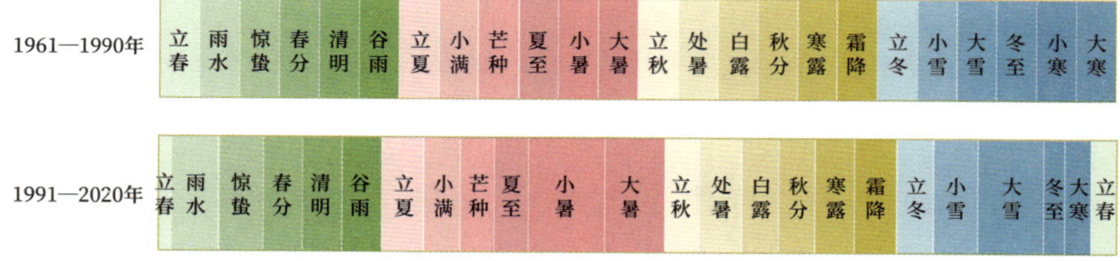

二十四节气气候时段的伸缩与漂移

(1991—1990年为气候基准，全国平均值)

除了以客观的气候界定色彩差异和过渡节奏，我们还可以用天文方式界定，以阳光直射点纬度的归一化表征古人所说的阳气和阴气的强度，确定阳气和阴气在 [0，1] 区间的数值。

春季以谷雨为 100%（阳气增长期），夏季以“日北至”的夏至为 100%（阳气峰值期），秋季以霜降为 100%（阴气增长期），冬季以“日南至”的冬至为 100%（阴气峰值期）。同一季节中的其他节气以与基准节气的阳气（阴气）强度差异来界定色彩差异。

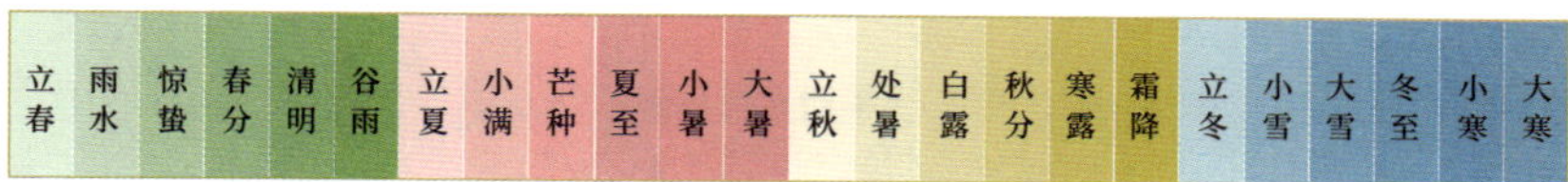

二十四节气色谱（天文算法）

衡量阳气强度	立春	雨水	惊蛰	春分	清明	谷雨	立夏	小满	芒种	夏至	小暑	大暑	立秋	处暑	白露	秋分	寒露	霜降	立冬	小雪	大雪	冬至	小寒	大寒
衡量阴气强度	立春	雨水	惊蛰	春分	清明	谷雨	立夏	小满	芒种	夏至	小暑	大暑	立秋	处暑	白露	秋分	寒露	霜降	立冬	小雪	大雪	冬至	小寒	大寒

阳气或阴气视角下的色谱

另外，我们还可以采取同一色系界定各个节气的阳气（阴气）强度。这样，我们通过色彩的渐变就可以直观感知阳气和阴气的盛衰消长了。

在此基础上，我们还可以依据色温建立二十四节气色谱。

在摄影或摄像时，人们想要拍摄出什么色调的影像，需要考量色温的差异。

将阳气最强的节气的色温设定为 1000K，将阳气最弱的节气的色温设定为 10000K。其他节气的色温由各节气时段的阳气强度界定。将气温最高的节气的色温设定为 1000K；将气温最低的节气的色温设定为 10000K。其他节气的色温由各节气时段的平均气温（1991—2020 年全国测站平均数据）界定。如此便可得到以色温表征二十四节气的色谱。

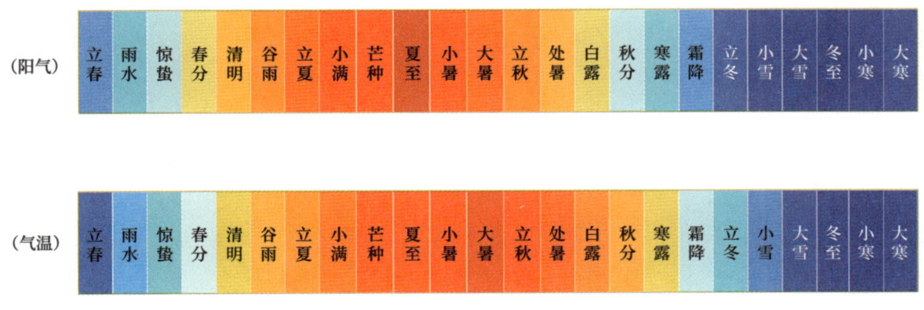

气温变化对阳气变化的滞后性

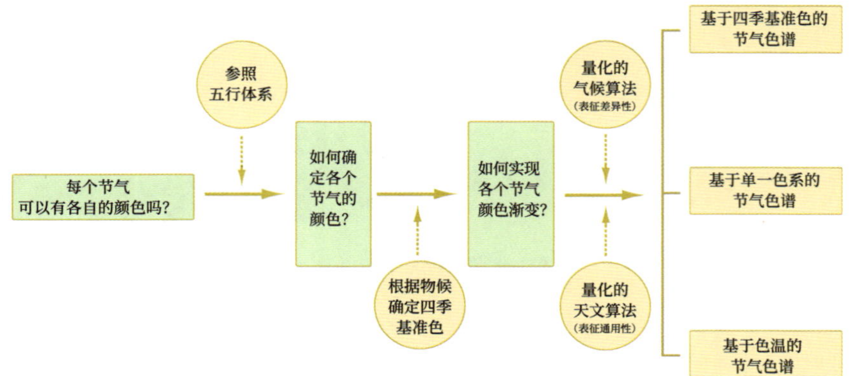

二十四节气色谱创制的思维导图

二十四节气视角下的阳气/阴气量化与解析

《周易·系辞》曰："一阴一阳之谓道。"

道，即规律。在中国古人看来，天地之间外化的规律是由阴阳消长推动的。于是，原本界定天气之阴晴及向阳、背阴之朝向的阴阳，成为中国古人对万物生克、流转的总括式解析方式。

《周易·系辞》亦曰："易有太极，是生两仪，两仪生四象，四象生八卦。"

这实际上是节气体系由二（二至）到四（二至二分），再到八（四时八节）的过程。"二至"，界定了阴阳的两个极值点。"二分"，界定了阴阳的两个均衡态。而界定四季的"四立"，实际上是阴阳消长的四个变速点。

最早测定的四个节气，夏至为"阳极之至"，冬至为"阴极之至"，春分、秋分为"阴阳相半也"，二至二分是阴阳体系中的四个特征态。

阳气与阴气之间是零和博弈的相互制衡关系，阳气与阴气强度之和为常

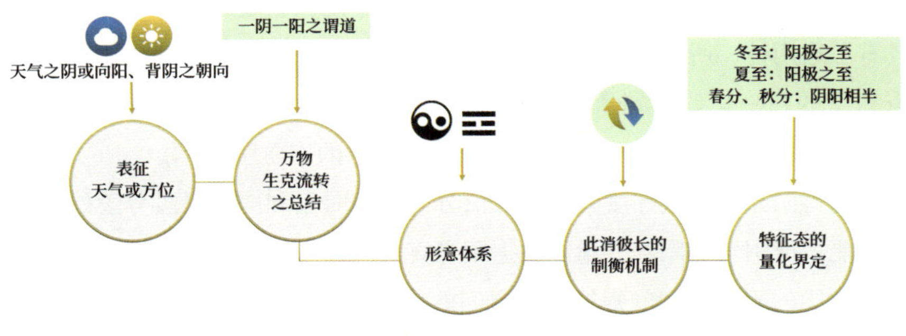

古代阴阳体系的基本内涵

数 1。冬至，阴气强度为 1，阳气强度为 0，冬至后阳气始生；夏至，阳气强度为 1，阴气强度为 0，夏至后阴气始生。春分、秋分的阳气和阴气强度各为 0.5。

但其他的节气日，阳气或阴气的强度是多少呢？古人并未提供相应的量化数值。那我们如何设定每个节气阳气或阴气的具体数值呢？

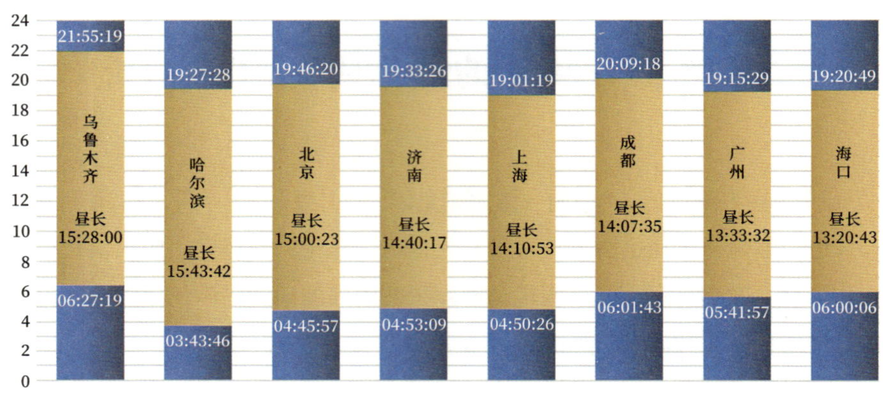

夏至日的昼与夜

冬至是白昼最短日，夏至是白昼最长日，春分、秋分是昼夜平分日。古人以提炼共性的方式，找到了各地通用的关键天文时点，从而以白昼时长界定阳气或阴气的极致时点和平衡时点。

现在我们主要是用此公式计算：T 昼长 $=2\times\arccos[(-\tan\alpha\tan\beta)]/15°$，$\alpha$ 为某一日太阳直射点纬度、β 为站点或者某地所在纬度。但“二至二分”日，各地的白昼时长是不同的。如何让公式通用呢？这就需要我们进行归一化处理。

归一化的昼长只与阳光直射点纬度相关，于是也就超越了地域差异，从而具有了通用性。所以本质而言，阴气和阳气所表征的是具有共性的阳光直射点纬度的归一化。换句话说，阳气为 [0，1] 函数，实际上是阳光直射点纬度归一化的 [0，1] 函数。这是阳气和阴气变量的本质所在。

我们将阳光直射点纬度归一化数值分为向南时段和向北时段分段处理代入，便能表征阴气和阳气变量。根据阳光直射点纬度归一化，形成各节气日及节气时段的阳气和阴气强度值，它们的强度之和为常数 1。由于阳光直射点的移动是非线性的，所以每个节气间阳气和阴气的消长是非匀速的。

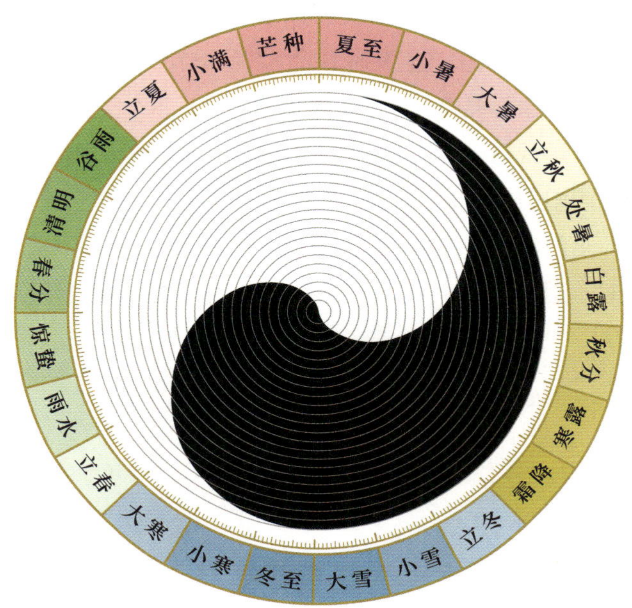

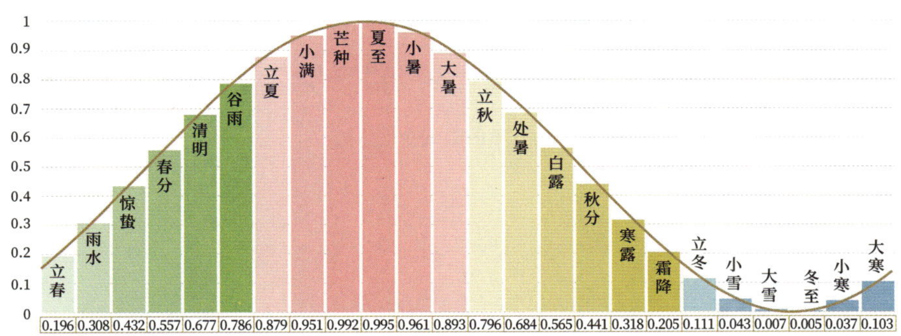

阳气强度日值及节气时段均值

(曲线为逐日值，柱体为节气时段均值)

以节气日衡量，阳光直射点纬度变幅最大的是阳光直射点由南北半球回归赤道的春分日和秋分日。以节气时段衡量，阳光直射点纬度变幅最大的是阳光直射点由南半球回归赤道后的春分时节，以及阳光直射点由北半球回归赤道后的秋分时节。因此，阳气变量最大的节气时段分别为春分和秋分。

在“四时八节”的各时段，阳气生消的速率疾徐不同。春秋节气为疾，冬夏节气为徐。春季节气的阳气生发速率最快，秋季节气的阳气衰减速率最快。

人们常说“时来运转”，我们可以这样理解：一个关键时点的到来，意味着阳气或阴气运行趋势的转变。例如，夏至、冬至是阴阳盛衰消长的拐点，春分、秋分是阴阳的均衡态。

“四立”，是阳气和阴气消长的变速点。立春时，阴强阳弱，且阳气加速增长。立夏时，阴弱阳强，且阳气趋缓增长。立秋时，阴弱阳强，且阳气加

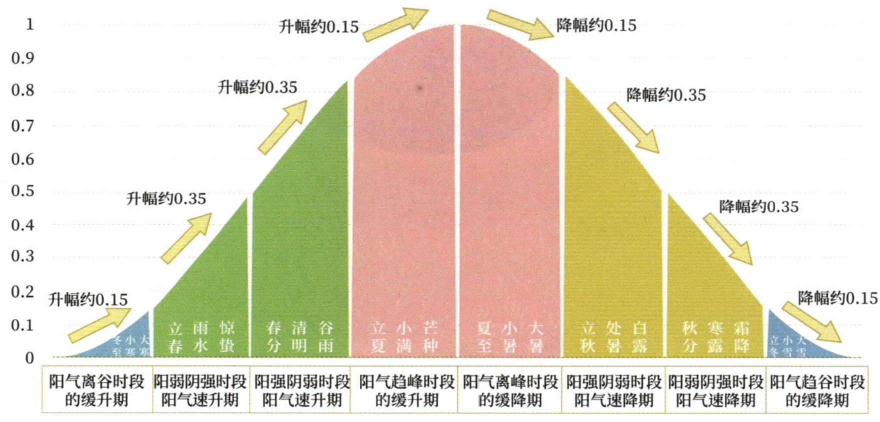

四时八节的阳气变化趋势

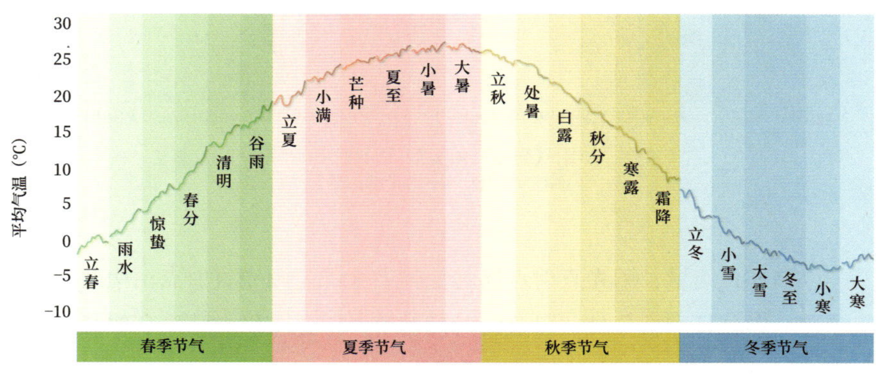

北京二十四节气时段逐日平均气温曲线

(1981—2010年)

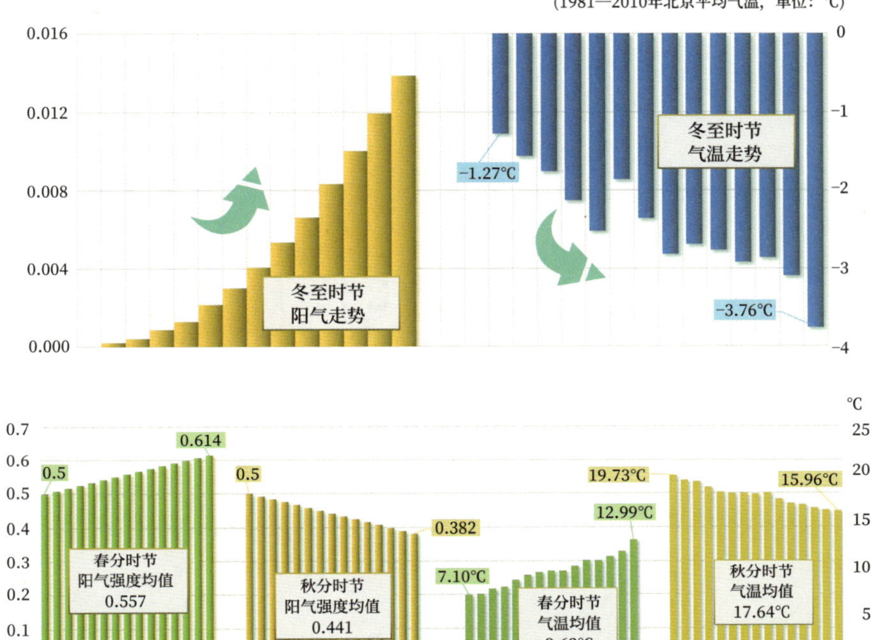

春分和秋分时节的阳气与气温
(1981—2010年北京平均气温)

速减弱。立冬时，阴强阳弱，且阳气缓慢减弱。

气象变量对天文变量的响应有滞后性。阳气达到峰值是在夏至，但气温达到峰值通常是在小暑或大暑；阳气达到谷值是在冬至，但气温达到谷值通常是在小寒或大寒。

以北京为例，冬至时节阳气渐升，但气温继续走低。

春分时节的阳气强度高于秋分时节，但春分时节的气温却远低于秋分时节。古人认为，春分、秋分是阴阳相半，昼夜均而寒暑平。虽然春分、秋分昼夜均分、阴阳均衡，但并非寒暑平衡，而是春分近寒、秋分近暑。这同样是气温对阳气的滞后性响应造成的。

二十四节气的七十二候

七十二候，是节气体系中的广义物候历，是中国古人观察时令的一种范式，也是中国古代生态时间的叙事主线。二十四节气和七十二候是以天文现象进行时间刻画，以气候进行规律表征，以物候进行精细注解的时间文化体系。

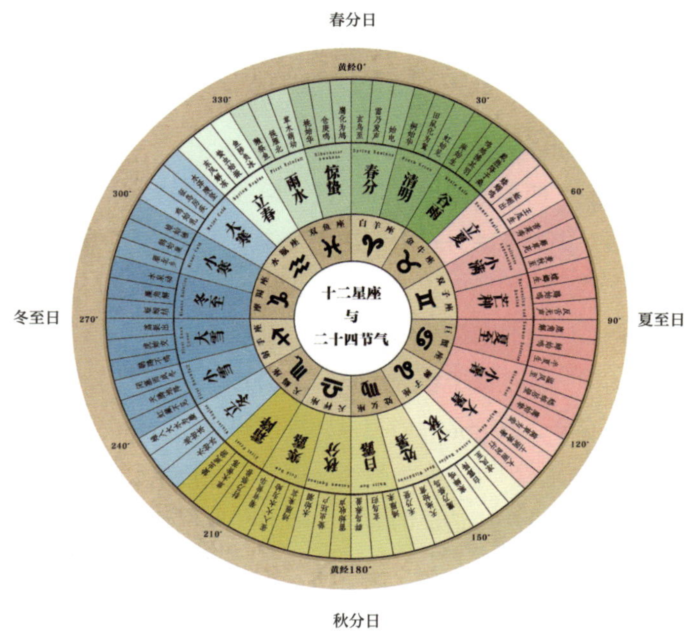

黄经刻度视角下的十二星座、二十四节气、七十二候

七十二候的本质，一是将“天上的时间”（天文时间）折算成“地上的时间”（气候或物候时间），由天文历变为气候历，进而转化为物候历，由夜观天象视角转换为俯察乡土视角；二是在二十四节气的基础上建立更细化的时间体系，将时间的分辨率由 15 天左右细化到 5 天左右。

中国的二十四节气·七十二候

节气	一候	二候	三候
春季节气	候应		
立春	东风解冻	蛰虫始振	鱼陟负冰
雨水	獭祭鱼	候雁北	草木萌动
惊蛰	桃始华	仓庚鸣	鹰化为鸠
春分	玄鸟至	雷乃发声	始电
清明	桐始华	田鼠化为鴽	虹始见
谷雨	萍始生	鸣鸠拂其羽	戴胜降于桑
夏季节气	候应		
立夏	蝼蝈鸣	蚯蚓出	王瓜生
小满	苦菜秀	靡草死	麦秋至
芒种	螳螂生	鵙始鸣	反舌无声
夏至	鹿角解	蝉始鸣	半夏生
小暑	温风至	蟋蟀居壁	鹰始挚
大暑	腐草为萤	土润溽暑	大雨时行
秋季节气	候应		
立秋	凉风至	白露降	寒蝉鸣
处暑	鹰乃祭鸟	天地始肃	禾乃登
白露	鸿雁来	玄鸟归	群鸟养羞
秋分	雷始收声	蛰虫坯户	水始涸
寒露	鸿雁来宾	雀入大水为蛤	菊有黄华
霜降	豺乃祭兽	草木黄落	蛰虫咸俯
冬季节气	候应		
立冬	水始冰	地始冻	雉入大水为蜃
小雪	虹藏不见	天气上腾、地气下降	闭塞而成冬
大雪	鹖鴠不鸣	虎始交	荔挺出
冬至	蚯蚓结	麋角解	水泉动
小寒	雁北乡	鹊始巢	雉始雊
大寒	鸡始乳	征鸟厉疾	水泽腹坚

注：五天左右候尺度的物候标识，称为“候应”，即生物在这一候对时令变化的反应。七十二候中的物候标识体现了中国古人的物候观测偏好。

在古代社会，温饱为要。七十二候中的物候标识，讲究实用性，凸显以生物物候对农桑的“定时”功能，这是古代社会的刚性需求。以布谷鸟提示农耕，以戴胜鸟提示蚕桑，体现了对耕和织的间接平衡性提示。以麦秋至提示夏收，以禾乃登提示秋收，体现了对夏收和秋收的直接平衡性提示。

风往往被视为时令变化的图腾，体现了中国古人对季风气候的深刻理解。虽然春暖花开，但人们执着地吟咏“春风吹又生”，描述“春风又绿江南岸”，感慨“春风如贵客，一到便繁华”。

七十二候对兼具观赏性和定时功能的花事物候的偏好，也体现了中国人特有的浪漫。

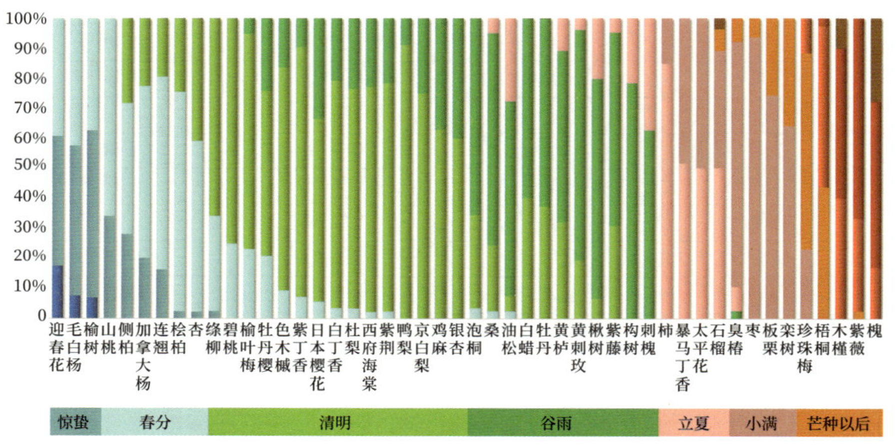

北京植物始花期的节气时段概率分布

(基于1963—2012年48种木本植物的物候观测)

七十二候的优点是什么？七十二候为时间段落赋予了平民化的画面感和情节化，鲜活通俗，零门槛的可见可感。

第一，七十二候建立了关于季节的平民化标准。例如：什么是春？冰始融。什么是冬？水始冰。这是关于季节划分最接地气的标准。

第二，七十二候构建了环境友好的意识。众多生物“担任”时间段落的物候标识，体现生态“定时”功能，所以“环境友好”也就无言地被浸润到人们的潜意识之中。在帮助人们感知时间方面，它们不只是友，是亦师亦友。

第三，七十二候借助物候标识所具有的生物本能，形成了劝课农桑的“集合预报”。古人云：“巢居者知风，穴居者知雨，草木知节令。”人们对各种生物本能智慧的集成，是更大的智慧。

第四，七十二候具有生态叙事的连贯与接续，有一种观看自然物候连续剧的感觉，这使人们容易形成“收视惯性”。而且对同一类物候，古人既聚焦时令之“启”，也聚焦时令之“闭”，保持着对草木荣枯全周期的持续关注。

第五，七十二候是多个维度、各种视角的组合式物候序列，是“致广大而尽精微”的无盲区物候体系。古人既遴选了有声的候应，也吸纳了有色的候应，形成时令的听觉和视觉“报道”。在观测物候的方式上，既有仰视，也有平视，还有对地下的挖掘和俯视。

七十二候，是中国古代经典的物候历，是对气候的物化表达。所以立形于前、行文于后，我们以图文一体的理念诠释七十二候的丰富内涵。我国上古时期便有“河图洛书”，古人甚至有“图乃书之祖也”的理念，图为经、文为纬，图文并茂才构成解读自然之学的经纬。宋代郑樵《通志·图谱略》载：“古之学者，为学有要。置图于左，置书于右；索象于图，索理于书。”

对七十二候图文一体的诠释，有很多学者是以摄影的方式展现图的部分，但摄影存在一定的局限。

局限一是中国古人对时令物象的观测有仰视、平视、俯视的视角差异。仰视，如白露一候鸿雁来；平视，如惊蛰一候桃始华；俯视，如立春二候蛰虫始振。

七十二候中“俯视”类的候应，属于掘地三尺才能得见的物象，很难借助摄影的方式呈现。例如反映蛰虫作息的候应，立春二候蛰虫始振、秋分二候蛰虫坯户、霜降三候蛰虫咸俯、小暑二候蟋蟀居壁、冬至一候蚯蚓结等。

局限二是一些生物已罕见或绝迹，例如清明二候田鼠化为鴽；还有一些物候项的代表性行为难以捕捉，例如雨水一候獭祭鱼、霜降一候豺乃祭兽、大雪二候虎始交等，都难以用摄影的方式呈现。

所以相较而言，以图绘的方式更能够完整地呈现七十二候中各个物候项的特征化场景和行为。

古代已经有了一些版本的七十二候图绘，具有丰厚的文化价值，但存在以下两个问题。第一，就七十二候的科学性而言，古代图绘存在一定的认知局限。例如大雪一候鹖鴠不鸣，古代的图绘中通常是将“鹖鴠”绘为锦鸡。

左图传为南宋夏圭《月令图》之大雪一候鹖鴠不鸣，故宫博物院藏。右图或为明代女真人依照明代李泰《四时气候集解》绘制的《七十二候图》之大雪一候鹖鴠不鸣，北京保利 2021 年秋季拍卖会展品。

而像春分二候雷乃发声、春分三候始电这样的候应，古代图绘中通常是呈现雷公、电母在空中制造雷电。这是一种古人追求逻辑自洽的解读方式，但当代图绘当呈现物候现象的自然属性。

第二，古代图绘通常回避了发生于地下的物候现象，代之以地面上的物象，以地上场景的写意替代地下场景的写实。

基于此，我们以科学性为前提，力求以图的方式呈现七十二候中各个候应的真实场景，以文的方式诠释各个候应的内在含义，力求还原七十二候的“真容”。

明代仇英《独乐园图卷》(局部)，美国克利夫兰艺术博物馆藏

“候”的知名度很低，但我们熟知“气候”。

二十四节气，最初被称为“二十四气”。气，代表 15 天左右的时段；候，代表 5 天左右的时段。它们既代表时间，也代表某个时间段落或节点的气象特征。古代观测气象现象的“候气”、现代表征气象规律的“气候”，都与气、候二字有关，可见气与候之历久弥新。

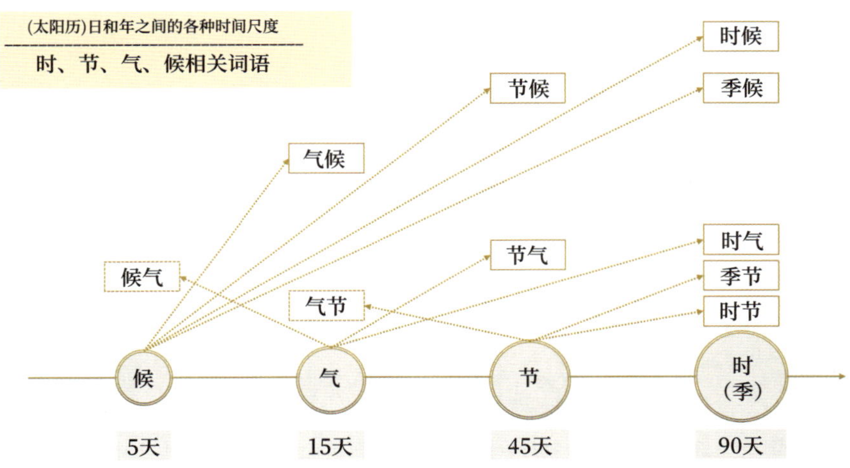

我们常用的“时候”一词中的时和候都是古代的时间尺度。

《黄帝内经·素问·六节藏象论》载：“五日谓之候，三候谓之气，六气谓之时，四时谓之岁，而各从其主治焉。”

在中国古代准等长的四季体系中，“时”表征季节。在四时的起承转合中，人们遵循春生、夏长、秋收、冬藏的自然节律。四个季节如同四个段落，每个段落都有着不同的农事主题和养生主旨。

时，是一个主题段落中最大的时间尺度；候，是一个主题段落中最小的时间尺度，它们分别是农耕社会主题化人文时间段落的概括方式和精算方式。

时，我们以春为例；候，我们以立春一候为例：春这一时的主题是生；立春一候这一候的主题是冰雪开始消融。时，我们以秋为例；候，我们以处暑三候为例：秋这一时的主题是收；处暑三候这一候的主题是主粮开始收获。因此，“时候”一词包含了以“四立”划分的人们主题化生活段落的宏观与微观。由此而论，看似平常的“时候”一词，其意深矣！

时（准90天）	立春	雨水	惊蛰	春分	清明	谷雨
候（准5天）	立春一候					
时（准90天）	立秋	处暑	白露	秋分	寒露	霜降
候（准5天）		处暑三候				

时候

五日谓之候，三候谓之气，六气谓之时，四时谓之岁。
各节气的色彩，是基于二十四节气色谱中的天文算法。

在中国古代绘画中，鸟虫物候与草木物候往往是“共现”的，它们是绘画艺术中经典的题材。

清代余稚《花鸟图册十二开》，故宫博物院藏

七十二候，也常常被说成七十二物候，是以物候现象表征时序系列。每一候的物候标识，也被称为候应，即候尺度内生物或环境有怎样的反应。在《吕氏春秋·十二纪》等先秦典籍中，已有七十二候中的所有物候标识，只不过那时它们是作为月令体系的物候标识，还没有严谨地对应五天一候这个时间单位。

二十四节气及其七十二候，是古人由夜观天象的仰望变成品味乡土的俯视，进而形成沉浸于乡土之中的体验。

在太阳历的准 45 天尺度的“四时八节”与月亮历的准 30 天尺度的朔望月的基础上，阴阳合律的二十四节气得以形成。然后，人们希望建立具有更高分辨率的时间尺度，于是七十二候应运而生。

和人们将一个月的月相惯常概括为六种特征态一样，在节气体系建立之前的月令体系中，人们就已经有了为每个月梳理出六种左右物候标识的定例。

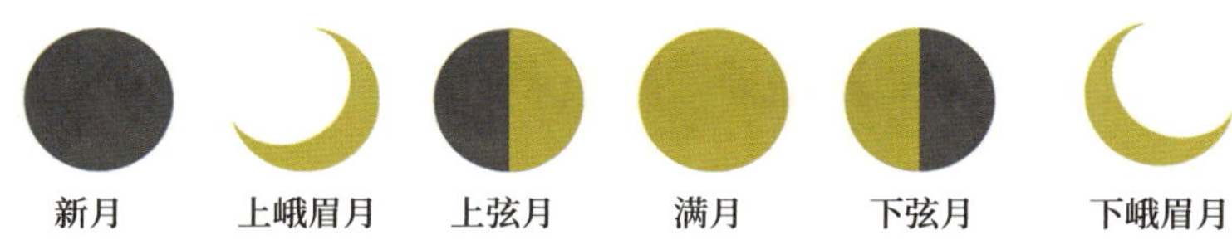

人们在月相序列中概括出的六个特征态

当然，在古代，物候的范畴更宽泛，既包括动物物候、植物物候、环境物候，还涵盖一些天气和气候现象，例如虹始见、大雨时行等。

什么是物候？简言之就是生物的生活规律。物候历，就是人们参考“别人”的“生物钟”作为自己的时间刻度。

按照《淮南子》的说法，“天地之气，莫大于和”，万物因和而生。所谓“和”，是天地的和合与共振。

从立春、立夏、立秋、立冬、小暑、大暑、小寒、大寒这些名字就可以看出，二十四节气的称谓是以气候表征的。而从谷雨一候萍始生、二候鸣鸠拂其羽、三候戴胜降于桑，小满一候苦菜秀、二候靡草死、三候麦秋至这些标识中就可以看出，七十二候是以物候表征的，它们有着表征方式上的互补。

一个是“气”，一个是“象”。寒暑之“气”，体现为物候之“象”，它们共同构成了“气象”。所以，七十二候既是对二十四节气时间尺度上的细化，也是对二十四节气刻画方式上的物化。

陶渊明《桃花源诗》云：“草荣识节和，木衰知风厉。虽无纪历志，四时自成岁。”

天文历，当然是规范的时间历法，人们在斗转星移中，在晨昏、朔望、寒暑的变化中感知时间的节律。但物候历是鲜活的时间历法，人们在草木枯荣、候鸟来去中感知时间的节律，是对“大自然的语言”的一种非常灵动的译法。孔子在谈及学习《诗经》时曾说“多识于鸟兽草木之名”，借助鸟兽草木的物候语言，我们可以更敏锐地感知自然的节律。

《论语·阳货》曰：“天何言哉？四时行焉，百物生焉，天何言哉？”天道默默地运行，谁代其言呢？是依循天道启闭的生物。

《荀子》曰：“天不言而人推高焉，地不言而人推厚焉，四时不言而百姓期焉。夫此有常，以至其诚者也。”

清代马涛《诗中画》，光绪十一年（1885 年）刊钤印本

左图为“轻舟一路绕烟霞，更爱山前满涧花。不为寻君也留住，那知花里即君家”。
右图为“春风骀荡日初晴，与客寻僧入化城。墙里杏花墙外柳，始知佳节近清明”。

欧阳修《秋声赋》云："天之于物，春生秋实。"

陆游《赠燕》曰："四序如循环，万物更盛衰。"

竺可桢先生在《大自然的语言》一文中写道："几千年来，劳动人民注意了草木荣枯、候鸟去来等自然现象同气候的关系，据以安排农事。杏花开了，就好像大自然在传语要赶快耕地；桃花开了，又好像在暗示要赶快种谷子。布谷鸟开始唱歌，劳动人民懂得它在唱什么：'阿公阿婆，割麦插禾。'这样看来，花香鸟语，草长莺飞，都是大自然的语言。"

人们由物候洞察气候，所用的都是"活的仪器"，甚至是比气象仪器更复杂、更灵敏的仪器。希望我们仔细地观察物候，懂得大自然的语言。

在云南的基诺山寨，我和基诺族老人杰布鲁攀谈时，我问他的生日是什么时候，他说"认不得"，只记得是生在满山白花羊蹄甲盛开的时候。我又问在人们眼中，怎么才算是春天来了，他说是酸苞树开始发芽的时候。可见，在部分地区，人们依然以物候计时。

二十四节气之所以能够在传承的过程中"飞入寻常百姓家"，除了其实用性，还有一个非常重要的原因是其直观表达，用物候计时，你可以不甚理解天文和气候，但你可以知道什么时节桃花开了，什么时节燕子来了，什么时节青蛙叫了，什么时节樱桃熟了，什么时节桐叶落了。自然节律的情节化，使物候变得可知、可感、可鉴赏，甚至可品尝。

正是因为有七十二候的鲜活注解，节气体系变得特别直观，且便于"破圈"传播。你可能难以洞察气候禀赋和节律，但你可以很轻松地知道什么时候黄鹂在歌、布谷在唱，什么时候浮萍重生、桑叶又绿，什么时候鸿雁迁飞，什么时候彩虹乍现，什么时候蟋蟀盛鸣……它们是可见、可感的时令代言者。七十二候，使二十四节气成为有声有色、有温度、有画面感的科学体系。

七十二候由何而来?

与节气对应、以五天为周期的七十二候，首见于《逸周书·时训解》。每一候的物候标识，叫作候应。当时惊蛰在雨水前，谷雨在清明前，后历经数次置换，直到唐穆宗长庆二年（822 年）颁发的《宣明历》重新确定春季节气立春、雨水、惊蛰、春分、清明、谷雨次序，自此再未更易。南北朝时期北魏正光三年（522 年）施行的《正光历》(初名《神龟历》）中，首次将七十二候纳入历法。

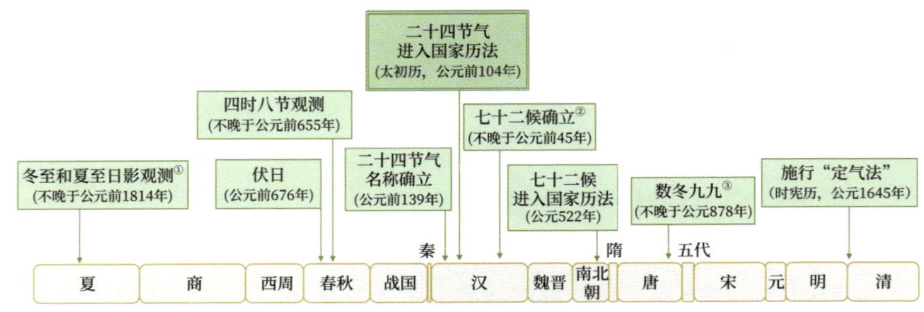

节气体系历史沿革

但二十四节气体系创立之前，在以月为序标注物化标识的月令时代，中国古人便已着眼于物候现象与时间尺度之间的对应关系。

月令，是上古时期的礼制，是一年十二个月当行之“令”，是借由天的意志发布政令，是中国古人最初的时间法则。月令以四时为章，十二月为节，以时间为次序，逐章记述天文历法、自然物候，并据此发布各种政令，故名“月令”。

最初的各种月令典籍，都是以天子的视角、天子的口吻，每个月发布的各种命令的集合，所以叫月令。但是东汉时期有了《四民月令》。所谓四民，指的是古代的士、农、工、商，《四民月令》汇集的是一个士大夫大家庭以月为序的家事汇编，是那个年代平民生活的缩影。

如果说《礼记·月令》是天子的行事月历，那么《四民月令》便是士大夫的家庭月历，它使月令由政事层级变为家事层级，是月令文化进入民间的

---

① 参见智利蓉、宋英杰《由日影长度推算观测年代与地理纬度》，《中国天气·二十四节气研究院论文集（2023）》，气象出版社。

② 参见葛全胜．中国历朝气候变化 [M]. 北京：科学出版社，2011.

③ 最早明确提及与今相同的数九习俗的，是唐代后期的薛能担任徐州刺史时的诗“九九已从南至尽，芊芊初傍北篱新”。清代《钦定古今图书集成·岁功典》和《续修四库全书·通俗编》都将唐代薛能的诗句作为数九习俗缘起的例证。根据《唐刺史考全编·卷六十四》，薛能担任徐州刺史的时间为咸通十四年（874 年）到乾符五年（878 年）。

一个里程碑。

同样是十月孟冬，官方行事是北郊迎气、恤孤寡、占吉凶、固封疆、完要塞、陈祭器、收渔赋，是聚焦国事；而民间行事是趣纳禾稼、筑垣墐户、酿冬酒、作脯腊、绩布缕、制帛履，是聚焦家事。

《礼记·月令》中的关键词有“令”，必须怎么样；也有“毋”，不能干什么。所有的内容都是命令和要求。而《四民月令》中的关键词是“可”，可以怎么样。所有的内容都是建议和提示，使月令由政策性约束变为社会化服务。所以，历史上既有正颜厉色地作为官政指导的官方月令，也有和颜悦色地作为民事指南的民间月令。

竺可桢先生将中华民族五千多年审视自然规律的历史分为四个时期：考古时期、物候时期、方志时期、仪器时期。其中，物候时期为公元前 1100 年—公元 1400 年，最为漫长。因此，中华民族有着深厚的物候历文化传统。

现存最早的物候典籍《夏小正》中就有 60 项与月对应的物候标识，并且成为后世进行物候类项设定和语言表述的范例。

例如正月物候，有“启蛰”，即惊蛰节气的原型；有“梅、杏、杝桃则华”，即“惊蛰一候桃始华”的原型；有“雁北乡”，后来变成小寒一候的候应；有“鱼陟负冰”，后来变成立春三候的候应；有“雉震呴”，即小寒三候雉始雊的原型；有“獭献鱼”，后来变成雨水一候的“獭祭鱼”；有“鹰则为鸠”，后来变成惊蛰三候的“鹰化为鸠”。

《夏小正》还有一些未入选七十二候的物候标识，例如柳稊、囿有见韭、采芸等植物物候，农纬厥耒、农率均田、农及雪泽等农事物候。

而在《吕氏春秋·十二纪》《礼记·月令》《淮南子·时则训》等典籍中，也都各载有 80 项以上与月对应的物候标识，具有同源性。

<table>
<tr><th colspan="7">《吕氏春秋·十二纪》中的月尺度物候与二十四节气的七十二候</th></tr>
<tr><td rowspan="4">春季</td><td rowspan="2">孟春之月</td><td rowspan="2">东风解冻。蛰虫始振。鱼上冰。獭祭鱼。候雁北。天气下降，地气上腾。天地和同，草木繁动。</td><td>立春</td><td>东风解冻</td><td>蛰虫始振</td><td>鱼陟负冰</td></tr>
<tr><td>雨水</td><td>獭祭鱼</td><td>候雁北</td><td>草木萌动</td></tr>
<tr><td rowspan="2">仲春之月</td><td rowspan="2">始雨水。桃李华。仓庚鸣。鹰化为鸠。玄鸟至。雷乃发声。始电。蛰虫咸动，开户始出。</td><td>惊蛰</td><td>桃始华</td><td>仓庚鸣</td><td>鹰化为鸠</td></tr>
<tr><td>春分</td><td>玄鸟至</td><td>雷乃发声</td><td>始电</td></tr>
</table>

（续表）

《吕氏春秋·十二纪》中的月尺度物候与二十四节气的七十二候						
春季	季春之月	桐始华。田鼠化为鴽。虹始见。萍始生。生气方盛，阳气发泄，生者毕出，萌者尽达。时雨将降，下水上腾。鸣鸠拂其羽。戴胜降于桑。蚕事既登。	清明	桐始华	田鼠化为鴽	虹始见
			谷雨	萍始生	鸣鸠拂其羽	戴胜降于桑
夏季	孟夏之月	蝼蝈鸣。蚯蚓出。王瓜生。苦菜秀。农乃升麦。聚蓄百药。靡草死。麦秋至。蚕事既毕。	立夏	蝼蝈鸣	蚯蚓出	王瓜生
			小满	苦菜秀	靡草死	麦秋至
	仲夏之月	小暑至。螳螂生。鵙始鸣。反舌无声。日长至，阴阳争，死生分。鹿角解。蝉始鸣。半夏生。木槿荣。	芒种	螳螂生	鵙始鸣	反舌无声
			夏至	鹿角解	蝉始鸣	半夏生
	季夏之月	温风始至。蟋蟀居宇。鹰乃学习。腐草化为萤。树木方盛。水潦盛昌。土润溽暑。大雨时行。	小暑	温风至	蟋蟀居壁	鹰始挚
			大暑	腐草为萤	土润溽暑	大雨时行
秋季	孟秋之月	凉风至。白露降。寒蝉鸣。鹰乃祭鸟。天地始肃。农乃升谷。	立秋	凉风至	白露降	寒蝉鸣
			处暑	鹰乃祭鸟	天地始肃	禾乃登
	仲秋之月	凉风生。候雁来。玄鸟归。群鸟养羞。日夜分，雷乃始收声。蛰虫俯户。阳气日衰，水始涸。	白露	鸿雁来	玄鸟归	群鸟养羞
			秋分	雷始收声	蛰虫坯户	水始涸
	季秋之月	候雁来。雀入大水为蛤。菊有黄华。豺则祭兽戮禽。无不务入，以会天地之藏，无有宣出。霜始降。草木黄落，乃伐薪为炭。蛰虫咸俯在穴，皆墐其户。	寒露	鸿雁来宾	雀入大水为蛤	菊有黄华
			霜降	豺乃祭兽	草木黄落	蛰虫咸俯
冬季	孟冬之月	水始冰。地始冻。雉入大水为蜃。虹藏不见。天气上腾、地气下降。天地不通，闭塞而成冬。	立冬	水始冰	地始冻	雉入大水为蜃
			小雪	虹藏不见	天气上腾、地气下降	闭塞而成冬
	仲冬之月	冰益壮。地始坼。鹖鴠不鸣。虎始交。日短至，阴阳争，诸生荡。芸始生。荔挺出。蚯蚓结。麋角解。水泉动。	大雪	鹖鴠不鸣	虎始交	荔挺出
			冬至	蚯蚓结	麋角解	水泉动
	季冬之月	雁北乡。鹊始巢。雉雊。鸡乳。征鸟厉疾。始渔。冰方盛，水泽腹坚。	小寒	雁北乡	鹊始巢	雉始雊
			大寒	鸡始乳	征鸟厉疾	水泽腹坚

注：表格中的红色部分为《吕氏春秋·十二纪》中的月度物候被标识成为七十二候的类项。

以其中最早的《吕氏春秋·十二纪》为例，有95项月尺度视角下的物候标识，其中“始雨水”“霜始降”“时雨将降”等最终演变为雨水、霜降、谷雨节气，体现的是黄河中下游地区的气候特征。

南北朝时期，北魏正光三年（522年）颁行《正光历》，首次将七十二候纳入国家历法。

北魏版七十二候

节气	一候	二候	三候
立春	鸡始乳（+3）	东风解冻（+1）	蛰虫始振（+1）
雨水	鱼上冰（+1）	獭祭鱼（+1）	鸿雁来（+1）
惊蛰	始雨水①	桃始华（+1）	仓庚鸣（+1）
春分	鹰化鸠（+1）	玄鸟至（+1）	雷始发声（+1）
清明	电始见（+1）	蛰虫咸动②	蛰虫启户
谷雨	桐始花（+3）	田鼠为鴽（+3）	虹始见（+3）
立夏	萍始生（+3）	戴胜降于桑（+2）	蝼蝈鸣（+2）
小满	蚯蚓出（+2）	王瓜生（+2）	苦菜秀（+2）
芒种	靡草死（+2）	小暑至（+2）	螳螂生（+2）
夏至	鵙始鸣（+2）	反舌无声（+2）	鹿角解（+2）
小暑	蝉始鸣（+2）	半夏生（+2）	木槿荣③
大暑	温风至（+3）	蟋蟀居壁（+3）	鹰乃学习（+3）
立秋	腐草为萤（+3）	土润溽暑（+3）	凉风至（+2）
处暑	白露降（+2）	寒蝉鸣（+2）	鹰祭鸟（+2）
白露	天地始肃（+2）	暴风至④	鸿雁来（+2）
秋分	玄鸟归（+2）	群鸟养羞（+2）	雷始收声（+2）
寒露	蛰虫附户（+2）	杀气浸盛⑤	阳气始衰
霜降	水始涸（+4）	鸿雁来宾（+4）	雀入大水为蛤（+4）

① 惊蛰物候中的一候始雨水，来自《吕氏春秋·十二纪》仲春之月“始雨水”，时段相符。

② 清明物候中的二候蛰虫咸动、三候蛰虫启户，来自《吕氏春秋·十二纪》仲春之月“蛰虫咸动，开户始出”，晚了两三个候。

③ 小暑三候木槿荣，来自《吕氏春秋·十二纪》仲夏之月物候“木堇荣”，晚了至少三个节气。

④ 白露物候中的二候暴风至，来自《吕氏春秋·十二纪》仲秋之月“凉风生”，时段相符。

⑤ 寒露物候中的二候杀气浸盛、三候阳气始衰，来自《吕氏春秋·十二纪》仲秋之月“杀气浸盛，阳气日衰”，晚了两三个候。

（续表）

北魏版七十二候			
立冬	菊有黄华（+4）	豺祭兽（+4）	水始冰（+2）
小雪	地始冻（+2）	雉入大水为蜃（+2）	虹藏不见（+2）
大雪	冰始壮[①]	地始坼	鹖旦不鸣（+2）
冬至	虎始交（+3）	芸始生[②]	荔挺出（+3）
小寒	蚯蚓结（+3）	麋角解（+3）	水泉动（+3）
大寒	雁北向（+3）	鹊始巢（+3）	雉始雊（+3）

注：括号中的“+”代表该物候现象较汉代七十二候偏晚的候数，“-”为偏早的候数。

后世的七十二候所有的物候标识，在《吕氏春秋·十二纪》中均有相应的类项，可以说，《吕氏春秋》是七十二候全版本物候项的开启者。

当然，《吕氏春秋》中还有一些物候标识项并未进入现代版本的七十二候，包括仲夏之月“木堇荣”、仲冬之月“芸始生”等植物物候，以及与七十二候中“小雪二候天气上腾，地气下降”对应的孟春之月“天气下降，地气上腾”、仲春之月“蛰虫咸动，启户始出”、季春之月“蚕事既登”、孟夏之月“蚕事既毕”，还有曾与孟夏之月“农乃升麦”（麦秋至）和孟秋之月“农乃升谷”（禾乃登）具有同等重要性的仲夏之月“农乃登黍”等。

而在《易纬通卦验》中，有小满“雀子蜚”、立秋“虎啸”、小雪“熊罴入穴”、寒露“霜小下”、霜降“霜大下”等独特的节气物候标识。可见，古代中国形成了悠久的物候历传统和丰富的物候体系，为节气框架内以候为序的物候历的创制奠定了由此及彼的必然路径。

七十二候基准版本的确定

七十二候虽然历史悠久，但时至今日也没有一个严格意义上的标准版本。众多版本大体相似，但也有细小的差异。例如，立春末候有“鱼陟负冰”和“鱼上冰”两种表述；小暑末候有“鹰乃学习”和“鹰始挚”两种表述，甚

① 大雪物候中的一候冰始壮、二候地始坼，来自《吕氏春秋·十二纪》仲冬之月“冰益壮，地始坼”，时段相符。

② 冬至物候中的二候芸始生，来自《吕氏春秋·十二纪》仲冬之月“芸始生”，时段相符。

至有“挚”和“鸷”的差异；小寒、大寒节气候应中有“鸡乳、雉雊”和“鸡始乳、雉始雊”的差异。

物候标识与候的严谨对应，首见于《逸周书·时训解》。北魏正光三年（522 年）颁行的《正光历》，首次将七十二候纳入国家历法。最早版本的七十二候，与最早纳入国家历法版本的七十二候，有何异同呢？

《逸周书·时训解》七十二候与北魏《正光历》七十二候的对比

汉代版七十二候					北魏版七十二候		
春季	立春	东风解冻	蛰虫始振	鱼上冰	鸡始乳	东风解冻	蛰虫始振
	雨水	獭祭鱼	候雁北	草木萌动	鱼上冰	獭祭鱼	鸿雁来
	惊蛰	桃始华	仓庚鸣	鹰化为鸠	始雨水	桃始华	仓庚鸣
	春分	玄鸟至	雷乃发声	始电	鹰化鸠	玄鸟至	雷始发声
	清明	桐始华	田鼠化为鴽	虹始见	电始见	蛰虫咸动	蛰虫启户
	谷雨	萍始生	鸣鸠拂其羽	戴胜降于桑	桐始花	田鼠为鴽	虹始见
夏季	立夏	蝼蝈鸣	蚯蚓出	王瓜生	萍始生	戴胜降于桑	蝼蝈鸣
	小满	苦菜秀	靡草死	小暑至	蚯蚓出	王瓜生	苦菜秀
	芒种	螳螂生	鵙始鸣	反舌无声	靡草死	小暑至	螳螂生
	夏至	鹿角解	蜩始鸣	半夏生	鵙始鸣	反舌无声	鹿角解
	小暑	温风至	蟋蟀居壁	鹰乃学习	蝉始鸣	半夏生	木槿荣
	大暑	腐草化为萤	土润溽暑	大雨时行	温风至	蟋蟀居壁	鹰乃学习
秋季	立秋	凉风至	白露降	寒蝉鸣	腐草为萤	土润溽暑	凉风至
	处暑	鹰乃祭鸟	天地始肃	禾乃登	白露降	寒蝉鸣	鹰祭鸟
	白露	鸿雁来	玄鸟归	群鸟养羞	天地始肃	暴风至	鸿雁来
	秋分	雷始收声	蛰虫坯户	水始涸	玄鸟归	群鸟养羞	雷始收声
	寒露	鸿雁来宾	雀入大水为蛤	菊有黄华	蛰虫附户	杀气浸盛	阳气始衰
	霜降	豺乃祭兽	草木黄落	蛰虫咸俯	水始涸	鸿雁来宾	雀入大水为蛤
冬季	立冬	水始冰	地始冻	雉入大水为蜃	菊有黄华	豺祭兽	水始冰
	小雪	虹藏不见	天气上腾，地气下降	闭塞而成冬	地始冻	雉入大水为蜃	虹藏不见
	大雪	鹖鸟不鸣	虎始交	荔挺生	冰始壮	地始坼	鹖旦不鸣
	冬至	蚯蚓结	麋角解	水泉动	虎始交	芸始生	荔挺出
	小寒	雁北向	鹊始巢	雉始雊	蚯蚓结	麋角解	水泉动
	大寒	鸡始乳	鸷鸟厉疾	水泽腹坚	雁北向	鹊始巢	雉始雊

北魏版七十二候，与《逸周书·时训解》七十二候，在候应内容上有62项相同，但所对应的候序却无一相同，有一至四个候的滞后。《正光历》施行的北魏气候较《时训解》成书的汉代寒冷，以候鸟北归、初融、初雷、萌芽、展叶、始花、始鸣等为代表的春夏物候滞后是合理的，但以候鸟南徙、转凉、终雷、初冻等为代表的秋冬物候同样滞后便不合理了。破解谜团，还需要不先入为主地依托气候和物候实测数据，对两种相异版本加以甄别。

后世通常所用的七十二候版本是在《逸周书·时训解》版本的基础上做了少数条目的微调后的版本。其中最重要的变化是将小满三候“小暑至”改为“麦秋至”。

清代曹仁虎《七十二候考》云：“仲夏之小暑至，《时训解》及各史志，皆取为候。金史志，始以麦秋至易之……金史志与唐史略同，惟改小满末候，小暑至为麦秋至。《月令》麦秋至在四月，小暑至在五月。小满为四月之中气，故易之。”

在《吕氏春秋·十二纪》《礼记·月令》等典籍中，“麦秋至”是孟夏物候，“小暑至”是仲夏物候。《逸周书·时训解》中之所以将“小暑至”（天气小热）定为小满三候候应，或与其成书年代特定的气候状态相关。但“小暑至”候应易与小暑节气混淆，且宋金时期小麦已成为主要夏粮作物，所以让“麦秋至”回归是一项正确的抉择。

明代，宋濂、王袆等在编修的《元史》中简述了修订的理由。《元史·卷五十六·考证》：“求二十四气卦候‘麦秋至’，按原刻误作‘小暑至’，今据《礼记》改。”

在南宋的《事林广记》中，小满三候的候应即为“麦秋至”。这是我们所见最早将小满三候候应定为“麦秋至”的版本。当然，清代曹仁虎所考是指正史，《金史》为最早。

“麦秋至”的确立，与宋代推广的稻麦两熟制密切相关。“麦熟半年粮”，麦之将熟的物候指征意义前所未有地重要，小满的节气名和候应名都体现出人们对主粮的关注。

此外，《事林广记》中，小寒三候为“雉始雊”，大寒一候为“鸡始乳”。而处暑三候为“农乃登谷”，出自《礼记·月令》。

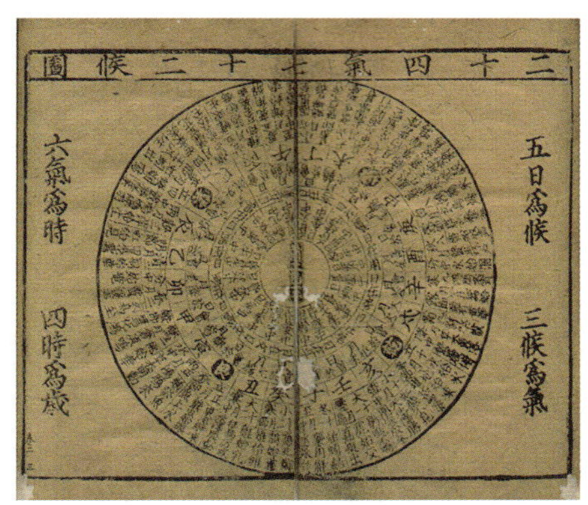

南宋时期陈元靓编《事林广记》之七十二候书影，元代至顺年间西园精舍刊本

《元史》中，另有数项候应表述上的变化。清代曹仁虎《七十二候考》云："元史志复改立春末候，鱼上冰为鱼陟负冰，小暑末候，鹰乃学习为鹰始挚，皆参取《夏小正》句。又改雨水次候，鸿雁来为候雁北，则参取《吕氏春秋》及《通卦验》《淮南子·时训解》句，至今并遵用之。"

《元史》对七十二候的调整，主要有三项。一是立春三候由参取《吕氏春秋》的"鱼上冰"改为参取《夏小正》正月物候的"鱼陟负冰"；目前，日本立春三候依然沿用宋以前的"鱼上冰"。二是小暑三候由参取《吕氏春秋》的"鹰乃学习"改为参取《夏小正》的"鹰始挚"。但"鹰乃学习"的本意是雏鹰练习搏击，"鹰始挚"的本意是开始捕杀，具有微妙差异，小暑三候"鹰乃学习"更能凸显与处暑一候"鹰乃祭鸟"的情节差异。三是将雨水二候的"鸿雁来"改为参取《吕氏春秋》中的"候雁北"，以与白露一候的候应"鸿雁来"加以区分。

由此，我们以《元史》（四库全书本）中的七十二候作为蓝本，确定七十二候的基准版本。

中国的二十四节气·七十二候			
节气	一候	二候	三候
春季节气	候应		
立春	东风解冻	蛰虫始振	鱼陟负冰
雨水	獭祭鱼	候雁北	草木萌动

（续表）

中国的二十四节气·七十二候			
节气	一候	二候	三候
春季节气	候应		
惊蛰	桃始华	仓庚鸣	鹰化为鸠
春分	玄鸟至	雷乃发声	始电
清明	桐始华	田鼠化为鴽	虹始见
谷雨	萍始生	鸣鸠拂其羽	戴胜降于桑
夏季节气	候应		
立夏	蝼蝈鸣	蚯蚓出	王瓜生
小满	苦菜秀	靡草死	麦秋至
芒种	螳螂生	鵙始鸣	反舌无声
夏至	鹿角解	蝉始鸣	半夏生
小暑	温风至	蟋蟀居壁	鹰始挚
大暑	腐草为萤	土润溽暑	大雨时行
秋季节气	候应		
立秋	凉风至	白露降	寒蝉鸣
处暑	鹰乃祭鸟	天地始肃	禾乃登
白露	鸿雁来	玄鸟归	群鸟养羞
秋分	雷始收声	蛰虫坯户	水始涸
寒露	鸿雁来宾	雀入大水为蛤	菊有黄华
霜降	豺乃祭兽	草木黄落	蛰虫咸俯
冬季节气	候应		
立冬	水始冰	地始冻	雉入大水为蜃
小雪	虹藏不见	天气上腾，地气下降	闭塞而成冬
大雪	鹖鴠不鸣	虎始交	荔挺出
冬至	蚯蚓结	麋角解	水泉动
小寒	雁北乡	鹊始巢	雉始雊
大寒	鸡始乳	征鸟厉疾	水泽腹坚

我认为应参取《逸周书·时训解》，将季冬之月的雉雊、鸡乳改为雉始雊、鸡始乳。因为"始"字界定的是特定物候期的初时，更显现物候标识的

时点意义，且句式上可与虹始见、蝉始鸣、水始冰等候应相契合。

一种物候现象的始期、盛期、末期有了清晰界定，它才具有时令的物化标识意义。例如，“雉雊”并非某个节气的排他性特征。唐代王维《渭川田家》的“雉雊麦苗秀，蚕眠桑叶稀”，写的便是雉鸡在孟夏时节的鸣叫。

花期物候也是如此，我们以北京和杭州的木槿花期为例。[①]

地点	木槿开花始期	木槿开花末期
北京	7 月 7 日	9 月 15 日
杭州	7 月 3 日	10 月 5 日

可见，在北京，木槿的花期是由小暑到白露时节，涵盖 14 个候；在杭州则是夏至到秋分时节，涵盖 19 个候。只有界定“木槿始花”，才是北京小暑一候、杭州夏至三候的排他性物候特征。

明代沈周《杏林飞燕》扇页

明代吕纪《李花册页》

七十二候中，类项最多的是鸟类物候，有 22 项，可以说，最重要的物候是鸟候。因为鸟类“得气之先”，在物候观测领域，鸟是人们亦师亦友的物候代表。

鸟类候应中，人们最关注的是鹰和鸿雁，各有四项。其中惊蛰“鹰化为鸠”、小暑“鹰始挚”、处暑“鹰乃祭鸟”、大寒“征鸟厉疾”，虽然看似描述鹰的神态举止，实则刻画鹰神态举止背后的寒热温凉。

当然，主要与鸟候相关的候应中，也有数项运化类的候应：惊蛰三候鹰化为鸠，清明二候田鼠化为鴽，寒露二候雀入大水为蛤，立冬三候雉入大水为蜃。

---

① 参见宛敏渭．中国自然历选编 [M]. 北京：科学出版社，1986.

此处涉及两个概念，一是“为”，二是“化为”。

唐代《礼记正义》载：“化者，反归旧形之谓。故鹰化为鸠，鸠复化为鹰。若腐草为萤、雉为蜃、爵为蛤，皆不言化，是不复本形者也。”可见在古人看来，“化为”是可逆的，“为”是不可逆的。当然，如此解读无关科学。

这几则候应，在后世多受诟病，被视为古人的臆断，体现了他们的认知局限。

其实，我们不可以把这些物语轻率地定性为科学谬误。古人的生命观，不是生与死，而是生与化，一种朴素的生命运化观。

在中国七十二候的基础上，日本依据本国物候于1685年启用新的七十二候，但沿袭了中国七十二候的表达范式。七十二候，在跨国界的节气文化圈依然得到传承。

中日两国二十四节气·七十二候的异同

春	一候 中国	一候 日本	二候 中国	二候 日本	三候 中国	三候 日本
立春	东风解冻	东风解冻	蛰虫始振	黄莺睍睆	鱼陟负冰	鱼上冰
雨水	獭祭鱼	土脉润起	候雁北	霞始䨲	草木萌动	草木萌动
惊蛰/启蛰	桃始华	蛰虫启户	仓庚鸣	桃始笑	鹰化为鸠	菜虫化蝶
春分	玄鸟至	雀始巢	雷乃发声	樱始开	始电	雷乃发声
清明	桐始华	玄鸟至	田鼠化为鴽	鸿雁北	虹始见	虹始见
谷雨	萍始生	葭始生	鸣鸠拂其羽	霜止出苗	戴胜降于桑	牡丹华

夏	一候 中国	一候 日本	二候 中国	二候 日本	三候 中国	三候 日本
立夏	蝼蝈鸣	蛙始鸣	蚯蚓出	蚯蚓出	王瓜生	竹笋生
小满	苦菜秀	蚕起食桑	靡草死	红花荣	麦秋至	麦秋至
芒种	螳螂生	螳螂生	䴗始鸣	腐草为萤	反舌无声	梅子黄
夏至	鹿角解	乃东枯	蝉始鸣	菖蒲华	半夏生	半夏生
小暑	温风至	温风至	蟋蟀居壁	莲始开	鹰始挚	鹰乃学习
大暑	腐草为萤	桐始结花	土润溽暑	土润溽暑	大雨时行	大雨时行

（续表）

秋	一候 中国	一候 日本	二候 中国	二候 日本	三候 中国	三候 日本
立秋	凉风至	凉风至	白露降	寒蝉鸣	寒蝉鸣	蒙雾升降
处暑	鹰乃祭鸟	绵柎开	天地始肃	天地始肃	禾乃登	禾乃登
白露	鸿雁来	草露白	玄鸟归	鹡鸰鸣	群鸟养羞	玄鸟去
秋分	雷始收声	雷乃收声	蛰虫坯户	蛰虫坯户	水始涸	水始涸
寒露	鸿雁来宾	鸿雁来	雀入大水为蛤	菊花开	菊有黄华	蟋蟀在户
霜降	豺乃祭兽	霜始降	草木黄落	霎时施	蛰虫咸俯	枫茑黄

冬	一候 中国	一候 日本	二候 中国	二候 日本	三候 中国	三候 日本
立冬	水始冰	山茶始开	地始冻	地始冻	雉入大水为蜃	金盏香
小雪	虹藏不见	虹藏不见	天气上腾、地气下降	朔风払叶	闭塞而成冬	橘始黄
大雪	鹖鴠不鸣	闭塞成冬	虎始交	熊蛰穴	荔挺出	鲑鱼群
冬至	蚯蚓结	乃东生	麋角解	麋角解	水泉动	雪下出麦
小寒	雁北乡	芹乃荣	鹊始巢	水泉动	雉始雊	雉始雊
大寒	鸡始乳	款冬华	征鸟厉疾	水泽腹坚	水泽腹坚	鸡始乳

七十二候存在的问题

七十二候作为经典的物候历，也存在三个方面的问题，首先是物候项内涵及变迁问题，其次是物候期与候尺度的匹配问题，最后是物候项通用性问题。

我们首先谈谈物候项内涵及变迁问题。这主要有四个方面，一是七十二候中的一些物候项内涵存在争议。例如，立夏一候蝼蝈鸣，对于什么是蝼蝈，历来存在争议。又如，大雪一候鹖鴠不鸣，对于何为鹖鴠，曾有“勇毅之鸟”、锦鸡、寒号虫等不同认知。

二是七十二候中的一些物候项已经很难观测或绝迹的问题。例如，夏至一候鹿角解、冬至二候麋角解，鹿和麋在野外已然罕见，观测难度极大；又如，清明二候田鼠化为鴽，鴽已然成为一种只存活于古书中的小鸟。这类物候项已不具备物候意义上的代表性。

三是在今人看来，某些物候项存在科学局限。例如，大暑一候腐草为萤，古人认为草腐烂之后变成了萤火虫，这显然不符合今人的认知；又如，寒露二候雀入大水为蛤、立冬三候雉入大水为蜃，天气寒凉之际鸟类变成了贝类，也是类似的问题。

还有“祭”，雨水一候獭祭鱼、处暑一候鹰乃祭鸟、霜降一候豺乃祭兽，这些物候中的动物不可能真的会祭祀，这只是古人因敬畏和感恩形成的一种通感和联想。

四是物候项过于抽象。例如，处暑二候天地始肃，小雪二候天气上腾，地气下降。

与阴阳体系一样，天气、地气体系也是古人解读寒暑更迭的一种动力学模型。古人是以“天气”和“地气”之间亲疏聚散，诠释四季变化。尽管古人以“天气”与“地气”的互动关系解读寒来暑往可以实现逻辑自洽，但在应用层面，人们并没有直观的物候指征可循。

其次，我们谈谈物候期与候尺度的匹配问题。一个物候项通常存在年际差异。杜甫的《腊日》诗中描述了“今年”物象与“常年”物候之间的差异：“腊日常年暖尚遥，今年腊日冻全消。侵陵雪色还萱草，漏泄春光有柳条。”

时令偏早的个例如王炎《好事近》：“时节近元宵，天意人情都好。烟柳露桃枝上，觉今年春早。”时令偏晚的个例如辛弃疾《杏花天》：“牡丹昨夜方开遍。毕竟是，今年春晚。荼蘼付与薰风管。燕子忙时莺懒。”

一个物候项能否胜任某一候的物候标识，取决于它是否遵守时令，即它的定时能力。但是，许多物候的物候期都会超出候尺度。即便是最遵守时令的植物物候期，其年际变化也大多超出 5 天的候尺度。

以北京 1950—2018 年“桃始华”为例，年际标准差 σ 为 6.8 天，物候期多年变幅 33 天。峰值候（春分二候）对物候期的概括能力只有 26%，远远低于 60% 的及格线。换句话说，如果我们定义北京春分二候“桃始华”，那么始花期准确率只有 26%。而如果以节气尺度界定“桃始华”，峰值节气

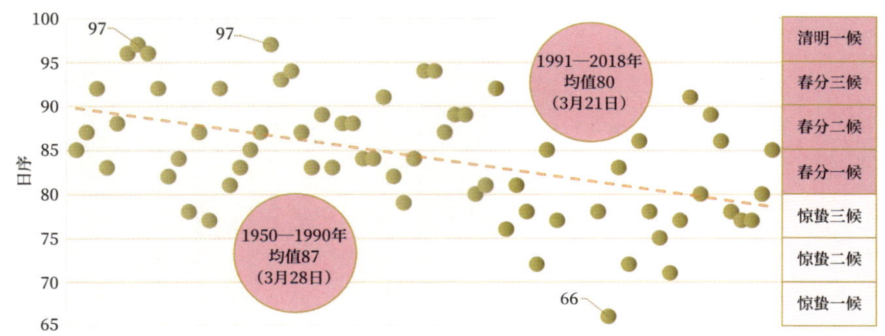

北京的桃始华（1950—2018年）
实点为逐年日序值，虚线为线性趋势线

（春分）对物候期的概括能力为 68%。[①]

物候也受到气候变化的影响。历经千年，涵盖气候变化的物候期不是候尺度能框定的。

随着气候变化，北京"桃始华"的时间由 3 月 28 日春分二候（1950—1990 年均值）提前到了 3 月 21 日春分一候（1991—2018 年均值），偏移幅度超过了 5 天一候的时间尺度。

再如西安原来是立春一候东风解冻，现在已前移至大寒二候，偏移幅度同样超过 5 天一候的时间尺度。

最后，我们谈一下物候项通用性问题。

一是地域差异，尤其是纬度差异。岑参说，塞北是"北风卷地白草折，胡天八月即飞雪"。元稹说，湖北是"楚俗物候晚，孟冬才有霜"。杜牧说，江南是"青山隐隐水迢迢，秋尽江南草未凋"。李白说，"燕草如碧丝，秦桑低绿枝"，燕国的草刚刚萌发，秦国的桑树肥硕的绿叶已经压弯了枝条。

我们仍以北京"桃始华"为例，七十二候中是惊蛰一候"桃始华"，而北京山桃始花概率最高的是春分二候。显然，惊蛰一候"桃始华"之说不适用于北京。

再如七十二候中的春分二候"雷乃发声"。"一雷惊蛰始"，主要适用于

---

① 1950—1972 年数据来自竺可桢《物候学》，1973—1988 年数据来自《中国动植物物候观测年报》，1989—2018 年数据来自中国物候观测网。

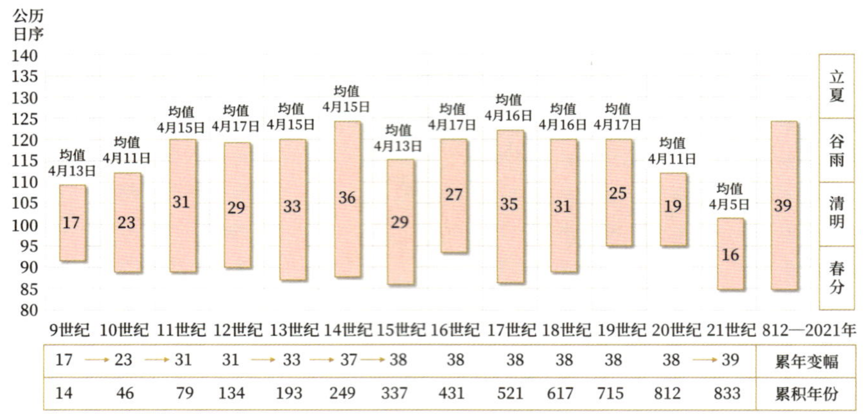

9世纪	10世纪	11世纪	12世纪	13世纪	14世纪	15世纪	16世纪	17世纪	18世纪	19世纪	20世纪	21世纪	812—2021年
17 →	23 →	31	31 →	33 →	37 →	38	38	38	38	38	38 →	39	累年变幅
14	46	79	134	193	249	337	431	521	617	715	812	833	累积年份

日本京都樱花满开日期的多年变幅

(柱体中的数字为变幅的天数)

日本京都樱花满开观测的千年序列，物候期变幅达 39 天，接近“四时八节”尺度。

长江沿线。春分的“雷乃发声”，主要适用于秦岭—淮河一线。对节气体系起源地区而言，初雷大多是在清明之后。

再如降雨的峰值时段，在七十二候中为大暑二候大雨时行。大雨时行，按照中国最早的岁时典籍《夏小正》的说法，是“时有霖雨”，是最酣畅淋漓的雨，是“洗天大雨”。

北方地区是大暑三候“大雨时行”，但华南地区是“小满大满江河满”，小满至芒种时节便已盛行“龙舟水”，江南地区是“芒种夏至是水节”，6 月“梅子黄时家家雨”。

二是海拔差异。白居易“人间四月芳菲尽，山寺桃花始盛开”揭示的正是海拔差异。即使不是千米高差，在自己“一亩三分地”上的农事物候，也有显著的差异。如汉代崔寔《四民月令》所说：“凡种大小麦，得白露节，可种薄田；秋分，种中田；后十日，种美田。”老百姓把这种秋种的差异性变成朗朗上口的“白露种高山，秋分种平川，寒露种河滩”。

按照生物气候定律，在其他因素相同的条件下，北美温带地区，每向北移纬度 1°、向东移经度 5°，或上升约 122 米，植物的阶段发育在春天和初夏将各延期 4 天，在晚夏和秋天则各提前 4 天。别说一个幅员辽阔的国家了，就是一棵树，也会有“一树春风有两般，南枝向暖北枝寒”的情况。

三是，即使在同一地域，没有海拔的差异，也有朝向的差异。

早在春秋时期，《管子》中便有“日至六十日而阳冻释，七十日而阴冻释”的阐述，即冬至后 60 天，阳坡（向阳之处）消融；冬至后 70 天，阴坡（背阴之处）消融。在乡村，人们房前屋后种果树，发现不仅向阳与背阴的物候期有差异，就连味道也有差异，正所谓“向阳石榴红似火，背阴李子酸透心”。

以分布较为广泛的杏树始花期为例，南北差异便逾百日。所以，在中国古代节日体系中，中秋节可以一统时间，因为“天涯共此时”。花朝节难以一统，因为“燕草如碧丝，秦桑低绿枝”，更不用说我国“草经冬不枯，花非春亦放”的岭南地区了。

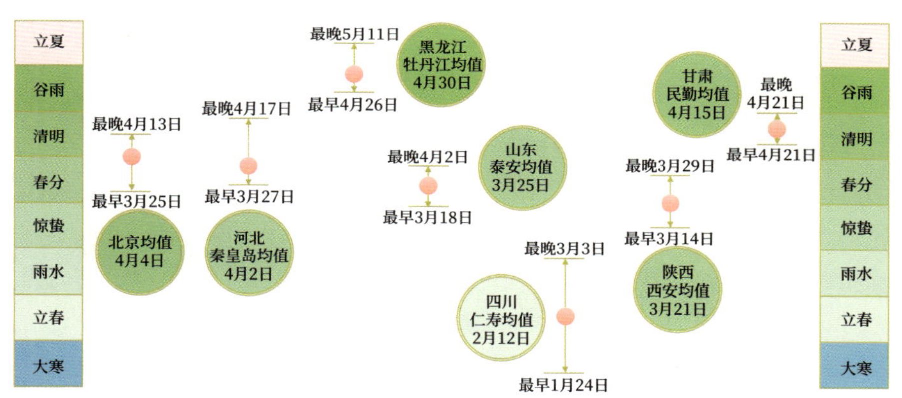

各地杏树始花日期

宋代沈括《梦溪笔谈》云：“土气有早晚，天时有愆伏。岭峤微草，凌冬不凋；并汾乔木，望秋先陨。诸越则桃李冬实，朔漠则桃李夏荣，此地气之不同也。”

清代刘献廷《广阳杂记》载：“诸方之七十二候各各不同，如岭南之梅，十月已开；湖南桃李，十二月已烂漫。无论梅矣，若吴下梅则开于惊蛰，桃李放于清明，相去若此之殊也。今历本亦载七十二候，本之《月令》，乃七国时中原之气候也；今之中原，已与《月令》不合，则古今历差为之。今于南北诸方，细考其气候，取其确者一候中，不妨多存几句，传之后世，则天地相应之变迁，可以求其微矣。”

七十二候的初心，是为了精确计算物候期，但广义的物候却是高度地域性的，七十二候无法刻画各地物候，无法形成全国统一的“标准答案”，这是七十二候体系注定难以突破的局限性。在一个幅员辽阔的国度，必须进行本地化、当代化的订正。

因此，以候尺度界定物候，现实终究不如理想那样丰满。这也是为什么尽管它时段分辨率更高，却不如节气更通晓、更通用。但以物候刻画气候的方式，使科学和文化有了更多的感性和情节。如果我们参照古代七十二候的范式，依据实测提取并编制本地的七十二候，将是节气文化体系在当代活态传承的一种方式。

二十四节气的英文译名

二十四节气是以大约 15 天为自然节律的时令体系，其官方定义为：二十四节气，是中国古人通过观察太阳周年运动而形成的时间知识体系及其实践。英文表述为：The 24 Solar Terms，knowledge in ancient China of time and practices developed through observation of the sun’s annual motion。

目前的二十四节气是以黄经 15° 为间隔的节点序列。

以季节为序，二十四个节气可如下分类。

分类	节气名					
春季节气	立春	雨水	惊蛰	春分	清明	谷雨
夏季节气	立夏	小满	芒种	夏至	小暑	大暑
秋季节气	立秋	处暑	白露	秋分	寒露	霜降
冬季节气	立冬	小雪	大雪	冬至	小寒	大寒

以属性而论，二十四节气可以划分为六个类别。

类别	节气名
天文类节气	（4 个）春分、夏至、秋分、冬至
季节类节气	（4 个）立春、立夏、立秋、立冬
寒暑类节气	（5 个）小暑、大暑、处暑、小寒、大寒
水汽状态类节气	（6 个）雨水、白露、寒露、霜降、小雪、大雪
物候类节气	（3 个）惊蛰、小满、芒种
天气与物候复合类节气	（2 个）清明、谷雨

其中天文类节气有着清晰的天文表象，既是中国古人最早测定的节气，

也是全球通用的时间节点。在节气文化圈外，这四个天文类节气是不被称为节气的节气。

直到今天，欧美国家还通常将春分、夏至、秋分、冬至作为四季的起始，就是所谓的季节“天文划分法”。美国某民调网站 2021 年的调查显示，33% 的美国人感性地将春分（昼夜平分日）视为春天到来的时间节点，认同夏至、秋分、冬至为夏天、秋天、冬天起点的分别为 16%、26%、21%。

因此，天文类节气的译名版本较少，除了有人将“至”译为 maximum，将“分”译为 center，绝大多数译文均将“至”译为 solstice，将“分”译为 equinox。

译法差异和争议较小的还有两个节气，一个是白露，译为 White Dew；另一个是寒露，译为 Cold Dew。

在近三四百年的时间中，人们积淀了众多二十四节气的不同译法。最初是音译，渐渐地，意译成为主流。

荷兰莱顿大学的东方学家和数学家雅各布斯 · 歌利亚在 1650 年出版的《中国新地图集》（*Novus Atlas Sinensis*）的附录中提供了二十四节气的阿拉伯字母拼音、拉丁字母拼音、拉丁文翻译，音译与意译并存。这也是木刻汉字第一次正式进入欧洲出版物。

Significata.	Nomina Sinica.	Caspica.	Nota Sinica.	Num.	Significata.	Nomina Sinica.	Caspica.	Nota Sinica.	Num.
Elevatio autumni	Liě·ç'iēu	ليجوو	秋立	13	*Elevatio veris*	Liě-ch'ūn	ليچن	春立	1
Quies caloris	Ch'ů-xǔ	چيو شو	暑處	14	*Pluvia aqua*	yù-xuì	وو شي	水雨	2
Albus ros	Pě-lú	پيلو	露白	15	*Motus reptilium*	Kīng-chě	كينچه	蟄驚	3
Autumni pars	Ç'iēu-fuén	سيو فن	分秋	16	*Veris pars*	Ch'ūn fuén	شون فونك	分春	4
Frigidus ros	Hán-lú	خنلو	露寒	17	*Limpida claritas*	çīng·mîng	شينك مينك	明清	5.
Pruina descensus	Xoang-kiáng	شونكون	降霜	18	*Frugum pluvia*	Cǒ-yù	كو وو	雨穀	6
Elevatio hyemis	Liě-tūng	ليتون	冬立	19	*Elevatio æstatis*	Liě-hiá	ليخه	夏立	7
Parva nix	Siaò-siuě	سياو شه	雪小	20	*Parva repletio*	Siaò muòn	شيو من	滿小	8
Magna nix	Tá-siuě	دايشه	雪大	21	*Herbarũ semina*	Mang-chûng	منچن	種芒	9
Hyemis statio	Tūng-chí	دونچي	至冬	22	*Æstatis statio*	Hiá-chí	خاجي	至夏	10
Parvum frigus	Siaò-hán	شيوخن	寒小	23	*Parvus calor*	Siaò-xǔ	سياو سو	暑小	11
Magnum frigus	Tá-hán	دايخن	寒大	24	*Magnus calor*	Tá-xǔ	دايشو	暑大	12

而在意译版本中，既有刻意对应汉字的译法，也有表征节气气候或物候特征的译法，甚至还有刻画节气风俗的译法，例如将“清明”译为 Tomb Festival（坟墓节）。

即使是表征季节起始的立春、立夏、立秋、立冬，也有诸多译法。

	立春
译法 1	Beginning of Spring
译法 2	Spring Begins
译法 3	Start of Spring
译法 4	Spring Commences
译法 5	Commencement of Spring
译法 6	Advent of Spring

而有些节气名称的翻译，需要译者具有对节气内涵的深刻理解，所以翻译节气名不仅是语言学的问题。

例如三个物候类节气，清明、小满和芒种。

	清明
译法 1	Pure Brightness
译法 2	Clear and Bright
译法 3	Tomb Festival
译法 4	Clearness and Brightness
译法 5	Bright and Clear
译法 6	Fresh Green

清明，是“万物齐乎巽，物至此时皆以洁齐而清明矣”。清明，气清景明，是兼容了天气现象和物候现象的节气。其原始语义中侧重天气清新明媚。清明时值“句者毕出，萌者尽达”，即弯曲的芽儿皆破土，鲜嫩的叶儿初长成的时刻。万物皆显，草木新绿，是清明时节专属化的物候现象。

清明，虽有清新、明丽之意，但真实的清明时节的天气往往被称为“神鬼天”。

南北朝时期《荆楚岁时记》在描述与清明时段相近的寒食节时有云：“去冬节一百五日，即有疾风甚雨谓之寒食。”宋代葛长庚词云：“清明也，尚阴晴莫准，蜂蝶休猜。”可见，清明时节的天气悬念丛生。

侧重清明节“气清景明”的译法有 Clear and Bright 和 Pure Brightness，但这仅仅契合和暖而晴丽的北方地区，而南方正值盛行连绵细雨的时段。

将清明译为 Fresh Green，这是英译历程中的一次重大创新，本质上改变了以往英译以 Clear 和 Bright 与清明二字的刻意对应。将清明译为体现“万物皆显”的 Fresh Green，更具有物候意义上的普适性。日本也将阳春时节的倒春寒称为“新绿寒波”。以“新绿”表征清明，颇为会意。

	小满
译法 1	Grain Full
译法 2	Grain Fills
译法 3	Grain Buds
译法 4	Grain Budding
译法 5	Lesser Fullness
译法 6	Lesser Fullness of Grain
译法 7	Unripe Grain
译法 8	Little Fullness
译法 9	Corn Forms
译法 10	Creatures Plentish
译法 11	Growing Grain

在传承的过程中，小满有阳气小满、籽粒小满、江河小满的不同语义。在英译时，侧重表征泛指的谷物“物至于此小得盈满”。

在此基础上，小满体现着以小麦为代表的谷物籽粒未满但将满的微妙分寸。小满的节气名，提示人们麦收即将开始。麦收的特点，如农谚所云：“九成熟，十成收；十成熟，一成丢。”也就是说，待到“大满”之时再收就晚了。因此，小满作为节气名，虽具有“未满”和“将满”的双重含义，但其指向是侧重“将满”，而不是“未满”。

为了表征未满但将满的特定分寸和称谓指向，小满当译为 Fullness Approaches。以此提示麦之将熟，需要做好麦收的准备。另外南方部分地区“小满江河满”，译为“将满”也具有提示效应。

	芒种
译法 1	Grain in the Ear
译法 2	Grain in Ear
译法 3	Corn on Ear
译法 4	Husks of Grain
译法 5	Seeding Millet
译法 6	Maturing Grain

芒种，就主粮物候而言，是“麦收不可逾其时、稻种不可逾其时”的关键时节。这是农事最繁忙之时，故有“小满赶天，芒种赶刻”之说。将之英译时，用两三个单词真的难以传达麦穗当收、稻秧当种的双重指向。

芒种，“谓有芒之种，谷可稼种矣”，其目的应当是提示人们以水稻为代表的谷物应当开始播种了。如果以小满表征麦子的籽粒将满，以芒种作为“大满”，即麦子的籽粒全熟，那么芒种既没能及时提示，又忽略了对稻种的重视。所以，我们应当在芒种的英译中体现水稻等谷物的播种，这样也体现出对麦作和稻作的同等重视。

Grain in Ear（谷成于穗）的译法最为简洁，且具有共识。但大多数译法聚焦的是谷物的成熟与收获，并没有芒种“谓有芒之种，谷可稼种矣”的指向。只有 Seeding Millet（播种粟米）的译法表征了播种之义。

芒种应当前瞻性地聚焦稻谷播种——劝播。

节气名及候应名如同立春鞭春牛劝耕一样，具有前瞻性的提示功能。而芒种时节的农事物候是种稻，更广义地说，是“谓有芒之种，谷可稼种矣”。所以芒种英译的着眼点不应是麦之大满，而是稻之青秧。正如陆游诗云：“时雨及芒种，四野皆插秧。”

芒种的译法最好能体现收获，也能体现播种。收且种，是芒种时节农事物候最核心的排他性特征。如果仅体现收获，则无法区分此时的夏收与后续的秋收；如果仅体现播种，则无法区分此时的夏种与之前的春种、其后的秋种。因此，芒种节气当译为 Harvesting and Sowing。

我们再举一组例子：小雪、大雪节气。

在广义的节气起源地区，小雪节气代表的是气候平均意义上的初雪时节。就气候而言，小雪是开始下雪的节气，降水量较大雪时节更大，但降水相态较为复杂，往往是雨雪交替或雨雪混杂。大雪是开始积雪的节气，降水日数较小雪时节更多，降水相态较为单一，以纯粹的降雪为主。

与小雪节气相比，大雪时节的降雪日数更多。而从另一个视角看，在广义的节气起源地区，小雪是首次降雪的节气，大雪是首次积雪的节气。

	小雪	大雪
译法 1	Slight Snow	Great Snow
译法 2	Light Snow	Heavy Snow
译法 3	Little Snow	Great Snow
译法 4	Light Snow	Heavy Snow
译法 5	Lesser Snow	Greater Snow
译法 6	Lesser Snow	Great Snow
译法 7	Minor Snow	Major Snow
译法 8	Snow a bit	Snow a lot

小雪和大雪节气中的小与大，与小暑和大暑、小寒和大寒节气中的小与大是不同的。小暑和大暑是一年之中炎热程度的冠亚军，小寒和大寒是一年之中寒冷程度的冠亚军。其小与大，可译为 minor 和 major，以体现相对的主次之分。

但小雪和大雪节气中的大，却不是一年之中降雪量（或降雪日数）最大的。一年之中降雪量（或降雪日数）最大的时段，通常是在小寒和大寒前后。

因此，以 minor 和 major 表征小和大，不符合小雪和大雪气候实际状况。而其他译文中的关键词，只比对了小雪和大雪之间降雪量或降雪日数的小与大，均不具备小雪节气开始下雪和大雪节气开始积雪的核心内涵。

另外，light 和 heavy 与现今的小雪、大雪的天气现象英译相对应，容易产生混淆。古人对大雪节气的描述是“至此而雪盛矣”。其盛，可以诠释为大雪与小雪节气相比，降雪频次增加，也意味着开始进入积雪的时段。因此，小雪当译为 First Snowfall，大雪当译为 First Snow Cover。这样两个译法就都具有了气候上的明确指向和限定性。

总之，二十四节气是蕴含科学的文化，其译名应当体现二十四节气所具有的文化与科学的丰富意蕴，既具有文化品位，也具有科学品质，并且在充分尊重历史源流的基础上进行改进和修订。

二十四节气是人类非物质文化遗产，其译名应当体现国际性，应充分借鉴受中华节气文化熏陶的国家或地区的译名及通识，并充分考虑译名在非节气文化区的理解与认同。因此，英文译名序列应当体现三个原则。

原则一：词语尽可能简洁，尽量不超过两个单词。

原则二：尽可能体现其气候或物候的最本质内涵。

原则三：使节气称谓体系具有规范的整体序列感。

我们在汇集和遴选前人译文版本并进行气候物候分析的基础上，提供如下版本。①

春季节气		
立春	雨水	惊蛰
Spring Begins	First Rainfall	Hibernator Awakens
春分	清明	谷雨
Spring Equinox	Fresh Green	Grain Rain
夏季节气		
立夏	小满	芒种
Summer Begins	Fullness Approaches	Harvesting and Sowing
夏至	小暑	大暑
Summer Solstice	Minor Heat	Major Heat
秋季节气		
立秋	处暑	白露
Autumn Begins	Heat Withdraws	White Dew
秋分	寒露	霜降
Autumn Equinox	Cold Dew	First Frost

① 关于节气英文译名的逐个解析，详见宋英杰，隋伟辉，孙凡迪，齐鹏然 . 基于气候和物候的二十四节气英文译名研究 [J]. 中国非物质文化遗产，2022(01):58-73.

（续表）

冬季节气		
立冬	小雪	大雪
Winter Begins	First Snowfall	First Snow Cover
冬至	小寒	大寒
Winter Solstice	Minor Cold	Major Cold

我们起草制定的《基于气候和物候的二十四节气及七十二候英文译名》标准已于 2023 年 9 月发布（标准标号：T/QGCML 1448-2023）。

二十四节气的英文译名是二十四节气文化与科学传播的重要载体。二十四节气译名体系要秉持“信达雅”的原则，译名体现专名化、单义性。我们尊重节气称谓的古义和逻辑，使译名表征节气时段的气候或物候特征和指向，并体现文辞的简洁与优美以及整体性。

七十二候英文译名

翻译七十二候的难度更大，它不仅是语言学的问题，也涵盖了气候学、生物学以及自然观的底层逻辑与认知。

例如立春一候东风解冻：因为立春时节的盛行风并非东风（在传统的“八风”体系中，应为东北风），所以不能与东风刻意对应。

例如“祭”系列的候应：雨水二候獭祭鱼、处暑一候鹰乃祭鸟、霜降一候豺乃祭兽，它们的所谓“祭”只是人们移情式的臆断，不能依照字面翻译。

例如“化为”系列的候应：惊蛰三候鹰化为鸠、清明二候田鼠化为鴽、大暑一候腐草为萤、寒露二候雀入大水为蛤、立冬三候雉入大水为蜃，这是古人的生命运化观，后世已知不同生物之间“必无互化之理”。所以在翻译时既要兼顾文化，更要基于科学。

例如以列举进行总括的候应：谷雨一候萍始生，虽然说的只是浮萍，但意在水生植物的集体春生。还有立夏三候王瓜生，虽然说的只是王瓜，但意在藤蔓植物的恣意生长。再如大雪三候荔挺出，虽然说的是荔挺，但意在凌寒傲雪之草。

例如具有弦外之音的候应：谷雨二候鸣鸠拂其羽、谷雨三候戴胜降于桑，看似说的是布谷鸟、戴胜鸟的行为，但意在催促耕织。

例如比较抽象的候应：处暑二候天地始肃，所谓天地表情的严肃，是天地由慈到严的风格变化，由放任万物生长，到催促万物成熟，这大体对应立秋、处暑时节的农历七月古称“夷则”，即规则的更易。小雪二候天气上腾，地气下降，语出《吕氏春秋·孟冬纪》中的“天气上腾，地气下降，天地不通，闭而成冬”，实际上代表的是对流性天气的沉寂。

因此，在依从七十二候物候标识的文化意象的前提下，我们在翻译的过程中力求体现其科学内涵和物候指向。

七十二候及其英译			
七十二候 The 72 phenophases 候 pentad 一候：1st Pentad，二候：2nd Pentad，三候：3rd Pentad。			
春季节气			
立春	一候东风解冻	二候蛰虫始振	三候鱼陟负冰
英译	Start thawing	Hibernants awaken	Fish emerge from thawing ice
雨水	一候獭祭鱼	二候候雁北	三候草木萌动
英译	Otters hold fish as trophies	Swan geese fly north	Vegetation sprouts
惊蛰	一候桃始华	二候仓庚鸣	三候鹰化为鸠
英译	Mountain peaches begin blooming	Orioles begin singing	Cuckoos are seen instead of eagles
春分	一候玄鸟至	二候雷乃发声	三候始电
英译	Swallows arrive	First thunder	First lightning
清明	一候桐始华	二候田鼠化为鴽	三候虹始见
英译	Empress trees begin blooming	Quails are seen instead of voles	First rainbow
谷雨	一候萍始生	二候鸣鸠拂其羽	三候戴胜降于桑
英译	Hydrophyte begins growing	Cuckoos begin singing	Hoopoes hop in mulberry trees with lush leaves

七十二候及其英译			
七十二候 The 72 phenophases 候 pentad　一候：1st Pentad，二候：2nd Pentad，三候：3rd Pentad。			
夏季节气			
立夏	一候蝼蝈鸣	二候蚯蚓出	三候王瓜生
英译	Mole crickets chirp	Earthworms crawl out from the ground	Vine flourishes
小满	一候苦菜秀	二候靡草死	三候麦秋至
英译	Sow-thistle begins blooming	Slender grass withers	Wheat approaches ripening
芒种	一候螳螂生	二候鵙始鸣	三候反舌无声
英译	Mantises hatch	Shrikes begin tweeting	Mockingbirds fall silent
夏至	一候鹿角解	二候蝉始鸣	三候半夏生
英译	Antlers shed	Cicadas begin chirping	Crow-dipper begins growing
小暑	一候温风至	二候蟋蟀居壁	三候鹰始挚
英译	Hot wind reaches its peak	Crickets hide in the shade	Eyas learn to hunt
大暑	一候腐草为萤	二候土润溽暑	三候大雨时行
英译	Fireflies twinkle on rotten grass	Land is soaked in sauna	Downpour prevails
秋季节气			
立秋	一候凉风至	二候白露降	三候寒蝉鸣
英译	Cool breeze blows	Mist hangs in the air	Bleak chirps of cicadas predict the arrival of autumn
处暑	一候鹰乃祭鸟	二候天地始肃	三候禾乃登
英译	Eagles put down bird as trophies	Everything turns solemn	Grain approaches ripening
白露	一候鸿雁来	二候玄鸟归	三候群鸟养羞
英译	Swan geese fly south	Swallows depart	Birds are busy with winter storage

（续表）

七十二候及其英译			
七十二候 The 72 phenophases 候 pentad　一候：1st Pentad，二候：2nd Pentad，三候：3rd Pentad。			
秋季节气			
秋分	一候雷始收声	二候蛰虫坯户	三候水始涸
英译	Thunder ceases	Insects seal their burrows	River banks start drying up
寒露	一候鸿雁来宾	二候雀入大水为蛤	三候菊有黄华
英译	Swan geese get temporarily stranded on passage	Clams are seen instead of birds	Golden chrysanthemums begin blooming
霜降	一候豺乃祭兽	二候草木黄落	三候蛰虫咸俯
英译	Jackals put down beasts as trophies	Vegetation withers	Insects slip into hibernation
冬季节气			
立冬	一候水始冰	二候地始冻	三候雉入大水为蜃
英译	Water begins freezing	Land begins freezing	Big clams are seen instead of pheasants
小雪	一候虹藏不见	二候天气上腾、地气下降	三候闭塞而成冬
英译	No more rainbow	Convection vanishes	Land freezes completely
大雪	一候鹖鴠不鸣	二候虎始交	三候荔挺出
英译	Flying Squirrels fall silent	Tigers start courtship	Hardiest grass sprouts
冬至	一候蚯蚓结	二候麋角解	三候水泉动
英译	Earthworms bend upward	Elk horns shed	Ice-covered spring itches to surge
小寒	一候雁北乡	二候鹊始巢	三候雉始雊
英译	Swan geese head north	Magpies begin nesting	Pheasants start mate calling
大寒	一候鸡始乳	二候征鸟厉疾	三候水泽腹坚
英译	Hens begin hatching eggs	Falcons keep sharp	Ice layer reaches peak time

夏　春

·专题拓展·

冬

什么是春脖子？

春脖子不是指气候春季的长短，而是指过完春节、闹完元宵之后备耕的时间。

最早的春节是 1 月 21 日，最晚的春节是 2 月 20 日。假定开耕是春分节气的 3 月 21 日，也就是“九九加一九，耕牛遍地走”的时候。最早的元宵节是 2 月 4 日。2 月 5 日—3 月 20 日，春脖子（备耕时间）是 44 天。最晚的元宵节是 3 月 6 日。3 月 7 日—3 月 20 日，春脖子（备耕时间）是 14 天。

最短的春脖子只有两周，而最长的春脖子却有六周。

最早的立春是在腊月十五，最晚的立春是在正月十五。从前，人们以春节（元日）与立春日期之先后，作为判定春脖子长短的标准：立春晚于春节 5 天以上，就是节气迟了，春脖子长；春节与立春间隔 5 天以内，就是节气比较正常，春脖子适中，不长不短；立春早于春节 5 天以上，就是节气早了，春脖子短。

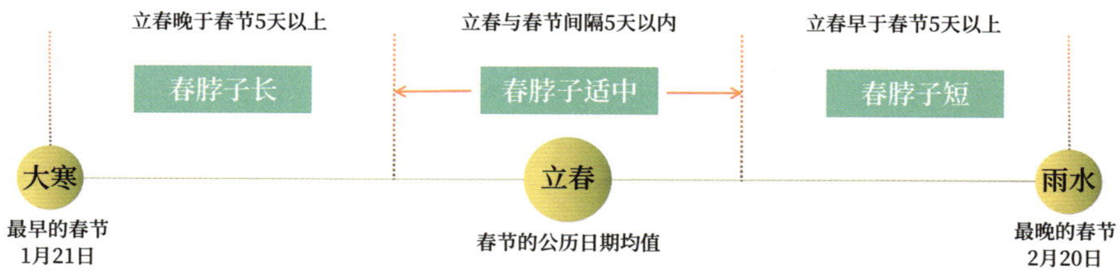

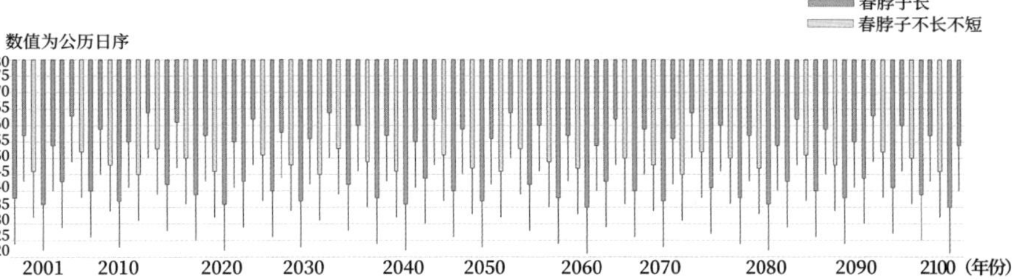

每年春脖子有多长？

（2001—2100年序列）

宋代《岁时广记·示农牛》载："季冬出土牛以示农耕之早晚。说者谓若立春在十二月望前，策牛人近前，示其农早也。月晦及正旦，则在中，示农平也。正月望，则近后，示农晚也。"

明代《帝京景物略·春场》云："春立旦前后五日中者，是农忙也。过前，农早忙；过后，农晚闲也。"

古人常以《春牛图》中的芒神与春牛的相对位置表征节气之迟与早。《元典章》云："若在正旦日前五辰立春者，是农之早，芒神在牛前立；若在正旦后五辰外立春者，是农之晚闲，芒神在牛后立。"

我们可以以三个代表性年份为例，看《春牛图》所体现的春脖子长短。

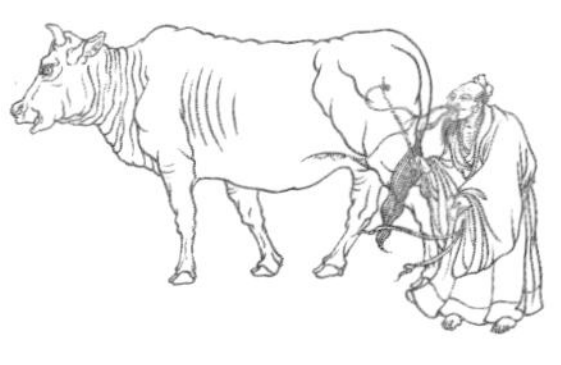

2026年、2027年、2028年《春牛图》

年份	立春的农历日期	春脖子长短	芒神春牛相对位置
2026年	腊月十七	春脖子短	芒神站在春牛前
2027年	腊月二十八	春脖子适中	芒神与春牛并列
2028年	正月初十	春脖子长	芒神在春牛后

我们再以1701—2200年序列为例：春脖子短的年份有172年，占比34.4%；春脖子长的年份有141年，占比28.2%；春脖子适中年份有187年，占比37.4%。

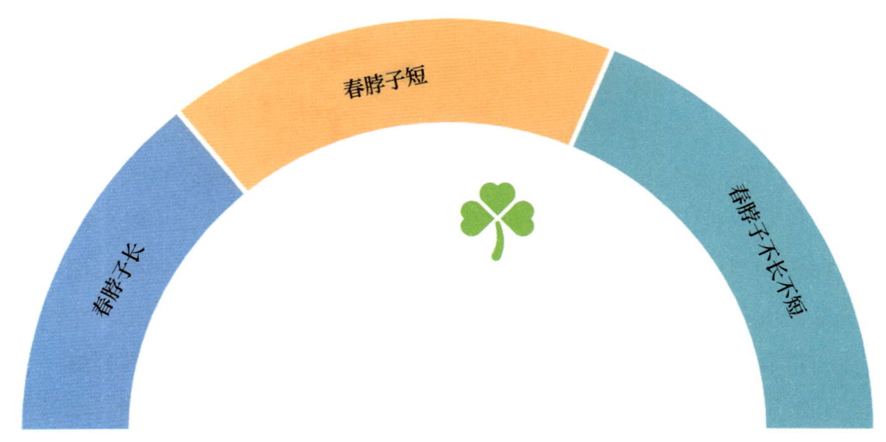

1701—2200年的500年间，春脖子的长短。

我们可以看到，一方面，春脖子短的年份更多；另一方面，人们更倾向于催促备耕。因此，春脖子短的说法更为常用。谚语道：“春脖子短，农活往前赶。”这便是节气提前了，所以过完年准备春作的时间也就紧了。

老话说“百年难遇岁朝春”，是说立春与春节为同一天的情况极其罕见，这种情况，平均每百年出现三次，最近的两次分别是1992年和2038年。

立春的三项代表性风俗

论及单一节气，从学界对二十四节气的学术研究成果上看，立春、清明、冬至是最多的。从文化风俗的丰度上看，立春为最。立春的风俗极多，在此简述三种。

立春的第一项代表性风俗是鞭春。从宋代开始，立春习俗的一个重要变化，就是原来庄严的迎气仪式逐渐被世俗的鞭春习俗所替代。而鞭策春牛，主要是人们的劝耕行为。鞭春的方式有很多，在此列举几种。

造春牛

宋代《岁时广记》："诸州县依形色造土牛、耕人，以立春日示众。"

进春牛

宋代《东京梦华录》："立春前一日，开封府进春牛入于禁中鞭春。开封、祥符两县，置春牛于府前。至日绝早，府僚打春，如方州仪。"

送春牛

宋代《岁时广记》："立春之日，凡在外州郡，公库造小春牛，分送诸厅。"

鞭春牛

宋代《国朝会要》："令立春前五日，都邑并造土牛、耕夫、犁具于大门外之东。是日黎明，有司为坛以祭先农。官吏各具彩杖，环击牛者三，所以示劝耕之意。"

争春牛

宋代《岁时杂记》："立春鞭牛讫，庶民杂还如堵。顷刻间，分裂都尽，又相攘夺以至毁伤身体者，岁岁有之。得牛肉者，其家宜蚕，亦治病。”

买春牛

宋代《东京梦华录》：“立春之节，开封府前左右，百姓卖春牛。大者如猫许，清涂板而立牛其上。又或加以泥为乐工为柳等物。其市在府南门外，近西至御街。贵家多驾安车就看，买去相赠遗。”

鞭打春牛的意思是说，牛已经歇息一个冬天了，该回到田地里忙活了！可以看出：第一，人们鞭打的春牛是官府制作的土牛，皇帝和民众都要参加，民众是立春当日，皇帝是立春前一天。“州县官更执鞭击之，以示劝农之意”，各级官员也都效仿皇帝，鞭打春牛，劝课农耕。第二，鞭打土牛只是象征性的，人们通常是用彩杖击打，彩杖也被称为五色丝杖，很有仪式感。当然，民间也有用真的鞭子抽打的。第三，鞭打之后，老百姓会去争抢土牛碎片，哪怕抢回家一块土疙瘩也好，人们觉得这样吉利，会沾上一点好运气。直到近代，民间还有“摸摸春牛脚，赚钱赚得着”的说法。第四，民间也渐渐有了微缩的土牛，和猫大小相似。作为民间工艺品，人们会相互馈赠这种微缩土牛。

宋代《瓮牖闲评》载：“出土牛以送寒气。此季冬之月也，牛为丑神，出之所以速寒气之去，不为人病耳。而今乃用于立春之日，皆所不晓。”

宋代《梦粱录》载：“临安府进春牛于禁庭。立春前一日，以镇鼓锣妓乐迎春牛，往府衙前迎春馆内。至日侵晨，郡守率僚佐以彩仗鞭春，如方州仪。太史局例于禁中殿陛下，奏律管吹灰，应阳春之象。街市以花装栏，坐乘小春牛，及春幡、春胜，各相献遗于贵家宅舍，示丰稔之兆。”

五九四十五，太阳开门户

六九五十四，贫儿争意气

数九简笔画之五九、六九

制作土牛本是大寒时节送寒的习俗，渐渐地演变为立春节气劝耕，鞭打春牛，并且成为全社会的通行习俗，到了“皆所不晓”的程度。而且，人们鞭打春牛时还配有喧天的鼓乐，街市“以花装栏”，如同一场花车大巡游。

立春，正值五九、六九交替之际，时有“春打六九头”，在“定气法”背景下多为“春打五九尾”。一个“打”字，应与打春的习俗有关。这时，太阳仿佛不再打烊了，江南物候意义上的春天来临，“柳影冰无叶，梅心冻有花”。

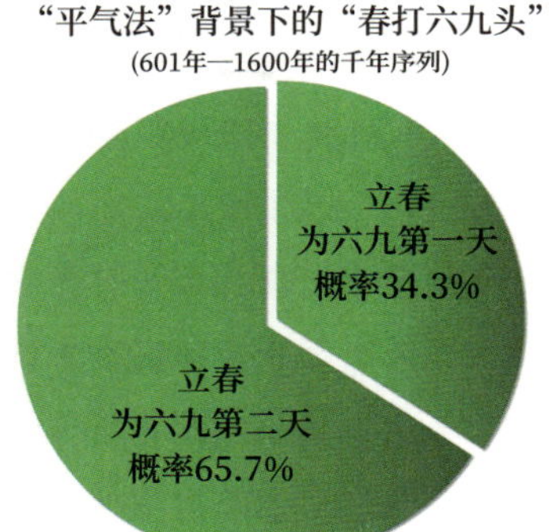

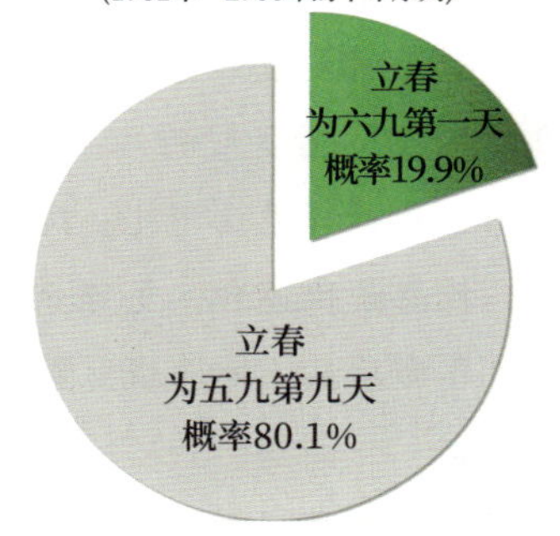

“平气法”，每个节气按照时间等分，冬至-小寒-大寒时节总时长约45.65天，立春在六九次日的概率为65%左右。立春在六九的首日或次日，所以才有“春打六九头”之说。

“定气法”，每个节气按照黄经等分，冬至-小寒-大寒时节总时长约44.20天，立春在六九首日的概率在20%左右。约80%的年份为“春打五九尾”，“春打六九头”已非常态。

春打六九头？

关于打春，明代《京都风俗志》载：“立春前一日，顺天府尹往西（东）直门外一里，地名春场，迎春牛芒神入府署中。搭芦棚二，东西各向南，东设芒神，西设春牛，形象彩色皆按于干支。准令男女从观。至立春时，官吏皂役鼓乐送回春场。以顺大道众役打焚，故谓之打春。”

清代《燕京岁时记》载：“立春先一日，顺天府官员至东直门外一里春场迎春。立春日，礼部呈进春山宝座，顺天府呈进春牛图。礼毕回署，引春牛而击之，曰打春。”

明清时期，立春鞭春牛似乎更加隆重。民众竞相围观官府举办的鞭春仪式，被称为“看春”。看春的过程中，人们往往用五谷抛打春牛。鞭春之后，大家还争抢春牛的碎片，希望上天保佑五谷丰登。

而鞭春牛的仪式流程变得更加烦琐。按照年份的天干地支，春牛的形象、颜色也有了严格的规范。立春日的迎春仪式甚至精确到了芒神与春牛的相对位置，以及官员跪拜、叩谢、恭请芒神的各种细节。

《钦定大清通礼》对立春节气的迎春礼进行了全国性的统一规范：

直省迎春之礼。先立春日，各府州县于东郊造芒神、土牛。春在十二月望后，芒神执策当牛肩，在正月朔后当牛腹，在正月望后当牛膝，示民农事早晚。届立春日，吏设案于芒神、春牛前，陈香烛果酒之属，案前布拜席。通选执事者于席左右立。府、州、县正官率在城文官丞史以下朝服毕，诣东郊。立春时至，通赞赞行礼。正官一人在前，余官以序列行，就拜位。赞、跪、叩兴，众行一跪三叩礼。执事者举壶爵，跪于正官之左。正官受爵酌酒，酹酒三，授爵于执事者，复行三叩礼，众随行礼。兴，乃舁芒神、土牛，鼓乐前导，各官后从，迎入城，置于公所，各退。

各级官府“遵制鞭春”，一方面是礼敬春神（句芒神），另一方面是鞭打春牛。而民间，既打春，也拜春，相互道贺春天的来临。

秦汉之后，随着疆域扩大，有的地方四时皆春，有的地方立春时依然天寒地冻，各地气候差异巨大，立春鞭春牛，也就丧失了告知春耕具体时间的功能。

于是，劝耕未必限于立春。根据实际的气候状况，春耕开始之际，各地官员都要举行“劝农”仪式，召集乡绅父老，现场发表劝农演讲，并将劝农文以浅显的文字告示张贴，再由乡绅父老传达给普通民众。这种形式与古代帝王每年举行的籍田仪式异曲同工，只是由于国家疆域的扩大，更需要各地的基层官员面对面地劝农。

南宋时期，真德秀担任福州知州时曾写下著名的《福州劝农文》，这也是我特别喜欢的一篇劝农文：

仲春望日，太守出郊劝农，延见父老而告之曰：

福之为州，土狭人稠。岁虽大熟，食且不足。
田或两收，号再有秋。其实甚薄，不如一获。
凡为农人，岂可不勤？勤且多旷，惰复何望？
勤于耕畬，土熟如酥。勤于耘耔，草根尽死。
勤修沟塍，蓄水必盈。勤于粪壤，苗稼倍长。
勤而不慵，是为良农。良农虽苦，可养父母。
父母怡怡，妻子熙熙。勤之为功，到此方知。
为农而惰，不免饥饿。一时嬉游，终岁之忧。
我劝尔农，惟勤一字。若其害农，则有四事。
一曰耽酒，二曰赌钱，三曰喜争，四曰好闲。
四者有一，妨时废日。四者都有，即是由手。
游手之民，必困以贫。何如勤力，家道丰殖。
更能为人，孝顺二亲。内敬尊长，外和乡邻。
勤力之余，勤行善事。天必佑之，何福不至？
不善之人，是为逆天。天必罚之，悔何及焉。
我生田间，熟知田事，深念尔农，辛苦不易。
方图多端，恤汝使安。凡今所言，凡见肺肝。
咨汝父老，为我开谕。兴民善心，还俗淳古。
故兹劝谕，各宜知悉。

他觉得福州这个地方，土地少，人口多，丰收了人们都未必能填饱肚子。号称可以一年两熟，但实际无法指望两季的丰收。真正的“良农”，只有一个辛苦的勤字。只有这样，才能享受到“父母怡怡，妻子熙熙”的天伦之乐。如果沾染上酗酒、赌博、好斗、懒惰的恶习，必然穷困潦倒。最终，他推心置腹地说自己也出自农家，深谙农事艰辛。拉近与农民的心理距离。一位知州把劝耕的文字写得情理兼备，让人感慨良多。

宋代《耻堂存稿》之宁国府劝农文云：“方春，耕作将兴，父老集子弟而教之曰：田事起矣。一年之命，系于此时，其毋饮博，毋讼诈，毋嬉游，毋争斗，一意于耕。父兄之教既先，子弟之听复谨，莫不力布种。”

春季劝农，逐渐成为官方的一种常规操作。而且民间也有来自族长、乡贤或父兄的劝耕，言辞恳切，形式多样。劝耕，就是把诉求明确的教化以贴近人民的方式体现出来，进而变成人们乐于亲近的习俗。但如果官方的所谓劝耕只是行个公事、走个过场的话，对生于斯、耕于斯的农民而言，并无多少实际意义。

宋代利登的《野农谣》便解读了农民的心声：

去年阳春二月中，守令出郊亲劝农。
红云一道拥归骑，村村镂榜粘春风。
行行蛇蚓字相续，野农不识何由读。
唯闻是年秋，粒颗民不收。
上堂对妻子，炊多糴少饥号啾。
下堂见官吏，税多输少喧征求。
呼官视田吏视釜，官去掉头吏不顾。
内煎外迫两无计，更以饥躯受笞箠。
古来丘垅几多人，此日孱生岂难弃。
今年二月春，重见劝农文。
我勤自钟惰自釜，保用官司劝我氓。
农亦不必劝，文亦不必述。
但愿官民通有无，莫令租吏打门叫呼疾。
或言州家一年三百六十日，念及我农惟此日。

从中我们可以读出，待到气候恶劣，粮食歉收之时，税赋还是照收。只说官话，不听民声，不体恤农民，甚至不念及农民。一年搞这么一次看似接地气的劝耕，那些声势浩大的劝耕队伍，那些文绉绉的劝耕文字，有什么用呢？

土牛的功能从最初的送寒演变为劝农。鞭春牛从官府走向民间，也逐渐成为一种劝导和提示农民勤勉耕作的艺术形式。

民国时期，泥塑的春牛变成了纸牛。纸糊的春牛经不住抽打，几下就立即“皮开肉绽”，事先装在牛肚子里的五谷便散落一地，象征“五谷丰登，谷流满地”。当然，我们自己在家里也可以立春鞭春牛。“立春节气到，早起晚睡觉”，黎明即起，洒扫庭院，挂出买来的《春牛图》。

官方仪式中的春牛不是真的牛，而是耕牛形状的泥塑。农民家里的鞭春牛往往会打真的牛，但不是真打，只是折下柳条轻轻拍打家里的牛，祈求五谷丰登的好年景。孩子们也用柳条轻轻地相互抽打，以求昂扬精神，去除一冬的慵懒。

从前，到了立春，除了集中式的鞭春牛仪式，还有分散式的报春活动。所谓报春，就是有人敲锣打鼓，唱着迎春赞词，挨家挨户地送《春牛图》。《春牛图》是年画的一种，画面里通常有两个角色，一个是童男装扮成的芒神，一个是芒神身边的耕牛。但在报春过程中赠送给农户的用红纸印制的《春牛图》上，除了二十四节气，一般还有农民牵牛耕地的图案，所以《春牛图》也被称为“春帖子”。报春，是一种亲切的、走街串户的劝耕。

从前的鞭春牛，以及衍生的各种习俗，有两个非常重要的意义。一是从前历书不像现代这样流行，即使有，农民们也未必看得懂。为了使大家都知道立春节气的到来，人们以鞭打春牛的方式告知春天的到来。二是鞭春牛是一种仪式感极强、艺术化的劝耕，可以引发众多农民现场围观和事后热议，有效形成传播的热度和广度。这比官府发布文绉绉的劝耕文书更具有亲和力与传播效力。

而到了民间，劝耕方式又会各种“加戏”，各地有各地的招式，各村有各村的习俗。例如，南方的“耍春牛”极具特色。立春日，两个扎着绑腿的强壮后生，身穿紧身衣，头戴用竹和纸扎的牛头，套上青土布缝制的牛身，扮成一头壮实的春牛，由鼓乐队和农耕队领着，挨村挨寨去耍。

村民们对春牛来耍非常喜欢，纷纷以爆竹迎候。春牛耍完，热闹之后，再由农耕队带着农具到田间地头实地示范耕作。报春者在乐队的伴奏下演唱《十二月花歌》：“正月里来正月花，你莫东家走西家。塘坝有漏早点堵，犁耙有锈快点擦……”

这既是接地气的劝耕艺术，又是亲近民众的良风美俗。

立春的第二项代表性风俗是卜年。

立春节气是人们祈求丰收和占卜年景的时间点。例如吊春穗，立春时，人们用彩布、彩线做成各种形态的麦穗，挂在人或畜的身上。再如挂春袋，立春时，人们缝制小布袋，里面装着谷物，挂在耕牛的角上。人们用各种形式祈求五谷丰登。

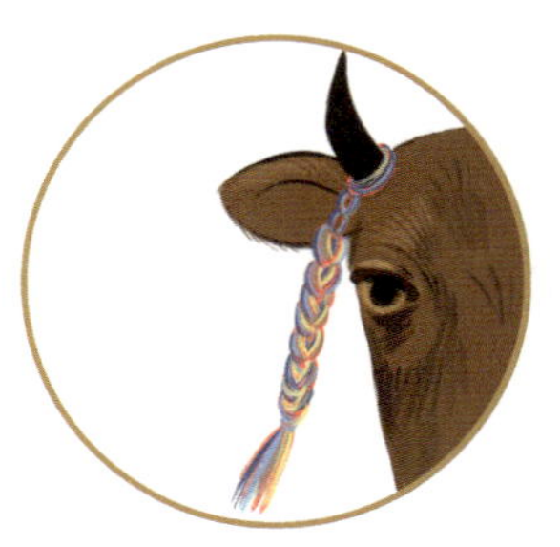
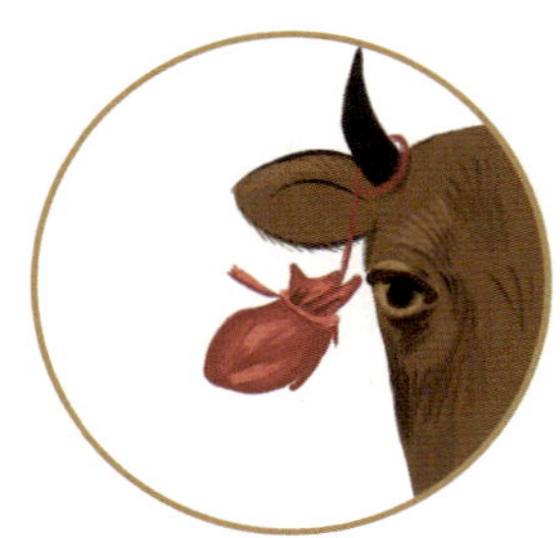

过年的时候，人们将红纸条贴在常用的农具上，名曰“挂红”。人们会在粮仓谷柜、犁耙、锄头、扁担、箩筐等上面贴上红纸条，再挂上一锭金元宝。既要感谢大神，也要感谢“小帮手”，这样才称得上礼数周全，心意备至。

太平天国时期颁行的“天历”，是按照南京立春时节草木萌芽的时间确定这一年的时令基准的，所以也被称为“萌芽月令”。在古代，立春、冬至、元日并列为一年之中最重要的农事占验的时间节点。以四时之始预测四时之成，所以民间有“立春管半年，十五管半月”之说。人们甚至认为立春的天气关乎所有节气的晴雨冷暖，所谓“交春好，个个节气好”。

明代吴宽诗云：“春来不独东风颠，以阴以雨仍连连。岂惟元日到人日，又复上弦交下弦。甲子岁朝闻好语，东南民力待丰年。天时人事有如此，北望朔云增慨然。”

“立春宜晴，雨水宜雨”，人们认为立春宜晴，最好是晴天，因此有“但得立春晴一日，农夫耕田不费力”的农谚。人们希望上苍在立春时节给我们阳光，在雨水时节给我们雨露，先温暖，再湿润，正所谓阳光雨露。谚语说：“立春天不晴，还要冷一月。”“立春有雨定反春。”“雨淋春牛头，一百二十天暗。”

按照谚语的说法，如果立春不晴，天气回暖的速度会比较慢。如果立春下雨，就有可能连续阴雨，甚至有可能出现倒春寒。说立春下雨，其后的120天都难得晴天的说法有些夸张。在江南，更流行的说法是“立春雨淋淋，阴阴湿湿到清明”。

但也有人说“闻雨亦宜人”，立春下雨也挺好的。如果不下雨，“立春不下，没水洗耙”，即可能连清洗农具的水都没有。有人还着眼于后续的影响，“交春不落雪，没有黄梅雨”，立春不下雨，梅雨期的降水量会偏少，可能是旱黄梅。

在人们心中，立春节气是占卜关键日，可以用来掐算天气。总的原则是“喜晴恶雨”，人们希望立春是个大晴天。当然，还有人将立春在农历中是在腊月还是在正月作为占卜依据，例如“正月打春天气暖，腊月打春天气寒”。

立春的第三项代表性风俗是咬春。

立春咬春，说的是吃春饼，春饼卷的是鲜芽嫩叶的春菜，号称春盘，是立春时节的尝新。汉代《四民月令》载：“凡立春日食生菜，不过多取迎新之意而已，及进浆粥，以导和气。”这是说立春节气吃生鲜的春菜，同时喝粥，是为了引导春气，迎接新春。但起初最隆重的咬春，不是在立春，而是在元日，也就是春节。吃的也不是春盘，而是五辛盘。

晋代《风土记》载：“正元日俗人拜寿上五辛盘。松柏、颂椒、花酒，五熏炼形……辛者，大蒜、小蒜、韭菜、芸薹、胡荽是也。”按照《风土记》的叙述，五辛盘当中的五辛说的是蒜、葱、韭菜、油菜和香菜，其本意也并不是尝新，而是拜寿。

南北朝时期《荆楚岁时记》云：“正月一日……进屠苏酒、胶牙饧，下五辛盘。”

唐代孙思邈《食忌》云：“正月之节，食五辛以辟疠气。”唐代孙思邈《养生诀》云：“元日取五辛食之，令人开五脏，去伏热。”孙思邈写的是元日吃五辛，可以起到开五脏，辟疠气的作用，是正月时令之食。

唐代，元日的五辛盘开始向立春日的春盘演变，春盘由春饼和春菜组成。唐代杜甫在《立春》诗中追忆当初在长安和洛阳时立春咬春的情景，春盘中的青丝白玉，令人悦目怡情：“春日春盘细生菜，忽忆两京梅发时。盘出高门行白玉，菜传纤手送青丝。”

唐宋时期，吃春盘的习俗逐渐盛行，就连皇帝也常常以春酒、春饼赏赐百官。宫中制作的春盘最是奢华，按照南宋时期周密《武林旧事》中的记述，南宋皇宫里的春盘是“翠缕红丝，金鸡玉燕，备极精巧，每盘值万钱”。一个春盘有多贵呢？相当于四五百斤上好稻米的价钱。

唐代《四时宝镜》曰：“立春日，食芦、春饼、生菜，号春盘。”宋代《岁时广记》曰：“在春日，食春饼，生菜，号春盘。”明代《遵生八笺》曰：“晋于立春日，以芦菔（萝卜）、芹菜为菜盘相馈。唐立春日，春饼生菜号春盘，故苏诗云：‘青蒿黄韭试春盘。’”

原来，最初春盘是元日和立春都可以吃，以元日为主，叫五辛盘。后来也是元日、立春都可以吃，但以立春为主，改名春盘，实际上食物本身并没有太大的变化。五辛盘，名字更突出食物的属性，而春盘，名字更侧重迎春的寓意。例如明代《本草纲目》云：“五辛菜，乃元日、立春以葱、蒜、韭、蓼蒿、芥辛嫩之菜杂和食之，取迎春之意。”

清代戴衢亨《岁朝衍万图册》之“七种蔬香”，台北故宫博物院藏

嘉庆帝题诗：“始青入律献辛盘，挑得嘉蔬嫩甲攒。生意无涯新绿展，和飔料峭酿轻寒。”

但五辛到底是哪五辛，民间会根据本地的时令物产加以微调。葱、姜、蒜、辣椒、芥末、韭菜、洋葱、油菜、香菜、芹菜、萝卜等都可作为五辛，总归是具有辛味的食物即可。当然，辛辣的辛与新春的新同音，也体现了迎新之意。

当然，立春时节吃哪些鲜嫩的春菜，更取决于当地的物候和人们的生活水平。金末元初，元好问《喜春来·春宴》载：“春盘宜剪三生菜，春燕斜簪七宝钗。春风春酝透人怀。春宴排，齐唱喜春来。”

清代《燕京岁时记》载："是日（立春）富家多食春饼，妇女等多买萝卜而食之，曰咬春。"即富家吃春饼，平民家吃萝卜。

元代初年契丹人耶律楚材的《立春日驿中作穷春盘》诗云："昨朝春日偶然忘，试作春盘我一尝。木案初开银线乱，砂瓶煮熟藕丝长。匀和豌豆揉葱白，细剪蒌蒿点韭黄。也与何曾同是饱，区区何必待膏粱。"这是说，他在驿站之中吃的春盘，有粉丝、藕丝、豌豆、葱白、蒌蒿和韭黄，比较丰盛。

明代《西湖游览志余》记载："举久则缕切粉皮，杂以七种生菜，供奉筵间，盖古人辛盘之遗意也。"这是说春盘有的包裹三种春菜，有的包裹七种春菜，富家是丰盛的春盘，穷人以啃萝卜为咬春。

苏轼曾经在徐州担任知州，1078 年立春时，他在徐州吃了一些时令蔬菜，于是写了一首《春菜》，现在已经成为美食界关于立春的时蔬依据："蔓菁宿根已生叶，韭芽戴土拳如蕨。烂烝香荠白鱼肥，碎点青蒿凉饼滑。宿酒初消春睡起，细履幽畦掇芳辣。茵陈甘菊不负渠，绘缕堆盘纤手抹。北方苦寒今未已，雪底波棱如铁甲。岂如吾蜀富冬蔬，霜叶露牙寒更茁。"

《春菜》是苏轼的"咬春"之作，诗中提到了大头菜、荠菜、韭芽、青蒿、菠菜、甘菊、茵陈。但在苏轼看来，"岂如吾蜀富冬蔬"，也就是说这些还远远不及天府之国的时蔬那般丰富。所以，虽然都叫作春盘，但春盘中的菜，各时各地大不相同。而且春盘之中已不只有辛味食物，新鲜的时令蔬菜都可以是盘中之物。

立春咬春由以春盘为主到以春饼为主，春饼也逐渐成为人们相互馈赠的礼物。“邻里珍为上供”，馈赠春饼的风尚，从隆冬时节就慢慢地开始了。

春饼就是用白面擀成的圆形薄饼，一般用锅或者饼铛烙制而成。我小时候学着烙的春饼，是先擀两张饼，一张饼抹上点食用油，把另一张饼盖在上面，再把合在一起的两张饼擀薄，然后放在锅里烙。烙熟了以后放在蒸锅里再稍微蒸一下。吃的时候，拿出来一张，轻轻一揭，就变成了两张饼。这样的春饼，又薄又软。

清代《清嘉录》载：“春前一月，市上已插标供买春饼，居人相馈贶。卖者自署其标曰‘应时春饼’。”

清代《帝京岁时纪胜》载：“新春日献辛盘。虽士庶之家，亦必割鸡豚，炊面饼，而杂以生菜、青韭芽、羊角葱，冲和合菜皮，兼生食水红萝卜，名曰‘咬春’。”

民国时期《北平风俗类征》云：“（立春）富家食春饼，备酱熏及炉烧盐腌各肉，并各色炒菜，如菠菜、韭菜、豆芽菜、干粉、鸡蛋等，且以面粉烙薄饼卷而食之。”

从前，平民之家的咬春，要烙春饼，卷上生菜、青韭芽、羊角葱，还有鸡肉、猪肉，比平常饮食要丰盛许多。而富贵人家的春饼，卷的是炒菠菜、韭菜、豆芽菜、粉丝、鸡蛋，以及各种熏肉、烧肉、腌肉。贫富差别，其实主要体现在肉的数量和品类上。春饼之中是否卷上了具有辛味的春菜，是否体现了五辛盘开窍醒神之古意，人们似乎并不在意。但葱和韭菜这两种辛味时蔬通常还是要有的。

南朝齐时，王俭问曾隐居钟山的周颙：“山中所食，何者最胜？”周颙答曰：“春初早韭，秋末晚菘。”可见，最好的时蔬便是初春的韭菜和深秋的白菜。上古时期，人们便有初春时节“荐羔祭韭”的礼俗。

回春之际，食用嫩葱和鲜韭，以辛温之物，发散藏伏，提振精神，补益身心，无论生理上还是心理上，都是在迎春，顺应春阳。它们都是早早复苏的嫩叶、萌芽，所以食用嫩葱、鲜韭，正体现了立春咬春的本意。

清代《调鼎集》载：“擀面皮加包火腿肉、鸡肉等物或四季时菜心，油炸供客。又咸肉、蒜花、黑枣、胡桃仁、白糖共碾碎，卷春饼切段。”除了春饼，后来还衍生出了油炸的春卷，更容易存放；春卷皮薄、色黄、香脆、质嫩，成为立春时节的一种时令点心。

立春吃春饼，要把春饼卷上各种炒菜、各种制法的肉，把春饼卷成筒状，从一端吃起直至另一端，讲究的是“有头有尾”。而最穷苦人家的“咬春”，没有那么多的花样和讲究，生吃萝卜便算是一番迎春之礼，清爽、顺气。脆爽、微甜而略带辣味的萝卜是北京人冬春季节的时令食品，俗名“心里美”。明清时期，最简单的春盘便由萝卜和生菜担任主角。

从元日为主的五辛盘，到立春为主的春盘，立春咬春，既是初春时的迎新和尝新，也是以辛温之物提神清脑，顺应春之生发。晋代《馈春盘》载：“立春咸作春盘尝，芦菔芹菜伴韭黄。互赠友僚同此味，果腹勿须待膏粱。”

现在我们经常谈论什么节气吃什么，而古人将节气饮食写得如此清新唯美，似乎立春咬春并不是为了口腹之欲，而是为了把春天留在唇齿之间。咬春之意，是以新鲜之蔬和厚味之肉以春饼裹卷而食，用清代林兰痴的一句诗形容，便是“春到人间一卷之”。人们咀嚼着立春时节的春令之美。

《春牛图》的规制

中国古代立春仪式的流变，历经三个阶段，分别有三个主题词：送寒、迎气和劝耕。

第一个主题词是送寒，即临近立春之时“出土牛以送寒气”。《礼记·月令》载：“（季冬之月）命有司大难旁磔，出土牛，以送寒气。”《后汉书·礼仪志》载：“（季冬之月）是月也，立土牛六头，于国都郡县城外丑地，以送大寒。”

按照五行学说，冬季属水，而土克水，需要以土制之物驱逐冬寒，于是官方会制作耕牛形状的泥塑。土负责生养，牛负责耕地，所以用土做的牛，既起到送寒的功能，也发挥劝耕的作用，一举两得，“古人制此，良有深意”。

第二个主题词是迎气，立春之日以最高规格的礼仪迎接春天的到来。“令一童男冒青巾，衣青衣，先在东郭外野中”，古人以童男扮演如同吉祥物般的芒神，是春天最为直观的标识。

《礼记·月令》记载：“立春之日，天子亲帅三公九卿诸侯大夫，以迎春于东郊。”《论衡》记载：“立春东耕，为土象人，男女各二人，秉耒耡，或立土象牛，土牛未必耕也，顺气应时，示率下也。”

第三个主题词是劝耕，“引春牛而击之，曰打春”，即以鞭打春牛的方式提醒春耕，并瞻望年景。

唐代常惟坚《立春出土牛赋》云：“裂金犬以取诸助气，策土牛以示乃发生……太史告时，有司选吉，冬官蒇事，牛人乃出，将协地纪，克符天秩。约岁时之俭泰，示农耕之迟疾，惟谷是登，惟人是恤。”宋代陈傅良《立春》

云："千官勒马谢幡胜，万国鞭牛占雨晴。"无论是官方的"班春"，还是民间的"说春"，都是劝耕，是劝说的劝，而不是命令的令。

《后汉书》记载的地方官立春后劝耕的情景是："郡国守相皆劝民始耕，如仪。诸行出入皆鸣钟，皆作乐。"各地方举办劝耕活动，深入基层的时候还带着鼓乐班子，敲敲打打，动用文娱方式，以期让大众对此感到喜闻乐见。

《大清会典》载："东直门外，豫制芒神土牛。前一日，率僚属迎春于东郊。立春日，随礼部恭进春于皇太后、皇帝、皇后。退率僚属鞭春牛，以示劝耕之意，遂颁春于民间。"

立春习俗由送寒到劝耕，劝耕由籍田到鞭春，逐步形成全层级的官民互动，这是关于"一年之计"全民行为。

这项行为有两个主角，一个是春牛，一个是芒神（亦称春神，司春之神，也是广义的司农之神）。

唐代韩滉《五牛图》，图中之牛被誉为中国艺术史上最著名的牛，故宫博物院藏

宋仁宗年间颁布《土牛经》，对春牛的颜色、配具以及策牛人的衣饰和位置均做了明确规定，分为春牛颜色、策牛人衣服、策牛人前后、笼头缰索这四个部分。

基本规制

春牛颜色

"以岁干色为首。支为身色。纳音为腹。以立春日干色为角、耳、尾，支色为胫，纳音色为蹄。"

策牛人衣服

"以立春日干为衣色，支为勒帛色，纳音为衬服色……策牛人头履鞭策，各随时候之宜是也。"

策牛人前后

“凡春在岁前，人在牛后。若春在岁后，则人在牛前。春与岁齐，则人牛并立……阳岁人居在左，阴岁人居在右。”

笼头缰索

“孟年以麻为之，仲年以草为之，季年以丝为之。凡缰索七尺二寸，象七十二候。”

宋代对春牛规制的记载还有陈元靓《岁时广记·立春·绘春牛》:

春牛之制，以太岁所属。彩绘颜色，干神绘头，支神绘身，纳音绘尾足。如太岁甲子，甲属木，东方，青色，则牛头青；子属水，北方，黑色，则牛身黑；纳音属金，西方，白色，尾足俱白。太岁庚午，则白头、赤身、黄足尾。他并以是推之，田家以此占水旱云。谑词云：“捏个牛儿体态，按年令旋拖五彩，鼓乐相迎，红裙捧拥，表一个、胜春节届。”

2022年《春牛图》

明代《帝京景物略·城东内外·春场》载:

按造牛芒法，日短至，辰日，取土水木于岁德之方。木以桑柘，身尾高下之度，以岁八节四季，日十有二时，踏用府门之扇，左右以岁阴阳，牛口张合，尾左右缴。芒立左右，亦以岁阴阳，以岁干支纳音之五行。三者色，为头身腹色，日三者色，为角、耳、尾，为膝胫，为蹄色，以日支孟仲季为笼之索，柳鞭之结子之麻苎丝。牛鼻中木，曰拘脊子，桑柘为之，以正月中宫色为其色也。芒神服色，以日支受克者为之，克所克者。其系色也，岁孟仲季，其老壮少也。

春立旦前后五日中者，是农忙也。过前，农早忙；过后，农晚闲也。而神并乎牛，前后乎牛分之。

以时之卯后八曰燠，亥后四曰寒，为罨耳之提且戴。以日纳音，为髻平梳之顶耳前后，为鞋裤行缠之悬著有无也。

田家乐者，二荆笼，上着纸泥鬼判头也。又五六长竿，竿头缚脬如瓜状，见僧则捶，使避匿，不令见牛芒也。又牛台上，花绣衣帽，扮四直功曹立，而儿童瓦石击之者，乐工四人也。

1913 年皇历中的《春牛图》，中国国家图书馆藏

清代《钦定日下旧闻考》收录了明代《帝京景物略》中对芒神和春牛形制的记述。另外，清代《钦定大清会典》载："岁以六月移钦天监预定春牛芒神之制，冬至后辰日于岁德方取水土制造。"也就是说，清朝时专司天文历法的钦天监于每年农历六月制订次年的春牛和芒神的图样标准，颁发各地，作为制造春牛、芒神的国家规制。

可见从宋代开始，立春时春牛与芒神的样貌已经逐步有了非常严谨的标准，至今已经有一千多年的历史。每年的春牛与芒神皆有差异，春牛与芒神的形象组合体，是中国传统文化中形制缜密的节令艺术。

春牛身高四尺，象征一年四季；身长八尺，象征四时八节。春牛尾长一尺二寸，象征一年有十二个月。芒神身高三尺六寸五分，象征一年三百六十五天；鞭长二尺四寸，象征二十四节气；缰索七尺二寸，象征七十二候。

春牛、芒神的形体尺幅中，涵盖了三百六十五日、七十二候、二十四气、十二月、八节、四季等一年中的各种时间尺度。

<table>
<tr><td colspan="2">《春牛图》的要素规制</td></tr>
<tr><td colspan="2">（1）芒神的要素规制</td></tr>
<tr><td>形象要素</td><td>决定因素</td></tr>
<tr><td>芒神衣色</td><td>立春日的克支</td></tr>
<tr><td>芒神带色</td><td>立春日的生支</td></tr>
<tr><td>芒神的发髻</td><td>立春日的纳音</td></tr>
<tr><td colspan="2">纳音为金，发髻在耳前；纳音为木，发髻在耳后；纳音为水，发髻为左前而右后；纳音为火，发髻左后而右前；纳音为土，发髻在脖颈正上方。</td></tr>
<tr><td>芒神的罨耳</td><td>立春的交节时辰，时辰之阴阳</td></tr>
<tr><td colspan="2">若立春交节时刻在子时或丑时，芒神会戴上两个罨耳。若在寅时，芒神揭开左边的罨耳；若在亥时，芒神会揭开右边的罨耳。若立春的交节时刻在卯时至戌时，芒神则揭开两边的罨耳，以手提罨耳（阳时以左手提，阴时以右手提）。</td></tr>
</table>

（续表）

<table>
<tr><td colspan="4">《春牛图》的要素规制</td></tr>
<tr><td>芒神的鞋裤等</td><td colspan="3">立春日的纳音</td></tr>
<tr><td colspan="4">立春日纳音若为水，裤子鞋袜齐全；若为火，裤子鞋袜全部脱去；若为土，着裤而无鞋袜；若为金或者木，裤子鞋袜齐全。但若为金，左边的行缠悬于腰；若为木，右边的行缠悬于腰。</td></tr>
<tr><td>芒神手中的鞭</td><td colspan="3">立春日的地支</td></tr>
<tr><td colspan="4">鞭杆为柳枝。立春日的地支若为寅巳申亥，鞭节为麻绳；若为子卯午酉，鞭节为苎绳；若为丑辰未戌，鞭节为丝绳。</td></tr>
<tr><td>相对位置（前后）</td><td colspan="3">立春与元日之次第</td></tr>
<tr><td colspan="4">立春日早于元日五天以上，芒神站在春牛前；立春日晚于元日五天以上，芒神站在春牛后；立春日在元日前后五天以内，芒神与春牛并列。</td></tr>
<tr><td>相对位置（左右）</td><td colspan="3">年之阴阳</td></tr>
<tr><td colspan="4">阳年，芒神站在春牛的左侧；阴年，芒神站在春牛的右侧。</td></tr>
<tr><td>芒神的年貌</td><td colspan="3">所在年的地支</td></tr>
<tr><td colspan="4">寅巳申亥年的芒神为老年状，子卯午酉年的芒神为壮年状，丑辰未戌年的芒神为少年状。</td></tr>
<tr><td colspan="4">《春牛图》的要素规制</td></tr>
<tr><td colspan="4">（2）春牛的要素规制</td></tr>
<tr><td>形象要素</td><td>决定因素</td><td>形象要素</td><td>决定因素</td></tr>
<tr><td>牛头颜色</td><td>所在年的天干</td><td>牛身颜色</td><td>所在年的地支</td></tr>
<tr><td>牛腹颜色</td><td>所在年的纳音</td><td>牛角牛耳牛尾</td><td>立春日的天干</td></tr>
<tr><td>牛腿颜色</td><td>立春日的地支</td><td>牛蹄颜色</td><td>立春日的纳音</td></tr>
<tr><td>牛嘴牛尾样态</td><td colspan="3">年之阴阳</td></tr>
<tr><td colspan="4">阳年张嘴，尾左缴（尾巴朝左）；阴年闭嘴，尾右缴（尾巴朝右）。</td></tr>
</table>

《春牛图》线稿。左图为 2021 年，右图为 2022 年

以 2021 年为例，春牛、芒神的 20 项样态细节如下表。

2021 年《春牛图》的要素规制		
2021 年立春日	辛丑年 庚寅月 壬午日 交节时刻 22:58:39（亥时）	
形象要素	决定因素	形象要素呈现
芒神衣色	立春日的克支（水）	黑色
芒神带色	立春日的生支（木）	青色
芒神的发髻	立春日的纳音（木）	发髻在耳后
芒神的罨耳（揭）	立春的交节时辰（亥时）	揭开右边的罨耳
芒神的罨耳（提）	立春交节时辰之阴阳（阴）	右手提罨耳
芒神的鞋裤等	立春日的纳音（木）	裤鞋袜齐全，右边行缠悬于腰
芒神手中的鞭节之物	立春日地支（午）	鞭杆为柳枝，鞭节为苎绳
芒神与春牛相对位置（前后）	立春在腊月二十二	芒神站在春牛前
芒神与春牛相对位置（左右）	年之阴阳（阴）	芒神站在春牛的右侧
芒神的年貌	年之地支（丑）	芒神为少年状
牛头颜色	年之天干（辛，属金）	牛头为白色
牛身颜色	年之地支（丑，属土）	牛身为黄色
牛腹颜色	年之纳音（辛丑，属土）	牛腹为黄色
牛角、牛耳、牛尾	立春日天干（壬，属水）	牛角、牛耳、牛尾为黑色
牛腿颜色	立春日地支（午，属火）	牛腿为红色
牛蹄颜色	立春日纳音（壬午，属木）	牛蹄为青色
牛嘴、牛尾样态	年之阴阳（阴）	牛闭嘴，尾右缴

2021 年《春牛图》

因此，春牛和芒神的色彩、装束、样貌、相对位置等要素是由天干地支、阴阳五行、交节时辰、立春与元日之间的先后等决定的。“其策牛人头、履、鞭策，各随时候之宜是也”，每年的《春牛图》都不一样。

人们从春牛、芒神的相对位置，可以看出农时的急与缓；从芒神的着装细节中，可以窥见温度高低、雨水多寡。“田家以此占水旱”，人们常常以春牛、芒神的装束判断该年的天气是寒是温，是旱是涝，还是风调雨顺。这是古代中国官方年景预估的视觉化表达。

同时，《春牛图》也是中国古人创制的艺术化的年度气候图腾，是一项传承有序、规制严谨的非物质文化遗产。

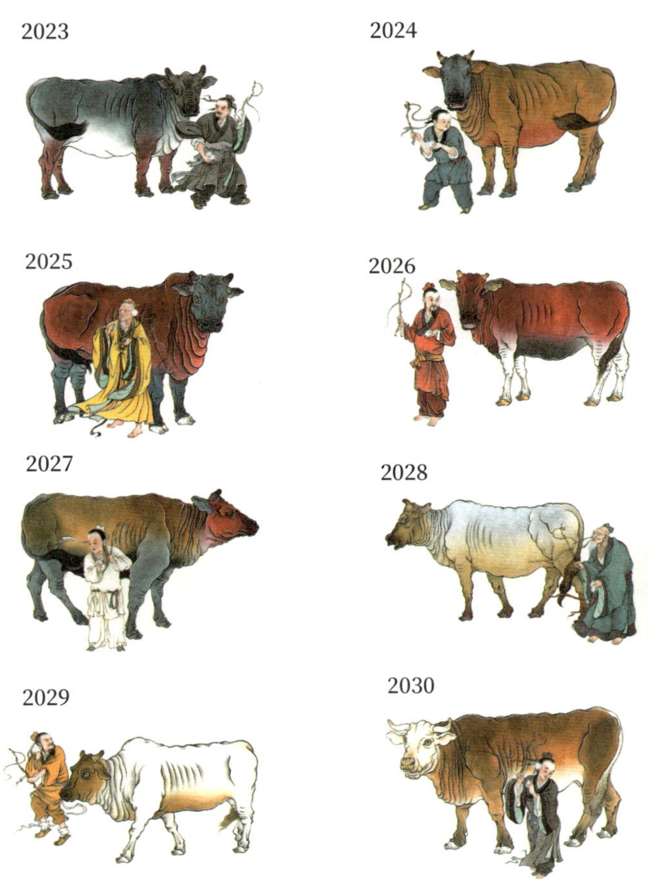

2023—2030 年《春牛图》

春分前后的春社

清代丁观鹏《太平春市图卷》(局部),台北故宫博物院藏

陆游有一首脍炙人口的《游山西村》诗云:“山重水复疑无路,柳暗花明又一村。”这“又一村”里的人们在做什么呢?“箫鼓追随春社近,衣冠简朴古风存”,是在准备迎接春社呢。

什么是社?《诗经》曰:“与我牺羊,以社以方。”社和方,是古代礼天敬地礼仪中最重要的两类。方,指在郊外迎候四时之气。社,指春社、秋社。方多由官府操办,社却真正兴盛于民间。

起初,“社会”这个词指的是人们因祭祀社神和稷神在春社和秋社举行的聚会。

人们春天祈求,秋天报答,合称春祈秋报。从出现的时间上看,先有春祈，后有秋报；这完全可以理解，也非常自然：先有祈求的动机，后有回报的心意。

春社和秋社，虽然并称为春祈秋报，但从史料记载来看，人们对秋社的重视程度远不如春社。或许秋天人们更忙碌，客观上造成了祈得隆重、报得冷清的情况。这从一个非典型视角，可以看出人们耕种之前祈祷多，丰收之后回告少。

汉代《白虎通义·社稷》载："土地广博，不可遍敬。五谷众多，不可遍祭。"这是说土地面积这么大，谷物种类这么多，实在没有办法向它们一一表达敬意呀！那怎么办呢？"社者，土地之主；稷者，五谷之长"，那我们就从中选出代表，主要祭拜这两位大神吧。"故封土立社，示有土尊"，得辟出一块地方，让土地神有存在感，还要举办隆重的活动让我们的敬意具有仪式感。

社和稷是两个神：社是土神，稷是谷神。社稷是合称，是万物长养的根基。以农为本，"人非土不立，非谷不食"。没有社（土地神），人们难以立足；没有稷（谷神），人们难以饱腹。所以，社稷是人们最重要的原始崇拜。

古人云，国家的存在是"为天下求福报功"，家国天下，所以社稷最重要。于是，社稷也就渐渐地变成了国家的代名词。

《左传》载："国之大事，在祀与戎。"人们以祭祀表达敬畏和感恩。而天气气候的各种灾异，往往被解读为疏于祭祀所致。

《吕氏春秋·任地》云："有年瘗（yì，祭土）土，无年瘗土。"也就是说，无论收成丰歉，都要祭拜。不能只在丰收时心存感恩，歉收了就心生怨念。

"有谷祭土，报其功也；无谷祭土，禳（ráng）其神也。"丰收之祭，是为了报恩；歉收之祭，是为了消灾。人们按天时劳作，以地利收获，然后虔诚地感恩天时地利："随分耕锄收地利，他时饱暖谢苍天。"

风调雨顺是人们对气候最大的盼望，五谷丰登是人们最终的生活依归。

当然，春祈秋报，人们祭拜的并不仅仅是社和稷。

《国语·鲁语》云：“法施于民则祀之，以死勤事则祀之，以劳定国则祀之，能御大灾则祀之，能捍大患则祀之。”《史记》亦有云：“山川之神，则水旱疠疫之灾，于是乎荣之。日月星辰之神，则雪霜风雨之不时，于是乎荣之。”凡是具有法力，能够使人们免受大灾大患的神灵，人们都要施以祈报之礼，包括主管风雨霜雪的天气神。

古人将先农（或后稷）视为农神，上至帝王将相，下至黎民百姓，都需要祭祀。从汉代开始，祭祀农神便已是国家大典。

《尔雅注疏》载：“于先农有祈焉，有报焉，则神农后稷与夫俗之流传所谓田公田母，举在所祈报，可知矣。”这包括两个方面：一是祈，即向神灵表达风调雨顺的愿望；二是报，即以丰盛的贡品和虔诚的感恩，答谢神灵的赐予和护佑。丰也报答，歉也报答，人们应对神灵怀有一颗无怨之心。

当然，官民的祈报祭祀会有所不同，官方祭祀掌管全天下的农神，而民间大多祭祀掌管本地的田公、田母，或称田神、土地公。在农民看来，农神未必能照顾得那么周全，还是祭祀掌管这“一亩三分地”的田神可能更有效。尽管官方的历法中并无田公、田母的“编制”，但在民间，田公、田母却显得德高望重，或许是人们觉得“县官不如现管”吧。唐代王维的诗句“婆娑依里社，箫鼓赛田神”，写的便是祭祀田神。

春社是在春天的什么时段？先秦时期，春社的日期不固定，版本众多。那时候农村最基层的组织被称为“里”或“社”，里是指邻里，一般由 25 户组成，这也是最小的祭社单位。

春社、秋社有官社、民社之分。官方春社、秋社的日期“以五戊为定法”，分别是立春和立秋之后的第五个戊日，所以社日的农历具体日期具有很大的不确定性，有的在正月，也有的在阳春三月。

民社的农历日期却渐渐地固定下来，即农历二月二，土地神的生日。平民还是希望祭社的日期简单好记。

为什么选择这个日期呢？二月二，龙抬头，行云布雨的龙重新开始披挂上阵了，这时春雨连绵，杨柳风，海棠雨，各地陆续迎来可耕之候。“春事兴，故祭之，以祈农”，所以人们将春社定在此时是于农忙之前赶紧表明一种恭谨的态度。

官方的春社日期，如果换算成公历，理论上，是在 3 月 15 日—28 日。大体上是在春分前后的一周之内。公历最早的春社是 2 月 3 日立春，当天为丁日，次日即为戊日，且 2 月有 29 天，3 月 15 日即为春社。公历最晚的春社是 2 月 6 日立春，当天为戊日，2 月 16 日才是立春后的第一个戊日，且 2 月有 28 天，3 月 28 日才是春社。

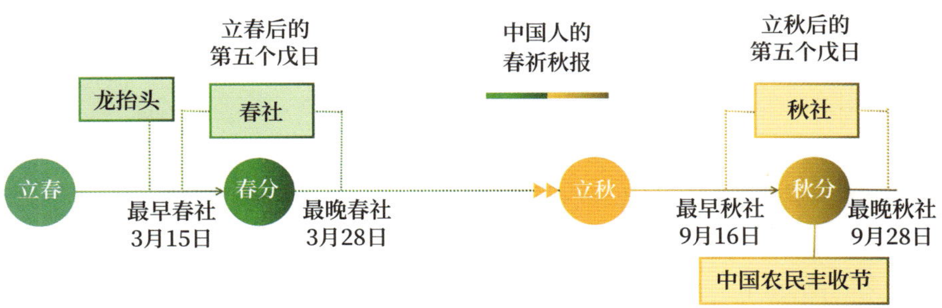

为什么是戊日？因为戊的阴阳属性为阳，五行属性为土，正契合人们春社的意图。

春社和秋社时是怎样的情景？它们本是祭拜土地神的节日，春社偏重祈愿丰稔，秋社侧重回报赐予。但渐渐地，社日变成了大家先祭神、后享乐的日子。

南北朝时期《荆楚岁时记》载：“社日，四邻并结综合社，牲醪（láo，浊酒），为屋于树下，先祭神，然后飨其胙（zuò，祭祀时所供之肉）。”这是说春社这一天，街坊邻里聚在一起，在社树下搭好棚屋，举行仪式祭祀社神，杀牲畜献浊酒，然后共同享用祭祀所用的酒肉。

春社祭祀祈求丰足，然后大家欢宴痛饮。前半部分是紧，是虔诚；后半部分是松，是纵情。在这个关乎年景的节日里，人们也是一张一弛。

宋代《武林旧事》中对“三月社会”描述道：“都人游冶之盛，百戏竞集，士女骈阗观者如堵。”可见，春社实际上是古代以祭地祈谷为主题的春季联欢会，甚至是狂欢节。人们可借机纵酒、欢歌、情恋、嬉游，所以有人也将春社称为春嬉。

礼教社会，难得有一个纵情欢愉的节日。一些少数民族至今仍有类似春嬉的习俗。我们通过清代陈鼎在《黔游记》中的一段描述，还可以隐约看出曾经的春社古风："男吹芦笙于前，女振金铎于后，盘旋跳舞，各有行列，讴歌互答。有洽于心即奔之。"

汉代开始，酒和鼓便是春秋社日祭祀的定制之物。

为什么用酒呢？或许是因为人们觉得酒能沟通人神。人们在微醺甚至迷幻状态下易于摆脱常规的束缚，获得一种身心灵的暂时自由。春秋社日本是祭拜土地神的节日，但渐渐地，社日变成了大家先娱神（人神互动），后娱人（人际互动）的日子。

为什么用鼓呢？或许是因为人们认为鼓能撼天动地。"动万物者，莫疾乎雷"，所有天气现象中，没有谁比雷更激烈和震撼。鼓声是对雷鸣的巫术化表达，鼓乐最能营造狂欢的气氛。

春分前后的春社之祭，人们以鼓乐模仿雷鸣，这也算是一个旁证，雷声始于春分前后，这与春分二候雷乃发声一脉相承。

我们从很多古诗中都可以感受到春社古风，鼓喧天，酒酣畅。唐代王驾《社日》诗云："桑柘影斜春社散，家家扶得醉人归。"宋代范成大《春日田园杂兴》诗云："社下烧钱鼓似雷，日斜扶得醉翁回。"

酒，在先秦时期只是祭祀或宴事的常用之物，两汉之后才对平民开放。所以春社大典，是百姓尽情畅饮的日子。那些酒肉好像是给神的，但族人、邻居齐聚一堂，祭神的仪式过后，大家快乐地享用供桌上的酒肉。社日，成为人们兴高采烈的"分食之宴"。于是人们借着娱神的契机，击鼓喧闹，纵酒高歌，最后"极欢而散"。

民间的社日祭祀，除了日期，还有另一项变化，这算是一项便民化的措施。

社神是土地的人格化。祭祀之时，没有祠堂庙宇没关系，没有社坛也没关系，但再简陋也总得有个象征物，要么是垒个土堆，要么是栽棵社树。当然，实在不行，这些都没有也没关系。春社之际，农人开始忙起来了，所以

传为宋代朱锐《春社醉归图》卷（局部），台北故宫博物院藏

人们常把里社之神搬到田间地头，大家可以就地祭拜。这样既简洁高效，也减少神的神秘感和威严感，让神更接地气、更亲民，让神与平民百姓之间没有阻隔，体现出亲善的神格，大家可以“共向田头乐社神”。

神仿佛在问：“大家有什么要求吗？”“须晴得晴雨得雨，人意所向神辄许。”要晴天就晴天，要下雨就下雨，有什么似乎都能满足，感觉神灵是在田垄之间“现场办公”。因此，鼓、酒、亲民的神，是社日祭祀和社日娱乐的三项“标配”。

如今，很多土地庙只在田尾、街角，或者不起眼的犄角旮旯，与那些富丽的殿堂、庙宇不可同日而语。在《西游记》中，土地公也是经常被孙悟空呼来喝去的，完全不像个神。

古老社神的土地公和蔼形象延续到今天，他是神格最低、最基层、最“土里土气”的神，却是人缘最好的神。除了土地公，还有土地婆，很多土地庙都有这样的对联——“公公十分公道，婆婆一片婆心”“公公十分真公道，婆婆一片好婆心”。让人感觉他们不是神明，而是邻家的老者。

台湾地区的一位学者这样写道：“土地神像的风格以温厚为主，头无夸张的旌冠，身无炫目的袍袄。但见一位敦厚和蔼的老者，职位不高，法力有限，但护乡佑民的赤诚之心，却是真切的。这反映了乡民的土地崇拜。”

春社日，曾经是人们进行天气占卜的一个关键日。春分一候玄鸟至，在古代，燕子回归中原地区的时间与春社日相近，所以燕子也被称为“社燕”，相当于春社的物候象征。成语“社燕秋鸿”，形容的便是匆匆相见便离别。

古时传说社公社母不食旧水，故社日必有雨，谓之“社翁雨”。唐代陆龟蒙诗云：“几点社翁雨，一番花信风。”仲春时节的绵雨有很多别称，它可以是“社翁雨”，也可以是“沾衣欲湿杏花雨”中的“杏花雨”。

春社的日期大体上是在春分前后，所以古人往往按照它们之间的前后关系来进行年景的占卜。

社在春分后，穷人愁上愁。
社在春分前，必定是丰年。

这一组谚语是说先春社后春分，年景好。

社了分，米谷如锦墩。
分了社，米谷遍天下。

这一组谚语是说先春分后春社，年景好。

显然，各方的意见很不一致。元代学者娄元礼专门做过一番论述：“历家自有定式，今人以此为占候验，殊不知天下水旱丰歉，米麦麻豆之贵贱处处不同，且问当以何地取准为是？由此推之，其谬可知矣，占者幸勿拘焉。”也就是说，各年春社、春分之先后是历法早已排定的，很难据此推测年景。各地的各种食物的价格大不相同，所谓贵贱到底以哪里为准呢？所以占卜天气的时候，千万不要受到古法的束缚。

这种占卜虽然难以灵验，但它体现了人们的一种急切而朴素的愿望，希望自己对未来气象的判断能够精准无误。但只可惜，天气和气候太复杂了。

春社，起源于先秦，定型于汉代，兴盛于唐宋，衰落于明清，体现了人们对土地的依归与崇拜，也将酬神和娱人相融合。虽然春祈秋报的古俗渐渐消失，但人们以环境友好的方式延续着曾经的那份敬畏和感恩，人们对美好生活的向往古今一然。

“四立”的意义是什么？

2009 年启用的《天气预报》四季版节目片头

立春、立夏、立秋、立冬谁最冷，谁最热？最冷的，不是立冬，而是立春；最热的，不是立夏，而是立秋。

北京的一位网友的论证很贴近生活：“肯定是立春最冷啊！因为立春时供暖，立冬时还没供暖。”立春是“四立”中唯一供暖的节气，所以立春最冷。立秋的时候还在数伏，所以立秋最热。

人们感觉立春的时候不像春，立秋的时候不像秋，古人用“四立”划分季节，好怪异呀！

我们回溯一下“四立”的由来。由春、秋到春、秋、冬、夏，中国古人逐渐形成四季的概念。那么如何在历法层面上划分四季呢？起初人们按照农历的月份划分四季，每三个月是一个季节，每个月算是一个季段，以孟、仲、季命名，例如农历四、五、六月是夏季，四月孟夏、五月仲夏、六月季夏。

这是超越地域差异化的四季准等长的季节体系，但这种划分方式是基于月亮历思维的，而基于“四立”的季节划分方式是基于太阳历思维的。

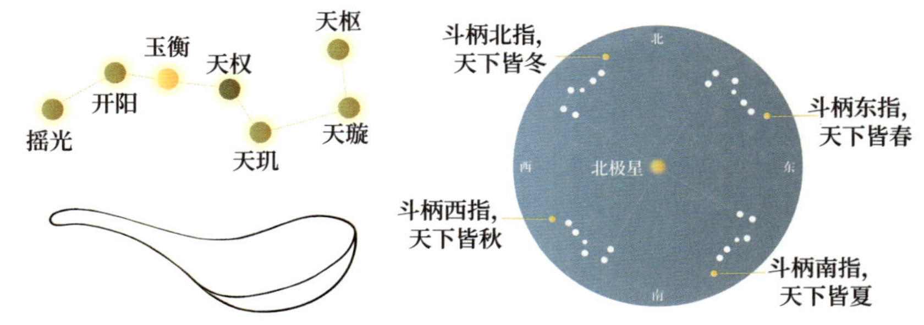

北斗七星指时示意

古人依据初昏时斗柄的指向界定季节：斗柄东指，天下皆春；斗柄南指，天下皆夏；斗柄西指，天下皆秋；斗柄北指，天下皆冬。

中国古人在测定“二至二分”之后，春秋时期便测定了“四立”：立春、立夏、立秋、立冬。

“二至二分”是各文明古国共同的认知，也是目前世界各国通用的天文概念。因为“二至二分”的天文意义是非常清晰的：对北半球而言，夏至是白昼最长日，冬至是白昼最短日，春分和秋分是昼夜平分日。

由“四立”，古代中国开始了基于“二至二分”的独特细化。那么，“四立”的天文意义是什么呢？立春，太阳到达黄经 315°；立夏，太阳到达黄经 45°；立秋，太阳到达黄经 135°；立冬，太阳到达黄经 225°。

有人觉得，它们好像没有什么特别的意义，因为这不像春分、秋分那样，春分，太阳到达黄经 0°；秋分，太阳到达黄经 180°。

“四立”最重要的意义在于它科学地契合并升级了原有的四季体系。“四立”所划分的季节，契合原有的季节体系中的两项顶层设计：四季准等长、超越地域差异化，并且为四季赋予了清晰的天文意义。

例如节气体系中的冬季，立冬到大寒时节（立冬日到立春前一日）是一个回归年内白昼时长最短的时段；节气体系中的夏季，立夏到大暑时节（立夏日到立秋前一日）是一个回归年内白昼时长最长的时段；它们各占全年的四分之一。

因此，节气体系中由“四立”所划分的四季是在完美契合原有季节体系的基础上，使四季划分有了日照范畴的天文意义。“四立”所划分的四季是严谨的天文四季。

我们平时的语境中所说的四季，是气候四季，而气候对天文有着滞后性的响应。天文意义上的春天或秋天来了，气候意义上的春天或秋天尚未到来，立春时依然银装素裹，立秋时依然骄阳似火，于是我们觉得立春、立秋与春天、秋天并不匹配。

气候四季，“远近高低各不同”，因为它是刻画区域差异性的。有的地方并不具备气候意义上的四个季节。而天文四季的划分，具有超越地域差异的普适性，是着眼于提炼共性。

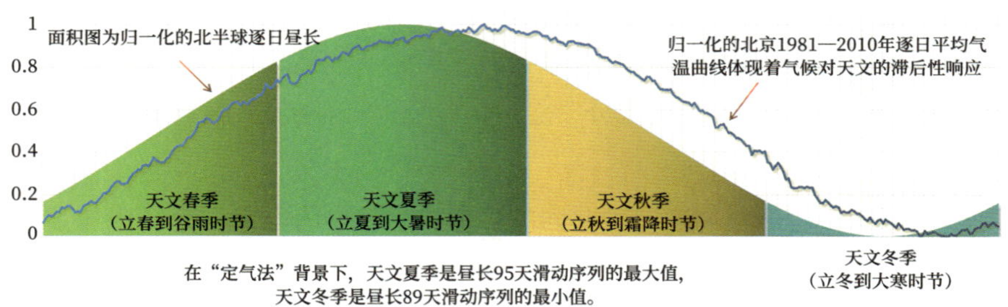

立春、立夏、立秋、立冬所划定的准等长的天文四季

现代的气候意义上的春、夏、秋、冬，是以气温的点位划定的：日平均气温低于 10℃，是冬天；高于 22℃，是夏天；10 ～ 22℃，是春天或秋天。

而古人着眼的不是气温的点位，而是趋势。春是气温震荡上升期，点位再低也是气温“牛市”的开端；秋是气温震荡下行期，点位再高也是气温“熊市”的开端。夏是高位整理期，冬是低位徘徊期。春、夏是气温上升期，对应万物之启；秋、冬是气温下降期，对应万物之闭。

我们现在的换季标准很严谨，但也很烦琐，往往沦为事后标准。例如，什么是春天来了？按照气象学标准，日平均气温 5 天滑动序列≥ 10℃，其滑动序列的起始日为入春。但若入春日期较常年入春日期偏早 15 天以上，需进行二次判断。若初次判断后至常年入春日期之间日平均气温 5 天滑动序列没有＜ 10℃的，初次判断有效。若初次判断后日平均气温 5 天滑动序列有＜ 10℃的，那么在初次判断日期至常年入春日期之间，平均气温 5 天滑动序列满足 10℃阈值的天数大于不满足 10℃阈值天数，初次判断有效。否则，入春日期以二次判断的起始日确定。

于是，对春天是否来临这个问题，越是专业人士，越可能保持缄默，因为言或有失。春天是否来临，大家要等待所有判断完成后的“官宣”。

总体而言，30° N 附近的气候四季均衡性最好，而并非节气体系起源的黄河中下游地区。全国省会城市中气候四季均衡性最高、气候四季与节气四季吻合度最高的是成都。

尽管从文化上，我们说一年四季，但从气候意义上，真正有着春、夏、秋、冬（起承转合）的四季分明区仅占全国陆地面积的一半。

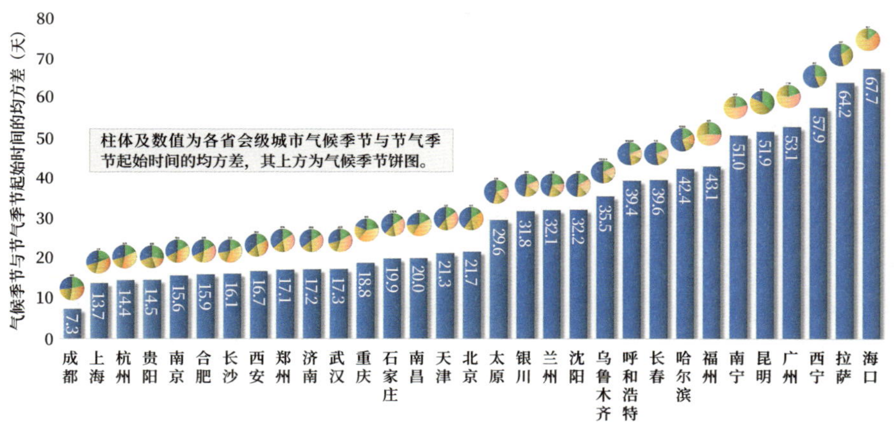

省会级城市四季气候与节气四季的离散度

（1981—2010年）

我们以十个城市为例，看一看气候季节上的显著差异。不同地域的横向对比，气候迥然不同。

在节气起源地区，人们是将“天上的时间”换算成“地上的时间”。什么是春？冰始融即为春。什么是冬？水始冰即为冬。这是无须烦琐判断的视觉化标准，很亲民的换季标准。

根据“四立”划分的天文四季，节气冬季是一个回归年内白昼时长 89 天滑动序列中的最小值，节气夏季是一个回归年内白昼时长 95 天滑动序列中的最大值。

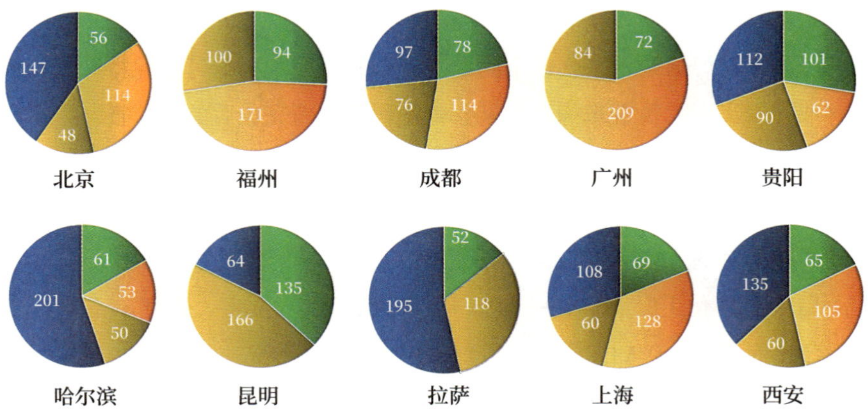

十个城市季节饼图（1981—2010年）

“四立”的意义可以概括为两句话：一是“四立”是天文四季的起始，它既契合四季准等长的季节体系，又具有普适性；二是“四立”是“二至二分”基础上中国独特的四季划分方案，并为二十四节气体系的创立起到了奠基作用。

我们经常讨论节气体系是什么时候诞生的。衡量节气体系诞生于何时，可以有不同的标准。

标准一是从人们有对夏至、冬至的认知和测定开始算，可以追溯到不晚于商周时期。但这个标准的问题是，其他文明古国也都有对相当于夏至、冬至的认知和测定。各国都有相当于夏至、冬至的时点，这并不必然会推演出节气体系。

标准二是从最早记载二十四节气全部称谓和次序的《淮南子》开始算，可以确定为西汉时期。但这个标准的问题是，这是节气体系见于史料的最终完成时间。

标准三是从“四立”的诞生开始算，可以追溯到春秋时期。我认为标准三较为恰当。理由有三个。首先，在准 45 天的基于太阳历的四时八节与准 30 天的基于月亮历的月的基础上进行时段细化，作为 45 和 30 的最大公因数的 15 是最合理的选择。也就是说，由“四立”到二十四节气，是一个十分自然的进程，在时间尺度细化方面具有由此及彼的必然。其次，它确定了中国独特的四季划分方案。从“四立”开始，中国走出了有别于其他文明古国的时间体系的发展路径。最后，“四立”与“二至二分”共同构成了“四时八节”，在此基础上形成的八方、八节、八风、八卦相对应的思维，深刻地影响了中国古人的气候观和候气法。

古人眼中四季更迭背后的动力学

在古人看来，季节更迭、寒暑流转的背后，是“气”在推动。“气”是中国古人诠释自然现象变化规律的核心概念。但这个“气”，又不同于我们通常以物理和化学描述的空气或大气。

万物枯荣启闭只是象，古人认为，一切都是因气至而象成。物象的变化，源于气运之更易。所以，表征不同尺度时间序列的时序，也被称为气序。

在古人的气序理念中，主要有三组气。第一组是天气与地气，以天气与地气的亲疏论。第二组是阴气与阳气，以阴气与阳气的消长论。第三组是八风，以盛行风来自何方的方位论。

天气与地气理念

立夏节气
明代高濂《遵生八笺》：
“天地始交，万物并秀。”

阴气与阳气理念

小满节气
元代吴澄《月令七十二候集解》：
“物至于此，小得盈满。”

八风理念

春分节气
清代袁枚《春风》：
“春风如贵客，一到便繁华。”

北京冬奥会开幕式二十四节气倒计时图文

以天气、地气亲疏的视角看，立夏时节“天气始交，万物并秀”。天之气与地之气有了亲密互动，于是万物勃发。

以阳气、阴气消长的视角看，小满原本特指阳气小满，后来泛化为万物小满。阳气宽纵万物生长，于是万物繁盛。

以风向随时令转变的视角看，春风如同我们翘首盼望已久的贵客，春风试暖，万物复苏。春天里的万物繁盛如有“贵人”相助，这“贵人”便是春风。春风，是诗人心目中万物萌生背后的推手。

天气与地气

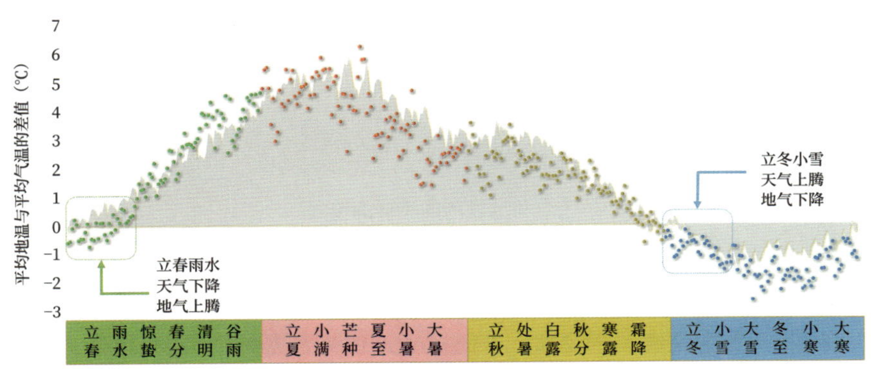

北京的地温与气温的差值

（面积为1951—1980年，散点为2011—2020年）

以北京为例，孟春的立春雨水时节地温开始高于气温，对应“天气下降，地气上腾”；孟冬的立冬小雪时节地温开始低于气温，对应“天气上腾，地气下降”。

人们将春生、夏长、秋收、冬藏归因为天气与地气之间的亲疏变化。《吕氏春秋·孟春纪》载：“（孟春之月）天气下降，地气上腾；天地和同，草木繁动。”《吕氏春秋·孟冬纪》载：“（孟冬之月）天气上腾，地气下降；天地不通，闭而成冬。”而夏季是“天地始交”，秋季是“天地始肃”。

春，是天气与地气的“初恋期”，其气是“天气下降，地气上腾”，其象是“草木繁动”。夏，是天气与地气的“蜜月期”，其气是“天地始交”，其象是“万物并秀”。秋，是天气与地气的“冷静期”，其气是“天地始肃”，其象是“百谷终成”。冬，是天气与地气的“隔绝期”，其气是“天气上腾，地气下降”，其象是“闭而成冬”。

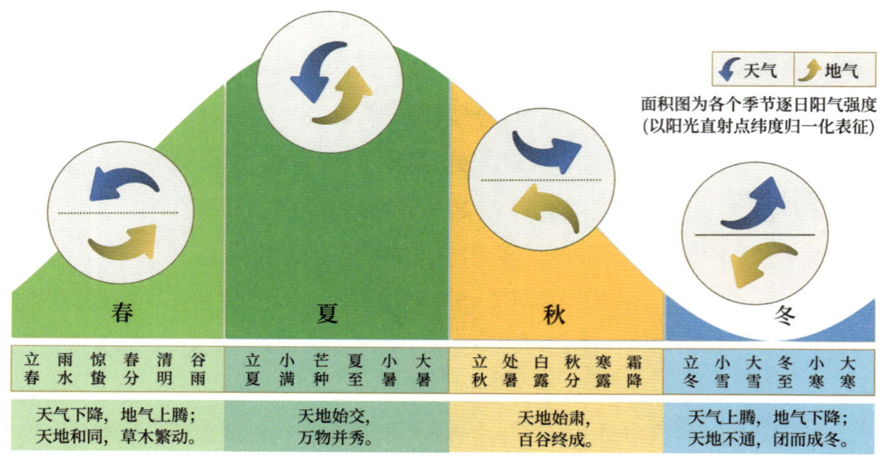

天气与地气的四季互动模式

人们以天气与地气之间的亲疏关系，解读气候以及物候对气候的响应。

按照《黄帝内经》的说法，春是“天地俱生，万物以荣”，夏是“天地气交，万物华实”；天气与地气的“对流性”增强，万物由生至盛。而到了秋季，天气高阔，地气清肃，天气与地气由亲到疏，万物也随之收敛。到了冬季，天气与地气渐行渐远，不相往来，万物便随之闭藏。天气与地气之间是“相益则亲，相损则疏”的命运共同体，它们之间的相亲与相疏，诠释着气候与物候起承转合背后的动力。

最温暖的夏季云量最多，降水也最多，最寒冷的冬季云量最少，降水也最少。

俗话说：“云腾致雨。”云，在古人眼中或许是天气与地气的气流辐合或辐散之象。春暖夏热时，天气与地气相向而行，气流辐合，云量和雨露增多；秋凉冬寒时，天气与地气背道而驰，气流辐散，云量和雨露减少。

以明代《小四书》为例，在给儿童的启蒙读物中，古人也是以阳气与阴气、天气与地气解读气象现象的成因：“阳为阴系，风旋飚回。阳为阴蓄，迸裂而雷。”“天气降地，不应曰霜。地气发天，不应曰雾。”

《荀子》云：“天地合，而万物生；阴阳接，而变化起。”

与阴阳和阳气此消彼长的“零和博弈”模式不同，天气与地气是合则万物俱荣，分则万物俱损的交互模式。

阴气与阳气

最初测定的“二至二分”被视为阴气与阳气的特征态。

所谓特征态，就如同漫画家寥寥几笔将某个人的神态勾勒得特别传神，人们就能领会他画的是谁。这并非工笔绘制，亦并非精确描述细节，为什么会传神？就是因为画家画出了最能体现某个人的特征态。

冬至是阴极阳生，是阴气由盛而衰的拐点；夏至是阳极阴生，是阳气由盛而衰的拐点。春分、秋分是“阴阳相半”的平衡态。气象或物候现象均被纳入阴气与阳气的框架内。在这个意义上，阴阳是关于季节更迭、寒暑流转的释象学说。如《管子》载：“春秋冬夏，阴阳之推移也。时之短长，阴阳之利用也。日夜之易，阴阳之化也。”

万物复苏是因为“阳和启蛰”，寒霜是因为“阴始凝也”，冬雪是因为“天地积阴”。雷电是因为阴与阳的交锋。如《玉历通政经》所言：“阳与阴气相薄，雷遂发声。”彩虹是因为阴与阳的交会。如《礼记注疏》所言：“阴阳气交而为虹。”就连伏日，最初的主体也是阴气。如《汉书·郊祀志注》载：“伏者，谓阴气将起，迫于残阳而未得升。故为藏伏，因名伏日。”

最初，可能日影长度或白昼时长的变化给了古人关于阴阳流转的灵感，但日影长度或白昼时长是具有地域差异的，于是古人在此基础上提炼共性特征。

所谓阴阳，本质上体现的是全球通用的阳光直射点纬度，并且是各个时点（包括节气）阳气和阴气强度经典的可视化表达。而且，阴阳既可以表征一年之中的太阳运动，也可以表征表征一天之中的太阳运动，即一年中有阴阳，一天中亦有阴阳，且变化形态具有高度的同一性。换句话说，阴阳是对各种时间尺度太阳运动的通用概括方式。

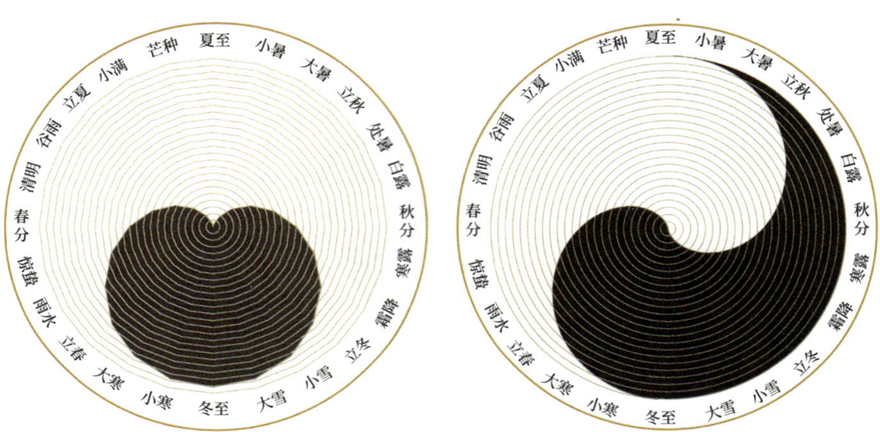

将各节气阳光直射点纬度归一化数值直接代入的图形效果。

将各节气阳光直射点纬度归一化数值分为两个时段处理的图形效果。

古人以回归年尺度内阴气与阳气的消长关系，表征季节更迭、寒暑流转背后的动力所在。

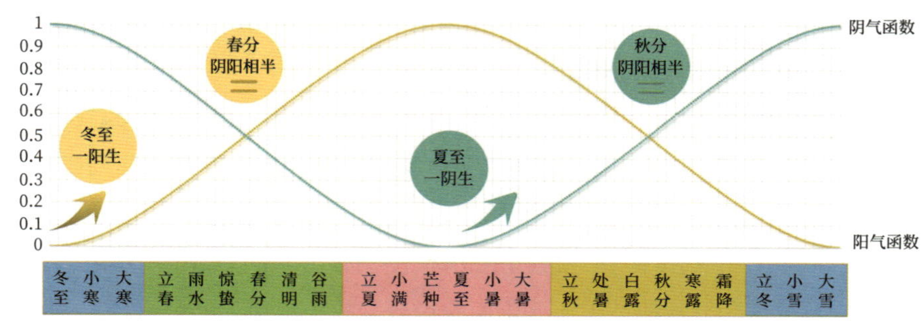

一年中阳气阴气之消长

（以阳光直射点纬度的归一化表征）

由阳光直射点纬度的均一化，冬至日起的日序值所形成的阴阳二气函数曲线（回归年尺度）。

在一个回归年尺度内，阳气之消长并非匀速。夏至一阴生，夏至时节的阳气强度为 [0.985，1]，阳气强度均值 I≈0.995。冬至一阳生，冬至时节的阳气强度为 [0，0.015]，阳气强度均值 I≈0.005。因此，所谓冬至一阳生，整个冬至时节阳气的强度均值只有鼎盛时的 5‰。

八风

天气与地气的亲疏、阴气与阳气的消长，是基于本体逻辑，是对季节更迭、寒暑流转内生动力的归因。但人们也注意到，如客而至的风也是本地季节更迭、寒暑流转的推手。

中国古人最早界定了八种方向的风，并逐渐提炼出风向与气候走向之间的对应性。人们悟到“东风解冻”“熏风阜物”“西风猎叶”“朔风催寒”，甚至希望精确到一轮风信与一轮花事相对应，也就是所谓的“花信风”。这是生活在季风气候区的人们独到的深刻领悟，也是对季风气候密码非常精巧的中国式破译。

八风的概念，始见于《左传·隐公五年》：“夫舞所以节八音，而行八风。”

八风的具体称谓，始见于《吕氏春秋·有始》：“何谓八风？东北曰炎风，东方曰滔风，东南曰熏风，南方曰巨风，西南曰凄风，西方曰飂风，西北曰厉风，北方曰寒风。”接着，文中继续阐述了八风与八节的呼应：“八风者，盖风以应四时，起于八方，而性亦八变。”

飚风，亦称飘风，指疾风，《道德经》中有“飘风不终朝，骤雨不终日”之说。

有了“四立”，人们便形成了太阳历视角下的“四时八节”。在创立了“四时八节”体系的春秋战国时期，人们已经界定了盛行风向与时令的对应关系。这是季风气候背景下人们深刻的感悟。可以说，中华民族是对风最敏感的民族之一。

季风气候背景下，不同时节对应着不同方向的盛行风。风向，蕴含着气流的干湿、冷暖属性。

在中国文化中，东风的意象是温润的（温度和湿度的上升期），南风是湿热的（温度和湿度的峰值期），西风是清肃的（温度和湿度的下降期），北风是寒冽的（温度和湿度的谷值期）。

所以，在中国的气候文化中，风的“辈分”是最高的。

四季东风是雨娘。
东北风，雨太公。
东南风，雨祖宗。

在天气谚语中，我们可以看到风与雨的“辈分”关系，人们心中风与雨的因果关系。

清代钦天监在“四时八节”最常规的观测项便是风向。如果观测到“八风”中的盛行风风向，钦天监便会认为气候正常，继而做出这一年会五谷丰登的判断。

同样是刮西北风：如果立春时刮，卜辞是：“风从乾来，暴霜杀物。”如果立夏时刮，卜辞是：“风从乾来，其年凶个几，夏霜麦不刈。”如果立秋时刮，卜辞是：“风从乾来，甚寒，多雨。”如果立冬时刮，卜辞是：“风从乾来，君令行，天下安。”

立冬时正常的盛行风就该是西北风，所以“喝西北风”，最好是在立冬的时候喝。

我们将八节对应八风视为“风调”，即不同时节出现正常的盛行风向，那么清代及其不同时期的“风调”状况如何呢？

清代钦天监“四时八节”风向观测中八节与八风的吻合度			
总体吻合度	康熙时期	乾隆、嘉庆时期	道光、咸丰时期
62.3%	44.9%	76.1%	28.6%

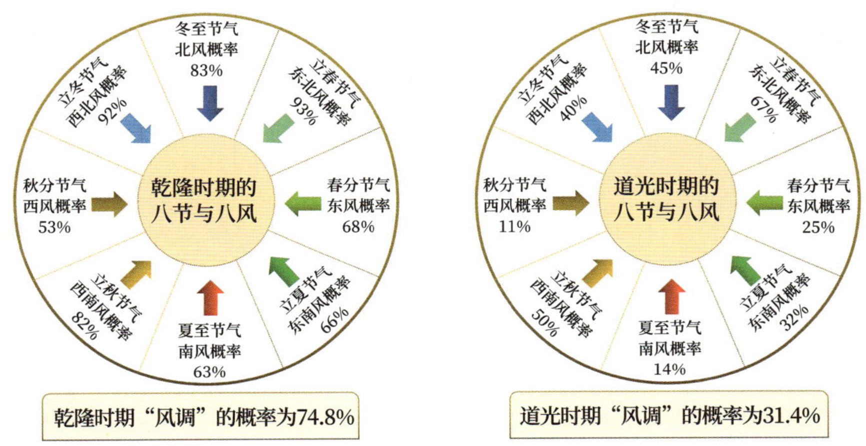

乾隆朝六十年与道光朝三十年进行对比，乾隆朝“风调”的概率为 74.8%，道光朝“风调”的概率为 31.4%。

以“四时八节”的风向推断气候，其内在机理是着眼于季风转换的节奏，这是基于季风气候的一种简易判定方式。通过观测八节与八风是否契合，进而推断气候是否异常，是否能够风调雨顺。

气候相对温暖的乾隆和嘉庆时期“风调”（八节与八风相契合）的概率最高，达 76.1%，气候相对寒凉的道光和咸丰时期“风调”的概率只有 28.6%。一个朝代的兴盛期与衰退期由此可见一斑。

我们曾对立秋日占卜类谚语进行验算，以立秋日风向作为判据，以秋季平均气温距平作为天气“凉热”的判断指标，准确率为 72%，说明这些谚语具有一定的参考价值。[①]

① 参见智利蓉，宋英杰，齐鹏然 . 基于气象大数据的气候预测农谚可信性验算研究——以“早立秋，凉飕飕；晚立秋，热死牛”为中心的讨论 [J]. 古今农业，2022(4):86-96.

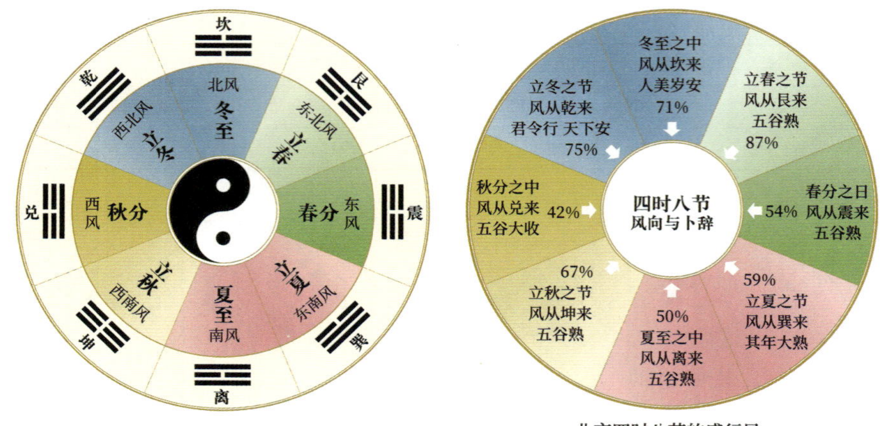

北京四时八节的盛行风

（清代钦天监的风向观测及卜辞）

为了与上北下南的八风风向相对应，我将八卦做了180°旋转。清代钦天监在“四时八节”的交节时刻风向观测结果，自康熙十六年（1677年）至光绪十八年（1892年），共计216年。图中标注的百分数为实测的正常风向。

八卦融汇阴阳、乾坤天地、气序，是解读寒暑更迭机理的一种总括模型。古人以阴阳八卦对应时令。八卦、八风与“四时八节”的对应，构建了古人的气候观和候气法。太阳历的八节到八卦、月亮历的十二月到十二卦成为中国古人认知气候和解读气候的独特方式。

人们很早就已经发现了风向与气序之间的关系。

《礼记·月令》记载了“四立”时天子迎气的方位：“立春之日，天子亲帅三公、九卿、诸侯、大夫以迎春于东郊。”“立夏之日，天子亲帅三公、九卿、大夫以迎夏于南郊。”“立秋之日，天子亲帅三公、九卿、诸侯、大夫以迎秋于西郊。”“立冬之日，天子亲帅三公、九卿、大夫以迎冬于北郊。”

人们笃信，春之风气自东而来，夏之风气自南而来，秋之风气自西而来，冬之风气自北而来。

在此基础上，人们将季节变化归功或归咎于风向的变化。尽管春天草木勃发是因为天气回暖，有了阳光加持、雨露滋润，但人们依然执念于“春风吹又生”“春风又绿江南岸”。不同方向的盛行风，成了一种图腾，成了气序变化背后的动力。

1	天气与地气	⇔	亲疏变化
2	阴气与阳气	⤵⤴	消长变化
3	八风	↻	方向变化

简而言之，古人为了揭示季节更迭、寒暑流转背后的动力，大体上建构了三种动力学：天气与地气，是着眼于气序变化背后的协同机制；阴气与阳气，是着眼于气序变化背后的制衡机制；八风，是着眼于气序变化背后的触发机制。

为什么只有小满而没有大满?

在节气体系中，代表阴极的冬至两侧，是小雪和大雪、小寒和大寒；如果代表阳极的夏至两侧是小满和大满、小暑和大暑，那么节气体系便呈现出同构的对称之美；小满之后设大满，似乎是节气体系酝酿过程中理所当然的结果。但为什么只有小满，没有大满呢？节气序列的命名者没说，我们后人只能猜测了。

在探讨这个问题之前，我们应当先揣摩小满中的“满”是什么意思。按照《现代汉语词典》，“满”的含义为“全部充实、达到容量的极点”。《说文解字》将“满”释为“盈溢也”。

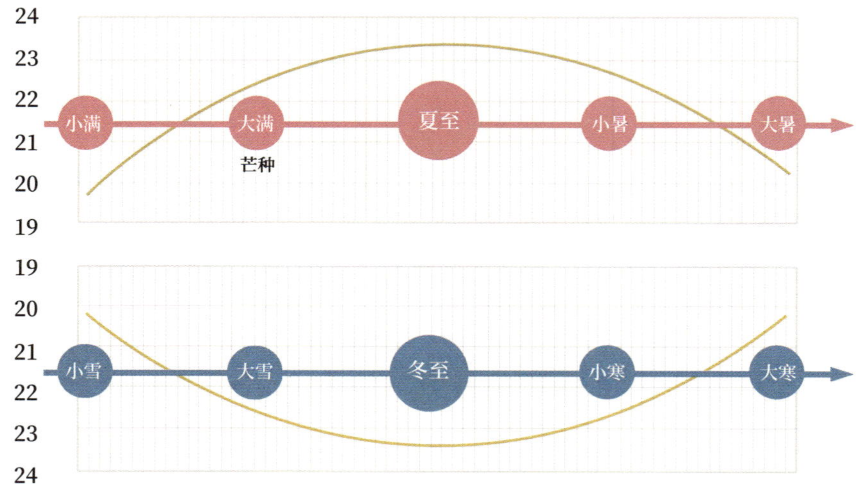

节气体系中同构的对称之美

阳光直射点纬度，亦可作为阳气或阴气强度的一种表征方式。图中数值和虚线为阳光直射点纬度，上图为北纬（°N），下图为南纬（°S）

在二十四节气的名称中，争论最多的，便是小满和芒种。目前学界对小满的解读通常有两个维度，即“籽粒小满”和“江河小满”。“籽粒小满”，如“麦之气至此方小满，因未熟也”，说的是小麦等作物籽粒开始饱满。“江河小满”，如“小满大满江河满”，说的是南方降水频繁，雨水开始丰盈。但是，哪个能代表小满的初始含义，学界并无定论。

籽粒小满

关于“籽粒小满”，我们看一下宋代学者和明代学者的相关表述。

宋代马永卿《懒真子》载：

襄、邓之间多隐君子。仆尝记陕州夏县士人乐举明远尝云：“二十四气其名皆可解，独小满、芒种说者不一。”仆因问之，明远曰：“皆谓麦也。小满，四月中，谓麦之气至此，方小满而未熟也；芒种，五月节，‘种’读如‘种类’之‘种’，谓种之有芒者，麦也，至是当熟矣。”仆因记《周礼》：稻人“泽草所生，种之芒种”。注云：“泽草之所生，其地可芒种，种稻麦也。”仆近为老农，始知过五月节，则稻不可种。所谓芒种五月节者，谓麦至是而始可收，稻过是而不可种矣。古人名节之意，所以告农候之早晚深矣。

明代郎瑛《七修类稿·天地类》关于小满、芒种是这样记载的：

二十四气有小暑、大暑、小寒、大寒、小雪、大雪，何以有小满而无大满也？又见《檐暴偶谈》解二气，皆指麦言。然应答难于人，人而刊行于书，误人大矣，因复辩之于此。夫寒暑以时令言，雪水以天地言，此以芒种易大满者，因时物兼人事以立义也。盖有芒之种谷，至此已长，人当效勤矣。节物至此时，小得盈满意，故以芒种易大满耳。

由这两篇文献可知，马永卿的观点是小满、大满时节所涉的农事物候为麦和稻。而郎瑛的观点是小满、大满时节正是谷物由将满到全满之时，小满、芒种之名“皆谓麦也”。

那么，小满、芒种之名“皆谓麦也”，是说它们都是提醒收麦子吗？不是的。因为麦熟、麦收的特性是“九成熟，十成收；十成熟，一成丢”，即麦子熟到九成的时候就赶紧收割，等到麦子完全熟了，熟到大满的时候就太迟了。因此，以大满来界定麦子完全成熟的时间，不具有指征意义和预测价值。

芒种之名具有什么意义？是不是比“大满”之名更具有时序之令的意义？按照马永卿的观点，小满和芒种之名并非“皆谓麦也”，而是涵盖稻麦。小满是收麦的“未来时”，而芒种是收麦和种稻的双重“进行时”。

我认同马永卿的这段描述：“所谓芒种五月节者，谓麦至是而始可收，稻过是而不可种矣。古人名节之意，所以告农候之早晚深矣。”芒种之忙，在于急迫的农候：麦子到了这时就要想办法收，稻子过了这时就没法种了！

芒种具有麦须收、稻当种的双重指向，这显然是农耕社会首要的农候时令，为其设定一个节气，乃农耕社会之当然。

台湾地区2000年发行的二十四节气系列邮票中立夏、小满、芒种的节气物候

小满之名侧重提示收麦，芒种之名侧重提示种稻。如果小满之后是大满，就很容易使人忙于麦而疏于稻，所以小满和芒种两个节气，体现了人们对麦和稻这两种主粮的平衡性重视。当然，在刻画农事物候的维度，小满中的“满”可特指麦子，也可泛指谷物的籽粒即将饱满。

为什么在节气体系起源地区过了芒种时节种稻就晚了呢？我们从趋利和避害两个方面来看。

从趋利来看，水稻的分蘖期和拔节期最需要雨热供给。分蘖期是在水稻插秧后，历时约 30 天；拔节期是在分蘖期后，历时约 15 天。所以，如果芒种时节完成插秧，水稻的分蘖和拔节会恰好在阳光最充足、雨水最丰沛的夏至、小暑、大暑时节。

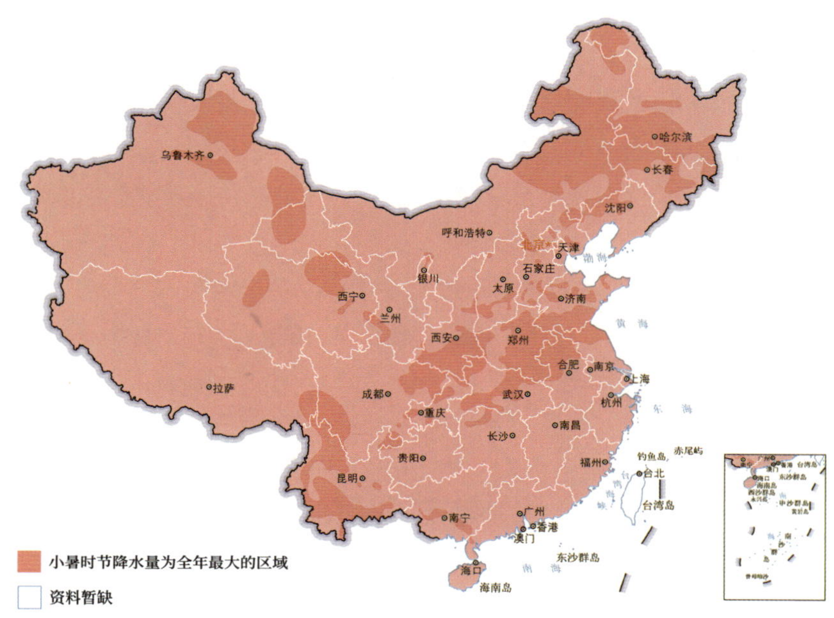
乌鲁木齐
哈尔滨
长春
沈阳
呼和浩特
北京
天津
石家庄
渤海
银川
太原
济南
西宁
兰州
黄海
西安
郑州
合肥
南京
上海
拉萨
成都
武汉
杭州
东海
重庆
长沙
南昌
钓鱼岛
赤尾屿
福州
贵阳
台北
昆明
台湾岛
广州
南宁
香港
澳门
东沙群岛
海口
海南岛
小暑时节降水量为全年最大的区域
资料暂缺

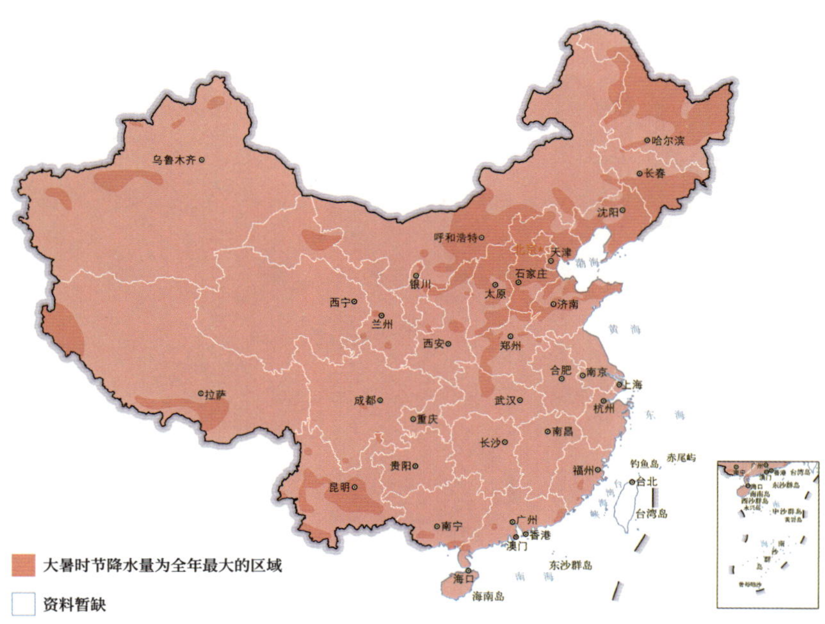
乌鲁木齐
哈尔滨
长春
沈阳
呼和浩特
北京
天津
石家庄
渤海
银川
太原
济南
西宁
兰州
黄海
西安
郑州
合肥
南京
上海
拉萨
成都
武汉
杭州
东海
重庆
长沙
南昌
钓鱼岛
赤尾屿
福州
贵阳
台北
昆明
台湾岛
广州
南宁
香港
澳门
东沙群岛
海口
海南岛
大暑时节降水量为全年最大的区域
资料暂缺

乌鲁木齐
哈尔滨
长春
沈阳
呼和浩特
北京
天津
石家庄
银川
太原
西宁
兰州
济南
西安
郑州
合肥
南京
上海
拉萨
成都
武汉
杭州
重庆
南昌
长沙
贵阳
福州
钓鱼岛
赤尾屿
台北
昆明
台湾岛
南宁
广州
香港
澳门
东沙群岛
海口
海南岛
渤海
黄海
东海
南海
常年寒露时节初霜的区域
资料暂缺

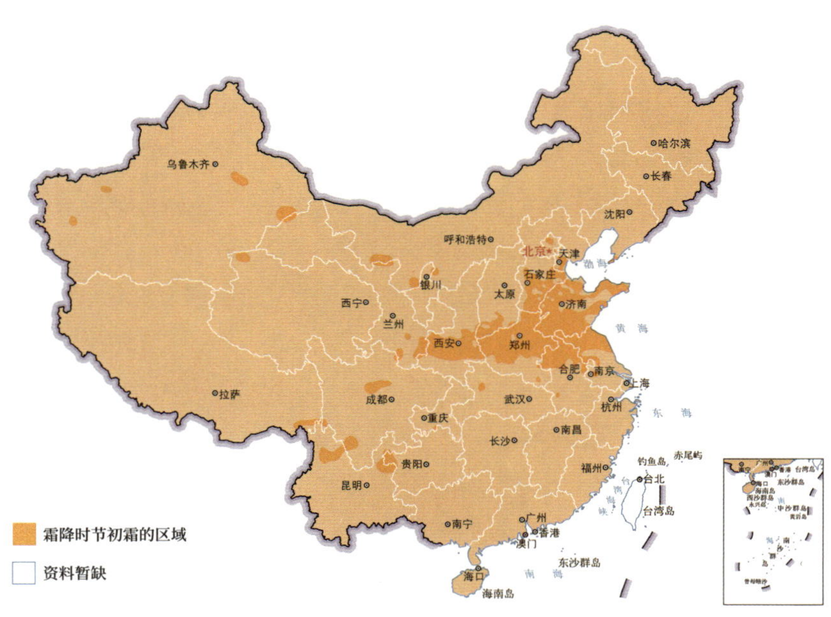
乌鲁木齐
哈尔滨
长春
沈阳
呼和浩特
北京
天津
石家庄
银川
太原
西宁
兰州
济南
西安
郑州
合肥
南京
上海
拉萨
成都
武汉
杭州
重庆
南昌
长沙
贵阳
福州
钓鱼岛
赤尾屿
台北
昆明
台湾岛
南宁
广州
香港
澳门
东沙群岛
海口
海南岛
渤海
黄海
东海
南海
霜降时节初霜的区域
资料暂缺

节气体系起源地区雨热同季的气候，必然使人们的农事次第严谨地顺应雨热供给侧的节律。

从避害来看，初霜对作物的生长具有“一票否决权”。如果施行稻麦两熟制，节气体系起源地区的无霜期并不宽裕。水稻由插秧开始的生长成熟期约 120 天，由夏至日到霜降日约 120 天，可谓可丁可卯。所以，就气候平均值而言，水稻应当在夏至到来之前的芒种时节完成插秧。可是早了也不行，为什么？因为地里的麦子还没收呢。

但这还只是气候平均值，按照统计规律，一般有近 20% 的年份初霜早于气候平均值日期 10 天以上。为了规避提前降临的初霜“霜杀百草”，人们需要在芒种时段内尽可能提前收麦种稻，收完麦子就要赶紧种稻子，因此俗话说“小满赶天，芒种赶刻”。往往是早上麦子还在地里，中午割完了，晚上就插好了稻秧，正所谓“早上一片黄，中午一片黑，晚上一片青”。

江河小满

我们再看小满的第二个维度——“江河小满”。芒种一词，最早见于《周礼·地官》：“泽草所生，种之芒种。”这个词与水有关。那么，芒种之前的小满节气是否也与水有关呢？

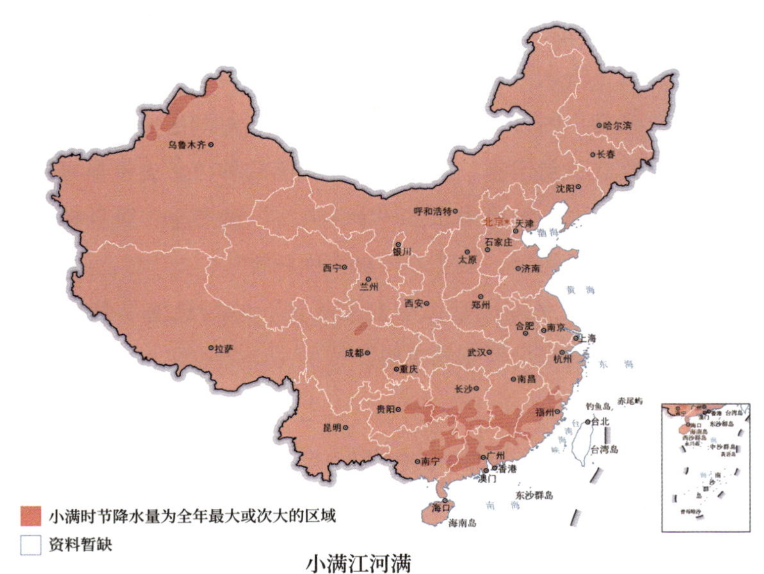

小满江河满

在南岭附近地区，“立夏小满，雨水相赶”，小满时节已进入多雨的“龙舟水”时段，于是有“小满大满江河满”之说。但这一气候特征，虽在节气体系创立时期就被人们发现，却不符合节气体系起源地区的气候规律，与其他节气称谓刻画的气候也不匹配。所以小满江河满之说，属于节气文化传承过程中在南岭附近地区的本地化新解，并非节气体系创立年代关于“满”的本义。

在节气体系起源地区黄河中下游，雨热同季，通常是在小暑、大暑时节降水达到鼎盛状态，进而水体达到小满、大满的状态。

虽然南宋时期的文人笔记中已有“当小满而润泽丰”之类的气候认知，但人们那时并未明确在水文层面提出小满与“江河满”的关系。小满江河满之说，最早见于明代正德十二年（1517 年）的地方志中。明代正德年间江西《建昌府志·卷一》载：“立夏与小满日宜雨，谚云‘立夏不下，田家莫耙；小满不满，芒种不管’。”

小满江河满之说，多见于明清时期一些地方志所收录的民谚，这是很晚近的认知，且仅流传于与之气候相契合的江南南部和华南地区。例如明代嘉靖年间福建《惠安县志·卷四》载：“立夏日有青气见南方，吉；否则，灾。是日及小满日俱宜雨，故曰‘立夏不下，高田莫耙；小满不满，芒种莫管’。”明代万历年间湖南《桃源县志·卷上》载：“谚云‘四月八日晴，游鱼上高坪’，立夏小满日宜雨。谚云‘立夏不下，犁耜高挂；小满不满，芒种不管’。”清代嘉庆年间广东《新安县志·上卷·月令》载：“四月谚云‘小满池塘满，不满天大旱’。”

我一直怀疑，古人当初设置小满这个节气时，这个“满”字真的是指麦子的籽粒吗？未必。因为在节气框架定型到节气称谓定位的春秋到西汉时期，麦子并非最重要的粮食作物。虽然麦子在我国的种植历史最早可追溯至商代，但因麦子需水量最大的时段为北方“十年九旱”的春季，其种植量一直较小，直到西汉晚期至东汉初年，小麦才得以大面积推广。

白居易诗中“夜来南风起，小麦覆陇黄”的场景便是例证。直到宋代，小麦才逐渐成为我国举足轻重的主粮。[①]

---

① 参见陈文华 . 中国古代农业科技史讲话 [J]. 农业考古，1981(01)：114-124. 李成 . 黄河流域史前至两汉小麦种植与推广研究 [D]. 西安：西北大学，2014. 孙刘伟 . 北宋东京饮食文化研究 [D]. 郑州：郑州大学，2019.

月令和七十二候中的主粮物候			
月令·孟夏之月	小满三候	月令·孟秋之月	处暑三候
麦秋至		禾乃登	

《礼记·月令》的月令体系和《逸周书·时训解》的候应体系中，已经有了对次要的夏收和主要的秋收的平衡性提示，那么古人为什么还要再设立一个专门提示夏收的节气呢？

以我们目力所及，小满被解读为籽粒小满最早见于唐代孔颖达的《礼记正义》："谓之小满者，言物长于此，小得盈满。"

宋代卫湜《礼记集说》的"小满，言物长于此小得盈满"、元代吴澄《月令七十二候集解》的"小满，四月中，小满者，物至于此小得盈满"等，都是沿袭了孔颖达的说法。

因此，小满"籽粒满"和"江河满"之说虽然流传最广，但并非节气体系初创时的含义。小满之"满"的本义，还是要到节气体系初创时期的思想体系中探寻答案。

我猜想，小满节气中的"满"指的可能是阳气。让我最初产生这个想法的是春秋时期管子的三十节气体系。

早在先秦，节气体系的含义中已经有"阳气"之义。春秋时的《管子·幼官》将一年分为三十节气，每一节气十二天，春、秋两季各八个节气，冬、夏两季各七个节气。

夏季的七个节气分别为：小郢至、绝气下、中郢、中绝、大暑至、中暑、小暑终。"郢"通盈，盈满之盈。夏季的前四个时令"小郢至、绝气下、中郢、中绝"刻画的显然是气，是阳气逐渐盈满、阴气逐渐气绝而消的进程。"郢"与"盈"或"赢"读音相同，盈或赢均可训满。"郢"是指阳气满盈，"小郢至"象征此时阳气小满、阴气将尽。

二十四节气体系经历了创立、发展到完善的漫长过程。先秦时期先有"二至二分"，即夏至（日永）、冬至（日短）、春分（日中）及秋分（宵中），后又增加了立春、立夏、立秋、立冬四个节气，用来表征季节。到西汉时期，节气的数目、称谓、次序基本定型。最终，体系完备的节气在《淮南子·天文训》中初创完成。

二十四节气

地气发	小卯	天气下	义气至	清明	始卯	中卯	下卯	小郢至	绝气下	中郢	中绝	大暑至	中暑	小暑终	期风至	小酉	白露下	复理	始前	始酉	中酉	下酉	始寒	小榆	中寒	中榆	寒至	大寒之阴	大寒终

春秋时期 · 三十节气
（见于《管子 · 幼官》）

二十四节气在发展过程中吸取了先秦时期的各家说法，已见于三十节气体系的清明、白露、大暑、大寒等节气名在二十四节气系统中依然沿用，那么见于三十节气的刻画阳气将满的“小郢至”与“小满”内涵相合也是有可能的。当时人们对阳气盈满于何时的理解可能影响着节气的称谓及理念。

那么，小满是不是指阳气“小得盈满”呢？在完整节气序列酝酿的年代，人们是怎么想的呢？

我们首先看当时的人们认为阳气盈满于何时。一年中阳气最强的时间在何时？以日尺度和月尺度来衡量有不同的答案。

以日来衡量，阳气盈满于夏至日。《淮南子 · 天文训》云：“日冬至则斗北中绳，阴气极，阳气萌，故曰冬至为德。日夏至则斗南中绳，阳气极，阴气萌，故曰夏至为刑。”

如果以月尺度衡量呢？可以有阳气强度和阳气趋势两个维度。以阳气强度来衡量，阳气最强时是在农历五月。《淮南子 · 天文训》云：“日冬至则水从之，日夏至则火从之，故五月火正而水漏，十一月水正而阴胜。”以阳气趋势来衡量，阳气将满时是在农历四月。《淮南子 · 天文训》云：“阳生于子，阴生于午……阴生于午，故五月为小刑。”

就趋势而言，农历五月已阴气乍现，始有轻微的杀气，所以在农历五月来临前“断薄刑，决小罪，出轻系”（轻刑结案，并释放不够量刑者）的做法，是与之呼应的。

我们再以与《淮南子》成书年代相近的西汉董仲舒《雨雹对》为例，这本书大概写于汉武帝元光元年（公元前 134 年），其中写道：“阳德用事，则和气皆阳，建巳之月是也。故谓之正阳之月。”“建巳之月为纯阳，不容都无复阴也。但是阳家用事，阳气之极耳。”“四月纯阳用事。自四月以后，阴气始生于天下，渐冉流散，故云息也。阳气转收，故言消也。”

以趋势论，立夏、小满所处的农历四月之后，阳气逐渐收敛，阴气逐渐萌生。农历四月阳气之增长达到鼎盛状态，于是被称为“正阳之月”。

《汉书·五行志》载：“当夏四月，是谓孟夏。说曰：正月谓周六月，夏四月，正阳纯乾之月也。慝谓阴爻也，冬至阳爻起初，故曰复。至建巳之月为纯乾，亡阴爻。”

此处的正月，不是我们过春节的那个正月，而是农历四月。《诗经》中的“正月繁霜，我心忧伤”，指的也是农历四月。过春节的那个正月，有繁霜很正常，不足以忧伤。农历四月是正阳之月，本该郁郁葱葱，所以此时繁霜降临才令人倍感忧伤。

立夏小满所处的农历四月（巳）为乾，对应六阳爻，为正阳之月。

从本质而言，与十二月对应的十二消息卦是月亮历视角，与八节对应的后天八卦是太阳历视角。在二十四节气完整序列问世的西汉时期，人们有着浓厚的阴阳流转趋势与月份对应的月令思维。

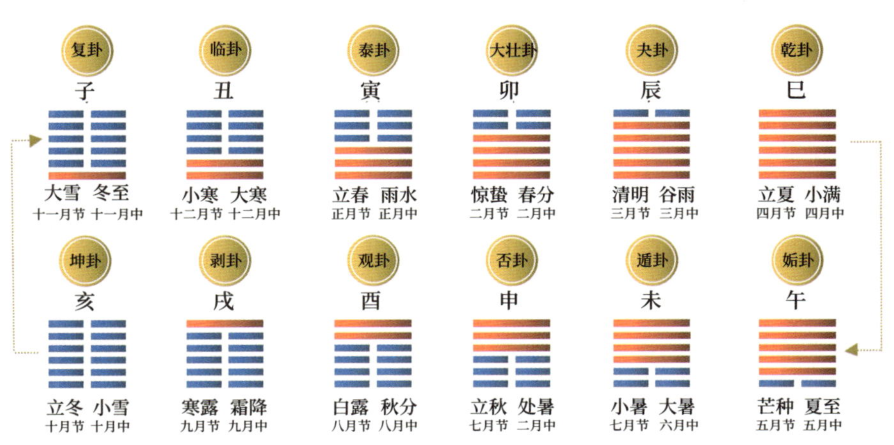

《周易》十二消息卦图

在当时人们刻画阴气阳气消长、生息规律的十二消息卦中，我们可以看到立夏、小满所处的农历四月是阳气“满格”之时。

基于西汉时期人们所用的阴阳流转体系，可以得出这样的初步判断：一是立夏小满所处的农历四月（巳月）是阳气趋于盈满的时段；二是代表农历四月中的小满时节正是阳气将满之时。

在节气体系初创时期，人们会以“满”表征阳气的鼎盛状态吗？我们以先秦时期的《管子》和《庄子》中阴阳“满虚”概念为例。

《管子·侈靡》记载：“其满为感，其虚为亡，满虚之合，有时而为实，时而为动……夫阴阳进退，满虚亡时，其散合可以视岁。”满是由此衰减，虚是由此新生，满与虚流转的全过程，时而表现为实体，时而表现为动态。阴阳之消长，其满与虚的时间点并不确切，但我们可以由其衰减和增长的过程判断年景的丰歉。

《庄子·外篇·田子方》云：“至阴肃肃，至阳赫赫。肃肃出乎天。赫赫发乎地。两者交通成和而物生焉。或为之纪而莫见其形。消息满虚，一晦一明，日改月化，日有所为，而莫见其功。生有所乎萌，死有所乎归，始终相反乎无端，而莫知乎其所穷。非是也，且孰为之宗！”

《庄子》中所说的“消息满虚，一晦一明，日改月化”，指的是阴阳消长、盈满空虚；黑暗和光明，天天变化，月月更易。阴气和阳气通过彼此的互动而生养万物，这是世间无形的纲纪。其消长和生息，其满其虚，在渐变中主宰着天地万物。

可见，在节气体系初创的年代，以“满”表征阳气之鼎盛状态是先哲们的经典话语。以小满刻画阳气未满但将满具有充分的合理性。

如果以阳光直射点的纬度表征阳气强度，那么以月尺度衡量，农历四月是阳气增长周期的终极阶段，而农历五月是阳气由增长到衰减的切换期。

在月尺度界定阴阳流转趋势的体系中，农历五月阴气始生。而且，小满之后由于雨量增大、湿意增强，人会有阴气微生之感。

《四民月令》载：“五月芒种节后，阳气始亏，阴慝将萌。煖气始盛，虫、蠹并兴。”这正是古人认为芒种时节的三项候应螳螂生、鵙始生、反舌无声是感阴而生、而鸣、而息的原因。

此外，从天文和气候的层面，我们如何看待小满时节的“小得盈满”呢？

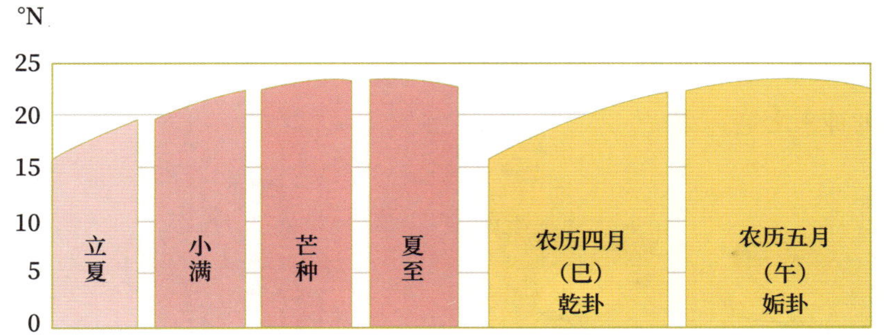

节气尺度和月尺度下的阳气消长特征

我们可以参考理论上的日照时间和有效的日照时间。

如果我们以白昼时长归一化数值界定阳气，一个回归年中阳气强度为[0，1]的函数。那么，小满时的阳气强度超过0.90。界定阳气小满的小满节气，小满时节的阳气强度为[0.921，0.978]，阳气强度均值I≈0.95。阳气强度恰好为鼎盛时的95%，可谓“小得盈满”。

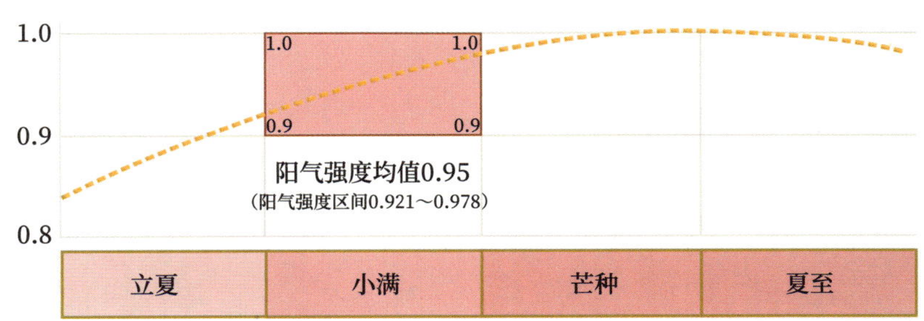

阳光直射点纬度归一化所形成的阳气强度曲线

汉代傅玄《述夏赋》中曰：“四月维夏，运臻正阳。”在气候层面，我们如何界定农历四月的“正阳”和小满时节阳气的“小得盈满”呢？一般以节气时段的有效日照时数。尽管理论上各地通常是夏至时节的日照时数最多，但对二十四节气体系起源地区而言，小满时节有效日照时数最多。有效日照时数可以作为阳气“小得盈满”的气候佐证。

小满之前的立夏、之后的芒种，均不具有小满时节的有效日照时数最多的特征。因此，在气候上，小满是有效日照时数“小得盈满”的特征化时令。

换言之，有效日照时数视角下的阳气“小得盈满”是小满节气排他性的特征态。取阳气“小得盈满”之意，将这个节气命名为小满，是严谨契合气候特征态的神来之笔。

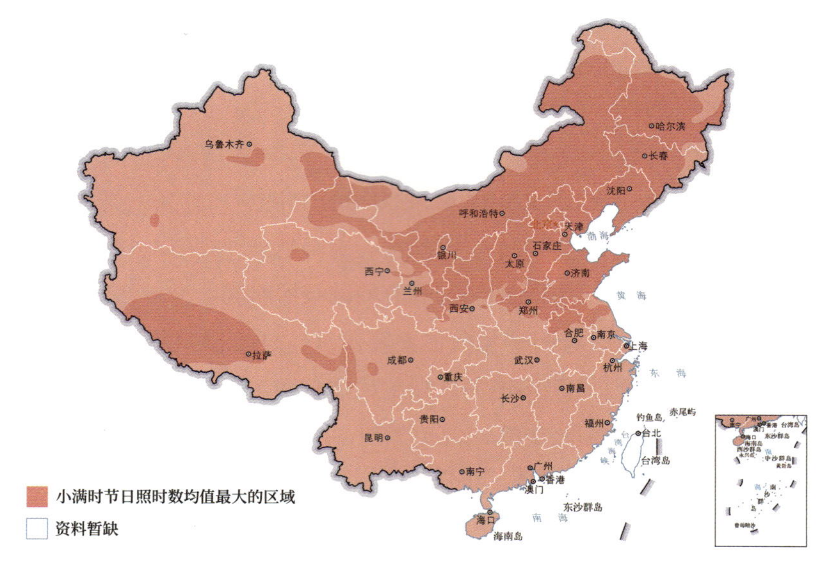

此外，在节气体系起源地区，立夏到夏至时节的三个天文变量（日出时刻、白昼时长、日落时刻）是怎样的情形呢？

我们以西安为例。西安日出最早是在 6 月 12 日前后的芒种时节，白昼最长是在夏至日，日落最晚是在 6 月 30 日前后的夏至时节。小满是日出越来越早、白昼越来越长、日落越来越晚的最后一个节气。以任何一个天文变量来衡量阳气趋势，小满都是阳气趋于盈满之时。

综上，基于节气体系初创时的思想体系，基于小满节气的天文和气候的特征态，我倾向于认为小满最初被命名时指的是阳气小满。唐代元稹的诗中所言“小满气全时，如何靡草衰”，也是将小满视为阳气充盈之时。

后来，随着稻麦两熟制的推广，小满、芒种有了收麦与种稻的时令指向。再后来，随着人们对南岭附近地区气候特征更确切的认知，小满有了“江河小满”的意涵。

为何小满之后无大满？在二十四节气体系中，小暑和大暑、小雪和大雪、小寒和大寒都是成对出现，而唯独小满之后无“大满”。其原因众说纷纭，有人从哲学文化层面进行解释，认为“满招损，谦受益”，太过“圆满”

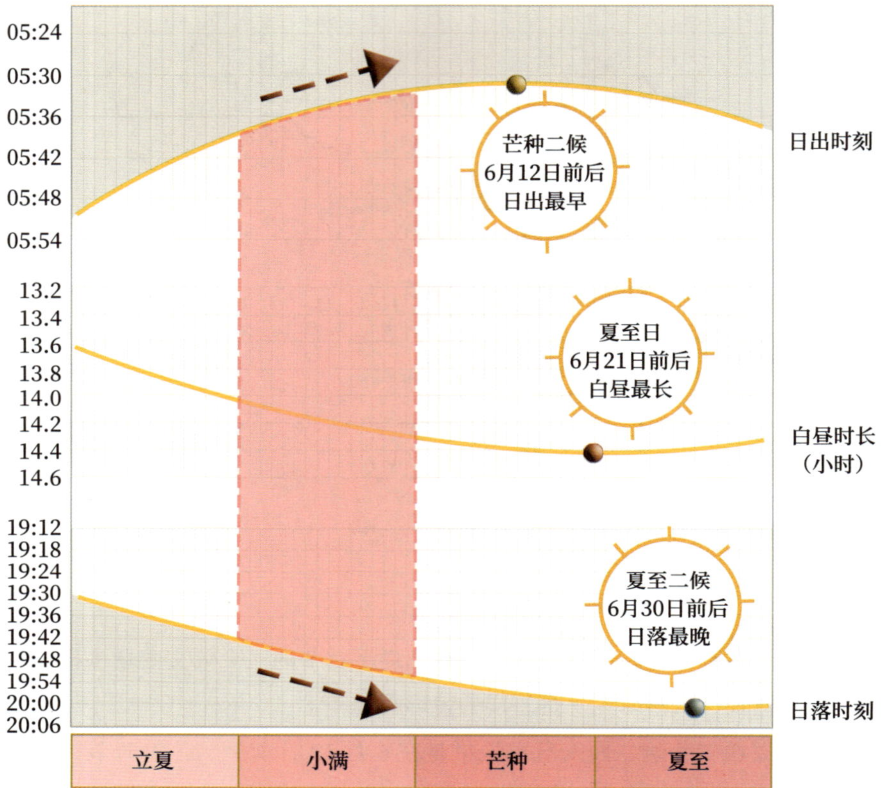

西安立夏、小满、芒种、夏至的日出时刻、白昼时长、日落时刻

就会凋零败落。从节气角度上看，以节气初创时期人们对阳气强度的认知来进行分析，小满之后的芒种能被称为“大满”呢？不能。

我们再看《雨雹对》中的对话：

曰：“然，纯阳纯阴，虽在四月十月，但月中之一日耳。”敞曰：“月中何日？”曰：“纯阳用事，未夏至一日。纯阴用事，未冬至一日。朔旦夏至冬至，其正气也。”

在当时的人们看来，严格意义上的“大满”状态只有短短一日，甚至忽如一瞬，并非某个节气时段的阳气常态。以节气尺度来衡量，芒种的阳气强度只是更接近“大满”而已。

如果我们将阳气小满视为小满一词的本源，那么小满的初创和传承过程可总结为以下三个阶段：一是阳气小满，始于汉代；二是籽粒小满，始于唐代；三是江河小满，始于明代。

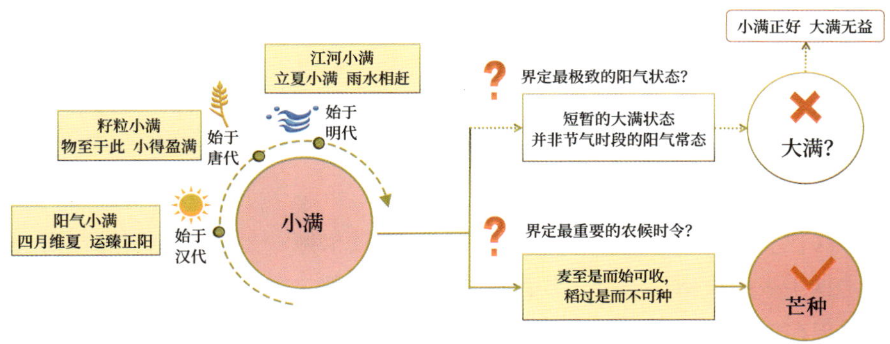

小满和芒种节气名内涵发展思维导图

所以，为什么只有小满没有大满？如果我们界定节气体系初创时期的小满为阳气小满，那么“大满”只是由阳气小满到阴气始生过程中短暂的一日乃至一瞬。换句话说，短暂的“大满”并不构成一个节气时段的典型特征，它只是蕴含于阳气接近盈满时段中的一个临界值而已。

那么为什么小满之后的节气被定名为芒种呢？因为光热充足的小满之后，节气体系起源地区普遍进入气候夏季，降水增多，是夏收作物收获和秋收作物播种的最佳时机。芒种之名，体现着最重要的农候时令。

至于人们以“小满正好，大满无益”的文化心理解读为什么小满之后没有大满，应该是节气文化传承过程中一种意会和自洽吧。

宋代蔡襄“花未全开月未圆”的诗句仿佛言说的是小满节气的意象，阳气将满而未满，麦穗将熟而未熟，如同花月近乎全盛、趋于圆满，反而是人们更为心仪的一种境界。基于小满，我们可以衍生出丰富的哲思。

梅雨的古代定义

汉代崔寔《农家谚》的占候歌谣云："黄梅寒，井底干……雨打梅头，无水饮牛……黄梅雨未过，冬青花未破。冬青花已开，黄梅雨不来。"这可能是现存史料中最早谈及梅雨的文字。

南北朝时期庾信《奉和夏日应令诗》云："五月炎蒸气，三时刻漏长。麦随风里熟，梅逐雨中黄。"即农历五月，白昼长了，天气热了，麦子熟了，梅子黄了，雨季便来了。

南北朝时期梁元帝《纂要》云："梅熟而雨曰梅雨。"梅雨，梅熟时节进入雨季，这是贴上了物候标签的气候现象，这种说法也逐渐在东亚地区通用起来。

梅雨的知名度很高，但什么是梅雨，定义却非常多元。古代梅雨的定义有按月份论的，也有按节气论的。

以月份论（按时段先后排序）的有以下这么几种。

一是梅雨在农历五月，专义的梅雨，与特定的梅熟物候对应。宋代《庚溪诗话》云："江南五月梅熟时，霖雨连旬，谓之黄梅雨。"汉代《四民月令》中特别提示道："是月（农历五月）也……霖雨将降，储米、谷、薪、炭，以备道路陷淖不通。"唐代杜甫《梅雨》诗云："南京犀浦道，四月熟黄梅。湛湛长江去，冥冥细雨来。"唐代柳宗元《梅雨》诗云："梅熟迎时雨，苍茫值小春，愁深楚猿夜，梦断越鸡晨。"

柳宗元所写的广西柳州农历四月的梅雨，后来被称为华南前汛期，其盛期被称为"龙舟水"。杜甫所写的四川成都农历四月的梅雨，虽与福建、台湾“立夏小满，雨水相赶”的梅雨期相近，但在文化上，梅雨通常被默认为长江中下游地区梅熟时的雨季。

二是梅雨在农历四月至五月间，专义的梅雨，与宽泛的梅黄物候对应。

三是梅雨在农历三月至五月间，广义的梅雨，分为春季绵雨和夏季豪雨。宋代《埤雅》载：“今江湘、二浙四五月之间，梅欲黄落，则水润土溽，础壁皆汗，蒸郁成雨，其霏如雾，谓之梅雨，沾衣皆败黦。故自江以南，三月雨谓之迎梅，五月雨谓之送梅。”明代《五杂俎》曰：“田家忌迎梅雨，谚云‘迎梅一寸，送梅一尺’，然南方验，而北方不尔也。”

四是梅雨在农历五月至六月间。明代《涌幢小品》曰：“吴中五六月间梅雨。既过必有大风连数日，土人谓之舶棹风。”苏轼的“三时已段黄梅雨，万里初来舶棹风”诗句，写的正是夏至时节过后梅雨结束，副热带高压送来东南风的气候背景。

以节气论（按节气先后排序）的有以下这么几种。

一是梅雨由立夏时节开始。立夏后逢庚日入梅，芒种后逢壬日出梅。宋代《岁时广记》云：“闽人以立夏后逢庚日为入梅，芒种后逢壬日为出梅。农以得梅雨乃宜耕耨，故谚云‘梅不雨，无炊米’。”

二是立夏后逢庚日入梅，芒种后逢辰日出梅。宋代《琐碎录》曰：“立夏后逢庚日为入梅，芒种后逢辰日为出梅。”清代《古今图书集成》《钦定授时通考》等均引述了这一定义。

三是梅雨由芒种时节开始。

四是芒种后逢壬日入梅，夏至后逢壬日出梅。宋代陆游《入梅并序》云：“吴俗以芒种后得壬日为入梅。”清代顾禄《清嘉录》引述施真卿《丛话》道：“淮、浙以芒种节气后为梅雨。”元代娄元礼《田家五行》曰：“立梅，芒种日是也。阴阳家或云‘芒后逢壬立梅，至后逢壬梅断’或云‘芒后逢壬是立霉’。”

明代《农政全书》引述了“立梅，芒种日是也”和“芒后逢壬立梅，至后逢壬梅断”这两个定义。明代《玉之堂谈荟》、清代《古谣谚》也都引述了“芒后逢壬立梅，至后逢壬梅断”的定义。

五是芒种后逢壬日入梅。夏至后逢庚日出梅。清代顾禄《清嘉录》载：

"芒种后遇壬为入霉，俗有'芒种逢壬便入霉'之语。而人即以入霉日数，度霉头之高下。如芒种一日遇壬，则霉高一尺；至第十日遇壬，则霉高一丈。庋物过夜，便生霉点，谓之'黄梅天'。又以其时忽晴忽雨，谚有云'黄梅天，十八变'。又谓天寒主旱，谚云'黄梅寒，井底干'。夏至后遇庚为出霉，小暑日为断霉，过此则无蒸郁之患。俗又忌小暑日雷鸣，主潦，俗呼'倒黄梅'，谚云'小暑一声雷，依旧倒黄梅'。"

六是梅雨指整个芒种时节。元代《田家五行》引述周处《风土记》曰："夏至前芒种后雨，曰黄梅雨。"

七是梅雨为整个夏至时节。南北朝时期《荆楚岁时记》载："三月曰榆荚雨……夏至曰黄梅雨。沾衣皆败黦。"

八是芒种后逢壬日入梅，小暑后逢壬日出梅。明代《本草纲目》云："芒种后逢壬为入梅，小暑后逢壬为出梅。又以三月为迎梅雨，五月为送梅雨，此皆湿热之气。"

九是芒种后逢丙日入梅，小暑后逢未日出梅。

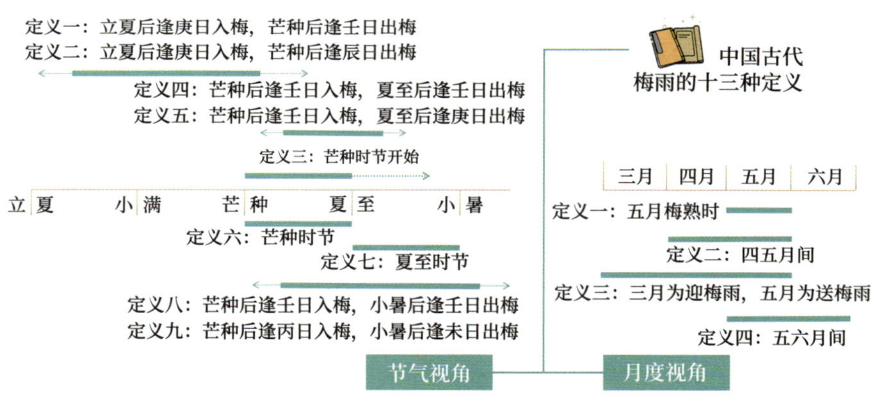

宋代《岁时广记》中，陈元靓在列举了梅雨的三种定义后便感慨："数说未知孰是！"

其实，定义各有差异也不难理解，因为各有其气候适用性，不可能有超越地域的统一答案。例如节气论的定义一来自"立夏小满，雨水相赶"的闽粤，而节气论的定义四来自"芒种夏至是水节"的江浙。所以节气论的定义一是芒种后逢壬日出梅，节气论的定义四是芒种后逢壬日入梅。这是雨季自南而北无缝链接的年度接力。

历书通常采纳芒种后逢丙日入梅，小暑后逢未日出梅的这个定义，这也是时段最广、算法最烦琐的定义。

在以节气刻画入梅时间的定义中，其节气多数与芒种相关。芒种，被视为“梅节令”。芒种时节，正如唐代窦常《北固晚眺》诗云：“水国芒种后，梅天风雨凉。”按照笼统的长江中下游地区的概念，平均的入梅和出梅是在什么时候呢？

长江中下游地区梅雨概况①（1736—2000 年）			
平均入梅日期	平均出梅日期	梅雨期时长	平均降水量
6 月 5 日	7 月 9 日	24 天	226 毫米
最早入梅日期	最早出梅日期	最长梅雨期	最多降水量
5 月 19 日	6 月 14 日	58 天	695 毫米
最晚入梅日期	最晚出梅日期	最短梅雨期	最少降水量
7 月 9 日	8 月 5 日	6 天	49 毫米

注：仅有 6 年为空梅，空梅率为 2.3%。

长江中下游地区的气候均值是芒种前后入梅，小暑前后出梅。如果细分长江中下游地区，入梅出梅时间有着怎样的差异呢？

入梅	地区	出梅	梅雨期
6 月 8 日	江南地区	7 月 8 日	30 天
6 月 15 日	长江中游地区	7 月 14 日	29 天
6 月 19 日	长江下游地区	7 月 12 日	23 天
6 月 21 日	江淮地区	7 月 15 日	24 天

江淮与江南相比，入梅时间相差一个节气。可见，芒种入梅适用于江南地区，夏至入梅适用于江淮地区。

按照“芒种后逢丙日入梅，小暑后逢未日出梅”的定义，最早的入梅日是在 6 月 4 日，最晚的入梅日是在 6 月 16 日，平均入梅日期是 6 月 10 日。

---

① 参见葛全胜. 中国历朝气候变化［M］. 北京：科学出版社，2011.

干支日算法是基于阴阳五行力图刻画梅雨期逐年的时域振荡。

端午节的均值与入梅日的均值极其相近。端午的缘起，很有可能与古代吴越地区人们在梅雨将起或初起之时祭祀龙神和水神有关。端午节和入梅日，相当于农历和公历对梅雨开始时间的双重界定。

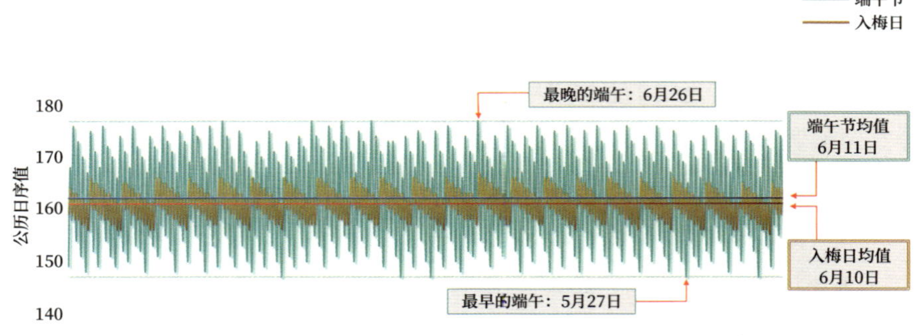

端午节及入梅日的公历日期分布

(1645—2100年)

而目前日本所用的入梅日是以平均值替代了以干支日算法构成的年际差异。日本与中国长江中下游地区一样有梅雨现象，二十四节气七十二候中表征中国北方雨季的“大暑一候腐草为萤”，日本1685年改历时将其修订为“芒种二候腐草为萤”，对应的便是6月10日至14日前后的气候入梅时段。

40天版的三伏，概率是多少？

21 世纪（2001—2100 年），有 30 年是 30 天的三伏，有 70 年是 40 天的三伏，即普通版三伏与加长版三伏的比例为“三七开”。

在二十四节气外，古人在夏季设立了数伏，在冬季设立了数九。数九的主题是迎候，是盼望，是人们对春天的向往。而数伏的主题是潜伏，是躲避，是人们对酷暑的退避。

伏日虽然不是节气，但也算是与二十四节气血脉相近的亲戚，也被称为一种杂节气。

伏日是先秦时期人们辟邪、避暑的时间。汉代，人们开始将夏至之后的第三个庚日作为入伏日期，并且与小暑、大暑时段部分重叠，所以数伏与节气有着千丝万缕的联系。

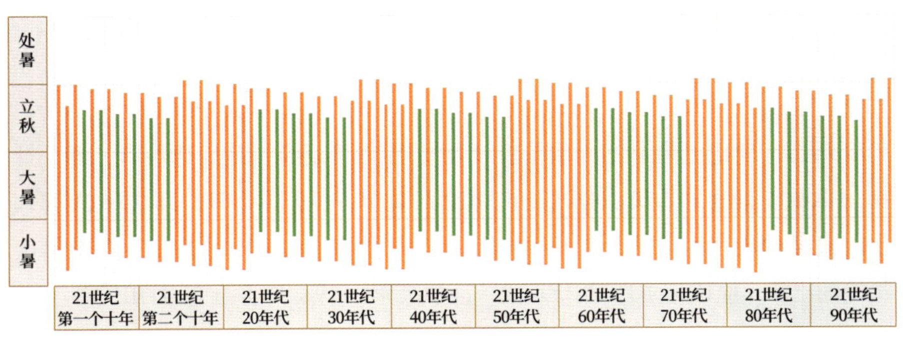

21世纪的三伏

（绿色柱体为30天的三伏，橙色柱体为40天的三伏）

在古代，年、月、日、时辰，都用天干地支来表述，这些正好八个字，所以从前把一个人出生年、月、日和时辰，统称为生辰八字。

天干与地支

序号	1	2	3	4	5	6	7	8	9	10	11	12
天干	甲	乙	丙	丁	戊	己	庚	辛	壬	癸		
地支	子	丑	寅	卯	辰	巳	午	未	申	酉	戌	亥

天干有十个，地支有十二个，把它们进行组合，就可以描述时间了。

甲日	乙日	丙日	丁日	戊日	己日	庚日	辛日	壬日	癸日

如果夏至那天恰好是庚日，就算是第一个庚日，这样入伏最早；如果夏至那天偏巧是辛日，那就只能九天之后才碰到第一个庚日，这样入伏最晚。

但“夏至三庚数伏”，还有一个“补充条款”：如果夏至与立秋之间有四个庚日，那么三伏为 30 天；如果夏至与立秋之间有五个庚日，那么三伏为 40 天（中伏为 20 天）。

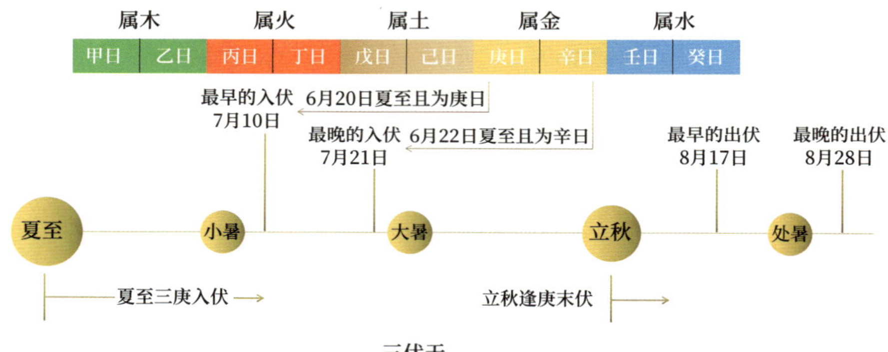

三伏天

那么，理论上最早的入伏，应该是 6 月 20 日夏至，且恰逢庚日，即 7 月 10 日入伏。最晚的入伏，应该是 6 月 22 日夏至，且偏逢辛日，即 7 月 21 日入伏。最早的出伏，应该是 7 月 17 日入伏，且中伏为 10 天，即 8 月 17 日出伏。最晚的出伏，应该是 7 月 19 日入伏，且中伏为 20 天，即 8 月 28 日出伏。

理论上的入伏时间，是在 7 月 10 日至 21 日，出伏时间是在 8 月 17 日至 28 日。所以三伏天，理论上的跨度是 7 月 10 日到 8 月 28 日。

我们以 1901—2100 年序列为例，平均入伏日期为 7 月 16 日（由干热的小暑向湿热的大暑的过渡阶段），平均出伏日期为 8 月 23 日（代表暑热止息的处暑）。

有的三伏是 30 天（普通版），有的三伏是 40 天（加长版），那么加长版出现的概率有多高呢？在不同历法背景下，这个问题有着不同的答案。

以汉代《太初历》为代表的平气法背景下，每个节气是按照时间等分的。一个回归年有 365.2422 天，每个节气的时长都是约 15.22 天。

《隋书·天文志》云："仁寿四年，刘焯上《皇极历》，有日行迟疾，推二十四气，皆有盈缩定日……冑玄及焯漏刻，并不施用。然其法制，皆著在历术，推验加时，最为详审。"

《明史·天文志》曰："谕节气有二法，一为平节气，一为定节气。平节气者，以一岁之实二十四平分之。每得一十五日有奇，为一节气……定节气者，以三百六十为周天度而亦以二十四平分之，每得十五度为一节气。"

但在以清代《时宪历》为代表的定气法背景下，每个节气按照黄经等分。地球绕日的黄道是椭圆形轨道，在远日点运行的角速度较慢，在近日点运行的角速度较快，因此夏至前后的节气时段接近 16 天，冬至前后的节气时段不足 15 天。

夏至日为甲日、乙日、丙日、丁日、午日、己日、庚日、辛日、壬日、癸日的概率均等。

	平均入伏日期	平均出伏日期	平均伏期	30 天伏期	40 天伏期
平气法（1545—1644 年）	7 月 16 日	8 月 21 日	35.6 天	44%	56.6%
定气法（1645—1744 年）	7 月 15 日	8 月 21 日	37.1 天	29%	71.4%

注：1582 年，公历由儒略历改为格里高利历，1545—1644 年按照格里高利历进行了均一化处理。

在平气法背景下，夏至至大暑时节的时长约为 45.66 天。夏至与立秋之间有五个庚日的概率为 56.6%。在定气法背景下，夏至至大暑时节的时长约为 47.14 天。夏至与立秋之间有五个庚日的概率为 71.4%。

于是，节气时段划分由平气法改为定气法，加长版三伏的概率显著提高，相当于每一个世纪加长版三伏共增加了 15 年。

由于以定气法划分节气时段的《时宪历》是 1645 年颁布实施的，我们可以从三伏的百年序列中看出加长版三伏的概率变化。

以 1545—1644 年为例，平气法背景下，大体上是每 37 年一个周期中有 21 个加长版三伏。以 1645—1744 年为例，在现行的定气法背景下，大体上是每 21 年一个周期中有 15 个“加长版”三伏。

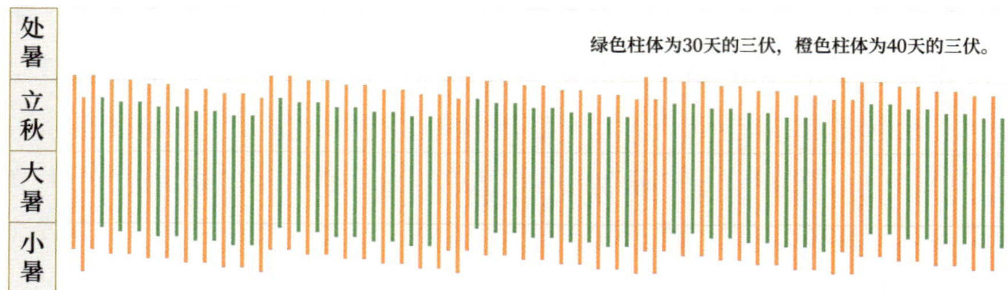

平气法背景下三伏的百年序列

（1545—1644年，公历日期按照格里高利历进行了均一化）

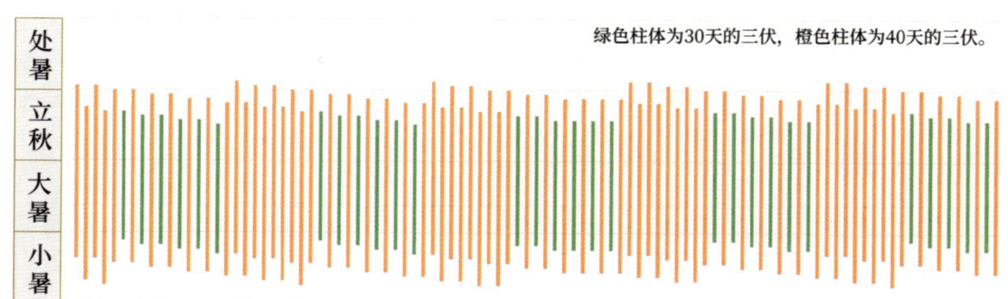

定气法背景下三伏的百年序列

（1645—1744年）

概括而言，明代以前的三伏是 100 年里有约 57 年是加长版的三伏。清代以后的三伏是 100 年里有约 71 个加长版的三伏。定气法背景下，40 天的三伏远远多于 30 天的三伏。

其实在历法体系中，节气划分法的改变可谓牵一发而动全身。它不仅改变了三伏，甚至还改变了闰月的构成。

以 729 年颁行的唐代《大衍历》为例，平气法无“中气”月置闰。

以 1645 年颁行的清代《时宪历》为例，定气法无“中气”月置闰。

节气时间划分法的改变，使农历的闰月设置产生了怎样的改变呢？

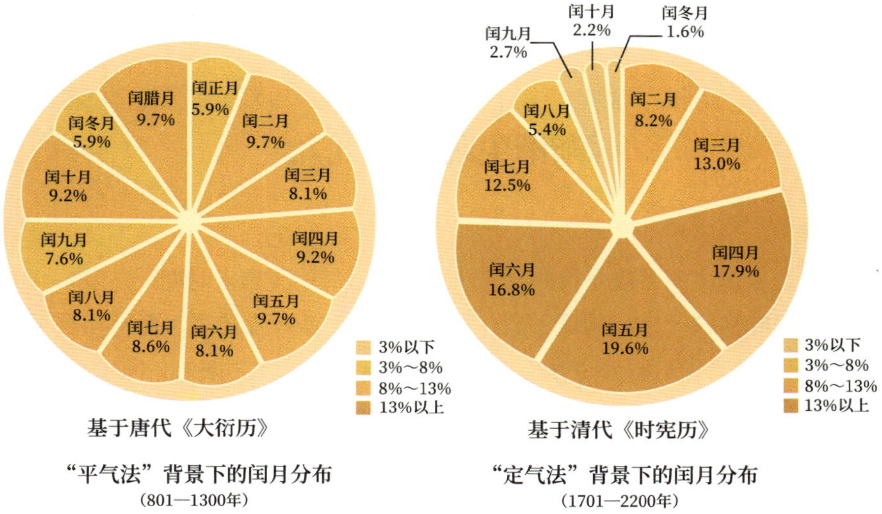

基于唐代《大衍历》“平气法”背景下的闰月分布（801—1300年）

基于清代《时宪历》“定气法”背景下的闰月分布（1701—2200年）

可见“平气法”下，闰月相对平均地分布于全年，而“定气法”下，闰月集中于夏。节气划分法的改变，使闰四月、闰五月、闰六月大幅增加，而闰冬月、闰腊月、闰正月难得一见了。

渐渐生疏的夏九九

宽泛来说，冬天数九和夏天数九的民间习俗始于唐宋时期。

清代叶良仪《余年闲话》载："冬至后九九，人皆知之，而不知夏至后亦然也。夏至后谚云：'一九二九，扇子不离手；三九二十七，冰水甜如蜜；四九三十六，汗出如洗浴；五九四十五，头戴秋叶舞；六九五十四，乘凉入佛寺；七九六十三，床头寻被单；八九七十二，思量盖夹被；九九八十一，阶前鸣促织……'此谚亦起于近代，宋以前未之闻也。其以九数不知何故。或曰此谚乃吴人所作，其言道里远近，亦必以九对而不言十。是亦一证矣。"

通过这段记述可知，夏九九已渐渐淡出民俗范畴。当然，其所载的夏九九歌谣并非"起于近代"，宋时已有极其相近的版本。

宋代周遵道《豹隐纪谈》中写道："石湖居士戏用乡语云'土俗以二至后九日为寒燠之候'，故谚有'夏至未来莫道热，冬至未来莫道寒'之语。"

《豹隐纪谈》中也载有一则夏九九歌谣："一九至二九，扇子不离手；三九二十七，吃水如蜜汁；四九三十六，争向露头宿；五九四十五，树头秋叶舞；六九五十四，乘凉不入寺；七九六十三，夜眠寻被单；八九七十二，单被添夹被；九九八十一，家家打炭墼。"

这个版本载于两宋之间，是我们现今所见的最早版本，其语句对后世的影响也最大。

一九至二九，扇子不离手　三九二十七，吃水如蜜汁　四九三十六，争向露头宿

一九平均气温：25.92℃　二九平均气温：27.80℃　三九平均气温：28.33℃　四九平均气温：30.18℃

五九四十五，树头秋叶舞　六九五十四，乘凉不入寺　七九六十三，夜眠寻被单　八九七十二，单被添夹被　九九八十一，家家打炭墼

四九平均气温：30.29℃　六九平均气温：29.42℃　七九平均气温：28.69℃　八九平均气温：27.50℃　九九平均气温：26.40℃

宋代《豹隐纪谈》夏九九歌谣简笔画

注：平均气温取自杭州 1991—2020 年数据。

墼是指未经烧制的砖坯。歌谣最后一句当中说的“炭墼”，是冬天烘手的手炉的燃料。到了 9 月初，人们就得开始为过冬做准备了。这与我们现在的“九九八十一，开柜拿棉衣”体现着同样的逻辑。“五九四十五，树头秋叶舞”呈现了古人“却簪秋叶满头归”的迎秋习俗，而我们现在，往往叙述的是“五九四十五，炎秋似老虎”的无奈。

这首宋代的夏九九歌谣，印证了夏至数九的基本规制：一是从夏至日开始数九；二是以九天为一个单元，历时九九八十一天，与冬九九相同；三是九九数尽，就进入了气候意义上的秋季，人们也就此开始未雨绸缪地进行御寒的准备。冬九九起源于唐，而夏九九的规制与其相同，且宋时已经有了相应的歌谣，这两种在寒暑极致时段的特别计时序列很可能诞生于相近的年代，故宽泛而言，夏九九习俗始于唐宋时期。

元代娄元礼《田家五行》所载夏九九歌谣为：

夏至后九九气候，谚云：一九二九，扇子不离手；三九二十七，冰水甜如蜜。

四九三十六，拭汗如出浴；五九四十五，头戴秋叶舞；六九五十四，乘凉入佛寺。

七九六十三，床头寻被单；八九七十二，思量盖夹被；九九八十一，家

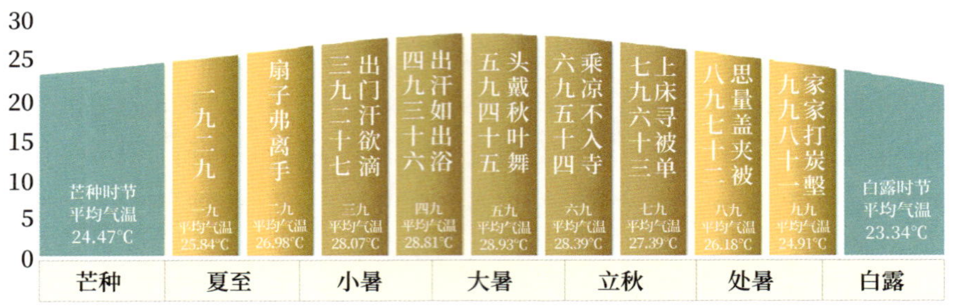

南京的夏九九（1981—2010年）

夏九九：6月21日至9月9日，南京9月23日气候入秋。

家打炭墼。

其中“头戴秋叶舞”中的“秋叶”通常为楸树之叶，很多方志中都有“俗以立秋日采其叶戴之，又以之作浴”的说法。因“楸”之名，人们戴楸叶、浴楸叶，以导秋气，以佑秋安。

明代谢肇淛《五杂俎》所载夏至后九九谣为：

一九二九，扇子不离手；三九二十七，冰水甜如蜜；四九三十六，汗水如沐浴；五九四十五，头戴秋叶舞；六九五十四，乘凉入佛寺；七九六十三，床头寻被单；八九七十二，思量盖夹被；九九八十一，阶前鸣促织。

明代《五杂俎》的版本中“九九八十一，阶前鸣促织”之句与其他版本不同。

明代田汝成《西湖游览志》云：

杭人以冬夏二至后数九以纪寒暑……夏至后，一九二九，扇子不离手；三九二十七，冰水甜如蜜；

四九三十六，拭汗如出浴；五九四十五，头戴秋叶舞；六九五十四，乘凉入佛寺；

七九六十三，床头寻被单；八九七十二，思量盖夹被；九九八十一，家家打炭墼。

清代杜文澜《古谣谚》所载夏九九歌为：

一九至二九，扇子不离手；三九二十七，吃茶如蜜汁；

四九三十六，争向街头宿；五九四十五，树顶秋叶舞；六九五十四，乘凉不入寺；

七九六十三，夜眠寻被单；八九七十二，被单添夹被；九九八十一，家家打炭墼。

明代《西湖游览志》、清代《古谣谚》的版本与宋代《豹隐纪谈》的版本高度相似。虽然这些夏九九歌看起来如出一辙，但仔细品味，它们还是潜藏着南北气候的差异。例如“六九五十四，乘凉入佛寺”当是南方版本，“六九五十四，乘凉不入寺”当是北方版本。再如“九九八十一，阶前鸣促织”当是南方版本，九九数尽只是蟋蟀盛鸣，而“九九八十一，家家打炭墼”当是北方版本。

通读夏九九歌谣，可以有这样几个感受。

首先，歌谣的句式非常相近，具有很强的同源性。

其次，它记录的不只是夏天最炎热的时段，也包括夏秋交替过程中微妙的生活细节。

再次，它不是宏大叙事，也不像节气物语主要聚焦自然物候或者农事物候，它瞄准的都是人们的家常。它以大白话的方式刻画了每一个时段人们对气温变化的感触和响应。

第四，夏九九歌谣主要盛行于长江流域，而冬九九歌谣主要盛行于黄河流域。这与北方冬寒更烈和南方暑热更甚相关。

最后，冬季各地的气温差异较大，而夏季各地的气温差异较小。尽管清初的赵吉士在《寄园寄所寄》说“冬至夏至谚语，与今南北俗传不一”，但总体而言，冬九九歌谣版本众多，夏九九歌谣版本较少。

那么从夏九九歌谣当中，我们能不能看出来什么时候天气最热呢？

一九拿扇子，二九穿罗纱，说明天气热了；但三九刚一出门就流汗，说明是高温高湿的桑拿天；四九只好露天睡觉，说明是夜以继日“溽暑昼夜兴”的桑拿天。所以还是小暑和大暑交界的四九最热。

那么，以全国视角，夏九九歌谣中的描述对应哪些地区呢？

适合数夏九九的区域，需要排除那些并无夏热甚至无夏的地方，还要排除九九数尽也难以迎来气候意义上秋凉的地方。

华南地区夏季更为漫长，但未到夏至，人们已然需要“扇子握在手”“出门汗欲滴”甚至“争向街头宿”了。江南地区的盛夏更为炙热，但时至白露，也并未入秋，更谈不上准备御寒。

夏九九涵盖的时段是从夏至日的6月21日前后，到9月9日前后的白露时节。

它们是一年之中的最热的滑动81天吗？在不同的气候期，夏九九时段虽然不是一年之中最热的滑动81天，但这两个时段的重合度非常高，最高的是除了云南、海南（云南和海南气温峰值时段开始得更早）的长江以南地区，重合率超过90%。如果忽略夏九九歌谣中九九数尽夏去秋来的意涵，江南地区是最适合数夏九九的地方。

需不需要数夏九九？

（1951—1980年）

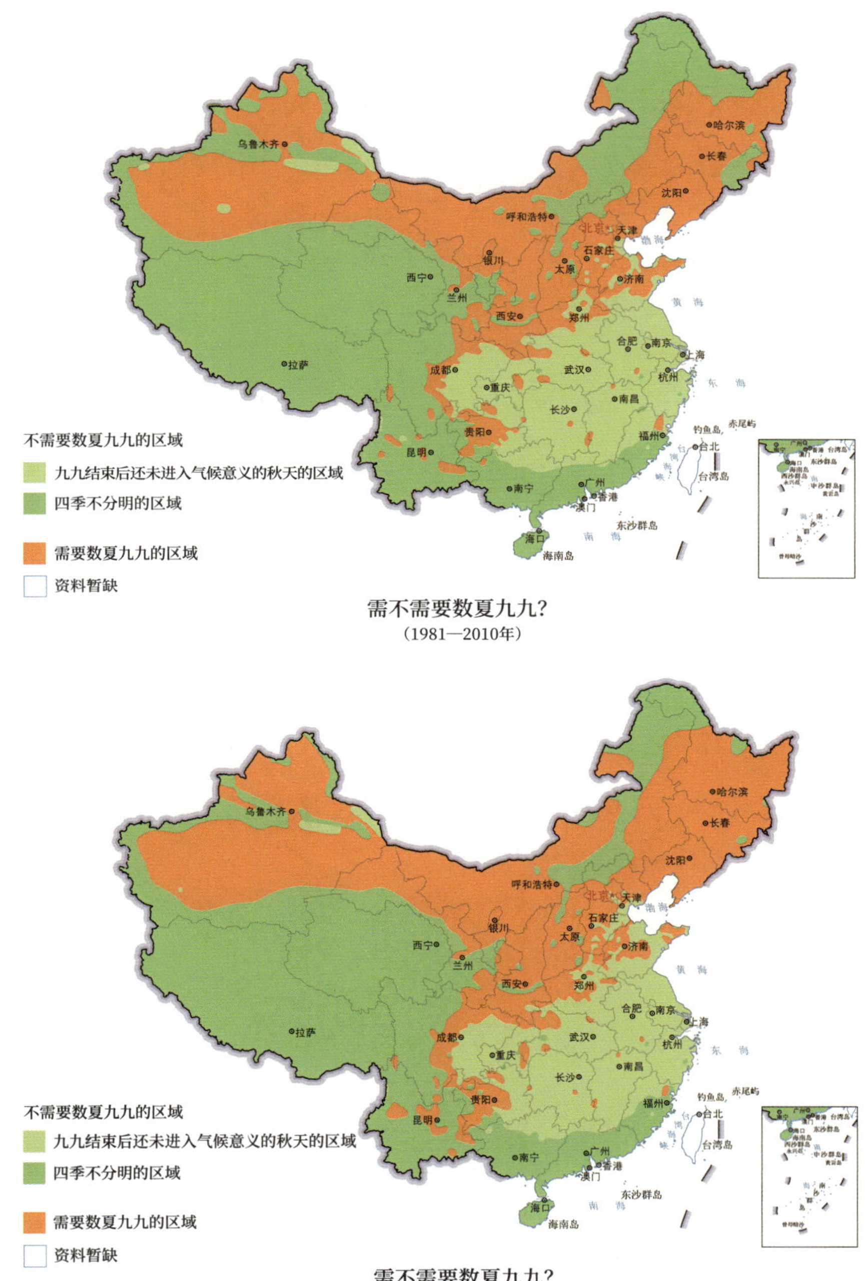

需不需要数夏九九？
（1981—2010年）

需不需要数夏九九？
（2011—2020年）

随着气候变化，符合夏九九歌谣中气候节律的区域越来越偏北。

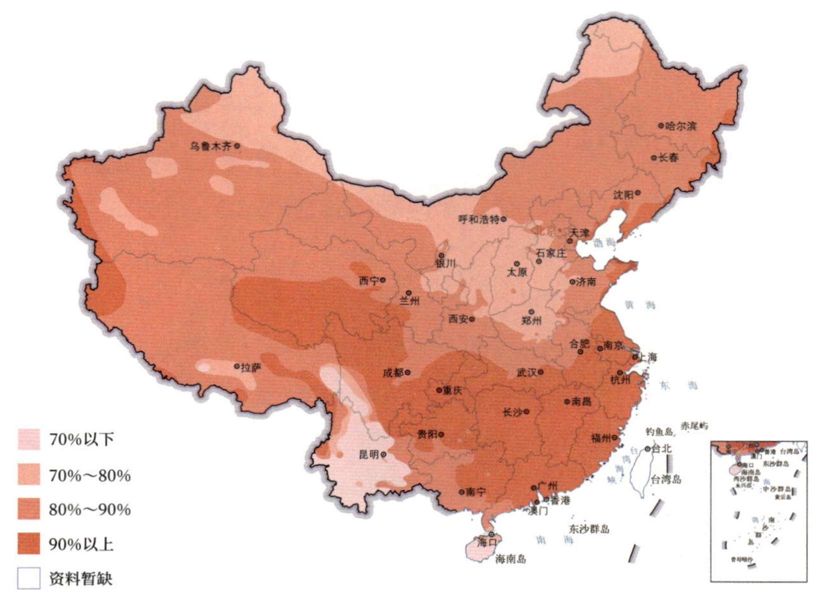

气候最热81天与夏九九时段重合率

（1951—1980年）

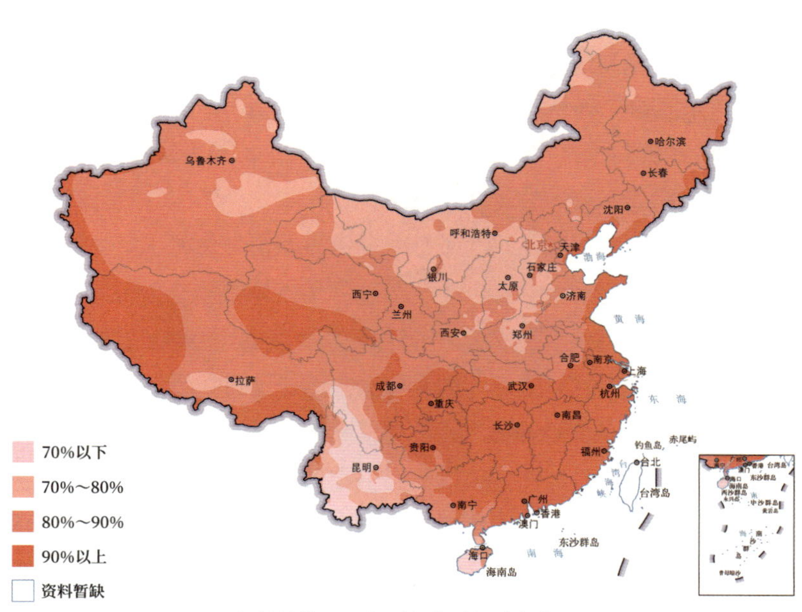

气候最热81天与夏九九时段重合率

（1981—2010年）

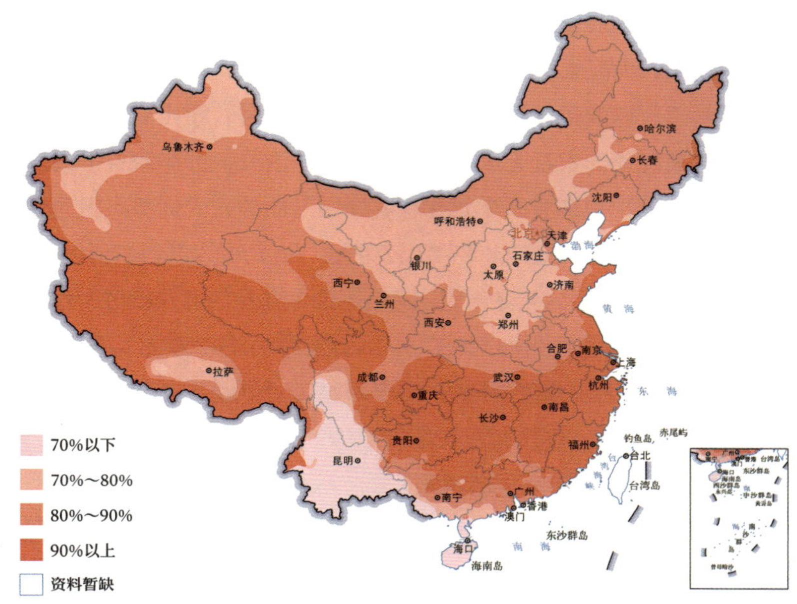

气候最热81天与夏九九时段重合率
(2011—2020年)

对北京而言，夏九九并非最热的 81 天。夏九九与最热 81 天的重合率约为 83%。盛夏数九，数的是结局。夏九九数完，气候意义上的秋天到来。

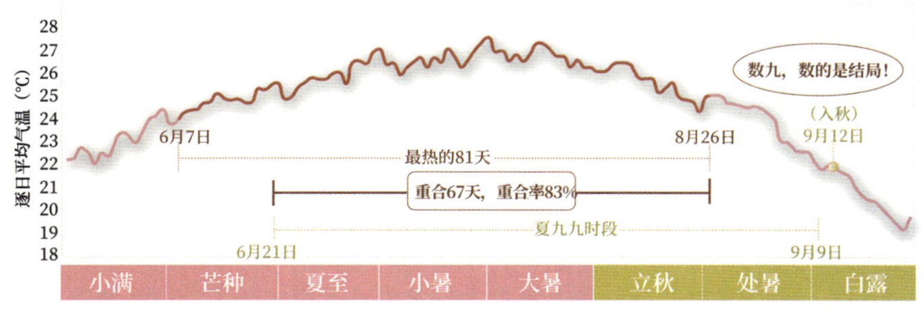

北京夏九九与最热81天的时段重合率
(1981—2010年)

在夏季，数九和数伏一样，都是特别的时间计数序列。它们的共同点是都基于夏至日这个时间节点。数九是自夏至日开始数起；数伏是夏至起的第三个庚日数起，正所谓“夏至三庚入伏”。

夏九九为人们提供了一种节气之外的生活韵律，节气是以大约十五天为一个时间周期，而夏九九是以九天为一个时间周期，人们有了另一种体验和记录的节奏感，以及另一种解读时令的视角。同时，相比节气侧重农事，夏九九侧重田地之外的衣食起居，无论内容还是语风，都洋溢着平民化的气息。

而且以全国视角来看，夏九九有着气候层面的先天优势。因为夏天南方和北方的气温差异小，人们的体感比较相近，所以大家很容易有共识，有共鸣。年年岁岁夏相似，岁岁年年冬不同。它就不像冬九九，南方和北方大相径庭。

明代王世贞在《弇州四部稿》中，引录《吴下田家志》夏九九歌谣后说："此语人罕知之，聊记于此。"清代顾禄《清嘉录》的"三伏天"词条中有这样一句话："旧俗有夏九九，今已不传。"

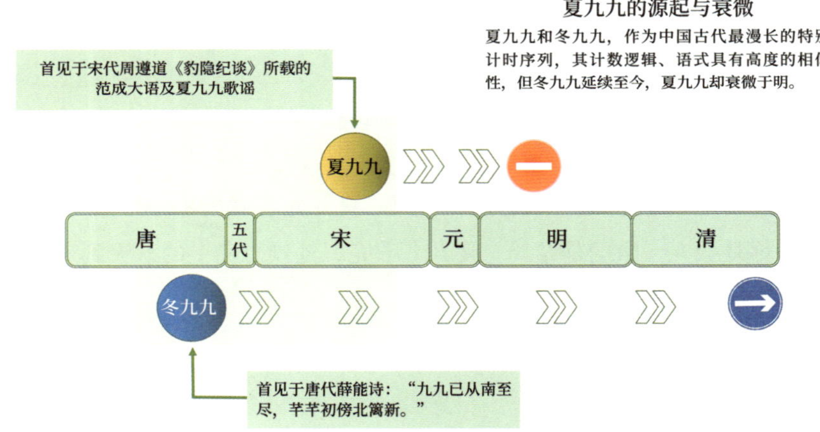

非常遗憾，夏九九没有像节气那样长盛不衰，甚至没有像夏天数伏、冬天数九那样成为举国习俗。在气候相对寒凉的明清时期，夏九九就已经渐渐地淡出了人们的视线。现在提起夏九九，人们已经很生疏了。即使知晓，也只是一则与应用无关的掌故而已。

那么，夏九九的习俗为什么会逐渐地衰落呢？

首先，与节气相比，节气物候所涵盖的农事和自然物候，更契合农耕时代人们温饱层面的诉求。而夏九九歌谣中所描述的气候体验，很多是属于人们体感舒适层面的诉求，对平民而言并非刚性诉求。

其次，与同样在夏季的数伏相比，数伏的本意是辟邪和避暑，涉及安危，所以人们更关切。而且数伏只有 30 至 40 天，而夏九九有 81 天，“战线太长”！另外，每年数伏的日期不固定，提供了年际差异化的解决方案。

最后，和冬九九相比，夏九九虽然有着各地气候相似性的优势，但在人们守着自己“一亩三分地”的农耕时代，这一优势几乎可以忽略不计。而它的劣势在于冬闲而夏忙，人们冬天才有闲暇慢慢数，而在忙于耕耘稼穑的夏天，实在没有闲情逸致数上漫长的 81 天。

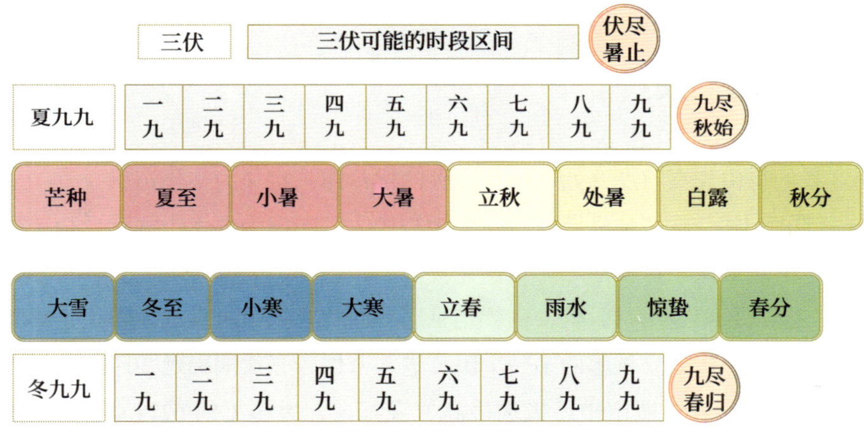

夏九九习俗为什么衰落了？

注：各节气时长基于定气法的节气时段。色彩是在四季基准色的基础上，基于气候算法确定同季节气中的色彩渐变。

所以，夏九九的衰落似乎也是必然的。虽然惋惜，但民俗文化从来就是动态的，被热捧或被冷落，一切的涨落和生消规律，似乎都有着合理性和内在的逻辑。

夏九九民俗，留在了往昔。

文化三伏与气候三伏

什么是文化三伏？

我们将由先秦时期开始并逐渐完善的伏日体系定义为文化三伏。

《阴阳书》曰："从夏至后第三庚为初伏，第四庚为中伏，立秋后初庚为后伏，谓之三伏。曹植谓之三旬。"

"夏至后第三庚为初伏"，也就是夏至日起的第三个庚日进入初伏，第四个庚日进入中伏，立秋起的第一个庚日进入末伏，三伏期绵延 30 至 40 天。

中国的代表性城市中，极端最高气温纪录，大多（约 62%）还是在数伏时段诞生的。

中国代表性城市极端最高气温纪录			
城市	气温纪录	出现时间	是否在三伏时段
重庆	43.7℃	2022 年 8 月 19 日	末伏第 5 天
郑州	43.0℃	1966 年 7 月 19 日	入伏前 1 天　否
石家庄	42.9℃	2002 年 7 月 19 日	初伏第 9 天
西安	42.9℃	2006 年 6 月 17 日	入伏前 33 天　否
济南	42.5℃	1955 年 7 月 24 日	初伏第 7 天
乌鲁木齐	42.1℃	1973 年 8 月 1 日	中伏第 10 天
北京	41.9℃	1999 年 7 月 24 日	初伏第 8 天
福州	41.9℃	2022 年 7 月 24 日	初伏第 9 天
杭州	41.8℃	2022 年 8 月 14 日	中伏第 20 天
长沙	41.1℃	2013 年 8 月 2 日	中伏第 11 天

（续表）

中国代表性城市极端最高气温纪录				
合肥	41.1℃	2017 年 7 月 27 日	中伏第 6 天	
上海	40.9℃	2017 年 7 月 21 日	初伏第 10 天	
南京	40.7℃	1959 年 8 月 22 日	末伏第 7 天	
南昌	40.6℃	1961 年 7 月 23 日	初伏第 8 天	
天津	40.5℃	2000 年 7 月 1 日	入伏前 10 天	否
南宁	40.4℃	1958 年 5 月 9 日	入伏前 64 天	否
兰州	39.8℃	2000 年 7 月 24 日	中伏第 4 天	
武汉	39.7℃	2017 年 7 月 27 日	中伏第 6 天	
海口	39.6℃	2001 年 4 月 21 日	入伏前 86 天	否
太原	39.4℃	1955 年 7 月 24 日	初伏第 7 天	
成都	39.4℃	2022 年 8 月 21 日	末伏第 7 天	
银川	39.3℃	1953 年 7 月 8 日	入伏前 10 天	否
哈尔滨	39.2℃	2001 年 6 月 4 日	入伏前 42 天	否
广州	39.1℃	2004 年 7 月 1 日	入伏前 19 天	否
呼和浩特	38.9℃	2010 年 7 月 30 日	中伏第 2 天	
沈阳	38.4℃	2018 年 8 月 2 日	中伏第 7 天	
长春	38.0℃	1951 年 7 月 9 日	入伏前 10 天	否
贵阳	37.5℃	1952 年 7 月 18 日	初伏第 6 天	
西宁	36.5℃	2000 年 7 月 24 日	中伏第 4 天	
昆明	32.8℃	2014 年 5 月 25 日	入伏前 54 天	否
拉萨	30.8℃	2019 年 6 月 24 日	入伏前 18 天	否
台北	39.7℃	2020 年 7 月 24 日	初伏第 9 天	
香港	36.6℃	2017 年 8 月 22 日	出伏后 2 天	否
澳门	38.9℃	1930 年 7 月 2 日	入伏前 17 天	否

在中国文化语境中，数伏是炎热的代名词。（红色字为 2022 年创造的新纪录。）

数伏习俗从什么时候开始?

《史记·秦本纪》载："（秦德公）二年，初伏，以狗御蛊。"也就是公元前 676 年的盛夏时节，人们屠狗淋血，并将狗肢解之后悬挂在城门之上。狗被看作阳兽，所以人们用狗来抵御暑邪热毒之气。或许是因为当时每到盛夏，人们便感到昏沉、倦怠，并容易沾染疫病。于是以此法化解，这便是最初的伏祭，也就是借狗来帮助人们抵御酷暑和夏天容易流行的各种疾病。

魏晋时期孟康《史记集解》载：“六月伏日初也，周时无，至此乃有之。”唐代张守节《史记正义》曰：“六月三伏之节，起秦德公为之，故云初伏。伏者，隐伏避盛暑也。”这是说三伏由秦国的秦德公初创，这一点并无争议。此处的“初伏”不是头伏，而是首次出现伏日的概念。但伏日主题历经流变，逐渐以避暑为主了。

“伏”为何义？

所谓伏，一般有两层含义。伏的第一层含义是指阴气：阴气藏伏。

唐代颜师古在对《汉书·郊祀志》的注释中写道：“伏者，谓阴气将起，迫于残阳而未得升，故为藏伏，因名伏日也。”在古人看来，夏至一阴生，但迫于残阳的余威，阴气只能隐忍、潜伏。阴气潜伏并伺机反扑的日子，叫作伏日。所以，伏的主体不是人，而是阴气。

伏的第二层含义是指人：隐伏避盛暑也。说的是人躲在屋子里避暑，人像狗那样懒洋洋地趴着。

当然，这一层含义并非伏日最初的本义，而是人们后来的领悟。隐伏避暑，这是“多么痛的领悟”！网络上，人们也经常用“热成狗”来形容自己在暑热天气中的感受。英语中，形容一年里最热的日子，也可以用“Dog Days”，直译就是“狗的日子”或者“像狗一样的日子”，与汉语中的“伏”

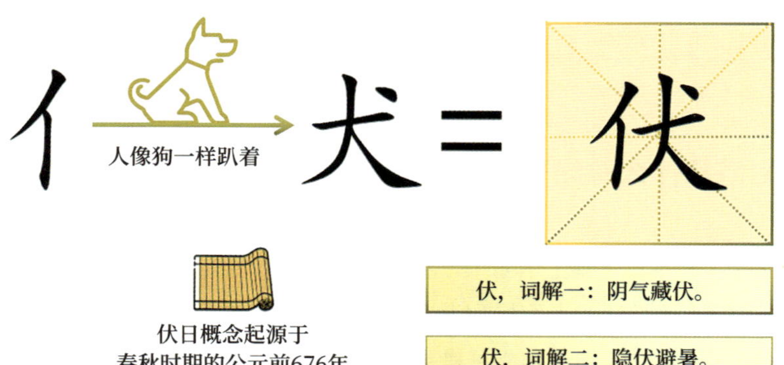

不谋而合。所以伏这个字既指阴气潜伏，也指人们藏起来避暑。

但最初，人们并没有数伏的习俗，也没有关于入伏和出伏的统一算法。

什么时候该“伏”？

从国家层面上说，官方需要确切地告诉大家什么时候是该“伏”之日。于是汉代将先秦时期的伏日延展为三伏，并且做了算法上的设计和礼制上的规范，但“夏至后第三庚为初伏”尚未成为“标配”。到了唐宋时期，入伏出伏体系才规范定型。

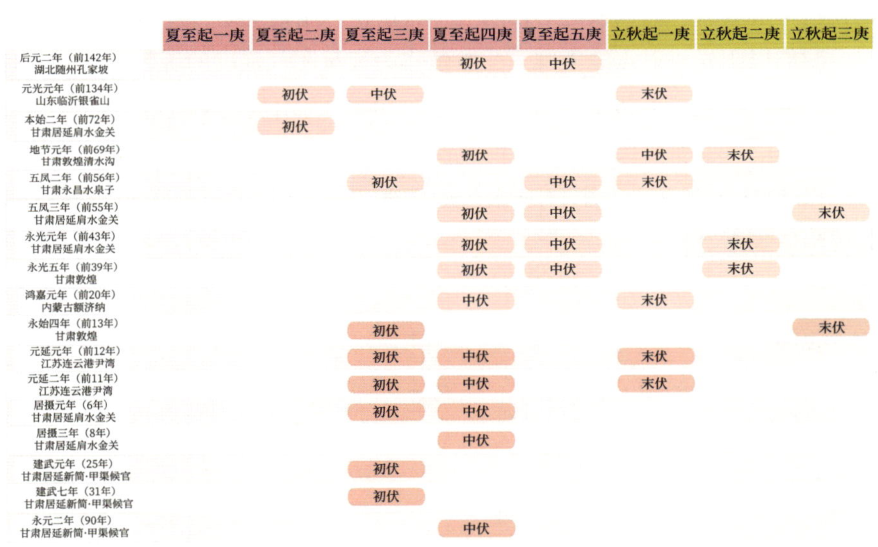

	夏至起一庚	夏至起二庚	夏至起三庚	夏至起四庚	夏至起五庚	立秋起一庚	立秋起二庚	立秋起三庚
后元二年（前142年）湖北随州孔家坡				初伏	中伏			
元光元年（前134年）山东临沂银雀山		初伏	中伏			末伏		
本始二年（前72年）甘肃居延肩水金关		初伏						
地节元年（前69年）甘肃敦煌清水沟				初伏		中伏	末伏	
五凤二年（前56年）甘肃永昌水泉子			初伏		中伏	末伏		
五凤三年（前55年）甘肃居延肩水金关				初伏	中伏			末伏
永光元年（前43年）甘肃居延肩水金关				初伏	中伏		末伏	
永光五年（前39年）甘肃敦煌				初伏	中伏		末伏	
鸿嘉元年（前20年）内蒙古额济纳				中伏		末伏		
永始四年（前13年）甘肃敦煌			初伏					末伏
元延元年（前12年）江苏连云港尹湾			初伏	中伏		末伏		
元延二年（前11年）江苏连云港尹湾			初伏	中伏		末伏		
居摄元年（6年）甘肃居延肩水金关			初伏	中伏				
居摄三年（8年）甘肃居延肩水金关				中伏				
建武元年（25年）甘肃居延新简·甲渠候官			初伏					
建武七年（31年）甘肃居延新简·甲渠候官			初伏					
永元二年（90年）甘肃居延新简·甲渠候官				中伏				

从汉简历书中记录的汉代“三伏”规制中可以看出，最初有夏至起二庚入伏，也有夏至起四庚入伏。夏至起三庚入伏，后来才渐渐成为主流。

而从敦煌文书、吐鲁番文书所记录的“三伏”规制可见，夏至起三庚入伏在唐宋时期形成规范。

为什么是庚日入伏？五行学说中，炎热的夏季属火，庚属金，火克金，秋金要躲避夏火的锋芒。所以到了庚日，人们要像金一样藏伏，这是“三伏无定日”的原因。

	夏至起一庚	夏至起二庚	夏至起三庚	夏至起四庚	夏至起五庚	立秋起一庚	立秋起二庚	立秋起三庚
唐开元八年（720年）				中伏				
唐元和四年（809年）			初伏	中伏				
唐大中十二年（858年）			初伏					
唐乾符四年（877年）			初伏	中伏		末伏		
唐景福二年（893年）			初伏	中伏		末伏		
唐乾宁二年（895年）			初伏	中伏		末伏		
唐乾宁四年（897年）			初伏	中伏		末伏		
后唐同光四年（926年）		初伏		中伏		末伏		
宋雍熙三年（986年）			初伏	中伏		末伏		

为什么不是夏至一阴生之际就入伏呢？因为刚刚夏至时阴气太弱，对人们还构不成威胁。而入秋之后，阴气不再潜伏。暗箭难防，反倒明枪易躲。

我们以阳光直射点纬度归一化数值作为衡量阴气强度的函数，在 [0，1] 区间，入伏时阴气强度约为 0.05（0.03 ～ 0.07），出伏时阴气强度约为 0.25（0.22 ～ 0.31），所以伏日所对应的是阴气初具规模、蓄势待发的潜伏期。

以 2023 年为例，7 月 11 日入伏时阳气强度为 0.027，8 月 20 日出伏时阳气强度为 0.227。

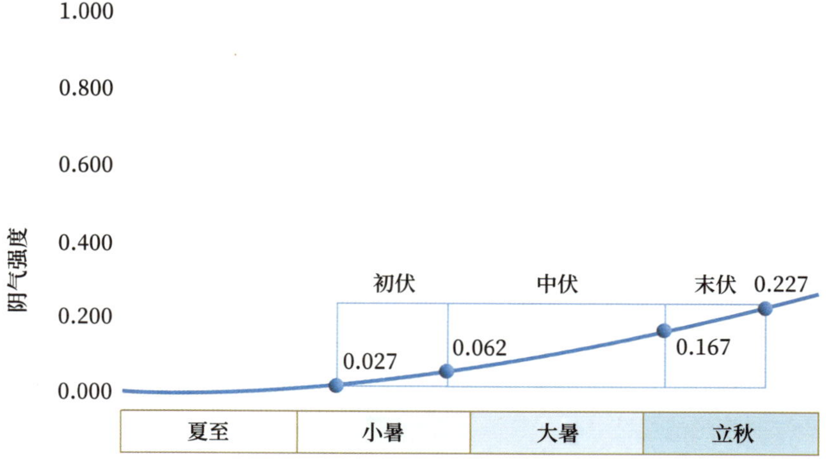

阳光直射点纬度归一化所形成的
2023年三伏期间阴气强度

伏日需要做什么?

最初，伏日禳毒是伏日的主要习俗。禳，是上古时期消灾除厄的祭祀活动。而伏日祭祀的主题是禳毒，即消暑解毒，预防各种瘟疫，预防夏季容易流行的各种疾病。所以人们设立伏日，最初的本意不仅是避暑，还有防病。当然，伏日除了祭祀，还有一个主题便是躲藏，躲避厉鬼。而这种躲藏，客观上起到了避暑的作用。

《汉官仪》载："伏日厉鬼所行，故伏。"古人认为酷暑是厉鬼作怪，人们闭门静处，称为"伏"。汉代有"初令伏闭尽日""伏闭门"的习俗，魏晋诗人程晓的诗作"平生三伏时，道路无行车。闭门避暑卧，出入不相过"形象地描述了当时人们伏日蛰居避暑的情境，就像动物冬眠一样。伏日不出门，不是政令，但胜似政令，本来天气就热，伏日还被描述成厉鬼横行的时段，所以人们是既不想出门，也不敢出门。

而在入伏之际，人们还会举行盛大的祭祀仪典。大家的诉求很多：希望降伏厉鬼；希望消灾，大家别得病；希望遍施甘霖，让天气凉爽一些。

三伏作为季节之外另行的时节划定方式，在汉代逐步完善。"岁时伏腊"在汉代已成为年度的一种称谓。汉代《报孙会宗书》云："田家作苦，岁时伏腊，烹羊炮羔，斗酒自劳。"

伏日和腊日是一年当中的两大节庆日。伏日时，百姓有烹羊斗酒的民俗，像过年一样庆贺一番。宫廷也同样有伏日赐肉的官俗。

魏晋之后，伏日的民俗活动主要有三类。

一是辟恶。《荆楚岁时记》记载："伏日，并作汤饼，名为辟恶饼。"所辟者，乃热毒和厉鬼。二是喝清凉饮料。三是服用据说可以消暑解毒的"青蒿六一散"。显然，伏日的民俗当中体现了人们的三项诉求：一是驱鬼辟邪，二是防病解毒，三是避暑消夏。

直到唐代，岭南地区最重视的四大节日中仍然有伏日。

唐代《岭南录异》曰："岭表所重之节，腊一、伏二、冬三、年四。"

四个最重要的节日，腊日第一、伏日第二、冬至第三，过年才排到第四。可见伏日的民间地位高于任何一个节气。当然，后来人们对三伏没有汉唐时期那样重视，驱鬼辟邪的氛围也不再那样浓厚了，防暑消夏成为三伏的主题。

宋代《东京梦华录》云："都人最重三伏，盖六月中别无时节。往往风亭水榭，峻宇高楼，雪槛冰盘，浮瓜沉李，流杯曲沼，苞鲊新荷，远迩笙歌，通夕而罢。"按此说法，人们特别重视三伏是因为夏季没有其他的重要节日。伏日时，人们会准备冷饮、冰镇水果，亦会笙歌欢宴。本来安静隐伏的节日，变成了热闹欢愉的节日。

宋代《岁时杂记》载："京师三伏日，特敕吏人、医家、大贾聚会宴饮。其宴饮者，尚食羊头脸。士大夫不以为节。"但按照宋代《岁时杂记》的说法，士大夫已经不再把三伏当作节日了。

什么是气候三伏?

气候三伏就是基于古代的伏日理念，合乎各地气候的差异性伏期，是湿热季与雨季的叠加时段。我们据此建构三伏的气候学定义。

虽然各个地方的气候存在差异，但大家入伏和出伏的日期都是一样的，这是文化意义上的三伏。所以看到报纸上"我市今日入伏"这样的标题，大家还会调侃一番："好巧啊，我们也是今日入伏！"

各地气温视角的伏热时段差异大吗?

中国幅员辽阔，各地气候伏热 40 天的起始时间差异显著。伏热 40 天，为最低气温 40 天滑动序列的最大值（与最高气温或平均气温指标相比，平均最低气温指标更可以彰显伏期湿热多雨的属性）。

中国代表性城市气候伏热 40 天起始日期（2011—2020 年）			
伏热 40 天开始较早的城市		伏热 40 天开始较晚的城市	
海口	6 月 1 日	重庆	7 月 18 日
拉萨	6 月 13 日	上海	7 月 17 日
昆明	6 月 14 日	南昌	7 月 17 日
广州	6 月 18 日	成都	7 月 17 日
南宁	6 月 18 日	南京	7 月 15 日

伏热时段开始最早的海口，6 月 1 日入伏，还处于小满时节；伏热时段开始最晚的重庆，7 月 18 日入伏，处于小暑时节。即使同处西南的昆明和成都，伏热开始的时间也相差超过一个月。

其实在古代，人们就已经意识到了这个问题，即不同的地方，应该有不同的三伏。

东汉的《风俗通义》引述汉代《户律》“汉中、巴蜀、广汉，自择伏日”之说后解释道：“俗说汉中、巴蜀、广汉，土地温暑，草木早生晚枯，气异中国，夷狄畜之，故令自择伏日也。”

也就是说，汉代朝廷允许南方部分地区依据气候环境的特点，自行选择伏日时段。各地就进行气候“自治”吧：根据本地气候，可自行制订伏日的起止时间和伏日时长，可以不同于国家的通例。

引申而言，目前很多人在入伏时贴三伏贴，是不是也应该依照气候差异而各地不同呢？

但汉代的律令到晋代就被废止了，这是出于文化习俗举国一统的诉求。《晋书》载：“改诸郡不得自择伏日，所以齐风俗也。”后世在伏日的设定上沿袭了晋代的规定并延续至今。全国统一伏日的规制，其文化意义高于气候含义。汉代考虑“自择伏日”这是出于气候的考量，晋代禁止“自择伏日”是出于文化的考量。

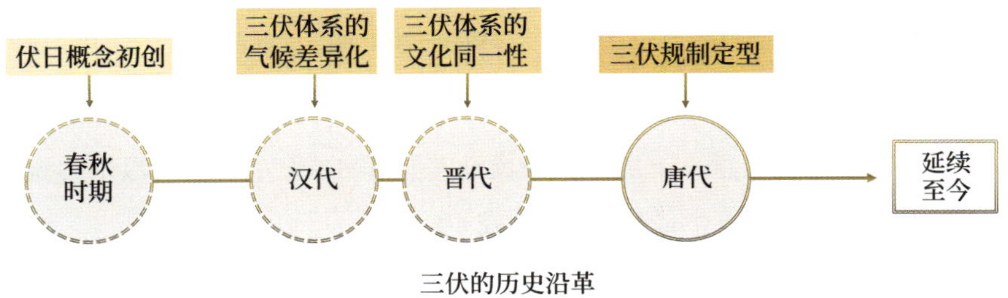

三伏的历史沿革

三伏是一年中天气最热的 30 天或 40 天吗？

从省会级城市来看，以平均气温衡量，除拉萨、昆明、海口，绝大多数城市的最热 40 天始于夏至至小暑一候，均早于入伏时间。

我们以一个特定气候期内日最低气温 30 天或 40 天滑动序列最高时段界

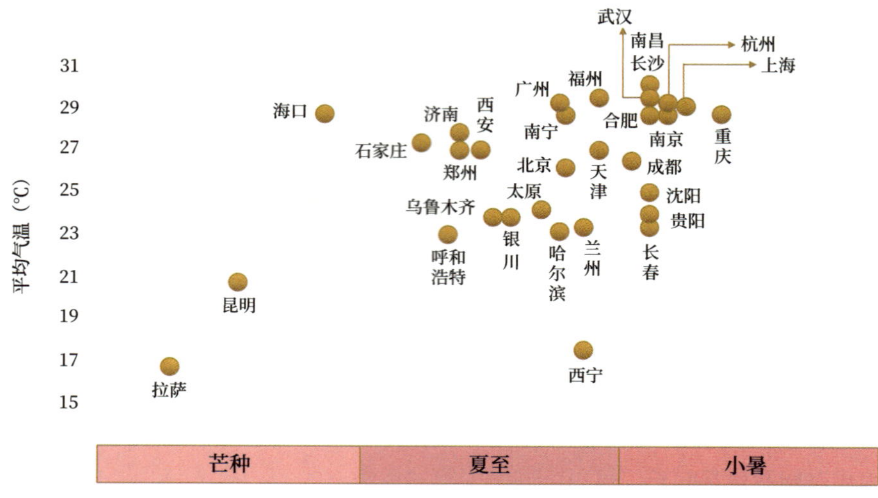

最热（连续）40天的起始日
（1981—2010年）

定 40 天版和 30 天版的三伏。就全国平均而言，一年之中最热的（连续）30 天或 40 天，是从什么时候开始的呢？

气温意义上的三伏					
30 天版三伏			40 天版三伏		
气候期	气温均值	三伏始日	气候期	气温均值	三伏始日
1951—1980 年	20.64℃	7 月 7 日	1951—1980 年	20.46℃	7 月 3 日
1981—2010 年	20.93℃	7 月 8 日	1981—2010 年	20.78℃	7 月 3 日
2011—2020 年	21.63℃	7 月 9 日	2011—2020 年	21.44℃	7 月 4 日

全国平均，气温意义上的三伏较文化三伏早 10 天左右。所以就气温而言，三伏期并不是一年中最热的 30 天或 40 天。

古人设定伏期起止时间的气候逻辑是什么？我们若仅从气温的维度解读三伏，就会觉得古人划定的三伏时段与气候存在偏差。那么，是古人划定的三伏时段存在错误吗？我们重新审视“伏”。古之“伏”者，意在规避。规避什么呢？规避的是雨热同季的气候下，炎热和洪涝的双重风险。

我们以日最低气温滑动 60 天序列中的最大时段为热季，以热季内中雨以上降水日数滑动 30 天或 40 天序列中的最大时段为雨季。

为什么这么设定呢？因为在伏日制度初创的先秦时期是以月为令，次季节尺度主要以月、旬为基本时间尺度。

【热的维度】热季是由干热的“上半场”和湿热的“下半场”组成的。暑便是湿热的代名词。高温高湿，人们更苦于热季的“下半场”。

【雨的维度】雨季的“上半场”，人们欢迎为大家降燥、为大地解渴的透雨；雨季的“下半场”，强降水频繁地同域叠加，洪水和渍涝的风险陡增。

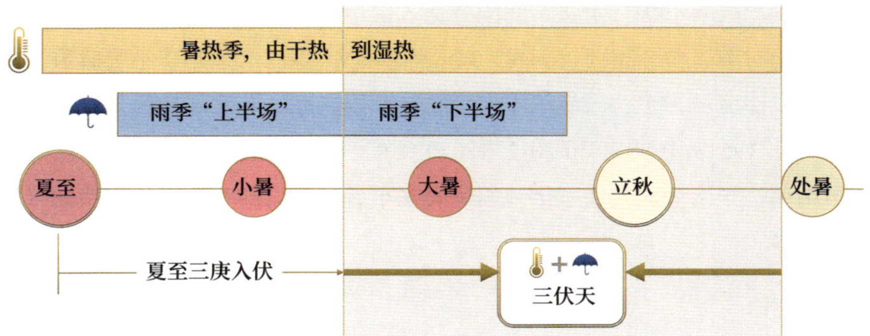

三伏背后的气候逻辑

我们以热季与雨季重合时段为气候三伏时段。

文化上，入伏日期是在 7 月 10 日至 21 日之间，平气法背景下的中位数为 7 月 16 日、定气法背景下的中位数为 7 月 15 日。

以西安 1981—2010 年气候期为例，雨季“上下半场”的分界日期是 7 月 15 日。

我们以 1981—2010 年气候期为例，文化上的入伏日期是 7 月 10 日至 21 日之间，我们依据气候三伏的算法得出，伏日体系起源的黄河长江流域广大地区的气候三伏入伏日期恰恰是 7 月 10 日至 21 日，恰好契合了文化三伏的入伏日期区间。

因此，气候三伏是热季中的湿热时段与雨季中降水的灾害风险增高时段的叠加，这应该是古人划定三伏时段的气候逻辑。

我们再以年降水量≥ 400 毫米的农耕区域按照节气时段进行细分。

黄河、长江流域的广大地区，雨热风险最高的 30 天和 40 天始于小暑时节。换句话说，黄河、长江流域是最需要依据文化三伏的时段防范雨热风险的区域。但黄河、长江流域外的很多地区，气候三伏或提前至夏至时节开始，或延后至大暑、立秋时节开始（例如广州始于 7 月 8 日、北京和郑州分别始于 7 月 25 日和 24 日。四川盆地晚于关中，始于大暑时节）。气候三伏与文化三伏时段存在显著差异，这正是当初“自择伏日”的初衷所在。

基于“气候三伏”定义，我国各地入伏情况可粗略划分三个类型：一是始于夏至时节，包括川西、云贵、岭南部分地区等；二是始于小暑时节，以黄河、长江流域为主；三是始于大暑时节，以华北、东北地区为主。

对比 1951—1980 年和 2011—2020 年的三伏时段，在气候变化背景下，江南南部、华南等地气候三伏开始时间在小暑时节，即吻合文化三伏的区域显著增多。

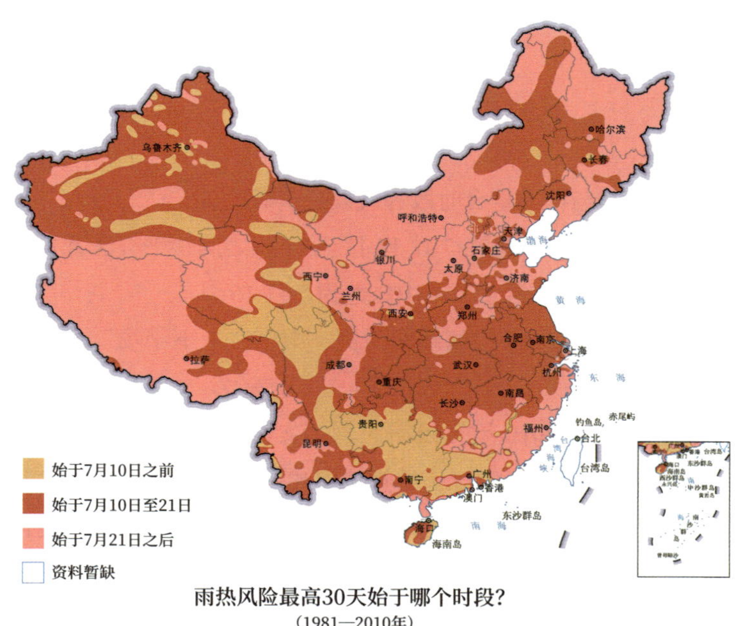

雨热风险最高30天始于哪个时段？
（1981—2010年）

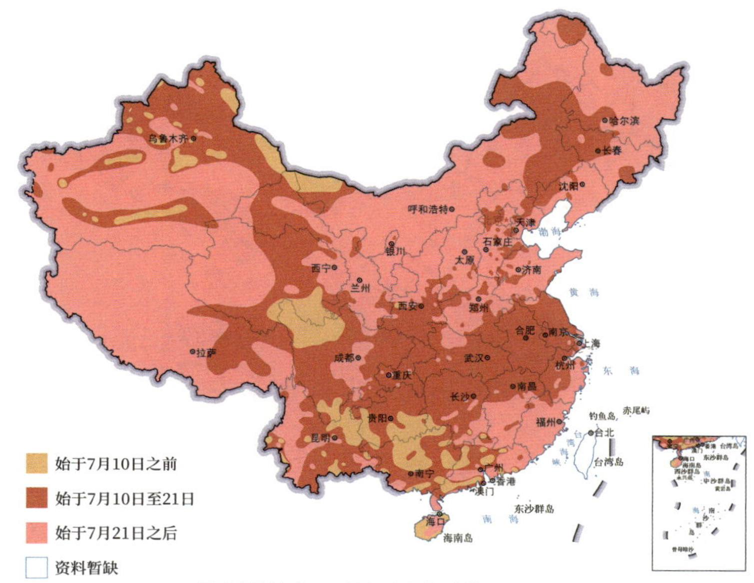

雨热风险最高40天始于哪个时段？

（1981—2010年）

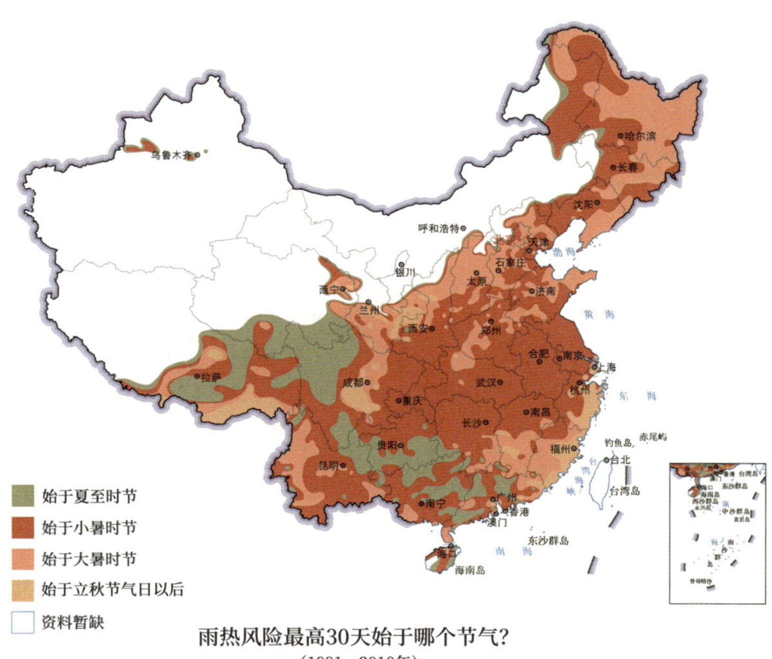

雨热风险最高30天始于哪个节气？

（1981—2010年）

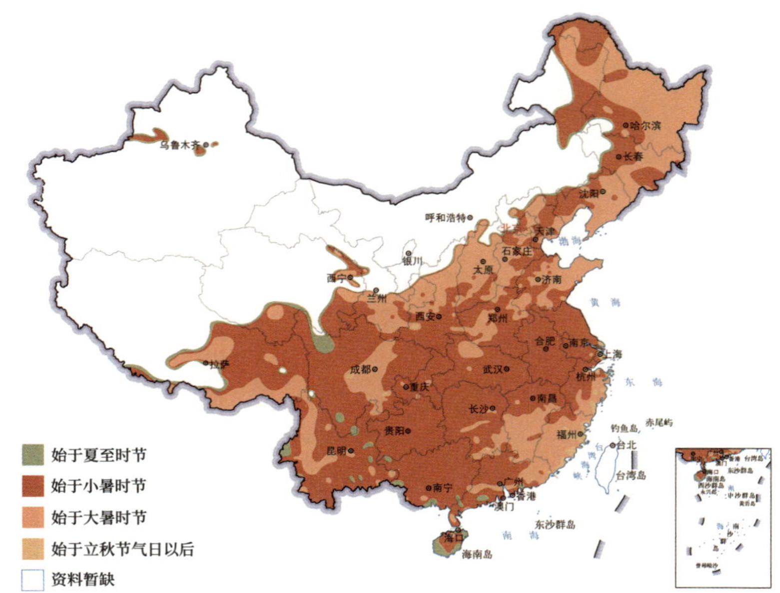

雨热风险最高40天始于哪个节气？

（1981—2010年）

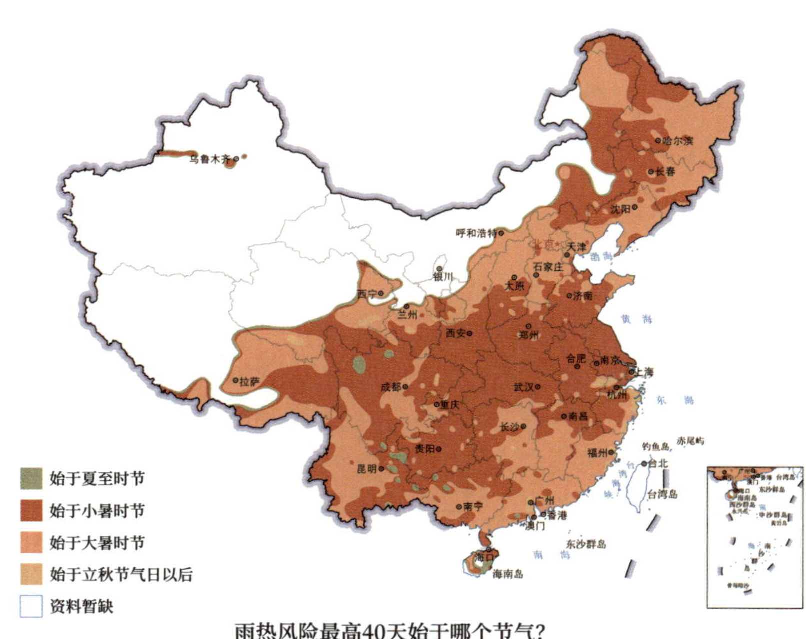

雨热风险最高40天始于哪个节气？

（1951—1980年）

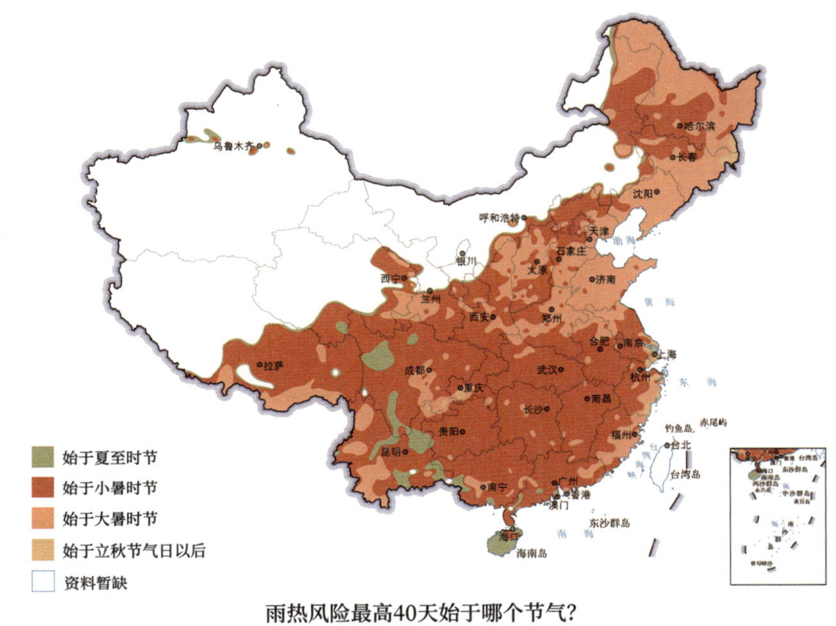

雨热风险最高40天始于哪个节气？
（2011—2020年）

《红楼梦》中说“伏中阴晴不定”，这是伏期的天气写照，或烈日毒辣，或豪雨汹涌，随机切换。

三伏的制度设计并不是只关注气温这一项指标。因为7月中下旬开始，伏日习俗起源的北方地区陆续进入雨季。气温高、湿度大，闷热的桑拿天开始盛行，它比单纯的干热暴晒更难熬。而且湿热的雨季，疫病也更容易流行。所以，或许古人是全面考量了综合体感和雨热叠加所蕴含的气候风险，制订了最需要躲藏起来规避风险的时段。

因此三伏天并非一年之中气温最高的30天或40天，而是古人综合评估气候风险所制订的深居简出的“躺平”时间。

气候变化，气候三伏也在变。

我们即便以最低气温指标界定伏热期，随着气候变化，除海南、云南、广东、广西、西藏等省区的伏热40天显著前移，多数地区的伏热40天起始时间与理论上7月10日至21日的入伏时段逐渐接近。尤其是江浙沪等地，气候三伏与文化三伏日期高度契合。

最低气温滑动40天序列最高时段的起始日期（各省、自治区、直辖市均值）						
地区	1951—1980年时段气温	1981—2010年时段气温	2011—2020年时段气温	1951—1980年起始日期	1981—2010年起始日期	2011—2020年起始日期
海南	24.8℃	25.4℃	25.9℃	6月9日	6月10日	5月30日
云南	18.4℃	18.8℃	19.5℃	6月21日	6月18日	6月15日
广东	25.1℃	25.4℃	25.7℃	6月30日	7月2日	6月19日
广西	24.4℃	24.7℃	25.1℃	6月25日	6月29日	6月21日
西藏	7.0℃	8.3℃	9.3℃	7月4日	6月29日	6月24日
新疆	16.1℃	16.9℃	17.8℃	7月2日	7月1日	7月2日
贵州	20.8℃	21.0℃	21.5℃	6月29日	7月1日	7月1日
福建	23.7℃	24.1℃	24.6℃	7月5日	7月7日	7月3日
内蒙古	15.3℃	16.3℃	17.1℃	7月2日	7月3日	7月5日
黑龙江	16.5℃	17.2℃	18.0℃	7月4日	7月5日	7月5日
宁夏	15.8℃	16.3℃	17.0℃	7月7日	7月4日	7月6日
吉林	17.6℃	18.4℃	19.1℃	7月7日	7月8日	7月7日
河北	20.8℃	21.5℃	22.2℃	7月5日	7月5日	7月7日
青海	6.9℃	7.8℃	9.0℃	7月6日	7月3日	7月8日
山西	17.8℃	18.2℃	18.8℃	7月5日	7月5日	7月8日
湖南	24.4℃	24.7℃	25.1℃	7月3日	7月6日	7月8日
北京	21.2℃	21.1℃	21.8℃	7月4日	7月6日	7月9日
四川	19.7℃	20.0℃	20.5℃	7月5日	7月5日	7月10日
辽宁	20.0℃	20.5℃	21.2℃	7月7日	7月9日	7月10日
山东	22.5℃	22.7℃	23.7℃	7月10日	7月8日	7月10日
天津	22.3℃	23.0℃	23.9℃	7月6日	7月8日	7月10日
河南	23.2℃	23.2℃	23.9℃	7月7日	7月6日	7月10日
江西	24.7℃	25.1℃	25.5℃	7月6日	7月7日	7月10日
甘肃	14.5℃	14.9℃	15.6℃	7月7日	7月5日	7月11日
陕西	19.8℃	20.0℃	20.6℃	7月7日	7月6日	7月11日
湖北	24.2℃	24.4℃	24.7℃	7月6日	7月7日	7月12日
安徽	24.4℃	24.6℃	25.0℃	7月10日	7月9日	7月13日
江苏	24.5℃	24.7℃	25.6℃	7月12日	7月10日	7月14日
浙江	24.6℃	24.9℃	25.6℃	7月10日	7月10日	7月14日

（续表）

最低气温滑动 40 天序列最高时段的起始日期（各省、自治区、直辖市均值）						
地区	1951—1980 年时段气温	1981—2010 年时段气温	2011—2020 年时段气温	1951—1980 年起始日期	1981—2010 年起始日期	2011—2020 年起始日期
重庆	23.7℃	23.8℃	24.2℃	7 月 8 日	7 月 9 日	7 月 16 日
上海	25.1℃	25.6℃	26.6℃	7 月 11 日	7 月 12 日	7 月 17 日
全国平均	20.46℃	20.78℃	21.44℃	7 月 3 日	7 月 3 日	7 月 4 日

随着气候变化，原来（1951—1980 年气候期）全国有 72.4% 的地方在夏至时节进入伏热 40 天，现在（2011—2020 年）全国有 52.8% 的地方在小暑时节进入伏热 40 天。在相当多的地区，气候三伏与文化三伏的日期偏差正在缩小。

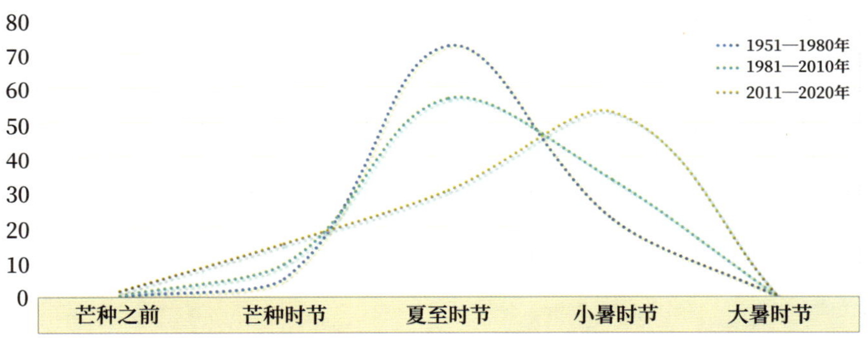

一年中最热的40天始于哪个节气时段?
（全国站点数占比，以日最低气温衡量）

随着气候变化，越来越多的地方最热 40 天滑动序列从小暑时节开始，接近文化上的入伏日期，这一状况在黄河、长江流域尤为突出。

我们以 1951—1980 年作为气候基准，随着气候变化，像从前三伏那样热的时段变成了多长时间呢？原来 30 天的三伏变成了将近 90 天的三伏，由月尺度变成了季节尺度；原来 40 天的三伏变成了将近 100 天的三伏，也就是百日伏。

气候最热40天开始日期

（1951—1980年）

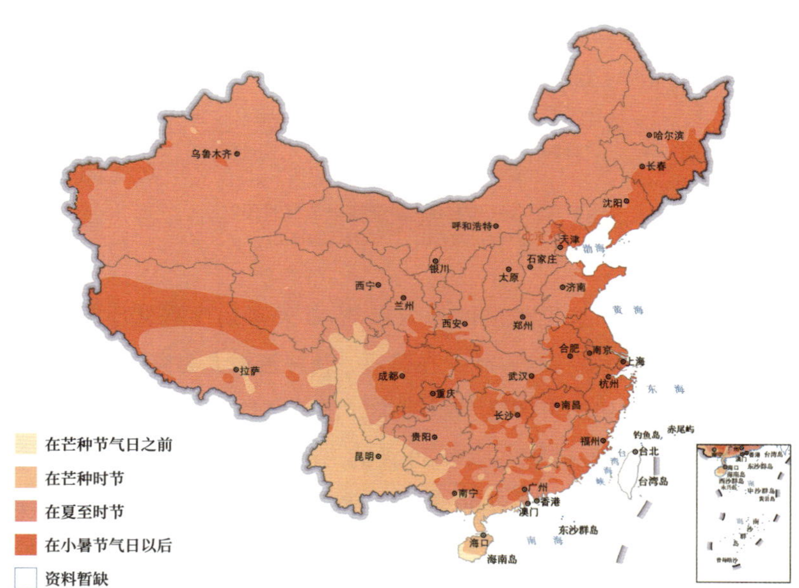

气候最热40天开始日期

（1981—2010年）

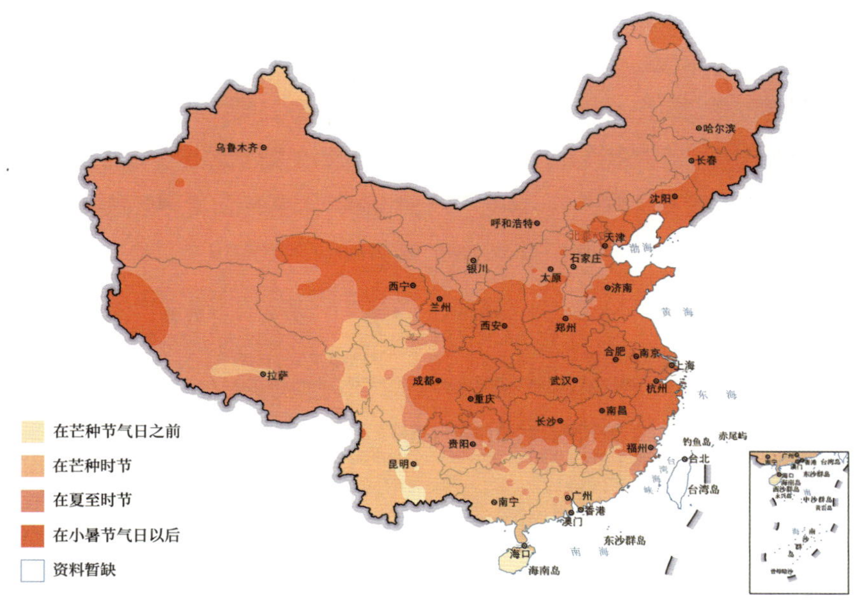

气候最热40天开始日期

（2011—2020年）

30天版三伏：气候三伏，已由月尺度延展到季节尺度。如果说以前的暑热是一个三伏月份，现在已经变成了一个三伏季节。

气候三伏的伸缩与漂移：由月尺度到季节尺度

（以1951—1980年全国平均最低气温的30天滑动均值最高时段为基准，阈值：16.327℃）

气候三伏的伸缩与漂移：近乎百日伏

（以1951—1980年全国平均最低气温的40天滑动均值最高时段为基准，阈值：16.215℃）

古代的伏日制度本身就已经考量了伏日时段的年际差异，每年的入伏、出伏时间不同。那么，每年的入伏早晚、伏期长短与天气有相关性吗？换句话说，入伏时间早是不是炎热开始得就早？40 天的三伏是不是比 30 天的三伏炎热时间更长？

每年伏热期与“文化三伏”开始时间早与晚的相关系数				
城市	时间序列	平均气温	最高气温	最低气温
北京	1951—2020 年	0.06	0.02	0.18
西安（泾阳）	1955—2020 年	−0.03	−0.13	0.04
成都（温江）	1959—2020 年	0.10	0.20	0.14
郑州	1951—2020 年	0.00	0.04	0.17
广州	1951—2020 年	0.03	-0.02	0.09

每年伏热期与“文化三伏”是 30 天还是 40 天的相关系数				
城市	时间序列	平均气温	最高气温	最低气温
北京	1951—2020 年	0.03	−0.09	0.14
西安（泾阳）	1955—2020 年	−0.03	−0.01	0.02
成都（温江）	1959—2020 年	0.10	0.23	0.13
郑州	1951—2020 年	0.07	−0.02	0.16
广州	1951—2020 年	−0.07	−0.25	−0.05

我们有两个方式界定每年的伏热期：一是以每年最热的 40 天滑动序列来确定伏热期；二是以气候期内最热的 40 天滑动序列确定气温阈值，达到阈值的确定为伏热期。其中，确定气温阈值的方式可进行年际之间的对比。

我们选取不同气候区的五个代表性城市（包括伏日体系起源地区）进行相关性计算，可见每年的伏热期，与文化上的入伏、出伏时间早与晚、三伏是 30 天还是 40 天并无显著的相关性。也就是说，某年入伏时间早与晚、伏期的长与短，并不能说明这一年热得早或晚、热的时间长或短。但古人设定的年际差异化的伏期，隐含着气候框架内的天气年年各异的认识。

每年伏热期的早晚与长短，差异有多大？我们同样以气候期内最热的 40 天滑动序列确定气温阈值，达到阈值的确定为伏热期。

以北京为例，1951—2020 年，伏热期平均始于 7 月 5 日，较文化三伏早 10 天左右。38 年即 54% 的年份伏热期较文化三伏早 10 天以上。

1992 年的三伏是 40 天（7 月 13 日至 8 月 21 日），但伏热期只有 6 天（7 月 4 日至 9 日）。2010 年的三伏是 30 天（7 月 19 日至 8 月 17 日），伏热期却有 86 天（6 月 14 日至 9 月 7 日）。

北京最早的伏热期始于 6 月 9 日（2000 年），最晚的伏热期始于 8 月 6 日（1954 年）。最长的伏热期为 87 天（1994 年），最短的伏热期为 5 天（1957 年、1985 年、1993 年）。

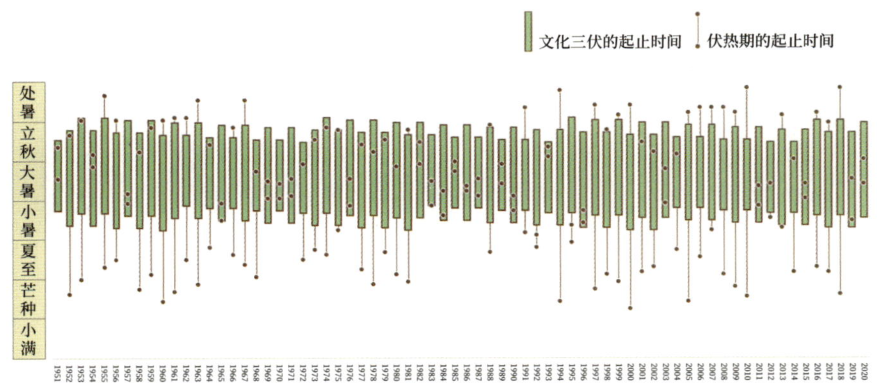

文化三伏与天气的伏热期

（北京，1951—2020年）

以郑州为例，1951—2020 年，伏热期平均始于 7 月 5 日，较文化三伏早 10 天左右。40 年即 57% 的年份较文化三伏早 10 天以上。

郑州最早的伏热期始于 6 月 3 日（2009 年），最晚的伏热期始于 8 月 12 日（1957 年）。最长的伏热期为 95 天（2010 年），最短的伏热期为 4 天（1954 年）。

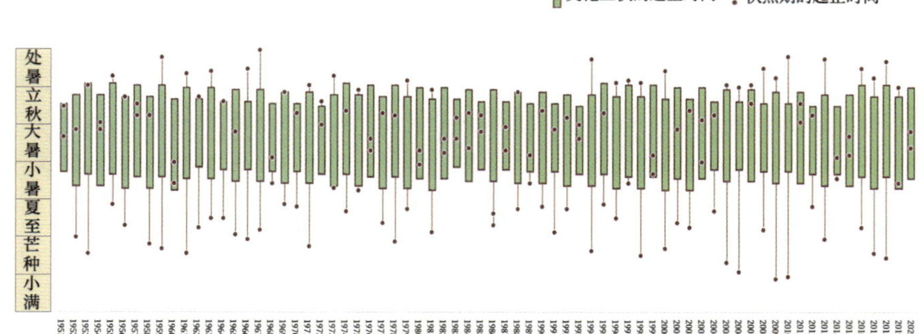

文化三伏与天气的伏热期
（郑州，1951—2020年）

以广州为例，1951—2020 年，伏热期平均始于伏热期平均始于 6 月 26 日，较文化三伏平均早 20 天左右。49 年即 70% 的年份较文化三伏早 10 天以上。

广州最早的伏热期始于 5 月 3 日（1952 年），最晚的伏热期始于 8 月 24 日（1986 年）。最长的伏热期为 121 天（2009 年），最短的伏热期为 5 天（1996 年）。

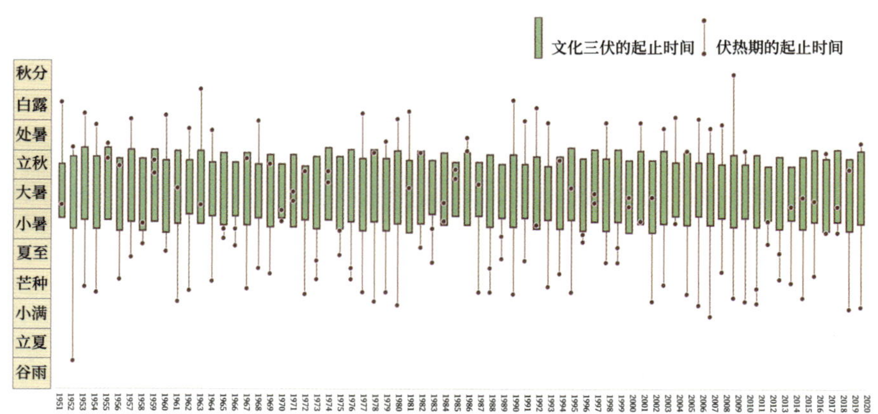

文化三伏与天气的伏热期
（广州，1951—2020年）

1951—2020 年，伏热期始日的年际均方差北京为 16.28 天，郑州为 18.69 天，广州为 22.62 天；伏热期时长的年际均方差，北京为 27.05 天，郑州为 27.10 天，广州为 34.73 天，均远远超出入伏日的均方差 2.87 天、三伏时长的均方差 4.45 天。

伏热期的离散度过大，即天气意义上伏热期始于何时，持续多长时间，太随机了！因此，尽管古人设定的三伏体系中以入伏早晚、伏期长短提供了伏热季的年际差异化方案，但真实的年际差异具有太强的随机性，即使在今天，我们也很难精确预判。难为古人了！

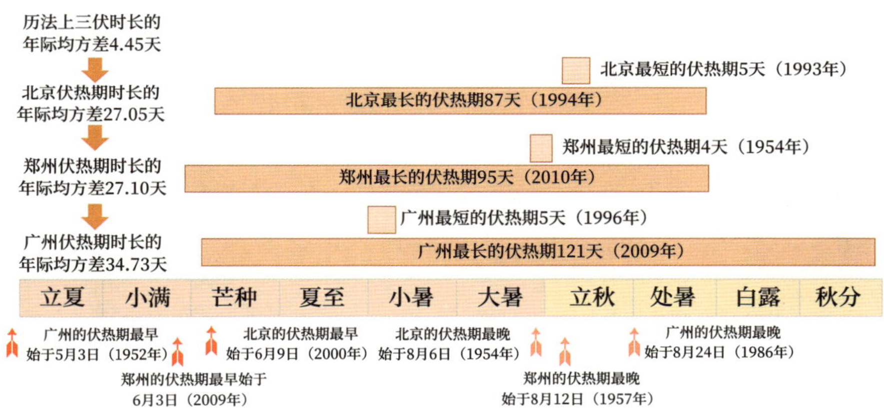

伏热期的年际差异远远大于三伏时段的年际差异

古代文化三伏的精髓有三项。首先，制订了雨热叠加的双重气候风险最高的时段作为伏期，进而规避雨热风险，而不只是界定最热的 30 天或 40 天。其次，发现了各地雨热叠加的双重气候风险最高的时段有所不同，并提出“自择伏日”的动议，尽管因“齐风俗”而被废止，但人们那时已经对区域气候差异有了清晰的认知。最后，“夏至后第三庚为初伏”，为伏期提供了年际差异化方案，以此表征每年雨热叠加的气候风险的发生时段有所不同。思路是正确的，只是真实的年际差异远远超出了三伏时段的年际差异。

梳理数伏习俗的发展历程，如果说先秦时期是建立了辟邪避暑的数伏 1.0 版本，那么汉代建立的全国统一起止时间的数伏 2.0 版本，虽然有“自

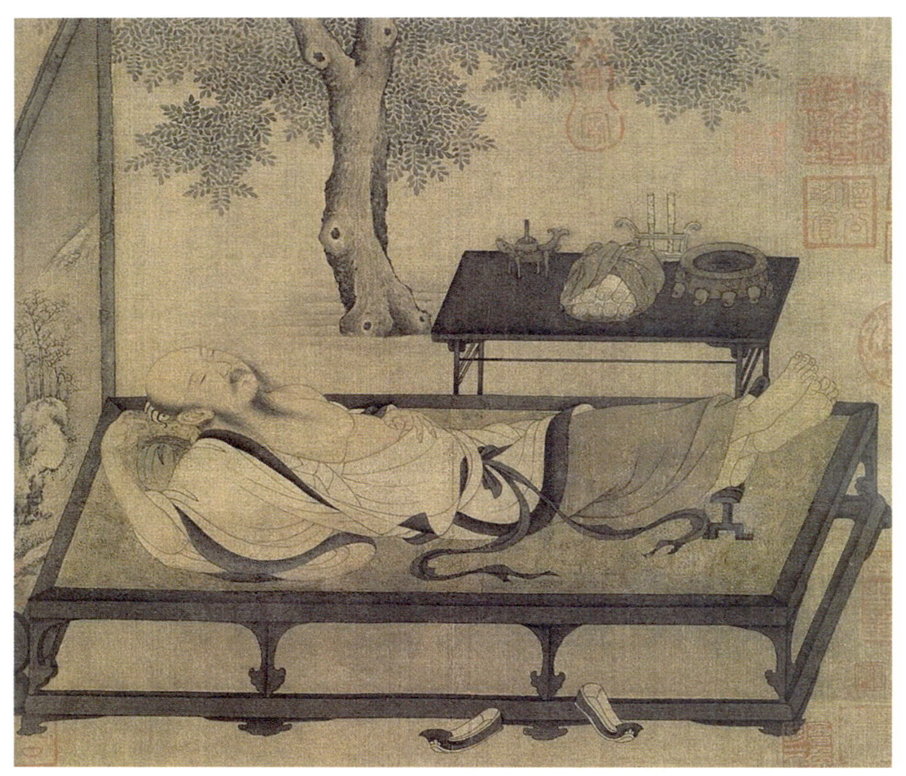

宋代佚名《槐荫消夏图》，故宫博物院藏

盛夏午后，槐荫之下，古人仰卧、袒胸、露腹、翘足，在凉榻之上小憩。床边是清凉意境的大屏风，寒林雪野。桌上有书卷有烛台，有香炉，文人消夏都如此具有仪式感。

择伏日”的动议，但始终没有建立基于气候差异的本地化数伏的3.0版本。而我们依据炎热季和雨季叠加设定气候三伏，希望建立的就是各地可以“自择伏日”的数伏3.0版本。

对中国绝大多数地区而言，一年中最湿热难耐的30天或40天并非始于入伏，而是始于夏至时节。那么文化上的入伏意味着什么呢？意味着雨热风险最大时段的开始。这应该是雨热同季的季风气候区人们对叠加型气候风险的独特预警方式。

我们可以想见，一个国家设定一个三四十天的时段，其间人们闭门不出，躲避酷暑及所谓厉鬼，社会处于半停摆的状态，这在基本自给自足的农耕社会，或许可以成为社会的主流习俗，但在现代社会，这是无法复制的习俗。

现代社会，大家消夏解暑的方式有很多，人们已无须潜伏和躲避。但数伏的古意或许并不过时：在炎热的盛夏，是不是可以让自己的内心有一段不浮躁、不焦虑、气定神闲的时间呢？

秋热为什么被称为秋老虎?

2022 年的立秋，热度超过小暑、大暑，为观测史上的最热节气。

秋老虎是公众通晓的立秋之后回热天气的代名词，是“秋暑不减三伏天”。

但夏天更热，为什么只有秋老虎没有夏老虎？为什么秋热叫秋老虎而不叫作秋狮子呢？

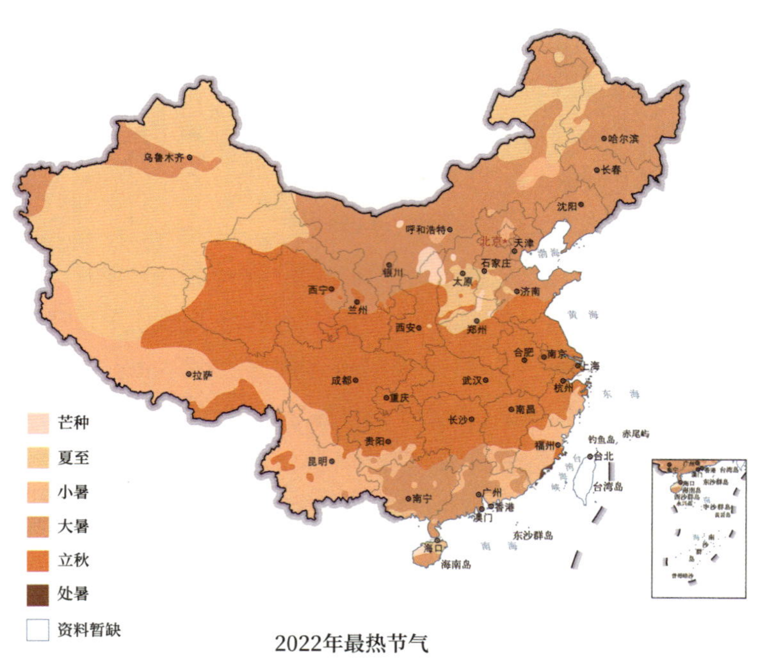

2022年最热节气

秋老虎一词最早见于何时？

通过对各古籍库进行关键词检索，我们可以确定秋老虎一词最早见于明代中期嘉靖年间的地方志中。如《南安府志》[①]记载："芒种以后，日迫于暑，四月蒸郁为甚。三伏炎酷，入秋弥烈，俗云'老虎'。"

按照这段描述，秋老虎一词源于民间，指代立秋之后热度不亚于三伏期间的炎热天气。

明代张煌言《暑夜独坐》云："炎熇如酷吏，入夜气犹蒸。"在人们心中，"炎熇"一般特指夜热接续昼热的高温高湿，即所谓"溽暑昼夜兴"的桑拿天。

现在，人们往往量化表征这种高温高湿的炎热，即高温日和热带夜。高温日是指白天最高气温≥ 35℃，热带夜是指夜晚最低气温≥ 25℃。

为什么以秋老虎表征秋热？

在中国文化中，龙和虎是与天气具有高度关联的"动物"。"云从龙，风从虎"，风云变幻被认为是由龙和虎所主宰，所以"龙腾云起，虎啸风生"。但若以虎作为炎热季节的天气"图腾"，那么为什么只有秋老虎而没有夏老虎呢？以秋老虎表征秋热，有没有文化上的必然性呢？

把大象放进冰箱分为三步，秋老虎一词的产生也分为三步。

第一步，由五行体系派生出表征残暑秋热的概念："火老"。

《淮南子·地形训》云："土壮，火老、金生、木囚、水死。"在中国古代的五行体系中，夏的属性为火。而湿热的长夏时节，土相盛行，代表干热的火相衰退，代表凉意的金相初生，代表春生的木相固化，代表冬藏的水相止息。

于是，人们用五行中"火老金生"表征暑热的拐点即将出现，并以"火老金柔"指代夏秋季节更迭过程中的暑热未尽，秋气柔弱。《现代汉语大词

---

① 南安为今江西赣州市南康区。明代的南安府和温州府均属扬州州域。

典》将“火老”释为五行中“火”的衰退或残夏。

文人诗词中多有相应的表述。

唐代韩愈《纳凉联句》：“金柔气尚低，火老候愈浊。”宋代苏辙《迟往泉店杀麦》：“火老金尚伏，雨过筑场壤。”宋代李石《扇子诗》：“火老不知秋，萤飞风露下。和月立梧桐，幽人宜独夜。”宋代俞桂《初秋》：“火老金柔暑告残，乘凉正好望西山。”宋代李之仪《蓦山溪》：“金柔火老，欲避几天地。谁借一檐风，锁幽香、愔愔清邃。”

第二步，由“火老”派生出表征残暑秋热的常用词：“老火”。

由诗词可见，唐代以“火老”表征残暑。而自宋代始，“火老”和“老火”并用，在格律音韵的表达上体现出同义异序的多元性，“老火”渐渐成为文人笔下秋热更常见的代称。我们通过对古籍库中诗文关键词的检索发现，自宋代开始，“老火”的使用率显著高于“火老”。

宋代卫宗武《立秋喜雨》：“炎炎老火烧太空，熏灼万类势欲镕。”宋代朱胜非《和同省秋省宿》：“老火未甘退，稚金方力征。炎凉分胜负，顷刻变阴晴。”宋代杨万里《立秋日闻蝉》：“老火薰人欲破头，唤秋不到得人愁。夜来一雨将秋至，今晚蝉声始报秋。”宋代陈杰《秋热抵信上一歌馆壁张芦雁寒林》：“老火张成伞，柔金伏在炉。正遮西日手，忽坐北风图。”宋代王柏《秋热》：“西风不力征，老火未甘退。蝉声乱耳繁，痴蚊健姑嘬。一雨洗天来，不复有故态。天序自分明，人心其少耐。”元代舒頔《立秋》：“西风吹秋七月朔，何曾一叶梧桐落。六合如窑老火作，炎光裂石金流铄。”明代陶安《馆中山朝元观作》：“老火流空望霖雨，西风入湖飞雪涛。扁舟又欲渡江去，桂影满身明月高。”

人们以“金柔火老”和“老火稚金”来诠释立秋之后天气依旧炎热的时令特征。

明代嘉靖年间《太康县志》载：“越立秋四日……以柔金未振，老火犹炎，追河朔逸兴，邀寓人于子张子暨余会饮于溪之上。”立秋之后，秋凉之所以没有应时而至，五行层面的解读是：“柔金未振，老火犹炎。”残暑并未消退，秋气难以施展，所以天气依然湿热。若有清凉，便是惬意之事。正如明代张鸣凤撰写的广西历史地理著作《桂胜》中所言：“淳熙辛丑夏六月望，天台王清叔约客于西湖之上，……于时背夏涉秋、老火益壮……夕景西下，冷风袭人，殊不知有暑气。兹游甚乐。”

明清时期，表征残暑秋热的“老火”，在朝鲜半岛被广泛使用。郑士龙《湖阴杂稿》云：“萧爽喜新秋，老火侵寻尽。”李夏坤《头陀草》云：“老火尚用事，入夜殊未已。”

第三步，在秋热频发之地，由于“虎”与“火”读音相近，指代残暑秋热的“老火”变成了“老虎”。

在《说文解字》中，“火”为“呼果切”，“虎”为“呼古切”。在宋代《集韵》、元代《古今韵会举要》、明代《洪武正韵》等韵书中，“火”为“虎果切”，而“虎”为“火五切”。

在隋唐至宋代的中古音中，“火”的读音为晓母，果韵，上声，火小韵，呼果切，一等，合口；“虎”的读音为晓母，姥韵，上声，虎小韵，呼古切，一等，合口。

两个字在中古音中声和调相同，韵相近。就语音规律而言，“火”和“虎”是开音节并且主元音相同的字，读音相近，很容易混读。明代沈宠绥的《度曲须知·出字总诀》中特别指出极易混淆的例字便包括“虎非火”。

明代刘基《郁离子》云：“东瓯（今浙江南部）之人谓火为虎，其称火与虎无别也。”

在气候上秋热频发的吴越方言区，“虎”与“火”字近乎相同，极易混读。甚至有人在新婚之夜因将“虎”听成了“火”而命丧虎口。如明代徐继善的《人子须知》所载：“年二十而新娶。娶之夕，睡之半夜，邻家逐虎声喧。拱睡酣惊觉，以火虎音悮，仓皇披衣出户，意谓救火。适遇其虎，被伤而卒。”

南方地区最后三个高温日在一般出现在处暑时节。如宋代王洋所言：“南方火老不告疲，秋物过半新凉时。”只有到节气秋季过半时，南方才开始出现新凉，时间大致对应秋分，正所谓“秋不分不凉”。

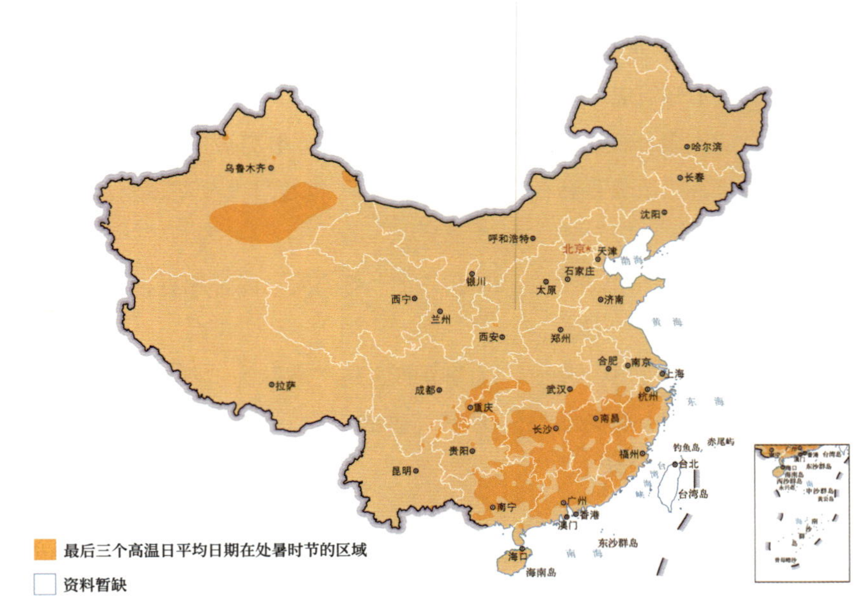

处暑时节暑热即将消退

在南方，立秋、处暑时节依然秋热盛行，炎热天气（最高气温≥ 30℃）日数的时段占比在 75% 以上，白露、秋分时节才会显著降低。

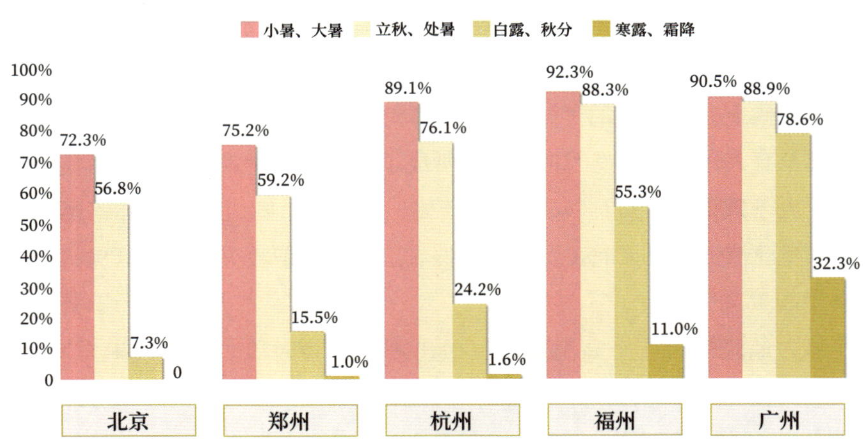

炎热天气（最高气温≥30°C）的时段占比
（1991—2020年）

从“老火”到“老虎”，是误读吗？

“老虎”一词能够与初秋的高温对应，且从一个区域性的词语发展为全国通用的专有名词，有赖于五行文化及共通的社会文化心理。

我们可以从两个维度进行分析。第一个维度，是虎与秋的关系、虎与立秋的关系。

首先来看虎与秋的关系。

《淮南子·天文训》云：“西方，金也……其神为太白，其兽白虎。”在中国古代五行体系中，秋与方位西、属性金、颜色白和神兽虎有着严谨的对应关系。其中西方与秋的对应，与季风气候背景下盛行风的风向高度相关。

在《国语·晋语》等典籍中，秋金之神蓐（rù）收的形象是“白毛虎爪”，与虎相关。唐代韦应物《寇季膺古刀歌》诗云：“白虎司秋金气清，高天寥落云峥嵘。”宋代梅尧臣《秋风篇》诗云：“秋风白虎嗥，长庚光如刀。”

在中国文化中，金风白虎是秋之意象。

然后便是虎与立秋的关系。

《易纬通卦验》载：“立秋，凉风至、白露下、虎啸、腐草为嗌、蜻蚓鸣。凉风，风有寒炁；白露，露得寒炁，始转白；虎啸始盛，秋炁有猛意……”

后世典籍亦将“立秋虎始啸”和“仲冬虎始交”作为立秋节气和大雪节气的时令标识。如宋代《太平御览·兽部》云：“《易通卦验》曰，立秋虎始啸；《月令》曰，仲冬虎始交。”清代《古今图书集成》曰：“《易卦通验》云，立秋虎始啸，仲冬虎始交。”明代《古微书》载：“立春雨水鸧鸹鸣，立夏清风至而鹤鸣，立秋虎始啸……”

可见，在中国古代的五行体系、月令和节气物候体系中，虎与季节中的秋、节气中的立秋都有着清晰的关联。因此，以虎表征秋季开始或立秋开始的某种天气、气候现象，有着文化上由此及彼的合理性。

第二个维度便是秋热猛如虎的通感。

虽然文化上理据充分，但“秋老虎”一词能成为全国通用的秋暑“代名词”，则得益于人们的心理共鸣。

宋代欧阳鈇《句》曰：“爱山如爱酒，畏暑如畏虎。”宋代杨万里《秋暑》云："夏暑减未曾，秋暑增愈剧。……平生畏秋暑，老去畏弥极。"宋代方岳《秋热》曰："衰老不耐暑，喜甚秋咫尺。秋来几何时，炮煮乃尔剧。老夫大失望，亦自愧两屐……残暑何奸雄，酷烈不肯退。稚秋太君子，敛避不敢对……畏热如畏虎，悸汗流浃背……"清代查礼《章江舟中苦热》曰："我意必秋热，朝夕愁肺腑，秋来已二旬，热果猛于虎。"

这几首诗，充分地表达了人们对立秋时令的感触：因为秋暑接夏暑，"炎秋似老虎"，所以人们"畏暑（热）如畏虎"。

年长之人，不耐暑热，所以期盼立秋。但立秋过后，令人大失所望的是，熏蒸感愈演愈烈。残暑如暴烈的奸雄，稚秋似文弱的君子。我们整天汗流浃背，像畏惧老虎一样畏惧秋热。

可见，在很多人的心目中，虎已成为一种恐怖秋热的意象。秋热之盛，一如虎威。

虽然立秋气温总体上低于大暑，气温呈现由升到降的拐点，但有相当比例的年份中，立秋气温高于大暑。以北京、郑州、杭州为例，有四分之一左右的年份立秋气温高于大暑；以福州、广州为例，有一半左右的年份立秋气温高于大暑。

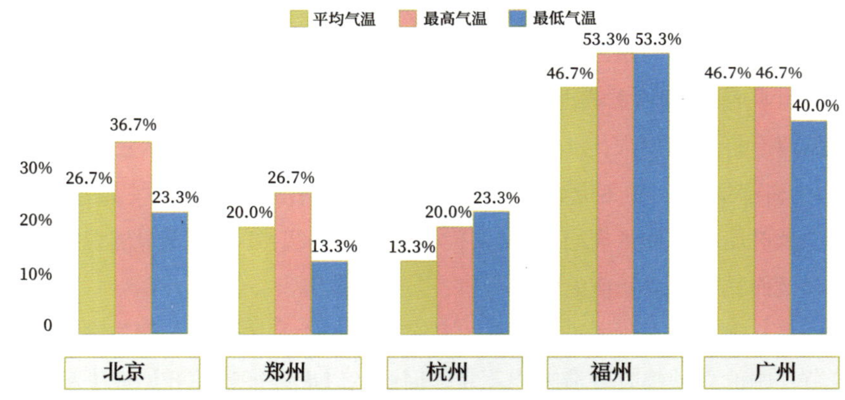

立秋气温高于大暑的年数占比
（1991—2020年）

就气候而言，夏热最甚，但为什么反倒秋热被称为老虎呢？

1935 年 8 月 11 日《南京晚报》中关于秋老虎的解读颇具深意："夏季的炎热虽说可怕，可是那种热终归是正则的。不若这种秋热，是热得令人有一种莫可名言的难受啊！……只要是违反正则的反常的一切行径，都是令人有莫可名言的难受啊！又岂独秋老虎为然？”

夏热是“正则”，即常态，而秋热往往是超出人们预期的非常态。“正则”之外的天气现象往往更凶悍威猛，更具有“杀伤力”。

我们再看两则老报纸中关于秋老虎的报道。

1940 年 8 月 20 日《新申报》(常熟)：“时交新秋，热浪未退。近数日来，酷阳肆虐，秋老虎咄咄逼人，气候炎热，较伏天尤甚。”临近处暑，江南依然热感超过伏天，绝无秋令景象。

1937 年 10 月 2 日《中山日报》(广州)：“秋老虎一至，君之需要清导丸较之平时尤为亟切。盖际此秋阳如炙，热气逼人，犹如猛虎之时。”临近寒露，岭南依然需要防暑药品，可见其秋老虎天气如马拉松般漫长。

我们再梳理一下秋老虎一词的文化路径。首先，汉代由五行体系发展出表征残暑秋热的概念“火老”。其次，唐代之后，语句式的“火老”渐渐变成了更易于传播的词汇化的“老火”。最后，“火”与“虎”读音相近，特别是在秋热频发的方言区两者的读音几乎相同，所以造成了“老火”与“老虎”的混用。

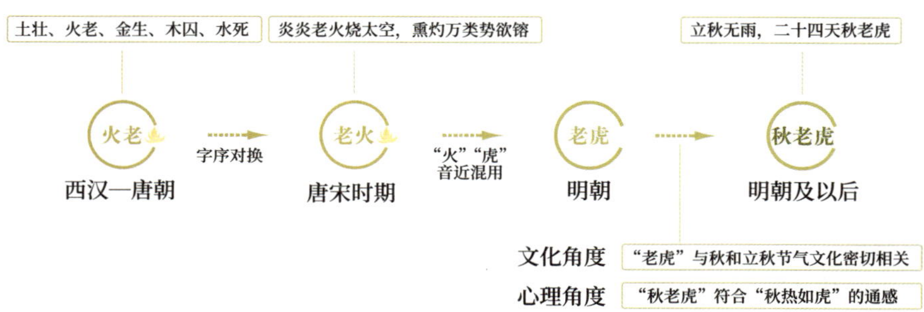

“秋老虎”历史流变过程示意图

而五行体系和物候体系中，“虎”与秋和立秋有着明确的关联，且虎体现了秋热的威力，因此这种混用可能并非误用，甚至很可能是人们有意为之。因为“老虎”比“老火”更能够传神地体现人们对秋热的通感。至少，人们很可能是将错就错，以秋老虎指代立秋之后的炎热，这种说法在流传的过程中越来越得到认同，从而定型。

小阳春的气候概率

什么是小阳春？

小阳春是指农历十月气温偏高的晴暖天气，往往伴随着花开二度。

唐代白居易《早冬》诗云："十月江南天气好，可怜冬景似春华。霜轻未杀萋萋草，日暖初干漠漠沙。老柘叶黄如嫩树，寒樱枝白是狂花。此时却羡闲人醉，五马无由入酒家。"

白居易笔下江南令人陶醉的小阳春，是冬景如春华一般的可爱，是天气上轻霜与日暖、物候上黄叶与狂花的微妙组合体。

明代《五杂俎》曰："十月有阳月之称，即天地之气四月多寒而十月多煖，有桃李生华者，俗谓之小阳春。"按照《五杂俎》的说法，农历十月时常出现偏暖的天气，而农历四月时常出现偏寒的天气。前者俗称"小阳春"，后者俗称"麦秀寒"。正所谓"棉衣欲换情偏懒，见说江南麦秀寒"。

汉代《前汉纪》载："（汉文帝）六年，冬十月桃李花。"其实汉代便已有初冬十月花开二度的记载，只是那时还没有"小阳春"的称谓。

但小阳春除了气温偏高这个前提，还有一个特征，就是降温之后的回暖。清代《光绪福安县志》载："福安（注：今福建福安）十月为小阳春，倏变而暖，花有非其时而开者。"清代《三农纪》载："荆桑须五步一株，春分前十日为上时，当发生也；十月小阳春木气长生也，亦宜。"

冷过之后的回暖区间才具有由"冬水之气"到"春木之气"的属性，才会使草木误以为春天复归，于是开花以应之。我很喜欢当代诗人蔡淑萍《鹧鸪天·小阳春》中的那句“西风恰似东风软，吹出枝头小叶新”，初冬时令，本当吹的是清冽的北风，但暖阳下微风拂面，却温润如春。花开二度，带给人们双重惊喜。

为什么叫作小阳春?

人们通常将农历十月温暖似春的天气称为小春，因此农历十月别称小春月。

南北朝时期《荆楚岁时记》云：“十月……天气和煖似春，故曰小春。”因此，农历十月的小春之名更为悠久。

宋代《梦粱录》曰：“十月孟冬，正小春之时，盖因天气融和，百花间有开一二朵者，似乎初春之意思，故曰小春。”宋代《书斋夜话》曰：“小春何也？曰：此易十月为阳之义。是时霜晴日暖，则桃杏发荣，亦有春色，故谓之小春者也。”明代《岁时事要》云：“十月天时，和暖似春，花木重花，故曰小春。”清代《通俗编》云：“十月天时，和暖似春，故曰小春之月。”

可见，小阳春最初被称为小春，暖亦若春，花亦若春。并且，在平民生活中，小春与端午、中秋、重阳一样，是一个特定时段的代名词。例如元代《西厢记》中说：“指归期约定九月九，不觉的过了小春时候。”

而小阳春的说法最初见于唐宋时期。宋代《岁时广记》引述唐代《初学记》的说法称：“冬月之阳，万物归之。以其温暖如春，故谓之小春，亦云

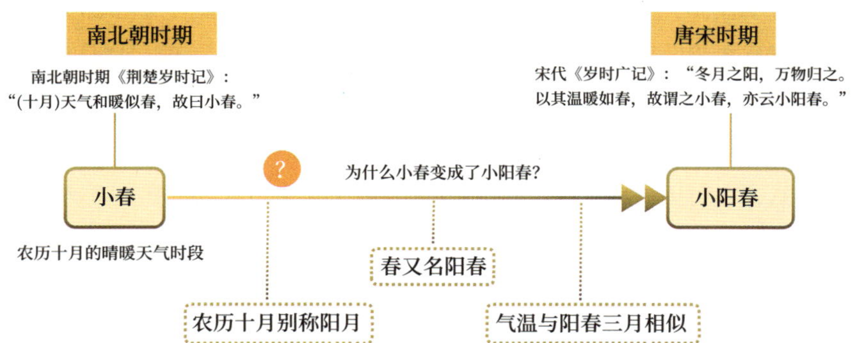

小阳春。”

为什么小春二字的中间可以加一个“阳”字呢？原因有三。第一个原因是农历十月的别称为“阳月”，所以小春被称为小阳春。《尔雅 · 释天》在解读各月别称时指出：“十月为阳。纯阴用事，嫌于无阳，故以名云。”唐代《初学记》中说：“十月孟冬，亦曰上冬，亦曰阳月。此时纯阴用事，嫌其无阳，故曰阳月。”

当然，农历十月之所以叫作阳月，是因为阴气盛行，人们嫌此时阳气衰微，故以阳名之。

第二个原因是阳春也是春天的别称，所以小春被称为小阳春。

南北朝时期的梁元帝《纂要》云：“春曰青阳，亦曰发生、芳春、青春、阳春、三春、九春。”阳春一词最早应见诸春秋时期的《管子 · 地数》：“阳春农事方作。”阳春可泛指春季，也有和煦、和暖的意涵，有草木青葱、万物芳盛的物候，阳春又往往专与季春时段相对应，正所谓“阳春三月”。

如汉代《长歌行》中所言：“青青园中葵，朝露待日晞。阳春布德泽，万物生光辉。”唐代酒肆布衣《醉吟》曰：“阳春时节天气和，万物芳盛人如何。”从这一点上看，花开二度的农历十月与花事繁动的农历三月共用“阳春”一词，有着物候逻辑上的合理性。

第三个原因是气温走势和点位与阳春时节比较相似。

我们以杭州为例。1952 年，杭州在进入 11 月气温低位徘徊近一周之后，11 月 9 日至 14 日大幅走高，突破 20℃，恍若立夏。

1990 年，杭州在立冬后 11 月 10 日至 11 日已经出现冬日（日平均气温＜ 10℃）的情况下，11 月 17 日至 19 日平均气温又大幅上扬至 20℃左右，不仅演绎反季节走势，而且高于阳春三月清明时节的平均气温。这是典型的有了入冬感之后的小阳春天气。气温的走势与点位仿佛阳春。就气温而言，被称为“小阳春”，名副其实。

当然，在古人的诗句中，我们也可以看出小阳春时段，气候与物候的“违和”感。

日短围炉时节，已是风酣叶落，霜熟雁归，寒色与雪意渐增，却春气暗回，花香袭人。

宋代郑侠《次孟坚初冬晴和见梨桃二花作》云："地借小春回暖气，日匀疏影转轻阴。"宋代范成大《小春海棠来禽》云："东君好事惜年华，偏爱荒园野老家。一任西风管摇落，小春自管数枝花。"宋代杨万里《冬暖》云："小春活脱是春时，霜熟风酣日上迟。"宋代刘才邵《和彭德源秋开紫牡丹》曰："暗觉小阳春气回，却从秋杪上楼台。"宋代欧阳修《渔家傲·十月小春梅蕊绽》曰："十月小春梅蕊绽。红炉画阁新装遍。锦帐美人贪睡暖。羞起晚。玉壶一夜冰澌满。楼上四垂帘不卷。天寒山色偏宜远。风急雁行吹字断。红日短。江天雪意云撩乱。"宋代陈杰《小春桃李俱花》曰：阳林小春醉风日，老面得酒须臾欢。不妨桃李妍冬谷，正要松篁用岁寒。清代蔡云《吴歈》云："花自偷开木自凋，小春时候景和韶。火炉不拥烧衣节，看会人喧十月朝。"

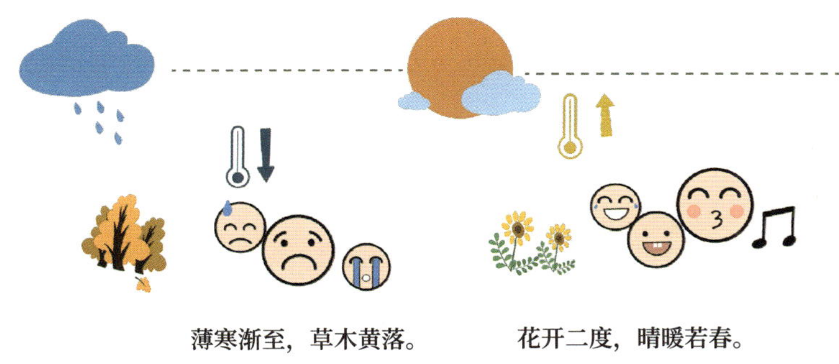

初冬天气

农历十月，或迎暖阳，或遇冷雨，人们要准备两种农事预案。

清代《补农书》载："十月，立冬小雪。天晴，斫稻……晒谷……阴雨，甩稻……罱泥。"

小阳春是正常气候现象吗？

清代《台湾底志》载："十月小阳春候，天气多晴顺也。"清代《靖海纪事》载："俟至十月，乘小阳春时候大举进剿，立见荡平。"按照古人的描述，小阳春并非偶发型的天气事件，而是近乎常态化的气候现象，是多见的，甚至是可以期待、借用的气候现象。

宋代《致堂读史管见》云："卉木有小华于秋冬之交者，非瑞也，亦非异也。"可以看到，对这种近乎常态化的气候现象，古人待之以平常心，不以为祥瑞，也不以为灾异。

什么确切时点之后的晴暖天气能被称为小阳春？

尽管小阳春与农历十月相对应，正所谓"十月小阳春"，但小阳春的起始时点应为立冬日。

原因有二，一是公历日期的均值为立冬日。

农历十月初一被视为小阳春现象的起始日，但农历十月初一的公历日期均值为立冬。由于划分节气的定气法始于 1645 年，我们以"定气法"背景下的 1701—2700 年的千年序列为例，农历十月初一的公历日期均值为 11 月 7 日，也处在于立冬节气时段内。立冬节气日既具有太阳历的节点属性，又具有月亮历十月初一的均值属性，因而是阴阳合历中最恰当的时点。

原因二是天文意义上的冬始也为立冬日。

小阳春的第一个内在逻辑是该寒的时候反而暖，是穿上寒衣之后的暖。那么，在人们心目中，寒从何时起呢？立冬。

明代陶安《立冬》云："乍寒冬气应。"明代屈大均《晚菊·其一》："暖随重九过，寒待立冬来。"而所谓寒，并非宽泛的体感，而是有着清晰的物候标准，即立冬一候水始冰。

小阳春的第二个内在逻辑是入冬的时候仿佛春，即孟冬时节呈现非常态的暖。那么，按照节气体系的季节划分法，冬季从什么时候开始呢？也是立冬。

立冬的天文意义是由此进入一个回归年中白昼时长最短的四分之一时段，即天文意义上的冬季，所以古人在立冬之时说"秋冬气始交"。

《红楼梦》第九十四回"宴海棠贾母赏花妖，宝玉通灵知奇祸"中谈及小阳春的片段：

大家说笑了一回，讲究这花开得古怪。贾母道："这花儿应在三月里开

清代孙温绘全本《红楼梦》图之“宴海棠贾母赏花妖”，旅顺博物馆藏

的，如今虽是十一月，因节气迟，还算十月，应着小阳春的天气，因为和暖，开花也是有的。”王夫人道：“老太太见的多，说得是，也不为奇。”

当然，《红楼梦》中贾母说到的小阳春是小阳春非同寻常的后半段。

我们以 1701—2700 年这千年序列为例，约 53% 的年份，小雪时节的任一天均在农历十月内。但有约 16%（接近六分之一）的年份，“节气迟了”。

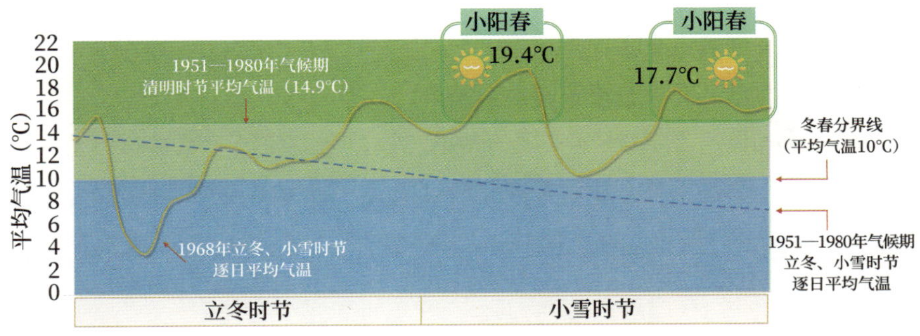

“小阳春”的气象学定义
（以杭州1968年为例）

以农历的视角，这种“节气迟了”的情况每六年出现一次。那么“节气迟了”的小阳春的发生概率是多少呢?

我们以南京为例，南京的小阳春气候概率是 18.6%，这种“节气迟了”的小阳春概率只有 3%。即使我们将立冬和小雪时节小阳春的概率差异忽略不计，贾母所说的这种“节气迟了”的小阳春基本上也是三十年一遇。这种小阳春体验，只有年已八旬的贾母才有可能娓娓道来，年轻人确实是无感的。

我们如何为小阳春设定气象学标准呢?

一方面是时段。农历十月，在太阳历的框架内，对应立冬、小雪时节。小阳春是节气四季体系中入冬（立冬）后的回暖。

另一方面是天气特征。小阳春系晴暖，标准须限定无阴雨。为什么要对这个晴暖时段做三天以上的限定呢?因为小阳春往往使草木误以为阳春又至而花开二度，这不可能是一两天气温飙升所致。这个晴暖应该是秋冬交替过程中（霜降节气日起），已经出现过气温偏低的情形，继而气温出现反季节走势，并达到本地常年阳春清明时节花季的气温阈值，才会使“植物气象台”产生误判。当然，小阳春还必须有一个气温底线：高于 10℃的气候冬春分界线。

小阳春的气象学标准：

1. 时段：立冬、小雪时节。
2. 无阴雨，且不少于 3 天。
3. 平均气温呈反季节走势且为正距平。
4. 平均气温高于 10° C 的冬春分界线。
5. 平均气温高于常年清明时节气温均值。
6. 之前（霜降日起）出现过平均气温偏低时段。

我们按照设定的小阳春气候标准和气象观测数据，绘制了 1951—2020 年的小阳春现象的气候概率分布图。

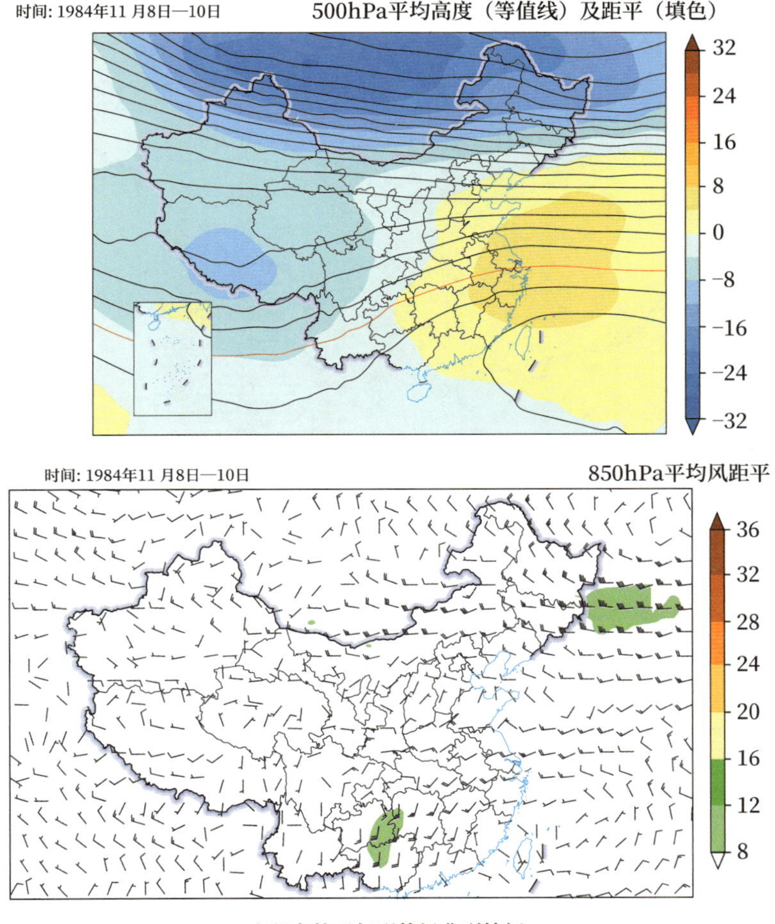

小阳春的天气形势场典型特征

上图为1984年11月8日至10日小阳春天气时段中国区域的500hPa高度场。588所圈定的副热带高压身形犹在，华北至华南为位势高度正距平。下图为相同时段中国大部分地区850hPa平均矢量风场。江南地区有显著的偏南风。

除了沿海的极个别地区，37° N以北地区小阳春现象的气候概率基本为0。

西安—洛阳—郑州—开封一线小阳春现象的气候概率为0～2.0%。全国所有测站中，小阳春气候概率最高的是广东汕头的南澳，达89.1%。

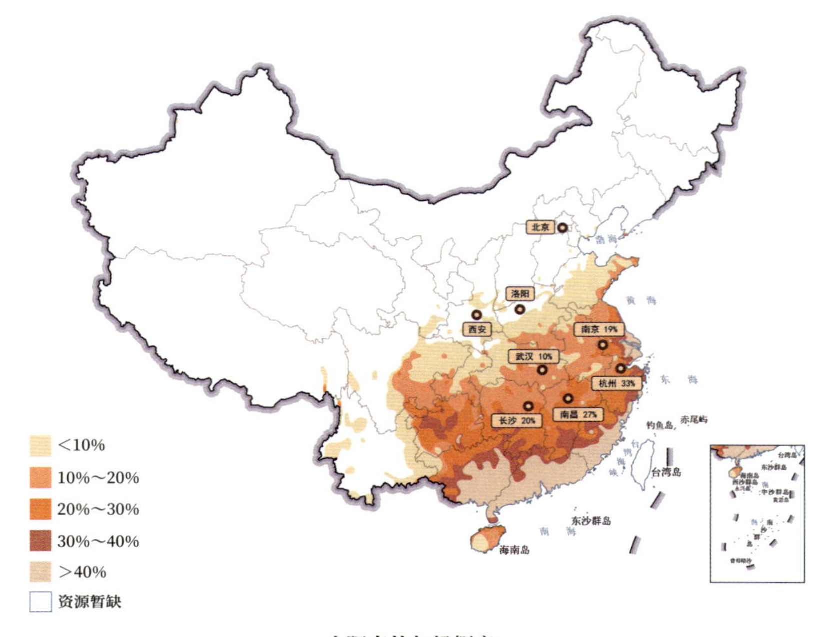

小阳春的气候概率
（1951—2020年）

代表性城市小阳春现象的气候概率（1951—2020 年）												
北京	西安	洛阳	郑州	成都	武汉	合肥	南京	长沙	南昌	杭州	广州	厦门
0	0	0	1.4%	5.7%	10.0%	15.9%	18.6%	19.6%	27.1%	32.9%	58.6%	85.5%

在小阳春文化相对盛行的长江中下游地区，小阳春的气候概率在 20% ～ 40%。也就是说，这些地区平均每五年就会出现一两次小阳春现象。

这是一种怎样的气候概率呢？

如果概率太低，低到几乎百年一遇，就不会成为令人期待的现象。如果概率太高，高到几乎年年都有，就不会成为令人感动的现象。

20% ～ 40% 的气候概率，是不必然相遇，但又可以期待相遇的概率区间。未能遇见，并不挂碍；若能遇见，特别欢欣，于是人们感恩这次温暖的遇见。仿佛小阳春就是一种惊喜寓于悬念之中的气候“盲盒”。

以节气视角，小阳春是立冬、小雪时节如同阳春的和暖天气。

初春时，人们不喜欢乍暖还寒的反复，却喜欢初冬时乍寒还暖的反复。暖气团在战略性撤退之前，还会进行战术性反攻，短暂驻留，恋恋不舍地营造一番和暖的小阳春，展开一番感人的作别。这时的江南，“禾稼已登”，小阳春正好晒谷，让人感觉这是秋天最美的时光。正如苏轼所言：“一年好景君须记，正是橙黄橘绿时。”

小阳春：全球视域下的气候文化现象

小阳春，最初被称为小春，最早见于南北朝时期《荆楚岁时记》。

唐宋时期，小阳春与小春的称谓并存。宋代邵雍《重阳前一日作》中“新酒乍逢重九日，好花初接小春天”的“小春天”，不是小的春天，而是指小阳春。在中国，“小阳春”特指农历十月（通常对应立冬、小雪时节）非偶发性的晴暖天气，并往往伴随花开二度。冬季渐至之际，乍寒而返暖，人们待之以感恩。

而这种气候现象及其人文心态并非中国所独有。

在节气文化圈中的日本，人们将小阳春称为“小春日和”。在秋霖盛行的气候区，人们在以“小春”表征由抑至扬的气温特征之余，又以“日和”强调由雨至晴的日照特征。而小阳春，几乎是人们心目中理想天气的代言者。

山口百惠 1977 年的歌曲《秋樱》中有这样的歌词：

在这小春日和、平稳安详的日子里，你的温柔，沁入我的心头。

日本作家川端康成在《伊豆的舞女》中这样描述：“南伊豆是小阳春天气，一尘不染，晶莹透明，实在美极了。在浴池下方上涨的小河，沐浴着暖融融的阳光。昨夜的烦躁，自己也觉得如梦如幻。”

日本小说家、诗人国木田独步在其《武藏野》中写道：“十月小阳春的日光带着些微暖意，令人舒畅的野风微微地吹着。如果顺着那一片萱草向下走，刚才看到的那一片空旷景色就会渐渐地隐没不见，这时你就来到了那个小小的山谷里，并且出乎意料地发现在萱草和树林之间还隐藏着一些狭长的池塘。水色是这样的清澄，明晰地倒映着飘浮在天空里的片片白云。”

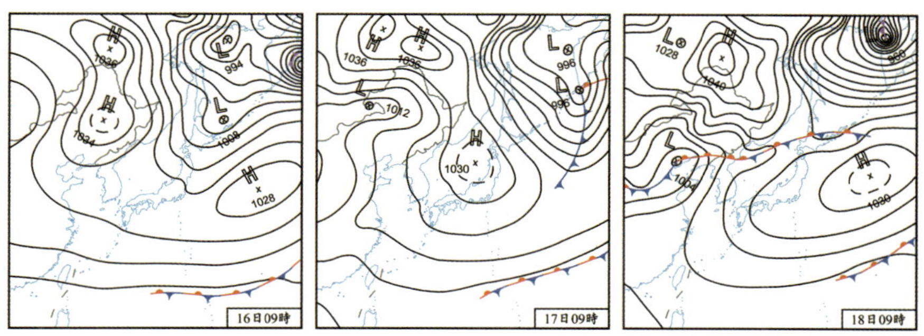

2020 年 11 月中旬，日本“小春日和”时段的海平面气压场

显然，日本的“小春日和”与中国的“小阳春”具有气候和文化上的同源性。而美洲和欧洲也有着与“小阳春”相似的气候文化概念。

在北美，与小阳春相近的天气被称为“印第安夏”（indian summer）。

根据美国国家天气局官网刊载的美国气象历史学者威廉·R. 迪德勒 1996 年发表的研究综述《印第安夏是什么？印第安人真的和它有什么关系吗？》，我们简单梳理一下关于“印第安夏”的要点。

从基本定义上说，“印第安夏”是指 10 月和 11 月可能出现的一段温暖、安静的时间，是动荡的夏季结束之后，动荡的冬季来临之前，一个温和平静的过渡阶段。

从气候背景上说，“印第安夏”通常发生在初霜甚至初冻之后，气候处于偏南风背景下的干燥和静稳状态，呈现气温的正距平和湿度的负距平时段。

“印第安夏”典型的天气形势场是北美洲东海岸沿线及其周边的大范围高压。高压驻留，导致静稳。高压内部的下沉气流和高压外缘的偏南气流，导致晴暖。

词语溯源

美国较早描述“印第安夏”特征的是作家约翰·布拉德伯里，写于 1817 年：“空气完全是安静的，一切都是静止的，仿佛大自然在夏天辛苦的劳作之后，现在休息了。”

而现存史料中，最早用到“印第安夏”一词的是法国人约翰·德克雷维库。

他在 1778 年 1 月 17 日的书信中写道：“有时雨后会有一段平静而温暖的时间，被称为‘印第安夏’。它的特点是气氛宁静、烟雾弥漫。到这段时

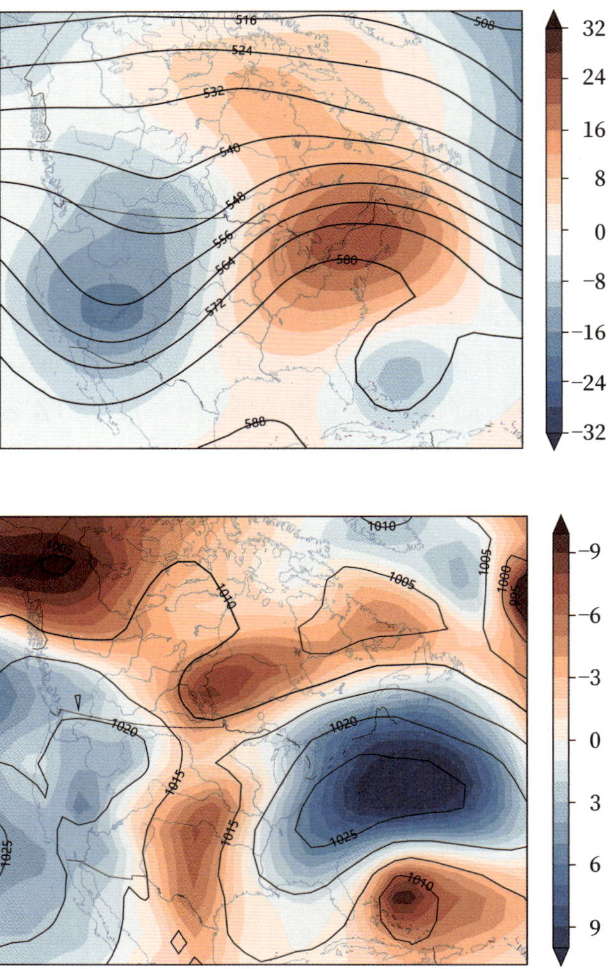

2011 年 11 月 6 日至 8 日“印第安夏”天气时段。上图为 500hPa 高度场，北美东部为高压脊区，图中棕色为位势高度正距平区域。下图为北美东部为高气压区，高压后部（西侧）为强盛而温暖的西南气流，图中蓝色为气压正距平区域。

间之前，冬天的来临都是值得怀疑的。‘印第安夏’大约在 11 月中旬出现。尽管初雪和初冻通常早于这一日期很久。”

英国气象局官网也将这段描述作为“印第安夏”最初的文字证据。

那么，“印第安夏”这一概念是不是更早流行于北美的印第安部落呢？

“印第安夏”对应的时段是北美土著印第安人的狩猎季节。温和宁静的天气状态下，动物们更喜欢外出。而猎手们也就有了在不被发现的情况下偷偷接近猎物的可能。狩猎者在“印第安夏”更容易成功，于是人们感恩这种温暖、静稳、不善变的天气状态。

当然，这只是气候逻辑上的猜测，并无史料上的证据支持。

美国作家埃德温·韦·蒂尔在其 1956 年出版的《秋野拾零》(*Autumn Across America*) 中写到了“印第安夏”时的气候物候状况，以及“印第安夏”在世界各地的多种别称：

在我们顺着怀俄明州内的落基山公路前进的过程中，每个人都在谈论这美好的秋天。这些日子温暖而不寻常，又充满阳光。在公园于十月十五日正式关闭前，往往会有一场大雪。游客要在隘口雪封以前尽快通过。但现在我们处于一种高地印第安夏的气候中，得以在一种不愿散去的温暖日子里漫游。

印第安夏，那是秋末冬前的平和日子，在不同的年份，在十月和十一月里不同的时间，莅临不同地区。它来去无定时，是一段有金黄色烟雾、飘浮着璀璨游丝的轻松时光。

冬天脚步的接近增加了它的魅力，也加强了它的倏忽无常。汤姆斯·狄·昆西形容这季节是“以夏天最光彩多姿的神态，作夏日最后一次短暂的复活，一种在过去无根源，在未来无恒心的复活，像即将熄灭的灯光所发出的回光返照的明朗。”

这季节在世界的许多地区有着许多名称，诸如：第二夏、冒牌夏、圣马丁之夏、第五季、秋之夏、众圣之夏、夏之展声、晚来热、老妇之夏。

其中，第五季是按照气温趋势进行划分的。

一年之中，春夏是气温的上升期，秋冬是气温的下降期。在气温的下降期，一段不寻常的反季节回暖被定义为第五季。中国古代也有五季的划定，即将夏依据相对湿度的差异划分为干热的夏和湿热的长夏。

一句题外话，中文有时会将“indian summer”误译为“秋老虎”。秋老虎在中国气候文化中特指立秋之后回热的天气，通常对应的是公历 8 月或立秋、处暑时节。欧洲的“老妇夏”和北美洲的“印第安夏”被误译为“秋老虎”，在欧美文学作品的中文译本中大量存在。

在欧洲，除了《秋野拾零》中罗列的这些别称，还有一些表征秋末回暖天气的词语。例如吉卜赛夏，或穷人夏等。

而众圣之夏和圣马丁之夏界定了不同地区秋末回暖天气的具体时段。

欧洲诸国与宗教节日相关的界定秋季回暖期的气候文化词语主要有三个：

圣卢克之夏（St. Luke’s summer），在 10 月 18 日左右。

众圣之夏（All hallow’s summer），在 11 月 1 日左右。

圣马丁之夏（St. Martin’s summer），在 11 月 11 日左右。

这三个时段与欧洲大陆的南北气候差异相关。秋冬更迭的进程由北向南、由内陆向沿海推进，所以冬季到来之前“回光返照”般短暂复活的晴暖天气，也会有一个北向南、由内陆向沿海的演进。由此便可知，最后的圣马丁之夏，属于邻近地中海的欧洲南部地区。

在欧洲，与小阳春气候内涵相通的秋末回暖时段，大体上北欧是在 10 月上中旬，南欧是在 11 月上中旬，而高纬度地区往往从昼夜平分日（秋分）之后就渐渐开始了。

尽管秋末回暖天气名义上与一些宗教节日或纪念日相对应，但相关学者均指出，没有气候统计学证据表明秋末回暖天气与某一特定日期严谨对应，只是粗略对应而已。中国的小阳春也只是宽泛地对应农历十月或立冬、小雪时节。

在欧洲，人们也借用“印第安夏”的说法。

在英国气象局 1916 年出版的收录了“印第安夏”一词的气象术语汇编中，“印第安夏”词条的定义是，主要发生在 10 月至 11 月，在秋季的温暖、平静的天气时段。

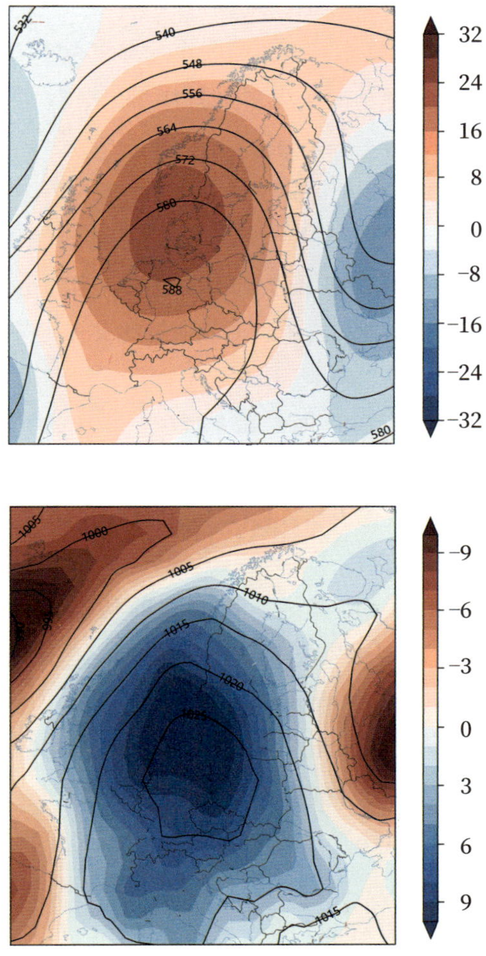

2011 年 9 月 27 日至 10 月 3 日欧洲“老妇夏”天气时段。上图为 500hPa 高度场，欧洲大陆被强大的高压脊控制，上图中的棕色区域为位势高度正距平。下图为海平面气压场，欧洲为高气压区，下图中的蓝色区域为气压正距平。

这个短暂的晴暖时段，被视为上苍怜悯众生，给人们特地留出的秋晒和冬储的时令。

但在欧洲，与“小阳春”相近的天气，更普遍地还是被称为“老妇夏”。为什么是“老妇夏”？“老妇夏”这个气候文化词语，目前比较公认的说法是源自斯拉夫民族。

昼夜平分日（秋分）之后，气候进入女神巴巴执掌的时段。她是斯拉夫民族古老的母爱之神。这一时段以长夜、湿寒为特征。如果邂逅晴暖天气，人们会将之视为母爱之神的礼物，称之为“祖母夏”。这个词首先在德语区演变为表征气候的词语——老妇夏。

老妇夏是指在9月中旬到10月初，稳定高压控制下的天气。老妇夏白天晴暖若夏，但昼夜温差很大，通常还伴有辐射雾。德语中老妇夏altweibersommer一词与古德语的weiben有关，指的是如蛛网般的编织方式。另外，老妇夏也可能与神话传说中通晓命运的女神有关。

老妇夏与“绵羊寒”（指6月时绵羊剪毛之后的返寒时段，时段类似中国南方6月的“黄梅寒”）一样，都是反映一年中的气温异常时段的代表性词语。

老妇的词根，在古德语和古英语中，与蛛网、薄纱等词语有关，所以蛛网常常被当作老妇夏的物候标识。

除了北美和欧洲，南美地区也有表征秋末回暖天气时段的特定词语——“小夏”。一种叫法与欧洲相似，以宗教纪念日界定相应时段，例如圣约翰小夏（Saint John’s little summer）。另一种叫法与小阳春、印第安夏、老妇夏相似，例如小夏（little summer）。

南美地区的小夏，通常是指在4月下半月至5月上半月的秋末时段。甚至特指5月，例如五月小夏（May’s little summer）。小夏的出现与持续往往与厄尔尼诺相关。

为什么秋冬交替时节令人双喜的晴暖天气，在东亚文化中被冠之以春，而在欧美文化中却被冠之以夏呢？

一个可能的原因是人们对不同季节有着不同的偏好度。

在冬季风和夏季风相对均衡的东亚地区，人们最偏爱春和秋这两个最短暂的过渡季节（冬季风与夏季风的切换时段），偏爱春秋不冷不热、气温很“中庸”的“寒暑平”，而对冬寒与夏暑都有不同程度的排斥心理。

春，更因风物华秀，成为东亚文化中意象最美的季节。尽管春季天气多风而善变，但因为古代中国便有“春之德风”的理念，人们对春之多风抱以宽容。人们对春之晴雨无定，也以“春天孩儿面”之类的说法宽厚处之。

而在欧美文化中，人们更崇尚气温相对稳定的夏日时光，对气温起伏较大的春季天气往往是负面评价。天气解说中，意大利人用“发狂的三月”、德国人用“胡作非为的四月”这样的短语描述春季的天气。所以，无论冠之以春，还是冠之以夏，人们都是将秋冬交替时节的晴暖视为自己心目中最美好季节的同类项。

我们再从莎士比亚的诗作中找寻线索。

在《莎士比亚十四行诗》收录的 154 首诗中，提及夏天 20 次，提及冬天 10 次，提及春天 6 次，提及秋天 2 次。夏天是被提及率、被赞美率最高的季节。其中最为脍炙人口的 18 号诗：

我是否可以把你比喻成夏天？
虽然你比夏天更可爱更温和，
狂风会使五月娇蕾红消香断，
夏天拥有的时日也转瞬即过。

莎士比亚将好友的可爱和温和比作夏日，而不是春日。[①]

当然，在莎士比亚的诗作中，夏和冬的提及率更高还有一个深层次的原因：莎士比亚身处二季划分法刚刚向四季划分法过渡的历史阶段。

现在英国是以二至二分所构成的天文划分法界定季节，夏季是指约 6 月 21 日至 9 月 22 日，即夏至至秋分之间的时段。但按照《牛津英语词典》的解读，1547 年以前，英国只将一年划分为两季：夏和冬。其中夏通常为 3 月至 9 月，包括后来的夏和春、秋的部分时段。

而中国在出现四季划分法之前，一年也是被划分为两季：春和秋。以气候视角，气温的上升期和峰值期皆为春（涵盖后来的春和夏），气温的下降期和谷值期皆为秋（涵盖后来的秋和冬）。

所以，气候所造就的人们的季节偏好度及季节划分法的历史沿革，可能

---

① 参见梁志坚，陈国华（2008），夏天？春天？——对《莎士比亚十四行诗》中 summer 及其汉译的重新认识，《外语与外语教学》，（7）：60-63.

都是秋冬交替时节可爱的晴暖天气，在东亚文化中被冠之以春，在欧美文化中被冠之以夏的原因。

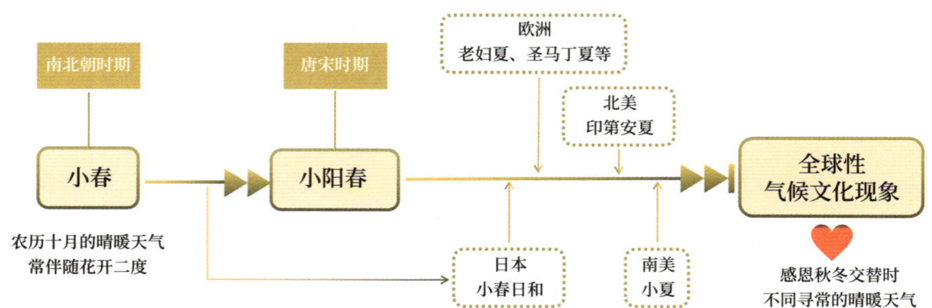

因此，小阳春是具有全球通感的气候文化现象。中国的小阳春与北美的印第安夏、欧洲的老妇夏、南美的小夏一样，都是秋冬交替之际乍寒而返暖。本非春非夏，人们却以春夏名之。其相似的命名方式，是人们意外领受暖意之时相似的感念。不同源的语言中，都充盈着仿佛心意同源的风雅。

数九数的是什么?

数着过的日子，注定不是好日子。

古代中国，寒时数九，热时数伏。但数伏只有三四十天，数九却要数上九九八十一天。这是古代中国最漫长的特别计时序列。

数九，以最大阳数的相叠，九九八十一天，如同九九八十一回、九九八十一难，仿佛磨难的全集。

苦寒岁月，数九仿佛一笔一画地摹描“庭前垂柳珍重待春风”，人们坚韧地数着时间，期待“寒尽春归”。这看似是闲情，实则为定力，是人们在季风气候的大开大合之中，对时令更迭的笃信、蓄势与静候。

在古代中国，人们是从什么时候开始数九的?

宋代《岁时广记》载:“晋魏间，宫中以红线量日影。冬至后日添长一线。”

按照《岁时广记》的描述，魏晋时期，宫廷当中测量日影，在冬至节气之后每天加一条线。虽然不是在数九，但也是在数着日子，可以被视为数九习俗的逻辑萌芽。所以有这样的诗句:“灰飞葭管一阳通，彩线徐添日影中。”

我们目力所及，最早明确提及与今相同的数九习俗的是唐代后期的薛能。他在《汉庙祈雨回阳春亭有怀》一诗中写道:“九九已从南至尽，芊芊初傍北篱新。”

“九九已从南至尽”，可见数九是从冬至（日南至）开始数。“芊芊初傍北篱新”，可见九九数尽之时草木始萌，《列子 · 力命》中描述的“美哉国乎，郁郁芊芊”物候之美亦在此时拉开帷幕。

清代《钦定古今图书集成·岁功典》和《续修四库全书·通俗编》，都将唐代薛能的诗句作为数九习俗缘起的例证。

相传，南北朝时期宗懔《荆楚岁时记》载有“俗用冬至日数及九九八十一日，为寒尽”之语，或许所谓“岁时记”乃北宋时期的《岁时杂记》而非南北朝时期《荆楚岁时记》。

根据《唐刺史考全编·卷六十四》记载，薛能担任徐州刺史的时间为咸通十四年（874 年）至乾符五年（878 年）之间。冬至数九的习俗，在不晚于 878 年的唐代后期就已经出现了。

如果说薛能的“九九已从南至尽，芊芊初傍北篱新”诗句只是向我们“透露”了数九框架的存在，那么《全敦煌诗》中的《咏九九诗》则向我们展示了具体的数法以及与气候和物候的对应关系：

一九冰头万叶枯，北天鸿雁过南湖；霜结草头敷翠玉，露凝条上撒珍珠。
二九严凌彻骨寒，探人乡外觉衣单；群鸟夜投高树宿，鲤鱼深向水中攒。
三九飕飕寒正交，朔风如箭雪难消；南坡东地周荒坝，往来人使过冰桥。
四九寒风不掩身，乌栖犹自选高林；参没未知过夜半，平明辰在中天心。
五九残冬日稍长，金乌掩映渐近堂；为报学生须在意，每人添诵两三行。
六九衣单敢出门，朝风庆贺得阳春；南坡未有蓂蕀动，犬来先向北阴存。
七九黄河已泮冰，鲤鱼惊散滩头行；喜鹊衔柴巢欲垒，去年秋雁却来声。
八九蓂蕀应日生，阳气如云遍地青；鸟向林间催种谷，人于南亩已深耕。
九九东皋自合兴，农家在此乐轰轰；耧中透下黄金籽，平原陇上玉苗生。

饶宗颐先生推测《咏九九诗》的抄录时间为后唐同光三年（925 年）。

既然唐代就有了民间的数九习俗，那么为什么官方典籍中并未收录呢？

南宋时期陈元靓的《岁时广记》在“尽九数”词条，引述北宋时期吕原明《岁时杂记》的说法称：“鄙俗，自冬至之次日数九，凡九九八十一日。里巷多作九九词，又云‘九尽寒尽’。”

即使在民俗收录者的眼里，数九也是“鄙俗”，是“里巷”庶民之所为，自然难入编修官书的鸿儒之法眼。

清代学者俞樾在其《茶香室三钞》的“九九词”词条写道：“宋陈元靓……自注云九九词乃《望江南》。今行在修文巷有印本，言语鄙俚，不录。按此知宋时自有《望江南》九九词，非止如今所传一九至九九谚语也。”

人们推测，由唐至宋，数九可能不止“鄙俚”的谚语版本，可能还有文雅的诗词版本，只是没有史料证明而已。

宋代民间数九习俗逐渐普及。到了明清时期，数九逐渐演变为官方认可的举国习俗。明代《古今医统大全》这样说：“冬至后有九九气候，人所通知。”

数九的时间基点是冬至，那么具体是从哪一天开始数起呢？

最初，数九从冬至的次日开始数。正如《全宋诗》中释怀深诗云：“今朝一阳生，明日便数九。”

在《全宋诗》中，我们还可以看到许多与冬九九相关的诗句。黄庭坚《赠嗣直弟颂十首·其三》：“却来观世间，冬后数九九。”黄庭坚《寄六祖范和尚颂》：“且共弥勒过冬，闲坐地炉数九。”可见，数九是人们一种闲适过冬的度日方式。

苏辙《冬至日作》云：“似闻钱重薪炭轻，今年九九不难数。”这句作为数九习俗的例证，为南宋《岁时广记》“尽九数”词条所引述。可见，人们数九时的心态与冬季的寒冷程度密切相关。

刘敞《立春》曰：“得新矜白鬓，数九喜和风。”释文准《偈十二首·其一二》曰：“五九尽，又逢春。”释宗杲《偈颂一百六十首·其一二五》曰：“五九尽处又逢春，衲僧脑后三斤铁。”这与我们现在常说的“春打六九头”一脉相承。

李洪《芥庵自述》云：“冬穷数九九，玄旨扣三三。”张侃《代吴儿作小至后九九诗八解·其八》云：“九九数来无可数，都将犁把去耕田。”这体现了九尽冬穷、春事即起的日程切换。

为什么数九是从冬至次日开始数呢？因为冬至日是古人眼中的阴极阳生之时，阴阳流转的拐点，冬至的次日才进入白昼的增长周期。由冬至次日开始，才是对阳初萌到地初融的完整历数。

也正是基于这样的理念，人们又衍生出两种数法。一种是如果冬至日农历日期为单日（阳），即从冬至日开始数；如果冬至日农历日期为双日，便从冬至次日开始数。另一种是从冬至日起的第一个壬日开始数。冬至逢壬数九，夏至三庚数伏，都是基于五行理念。当然，如果逢壬数九，就很难“春打六九头”，也很难“冷在三九”。

而目前通用的是“连冬起九”，即数九从冬至日开始数。

清代顾禄《清嘉录》的“连冬起九”词条写道：“俗从冬至日数起，至九九八十一而寒尽，名曰‘连冬起九’，亦曰‘九里天’。”

由于冬至日是北半球白昼最短日和阳光直射点最南日，从冬至日开始数九，既简便，又具有清晰的天文意涵。

2017 年我国颁行的标准《农历的编算和颁行》之附录的“冬至数九”词条是这样说的：“反映冬季寒冷季节的节令。从冬至日算起，每 9 天为一个九，第一个 9 天为一九，第二个 9 天为二九，以此类推，第九个 9 天为九九，共计 81 天。”

北京的数九气温走势

（1991—2020年 大雪至春分逐日平均气温，柱体中数值为时段平均气温）

数九，有着怎样的历数方式？

第一种是歌谣谚语。其中至今流传最广的是华北版本：

一九二九不出手，三九四九冰上走，五九六九沿河看柳，

七九河开，八九雁来，九九加一九，耕牛遍地走。

从一九到六九，都是两个两个数，七九开始一个一个数，因为回暖节奏快了，气温开始回升了，眼前的物候“看点”也多了。

明代《五杂组》载：“今京师谚又云‘一九二九，相逢不出手。三九四九，围炉饮酒。五九六九访亲探友。七九八九沿河看柳’。”《五杂组》记载的“京师”版本是“七九八九，沿河看柳”，比现代华北的“五九六九沿河看柳”要晚半个多月，可见气候更为寒冷。

《五杂组》记载的江南版本的九九歌谣是：

一九二九相见弗出手；三九二十七，篱头吹觱篥；
四九三十六，夜晚如鹭宿；五九四十五，太阳开门户；
六九五十四，贫儿争意气；七九六十三，布袖担头担；
八九七十二，猫儿寻阴地；九九八十一，犁耙一齐出。

一九二九，相见弗出手　三九二十七，篱头吹觱篥　四九三十六，夜晚如鹭宿　五九四十五，太阳开门户
一九平均气温：6.40°C　二九平均气温：5.57°C　三九平均气温：4.88°C　四九平均气温：4.39°C　五九平均气温：5.11°C

六九五十四，贫儿争意气　七九六十三，布袖担头担　八九七十二，猫儿寻阴地　九九八十一，犁耙一齐出
六九平均气温：6.63°C　七九平均气温：7.29°C　八九平均气温：8.57°C　九九平均气温：9.96°C

《五杂组》记载的江南版本冬九九歌谣简笔画

（气温为杭州 1991—2020 年气候期平均气温）

根据明代《帝京景物略》的记载，明代北京的《九九歌》是：

一九二九，相唤不出手；三九二十七，篱头吹觱篥；
四九三十六，夜眠如露宿；五九四十五，家家堆盐虎；

六九五十四，口中出暖气；七九六十三，行人把衣单；

八九七十二，猫狗寻阴地；九九八十一，穷汉受罪毕，才要伸脚睡，蚊虫蛇蚤出。

其实这个九九歌谣中的句式，在宋代周遵道的《豹隐纪谈》中已基本定型。

当南方“五九四十五，太阳开门户”的时候，北京还是“五九四十五，家家堆盐虎”，这是最突出的差异。

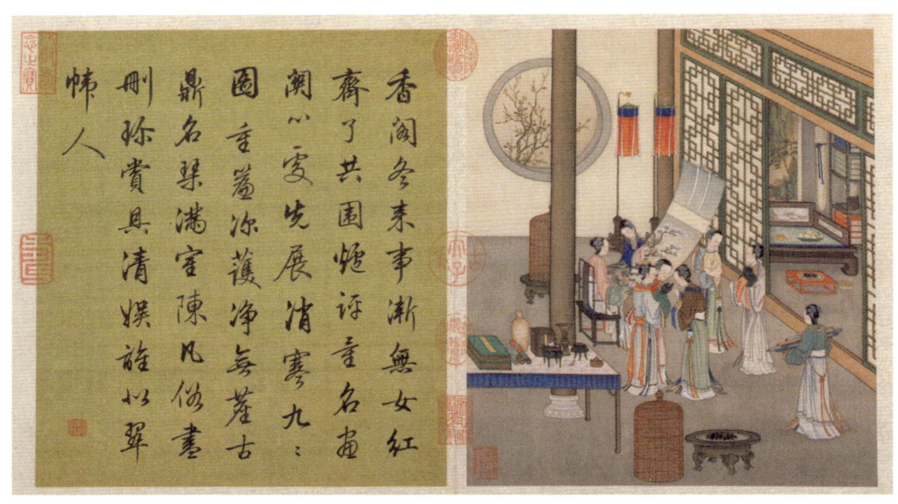

清代陈枚《月曼清游图册》之《围炉博古》，故宫博物院藏

上书：“香阁冬来事渐无，女红齐了共围炉。评量名画关心处，先展消寒九九图。重帘深护净无尘，古鼎名琴满室陈。凡俗尽删珍赏具，清娱旌似翠帏人。”

第二种是写九和画九。

现今人们最熟悉的写九是“亭前垂柳珍重待春风”，这九个字的繁体都是九画，所以每天写一画，写完这句话，春天便来了。

据说这个习俗到清代道光年间才有，历史并不悠久。

《清稗类钞》记载：“宣宗御制词，有‘亭前垂柳珍重待春风’二句，句各九言，言各九画，其后双钩之，装潢成幅，曰《九九销寒图》。题‘管城春色’四字于其端。南书房翰林日以阴晴风雪注之，自冬至始，日填一画，凡八十一日而毕事。”

当然，民间版本也有“原是活财神来到咱家”的画法，直白而有趣。

《清稗类钞》中记述的“以阴晴风雪注之”，也是一种九九消寒图，这种图像九宫格一样，每个格子里有九个圆圈，每天涂一个圆圈，实际上是每日天气实况的记录。民间歌谣这样描述记录的规则：

上阴下晴雪当中，左风右雨要分清；
九九八十一全点尽，春回大地草青青。

九九消寒 · 天气观测
上阴下晴雪当中，左风右雨要分清；
九九八十一全点尽，春回大地草青青。

还有一种九九消寒图，是画素梅一枝，一共画出八十一个梅花瓣儿，每天用彩笔染一瓣梅花，都染完以后，春天就来了。如明代《帝京景物略》载：“冬至日，画素梅一枝，为瓣八十有一，日染一瓣，瓣尽而九九出，则春深矣，曰‘九九消寒图’。”

元代诗人杨允孚有一首写九九消寒的诗：“试数窗间九九图，余寒消尽暖回初。梅花点遍无余白，看到今朝是杏株。”他还特地加了一段注解：“冬至后，贴梅花一枝于窗间，佳人晓妆，日以胭脂图一圈，八十一圈既足，变作杏花，即暖回矣。”

窗上贴一枝梅花图，每天早上美女梳妆的时候顺手用胭脂涂抹一个花瓣儿，每个花瓣儿都涂完，梅花仿佛变成了杏花，温暖的天气便回归了。

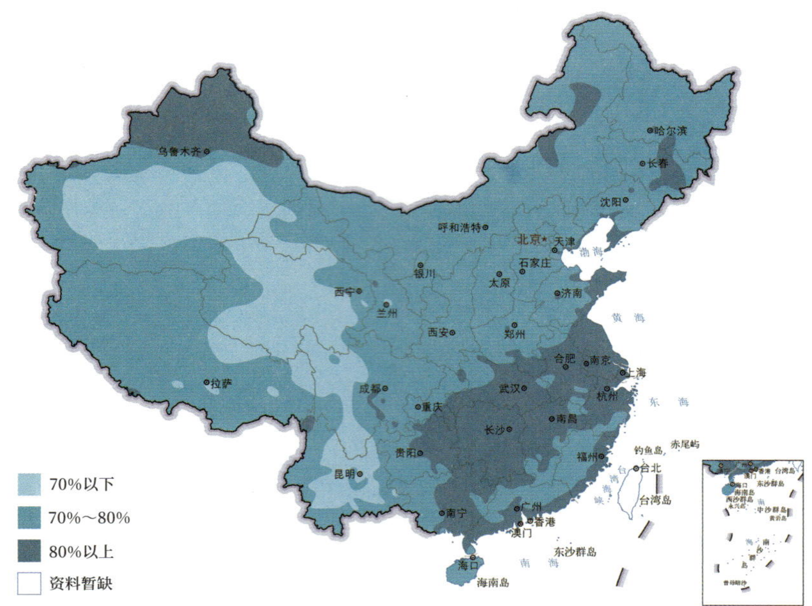

气候最冷81天与冬九九时段重合率

（1951—1980年）

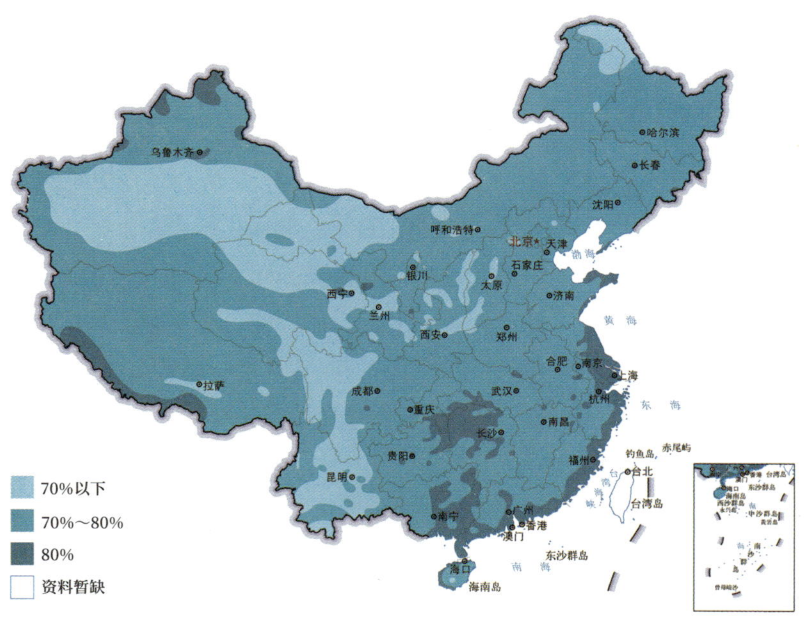

气候最冷81天与冬九九时段重合率

（1981—2010年）

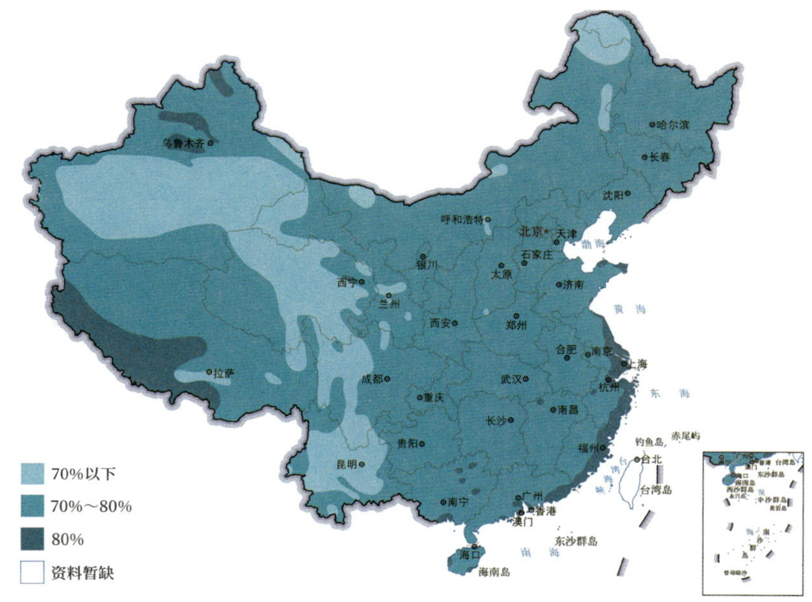

气候最冷81天与冬九九时段重合率
（2011—2020年）

数九，数的是最冷的 81 天吗？不是。尽管人们下意识地将数九定义为最冷的时段，所谓“数九寒天”，但数九之时并非最冷的时段。

在气候变化前的 1951—1980 年间，最冷的滑动 81 天与数九时段的重合率一般在 70% ～ 80% 之间，只有长江中下游地区、岭南、东南沿海地区的重合率高于 80%。

而随着气候变化，全国总体而言，重合率有所下降。

1981—2010 年、2011—2020 年，最冷 81 天与数九时段的重合率总体降低。

省会级城市两个气候期最冷的滑动 81 天起止日期及与数九时段的重合率

城市	1951—1980 年	2011—2020 年	1951—1980 年重合率	2011—2020 年重合率
西安	11 月 30 日—2 月 19 日	11 月 30 日—2 月 19 日	72.8%	72.8%
郑州	12 月 4 日—2 月 23 日	11 月 30 日—2 月 19 日	77.8%	72.8%
济南	12 月 5 日—2 月 24 日	11 月 30 日—2 月 19 日	79.0%	72.8%

（续表）

省会级城市两个气候期最冷的滑动 81 天起止日期及与数九时段的重合率				
城市	1951—1980 年	2011—2020 年	1951—1980 年重合率	2011—2020 年重合率
北京	12 月 4 日—2 月 23 日	11 月 30 日—2 月 19 日	77.8%	72.8%
天津	12 月 4 日—2 月 23 日	11 月 30 日—2 月 19 日	77.8%	72.8%
沈阳	12 月 5 日—2 月 24 日	11 月 30 日—2 月 19 日	79.0%	72.8%
哈尔滨	12 月 6 日—2 月 25 日	11 月 30 日—2 月 19 日	80.2%	72.8%
长春	12 月 5 日—2 月 24 日	11 月 29 日—2 月 18 日	79.0%	71.6%
石家庄	12 月 4 日—2 月 23 日	11 月 29 日—2 月 18 日	77.8%	71.6%
太原	11 月 30 日—2 月 19 日	11 月 29 日—2 月 18 日	72.8%	71.6%
银川	12 月 1 日—2 月 20 日	11 月 28 日—2 月 17 日	74.1%	70.4%
西宁	11 月 29 日—2 月 18 日	11 月 28 日—2 月 17 日	71.6%	70.4%
兰州	11 月 27 日—2 月 16 日	11 月 27 日—2 月 16 日	69.1%	69.1%
呼和浩特	11 月 30 日—2 月 19 日	11 月 27 日—2 月 16 日	72.8%	69.1%
昆明	11 月 27 日—2 月 16 日	11 月 25 日—2 月 14 日	69.1%	66.7%
拉萨	11 月 25 日—2 月 14 日	11 月 25 日—2 月 14 日	66.7%	66.7%

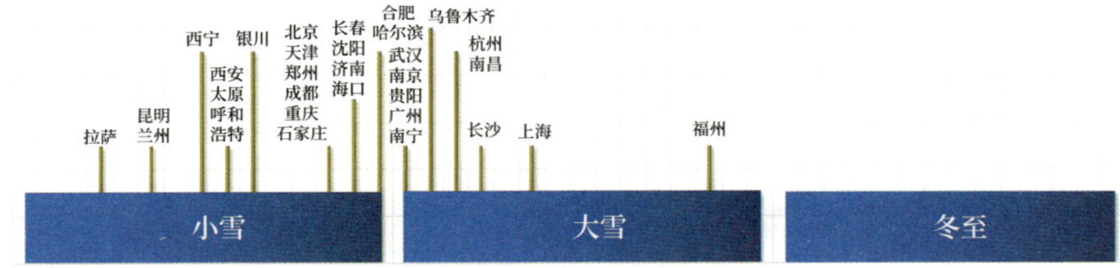

省会级城市最冷81天序列起始日（1951—1980年）

全国而言，最冷的滑动 81 天的起始时间均早于冬至日。气温意义上最冷的 81 天大多要从小雪时节数起。

在同一气候期，最冷的滑动 81 天与数九时段重合率最高的是地处东南的福州，而重合率最低的是地处西南的昆明、拉萨。2011—2020 年，如果数最冷的 81 天，福州是大雪二候的 12 月 13 日开始数，而昆明、拉萨从小雪一候的 11 月 25 日就开始数了，差异超过一个节气尺度。

在气候变化背景下，节气春季增温幅度大于节气冬季，立春雨水的气候时间显著前移，导致最冷的滑动 81 天时段向前漂移 3 ～ 4 天（候尺度），进而使各地最冷的滑动 81 天时段与数九时段的重合率集体降低，降低约 5%。也就是说，随着气候变化，数九时段越来越不是气温意义上的最冷 81 天。

冬至日开始数的 81 天不是最冷的 81 天，而冬至日开始数的 45 天，才是最冷的 45 天。

我们以 1981—2010 年气候期的全国平均值为例：最冷的 81 天，是 12 月 1 日—2 月 19 日，始于小雪二候。最冷的 60 天，是 12 月 11 日—2 月 8 日，始于大雪一候。最冷的 45 天，是从 12 月 22 日—2 月 4 日，始于冬至日前后。

由此可见，由冬至日数起的 45 天，即冬至、小寒、大寒时节，为全年最冷的时段、隆冬时节。

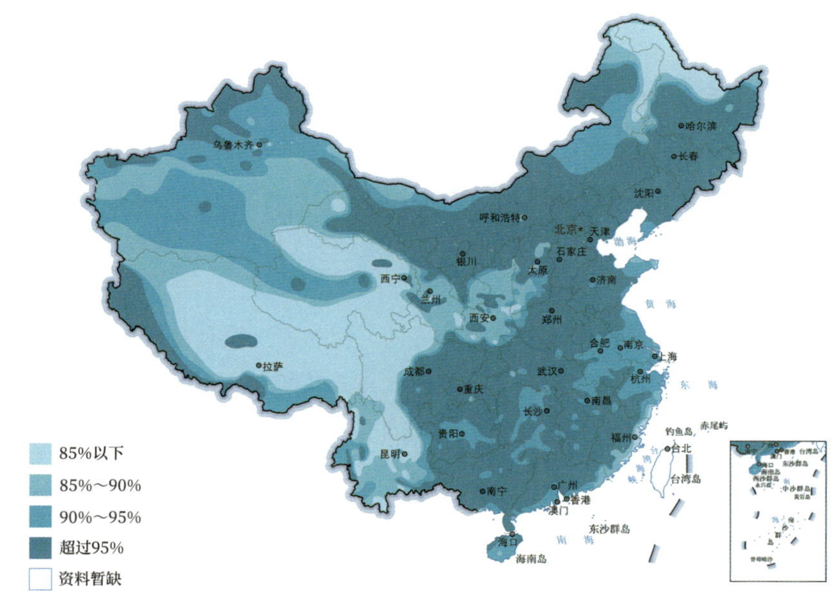

气候最冷45天与冬至、小寒、大寒时节的重合率
（1981—2010年）

所以，我们可以看到，数九数的不是严谨的气候意义上最冷 81 天时段，数九数的是结局，正所谓“九尽寒尽，伏尽热尽”。结局是指冰雪消融的“可耕之候”，以及物候意义上的春天到来。

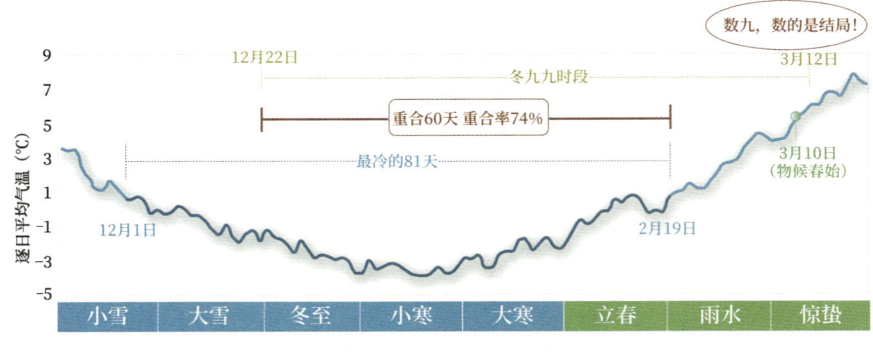

北京冬九九与最冷81天的时段重合率

（1981—2010年）

我们以阳光直射点纬度的归一化作为阳气强度，设阳气强度为 [0，1] 区间的函数。由一九到“九九加一九”，便是由冬至数到春分，阳气强度由 0 数到 0.5，由“阳气始生”数到“阴阳相半”，历数整个天文冬季。

如果我们看气候变化前 1951—1980 年的郑州、北京日平均气温，郑州和北京都是在“九九加一九”期间迎来物候意义上的春天。所以对节气体系起源地区而言，数九的本质是从阳气意义上的春天一直数到物候意义上的春天。

既然数九的意义在于“九九数尽，寒尽春归”，那么哪些地方需要数九呢？

首先，南方部分地区是不需要数九的。因为那里没有物候意义上的冬天，也就不涉及何时“春归”的问题。其次，北方及部分高原地区也是不需要数九的。有些地方是四时皆冬，有些地方即使数完“九九加一九”，物候春天还是未能及时回归。

应当数九的地方，应该是那些既有冬天，也能在数九过程（从开始数九，到数完“九九加一九”）中迎来物候意义上的春天的地方；从冬至日开始数，到“九九加一九”结束，正好是冬至日至春分日——天文冬季时段。

换句话说，需要数九的是在天文冬季时段逐渐迎来物候春天的地方。

当然，随着气候变化，需要数九的区域正在逐渐北移。1951—1980 年、1981—2010 年两个气候期，从一九到“九九加一九”，物候春天的次第来临。例如北京，1951—1980 年气候期，物候春天是在 3 月 19 日（十九第七

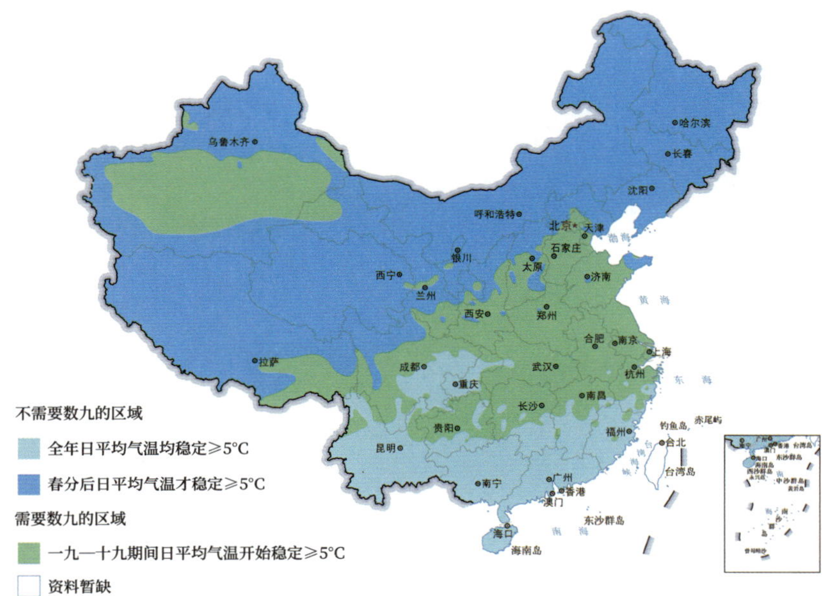

需不需要数冬九九？

（1951—1980年）

需不需要数冬九九？

（1981—2010年）

需不需要数冬九九？

（2011—2020年）

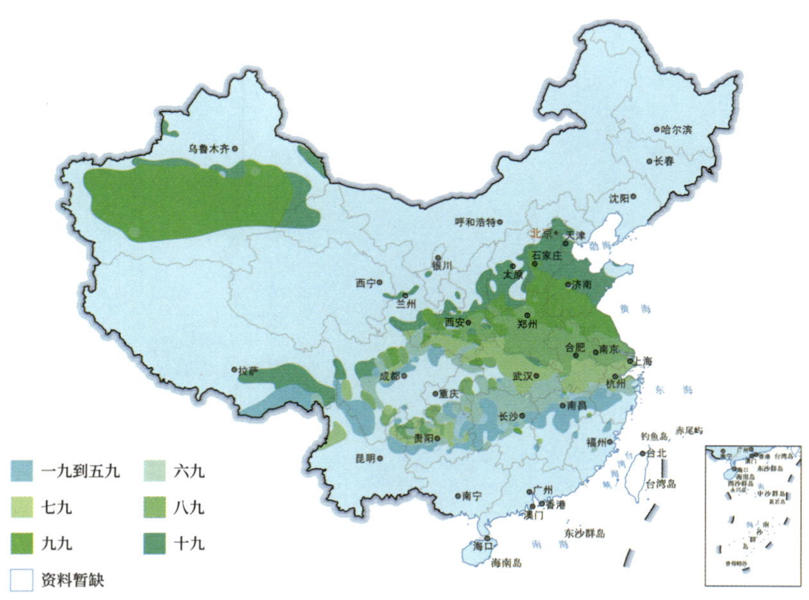

物候春天开始于几九？

（1951—1980年）

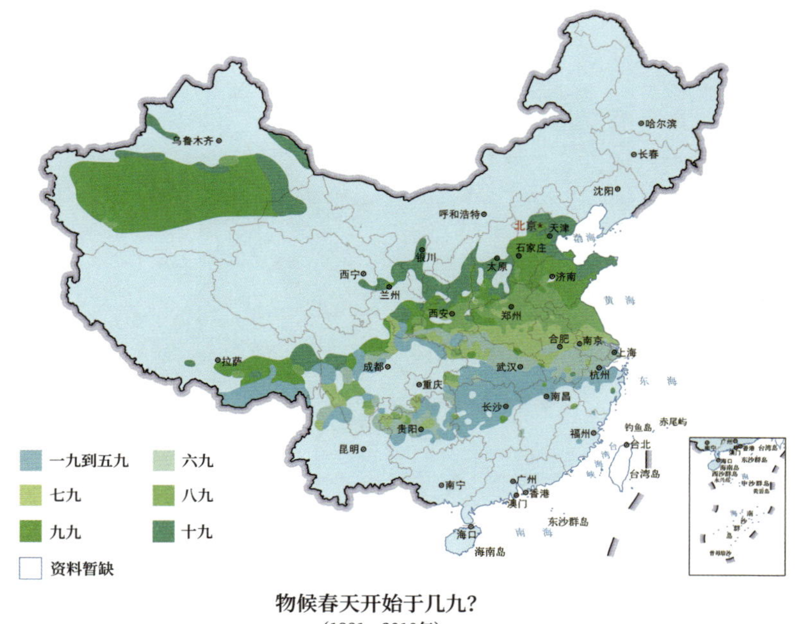

物候春天开始于几九？
（1981—2010年）

天）到来；1981—2010 年气候期，物候春天是在 3 月 8 日（九九第五天）到来，整整提前了一个“九”。2011—2020 年时段，物候春天又进一步提前到了 3 月 5 日（九九第二天）。

与 1951—1980 年相比，2011—2020 年很多地方物候春天来临的时间都提前了超过一个“九”。三个时期对比，“九九加一九，耕牛遍地走”的区域持续北移。

气候变化，数九区域也随之变化。

与 1951—1980 年气候期相比，2011—2020 年南方部分地区由需要数九到不需要数九（不再有物候意义上的冬天），北方部分地区由不需要数九到需要数九（物候意义上的春天能够在“九九加一九”时段来临）。

我们再将冬九九与夏九九对比来看，冬九九数的是物候意义上的春天何时到来，夏九九数的是气候意义上的秋天何时到来。

同一气候期对比，最热的 81 天与夏九九时段的重合率，明显高于最冷的 81 天与冬九九时段的重合率。换句话说，夏九九时段近乎是全年最热的 81 天。

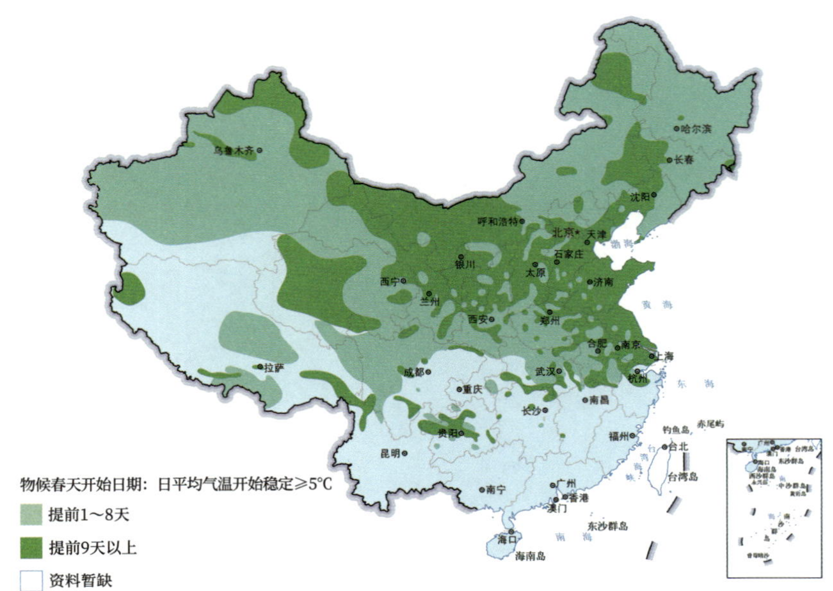

物候春天开始日期的变化

（2011—2020年对比1951—1980年）

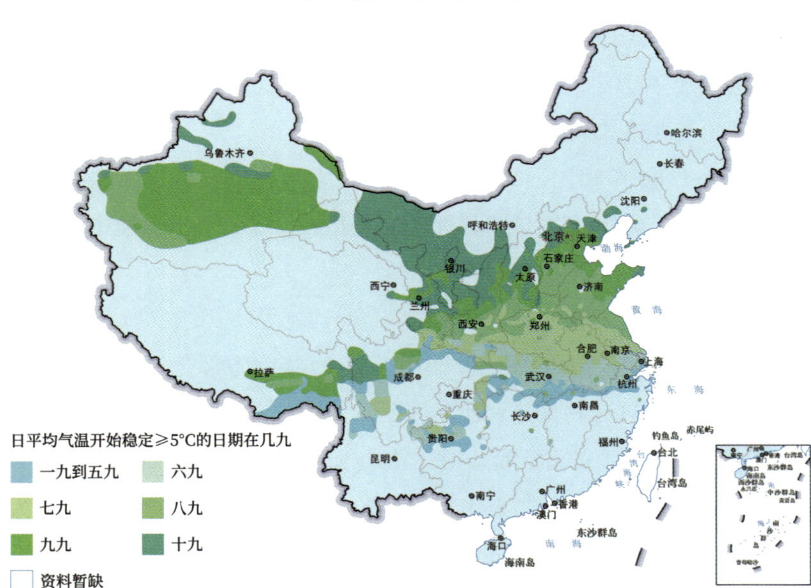

物候春天开始于几九？

（2011—2020年）

物候春天开始于几九？

（1951—1980年）

物候春天开始于几九？

（1981—2010年）

物候春天开始于几九？
（2011—2020年）

同为 1951—1980 年气候期，既需要数冬九九也需要数夏九九的区域，除新疆南部，主要集中在广义的二十四节气体系起源地区。即使没有关于冬、夏数九习俗起源地的史料证据，我们由气候逻辑也可推导，冬、夏数九应为广义的二十四节气体系起源地区发端的节气衍生习俗。

虽然随着气候变化，需要冬、夏数九的区域有所变化，但始终与广义的二十四节气体系起源地区高度契合。

这些地区有着足够炎热的夏季和足够寒冷的冬季，既要消寒，也要消暑，所以我们既有冬季的数九，也曾有夏季的数九。但夏季农事繁忙，人们无暇细数，所以夏九九的习俗渐渐地衰落了。而冬季是人们唯一可以慢下脚步生活的季节。

数九，是中国古代最长的一种数日子的“游戏”，是一种难得的、具有娱乐意味的迎春方式。人们借由这种雅致和闲适的方式，把无趣过得有趣，把不适过得“巴适”，挨过漫长的冬季。数着数着，数到奇迹。

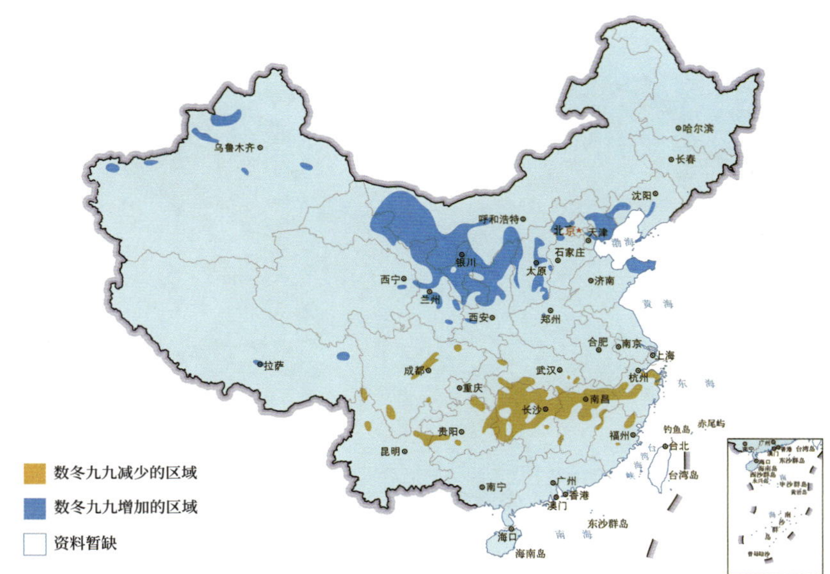

数冬九九区域的气候变化

（2011—2020年对比1951—1980年）

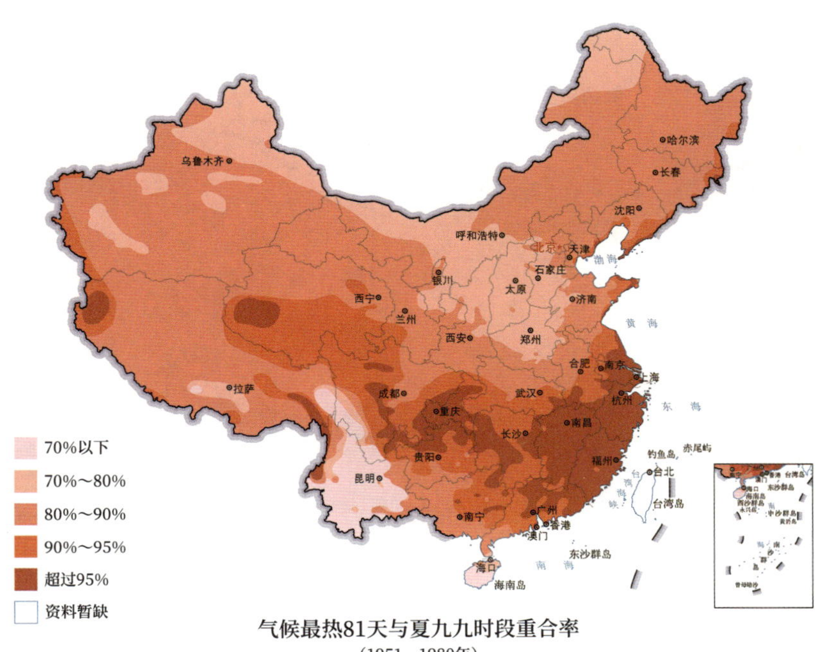

气候最热81天与夏九九时段重合率

（1951—1980年）

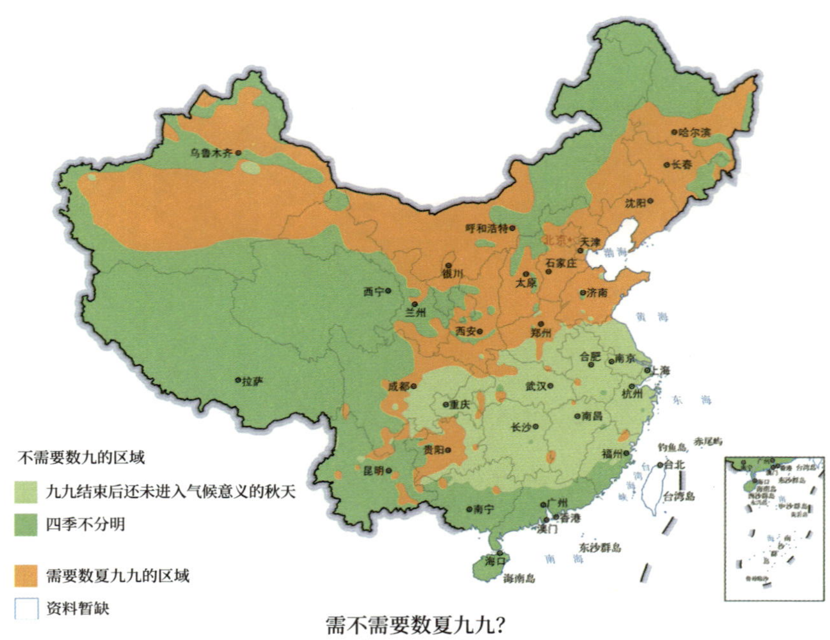

需不需要数夏九九?

（1951—1980年）

冬九九和夏九九

（1951—1980年）

冬九九和夏九九

（1981—2010年）

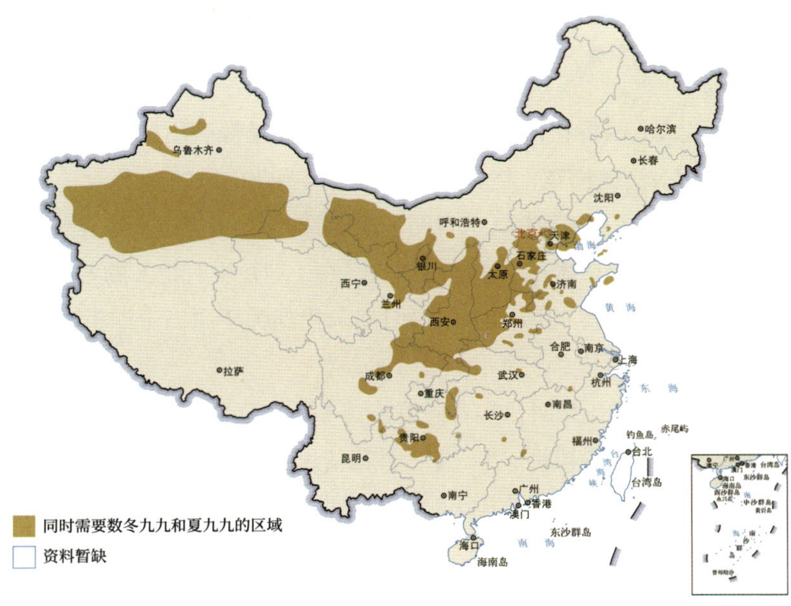

冬九九和夏九九

（2011—2020年）

什么是“二十四番花信风”？

清代禹之鼎《春泉洗药图卷》，美国克利夫兰艺术博物馆藏

其时春气清雅，春花繁盛，桃花、梨花、玉兰花渐欲迷人眼，修竹在侧，鹊语入耳。

关于“二十四番花信风”的缘起，人们最经常引用的是南北朝时期的《荆楚岁时记》：“始梅花，终楝花，凡二十四番花信风。”

这段话很简短也很模糊，只说明了花期的次序，由梅花始，至楝花终，并未历数二十四番的具体花事。遗憾的是，在《荆楚岁时记》的各种版本，包括收辑佚文最为详尽的版本中，我们都未找到关于“二十四番花信风”的说法。

还有一个说法，是明代学者杨慎在其《丹铅总录》中引述南北朝时期梁元帝《纂要》中的一段话：“一月二番花信风，阴阳寒暖，各随其时，但先期一日，有风雨微寒者即是其花。则：鹅儿、木兰、李花、杨花、桤花、桐花、金樱、鹅黄、楝花、荷花、槟榔、蔓罗、菱花、木槿、桂花、芦花、兰花、蓼花、桃花、枇杷、梅花、水仙、山茶、瑞香，其名俱存。”

《纂要》中这段话倒是很详细，每个月有两种花开，一年十二个月恰好有二十四种花轮番绽放，所以叫作“二十四番花信风”。按照这样的说法，中国古代刻画花事的物候体系——二十四番花信风，至少起源于南北朝时期。

但这段话只有《丹铅总录》的引述，并无其他典籍的佐证。而且，中纬度气候区，农历每个月份会有两番花信与之严谨对应吗？就连《丹铅总录》中也直言：“其名俱存，然难以配四时十二月，姑存其旧，盖通一岁言也。”

对此，清代《四库全书总目·〈蠡海集〉提要》这样点评：“世称二十四番花信风，杨慎《丹铅录》引梁元帝之说，别无出典，殆由依托，其说亦参差不合。由此可知梁元帝《纂要》二十四番花信风与时乖悖，不足取信。”也就是说，从文献学和物候学的角度，清人便已认为二十四番花信风源于南北朝时期之说不足采信。

所以，我们先看“花信风”一词由何而起？

现存典籍中，对花信风一词的解读，最早出现在宋代程大昌的《演繁露》一书中。宋代程大昌《演繁露》中载有“花信风”词条写道：“三月花开时风名花信风，初而泛观，则似谓此风来报花之消息耳。按《吕氏春秋》曰：‘春之德风，风不信，则其花不成。’乃知花信风者，风应花期，其来有信也（徐锴《岁时记·春日》）。”

宋代《演繁露》中的“花信风”词条，有两条重要信息：一是花信风说的是风，“风应花期，其来有信也”，而且特指阳春三月时报道春花的风。二是这个说法不是他的原创，是他从南唐时期学者徐锴的《岁时广记》一书中摘录的，而且摘的是收录在《岁时广记》的“春日”部分，显然花信风是春季独有的现象。

徐锴与写下“问君能有几多愁，恰似一江春水向东流”的南唐后主李煜是同时代的人。很可惜，徐锴的《岁时广记》已经失传了，无从考证。他的《岁时广记》在当时也被称为《岁时记》。我们或可假设，可能是有人将本属于这部《岁时记》中关于花信风的内容，讹传为《荆楚岁时记》的内容。

而对“二十四番花信风”的解读，最初来自宋代孙宗鉴的《东皋杂录》。

但《东皋杂录》已佚失，相关引述略有差异。

宋代胡仔在《苕溪渔隐丛话》引述了孙宗鉴《东皋杂录》的说法："江南自初春至初夏，有二十四风信，梅花风最先，楝花风最后。唐人诗有'楝花开后风光好，梅子黄时雨意浓'，晏元献有'二十四番花信风'之句。"

人们因此认为晏殊是"二十四番花信风"这一词组的首创者。

在宋代黄庭坚撰、史容注的《山谷外集诗注》中，他们将《东皋杂录》中的这段话作为"风号报花信"词条的注解："江南自初春至初夏，有二十四风信。梅花风最先，楝花风最后。唐人诗曰'楝花开后风光老，梅子黄时雨意浓'。晏元献诗亦曰'二十四番花信风'是也。"

这一词条及其相应的注解揭示了一个逻辑和一个证据：在宋人心目中，"风号报花信"，风预报花事，气候与物候的联动，这是"花信风"的逻辑所在。而晏殊的"春寒欲尽复未尽，二十四番花信风"诗句，可视为"二十四番花信风"的出处。

陈元靓在《岁时广记》中引述《东皋杂录》的这段话时，是将其作为寒凉天气绝迹的标志，这与民谚"未食端午粽，寒衣不可送"同理："《东皋杂录》：'江南自初春至初夏，五日一番风候，谓之花信风，梅花风最先，楝花风最后，凡二十四番，以为寒绝也。'"

宋代高似孙在《纬略》中则引述了两种观点，以保持平衡："徐锴《岁时记》曰：'三月花开，名花信风。'《东皋杂录》曰：'江南自初春至初夏，有二十四番花信风。'"

由此可见，"花信风"和"二十四番花信风"的概念可能出于唐宋时期，但当时还都是侧重气候意义上的风信，而不是物候意义上的花信。它们刻画的时段背景有两种：一是阳春三月，二是（江南）初春至初夏。

那么，"花信风"为什么是二十四番呢？

虽然二十四可以是虚数，意在言多，但按照陈元靓对《东皋杂录》的引述，我们可以看到，从立春日（起始点）至芒种日（终止点），即由孟春到孟夏的立春、雨水、惊蛰、春分、清明、谷雨、立夏、小满，这八个节气的每一候（五天）对应一番风信，恰好是二十四番风信。每五天对应一番风信，非常契合中国古代理想气候的"五风十雨"的理念（理想的气候是每五天刮一场风，每十天下一场雨），以及“麦秀寒”之后寒凉绝迹的气候规律。由此，“花信风”季到芒种日截止，这也正是《红楼梦》第二十七回中“芒种日饯花神”这一情节的出处。

还有一种算法是以阳气萌生的冬至作为时间基点。

南北朝时期宗懔《荆楚岁时记》载：“去冬节一百五日，即有疾风甚雨，谓之寒食。”就气候而言，由冬至算起的 105 天，即由春分至清明寒食之时，正是黄河、长江流域风最大的时段。

宋代徐俯的“一百五日寒食雨，二十四番花信风”、刘一止的“一百五日天气近，二十四番花信来”、楼钥的“一百五日麦秋冷，二十四番花信风”，都是将清明前后的寒食雨、麦秀寒与花信风相对应。

宋代魏了翁《翌日约客有和者再用韵四首·其一》云：“柳梢庭院杏花墙，尚记春风绕画梁。二十四番花信尽，只余箫鼓卖饧香。”这首诗写于农历二月二十日，寒食节刚过，二十四番花信风也就结束了。从中可以看出，在人们心中，花信风是清明时节的“特产”，是风最大的时节叠合花最盛的时节。而由冬至到清明，也正好是八个节气。

惊蛰节气日季节分布图

（1991—2020年）

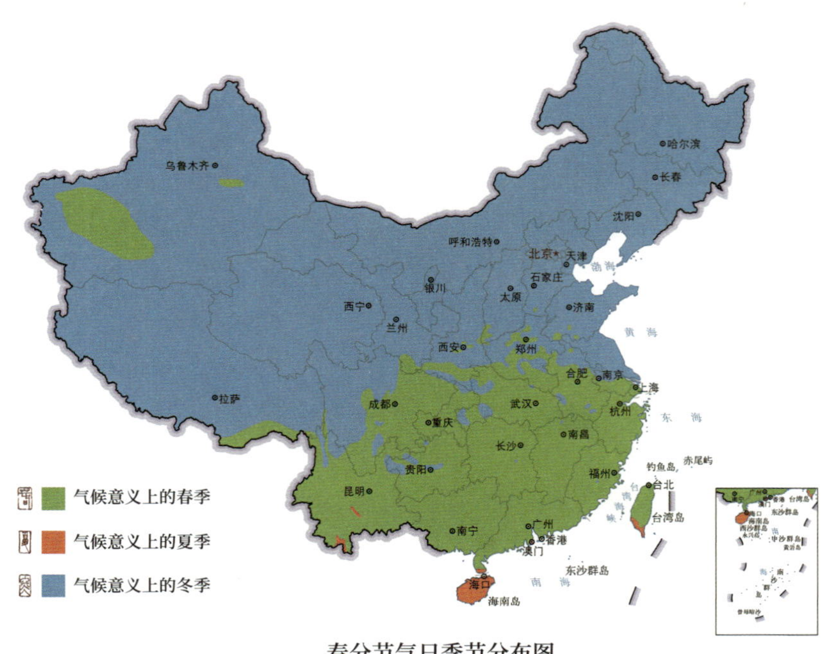

春分节气日季节分布图
（1991—2020年）

通过对北京 1963—2012 年这 50 年间，48 种木本植物始花期和盛花期的统计可见，清明时节是北京始花和盛花概率最高的时段。

我们通过对唐诗宋诗的检索，可以看出“花信风”在唐宋时期由萌到兴的轨迹。

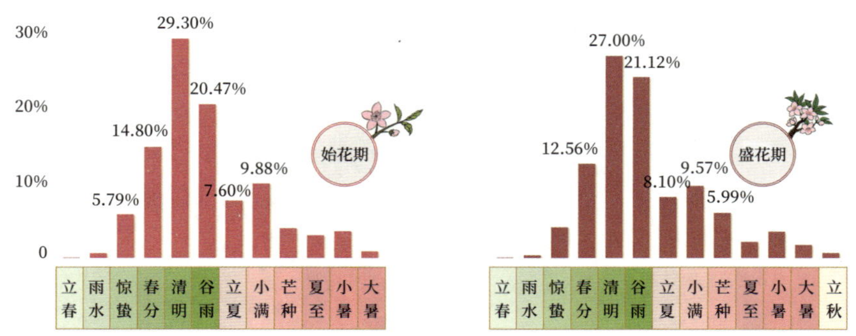

北京始花期和盛花期的节气时段概率分布
（基于1963—2012年48种木本植物的物候观测）

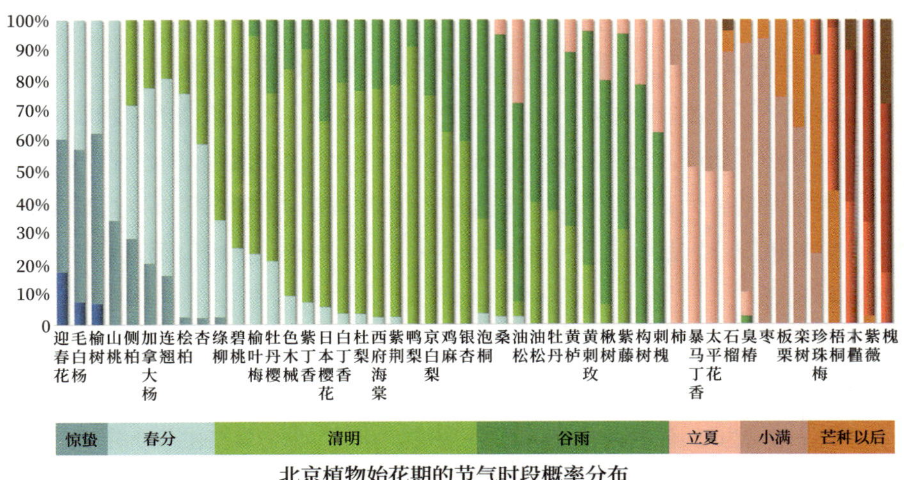

北京植物始花期的节气时段概率分布

（基于1963—2012年48种木本植物的物候观测）

唐宋诗作中的风信、花信及花信风			
来源	风信	花信	花信风
《全唐诗》	7 首	0 首	1 首
《全宋诗》	54 首	117 首	29 首

这 30 首唐宋诗作，刻画的都是春季的气候和物候，其中 19 首（占比 63%）刻画的是阳春三月。另外，《全宋词》中有 5 首涉及“花信风”的作品，刻画的全部是阳春三月的气候和物候。这与徐锴《岁时广记》中的“花信风”定义一脉相承。

这些诗句中，泛指整个春季的有魏了翁《次韵遂宁府宴贡士即席赋二首其一》：“过尽一春花信风，鱼天鼓浪送蒙冲。”对应孟春的有方回《上元立春》：“花信风初回肃杀，柳梢月岂异承平。”对应仲春的有方一夔《春日言怀》：“社前处处石泉水，春半时时花信风。”对应季春的有崔鶠《句》：“清明烟火尚阑珊，花信风来第几番？”俞处俊《搜春》：“千林欲暗稻秧雨，三月尚寒花信风。”韩淲《走笔答上饶》：“夜来一阵催花雨，二十四番花信风。”

在涉及“花信风”的 30 首唐宋诗作中，有 8 首提及“二十四番（般）花信风”，气候物候背景均为阳春时节，其中 3 首明确是清明寒食时段。

唐宋时期最早提及“花信风”概念的诗人是陆龟蒙：“几点社翁雨，一番花信风。”描述的是仲春。唐宋时期最早写下“二十四番花信风”的诗人是晏殊：“春寒欲尽复未尽，二十四番花信风。”描述的是季春。

倘若“二十四番花信风”一词始于南北朝时期，却在繁盛的唐代诗文中没有留下任何痕迹，这确实是不合理的。

唐宋时期，无论“花信风”还是“二十四番花信风”，都可以泛指春季，也可以专指阳春三月。这是由气至象，由气候至物候，由风信至花事的合理呼应与演绎。

春分之后，气候春季才渐成“气候”。

我们常说春暖花开，未有春暖，何以花开？

另一个重要的佐证是中国古时各地的“花朝节”（百花生日）定在春分前后。“花朝”之后的阳春三月，才有一番番繁动的花事。

所以，“花信风”和“二十四番花信风”概念，最初的对应时段是阳春三月，理论基础是《吕氏春秋》中“八风”学说衍生出的风信-花信理念（“春之德风，风不信，则花不成”）。

在《全宋诗》描写“花信”的诗作中，93% 对应的是春季花信，少量对应的是夏季或秋季应时而华的荷花及桂花、菊花。78% 的“花信”诗作与风存在关联，少量与气温和降水存在关联。而在《全宋诗》描写“风信”的诗作中，65% 对应的是春风信，其余为夏季风信、秋季风信，以及超越季节的广义风信。

因此可知，风信和花信最初的默认季节是春，春风催生花事是“花信风”体系的默认逻辑。

胡仲参《偶得》云：“欲问梅花信，山寒去未能。”史浩《次韵慈奥寂照院僧石岩花》云：“豁山朔雪销篱落，始闻花信惊梅萼。”舒岳祥《春晚寄二林》：“谷雨秧芽动，楝风花信来。”释圆悟《方海丰诗境楼分赋得春风》云：“暖袭游人陌上尘，不知花信几番新。莫教吹到荼蘼处，吹到荼蘼是晚春。”

二十四番花信风之中的二十四番，既指风，也指花。从残冬初春的梅花，到晚春初夏的楝花，轮番的花事点染着时节之美，凡二十四番之多。

虽然在宋代诗作中，人们默认由梅花始，至楝花（或荼蘼）终，但还没有形成某种特定花事与某个特定节气严谨对应的共识，人们大多只记载了梅花和楝花这一首一尾的两个花信，“二十四番花信风”尚未成为二十四项花期接续的花信体系，尚属较为模糊的概念化阶段。

二十四番花信风花信体系的完善，最大的转折点出现在明代。

历史上最早列举出“二十四番花信风”二十四个花信完整目录的是明代初年王逵的《蠡海集》：

> 析而言之，一月二气六候，自小寒至谷雨，凡四月八气二十四候。每候五日，以一花之风信应之，世所异言，曰始于梅花，终于楝花也。
>
> 详而言之，小寒之一候梅花，二候山茶，三候水仙；大寒之一候瑞香，二候兰花，三候山矾；立春之一候迎春，二候樱桃，三候望春；雨水一候菜花，二候杏花，三候李花；惊蛰一候桃花，二候棣棠，三候蔷薇；春分一候海棠，二候梨花，三候木兰；清明一候桐花，二候麦花，三候柳花；谷雨一候牡丹，二候酴醾，三候楝花。花竟则立夏矣。

按照《蠡海集》的说法，“二十四番花信风”由小寒时节开始，到谷雨时节结束，历时八个节气，每个节气三个候，由此形成二十四项花事作为二十四候候应的花信体系。

清代《钦定月令辑要》中的“花信风”词条也引用了明代《蠡海集》的说法。清代《四库全书总目提要》认为，最可信的二十四番花信风的花信体系是明代王逵在《蠡海集》所创立的：“惟此书所列，最有条理，必当有所受之云。”

基于《蠡海集》的“二十四番花信风”花事物候目录							
节气 / 候	一候	二候	三候	节气 / 候	一候	二候	三候
小寒	梅花	山茶	水仙	大寒	瑞香	兰花	山矾
立春	迎春	樱桃	望春	雨水	菜花	杏花	李花
惊蛰	桃花	棣棠	蔷薇	春分	海棠	梨花	木兰
清明	桐花	麦花	柳花	谷雨	牡丹	酴醾	楝花

传世至今的二十四番花信风花信体系基本上都来自于此，大家几乎都是原文摘录，只有微调而已。

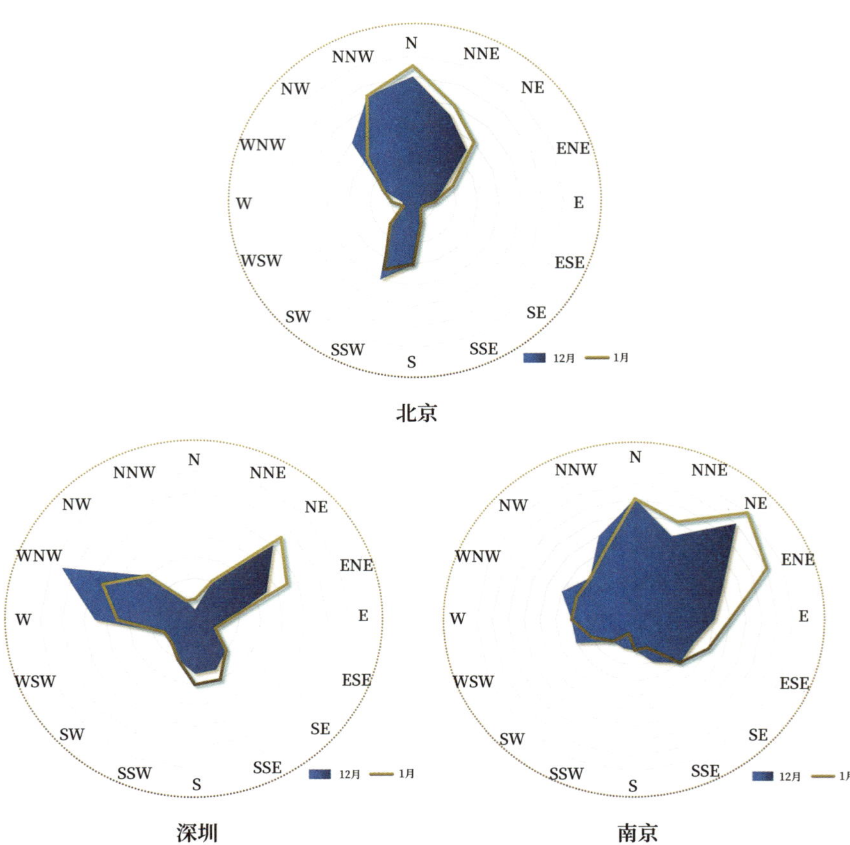

1981—2010年北京、郑州、南京12月和1月的风向玫瑰图

那么为什么花信从天气最冷的小寒时节开始呢？

《蠡海集·气候类》阐述了气序视角的理由：

盖造历始于冬至，察天气也。候花信之风，始于小寒，察地气也。辨人身之气，始于大寒，以厥阴为首，察人气也……二十四番花信风者，盖自冬至后三候为小寒，十二月之节气，月建于丑。地之气辟于丑，天之气会于子，日月之运同在玄枵，而临黄钟之位。黄钟为万物之祖，是故十一月天气运于丑，地气临于子，阳律而施于上，古之人所以为造历之端。十二月天气运于子，地气临于丑，阴吕而应于下，古之人所以为候气之端，是以有二十四番花信风之语也。五行始于木，四时始于春，木之发荣于春，必于水土，水土之交在于丑，随地辟而肇见焉，昭矣。

这是基于中国古代五行学说和天气–地气的气运学说，“天之气”的流转始于冬至（实际上相当于阳光直射点运行变化的拐点），“地之气”的流转始于小寒（实际上相当于气温的拐点）。草木发荣有赖于五行之水土，而丑月是水与土的交界时段，因此代表“丑之初”的小寒便被视为花信序列的时间基点。

从小寒开始，“候花信之风”，相当于将小寒作为预报的初始场，核心的预报因子是此时的风（可能包括风向、风力及风寒特征）。人们据此判断相应时段的花信，例如由小寒一候的风推断梅花花信。

所谓“天之气会于子”，“天之气”的气序拐点在“子”（时间为农历十一月，方位为正北）；而“地之气辟于丑”，“地之气”的气序拐点在“丑”（时间为农历十二月，方位为北北东）。“地之气”与“天之气”之间存在时间差。

我们如何理解“天之气”“地之气”，以及它们之间的时间差呢？

我们不妨以白昼时长这个天文变量表征“天之气”，以平均气温这个气候变量表征“地之气”。

以1981—2010年气候期为例，北京白昼时长的拐点是在冬至时节，平均气温的拐点是在小寒时节。“地之气”拐点较“天之气”滞后24天。由于中国大多数地区的气温最低点（地表获得的能量和散失的能量达到平衡）是在小寒或大寒时节，“地之气”拐点较“天之气”拐点大体上滞后20～40天。

就时间而言，冬至节气为“子之半”，小寒节气为“丑之初”。就方位而言，子月对应正北，丑月对应北北东，方位随月序而顺时针变化。这种对应，在气候视角下具有风向频率变化的指征意义。

我们且以12月和1月分别对应子月和丑月，风向随月序呈现顺时针的转变。与12月相比，1月北至东之间的风向频率北京增多4%，郑州增多4%，南京增多6%。季风气候背景下，风向频率变化，是月序与方位匹配的内在逻辑。

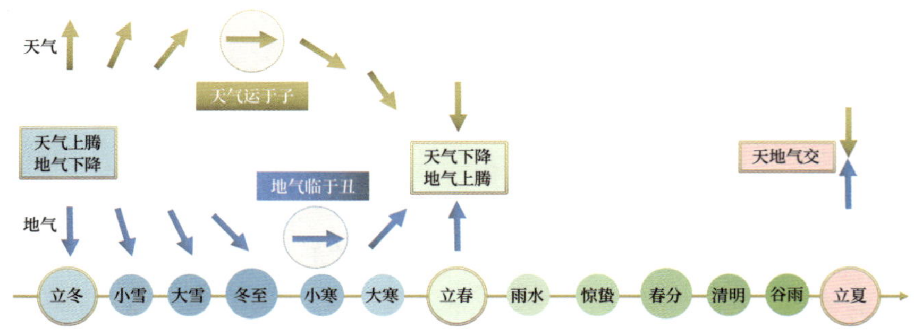

立冬至立夏天气、地气矢量示意

由于“地之气”变化较“天之气”的滞后性，古人认为“冬至一阳生”即阳气初萌之时，万物尚未萌生。正如宋代理学家邵雍《冬至吟》诗云：“冬至子之半，天心无改移。一阳初动处，万物未生时。”

那么在气运概念意义上，万物什么时候开始萌生呢？应该是在“地之气”迎来拐点之后，也就是在气温最低的丑月。《蠡海集》就是基于气运学说论证的，将“二十四番花信风”的起始点定在了代表“丑之初”的小寒节气。

清代陈枚《月曼清游图册》之正月·寒夜探梅，故宫博物院藏

上书：“一番花信动南枝，点点寒英弄雪姿。凉院无尘人不到，暗香只有玉娥知。翠羽啁啾月色寒，横斜一径影交攒。看花索叹巡檐久，哪顾华灯绛蜡残。”

清代陈枚《月曼清游图册》之四月·庭院观花，故宫博物院藏

上书：“春归无迹香难返，风物清和入夏时。木笔花开香满院，书空无数紫葳蕤。风信吹过廿四番，花开娄尾压枝繁。春残应教人珍惜，摘向铜瓶趁日暄。”

明代《蠡海集》所创立的二十四番花信风的花信体系，与宋代相比，有了三个颠覆式的变化。

第一，《蠡海集》完全摒弃了花信风特指阳春三月或者泛指初春到初夏的传统概念，而是变成了由小寒到谷雨时节，涵盖了最寒冷的小寒、大寒节气及全部春季节气。

第二，《蠡海集》明确了“二十四番花信风”的 24 种花卉及其对应节气和候，从而确立了完备的花信体系。

第三，《蠡海集》使“花信风”由侧重风信，即侧重气候属性，变成了侧重花信，即什么时节开什么花，变成了一个具有时间序列的花事目录。到了清代，“二十四番花信风”已经成了花事时令，花信风的风似乎只是赏花的风雅而已。

但从现实层面来说，气运概念与物候现象之间存在明显的偏差。

首先，气温最低的小寒、大寒时节是中国绝大多数地区花事的“空窗期”。“地之气”催生草木，但由复苏、萌芽到含苞、吐蕊，需要一个远超节气尺度的渐变。所谓花信，实在让人难以置信。

有人曾试图修订二十四番花信风，例如清代学者王廷鼎在其《花信平章》中提出，二十四番花信风的对应节气应从立春到谷雨，每个节气四个花信。这一动议着眼于解决花期误差，不再让花事“空窗期”的小寒、大寒与花信相对应。但他在每个节气设定四个花信，这显然难以匹配二十四节气七十二候体系，因此无果而终。

其次，花期是具有高度地域局限的物候现象，对疆域辽阔、气候多样、各地物种迥异的国度而言，并不存在超越地域物候差异性的“标准答案”。

最后，即使同一个地方的同一种花的花期，多年变幅也远超五天，候尺度无法框定花期振幅。尤其在气候变化的背景下，花期往往不再遵守人们的文化认知，例如洛阳的谷雨三朝看牡丹，正在渐渐地变成清明二候看牡丹。①

我们以江南的杭州为例，选取气候显著变化前的1963—1982年四项花期的物候观测数据。

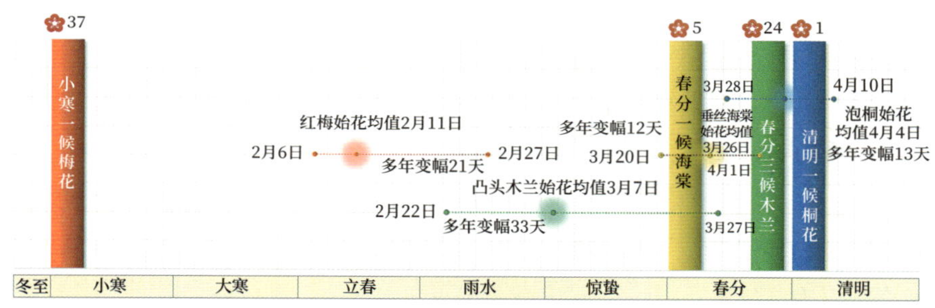

1963—1982年杭州始花期与花信风

数字代表真实始花期均值与花信风时段始日的偏差日数。

小寒一候梅花与红梅始花的均值日期相差37天，春分三候木兰与凸头木兰始花的均值日期相差24天，且与真实始花期之间完全不存在重合时段。而春分一候海棠与垂丝海棠始花的均值日期相差5天，清明一候桐花与泡桐始花的均值日期仅相差1天。可见在特定地区，二十四番花信风中的花事时序，有些与真实花期无关，有些非常契合真实的物候规律，既不能照单全收，也不能全盘否定。

① 参见宛敏渭．中国自然历选编[M]．北京：科学出版社，1986.

而在杭州的这四项花期物候中，木兰始花的多年变幅最大，为 33 天、月尺度；海棠始花的多年变幅最小，为 12 天、节气尺度。以候尺度划定花期，犹如体育比赛中不顾及“稳定性”而硬性提高“难度”。

我们以北京 1950—2018 年山桃始花物候为例。①

北京山桃始花的日期均值为 3 月 25 日，标准差 6.82 天，多年变幅 31 天。

我们暂且不论花信风体系中的“惊蛰一候桃花”，北京山桃始花概率最高的春分二候，概率也只有 27.3%，重合率极低。如果我们降低难度，以春分时节作为北京山桃始花的标准时段，在该时段内始花概率为 67.3%，重合率大幅提升。北京春分时节“桃始华”的可信性亦大幅提升。

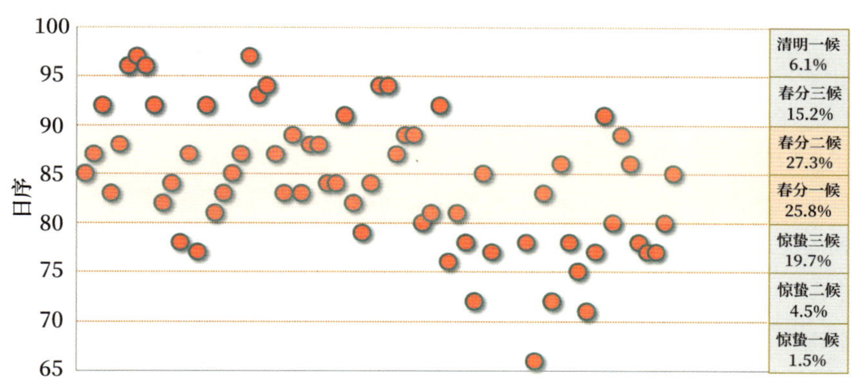

北京的桃始华
（1950—2018年）

气象学者竺可桢先生曾指出：“花信风的编制，是我国南方士大夫好闲阶级的一种游戏作品，既不根据于实践，也无科学价值的东西。”②

但他在《大自然的语言》一文中写道：

几千年来，劳动人民注意了草木荣枯、候鸟去来等自然现象同气候的关系，据以安排农事。杏花开了，就好像大自然在传语要赶快耕地；桃花开

① 1950—1973 年数据来自竺可桢先生观测，1974—1988 年数据来自《中国动植物物候观测年报》，1989—2018 年数据来自中国物候观测网。

② 参见竺可桢，宛敏渭 . 物候学 [M]. 北京：科学出版社，1973.

了，又好像在暗示要赶快种谷子。布谷鸟开始唱歌，劳动人民懂得它在唱什么："阿公阿婆，割麦插禾。"这样看来，花香鸟语，草长莺飞，都是大自然的语言。

在他看来，人们在物候观测的时候，所用的都是"活的仪器"，甚至是比气象仪器更复杂、更灵敏的仪器。他希望我们仔细地观察物候，懂得大自然的语言。所以，他质疑的是违背真实物候状态、同一化的二十四番花信风，而不是以花事为代表的物候观测本身。

唐代张九龄《感遇十二首·其一》诗云："兰叶春葳蕤，桂华秋皎洁。欣欣此生意，自尔为佳节。"兰桂香雅，它们顺应时令，花开之时，自成佳节。

花，是极具观赏性的物候标识。以花事对应时令，是一种唯美的观测方式，是看似感性、实则理性的自然节律。如果能够依照本地的物种，通过花信，来破译气候密码，这是多么具有亲近感，多么令人悦目赏心的生物气候学课程啊！

我们可以依照二十四番花信风的思路，编制本地的花事物候，让人们感受到依循着气候节律的、艳丽而芳香的时令之美。我觉得，二十四番花信风，是中国人独有的一种观察自然的诗意方式和美学表达。风有信，花有常，以花事次第记录时光，于是，岁月含香。

二十四番花信风之花信简述

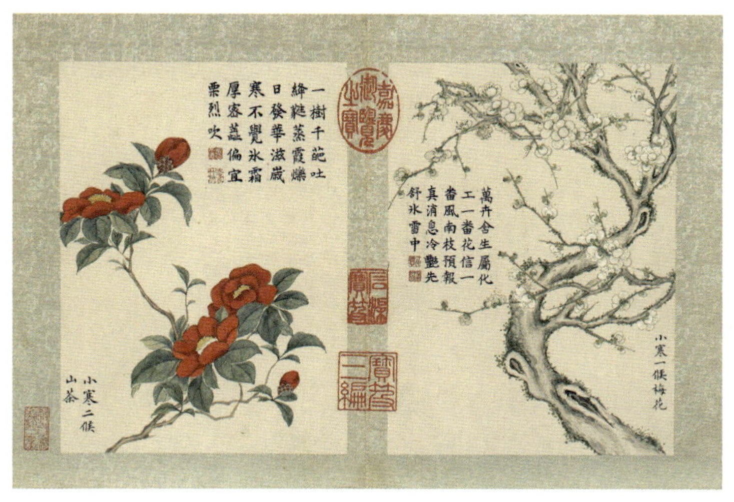

清代董诰绘制的《二十四番花信风图》，台北故宫博物院藏

本章后同

小寒一候花信：梅花

花信体系大多以梅花为首。梅花以其傲寒之风骨，成为人们观赏和吟咏的首选，踏雪寻梅更是高士之风雅。岁寒之时，梅花率先始花，乃春木之气的先觉者。所以在自然物候层面上，人们或将梅花称为“冬季花盟主”，或将梅花作为第一春信；在人文意象层面上，人们将梅花视为“花

中气节最高坚”者。在气候变化研究领域，人们甚至将咏梅诗的增减作为古代气候变化的证据。

小寒二候花信：山茶

清代李渔《闲情偶寄》诗云：“花之最不耐开，一开辄尽者，桂与玉兰是也。花之最能持久，愈开愈盛者，山茶、石榴是也。然石榴之久，犹不及山茶，榴叶经霜即脱，山茶戴雪而荣，则是此花也者，具松柏之骨，挟桃李之姿，历春夏秋冬如一日，殆草木而神仙者乎？”

山茶，花期绵长。春意寥时，它是开在冰雪中的“先行者”；春意闹时，它是开在桃李中的“随行者”。“戴雪而荣”的山茶，有如草木中之仙者，耐久的孤芳，与短暂的群芳形成强烈的互补。

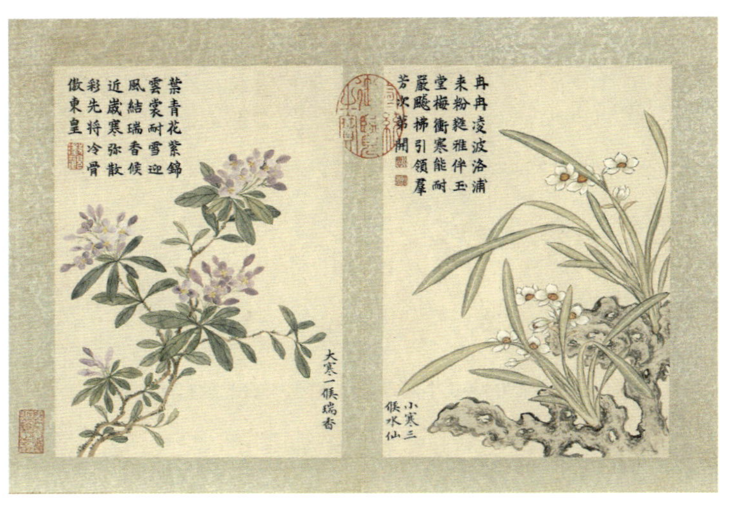

小寒三候花信：水仙

水仙喜欢温润气候，是人工栽培的温室花卉，属于“室内生春”的幽香。早春始花，花期为节气尺度。其花期跨年，故有“年花”之称。

水仙之名，以宋代杨万里的解读，是“天仙不行地，且借水为名”。水仙有冰清玉洁之象，仿佛仙客，绝非凡尘之花。在明代仇远看来，水仙“风标宜作梅花伴，不入离骚亦偶然”，只是人们栽培水仙的历史没那么悠久，否则《离骚》中也该有赞颂水仙的文字啊！

大寒一候花信：瑞香

瑞香广泛分布于中国南方，根可入药，皮可造纸，花可制精油，也可为熏香。

瑞香之花有沉香之气，因花香浓郁且花期在辞旧迎新的年深岁改之际，仿佛天赐之香，人们以其为祥瑞，故有瑞香之名，其香气有“味入禅心”之誉。

宋代张孝祥认为腊后春前的瑞香“仙品只今推第一，清香元不是人间”，在瑞香的面前，梅花显得枯淡，水仙显得凄寒。

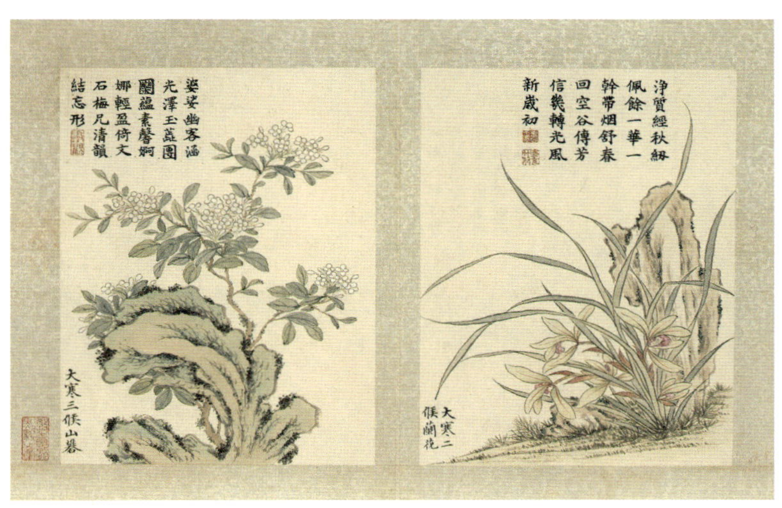

大寒二候花信：兰花

兰花，有如丝如缕的清正之香，故有“幽兰”之说。人们以“兰心蕙质”形容其高洁与优雅。“气如兰兮长不改，心如兰兮终不移”，兰花象征持守信义的君子品格。因此，兰花的文化意涵往往大于其自然物候属性。

兰花的花期较长，大多超过节气尺度，远非候尺度所能框定。而且，兰的种类繁多，春兰、夏兰、秋兰、寒兰，花期可以超越季节。兰得人独宠，因此渐渐由自然野生到人工栽培，也就与物候定时功能渐行渐远了。

大寒三候花信：山矾

山矾，花既可悦目，也可入药，叶可染色，广泛分布于中国南方。

瓣小香浓的山矾，繁白如雪，是花信序列中知名度最低的花，这或许与它同人很疏远地生长在山野有关。“山矾直而劲，野处似隐逸”，明代刘伯温将水仙喻为淑女，将山矾喻为隐士。

“山矾是弟梅是兄”，宋代黄庭坚在咏水仙的诗中，按照花期之先后，将水仙定义为梅花之弟、山矾之兄，它们仿佛是按照生日排行、彼此称兄道弟的花信一族。

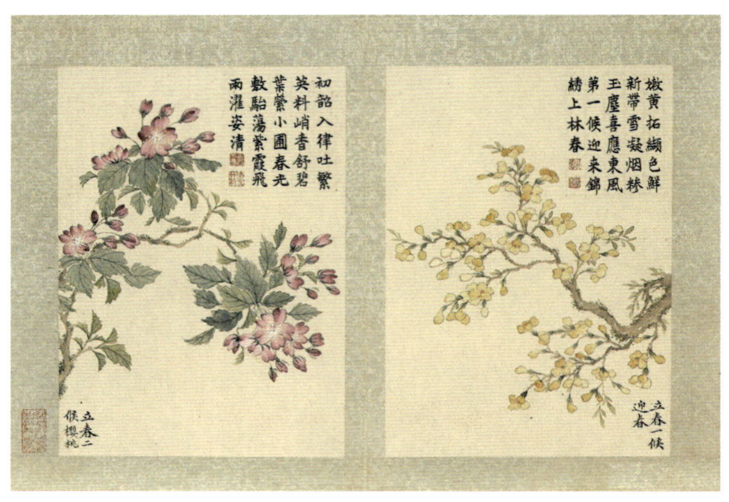

立春一候花信：迎春

被誉为“明花出枯萎，东风第一香”的迎春，在雪泥铺陈的黑白世界里点染出突兀而惊艳的暖意明黄。

古人思忖，花多为五瓣，为何独雪花为六瓣？其实，伴雪而萌的迎春花也多为六瓣，与雪花形神相契。“岁岁阳和先占取”的迎春花，有笑以迎春之意。立春时美人簪之，以为春胜。诗云：“岂能辜负迎春意，不作诗家亦酒家。”人们对带雪冲寒的孤芳，常有一种寄情之心。

立春二候花信：樱桃

《吕氏春秋·仲夏纪》中的“是月也，天子乃以雏尝黍，羞以含桃，先荐寝庙”或许是樱桃献于庙堂之上的最早的记载。樱桃，古称“含桃”，因莺喜食，得名“莺桃”，又因“其颖如璎珠”，终得名樱桃。

按照《本草纲目》中的描述，樱桃花开的情景是“繁英如雪”。白居易也曾发出过“樱桃花，来春千万朵，来春共谁花下坐”的浪漫邀约。

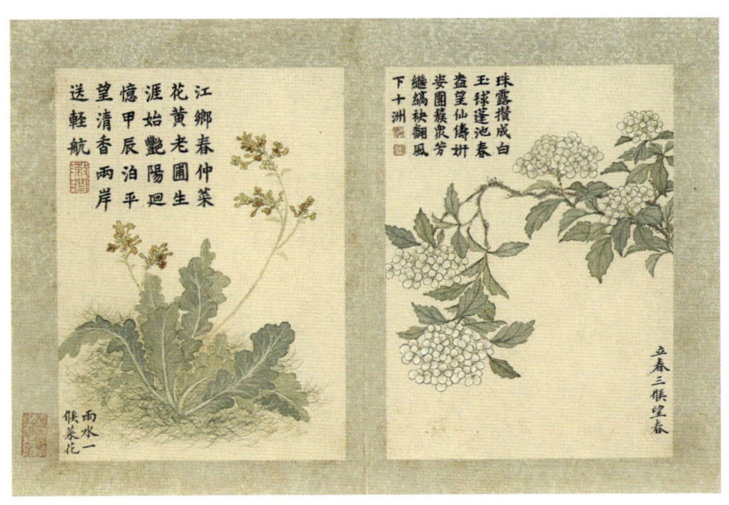

立春三候花信：望春

望春，有冰玉之美，被视为春天下凡的“羽衣仙女”。望春即玉兰，又名辛夷；因辛夷音同“心仪”，今人常常借以表意，但望春更能体现其花期与时序的意合。

汉代杨雄的《甘泉赋》中“平原唐其坛曼兮，列辛雉于林薄”，便以辛夷林莽作为辽阔生态的代言者。“溪上残春黄鸟稀，辛夷花尽杏花飞”，诗人眼中的春天，便是唯美的花事次第。

雨水一候花信：菜花

以鸟瞰的视角，早春时节的花往往只是孤芳，直到阡陌田野间的菜花盛开，才有了“上帝打翻调色板”的群芳效应，于是“儿童急走追黄蝶，飞入菜花无处寻”。

菜花，可特指油菜花，亦可泛指菘（白菜）、甘蓝等十字花科植物。雨水时节，天上由雪到雨，地上由冻到融，人们意由春草生，情随春色浓。心情与时令体现着同步和同频。

雨水二候花信：杏花

由江南至塞北，杏花的花期差异超过百日。杏花，往往盛开于“满园春色关不住”的仲春或季春时节。杏花开时，正是冰雪消融的“可耕之候”，所以在中国古代有“望杏开田”之说。

梅花开，是春意始萌的气温转折点；杏花开，是春意始盛的气温临界点。

这便是“踏雪寻梅”和“望杏瞻榆”各自的逻辑。杏花开时，正值江南的春雨季，正所谓“杏花春雨江南”。

雨水三候花信：李花

在白居易看来，“春风桃李花开日”和“秋雨梧桐叶落时”，分别是春和秋最经典的物候情节。人们常说“桃李芬芳”，虽然人们将李花与桃花并列，但李花的知名度相对较低。尽管李花可作为雨水花信，但李花的花期通常晚于作为惊蛰花信的桃花。李花的花色与梨花相近，都是浅淡的白色，所以古代的一些梨花图实际上是李花图。

李花有宏观之美，其花海是壮观的团团簇簇的芳菲世界，所以杨万里认为“李花宜远更宜繁”。但李花也有微观之美，其花瓣小而素雅，有如人的淡泊之象。

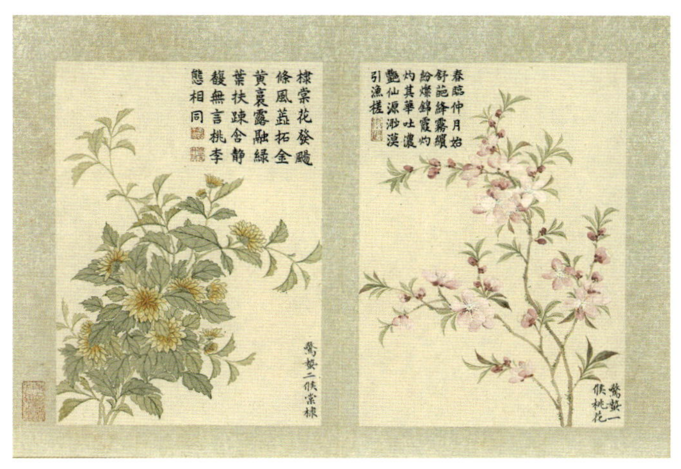

惊蛰一候花信：桃花

桃花，特指山桃花，节气候应是惊蛰一候桃始华，花信体系与之严谨对应。《诗经》中有“桃之夭夭，灼灼其华”之语，桃花仿佛宜人之美的图腾，人们常以“人面桃花”指代美少女。而在中国古代的物候文化中，桃花象征将雨之候：“燕子初归风不定，桃花欲动雨频来。”春水，也被称为“桃花水”。唐代王维也有“桃红复含宿雨，柳绿更带朝烟”之说。桃花，似乎是春雨的信使。

惊蛰二候花信：棠棣

棠棣，其茎柔弱婀娜，然其花繁盛氤氲，花期通常是在阳春，而非仲春。

时至今日，棠棣依然是物候观测的对象树。在北京，棠棣通常是清明时节花开，白露时节果熟。

棠棣，又名甘棠，亦称棠梨、杜梨，原产于中国，《诗经》便有“棠棣之华，鄂不韡韡；凡今之人，莫如兄弟”之句，棠棣因此常常用于指代兄弟情义。《千字文》中有“存以甘棠，去而益咏”之说，甘棠多指代官者之德政，而甘棠即棠棣。

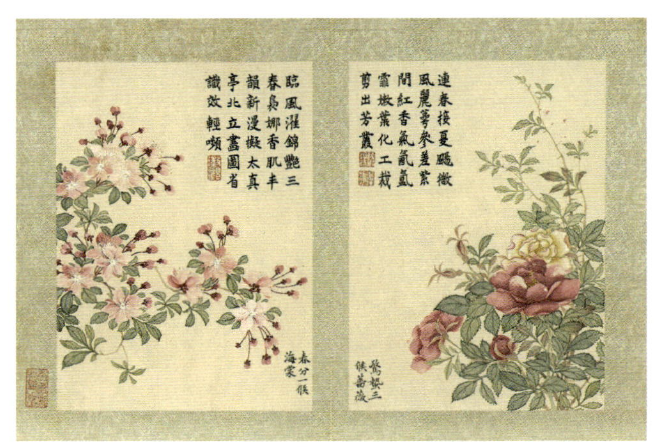

惊蛰三候花信：蔷薇

蔷薇，变种繁多，花色各异。簇生的蔷薇，春末夏初始花，并贯穿整个夏季，是最灿烂的夏花之一，唐代高骈《山亭夏日》中有“满架蔷薇一院香”的描述。将蔷薇定为惊蛰花信，并不契合蔷薇的花期。

蔷薇的花期绵长，可以达到季节尺度，李白诗云：“不向东山久，蔷薇几度花。”人们以蔷薇作为某个节气的花信通常是着眼于其始花期，而非整个花期，正如清代袁枚所言：“残红尚有三千树，不及初开一朵鲜。”

春分一候花信：海棠

《诗经》中“投我以木桃，报之以琼瑶”中的木桃，便是海棠。

海棠的花期，通常对应春分时节。这时由于白昼时长变量较大，人们常有春困之感，所以海棠也就有了春困的意象：绘画中有《海棠春睡图》题材，苏轼有“只恐夜深花睡去”的诗句。

古人以香、艳两个维度评价花卉。虽然海棠“占春颜色最风流”，但有人觉得世间一大憾事便是“海棠无香”。不过，更多的人认为海棠并非无香，它是“暗中自有清香在”，是“海棠元自有天香”。明代才子唐伯虎更是以“一片春心付海棠”表达对海棠的极度偏爱。

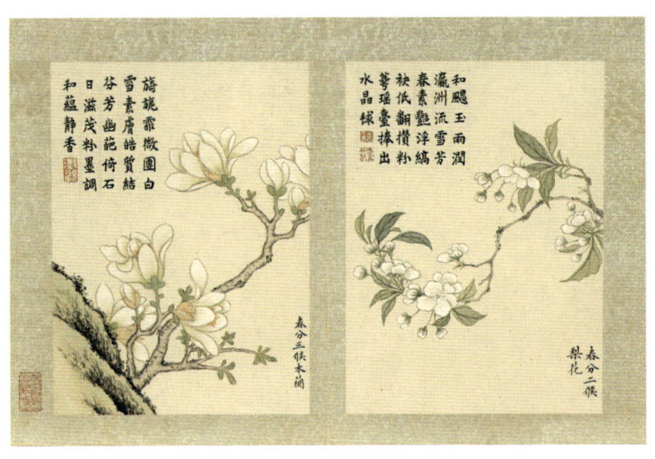

春分二候花信：梨花

梨花的花期通常是在春分至清明时节，所以有“梨花风起正清明”或“燕子来时新社，梨花落后清明”之说。梨花有以玉作肤、以雪为容的素洁。

梨花如雪，所以落雪之时被称为“千树万树梨花开”。

孟春时节，是落雪如花；季春时节，是落花如雪。李白的“柳色黄金嫩，梨花白雪香”，刻画的便是由孟春到季春的物候历程。

春分三候花信：木兰

说起木兰，我们或许首先想到的不是木兰花，而是花木兰，也就是那句人们耳熟能详的“木兰曾作女郎来”。

古人以木兰为梁，以木兰为舟，木兰有着强韧的阳刚之美。屈原在《离骚》中以“朝饮木兰之坠露兮，夕餐秋菊之落英”，隐喻人之高洁。

木兰的花期，通常是在春意酣畅的春分至清明时节，故有“微雨微风寒食节，半开半合木兰花”的诗句。

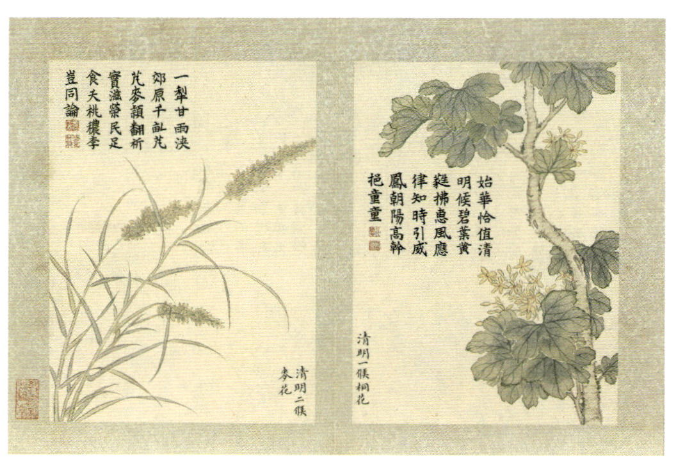

清明一候花信：桐花

清明花信的桐花特指白桐之花，与节气候应中的清明一候桐始华相契合。宋元时期方回有“等闲春过三分二，凭仗桐花报与知”的诗句，可见桐花常被视为阳春来临的物候标识。

按照现代的物候观测，清明一候桐始华主要在黄河中下游地区。南岭沿线的桐始华通常是在惊蛰时节，而京津一带的桐始华通常是在谷雨时节。

时值阳春的清明、谷雨时节，风最大而花最多，可谓风与花的约会，风季与花季的叠合。

清明二候花信：麦花

《诗经》云：“我行其野，芃芃其麦。”初夏时节，其盛以麦，渐熟的麦子是田园最好的风景。百谷以生为春，以秀为夏，以熟为秋，所以到了小满时节是“麦秋至”，即麦子的秋天来了。而麦花绽放之时，便是麦子的夏天。

人们观赏花事，并非仅仅聚焦花之颜值。麦花并无瓣及萼，在植物学上被称为“不完全花”。麦花虽小，却可为穗，成就丰稔。

暮春时节，“桑椹熟时鸠唤雨，麦花黄后燕翻风”。虽然风雨无定，但“梅子金黄杏子肥，麦花雪白菜花稀”，花花果果，令人心旷神怡。

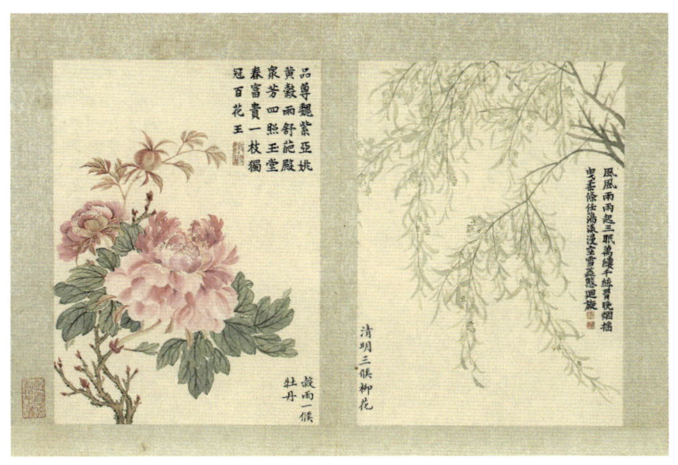

清明三候花信：柳花

柳花为蕊，柳子为絮。柳花亦是植物学上的“不完全花”。阳春三月，“蚕月桑叶青，莺时柳花白”，正是柳树开花飘絮之时，正所谓“落絮游丝三月候，风吹雨洗一城花”。当然，柳花柳絮，只是回暖过程中的一段“花絮”。

清明时，人们有“寻逐春风捉柳花”的童趣，也有插柳的习俗，例如屋檐插柳、头上簪柳、身上佩柳等。所以，清明有“柳户清明”之说，描述人们与阳春物候的快乐互动。

谷雨一候花信：牡丹

牡丹有“国色天香”“艳冠群芳”之誉。在中国传统绘画中，牡丹图是一个重要的题材。而且牡丹的富贵意蕴，使中国传统绘画中衍生出一种专门的花卉图门类——《玉堂富贵图》。玉，即玉兰花；堂，即海棠花；富，即牡丹花；贵，即桂花。有的画作甚至只有玉兰花、海棠花、牡丹花，由牡丹指代富贵。

《玉堂富贵图》类似一个“谐音梗”，符合人们“讨个口彩”的诉求。

在人们心中，与不畏霜雪或不染凡尘的梅花、菊花、莲花、兰花不同，牡丹的人文意象还是相对平民化的。

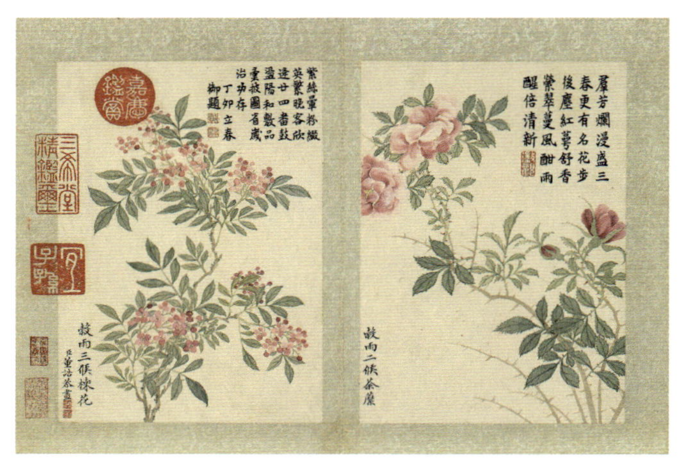

谷雨二候花信：荼蘼

荼蘼，花可为蜜，枝可为篱，果可为酒。其花有白、黄、红诸色，但以白色为常，故有“荼蘼雪”之称。俗话说“一年春事到荼蘼”，荼蘼被当作春季花事序列的尾花。

“开到荼蘼花事了，丝丝天棘出莓墙”，荼蘼之后便是藤蔓植物恣意生长，这与节气候应“立夏三候王瓜生”一脉相承。春生夏长是由花花草草到枝枝蔓蔓。苏轼诗云“荼蘼不争春，寂寞开最晚”，花繁香浓的荼蘼仿佛盛装的暮春之美。

谷雨三候花信：楝花

楝花香雅，所以古人常用以制作香囊。楝花色繁，故有“绿树菲菲紫白香”的诗句。楝，亦称苦楝，与“苦恋”同音，所以楝花仿佛有着淡淡的哀愁。

二十四番花信风，始见于宋代晏殊的“春寒欲尽复未尽，二十四番花信风”。在尚无完整花信目录的宋代，《东皋杂录》中便已有“江南自初春至初夏……梅花风最先，楝花风最后，凡二十四番”之说，可见楝花被视为春天花季最后的芬芳。

在杨万里的笔下，初夏是“只怪南风吹紫雪”的初夏，“楝花风软薄寒收”，楝花落尽，便是暖洋洋的夏季的开始。

我们常用“气势”一词。所谓气势，梅花所发，是春之气始至；楝花所在，是春之势既成。在二十四番花信风体系中，由梅花开到楝花落，便是春意由萌至暮的花事“接力”。

本书部分数据运算、资料查证、图形创意及绘制人员

中国气象局二十四节气重点开放实验室

隋伟辉 张永宁 王廷宇 张慕天 魏思静 信欣 付靖怡 孙凡迪 李文静 刘婧怡 王也 周雅娟 魏丹 关海涛

图书策划 中信出版·心理分社

总策划 刘淑娟

策划编辑 李秋璇

责任编辑 王金强

营销编辑 朱香雪

装帧设计 尹秋羡

出版发行 中信出版集团股份有限公司

服务热线：400-600-8099 网上订购：zxcbs.tmall.com

官方微博：weibo.com/citicpub 官方微信：中信出版集团

官方网站：www.press.citic